教育部人文社会科学研究青年基金项目资助（11YJC780006）

高句丽服饰研究

Research on Koguryo's Clothing

郑春颖／著

中国社会科学出版社

图书在版编目(CIP)数据

高句丽服饰研究／郑春颖著．—北京：中国社会科学出版社，2015.6
ISBN 978-7-5161-6337-5

Ⅰ.①高… Ⅱ.①郑… Ⅲ.①高句丽—服饰文化—研究 Ⅳ.①TS941.12

中国版本图书馆 CIP 数据核字(2015)第 120789 号

出 版 人 赵剑英
责任编辑 郭 鹏
责任校对 胡新芳 高德丽
责任印制 李寡寡

出 版 中国社会科学出版社
社 址 北京鼓楼西大街甲 158 号
邮 编 100720
网 址 http://www.csspw.cn
发 行 部 010-84083685
门 市 部 010-84029450
经 销 新华书店及其他书店

印刷装订 北京君升印刷有限公司
版 次 2015 年 6 月第 1 版
印 次 2015 年 6 月第 1 次印刷

开 本 787×1092 1/16
印 张 29.75
字 数 638 千字
定 价 138.00 元

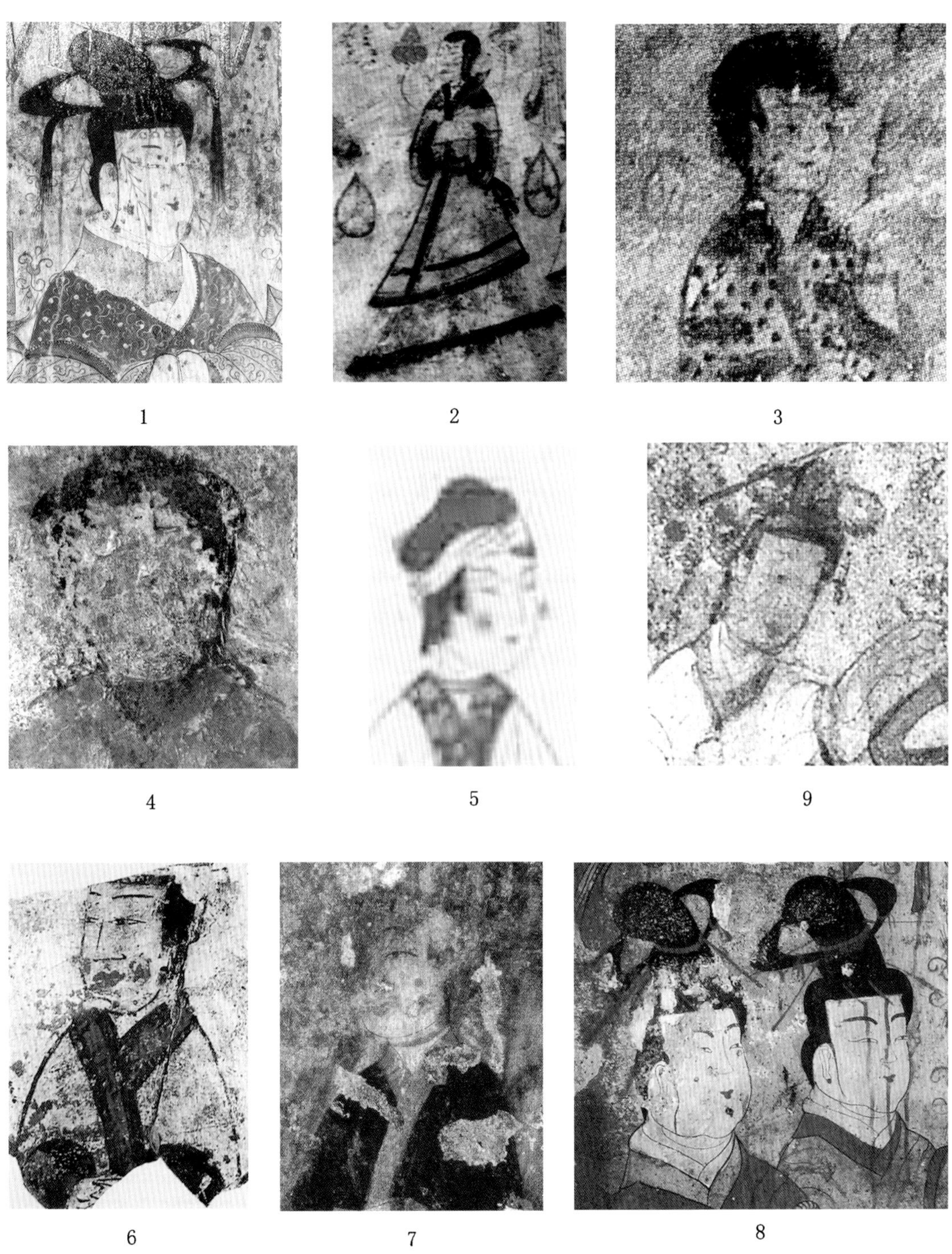

1. 安岳 3 号墓西侧室南壁冬寿夫人　2. 长川 1 号墓前室北壁左上部女子　3. 长川 1 号墓前室藻井第二重顶石礼佛图女供养人　4. 双楹塚主室北壁中央墓主夫人　5. 双楹塚墓道东壁抄手侍立女子　6. 东岩里壁画墓前室女子残像　7. 水山里壁画墓主室西壁出行图中女子　8. 安岳 3 号墓西侧室南壁冬寿夫人身后女侍　9. 安岳 3 号墓前室东侧室东壁厨房图中女侍

彩图一　面妆

1. 舞踊墓主室左壁舞者 2. 水山里壁画墓西壁上栏女侍 3. 水山里壁画墓西壁夫人 4. 双楹塚后室后壁夫人 5. 舞踊墓主室右壁狩猎图左数第四人 6. 舞踊墓主室左壁女舞者 7. 铠马塚左侧第一持送女侍 8. 角觝墓主室后壁夫人 9. 东岩里壁画墓前室壁画残片 10. 安岳3号墓回廊行列图中持幡仪卫 11. 安岳3号墓西侧室南壁左侧女侍 12. 德兴里壁画墓前室东壁行列下部骑马卫士 13. 德兴里壁画墓后室北壁右侧女侍

彩图二 襦领

1. 角觝墓主室左壁拄棍老人 2. 舞踊墓主室后壁墓主人 3. 舞踊墓主室左壁持物女侍 4. 角觝墓主室后壁夫人 5. 东岩里壁画墓前室残存女像 6. 安岳2号墓墓室西壁上栏女子 7. 舞踊墓主室左壁男舞者 8. 舞踊墓后壁持刀男侍 9. 东岩里壁画墓前室壁画残存男子 10. 舞踊墓主室左壁左三女舞者 11. 舞踊墓左四女舞者 12. 安岳2号墓墓室西壁上栏女子

彩图三 襦的颜色和花纹

1、2. 舞踊墓主室后壁持刀男子、左壁进肴女子　3. 安岳3号墓前室南壁东段男子　4. 铠马塚墓室左侧第一持送左三男子　5. 德兴里壁画墓中间通路西壁上段南侧男子　6. 德兴里壁画墓后室西壁上栏男子　7. 水山里壁画墓东壁下栏抬鼓乐手　8、9. 舞踊墓主室左壁左三男舞者、左四女舞者　10、11. 水山里壁画墓室西壁上栏夫人和女侍　12. 舞踊墓主室右壁狩猎图中猎手　13. 安岳1号墓墓室西壁第二列左六女子　14. 角觝墓主室后壁男主人　15. 东岩里壁画墓前室女像残片　16. 长川2号墓墓室北扇石扉正面门卒

彩图四　襦襦

1. 舞踊墓主室后壁墓主人　2. 舞踊墓主室左壁男舞者　3. 舞踊墓主室后壁僧侣　4、5. 舞踊墓主室左壁狩猎人、进肴女侍

彩图五　足衣

目　　录

图版目录

彩版目录

序

服饰是高句丽考古和历史研究中的重要课题之一，对此，不仅在高句丽墓葬壁画中多有形象的表现，而且在历代相关文献中都可以查到专门的记载。21 世纪初，我曾安排一名硕士生以此为题作毕业论文，该生很努力，写作中发现不少问题，也提出了一些新的想法。在指导过程中我逐渐感到，该题目涉及的问题和知识很多，不是一篇硕士论文能够完全解决和掌握的，要想把该题目研究得全面深透，则要求作者同时具备比较扎实的考古学基础和文献学基础。

2004 年，长春师范学院邀我参加该校历史学科的项目结项鉴定会，看到郑春颖、姜维东两名教师编著的《正史“高句丽传”校注》书稿。该书稿引用的文献很丰富，字词、人名、地名和事件的注解很仔细。郑春颖毕业于吉林大学考古学系，在校学习勤奋，我给她们上过课，而且当时我是系主任，所以印象还是比较清楚的，而通过这本书稿，我又想到她本科毕业后读的是吉林大学古籍研究所的硕士生。结项鉴定会议后，我问了她还想不想读博士，如果想读，可以考虑再回吉林大学来。

2005 年，郑春颖考入我的博士生，开始我想让她在上述书稿的基础上，以“正史《高句丽传》的考古学考察”为题，归纳出几个专题分章节进行研究，结果发现初步归纳出的几个专题，其内容都不少，要全部研究量太大，而且不易深入。经多次商量，逐步集中到服饰专题，在论文开题报告会上又商定，把考古发现资料作为主要的研究对象，最后确定论文题目为“高句丽遗存所见服饰研究”。

2011 年，郑春颖写完论文，准备答辩，作为指导教师，我在论文评语中曾作了如下介绍和评述：

“作者详细收集、整理了多座高句丽壁画墓葬中的服饰图像和各类墓葬中出土的服饰构件，并利用其扎实的文献基础，查阅了大量有关服饰的文献记载和研究成果，之后将这些服饰资料分为妆饰（发式、发饰、面妆）、首服（冠帽、冠帽饰物）、身衣（襦、裤子、袍、裙）、足衣和其他出土饰物几部分，结合文献记载，进行了详细的分析和考证。可以说，本文对于高句丽遗存所见服饰资料的收集、整理和研究，是迄今最完备的。

在此基础上，本文通过服饰各部分搭配组合之类型划分，归纳出不同民族、地区、等级之服饰特点，然后又通过集安、平壤两地区壁画墓葬的分期和各期服饰的变化，探讨两地区社会文化的演变及民族的变迁，使研究问题逐步深化，特别是将平壤地区的再分区，提出汉族服饰墓葬是汉人墓葬，这是从服饰研究方面以证明近年学界在该问题讨论中提出的新看法，应予足够重视。

文章最后将高句丽民族服饰与汉族、鲜卑、夫余、沃沮、秽貊、肃慎、挹娄、勿吉、靺鞨、渤海等其他民族服饰的对比和交流进行了必要的考察分析，使本文研究的视野更加拓宽。

由于本文研究的主要对象壁画中有相当部分已经模糊不清，为具体研究带来不少困惑，所以今后进一步深入具体研究还有待于新的材料发现和借助于先进手段的仔细观察。”

论文答辩进行得很顺利，答辩委员一致同意该论文是一篇优秀的博士论文，但是由于作者当时已经是副教授，所以按规定未能申报各级优秀论文评选。

这次，该博士论文稍加修改补充后公开出版，作者请我写序，该说的上边都提到了，想了一下，那就此类跨越年代较长的文物考证课题，如何进行文献研究与考古研究相结合，再说几句。第一，考古材料可以按考古学通用的类型学方法对其进行分期分类整理和研究，文献材料是否也可以？记载高句丽服饰的正史高句丽传，从汉到唐持续了近千年，同一种服饰的记载，有的无明显改变，有的发生了改变，其具体名称有的与中原同时期的服饰名称相同或与中原类似的称号相同，有的则是高句丽本民族语言的直译名称。那么这种记载和名称的改变，是服饰样式的改变，还是不同时期名称的改变，或者两者都有，这就需要对所有相关文献材料进行对照排比，划分出时代先后的不同阶段。这种做法与对考古材料的处理方法应该是相通的。第二就是文献记载与考古学材料相互对照的问题。就服饰而言，通过以上方法，文献记载可以整理出一套名称，但是往往没有图像表示，考古材料可以整理出一套图像，每一种图像的名称，以其直接表现命名当然也可以，但是这多是现在的称号，历史上叫什么，这就需要文献研究与考古研究相互对照结合。相比之下，边疆地区少数民族的服饰研究，与中原相比，更有其特殊性和复杂性。以上方法，在该论文写作过程中我同作者多次讨论过，类似事例也不少，比如高句丽冠帽之中的“帻”、“骨苏”与“罗冠”，就是其中的一个典型，论文对其进行了清楚的梳理和考证。

总体把握，局部入手，这是大课题研究的途径。就高句丽考古而言，过去对王城、墓葬、山城、碑刻、壁画、瓦件、陶器等专题研究得比较多，这次郑春颖博士对服饰又进行了全面深入的研究，其他还有不少专题有待研究，诸如高句丽文化起源、宫室建筑、寺院建筑、高句丽乐舞、高句丽对外交通与交流、高句丽天象图等等。当然，过去研究过的专题仍有进一步研究的必要。对于高句丽历史的研究，同样如此。只有一个个专题研究好了，那么高句丽考古与历史的整体研究就会更加充实和提高。希望类似《高句丽服饰研究》这样的研究专著不断问世。

魏存成
2015 年 1 月 18 日写于吉林大学

第一章　绪论

第一节　解题

“高句丽”一词，有高句丽族、高句丽县、高句丽政权三层含义。朱蒙建国前，辽宁新宾境内已经存在一个被称为句骊胡、句丽蛮夷的高句丽部族。汉武帝灭朝鲜设四郡，于其部族所在地设高句丽县。汉元帝建昭二年（公元前37年），夫余人朱蒙率部南迁，又依此县名建高句丽政权。该政权在历史上延续七百余年，直至唐高宗总章元年（668年）灭亡。

高句丽政权建立初期，势力单薄，仅据浑江中游。后经琉璃明王、大武神王、太祖大王、故国川王、美川王等几代君王潜心经营，疆域扩展迅猛。东汉时期，以桓仁、集安、通化地区为中心，西边占据新宾一带，北到辉发河流域和第二松花江上游，与夫余相接，东至延边，南到清川江，与乐浪为邻。公元四世纪初，占领乐浪、带方，南边界发展至大同江、载宁江流域。公元五世纪初，占据辽东之地。公元五世纪后期，长寿王率兵攻破百济都城，势力达到汉江流域。至此，高句丽政权统治范围达到极限。

在这片广阔的土地上发现大批具有鲜明民族特征和地域风格的墓葬、城址和遗物，学界一般统称为高句丽遗存。遗存中服饰资料甚为丰沛，壁画墓绘有穿着各种式样服饰的人物图像，簪、钗、耳环、耳坠、指环、镯子、带扣、带铸等出土饰物种类繁多，数量丰富。本书以这些服饰资料及文献中有关高句丽服饰的记载作为主要研究对象。

服饰有广义、狭义之别，广义服饰是服装与饰物的总称，泛指各种人体妆饰；狭义服饰是服装的别称，仅包括衣服鞋帽。本书所论服饰为广义服饰，根据高句丽遗存中服饰资料的保存情况，参照文献相关记载，本书所涉服饰内容，主要包括发式、发饰、面妆、冠帽、衣裳、裈裤、鞋履、耳饰、手饰和带饰等几方面。

公元四世纪中叶以后，高句丽壁画中逐渐出现大量莲花、护法狮子、飞天、莲花化生童子、菩萨、仙人，乃至僧侣形象。仙道、飞天、菩萨、佛像、僧侣所穿服饰皆为专门之学。因时间和能力所限，书中虽有涉及，但不作为论述中心，本书研究重点是高句丽遗存中所见世俗服饰。

第二节 主要研究资料

服饰研究参考资料，一般包括文献、图像和实物三类。文献是见诸于各种载体的文字记录。图像是壁画、器物画、造像、各类俑展现的直观形象。实物是来自于考古发掘的各种物件。本书研究资料主要包括文献记录、高句丽壁画描绘人物形象及各种出土饰物、织物三类。

一 文献史料

主要参考史料有十二家正史《高句丽传》、梁元帝《职贡图序》、陈大德《高丽记》、张楚金《翰苑》、杜佑《通典》、郑樵《通志》、李昉《太平御览》、王钦若《册府元龟》、金富轼《三国史记》等。因各类文献存在因循、增改、删节等复杂的承转关系，在使用之前有必要通过比较不同版本，正本清源，给予其准确的时效性定位。

1. 十二家正史《高句丽传》

《二十五史》中有十二家设立《高句丽传》[①]，其中十一家载有高句丽服饰相关内容，依据史料承继关系及时间断代可将其分为四类：

第一类，包括《三国志·高句丽传》《后汉书·高句骊传》《梁书·高句骊传》《南史·高句丽传》四家。

《三国志·高句丽传》对三国之前高句丽历史加以总结，主要史料来源是鱼豢的《魏略·高句丽传》。[②]《后汉书·高句骊传》与《梁书·高句骊传》主要以《三国志·高句丽传》为依据。[③]《南史·高句丽传》风俗概述部分源自《梁书·高句骊传》。[④] 此类所载服饰内容相近，代表性表述，为：其公会，衣服皆锦绣，金银以自饰。大加、主簿头著帻，如帻而无余，小加著折风，形如弁。《魏略》成书于公元 255 年左右，《三国志》成书时间为公元 280—290 年之间。

第一类的《高句丽传》是研究高句丽民族与政权形成初期至公元三世纪中后期高句丽服饰情况的主要参考史料。

第二类，包括《魏书·高句丽传》与《南齐书·高丽传》两家。

《魏书·高句丽传》所载服饰内容主要来自北魏世祖遣员外散骑侍郎李敖出使平壤时的见闻，《三国史记·长寿王本纪》记载出使时间在长寿王二十三年，即公元

① 案：十二家正史“四夷传”下设《高句丽传》，“高句丽”有时写为“高句骊”或“高丽”。这里统称为《高句丽传》。

② 郑春颖：《〈魏志·高句丽传〉与〈魏略·高句丽传〉比较研究》，《北方文物》2008 年第 4 期，第 84—91 页。

③ 郑春颖：《〈梁书·高句丽传〉史源学研究》，《图书馆理论与实践》2009 年第 11 期，第 53—58 页；郑春颖：《〈后汉书·高句骊传〉史源学研究》，《中国边疆史地研究》2010 年第 1 期，第 115—124 页。

④ 郑春颖：《〈南史·高句丽传〉史料价值刍议》，《东北亚研究论丛》2009 年第 3 辑，第 111 页。

435 年。[1] 其载高句丽“头著折风，其形如弁，旁插鸟羽，贵贱有差。其公会，衣服皆锦绣，金银以为饰”。[2]

《南齐书》记述南朝萧齐王朝，自齐高帝建元元年（479 年）至和帝中兴二年（502 年）二十三年的史事，成书于梁天监年间（502—537 年）。《南齐书·高丽传》载中书郎王融曾戏弄高句丽使人问之“头上定是何物?”使人回答“古弁之遗像”。又载“高丽俗服穷袴，冠折风一梁，谓之帻”。[3] 王融生于公元 467 年，卒于公元 493 年。

第二类的《高句丽传》是研究公元五世纪中期至六世纪初期高句丽服饰情况的主要参考史料。

第三类，包括《周书·高丽传》《隋书·高丽传》《北史·高丽传》等三家。

《周书》与《隋书》均成书于贞观十年（636 年）。《周书》记述了公元 534 年东、西魏分裂至杨坚代周（581 年）为止四十八年的西魏和北周的历史。内容多取材于西魏史官柳虬的史书和隋代牛弘的《周史》。《周书·高丽传》载：“丈夫衣同袖衫、大口袴、白韦带、黄革履。其冠曰骨苏，多以紫罗为之，杂以金银为饰。其有官品者，又插二鸟羽于其上，以显异之。妇人服裙襦，裾袖皆为襈。”[4] 《周书》原本在北宋时已残缺，今本是宋人取《北史》等书补缀而成。

《隋书》记述隋朝自建国（581 年）到灭亡（618 年），近四十年的历史。《隋书》编修时可依据前朝史料并不丰富，仅有王劭在开皇、仁寿时编修的八十卷史书，隋炀帝时王胄等所修《大业起居注》两部，并多散佚。更多的材料来自当事人的记忆，史料主要来源之一是“访求”，令狐德棻建议修书时所说“当今耳目犹接，尚有可凭”，便是此意。隋炀帝三次征讨高句丽，高句丽风俗制度内容可能来源于第一手资料。《隋书·高丽传》载：“人皆皮冠，使人加插鸟羽。贵者冠用紫罗，饰以金银。服大袖衫，大口袴，素皮带，黄革屦。妇人裙襦加襈。”[5]

《北史·高丽传》所载服饰内容是《魏书·高句丽传》《周书·高丽传》《隋书·高丽传》相关内容的合编。[6]

第三类的《高句丽传》是研究六世纪中前期至七世纪前期高句丽服饰情况的基本史料。

第四类，包括《旧唐书·高丽传》与《新唐书·高丽传》二家。

《旧唐书》成书于后晋出帝开元二年（945 年），《旧唐书·高丽传》史料来源主要有《三国志·高句丽传》《后汉书·高句骊传》《魏书·高句丽传》《周书·高

---

① ［韩］李丙焘监制，金贞培校勘：《三国史記》，景仁文化社 1977 年版，第 142 页；金富轼著，孙文范等校勘：《三国史记》，吉林文史出版社 2003 年版，第 225 页。

② 魏收：《魏书》，中华书局 2000 年版，第 1498 页。

③ 萧子显：《南齐书》，中华书局 2000 年版，第 687 页。

④ 令狐德棻：《周书》，中华书局 2000 年版，第 600 页。

⑤ 魏征：《隋书》，中华书局 2000 年版，第 1218 页。

⑥ 郑春颖：《浅析〈北史·高丽传〉的史料价值》，《东北亚研究论丛》2010 年第 4 辑，第 81—85 页。

丽传》《隋书·高丽传》《北史·高丽传》《奉使高丽记》《唐太宗实录》《唐高宗实录》《则天皇后实录》《通典》等。《新唐书》成书于宋嘉佑五年（1060年），《新唐书·高丽传》史料来源主要有《周书·高丽传》《奉使高丽记》《唐太宗实录》《唐高宗实录》《旧唐书·高丽传》《唐会要》《通典》《贞观政要》、《泉男生墓志》等。①

《旧唐书·高丽传》所载“唯王五彩，以白罗为冠，白皮小带，其冠及带，咸以金饰。官之贵者，则青罗为冠，次以绯罗，插二鸟羽，及金银为饰，衫筒袖，裤大口，白韦带，黄韦履。国人衣褐戴弁，妇人首加巾帼。”② 增加部分服饰新史料，但亦有内容因袭《隋书·高丽传》。《新唐书·高丽传》所载“王服五采，以白罗制冠，革带皆金扣。大臣青罗冠，次绛罗，珥两鸟羽，金银杂扣，衫筒袖，裤大口，白韦带，黄革履。庶人衣褐，戴弁。女子首巾帼”③ 与《旧唐书·高丽传》文辞稍异，内容一样，可能是前者的因循。

又《旧唐书·音乐志》载：“高丽乐，工人紫罗帽，饰以鸟羽，黄大袖，紫罗带，大口裤，赤皮靴，五色绦绳。舞者四人，椎髻于后，以绛抹额，饰以金珰。二人黄裙襦，赤黄裤，极长其袖，乌皮靴，双双并立而舞。”④

第四类的《高句丽传》是研究公元七世纪前期到七世纪中后期高句丽服饰情况的主要参考史料。

2.《翰苑》《职贡图序》与《高丽记》

《翰苑》，唐人张楚金撰，雍公睿注。据作者《后叙》说，显庆五年（660年）三月十二日，在并州太原县廉平里，梦见孔子，“感而有述，遂著是书”。《新唐书·艺文志》“类书”和“总集”两个子目录均载此书，《崇文总目》《宋史·艺文志》亦有记载，南宋之后不见记录，故学界一般认为此书南宋时便以失传。日本有幸保存其中残篇——第三十卷《藩夷部》，该部《高丽》条下录有高句丽史料。1977年吉川弘文馆出版竹内理三编集的《翰苑》，书中除“京大旧抄本”的影印本外，尚有注释、校勘、解说等内容。⑤

《翰苑·藩夷部·高丽》载：“配刀砺而见等威，（插）金羽以明贵贱。”⑥《翰苑》成于唐高宗显庆五年（660年）左右。⑦

---

① 姜维东：《两唐书〈高丽传〉史源考》，《东北亚研究论丛》2009年第3辑，第103—110页。

② 刘昫：《旧唐书》，中华书局2000年版，第3619页。

③ 欧阳修、宋祁：《新唐书》，中华书局2000年版，第4699—4700页。

④ 刘昫：《旧唐书》，中华书局2000年版，第722页。

⑤ 明学、中澍：《一份更为可信的高句丽史料——关于〈翰苑·蕃夷部〉注引〈高丽记〉佚文》，《学术研究丛刊》1986年第5期，第71—79页；张楚金：《翰苑》，见金毓黻编《辽海丛书》，辽沈书社1985年版，第2509—2529页；［日］竹内理三校訂·解説：《翰苑》，吉川弘文館1977年版。

⑥ 张楚金：《翰苑》，见金毓黻编《辽海丛书》，辽沈书社1985年版，第2519页；［日］竹内理三校訂·解説：《翰苑》，吉川弘文館1977年版，第48页。

⑦ 明学、中澍：《一份更为可信的高句丽史料——关于〈翰苑·蕃夷部〉注引〈高丽记〉佚文》，《学术研究丛刊》1986年第5期，第71—79页。

《翰苑·藩夷部·高丽》注引梁元帝《职贡图序》："高骊妇人衣白，而男子衣结锦，饰以金银。贵者冠帻而（无）后，以金银为鹿耳，加之帻上，贱者冠析（折）风。穿耳以金环，上白衣衫（上衣曰衫），下白长袴（下曰长袴），腰（要）有银带，左佩砺而右佩五子刀，足履豆礼韦沓（鞜）。"① 余太山认为《职贡图》图序作于公元541年。②

《翰苑·藩夷部·高丽》注引《高丽记》："其人亦造锦，紫地缬文者为上，次有五色锦，次有云布锦，又（有）造白叠布、青布而尤佳，又造鄣曰（日），华言接篱，其毛即靺鞨猪发也。"③ 陈大德《奉使高丽记》成书于唐太宗贞观十五年（641年）。④

此类文献是研究公元六世纪中期至公元七世纪中期高句丽服饰情况的重要参考史料。

3.《通典》《通志》《文献通考》

杜佑《通典》记述唐天宝以前历代政治、经济、礼法、兵刑等方面典章制度及地志、民族相关史料，是我国历史上第一部体例完备的政书。该书唐大历初年起稿，六年（771年）草成，贞元十七年（801年）进呈。

《通典·边防二·东夷·高句丽》载有三条服饰相关资料：第一条，"其公会，衣服皆锦绣，金银以自饰。大加、主簿皆著帻，如冠帻而无后。其小加著折风，形如弁"。⑤ 与《后汉书·高句骊传》内容相同。第二条，"父母及夫丧，其服制同于华夏，兄弟则服以三月"。⑥ 与《周书·高丽传》内容相似。第三条，"南齐武帝永明中，高丽使至，服穷裤折风，中书郎王融戏之曰：'服之不衷，身之灾也。头上定是何物？'答曰：'此即古弁之遗像也'"。⑦ 与《南齐书·高丽传》内容相似。此三条史料可能出自上述三家《高句丽传》。

又《通典·四方乐·高丽乐》载："高丽乐，工人紫罗帽，饰以鸟羽，黄大袖，紫罗带，大口袴，赤皮靴，五色绦绳。舞者四人，椎髻于后，以绛抹额，饰以金珰。二人黄裙襦，赤黄袴；二人赤黄裙，襦裤。极长其袖，乌皮靴，双双并立而舞……大唐武太后时尚二十五曲，今唯能习一曲，衣服亦寖衰败，失其本风。"与《旧唐书·音乐志》相同，当出于此。⑧

郑樵《通志》是一部以人物为中心的纪传体通史，记事始自三皇五帝终于隋

---

① 张楚金：《翰苑》，见金毓黻编《辽海丛书》，辽沈书社1985年版，第2519页；［日］竹内理三校訂·解説：《翰苑》，吉川弘文館1977年版，第48—49页。

② 余太山：《〈梁书·西北诸戎传〉与〈梁职贡图〉——兼说今存〈梁职贡图〉残卷与裴子野〈方国使图〉的关系》，《燕京学报》1998年第5期，第93—123页。

③ 张楚金：《翰苑》，见金毓黻编《辽海丛书》，辽沈书社1985年版，第2520页；［日］竹内理三校訂·解説：《翰苑》，吉川弘文館1977年版，第49页。

④ 高福顺、姜维公、戚畅：《〈高丽记〉研究》，吉林文史出版社2003年版。

⑤ 杜佑：《通典》，中华书局1992年版，第5011页。

⑥ 同上。

⑦ 同上书，第5013页。

⑧ 同上书，第3722—3723页。

代。因在记录典章制度方面尤为突出，与《通典》、《文献通考》并称“三通”。该书成书于南宋绍兴十七年（1147年）。

《通志·四夷传·东夷·高句丽》载有三条服饰相关资料：第一条，“其公会，衣服皆锦绣，金银以为饰。大加、主簿皆著帻，如冠帻而无后。其小加著折风，形如弁”。[①] 第二条，“父母及夫丧，其服制同于华夏，兄弟则限以三月”。[②] 第三条，“南齐武帝永明中，高丽使至，服穷裤冠折风，中书郎王融戏之曰：‘服之不衷，身之灾也。头上定是何物？’答曰：‘此即古弁之遗像也’”。[③]《通志》所收服饰资料与《通典·东夷·高句丽》基本相同，唯文字略有差异，可能转引自《通典》。

马端临《文献通考》是一部记载上古到宋朝宁宗时期典章制度的通史，是继《通典》《通志》之后，规模最大的一部记述历代典章制度的著作。该书至元二十七年（1290年）开始纂写，直至元英宗至治二年（1322年）始告竣。全书包括二十四门，三百四十八卷。

《文献通考·四裔二·高句丽》载有五条服饰相关资料：第一条，“其公会，衣服皆锦绣，金银以自饰。大加、主簿皆著帻，如冠帻而无后。其小加著折风，形如弁”[④] 与《后汉书·高句骊传》内容相同。第二条，“人皆头著折风，形如弁，士人加插二鸟羽。贵者其冠曰骨苏，多用紫罗为之，饰以金银。服大袖衫，大口裤，素皮带，黄革履。妇人裙襦加襈”。[⑤] 第三条，“其公会，衣服皆锦绣，金银以为饰”。[⑥] 第四条，“居父母及夫丧，服皆三年，兄弟三月”。[⑦] 均与《北史·高丽传》内容相同。第五条“苏文须甚伟，形体魁杰。衣服冠履皆饰以金彩，身佩五刀，常挑臂高步，意气豪逸，左右莫敢仰视”。[⑧] 此句《旧唐书·高丽传》载为“苏文姓泉氏，须貌甚伟，形体魁杰，身佩五刀，左右莫敢仰视”。[⑨]《新唐书·高丽传》载为：“貌魁秀，美须髯，冠服皆饰以金，配五刀，左右莫敢仰视。”[⑩]《文献通考》此句杂糅两家而成。

《文献通考·四裔二·高句丽》所载服饰资料是上述各家史料的拼合。

4.《太平御览》《册府元龟》《太平寰宇记》

《太平御览》是北宋李昉、李穆、徐铉等学者奉敕编纂的一部大型类书。全书以天、地、人、事、物为序，分成五十五部，五百五十门。书中共引用古书一千多

① 郑樵：《通志》，中华书局1987年版，第3112页。
② 同上。
③ 同上书，第3113页。
④ 马端临：《文献通考》，中华书局1986年版，第2555页。
⑤ 同上书，第2556页。
⑥ 同上书，第2556页。
⑦ 同上书，第2556页。
⑧ 同上书，第2557页。
⑨ 刘昫：《旧唐书》，中华书局2000年版，第3621页。
⑩ 欧阳修、宋祁：《新唐书》，中华书局2000年版，第4701页。

种，保存大量今已亡佚的宋以前的珍贵文献资料，具有极高的辑佚价值。该书始撰于太平兴国二年（977 年）三月，成书于八年（983 年）十月。

《太平御览·四夷部四·东夷四·高句丽》载有五条服饰相关史料。第一条，“［大］加着帻，如帻无后；其小加着折风，形如弁”。[①] 出自《魏略》。第二条，“人皆土着，随山谷而居，衣布帛皮”。第三条，“人皆头著折风，形如弁，士人加插二鸟羽。贵者其冠曰骨苏，多用紫罗为之，饰以金银。服大袖衫，大口裤，素皮带，黄革屦。妇人裙襦加襈”。第四条，“居父母及夫丧，皆三年，兄弟三月。”[②] 均出自《北史·高丽传》。第五条，“衣裳服（食）［饰］，唯王五彩，以白罗为冠，白皮小带，其冠及带，咸以金饰。官之贵者，则青罗为冠，次以绯罗，插二鸟羽，及金银为饰。衫（简）［筒］袖，裤大口，白韦带，黄韦履。国人衣褐戴弁，妇人首加巾帼”。[③] 出自《旧唐书·高丽传》。

《册府元龟》是北宋王钦若、杨亿等十八人奉命编修的一部千卷类书。该书以经、史为主，兼及秦汉诸子，采摭历代君臣事迹，分类编纂，勒成一千一百零四门。书创议编纂于宋真宗于景德二年（1005 年），于大中祥符六年（1013 年）八月终告完成。“册府”是帝王藏书的地方，“元龟”即大龟，古代用以占卜大事，寓意作为后世帝王治国理政的借鉴。

《册府元龟·外臣部四·土风·高句丽》载有条服饰相关资料：第一条，“其公会，衣服皆锦绣，金银以自饰。大加、主簿皆著帻，如冠帻而无后。其小加著折风，形如弁”。[④] 与《后汉书·高句骊传》内容相同。第二条，“居父母及夫之丧，服皆三年，兄弟三月”。[⑤] 与《隋书·高丽传》内容相同。第三条，“丈夫衣同袖衫，大口裤，白韦带，黄革履。其冠曰骨苏，多以紫罗为之，杂以金银为饰。其有官品者，又插二鸟羽於其头上，以显异之。妇人服裙襦，袖皆为襈”。[⑥] 与《周书·高丽传》内容相同。

《太平寰宇记》是乐史在宋太宗太平兴国年间（976—983 年）编修的一部地理总志。该书前一百七十一卷依宋初所置河南、关西、河东、河北等十三道，分述各州府沿革、风俗、姓氏、人物、土产等人文史地概况。后二十九卷立“四夷传”，记述周边各族情况。

《太平寰宇记·东夷二·高句丽国》载有条服饰相关史料：第一条，“其公会，衣服皆锦绣，金银以自饰。大加、主簿皆著帻，如冠帻而无后。其小加著折风，形如弁”。[⑦] 与《后汉书·高句骊传》内容相同。第二条，“南齐武帝永明中，高丽使

① 李昉等：《太平御览》，中华书局 1959 年版，第 3467 页。

② 同上书，第 3468 页。

③ 同上书，第 3469 页。

④ 王钦若等：《册府元龟》，中华书局 1996 年版，第 11281 页。

⑤ 同上书，第 11282 页。

⑥ 同上。

⑦ 乐史：《太平寰宇记》，中华书局 2007 年版，第 3310 页。

至，服穷裤，冠折风，中书郎王融戏之曰：‘服之不衷，身之灾也。头上定是何物？’答曰：‘此即古弁之遗像也’”。[①] 与《南齐书·高丽传》内容相似。第三条，“苏文须甚伟，形体魁杰。衣服冠履皆饰以金彩，身佩五刀，常挑臂高步，意气豪逸，左右莫敢仰视”。[②] 与《文献通考·四裔二·高句丽》内容相同。第四条，“父母及夫丧，其服制同于华夏，兄弟则服以三月”。[③] 与《周书·高丽传》内容相似。

5.《三国史记》

《三国史记》是金富轼在高丽仁宗二十三年（1145 年）奉命编修的一部纪传体断代史。该书上起新罗建国，下至新罗敬顺王投降高丽，跨时 992 年，较为详尽地叙述了新罗（前 57—935 年）、高句丽（前 37—668 年）、百济（前 18—660 年）争雄朝鲜半岛的历史。主要史料包括《尚书》《春秋》《左传》《孟子》《史记》《汉书》《后汉书》《晋书》《南齐书》《梁书》《魏书》《南史》《北史》《旧唐书》《新唐书》《资治通鉴》《册府元龟》《通典》《古今郡国志》《括地志》等中国古代文献典籍，还包括《三韩古记》《海东古记》《新罗古记》《帝王年代历》《鸡林杂传》等朝韩古代文献。[④]

《三国史记》卷三十三《志二·色服》载，“高句丽、百济衣服之制，不可得而考，今但记见于中国历代史书者”。[⑤] 之后，转引《北史》《新唐书》《册府元龟》相关内容。载为：

《北史》云：“高丽人皆头着折风，形如弁，士人加插二鸟羽。贵者其冠曰苏骨，多用紫罗为之，饰以金银。服大袖衫，大口裤，素皮带，黄革履。妇人裙襦加襈。”

《新唐书》云：“高句丽王服五采，以白罗制冠，革带皆金扣。大臣青罗冠，次绛罗，珥两鸟羽，金银杂扣，衫筒（筩）袖，裤大口，白韦带，黄革履。庶人衣褐，戴弁。女子首巾帼。”

《册府元龟》云：“高句丽，其公会皆锦绣，金银以自饰。大加、主簿皆着帻，如冠帻而无后。其小加着折风，形如弁。”[⑥]

《三国史记·志二·色服·高句丽》所录内容与《北史》《新唐书》《册府元龟》今日通行各版本所载内容基本相同，唯个别文字偶有差别。

---

① 乐史：《太平寰宇记》，中华书局 2007 年版，第 3311 页。

② 同上书，第 3314 页。

③ 同上书，第 3319 页。

④ ［韩］李丙焘监制，金贞培校勘：《三国史记》，景仁文化社 1977 年版，第 299 页；［韩］赵炳舜：《增修补注三国史记》，诚庵古书博物馆 1984 年版，第 619 页；金富轼著，孙文范等校勘：《三国史记》，吉林文史出版社 2003 年版，第 415 页。

⑤ 同上。

⑥ ［韩］李丙焘监制，金贞培校勘：《三国史记》，景仁文化社 1977 年版，第 299 页；［韩］赵炳舜：《增修补注三国史记》，诚庵古书博物馆 1984 年版，第 620 页；金富轼著，孙文范等校勘：《三国史记》，吉林文史出版社 2003 年版，第 415 页。

上述史料中正史《高句丽传》史料价值较大，可信度较高，多被中外典籍征引。在史料价值评定中，若发现他处记载与正史《高句丽传》相矛盾，如无确实证据，以正史《高句丽传》为准。虽然原则上，史家编修史书以“不虚美、不隐恶”的实录精神为尚，但是，在实际编写过程中，史家所居时代的思想、观念、语言、称谓都会对史书行文产生影响，所以前朝历史中经常会浮现后代的影子。对于正史《高句丽传》而言，史家记录的高句丽服饰情况是前朝的遗像，还是史家所处时代的解读，要结合各方材料仔细剖析。前文所设定年代，可为参考（附表1 高句丽服饰史料分类统计表）。

二　壁画图像

高句丽壁画墓所绘服饰图像是对现实生活中先民所穿服饰的临摹。虽然在细节方面，可能与实物存在些许差别，如服装颜色，因涂料不备，存在色差。但从整体来看，在没有服饰实物，特别是衣裳，出土的前提下，它是了解某一地区某一时段某类人群所穿服饰基本情况的最有价值的参考资料。与抽象的文字记载相比，它具有直观性、形象性的特点。通过观察服饰图像，可以直接获取有关服饰形制构成，图案纹饰，搭配组合等方面的基本信息。

高句丽壁画墓主要集中分布在中国吉林、辽宁两省和朝鲜的平壤市、南浦市、平安南道、黄海南道、黄海北道。（图一中国境内主要高句丽壁画墓分布图、图二朝鲜境内主要高句丽壁画墓分布图）

中国境内高句丽壁画墓迄今共发现38座，其中，吉林省集安市36座，辽宁省桓仁满族自治县1座，抚顺市1座。[①] 38座高句丽壁画墓中有16座墓葬壁画绘有人物服饰，分为角觝墓、舞踊墓、麻线沟1号墓、通沟12号墓、山城下332号墓、长川2号墓、折天井墓、禹山下41号墓、长川1号墓、长川4号墓、环纹墓、三室墓、美人墓、四神墓、五盔坟4号墓、五盔坟5号墓。在这些墓葬的墓门、墓道（甬道）、耳室（前室）、通道、主室的四壁和藻井上绘有身着各种服饰的人物形象（附表2 中国境内主要高句丽壁画墓服饰统计表）。

朝鲜境内高句丽壁画墓迄今共发现81座。其中，平壤市29座，南浦市22座，平安南道14座，黄海南道11座，黄海北道5座。[②] 81座高句丽壁画墓中35座墓葬壁画绘有人物服饰，分为安岳3号墓、台城里3号墓、台城里1号墓、台城里2号

① 耿铁华：《高句丽古墓壁画研究》，吉林大学出版社2008年版，第46页；魏存成：《高句丽遗迹》，文物出版社2002年版。案：集安市36座分布情况，禹山墓区11座，万宝汀墓区4座，山城下墓区14座，麻线墓区1座，下解放墓葬3座，长川墓区3座。

② 赵俊杰：《4—7世纪大同江、载宁江流域封土石室墓研究》，吉林大学，博士论文，2009年，第254页；郑春颖：《高句丽遗存所见服饰研究》，吉林大学，博士论文，2011年，第7、359—438页；朴灿奎、郑京日：《玉桃里——朝鲜南浦市龙岗郡一带历史遗迹》，香港亚洲出版社2011年版；［日］早乙女雅博、青木繁夫：《東山洞高句麗壁画古墳の共同学术調査》，《日本考古学協会第77回総会大会発表要旨》（40），2011年5月28—29日，第96—97页；耿铁华：《高句丽古墓壁画研究》，吉林大学出版社2008年版，第7—10页。

墓、德兴里壁画墓、辽东城塚、平壤驿前二室墓、松竹里 1 号墓、龛神塚、高山洞 A7 号墓、金玉里 1 号墓、天王地神塚、药水里壁画墓、东岩里壁画墓、保山里壁画墓、高山洞 A10 号墓、伏狮里壁画墓、月精里壁画墓、八清里壁画墓、安岳 1 号墓、水山里壁画墓、肝城里莲花塚、梅山里四神塚、双楹塚、大安里 1 号墓、安岳 2 号墓、长山洞 1 号墓、牛山里 1 号墓，德花里 1 号墓、德花里 2 号墓，鲁山里铠马塚、江西大墓、龙兴里 1 号墓、玉桃里壁画墓、东山洞壁画墓等（附表 3 朝鲜境内主要高句丽壁画墓服饰统计表）。

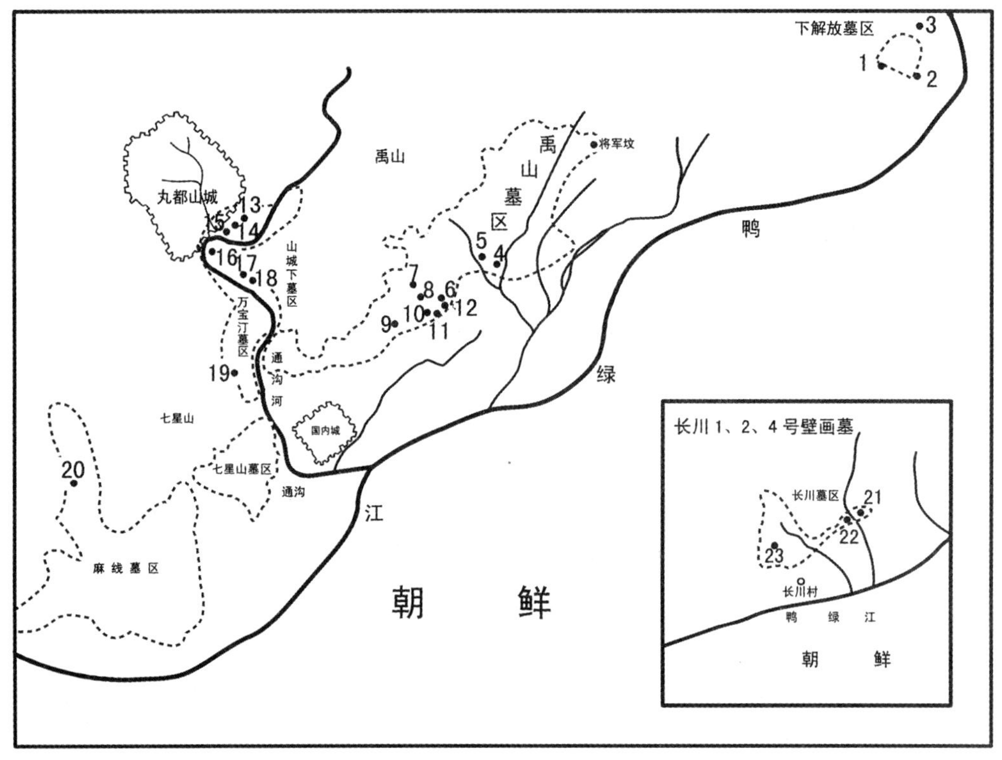

吉林省集安市：1. 冉牟墓 2. 下解放 31 号墓 3. 环纹墓 4. 角觝墓 5. 舞踊墓 6. 禹山下 41 号墓 7. 通沟 12 号墓 8. 散莲花墓 9. 三室墓 10. 四神墓 11. 五盔坟 4 号墓 12. 五盔坟 5 号墓 13. 折天井墓 14. 龟甲莲花墓 15. 美人墓 16. 山城下 983 号墓 17. 山城下 332 号墓 18. 东大坡 363 号墓 19. 万宝汀 1368 号墓 20. 麻线沟 1 号墓 21. 长川 1 号墓 22. 长川 1 号墓 23. 长川 4 号墓

辽宁省桓仁满族自治县：24. 米仓沟将军墓

图一 中国境内主要高句丽壁画墓分布图

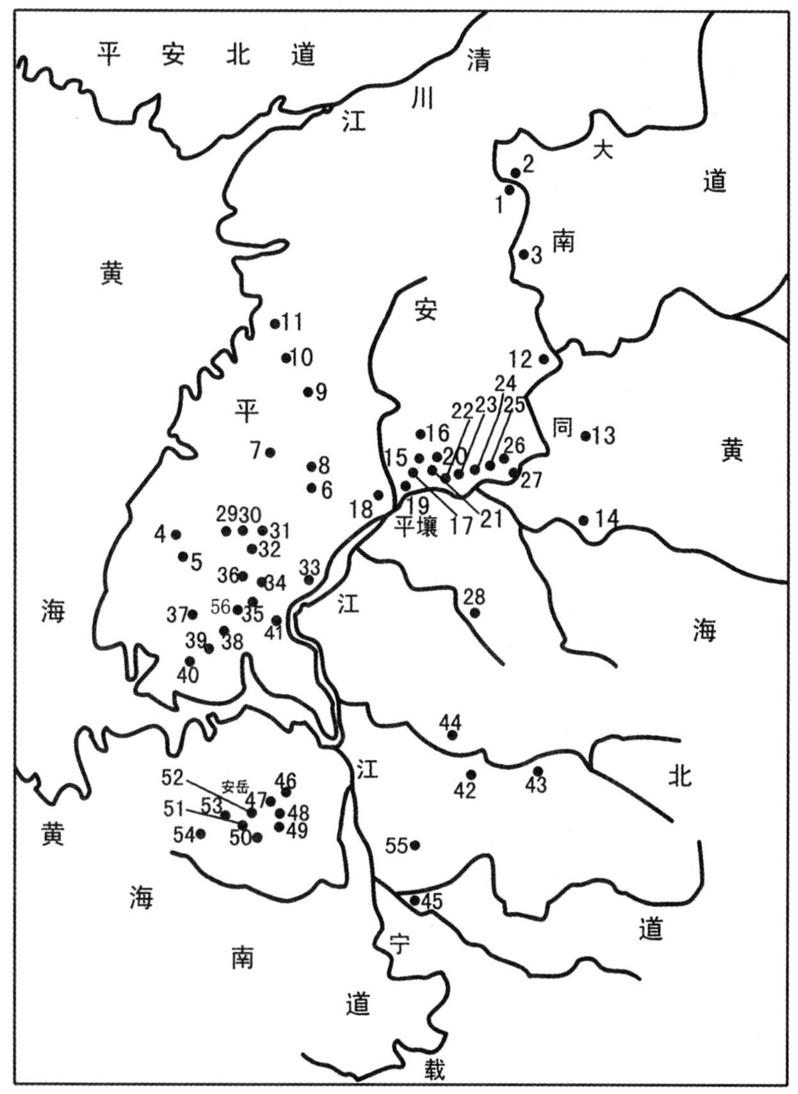

1. 辽东城塚、龙凤里壁画墓　2. 天王地神塚　3. 东岩里壁画墓　4. 麻永里壁画墓　5. 桂明洞壁画墓　6. 大宝面墓群、大宝山里壁画墓　7. 加庄里壁画墓　8. 八清里壁画墓　9. 德花里墓群　10. 云龙里壁画墓　11. 青宝里壁画墓　12. 庆新里墓群　13. 传檀君陵　14. 金玉里墓群　15. 清溪洞墓群　16. 和盛洞墓群　17. 长山洞 1、2 号壁画墓　18. 龙岳山壁画墓　19. 平壤驿前二室墓　20. 大城洞壁画墓　21. 嵋山洞壁画墓　22. 安鹤宫、安鹤洞墓群　23. 高山洞、寺洞、上五里墓群　24. 鲁山洞、青云洞墓群　25. 内里墓群　26. 南京里墓群　27. 湖南里墓群　28. 真坡里、雪梅洞墓群　29. 水山里壁画墓　30. 江西三墓　31. 德兴里壁画墓　32. 药水里壁画墓　33. 保山里壁画墓　34. 台城里墓群、肝城里莲花塚　35. 双楹塚、龙冈大塚　36. 普林里大洞、牛洞、后山里秋洞、内洞墓群　37. 龙兴里墓群　38. 牛山里墓群　39. 梅山里墓群　40. 花上里墓群　41. 大安里 1、2 号墓　42. 松竹里墓群　43. 文化里墓群　44. 昌梅里壁画墓　45. 银波邑壁画墓　46. 伏狮里壁画墓　47. 凤城里 1、2 号壁画墓　48. 坪井里墓群　49. 安岳 1、2 号墓　50. 安岳 3、4 号墓　51. 路岩里壁画墓　52. 安岳邑壁画墓　53. 汉月里壁画墓　54. 月精里壁画墓　55. 御水里壁画墓　56. 玉桃里壁画墓

图二　朝鲜境内主要高句丽壁画墓分布图

两地壁画中，人物形象较为清晰，整体或部分服饰可辨识，或者人物图像已经漫漶不清，但在考古报告中对服饰状况记述比较清楚的个体，总共996人。其中，中国境内壁画墓存288人①，朝鲜境内壁画墓存708人（附表4 高句丽壁画服饰表）。

高句丽壁画服饰图像是本书另一主要参考依据。利用这些图像时，三点情况需要注意：

第一点，高句丽壁画墓年代多在公元四世纪前叶至七世纪中叶之间。起初，壁画主题以墓主人居室生活、出行、狩猎等世俗场景为主。约从公元六世纪中叶开始，壁画墓主题改变，以四神为主，四隅、梁枋和藻井布满瑞兽、莲花、乘龙驾凤的仙人形象。

第二点，高句丽壁画墓所绘生活场景以墓主夫妇为核心。他们及其属吏、侍从、奴仆是画面出现频率最高的人物形象。通过这些图像可以了解墓主夫妇所在阶层服饰文化的基本特征，但高于此阶层，或低于此阶层的人物服饰情况壁画少有体现。

第三点，高句丽壁画墓中壁画主题的文化内涵及壁画人物的身份解读，一直存在争议。如长川1号墓前室南壁壁画内容，考古报告认为是墓主人生前歌舞与进馔场面，其中第一栏描绘了雁行排列的男女歌手10人；李清泉则认为此场景不是一般性的娱乐场面，而是一种送葬仪式，第一栏中男性是墓主下属官吏，至少是士人，非一般歌者。② 前室北壁由捧琴侍女随行的盛装女子，考古报告认为是即将登场的女演员；李清泉认为是墓夫人；徐光辉则认为此图与音乐舞蹈密切相关，很可能同属八部众。③ 人物身份的不同界定必然影响服饰等级性、功用性等文化属性的判断，孰是孰非，需要结合整个墓葬所蕴含的全部信息，以古人择选壁画主题的因由，而不是今人的观念，详细辨析。

三　出土实物

考古发掘中出土的纺织品与服饰实物，包括纺织物残片、纹理痕迹，带扣、冠饰、簪、钗、指环、镯子等各种饰物。纺织品与服饰实物是研究服饰最直观的参考资料。由于纺织品容易腐烂，很难完整保存下来。高句丽地区侥幸保存下来的织物

---

① 中国境内各墓壁画人物服饰汇总表人物总数为288人，加上禹山3319号墓墓门外巨石上绘有的半裸人像及折天井墓残存一人腰部图案，共290人。

② 吉林省文物工作队、集安县文物保管所：《集安长川一号壁画墓》，《东北考古与历史》1982年第1期，第158页；李清泉：《墓葬中的佛像——长川1号壁画墓释读》，见巫鸿《汉唐之间的视觉文化与物质文化》，文物出版社2003年版，第476页。

③ 吉林省文物工作队、集安县文物保管所：《集安长川一号壁画墓》，《东北考古与历史》1982年第1期，第163页；李清泉：《墓葬中的佛像——长川1号壁画墓释读》，见巫鸿《汉唐之间的视觉文化与物质文化》，文物出版社2003年版，第482页；徐光辉：《论长川1号墓前室壁画的性质问题》，见吉林大学边疆考古研究中心《新果集——庆祝林沄先生七十华诞论文集》，科学出版社2009年版，第492页。

很少，长川 2 号墓墓室内，南棺床西北角出土织锦残片。[①] 麻线沟 1 号墓三件半圆形饰片背面留有平纹丝织品残痕。[②] 禹山下 41 号墓一片鎏金铜质带銙背面可见绛红色的麻布残痕。[③]

高句丽遗迹中发现各种饰物三百多件（附表 5 中国境内高句丽遗迹出土饰物统计表、附表 6 朝鲜境内高句丽遗迹出土饰物统计表）根据装饰部位不同，可将饰物分为发饰、冠帽饰物、腰饰、耳饰、手饰五类。发饰，冠帽饰物，带饰中的布帛类，本书分置于妆饰、首服、身衣三节。耳饰，手饰和带饰中的带扣、带銙、铊尾则专设一节分析。

第三节　研究现状

中国学者与韩、朝、日学者，由于对高句丽政权性质见解不同，对高句丽民族构成看法不同，特别是对中朝两地墓葬的性质、分期及年代的界定不同，使得不同学者对高句丽服饰文献及高句丽遗存中所见服饰资料的研究，从目的、内容、侧重点、到结论，都有较大差别。

一　中国学者研究现状

二十世纪八十年代起，中国古代服饰研究大兴。沈从文、孙机、杨泓、周锡保、黄能馥、高春明、华梅等各界学者，从服饰学、历史学、考古学、美学、科技史等不同角度，以服饰通史、服饰断代史、服饰专题研究等多种形式，考证服饰名物，推演服饰发展历程，探究服饰文化内涵，成果丰富，蔚为大观。高句丽遗存所见服饰资料及高句丽服饰史料受到部分学者关注，虽其研究深度、广度，无法与服饰其他领域相媲美，但零散的个案研究，宏观的概貌研究，不绝如缕。

1. 服饰学方面

（1）服饰通史

中国古代服饰史对于高句丽壁画图案偶有涉猎，研究方法多为截取若干人物形象，就其服饰简单描绘，将其作为考证六朝服饰的参照对象。如周锡保《中国古代服饰史》引用高句丽五盔坟 5 号墓、舞踊墓、三室墓、安岳 3 号墓、双楹塚等五座壁画墓中十二个个体形象。[④] 沈从文《中国古代服饰研究》收录高句丽四神墓、五

---

① 吉林省文物工作队：《吉林集安长川二号封土墓发掘纪要》，《考古与文物》1983 年第 1 期，第 26—27 页。

② 吉林省博物馆辑安考古队：《吉林辑安麻线沟一号壁画墓》，《考古》1964 年第 10 期，第 520—528 页。

③ 吉林省博物馆文物工作队：《吉林集安的两座高句丽墓》，《考古》1977 年第 2 期，第 123—131 页。

④ 周锡保：《中国古代服饰史》，中国戏剧出版社 2002 年版，第 36、168—172 页。

盔坟5号墓三位仙人形象。[①] 黄能馥、陈娟娟《中国服饰史》收录舞踊墓男女图像四人，双楹塚两个女子形象。[②]

（2）专题研究

童书业《中国古史籍中的高句丽服饰与通沟出土墓壁画中的高句丽服饰》将正史有关高句丽服饰记载与舞踊墓、角觝墓、三室墓中壁画图像相互印证，初步分析高句丽民族服饰的基本形制。[③] 尹国有《高句丽妇女面妆与头饰考》认为安岳3号墓和水山里壁画墓中女主人面部饰有的"花钿"与高耸式的发式和长川1号墓北壁伎乐表演女子的妆容与步摇头饰都是中国古代中原妇女的传统妆饰，它们出现在高句丽壁画中体现了高句丽文化与中原文化的联系。[④] 张劲锋《鸟羽——独特的高句丽帽饰》简单地分析了鸟羽在高句丽帽饰中的发展、演化及作用，并将折风与鷸冠归为一类。[⑤] 鸿鹄《关于高句丽纺织品之我见——以分析〈高丽记〉史载为中心》认为高句丽丝织技术的出现、发展与内地人口的迁入有关，《翰苑》所载高句丽特产"白叠布"、"青布"是麻纺织品，"鄣曰"是遮阳帽[⑥]。孙金花《从高句丽人服饰面料看其对长白山区自然资源的开发与利用》对文献记载、壁画图像及出土实物中皮毛、丝、麻等高句丽服饰面料加以考察，并进一步分析高句丽人对长白山区自然资源的开发和利用。[⑦]

王纯信《高句丽服饰考略》对高句丽服饰的性别等级差异性、纺织裁剪缝纫技术的发展及高句丽服饰的民族特色等问题进行研究。[⑧] 宋磊《高句丽服饰研究扫描》从服饰形态、不同身份服饰及高句丽服饰与中原文化的关系等方面，较为系统地总结了近二十年来高句丽服饰研究的基本情况。[⑨] 郑春颖《高句丽"鄣曰"考》通过考辨"鄣日"与"接篱"两词的含义，认为"鄣曰"不是遮风避雨的大檐凉帽，而是用于包裹头发的巾帕类纺织物。[⑩] 崔龙国《集安高句丽壁画的服饰审美剖析》认为高句丽壁画以叙事的绘画方式记载了当时人的现实生活，高句丽服饰艺术是当时社会和文化的审美性与创造性相统一的审美现象，体现出"天人合一"的审美意

① 沈从文：《中国古代服饰研究》，上海书店出版社2005年版，第53、166、258页。

② 黄能馥、陈娟娟：《中国服饰史》，上海人民出版社2005年版，第209—210页。

③ 童书业：《中国古史籍中的高句丽服饰与通沟出土墓壁画中的高句丽服饰》，《文物周刊》1948年2月4日。

④ 尹国有：《高句丽妇女面妆与头饰考》，《通化师范学院学报》1999年第1期，第37—40页。

⑤ 张劲锋：《鸟羽——独特的高句丽帽饰》，《通化师范学院学报》2000年第3期，第34—36页。

⑥ 鸿鹄：《关于高句丽纺织品之我见——以分析《高丽记》史载为中心》，《社会科学战线》2007年第4期，第182—184页。

⑦ 孙金花：《从高句丽人服饰面料看其对长白山区自然资源的开发与利用》，《通化师范学院学报》2007年第9期，第7—9页。

⑧ 王纯信：《高句丽服饰考略》，《通化师范学院学报》1997年第3期，第72—76页。

⑨ 宋磊：《高句丽服饰研究扫描》，《通化师范学院学报》2007年第1期，第5—6页。

⑩ 郑春颖：《高句丽"鄣曰"考》，《兰台世界》2009年第15期，第74页。

境，具有含蓄、优雅、自然的审美特征。①

2. 历史学方面

刘子敏《高句丽历史研究》的《高句丽礼俗》下设“服饰”专题，简述高句丽服饰面料及典型冠帽的概貌。② 杨春吉、耿铁华主编《高句丽历史与文化研究》收录曾宪姝《高句丽的服饰》一文，该文从官员服饰、百姓服饰、男子服饰与女子服饰四方面分析了高句丽服饰的等级与性别差异。③ 耿铁华《中国高句丽史》“高句丽手工业”及“高句丽文化中的壁画艺术”等专题涉及高句丽纺织技术、壁画人物服饰等相关内容。④ 刘子敏、苗威《中国正史〈高句丽传〉详注及研究》中《周书·高丽传》下设高句丽人的服饰一节。⑤ 姜维东、郑春颖《正史〈高句丽传〉校注》亦有服饰方面的注释。⑥ 李岩《先秦儒家服饰观与高句丽等级服饰》《先秦冠制对高句丽冠帽之影响》两篇文章分别通过分析先秦儒家服饰观及先秦冠制的基本情况，从两个侧面论证高句丽服饰文化与中原服饰文化的同根同源性。⑦

温玉成《集安长川一号高句丽墓佛教壁画研究》在对长川 1 号墓壁画内容和布局深入分析的基础上，通过设色用笔、佛像、飞天、莲花化生童子、八大供养天人的服饰与姿态推断长川 1 号墓年代在公元 400 至 430 年之间。⑧ 李清泉《墓葬中的佛像——长川 1 号壁画墓释读》对墓葬壁画内容与构图、人物服饰特征与身份深度辨析，并深入探讨墓葬中佛教图像的意义等问题。⑨ 杨森《敦煌壁画中的高句丽、新罗、百济人形象》通过所见高句丽、新罗、百济人图像研究，认定敦煌壁画中存在高句丽、新罗、百济等国人图像，并进而论证大唐与东北亚周边各国各民族的友好关系。⑩

3. 考古学方面

（1）发掘报告

考古报告对高句丽壁画中人物服饰均有简单描绘与形制分析。如《吉林辑安五

---

① 崔龙国：《集安高句丽壁画的服饰审美剖析》，《东北史地》2010 年第 2 期，第 35—37 页。

② 刘子敏：《高句丽历史研究》，延边大学出版社 1996 年版，第 116 页。

③ 曾宪姝：《高句丽的服饰》，见杨春吉、耿铁华《高句丽历史与文化研究》，吉林文史出版社 1997 年版。

④ 耿铁华：《中国高句丽史》，吉林人民出版社 2002 年版，第 425—427，554—567 页。

⑤ 刘子敏、苗威：《中国正史〈高句丽传〉详注及研究》，香港亚洲出版社 2006 年版，第 151 页。

⑥ 姜维东、郑春颖：《正史〈高句丽传〉校注》，吉林人民出版社 2006 年版。

⑦ 李岩：《先秦儒家服饰观与高句丽等级服饰》，《通话师范学院学报》2009 年第 11 期，第 13—15 页；李岩：《先秦冠制对高句丽冠帽之影响》，《通化师范学院学报》2011 年第 3 期，第 4—8 页。

⑧ 温玉成：《集安长川一号高句丽墓佛教壁画研究》，《北方文物》2001 年第 2 期，第 32—38 页。

⑨ 李清泉：《墓葬中的佛像——长川 1 号壁画墓释读》，见巫鸿《汉唐之间的视觉文化与物质文化》，文物出版社 2003 年版，第 471—501 页。

⑩ 杨森：《敦煌壁画中的高句丽、新罗、百济人形象》，《社会科学战线》2011 年第 2 期，第 102—112 页。

盔坟四号与五号墓清理略记》[①]《吉林集安通沟十二号高句丽壁画墓》[②]《吉林辑安麻线沟一号壁画墓》[③]《吉林集安两座高句丽墓》[④]《集安洞沟三室墓壁画著录补正》[⑤]《吉林集安长川二号墓发掘纪要》[⑥]《集安长川一号壁画墓》[⑦]《集安洞沟三座壁画墓》[⑧]《吉林集安五盔坟四号墓》[⑨] 等等。

（2）专题研究

孙仁杰《集安出土的高句丽金饰》介绍集安地区出土的高句丽金质指环、手镯、发饰以及坠饰资料，并在坠饰分类研究的基础上，探讨各类坠饰的用途。[⑩] 张雪岩《集安出土高句丽金属带饰的类型及相关问题》对高句丽带具中的带扣、带铐及铊尾进行分类研究，并深入探讨带具中蹀躞带带铐的工艺、纹样、年代等问题。[⑪] 范鹏《高句丽民族服饰的考古学观察》分从首服、服装和饰物三方面总结高句丽民族服饰的特点，并进一步指出高句丽服饰受到中原服饰的影响，与百济、新罗服饰之间存在着频繁的文化交流。[⑫] 郑春颖《长川一号壁画中所见高句丽服饰研究》从发式、首服、短襦裤、长襦裙及鞋履等方面较为详细地分析长川一号壁画墓所绘服饰基本特征，并尝试探讨高句丽民族传统服饰在政治等级、性别差异、礼仪功用等方面存在的特性。[⑬]

4. 民族学与风俗学方面

张志立《高句丽风俗研究》第一部分《高句丽服饰习俗》，将文献记载与壁画图像相结合，从发饰、冠帽、服饰、鞋等几方面论述高句丽服饰的基本特点。[⑭] 阎海《高句丽物质民俗初探》《高句丽服饰习俗》一节，从服饰色彩、饰物、头衣、体衣和足衣等几方面入手，参照正史《高句丽传》，概述高句丽服饰基本风貌。[⑮] 李殿福《高句丽的古墓壁画反映高句丽社会习俗的研究》按照人物身份不同简述高句

---

① 吉林省博物馆：《吉林辑安五盔坟四号与五号墓清理略记》，《考古》1964 年第 2 期，第 59—66 页。

② 王承礼、韩淑华：《吉林集安通沟十二号高句丽壁画墓》，《考古》1964 年第 2 期，第 67—72 页。

③ 吉林省博物馆辑安考古队：《吉林辑安麻线沟一号壁画墓》，《考古》1964 年第 10 期，第 520—528 页。

④ 吉林省博物馆文物工作队：《吉林集安两座高句丽墓》，《考古》1977 年第 2 期，第 123—131 页。

⑤ 李殿福：《集安洞沟三室墓壁画著录补正》，《考古与文物》1981 年第 3 期，第 123—126、118 页。

⑥ 吉林省文物工作队：《吉林集安长川二号墓发掘纪要》，《考古与文物》1981 年第 3 期，第 22—27 页。

⑦ 吉林省文物工作队、集安县文物保管所：《集安长川一号壁画墓》，《东北考古与历史》1982 年第 1 期，第 154—173 页。

⑧ 李殿福：《集安洞沟三座壁画墓》，《考古》1983 年第 4 期，第 308—314 页。

⑨ 吉林省文物工作队：《吉林集安五盔坟四号墓》，《考古学报》1984 年第 1 期，第 121—136 页。

⑩ 孙仁杰：《集安出土的高句丽金饰》，《博物馆研究》1985 年第 1 期，第 97—100 页。

⑪ 张雪岩：《集安出土高句丽金属带饰的类型及相关问题》，《边疆考古研究》2003 年第 2 辑，第 258—272 页。

⑫ 范鹏：《高句丽民族的考古学观察》，吉林大学，硕士学位论文，2008 年。

⑬ 郑春颖：《长川一号壁画中所见高句丽服饰研究》，《边疆考古研究》2009 年第 8 辑，第 169—181 页。

⑭ 张志立：《高句丽风俗研究》，见张志立、王宏刚《东北亚历史与文化——庆祝孙进已先生六十诞辰》，辽沈书社 1992 年版。

⑮ 阎海：《高句丽物质民俗初探》，《辽宁师范大学学报》1999 年第 4 期，78—80 页。

丽服饰基本特点。[①] 尹国有《高句丽壁画研究》前两章对高句丽妇女的面妆与头饰、高句丽发式、冠帽与服饰等问题阐释了自己的观点。[②] 田罡《高句丽古墓壁画中的民俗研究》第一章《服饰习俗》一节，分从男子服饰、发式及冠帽，女子服饰、发式，高句丽人的鞋履三方面简略分析了壁画所绘服饰的基本形制特征。[③]

整体来看，中国学者研究存在三点不足：第一点，专题性研究涉及面窄，缺乏宏观性研究，没能在广阔的时空框架下，对该地区服饰文化进行从现象到规律的总结；第二点，朝鲜半岛壁画材料大多收集不全，具体分析中，文献资料、壁画图像与出土实物三者结合不紧密。或重史料，轻考古，或重实物，轻文献；第三点，缺乏广阔的视角，就服饰论服饰，忽视服饰背后的文化内涵，未能从政治制度、经济水平、文化交流等方面深度分析。

二 韩、朝、日学者研究现状

韩、朝两国学者将高句丽服饰作为朝鲜服饰发展的重要阶段和朝鲜服饰的重要组成部分。高句丽服饰的性质、形制、风格等方面均有较为系统的研究，成果数量、质量均较中方略胜一筹。全虎兑《高句丽古坟壁画研究史》曾言二十世纪六十年代韩朝两国学者已将壁画服饰研究作为一个比较重要的研究方向，八十年代之后，研究持续进行，成果激增。[④] 日本学者研究成果相对不甚丰富。

1. 韩国学者的研究

(1) 服饰通论

李如星《朝鲜服饰考》认为高句丽服饰为斯基泰服饰，属于北方系统胡服。高句丽服饰形制演变中最具代表性的是衽部的变化——由左衽，到左、右衽混杂，再到右衽。[⑤] 李京子《韩国服饰史论》第二章《我国的上古服饰——以高句丽古墓壁画为中心》从壁画墓人物图像所着服饰入手，在分类研究高句丽襦、袴、裙、袍基本形制特征的基础上，将其与中国服饰、日本服饰比较，力图揭示高句丽服饰的固有样式及演变规律[⑥]；其所撰《韩国服饰史的展开过程》一文，认为韩国服饰经历了五次大变革，其中前四次深受中国唐朝、宋朝、元朝、明朝服饰的影响，四次变革中形成的服饰形制显现汉服特征。虽然如此，但其固有式样的基本特征却原样传

---

① 李殿福：《高句丽的古墓壁画反映高句丽社会习俗的研究》，《北方文物》2001 年第 3 期，第 22—29 页。

② 尹国有：《高句丽壁画研究》，吉林大学出版社 2003 年版，第 5—23 页。

③ 田罡：《高句丽古墓壁画中的民俗研究》，内蒙古大学，硕士学位论文，2010 年。

④ ［韩］全虎兑著，金龙泽译：《高句丽古坟壁画研究史》，《东北亚历史与考古信息》1998 年第 1 期，第 33—37 页。

⑤ ［韩］李如星：《朝鲜服饰考》，白杨堂 1998 年版。

⑥ ［韩］李京子：《我国的上古服饰——以高句丽古墓壁画为中心》，《东北亚历史与考古信息》1996 年第 2 期，第 31—55 页。

承下来，到朝鲜的中后期，最终形成韩服样式。[①]

金东旭《增补韩国服饰史研究》分从新罗服饰、兴德王服饰禁制研究、《高丽图经》服饰史的研究、李朝前期服饰研究、朝鲜中后期女服构造等五部分探讨韩国服饰的起源与发展。其中《新罗统一之前》一章中《头衣与头饰、上衣与袍、带、下衣、足衣》；《补说：衣袴着用民族日本支配族说》中《高句丽服饰》；《李朝前期服饰研究》中《服饰基本构造》各节援引壁画形象和出土饰物对高句丽服饰多有说明，其他章节亦偶有涉猎。[②] 柳喜卿《韩国服饰史研究》第一篇《上代社会的服饰》，分《上代服饰的基本型》《服饰的变迁》《修饰》和《衣料》四章，从冠帽、襦（短衣）、裈裤、裳（裙）、袍、带、靴履、襈、发型、耳饰和衣料等几方面较为系统地介绍朝鲜半岛古朝鲜时期，三国时期当地各族服饰的基本情况。[③] 黄善真、李银英、刘颂玉合著《服饰文化》第二章引用舞踊墓、水山里壁画墓等图像资料，对高句丽时期的襦、袴、袍和官帽形制略有说明。[④]

（2）专题研究

金惠全《高句丽壁画服饰与高松冢壁画服饰的比较研究》比较分析高句丽壁画服饰与高松冢壁画服饰的关系。[⑤] 朴京子《德兴里古墓壁画的服饰史研究》较为系统地探讨德兴里壁画服饰的特点及在服饰发展史中的地位。[⑥] 金贤《高句丽服饰表现的审美意识的研究》集中阐释高句丽服饰的美学内涵。[⑦] 孔锡龟《关于安岳 3 号墓主人的冠帽》通过分析冠帽形制，对安岳 3 号墓墓主人是高句丽美川王或故国原王的观点，提出质疑。[⑧] 李龙范《关于高句丽人的鸟羽插冠》从文献入手分析冠插鸟羽的象征意义及佩戴此种饰物人的身份，并将其与高丽乐工头上的鸟羽进行比较，指出武士和狩猎者冠插鸟羽与鸟类崇拜有关，乐工则是模仿“巫冠”。[⑨] 金美子《通过高句丽古坟壁画看高句丽的服饰》认为五到六世纪通沟壁画所绘服饰为韩服传统式样，韩国基础服襦袴由中国赵武灵王作为袴褶而采用，日本衣裈是韩民族渡来人传过去的。[⑩]

---

① ［韩］李京子：《韩国服饰史的展开过程》，《东北亚历史与考古信息》1996 年第 1 期，第 37—39 页。

② ［韩］金东旭：《增补韩国服饰史研究》，亚细亚文化社 1979 年版。

③ ［韩］柳喜卿：《韩国服饰史研究》，梨花女子大学出版社 2002 年版。

④ ［韩］黄善真、李银英、刘颂玉：《服饰文化》，教文社 2003 年版，第 58—34 页。

⑤ ［韩］金惠全：《高句丽壁画服饰与高松冢壁画服饰的比较研究》，《崇田大学论文集》1978 年版第 8 集。

⑥ ［韩］朴京子：《德兴里古墓壁画的服饰史研究》，《服饰》1981 年第 5 期。

⑦ ［韩］金贤：《高句丽服饰表现的审美意识的研究》，《公州师大论文集》1988 年版第 26 集。

⑧ ［韩］孔锡龟：《关于安岳 3 号墓主人的冠帽》，《高句丽研究》，学研文化社 1989 年版第 5 集。

⑨ ［韩］李龙范：《关于高句丽人的鸟羽插冠》，见李德润、张志立《古民俗研究》吉林文史出版社 1990 年版。

⑩ ［韩］金美子：《通过高句丽古坟壁画看高句丽的服饰》，《东北亚历史与考古信息》1998 年第 1 期，第 46—51 页。

姜善宰《关于弁形冠帽研究》主要对冠帽中弁形一类进行资料收集，整理与研究。[①] 朴仙姬《通过壁画看高句丽的服饰文化》谈及动物在分割前，先剥掉皮毛，将皮毛用作服饰面料等问题。[②] 赵珍淑《关于高句丽壁画中出现高句丽装身具的研究》一文结合文献记载和出土实物，对壁画中出现的冠帽、带具、钉鞋和耳饰进行形制分析，并深入探讨各种装饰纹样的象征遗迹及其装饰技法。[③] 金镇善《中国正史〈朝鲜传〉的韩国古代服饰研究》以中国正史所记服饰资料为核心，从冠与修发、衣裳袴、带、足衣、织物等几方面展开论述，较为系统地分析了古朝鲜、夫余、沃沮、三韩、高句丽、百济、新罗等朝鲜半岛古代各族、各国服饰面貌。[④]

2. 朝鲜学者的研究

（1）发掘报告

考古发掘报告对壁画所绘墓主人、夫人、属吏、侍从等人物服饰形制均有简单说明。如《安岳三号坟发掘报告》[⑤]《平壤驿前二室坟发掘报告》[⑥]《台城里古坟群发掘报告》[⑦]《平安南道龙岗郡大安里第1号墓发掘报告》[⑧]《药水里壁画墓发掘报告》[⑨]《黄海南道安岳郡伏狮里壁画墓》[⑩]《大同郡八清里壁画墓》[⑪]《水山里高句丽壁画墓发掘中间报告》[⑫] 《德兴里高句丽壁画墓》[⑬] 《东岩里壁画墓发掘报告》[⑭] 等。

（2）专题研究

① ［韩］姜善宰：《关于弁形冠帽研究》，《服饰》，韩国服饰学会2002年版第52集，第117—128页。

② ［韩］朴仙姬：《通过壁画看高句丽的服饰文化》，《高句丽研究》，学研文化社2004年版第17集。

③ ［韩］赵珍淑：《关于高句丽壁画中出现高句丽装身具的研究》，《高句丽研究》，学研文化社2004年版第17集。

④ ［韩］金镇善：《中国正史朝鲜传的韩国古代服饰研究》，檀国大学，硕士论文，2006年。

⑤ ［朝］朝鲜民主主义人民共和国科学院考古学与民俗学研究所：《遗迹发掘调查报告（3）——安岳第三号坟发掘报告》，科学院出版社1958年版。

⑥ ［朝］朝鲜民主主义人民共和国科学院考古学与民俗学研究所：《平壤驿前二室坟发掘报告》，《考古学资料集（1）——大同江流域古坟发掘报告》，科学院出版社1958年版，第17—24页。

⑦ ［朝］朝鲜民族主义人民共和国科学院考古学与民俗学研究所：《遗迹发掘报告（5）——台城里古坟群发掘报告》，科学院出版社1959年版；［朝］An Seong-kju：《台城里高句丽封土石室墓发掘报告》，《朝鲜考古研究》2008年第2期，第45—48页。

⑧ ［朝］朝鲜民族主义人民共和国考古学与民俗学研究所：《平安南道龙冈郡大安里第1号墓发掘报告》，《考古学资料集（2）——大同江与载宁江流域古坟发掘报告》，科学院出版社1959年版，第1—10页。

⑨ ［朝］朱荣宪：《药水里壁画墓发掘报告》，《考古学资料集（3）——各地遗迹整理报告》，科学院出版社1963年版，第136—152页。

⑩ ［朝］田畴农：《黄海南道安岳郡伏狮里壁画墓》，《考古学资料集（3）——各地遗迹整理报告》，科学院出版社1963年版，第153—161页。

⑪ ［朝］田畴农：《大同郡八清里壁画墓》，《考古学资料集（3）——各地遗迹整理报告》，科学院出版社1963年版，第162—170页。

⑫ ［朝］金宗赫：《水山里高句丽壁画墓发掘中间报告》，《考古学资料集（4）》，科学院出版社1974年版，第228—236页。

⑬ ［朝］Kim Young-nam：《新发现的德兴里壁画墓》，《历史科学》1979年第3期，第41—45页；［朝］朝鲜民族主义人民共和国考古学与民俗学研究所：《德兴里高句丽壁画墓》，科学、百科辞典出版社1981年版。

⑭ ［朝］Lee Chang-yeon：《东岩里壁画墓发掘报告》，《朝鲜考古研究》1988年第2期，第37—46页。

韩仁浩《关于古朝鲜初期金制品的考察》整理平壤市江东郡文字岩2、5号墓，闻禅塘3、8号墓，太岺里2号墓，九丹2号墓，平安南道平城市更新里2号墓，成川郡锦坪里石棺墓等多座墓葬中出土的纯金、鎏金材质戒指、耳环。研究认为这些金制品都是公元前3000纪中叶，相当于古朝鲜初期的制品，高句丽制作耳环时模仿了古朝鲜长期流行的形态。① 李光希《关于高句丽鎏金冠帽和冠帽装饰的考察》在对高句丽鎏金冠帽和冠帽装饰进行类型划分的基础上，深入探讨冠帽和饰物的使用方法和佩戴人的身份及场合，并且将其与百济、新罗、伽倻出土的遗物加以对比。② 朱荣宪《高句丽文化》第七章第一节《服饰》，分从"男子服饰"和"女子服饰"两方面，结合文献记载与壁画图像，较为详细地考察了高句丽服饰的形制、等级、面料等内容。③

3. 日本学者的研究

（1）图录图谱

日本学者有关高句丽服饰研究的成果相对较少。二十世纪初期，朝鲜沦为日本殖民地，关野贞、谷井济一、小场恒吉等人在朝鲜总督府的授意与安排下，对朝鲜境内古迹进行调查和发掘，出版一系列图谱、图录和田野调查报告。这些资料收录大批服饰形制较为清晰的人物图像，释文中对部分壁画服饰的风格特点略有辨析。如朝鲜总督府编《朝鲜古迹图谱》（二）《高句丽时代》收录三室墓、梅山里四神塚、龛神塚、双楹塚等壁画墓中若干服饰较为清晰的人物图片。④ 朝鲜总督府编《古迹调查特别报告（五）——高句丽时代之遗迹》收录鲁山里铠马塚、天王地神塚两座壁画墓中服饰形象略有残缺的若干图版。⑤ 关野贞《朝鲜美术史》第二章《高句丽》对三室墓、美人墓、天王地神塚、龛神塚、双楹塚等高句丽壁画墓中个别人物服饰略有说明。⑥ 池内宏、梅原末治《通沟》《舞踊塚》、《角觝塚》、《三室塚》三章较为详细地描述了部分人物服饰特征。⑦ 关野贞《朝鲜的建筑与艺术》"平壤附近高句丽时代墓葬及绘画"，对梅山里狩猎塚、花上里龛神塚、真池洞双楹塚、鲁山里铠马塚等壁画墓中若干清晰个体的服饰形制特点多有描绘。⑧

（2）专题研究

東潮《高句丽考古学研究》第十四章《高句丽文物变迁》将出土资料与壁画图

---

① ［朝］韩仁浩：《关于古朝鲜初期金制品的考察》，《东北亚历史与考古信息》1998年第1期，第20—24页。

② ［朝］李光稀：《关于高句丽鎏金冠帽和冠帽装饰的考察》，《东北亚历史与考古信息》2007年第1期，第99—102页。

③ ［朝］朱荣宪著，常白山、凌水南译：《高句丽文化》，吉林省文物考古研究所内部刊物。

④ ［日］朝鮮総督府：《朝鲜古蹟圖譜》（二），國華社1915年版。

⑤ ［日］朝鮮総督府：《古蹟調査特别報告（五）——高句麗時代之遺蹟》，青雲堂1930年版。

⑥ ［日］關野貞：《朝鮮美術史》，朝鮮史學會1932年版。

⑦ ［日］池内宏、梅原末治：《通溝》（上、下），日满文化協會1938年版，1940年版。

⑧ ［日］關野貞：《朝鮮の建築と芸術》，岩波書店1941年版。

像相结合，对高句丽的带具、耳饰、冠帽进行较为系统地研究，并将其与新罗、百济、加耶同类饰物加以对比，探究它们之间的传承关系。[①] 此外，西谷正《唐章懐太子李賢墓の禮宾圖をめぐって》以高句丽壁画墓所绘服饰图案及正史《高句丽传》等服饰史料作为论证依据，提出礼宾图所绘使臣可能是渤海人。[②] 藤井和夫《新罗、加耶古坟出土冠研究序说》在对新罗、加耶古墓出土冠帽资料收集整理的基础上，以“点打”、“蹴雕”两种加工工艺为核心，分析两处冠帽经历了由简朴到华丽的发展过程，并且，将两处发现的羽状冠饰与集安洞沟古墓群发现的同类饰物进行对比，得出新罗、加耶羽状冠饰加工技法深受高句丽工艺的影响的结论。[③] 毛利光俊彦《中国北方民族的冠》较为广泛地搜集了中国古代北方民族的冠和头饰，通过与高句丽、百济、新罗壁画服饰图像及出土实物的对比，认为朝鲜半岛及日本的冠帽形制都不同程度地受到中国北方服饰习俗的影响。[④]

韩、朝、日学者研究的问题与不足主要表现在：第一点，未能充分利用中国古史中有关高句丽服饰的记载，即使利用也往往存在辨析不足的弊端；第二点，高句丽壁画墓分期与性质判断与中国学者存在较大分歧，这样必然导致其所推断的高句丽服饰演变序列与中国学者的结论相左；第三点，不了解中国古代服饰文化特点，服饰定名多不准确；第四点，对于高句丽遗存中各种服饰的民族性特征往往语焉不详，或存在认知偏差，笼统地将高句丽遗存中所见所有服饰资料都视为高句丽民族传统服饰。

第四节　研究意义与目的

一　研究意义

服饰是人类为了适应客观环境变化而创造出来的具有实用价值的基本生活用品，是人类社会生活中政治观念、经济水平、审美需求的风向标，是实用性、艺术性及象征性的合体。无论华美，还是质朴，服饰往往与宗教信仰、礼仪制度存在某种密切的联系。服饰繁缛复杂形态的背后，隐含的是某一群体、某一时代、某一地域的审美风尚。政治观念的引导与颠覆，经济水平的提高与降低，文化交流的频繁与稀疏，地理环境的畅通与闭塞，总是在不经意间影响某一群体服饰形制的变迁，使其造型、颜色、纹样呈现出时代性、地域性、民族性的差别。中国古代服饰研究是中

---

① ［日］東潮：《高句麗考古学研究》，吉川弘文館 1997 年版，第 402—477 页。

② ［日］西谷正：《唐章懐太子李賢墓の禮宾圖をめぐって》，见《児嶋隆人先生喜寿記念論集》，古文化論叢 1991 年版。

③ ［日］藤井和夫：《新罗、加耶古坟出土冠研究序说》，《东北亚历史与考古信息》1998 年第 1 期，第 25—32 页。

④ ［日］毛利光俊彦：《中国北方民族的冠》，见《东北亚考古学论丛》，科学出版社 2010 年版，第 135—154 页。

国古代文化研究的重要组成部分，服饰研究可以使我们对于我国先民的生产、生活，乃至社会发展有着更为全面的认识。

高句丽遗存及史料所反映的高句丽服饰情况根植于本地文化沃土，是该区域内各族文化的象征，也是各族人民思想意识和精神风貌的体现。通过服饰研究可以揭示高句丽民族传统服饰的基本特点及其演变规律，可以明晰高句丽民族传统服饰与汉服、鲜卑、夫余、秽貊、靺鞨等其他北方民族服饰的关系。从服饰学视角审视高句丽民族与周邻地区各民族的关系，高句丽民族的形成与高句丽政权的发展进程，有利于全面认识高句丽文化。此外，服饰族属研究还可以为高句丽墓葬研究提供断代和文化分析参考依据。总之，此项研究是高句丽文化研究中不容忽视的重要一环，也是中国古代服饰研究的重要组成部分。

二　研究目的

全面收集、整理高句丽遗存中所见服饰资料，将其与十二家正史《高句丽传》《高丽记》《翰苑》、梁元帝《职贡图》《三国史记》等高句丽服饰史料相结合。通过服饰分类与组合研究系统地阐述高句丽服饰形制的整体风貌；在此基础上从民族性、地域性、等级性、礼仪性四方面揭示这些服饰文化的社会属性；深入探讨各种服饰文化之间的互动，及政治变迁、文化交流对各种服饰因素的影响，给予其阶段性、区域性的定位；阐释高句丽民族传统服饰在中国北方民族服饰系统中的地位及作用，并以服饰为媒介，进一步探讨高句丽与周邻民族的关系、高句丽民族文化的发展以及高句丽社会的演变历程。

第五节　研究思路与方法

一　研究思路

本书拟从“点”、“线”、“面”三个角度，三个层次，对高句丽遗存中所见服饰及高句丽服饰史料进行系统分析，试图全面揭示服饰形制特征，并深入挖掘形制背后的文化内涵。

“点”——在对高句丽服饰史料，高句丽遗存中所见壁画图像、出土实物等各种服饰资料全面梳理的基础上，分别从妆饰、首服、身衣、足衣、其他出土饰物五方面，系统阐释各种服饰的名称来由，形制特点、使用方法等基本问题。“点”属于微观研究，重点在于考辨名物，它是后文分析的基础保障。

“线”——包括横向和纵向两条线。横向研究是在服饰搭配组合研究的基础上，深入剖析服饰的民族性、地域性、等级性、礼仪性等社会属性。该角度研究是对高句丽遗存及史料中所见服饰资料的初步宏观考察，其目的在于揭示高句丽遗存所见服饰中各种社会属性的典型性特征并区分差异性，提出有待深究的问题。纵向研究是在高句丽墓葬，尤其是高句丽壁画墓分期编年研究的基础上，深入探讨、高句丽遗存中所见各种服饰文化因素的时空变迁，给予其阶段性定位，并且对横向研究提出的问题进行深度分析，力图从服饰学视角，全方位审视高句丽民族与政权的形成与演变。

"面"——将整个东北亚地区内各族服饰作为参照对象，将高句丽民族传统服饰与汉族服饰，鲜卑服饰，夫余、沃沮、秽貊服饰，肃慎、勿吉、靺鞨、渤海服饰，百济、新罗服饰进行对比研究，从中突显高句丽民族传统服饰的特性，并深入探讨各种服饰之间的文化交流及高句丽在其间所起作用。

二　研究方法

本书研究资料包括文献、图像和出土实物三类。同时被文献记载，壁画刻画，出土实物三种途径互证的服饰资料很少。针对三种资料的不同特性，在具体研究工作中采用不同的分析方法。

只见文字记载，未见实物及图像描绘者，主要通过各种版本书献之间的考证，判定史料价值，进而推断服饰特征；文献与图像可互证者，将考辨文献源流与图像类型式划分相结合，在阐释服饰文化基本特征的基础上，追本溯源。无文字说明的各类饰物，主要通过类型学方法探索其形态变化的过程，从中找到规律。

由于中国古代服饰文献，特别是高句丽服饰史料，是本书服饰名物考证，服饰名称与形制判定的重要参考依据；正史《高句丽传》《翰苑》《职贡图》《高丽记》《三国史记》等史料所记内容是对不同历史时期高句丽民族服饰情况的高度概括；高句丽遗存中所见服饰图像和实物，并不都是高句丽民族传统服饰，服饰族属较为复杂；综合考虑上述因素，本书设定论述层次为先文献记载、后壁画图像、最后出土实物。

简而言之，研究中根据具体资料的保存情况及各个章节的研究目的，综合运用古代服饰学、历史文献学、考古学等各学科研究方法。

第二章　妆饰

妆饰是化妆和修饰的合称，一般指施加于面部和头部的各种装饰。本书所言妆饰包括发式、发饰和面妆三部分。① 发式指各类经过修剪的发型；发饰是簪、钗、步摇等各种施加于头发之上，起到巩固发髻或美化装饰作用的饰品；面妆是用各种化妆品、化妆方法对脸部的精致修饰，包括画眉、涂脂、抹粉、妆靥、斜红、花钿等名目。

第一节　发式

头发梳理方法，往往因时、因地、因族而异。男子多是挽束头发，颅顶成髻，上戴冠巾。女子发髻形态多变，历代不断涌现新鲜式样。

高句丽史料没有关于发式的记载，但高句丽壁画绘有多款形制各异的发式。根据各类发式的形状特征，参照中国古代发式分类标准及命名方法，可将其分为披发、断发、辫发、髡发、顶髻、垂髻、撷子髻、鬟髻、盘髻、双髻、云髻、花钗大髻、不聊生髻、鬅鬓、垂髾等十五类。其中，披发、断发、辫发、髡发四类，梳理方法相对简单，是将头发披散、编辫，或修剪成各种形状。顶髻、垂髻、撷子髻、鬟髻、盘髻、双髻、云髻、花钗大髻、不聊生髻九类，梳理方法相对复杂，不但要精心打理好自己的头发，将其绾束成各种发结，也就是“髻”，有时为了创造出高耸的效果还要借助假发。此九类发式主要区别在于发髻的形状、大小和在头部所处位置。鬅鬓、垂髾分别是针对鬓角和发梢的两种修饰方法，它们在整个发式造型中处于附属地位，是发式主体——也就是发髻——的陪侍，它们与发髻共同营造出整体的发式效果。

一　披发

披发，又称被发、拖发，是中国古代先民最原始的一种头发梳理方式，长期流

---

① 程俊英《古代妇女头部妆饰》认为妆饰是妇女“用脂粉涂脸，穿耳戴环，画眉造形，头上加些饰物，其源甚古”。李芽认为妆饰包括“化妆、发式和佩饰三大部分”。本书根据高句丽遗迹中服饰资料保存情况，限定妆饰包括上述三类。朱杰人、戴从喜：《程俊英教授纪念文集》，华东师范大学出版社 2004 年版，第 354 页；李芽：《中国历代妆饰》，中国纺织出版社 2004 年版，第 1 页。

行于羌人、滇人、越人、匈奴人等草原山地民族之中。《礼记·王制》记："东方曰夷，被发文身。"①《韩非子·说林上》曰："缟为冠之也，而越人被发。"②《周书·突厥传》记："（突厥）其俗被发左衽，穹庐毡帐。"③ 披发是将头发自然垂落，披散于颈后，垂于肩背之上，既不结髻，也不编辫，较少甚至没有经过修剪的一种发式类型。④

高句丽壁画中绘有一种额上发、头顶发，部分鬓发梳向脑后，伏贴在颈后肩上的发型，本书称为披发。如舞踊墓主室左壁上部左一、左五舞蹈表演者，下部左七挽手男子（图三，1）；长川1号墓前室北壁树下舞者，中部放鹰人（图三，2），左上部持马尾人；三室墓第一室左壁骑马男子均梳此种发型。

披发人物形象主要出现在高句丽壁画的歌舞和狩猎场面，披发人身份，从壁画情境及服饰整体构成来看，主要是舞蹈演员、歌者、猎手等。学术界一般认为高句丽人为古貊族的一支，《淮南子·齐俗训》载："胡、貉、匈奴之国，纵体拖发。"⑤ 东汉王充《论衡·恢国篇》说辽东、乐浪等地，"周时被发椎髻，今戴皮弁，周时重译，今吟诗书"。⑥ 高句丽人可能有披发之俗。

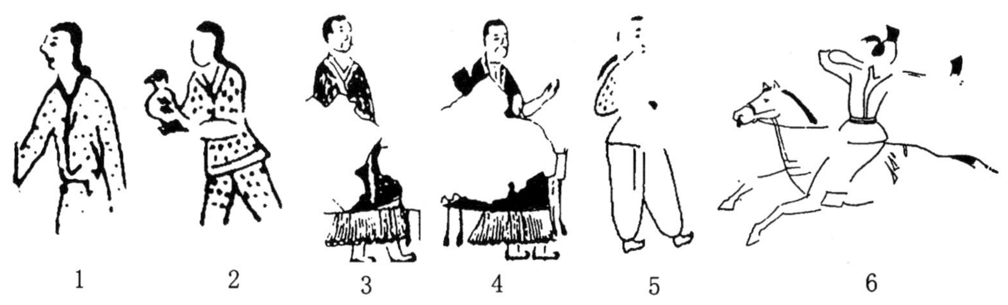

1. 舞踊墓主室左壁下部左七挽手男子　2. 长川1号墓前室北壁中部放鹰人　3、4. 舞踊墓主室后壁左右两男子　5. 角觝墓主室后壁左一人　6. 山城下332号墓甬道西壁马上猎手

图三　披发、断发与辫发

---

① 李学勤主编：《十三经注疏·礼记正义》，北京大学出版社1999年版，第398页。

② 王先谦：《韩非子集解》，中华书局2003年版，第180页。

③ 令狐德棻：《周书》，中华书局2000年版，第616页。

④ 案：马长寿认为披发是把头发拖向身后，"于发端总之以结"；高春明认为头发自然披散在身后，或"头发由前部朝后梳掠，中间用带系束，然后披搭在背后"。都属于披发。管彦波认为披发是最古老的发式，是既不结髻编辫也不剪修剃发时的发式，有所有头发自然下垂和前额头发剪短齐眉两种式样。本书综合三人之说，更倾向于管彦波的观点。参见马长寿《北狄与匈奴》，三联书店1962年版，第75页；周汛、高春明《中国衣冠服饰大辞典》，上海辞书出版社1996年版，第351页；高春明《中国服饰名物考》，上海文化出版社2001年版，第2—4页；管彦波《文化与艺术：中国少数民族头饰文化研究》，中国经济出版社2005年版，第154页。

⑤ 何宁：《淮南子集释》，中华书局1998年版，第783页。

⑥ 黄晖：《论衡校释》，中华书局1990年版，第833页。

二　断发与辫发

断发是将头发剪断为短发。《左转·哀公七年》载："仲雍嗣之，断发文身，赢以为饰。"① 记吴人为便于水乡生活，剪断头发，身上纹刺图案，保护自己。仲雍来到江南后不得不入乡随俗，剪发纹身。与吴人相反，华夏族认为身体发肤受之父母，不可轻易剪断。

高句丽壁画中的断发形象，2 例出自舞踊墓，1 例出自双楹塚壁画墓。舞踊墓中的断发，头发很短，似今日男子寸头（图三，3、4）。壁画所绘为墓主人接见宾客的情景，宾客身份有的学者认为是僧侣。② 学界一般认为小兽林王统治时期佛教传入高句丽，也就是公元四世纪中叶。舞踊墓年代一般界定在公元四世纪中叶至五世纪中叶。从时间判定，舞踊墓壁画出现僧侣形象并非十分突兀。

辫发，又作编发，大约在原始社会末期已经出现。鲜卑、吐谷浑、西南各族素有编发习俗。《晋书·吐谷浑传》记："妇人以金花为首饰，辫发萦后，缀以珠贝。"③《史记·西南夷列传》载："其外西自同师以东，北至楪榆，名为嶲、昆明，皆编发。"④ 辫发主要特征是将头发分成几股，编发成辫，或扎束成马尾状，拖于身后。

高句丽壁画中有二例辫发形象。一个出自角觝墓主室后壁，该人脑后梳长发辫（图三，5）；另一个出自山城下 332 号墓西壁射骑图，该人脑后上部梳一弯翘小辫（图三，6）。此两幅人像均有残缺，部分部位漶漫不清，因此不排除所谓辫发可能是对其他发式误读的可能。

三　髡发

"髡"也作"髨"，《说文·髟部》释"髡"为"鬄发也，从髟兀声"⑤，髡为剔出、剪除之义。《左传·哀公十七年》记："公自城上见己氏之妻发美，使髡之，以为吕姜髢。"⑥ 哀公下令剃掉己氏妻子的头发，为吕姜做假发。《周礼·秋官·掌戮》云："髡者使守积。"⑦ 以剪去头发的罪人守仓库。中国古代生活在北方的乌桓、鲜卑、契丹等游牧民族素有髡发之俗。《三国志·鲜卑传》引《魏书》云："嫁女娶

---

① 杨伯峻：《春秋左传注》，中华书局 2000 年版，第 1641 页。

② 童书业：《中国古史籍中的高句丽服饰与通沟出土墓壁画中的高句丽服饰》，见童书业《童书业史籍考证论集》，中华书局 2005 年版，第 597 页；张志立：《高句丽风俗研究》，见张志立、王宏刚《东北亚历史与文化——庆祝孙进已先生六十诞辰》，辽沈书社 1991 年版，第 263 页。

③ 房玄龄：《晋书》，中华书局 2000 年版，第 1693 页。

④ 司马迁：《史记》，中华书局 2000 年版，第 2281 页。

⑤ 许慎：《说文解字》，中华书局 1996 年版，第 186 页。

⑥ 杨伯峻：《春秋左传注》，中华书局 2000 年版，第 1711 页。

⑦ 李学勤主编：《十三经注疏·周礼注疏》，北京大学出版社 1999 年版，第 962 页。

妇，髡头饮宴。”①《后汉书·乌桓鲜卑列传》云：“乌桓者，本东胡也……以髡发为轻便，妇人至嫁时乃养发，分为髻。”又云：“鲜卑者，亦东胡之支也……其语言习俗与乌桓相同，唯婚姻先髡头。”②

髡发与髡头同义，均指剪除头发。剪除不一定指剃光，而是对头顶发、额上发、鬓发、颅后发进行不同程度的修饰加工，不同地域、民族、性别，髡发式样往往有别。现今发现于高句丽壁画墓的髡发形象以德兴里壁画墓最为典型。该墓前室南、东壁，墓中间通道东壁，后室南、北壁均绘有若干髡发形象，按照髡发部位、修剪形状不同，可分四型。

A 型　头顶发剃除，左右额结节处留两丛，修剪成圆形；额上发剃光；鬓发修成马尾状两束，下垂肩上。如德兴里壁画墓中间通道东壁打伞人、车旁女子（图四，1）、右侧牵牛人（图四，2）；后室南壁马后人；北壁上部左侧二持巾人、中部车旁人。

B 型　头顶发留一丛，周围顶发剃除；额上发剃光；鬓发修成马尾状两束，下垂肩上。如德兴里壁画墓中间通道东壁左侧牵牛人（图四，3）；后室南壁马匹旁人；后室北壁下部第四持巾人（图四，4）。

1　2　3　4　5　6　7

1、2. A 型（德兴里壁画墓中间通道东壁车旁人、中间通道东壁右侧牵牛人）　3、4. B 型（德兴里壁画墓中间通道东壁左侧牵牛人、后室北壁下部第四持巾人）　5、6. C 型（德兴里壁画墓前室南壁左侧持幡人、后室北壁下部持巾人）　7. D 型（德兴里壁画墓后室北壁中部牵牛人）

图四　髡发

C 型　头顶发中部，左、右顶结节处留发三丛，修剪成圆形；额上发剃除；鬓发修成马尾状两束，下垂肩上。如德兴里壁画墓前室南壁左侧持幡人（图四，5）；后室北壁下部持巾人（图四，6）。

D 型　中部头顶发及额上发剃除，顶结节处头发与鬓发分左右两侧，汇成马尾状两束；颅后发情况不详。如德兴里壁画墓前室东壁出行图中二人；后室北壁中部牵牛人（图四，7）。

---

①　陈寿：《三国志》，中华书局 2000 年版，第 621 页。

②　范晔：《后汉书》，中华书局 2000 年版，第 2015、2019 页。案：鲜卑“婚姻先髡头”说，有待商榷。

髡发人主要出现在两幅牛车出行图中，学界一般认为该图描绘的是墓主夫人出行的场面。髡发人所穿服装分短襦配瘦腿裤、短襦配长裙两种。前一种搭配者，负责打伞、驾车、牵牛，干的是粗重的体力活，应为男性。后一种搭配者，或侍立车旁，或持巾帕等物，应为女侍。以此观之，A、B、C 三型髡发，男女皆可梳理，D 型则只有男性梳理。

髡发人的族属，从墓主身份分析，墓主“镇”，籍贯冀州长乐郡信都县，曾任后燕的幽州刺史。[①]“镇”是后燕的官吏，信都曾是慕容垂的统治区域，有的学者因此认为“镇”是鲜卑慕容氏，全名慕容镇，无论此种假设是否成立，“镇”与鲜卑渊源甚厚。髡发者是鲜卑人的可能性较大。另一方面，整个德兴里壁画中髡发形象甚少，唯有与墓主夫人有关的两幅出现多例，他们又都是伺候夫人的贴身男女侍从，或许墓主夫人为鲜卑人，保持旧俗，沿用旧人。

过去，学者提及鲜卑髡发，多依据《三国志》、《后汉书》中“言语习俗与乌丸同”一语，认为两族都髡头，并修剪形式一样。[②] 内蒙古和林格尔新店子护乌桓校尉壁画墓初次展示了汉代乌桓、鲜卑人髡发的形象：一种剔去头顶以外全部头发，另一种头上留有小髻，还有一种头上竖起六七寸长的发辫一根。[③] 汉以后鲜卑分成若干部，各部发式又有新变。宇文鲜卑，仅留顶发。《北史·宇文莫槐传》载：“人皆剪发而留其顶上，以为首饰，长过数寸则截短之。”[④] 慕容鲜卑，被发。《晋书·慕容皝载记》载慕容皝上书晋自称：“臣被发殊俗，位为上将。”[⑤] 拓跋鲜卑，辫发。《宋书·索虏传》记“索头虏，姓拓跋氏”。[⑥]《资治通鉴》卷九十五《晋纪十七》载胡三省注：“索头，鲜卑种。言索头……以其辫发，故谓之索头。”[⑦]

宇文鲜卑、拓跋鲜卑的发式尚好理解。慕容鲜卑的“披发”究竟为何式样不好判断。有学者根据上述慕容氏《载记》，参考北燕考古资料，推测慕容鲜卑的“被发”，是剃去头顶以外的全部头发，并将顶发蓄长，向下披散。[⑧]

德兴里壁画墓所绘髡发显然与史载宇文鲜卑、拓跋鲜卑的发式不同。虽然其本身因头顶发、额上发、左右顶结节处剃发情况不同，髡发形制有四种变化，但两鬓角处一定保留两缕长发，下垂至肩。如若判断髡发人为慕容鲜卑，那么《晋书》所云“被发”是指鬓发下披，而不是顶发。德兴里壁画墓所绘髡发中，B 型、D 型发式均可在辽契丹髡发中找到相似式样。学者们一般认为“契丹的发式，是承袭乌桓

---

① 康捷：《朝鲜德兴里壁画墓及其有关问题》，《博物馆研究》1986 年第 1 期，第 70—77 页。
② 赵斌：《鲜卑“髡发”习俗考述》，《青海社会生活》1997 年第 5 期，第 90—93 页。
③ 吴荣增：《和林格尔汉墓壁画中所反映的东汉社会生活》，《文物》1974 年第 1 期，第 24—30 页。
④ 李延寿：《北史》，中华书局 2000 年版，第 2169 页。
⑤ 房玄龄：《晋书》，中华书局 2000 年版，第 1884 页。
⑥ 沈约：《宋书》，中华书局 2000 年版，第 1545 页。
⑦ 司马光：《资治通鉴》，中华书局 2007 年版，第 3007 页。
⑧ 赵斌：《鲜卑“髡发”习俗考述》，《青海社会生活》1997 年第 5 期，第 90—93 页。

和鲜卑的”。[1] 此种相似恰好说明它们之间的承继关系。

四 顶髻

顶髻，将头发集中于头顶，绾束成一单结。依据发髻形状不同，可分A、B二型。

A型 球形发髻。

发髻整体呈圆球状，位于头顶中央，或偏前额处，或偏后脑处。如长川1号墓前室东壁藻井第二重顶石拜佛图中跪拜人（图五，1）；三室墓第三室东壁耍蛇人；安岳3号墓前室东壁角觝手（图五，2）；德兴里壁画墓后室北壁持物侍女（图五，3）；药水里壁画墓前室南壁左侧守门将（图五，4）；水山里壁画墓持幡守门将。

1　2　3　4　5　6

1—4. A型（长川1号墓前室东壁藻井跪拜人、安岳3号墓前室东壁角觝手、德兴里壁画墓后室北壁持物侍女、药水里壁画墓前室南壁左侧守门将） 5、6. B型（角觝墓主室左壁角觝手、舞踊墓主室后壁藻井左边角觝手）

图五 顶髻

B型 非球形发髻。

角觝墓主室左壁角觝手，左边一人发髻呈条状，直翘在额前，右边一人发髻高耸头顶，盘桓堆砌（图五，5）；舞踊墓主室后壁藻井角觝手，左边一人发髻呈三丫状，用带扎束在头顶近中部（图五，6），右边一人发髻略散，用带扎束于脑后。

球形发髻根据梳理人身份不同，可分三种情况：第一种，长川1号墓中跪拜人，因其所在画面表现的是顶礼膜拜的场面，为表示对佛祖的虔诚，跪拜人未戴冠巾。此发髻反映了高句丽男子日常头发梳理的形式，或者说是冠巾遮盖下发髻的真实样貌。第二种，德兴里壁画墓中描绘的三个侍女。此三人所穿服装，所梳发式，均与高句丽妇女传统装扮不同，三人身份比较特殊，可能与其周围的髡发人同族，是鲜卑人。第三种，三室墓、安岳3号墓、药水里壁画墓与水山里壁画墓所绘之人，说明此型顶髻还应用于杂耍、角觝表演者和守门人。非球形顶髻是在传统球形顶髻之

---

[1] 孙进已、于志耿：《我国古代北方各族发式之比较研究》，《博物馆研究》1984年第2期，第50—58页。

外的花样翻新，具有较强的装饰性，符合角觝手作为表演者的身份。

五 垂髻

垂髻是汉魏时期流行的一种发髻低垂的发式。梳理方法初始为收拢头发在脑后，在其末端缕成一缕，绾成一髻；后来发髻逐渐往头顶上移，形制多有新变。按照发髻形状与位置不同，可分椎髻、堕马髻、倭堕髻等式。[①]《后汉书·逸民列传》记梁鸿之妻孟光，“乃更为椎髻，着布衣，操作而前”。[②] 周春明认为“椎”读为“垂”，不读“锥”，该发式发髻与木椎相似。[③]《后汉书·五行志》记：“桓帝元嘉中，京都妇女作愁眉、啼状、堕马髻、折腰步、龋齿笑。”唐李贤引《风俗通》记：“堕马髻者，侧在一边。”[④] 汉乐府民歌《陌上桑》描写罗敷“头上倭堕髻，耳中明月珠”。[⑤] 周春明认为倭堕髻是在颅顶正中梳一发髻，发髻朝一侧倾斜堕落，再用发簪绾住的一种发式。[⑥]

高句丽壁画所绘垂髻，多为额发后拢，鬓发弯曲前翘或收拢于后，颈后发扎束成髻，反绾上翘。整体形状与垂髻中的椎髻相似。按照髻式形状差异，又可分A、B二型。

A型 髻式整体呈椎状，颈后反绾上翘，发尾或弧状内收。

如舞踊墓主室左壁进肴女侍（图六，1）；麻线沟1号墓墓室东壁南端女侍；长川1号墓前室南壁第一栏女侍；东岩里壁画墓前室女侍（图六，2）；八清里壁画墓后室右壁女侍；大安里1号墓后室北壁女侍；安岳2号墓后室西壁二女侍。细节分析可见发尾形制多样，或后撅如钩，如长川1号墓前室北壁右上部持巾人（图六，3）；水山里壁画墓墓室西壁打伞女侍（图六，4）；保山里壁画墓北壁打伞女侍。或分开呈丫状，如长川1号墓前室藻井东侧女侍（图六，5）。或鸠尾形散开，如长川1号墓前室北壁左上部化妆女（图六，6）。

B型 髻式整体呈球状或环状。

如舞踊墓主室左壁马后侍从（图六，7）；长川1号墓前室北壁中部牵马人；安岳3号墓回廊出行图牵马人。

A型垂髻在壁画中出现频率颇高，梳理者既有穿着长襦裙，进献食物、侍立一旁、持网、持巾的高级女侍（或女官），也有穿着短襦裤，持巾、打伞的普通女侍，还有即将登场的盛装女演员。A型垂髻应为女性普遍梳理的流行款式。B型垂髻，壁画中不多见，梳理人大都站立在马前后，手持马鞭，或牵着马缰绳。他们可能是

① 高春明：《中国服饰名物考》，上海文化出版社2001年版，第18页。
② 范晔：《后汉书》，中华书局2000年版，第1868页。
③ 高春明：《中国服饰名物考》，上海文化出版社2001年版，第18页。
④ 范晔：《后汉书》，中华书局2000年版，第2225页。
⑤ 李道英、刘孝严：《中国古代文学作品选》，东北师范大学出版社2006年版，第237页。
⑥ 高春明：《中国服饰名物考》，上海文化出版社2001年版，第23页。

1—6. A 型（舞踊墓主室左壁进肴女侍、东岩里壁画墓前室女侍、长川 1 号墓前室北壁右上部持巾人、水山里壁画墓墓室西壁打伞女侍、长川 1 号墓前室藻井东侧女侍、长川 1 号墓前室北壁左上部化妆女）
7. B 型（舞踊墓主室左壁马后侍从）

图六　垂髾

马童。

六　撷子髻

撷子髻，又作缬子髻、颉子紒。干宝《晋纪》载："永康九年初，贾后造首紒，以缯缚其髻，天下化之，名颉子紒。"[①]《晋书·五行志》记："惠帝元康中……妇人结发者既成，以缯急束其环，名曰'撷子紒'。始自中宫，天下化之。"[②] 学界一般认为该发式出现在晋惠帝元康、永康年间，由惠帝皇后贾南风所创，初行宫内，后传到民间。梳理方法是集发于顶，盘挽成环状，然后用缯带紧紧系束在髻根。[③]

高句丽壁画所绘撷子髻，头顶盘一大髻，大髻两侧绾发成环，在大髻的根部和环上扎束缯带，缯带起到固定和装饰的双重作用。根据环数多寡，又可分 A、B 两型。

A 型　双环撷子髻。

双环撷子髻，头顶处梳大髻，大髻左右两边各有一发环。如安岳 3 号墓西侧室南壁中央冬寿夫人[④]及背后女侍（图七，1、2），东侧室东壁北面庖厨图中用棍搅拌实物、烧火、摆设食器的三位女侍，回廊北壁和东壁出行图中墓主人车后步行两女侍，所绘为双环撷子髻的侧影；伏狮里壁画墓墓室左壁下栏残存头部发式（图七，3）。

B 型　四环撷子髻。

---

① 王云五：《丛书集成·晋纪辑本》，商务印书馆 1937 年版，第 20 页。

② 房玄龄：《晋书》，中华书局 2000 年版，第 535—536 页。

③ 高春明：《中国服饰名物考》，上海文化出版社 2001 年版，第 33 页。

④ 周锡保《中国古代服饰史》提出冬寿夫人所梳为撷子髻（第 167 页），此说被高春明、尹国有等学者采信。李芽《中国历代妆饰》认为在河南邓县出土的南朝彩色画像砖中，双环高耸的发髻是撷子髻（第 68 页），高春明《中国服饰名物考》则认为它是飞天髻（第 32 页）。本书采纳周锡保观点。

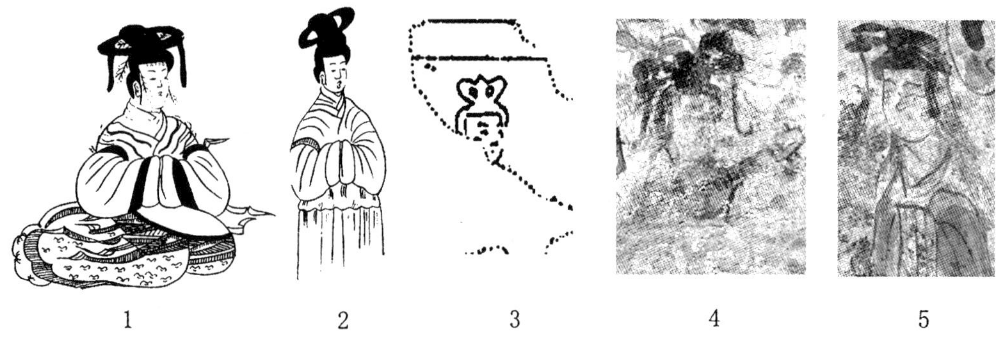

1　2　3　4　5

1—3. A 型（安岳 3 号墓西侧室南壁冬寿夫人、女侍，伏狮里壁画墓墓室左壁下栏残存头部发式）
4、5. B 型（德兴里壁画墓前室北壁西侧弹琴女侍，前室南侧天井织女）

图七　撷子髻

四环撷子髻，头顶大髻左右两边各有两个发环。德兴里壁画墓前室北壁西侧墓主人身后弹琴女侍，前室南侧天井织女（图七，4、5）。

撷子髻的梳理者，冬寿夫人为贵妇，其身后站立、打扇女侍是高级女侍，庖厨图中劳作的厨娘身份要更低微一些，三个层次的女性都梳理撷子髻，说明撷子髻是当时女人喜爱的发式，尊卑皆可梳理。

七　鬟髻

鬟髻，又作髻鬟、环髻，是将头发梳理成圆环状的一种发式。唐岑参《醉戏窦子美人》云："朱唇一点桃花殷，宿妆娇羞偏髻鬟。"元稹《李娃行》有："髻鬟峨峨高一尺，门前立地看春风"之语。[①] 因历代妇女发式演变中环状造型，层出叠见，变体丛生，鬟髻也用来泛指女性各种发式。

高句丽壁画所绘鬟髻，发环少者一环，多者四、五环，或位于头顶正中，或倾斜在头部两侧、后部，形制多变，可分 A、B、C 三型。

A 型　单环鬟髻。

头顶正中，或偏后处，直接梳绾一个发环。如安岳 3 号墓东侧室西壁东面左侧侍女，北侧室北壁女侍阿光（图八，1），均头顶正中耸立一环；德兴里壁画墓前室西壁下栏跪地女子，头部偏后处耸立一单环（图八，2），后室东壁上栏左侧侍女，脑后上部梳一发环。

B 型　双环鬟髻。

头顶上方，或两侧，直接梳理两个发环。如安岳 3 号墓东侧室西壁东面右侧女侍（图八，3），东侧室北壁东面右侧女侍（图八，4），头顶正中和侧后处均各梳一高耸的发环。

---

① 转引自周汛、高春明《中国衣冠服饰大辞典》，上海辞书出版社 1996 年版，第 347 页。

C 型　多环鬟髻。

头顶上直接梳理三个，或三个以上的发环。如安岳 3 号墓回廊北壁和东壁出行图中走在队伍前列手持拂尘等物的四名女子，头顶梳一个或两个发环，头两侧再梳两个发环，上以红色彩带装饰；西侧室西壁中央小史（图八，5），南壁中央持熏炉女侍（图八，6），均梳发环三个以上，因绘画时仅描绘环的前半部，后部不交待，具体环数不清，大体是五环左右。伏狮里壁画墓墓室左壁中间一栏残存女子头像，亦仅绘（存）发环前部，似为三环鬟髻。

1、2. A 型（安岳 3 号墓北侧室北壁女侍阿光、德兴里壁画墓前室西壁下栏跪地女子）

3、4. B 型（安岳 3 号墓东侧室西壁东面右侧女侍、北壁东面右侧女侍）

5、6. C 型（安岳 3 号墓西侧室西壁中央小史、西侧室南壁中央持熏炉女侍）

图八　鬟髻

安岳 3 号墓所绘 A、B 两型鬟髻梳理人，分为足踏石碓捣米的女侍、从井中提水的女侍、使用簸箕筛谷的女侍，身份不高。德兴里壁画墓所绘 A 型鬟髻梳理人，一人为通事吏，一人为站立女侍，身份应高于安岳 3 号墓所绘人物。C 型鬟髻梳理人有盛装出行的仪卫、女官小史、夫人的贴身女侍，从安岳 3 号墓三型发式梳理人的身份分析，C 型鬟髻可能较 A、B 两型高贵。

八　盘髻

盘髻是对拢发成束或编发为辫，将成束的头发或发辫，盘绾为扁平状发髻，发髻紧贴头部不高耸一类发式的统称。[①] 主要包括盘桓髻和反绾髻两类髻式。

盘桓髻，又称平髻[②]，是一种集发头顶，合为一束，盘旋堆砌，层层相叠，顶部为平形的发式。该髻始于汉魏，沿用于六朝，隋代大兴，唐仍沿袭。[③] 晋崔豹

---

① 周汛、高春明认为盘髻是妇女的一种发髻，盘辫而成。本书对此概念有所引申，“盘”不单指盘辫，还指盘编成束的头发。周汛、高春明：《中国衣冠服饰大辞典》，上海辞书出版社 1996 年版，第 340 页。

② 高春明《中国服饰名物考》称盘桓髻，第 33 页；沈从文《中国古代服饰研究》称平髻，第 245 页。

③ 高春明：《中国服饰名物考》，上海文化出版社 2001 年版，第 33 页；周汛、高春明：《中国衣冠服饰大辞典》，上海辞书出版社 1996 年版，第 335 页。

《古今注·杂注第七》载："长安妇人好为盘桓髻，到于今其法不绝。"① 唐吴融《个人三十韵》："髻学盘桓绾"②，即此髻。安徽亳县王榦墓出土女乐俑③、甘肃敦煌莫高窟390窟隋代壁画均有挽束此发式的妇女形象（图九，1）。④

反绾髻，梳理方法为编发于脑后，集为一束，然后由下反绾于头顶部。⑤ 相传始于三国时期，唐刘存《事始》记："魏武帝令宫人梳反绾髻，插云头钗篦。"⑥ 至唐代仍盛行。蜀马鉴《续事始》载："唐武德中，宫内梳半翻髻，又梳反绾髻。"⑦ 1974年江苏扬州城东林庄唐墓出土陶俑即梳此髻（图九，2）⑧。

高句丽壁画所绘盘髻，根据盘发形状及盘发部位不同，可分A、B两型。

A型　平顶式。

舞踊墓主室左壁中部左数第四位女舞者、下部左数第二、三、四位穿长襦的女子，主室左壁左侧进肴女侍（图九，3）；长川1号壁画墓前室藻井东侧礼佛图持伞盖侍女、跪地磕头女子（图九，4），前室南壁第一栏右数第三站立侍女，东壁甬道北壁侍女均梳此类发式。

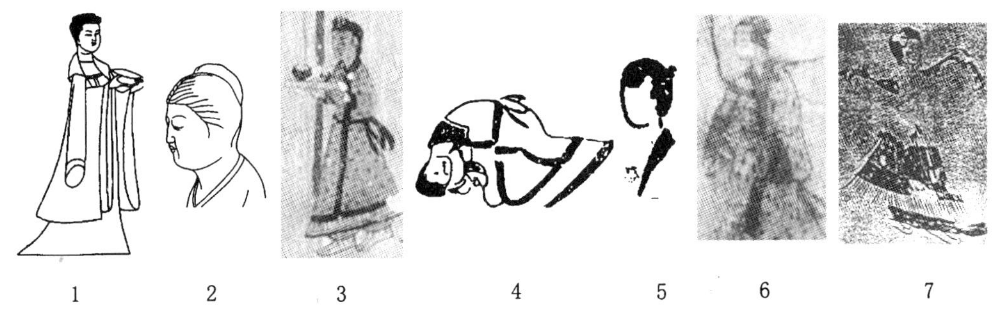

1. 甘肃敦煌莫高窟390窟隋代壁画　2. 江苏扬州城东林庄唐墓出土陶俑　3、4. A型（舞踊墓主室左壁左侧进肴女侍、长川1号墓前室藻井东侧礼佛图跪地女子）　5—7. B型（通沟12号墓南室左壁礼辇图车后持物女侍、三室墓第一室左壁出行图打伞盖女子、高山洞A10号墓后室南壁东侧上部跳舞女子）

图九　盘髻

因高句丽壁画对发丝走向刻画不细致，表面看来此式好像剪掉了鬓发和脑后发的男士短发，但仔细观察可见，顶发微微隆起，整体近平形，可能是成缕头发，或

① 崔豹：《古今注》，《丛书集成初编》，商务印书馆1935—1937年版，第21页。

② 转引自周汛、高春明《中国衣冠服饰大辞典》，上海辞书出版社1996年版，第334页。

③ 亳县博物馆：《安徽亳县隋墓》，《考古》1977年第1期，第68页。

④ 图转引自高春明《中国服饰名物考》，上海文化出版社2001年版，第33页；沈从文《中国古代服饰研究》，上海世纪出版集团2007年版，第245页。

⑤ 高春明：《中国服饰名物考》，上海文化出版社2001年版，第37页；周汛、高春明：《中国衣冠服饰大辞典》，上海辞书出版社1996年版，第334页。

⑥ 陶宗仪：《说郛》卷10，北京市中国书店1986年版，第416页。

⑦ 同上书，第416页。

⑧ 图转自高春明《中国服饰名物考》，上海文化出版社2001年版，第36页。

是辫发，头顶盘桓而成。此式盘发与盘桓髻较为相近，似其简化版。

B型　反绾式。

通沟12号墓（马槽墓）南室左壁礼辇图在后持物女侍（图九，5）；三室墓第一室左壁出行图打伞盖女子（图九，6）；高山洞A10号墓后室南壁东侧上部跳舞女子均梳此髻（图九，7）。

高句丽壁画所绘该型发式发髻较小，反绾在颅后上部，微微突出，头发整体轮廓近球形，而不是A型中的平顶状。此式与反绾髻相似，但发髻明显较其扁小。

高句丽壁画中梳理A、B两型盘髻的女子均穿长襦裙，而梳垂髻的女子多穿短襦裤。学界一般认为穿长襦裙女子的身份高于穿短襦裤者，故盘髻可能是比垂髻更高贵的一种发式。

九　双髻

双髻是由两个实心发结组成的发式。梳理方法为集发头顶，分成两股，绾束成相邻，或分立左右的两个发髻。

高句丽壁画所绘双髻，根据发结形状、位置的不同，又可分A、B、C、D四型。

A型　球状双髻。

集发头顶，正中挽束两个彼此相邻的球状发髻。德兴里壁画墓前室北壁西侧墓主人身后打扇女侍，前室西壁天井持幡仙女（图十，1）；药水里壁画墓前室北壁出行图中四个女侍均梳此型。①

1　2　3　4　5　6

1. A型（德兴里壁画墓前室西壁天井持幡仙女）　2. B型（龛神塚前室北壁跪地持物女侍）　3. C型（龛神塚前室西壁左侧站立侍女）　4. D型（水山里壁画墓主室西壁出行图站立两女子）　5. 酒泉丁家闸5号墓前室西壁右下出游图双髻女子　6. 陕西乾县永泰公主墓壁画绘双螺髻女子

图十　双髻

B型　条状双髻。

集发头顶，正中略偏后侧挽束两个长条状发髻，发髻顶部向前方弯曲。龛神塚

① 药水里壁画墓前室北壁出行图中四女子，发髻漫漶不清，除球形双髻的可能外，也许是双环髻。

前室西壁右侧站立侍女，前室北壁跪地持物女侍（图十，2）均梳此髻。

C 型　螺状双髻。

集发头顶，正中分缝，颅顶左右两侧各挽一形似螺壳的发髻。龛神塚前室西壁左侧站立女侍（图十，3），前室东壁南部裙装侍女均梳此髻。

D 型　鞍状双髻。

集发头顶，前后各成一髻，前大后小，侧视如鞍状。水山里壁画墓主室北壁右侧下栏中三个站立的女侍，主室西壁出行图中站立两女子（图十，4）均梳此髻。

双髻中，A 型是魏晋时期常见式样，酒泉丁家闸 5 号墓前室西壁右下出游图中女子便梳此发式（图十，5）。[①] B 型较为罕见，不知是否为临摹本误差，原图恐为环髻。C 型与螺髻相像，螺髻原是儿童的发式，崔豹《古今注》记："童子结发，亦为螺髻，亦谓其形似螺壳。"[②] 唐代女人流行梳螺髻，唐苏鹗《杜阳杂编》记："中有二人，形眉端秀，体质奚备，螺髻璎珞。"[③] 即言此髻。陕西乾县永泰公主墓石椁线刻画及壁画中绘有梳挽单、双螺髻的女子形象（图十，6）。[④] D 型不常见。

十　云髻

云髻，髻式卷曲高耸，似缕缕云朵，故得名。始见于三国时期，曹植《闺情诗》："红颜炜烨，云髻嵯峨。"以"嵯峨"形容云髻的高耸。南北朝时期，因梳理方式不同，又有随云髻、凌云髻、归云髻等式样。隋唐时期仍被不少妇女沿用。[⑤] 旧题阎立本《北齐校书图》中的侍女（图十一，1），阎立本《步辇图》中的宫女所梳发髻，顶发、额发、鬓发弯曲如云，被视为典型的云髻。[⑥]

水山里壁画墓主室西壁墓主夫人（图十一，2），北壁右侧两个抄手侍立的女子，鬓发、额发齐拢头顶，发髻弯曲起伏，似堆云；双楹塚墓道东壁三个抄手侍立的女子发型与水山里壁画墓中相似，唯将条状发巾包裹在额部之上，发髻下端，略不同（图十一，3）。从整体形状分析，这几人发髻与云髻最为相像。

十一　花钗大髻

头发集中一处，修饰成形，若空心称为鬟（环），实心称为髻。大髻是一种堆发颅顶，完全用自己的头发，或借用假发，梳理出一个或若干个大的发结的发型。其上插戴多枚钗簪作为装饰的盛装式样就是花钗大髻。此式汉代已经出现。密县打

---

① 甘肃省文物考古研究所：《酒泉十六国墓壁画》，文物出版社 1989 年版。

② 崔豹：《古今注》（卷中），《丛书集成初编》第 24 册，商务印书馆 1935—1937 年版，第 15 页。

③ 苏鹗：《杜阳杂编》，《笔记小说大观》第 1 集，江苏广陵古籍刻印社 1983 年版，第 148 页。

④ 图转自高春明《中国服饰名物考》，上海文化出版社 2001 年版，第 37 页；陕西省博物馆等：《唐懿德太子墓发掘简报》，《文物》1972 年第 7 期，第 26—33 页。

⑤ 高春明：《中国服饰名物考》，上海文化出版社 2001 年版，第 35 页；周汛、高春明：《中国衣冠服饰大辞典》，上海辞书出版社 1996 年版，第 334 页。

⑥ 图转自高春明《中国服饰名物考》，上海文化出版社 2001 年版，第 35 页。

虎亭汉代画像石、山东金乡朱鲔墓出土的画像石中贵族妇女（图十一，4）均梳此种发型[①]，有的学者称其为“副笄六珈”[②]。

药水里壁画墓后室北壁上部墓主夫人头插多枚簪钗所梳为花钗大髻（图十一，5）；双楹塚后室后壁墓主夫人从残存的发式轮廓来看，也应属于此髻。

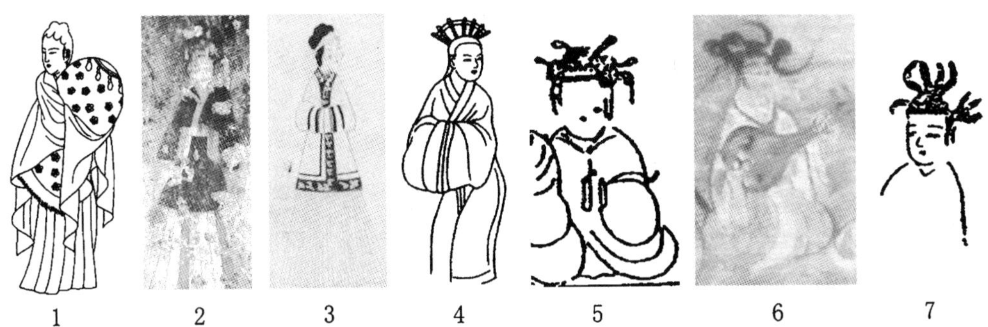

1. 阎立本《北齐校书图》中女侍 2. 水山里壁画墓主室西壁墓主夫人 3. 双楹塚墓道东壁抄手侍立女子 4. 山东金乡朱鲔墓画像石中女子 5. 药水里壁画墓后室北壁上部墓主夫人 6. 甘肃酒泉丁家闸5号墓西壁中跪坐乐伎 7. 药水里壁画墓磨房图中女侍

图十一 云髻、花钗大髻与不聊生髻

十二 不聊生髻

汉代出现的一种发髻，魏晋南北朝时期沿用。因髻式漫散凌乱而得名。《后汉书·五行志一》：“桓帝元嘉中，京都妇女作愁眉、啼妆、堕马髻、折腰步、龋齿笑。”刘昭注引《梁冀别传》云：“冀妇女又有不聊生髻。”[③] 甘肃酒泉丁家闸5号墓西壁中跪坐乐伎所梳为此髻（图十一，6）。[④]

药水里壁画墓后室北壁上部墓主夫妇身旁女侍，前室东壁下半部厨房、磨房图中女侍（图十一，7），所梳发髻，环状、条状杂糅一处，发端指向不同方位，发式散乱，可能是不聊生髻。

十三 鬋鬓

鬋，音剪，一作女鬓垂貌，又作剔除之义。[⑤] 鬋鬓是将面颊两旁的头发，修剪成各种形状。[⑥]《汉书·司马相如传》有“靓庄刻饰”之说，唐颜师古注引郭璞：

---

① 图转自沈从文《中国古代服饰研究》，上海世纪出版集团2007年版，第175、165页。

② 赵连赏：《中国古代服饰图典》，云南人民出版社2007年版，第167页。

③ 范晔：《后汉书》，中华书局2000年版，第2225页。

④ 甘肃省文物考古研究所：《酒泉十六国墓壁画》，文物出版社1989年版。

⑤ 辞源修订组：《辞源》，商务印书馆1997年版，第1899页。

⑥ 高春明：《中国服饰名物考》，上海文化出版社2001年版，第64页；周汛、高春明：《中国衣冠服饰大辞典》，上海辞书出版社1996年版，第348页。

“刻，刻画鬋鬓也。”清王先谦注：“刻饰，以胶刷鬓使就理，如刻画然。”[1] 所言是通过修剪刷胶等方法为鬓发造型。

早在先秦时期，鬓发修理已比较讲究。《楚辞·招魂》云：“盛鬋不同制，实满宫些。”汉王逸注：“鬋，鬓也。制，法也……言九侯之女，工巧妍雅，装饰两结，垂鬓下发，形貌诡异，不与众同。”[2] 汉代鬓发式样多变，有直角状，如河北满城1号汉墓出土的镀金长信宫灯铜人，鬓角处头发修剪成递减直角阶梯（图十二，1）。也有弯钩状，如朝鲜乐浪彩箧冢出土的汉代漆画上妇女梳有弯钩状鬓发（图十二，2）。两晋南北朝时期，妇女鬓发更富个性，有垂至两肩如飘带的长鬓，如敦煌莫高窟285窟西魏供养人壁画，鬓发的发梢呈分叉式，长短不一，搭于两肩（图十二，3）。有鬓发蓬松，遮住两耳的缓鬓，如陕西西安草场坡北朝墓出土陶俑（图十二，4）。也有薄薄一层，形似蝉翼的蝉鬓，如顾恺之《烈女图》中妇女（图十二，5）。甘肃敦煌莫高窟北朝壁画中，还有带形，飞髾形，燕尾形等大量不同形式的鬋鬓。[3]

高句丽壁画中所绘鬓角，依据长短、弯直等形式差别，可分成A、B、C三型。

A型长鬓　鬓发绝对长度长过脸颊，可下垂至颈部，具体形状略有差异。有直垂式长鬓，如安岳3号墓西侧室南壁中央墓主夫人，东侧室东壁摆设食器的女侍（图十二，6）；德兴里壁画墓前室北壁西侧墓主人身后女侍；双楹塚后室东壁出行图中女子。有弯曲前翘式长鬓，如长川1号墓前室南壁第一栏左九女子（图十二，7），右一、右二站立女侍，南壁第二栏女舞者，前室北壁女演员。有扭曲盘桓式长鬓，如舞踊墓主室左壁中部左四女舞者（图十二，8），下部左四女歌者。

B型短鬓　脸颊处，耳前部，长度适中的短鬓发。如舞踊墓主室左壁进肴女侍；安岳3号墓西侧室南壁中央墓主夫人身后女侍，东侧室北壁女侍阿光，回廊北壁和东壁行列图中队伍前列下部两女子（图十二，9）；龛神塚前室西壁右侧站立女侍，前室北壁跪地持物女侍。

C型秃鬓　鬓发直接梳到耳后，鬓角处或保持原状，或修剪成各种形状。自然形秃鬓，鬓发直接梳于耳后，如麻线沟1号墓墓室东壁南端左一女侍；长川1号墓前室藻井东侧礼佛图持巾女侍（图十二，10）；药水里壁画墓中梳不聊生髻的女侍；水山里壁画墓墓室西壁最后两位站立女侍；双楹塚墓道东壁梳云髻的女子。圆弧形秃鬓，将鬓发与额发衔接处剪成两道圆弧。如通沟12号墓南室左壁左端车辕后女侍；长川1号墓前室藻井东侧打伞女侍，跪地墓主夫人，甬道南侧女侍（图十二，11）。直角形秃鬓，将鬓角修成直角状，借以增加额部宽广，突显额部丰腴之美。如通沟12号墓南室左壁左端车辕后第三女侍，长川1号墓前室藻井西侧女侍，三室墓第一室左壁出行图左八打伞女侍，东岩里壁画墓前室女侍（图十

---

① 班固：《汉书》，中华书局2000年版，第1954页。

② 洪兴祖：《楚辞补注》，中华书局1983年版，第210页。

③ 高春明：《中国服饰名物考》，上海文化出版社2001年版，第64—69页；周汛、高春明：《中国衣冠服饰大辞典》，上海辞书出版社1996年版，第348页。

1. 河北满城 1 号汉墓长信宫灯铜人　2. 朝鲜乐浪彩箧冢汉代漆画　3. 敦煌莫高窟 285 窟西魏供养人壁画　4. 陕西西安草场坡北朝墓出土陶俑　5. 顾恺之《烈女图》中妇女　6—8. A 型长鬓（安岳 3 号墓东侧室东壁摆设食器的女侍、长川 1 号墓前室南壁第一栏左九女子、舞踊墓主室左壁中部左四女舞者）　9. B 型短鬓（安岳 3 号墓回廊北壁和东壁行列图中队伍前列下部两女子）　10—12. C 型秃鬓（长川 1 号墓前室藻井东侧礼佛图持巾女侍、甬道南侧持伞盖女侍，东岩里壁画墓前室女侍）

图十二　鬅鬓

二，12）。

鬅鬓中，直垂式长鬓和短鬓主要与撷子髻、双髻、环髻等高耸髻式相配，头顶髻式隆重，鬓式便取简洁相应；弯曲前翘式长鬓主要与垂髾、盘髻等低平髻式相配，发髻简单，鬓式则取繁复，增加装饰感；自然形秃鬓与垂髾、云髻、大髻各类高矮髻式都可搭配，随意性较强；圆弧形和直角形秃鬓与弯曲前翘式长鬓主要配垂髾、盘髻等低平髻式。

十四　垂髾

垂髾，是从发髻中分出一缕头发，下垂在发髻左、右、后某个或某几个方向，垂下的发梢主要起装饰作用，增加发髻的飘逸之美。有垂髾的发髻，又被笼统称为垂髾髻。[①]

汉代垂髾已经出现，《史记·司马相如列传》载：“扬袘戌削，蜚纤垂髾。”裴骃集解引郭璞：“髾，髻髾也。”[②] 又傅毅《舞赋》云：“珠翠的皪而炤耀兮，华袿

① 高春明：《中国服饰名物考》，上海文化出版社 2001 年版，第 24—27 页。

② 司马迁：《史记》，中华书局 2000 年版，第 2296 页。

飞髾而杂纤罗。”唐张铣注：“髾，髻饰也。”[1] 洛阳烧沟西汉卜千秋墓主室天井所绘女娲，硕大的发髻后面垂有一绺发尾（图十三，1）。[2] 河北满城1号汉墓出土的长信宫灯铜人，脑后发髻左侧，亦垂下一由粗到细，尾端为上翘的发髾（图十三，2）。[3] 四川大邑东汉墓出土画像石亦见此种垂髾（图十三，3）。[4]

魏晋南山北朝时期，妇女仍沿袭此习俗。《隋书·礼仪志》载：“（北朝）宫人及女官服制……八品、九品，俱青纱公服，偏髾髻。”[5]偏髾髻，即垂髾髻，有发梢下垂的髻式。甘肃嘉峪关魏晋间彩绘画像砖（图十三，4），吐鲁番哈拉和卓出土古画均绘有单缕，或多缕发梢下垂的女子形象（图十三，5）。

高句丽壁画所绘垂髾，根据数量差别，可分A、B两型。

A型　单垂髾。

安岳3号墓西侧室南壁中央持熏炉女侍，脑后一环下垂发一缕；东侧室北壁东面女侍阿光（图十三，6），发环左侧垂发一缕，东壁北面庖厨图中摆设食器的女侍右侧发环下垂发一缕。德兴里壁画墓前室北壁西侧墓主人身后打扇女子，前室西壁天井持幡仙女（图十三，7）发髻后端，均垂一缕垂发。

B型　双垂髾。

安岳3号墓西侧室南壁中央冬寿夫人梳双环缬子髻，双环下各垂发一缕，垂髾呈带状，发丝刻画细致（图十三，8）；德兴里壁画墓前室北壁西侧墓主人身后弹琴女侍，前室南侧天井织女（图十三，9）梳四环撷子髻，下两环均垂下两缕垂发，垂发上粗下细。

垂髾主要与各类鬟髻、缬子髻、双髻等高髻搭配，用来充填高耸的发髻与脸部之间的空间。单垂髾位置较随意，前后部、左右部都可以。双垂髾一般匹配对称式的高髻，追求平衡之美。

沈从文《中国古代服饰研究》认为“这个垂髾式样，较早出现西汉时，东汉却少见，而魏晋之际在东北、西北墓画中又经常出现，成为这一时期下层妇女发式特征”。[6] 从高句丽壁画中描绘的发式来看，垂髾式的等级性似乎并不明显。从墓主夫人，到贴上女侍，粗使丫头都梳垂髾式。B型垂髾比A型垂髾梳理人身份略显高贵，但也未必是通例。

上述各种发式中，披发、髡发和顶髻三种发式男女都可梳理，尤以男性居多。断发和辫发的梳理者是男性。垂髻、撷子髻、鬟髻、云髻、大髻、螺髻、不聊生髻七类均为女性发式，它们在鬅鬓、垂髾两方面更为讲究。

---

① 李善等：《六臣注文选》卷17，中华书局1987年版，第322页。

② 图转自沈从文《中国古代服饰研究》，上海世纪出版集团2007年版，第203页。

③ 图转自高春明《中国服饰名物考》，上海文化出版社2001年版，第25页。

④ 同上书，第44页。

⑤ 魏征：《隋书》，中华书局2000年版，第165页。

⑥ 沈从文：《中国古代服饰研究》，上海世纪出版集团2007年版，第169页。

1. 洛阳烧沟西汉卜千秋墓主室天井所绘女娲　2. 河北满城1号汉墓长信宫灯铜人　3. 四川大邑东汉墓出土画像石　4. 甘肃嘉峪关魏晋间彩绘画像砖　5. 吐鲁番哈拉和卓出土古画　6、7. A型（安岳3号墓东侧室北壁东面女侍阿光、德兴里壁画墓前室西壁天井持幡仙女）　8、9. B型（安岳3号墓西侧室南壁中央冬寿夫人、德兴里壁画墓前室南侧天井织女）

图十三　垂髾

第二节　发饰

发饰是用来固定发髻防止脱落，修饰装扮头发增势美感的各类材质制成的饰物的总称。包括簪、钗、步摇、栉具、髲髢、巾帼等。高句丽壁画及高句丽墓葬出土实物中时有各类发饰发现。

一　壁画所绘发饰

1. 步摇

步摇一词，最早见于宋玉《风赋》，其云："主人之女，垂珠步摇。"[①] 刘熙《释名·释首饰》解释步摇为"上有垂珠，步则摇动也"。认为垂珠是步摇的重要组

① 李昉等：《太平御览》，中华书局1960年版，第3175页。

成部分，步行则摇动是其特点。[①]

两汉时期的步摇未见实物，根据文献记载和图像资料推断大致有两类：一类盛装步摇。《后汉书·舆服志下》记东汉皇后盛装要戴步摇，具体形制为："以黄金为山题，贯白珠为桂枝相缪，一爵九华，熊、虎、赤罴、天鹿、辟邪、南山丰大特六兽。"[②] 依此记载步摇是在金博山状的基座上，安装缭绕的桂枝，枝上串有白珠，并饰以鸟雀、瑞兽和花朵的一种独特的饰物。如此富丽堂皇的发饰恐难直接插戴在发上，要和簂配合使用。[③] 另一类简化版步摇。如马王堆 1 号汉墓出土帛画中部墓主人发前所戴呈树枝状，饰有圆片或圆珠的步摇（图十四，1）。[④] 再如晋顾恺之《女史箴图》绘有一套垂直插在发前的发饰，其底部有基座，上面伸出弯曲的枝条，枝条上还栖有小鸟（图十四，2）。[⑤] 此式步摇是皇后盛装步摇的简洁版。

魏晋南北朝时期，步摇流行。辽宁北票房身 2 号前燕墓、内蒙古乌兰察布盟达茂旗西河子北朝墓等处均发现可以直接插在发上，由基座、枝条和金叶构成的金步摇。此外，还发现用步摇作为主要装饰的步摇冠。[⑥]

高句丽壁画中麻线沟 1 号墓墓室东壁南端夫妻对坐图侍童后站立女子（图十四，3）；长川 1 号墓前室南壁第一栏左九、左十一两女子，前室北壁左上部弹琴女子，头上均插有羽状发饰。长川 1 号墓前室南壁第一栏左八女子头插花枝状发饰（图十四，4）。原报告称为"羽状步摇"、"羽毛式步摇"和"花枝状步摇"。[⑦]

从图像分析，"羽状步摇"整体呈或宽或窄的羽毛状，无细部刻画，此发饰与典型步摇的形制差距颇大，"羽状步摇"的名称，有待商榷。"花枝状步摇"整体呈单枝或多枝花枝状，上饰以圆点，可能是摇叶，或珠子。形制与马王堆 1 号汉墓出土帛画中部墓主人所戴步摇极为相似，若前者是步摇，它亦是。又安岳 3 号墓西侧室南壁中央冬寿夫人（图十四，5），面颊两侧及脑后各绘有一红色饰物，单枝状，每枝枝杈尽头饰有红色饰片（珠子），是插戴在两鬓和脑后发髻上的发饰，从其形制来看，也应属于步摇类。

长川 1 号墓中插戴步摇的人，按照原报告认为是歌手，李清泉认为他们可能是

---

① 孙机认为《释名》将此可摇动之物说成是上面的垂珠，恐怕不代表它起初的形制。孙机：《步摇、步摇冠与摇叶饰片》，《文物》1991 年第 11 期，第 55 页；王先谦：《释名疏证补》，中华书局 2008 年版，第 160 页。

② 范晔：《后汉书》，中华书局 2000 年版，第 2514 页。

③ 孙机：《步摇、步摇冠与摇叶饰片》，《文物》1991 年第 11 期，第 55—64 页。

④ 江楠、高春明视其为步摇。江楠：《中国东北地区金步摇饰品的发现与研究》，吉林大学，硕士论文，2007 年：第 39—40 页；高春明：《中国服饰名物考》，上海文化出版社 2001 年版，第 114 页。

⑤ 图转自孙机《步摇、步摇冠与摇叶饰片》，《文物》1991 年第 11 期，第 55—64 页。

⑥ 孙机：《步摇、步摇冠与摇叶饰片》，《文物》1991 年第 11 期，第 55—64 页。

⑦ 吉林省博物馆辑安考古队：《吉林辑安麻线沟一号壁画墓》，《考古》1964 年第 10 期，第 522 页；吉林省文物工作队、集安县文物保管所：《集安长川一号壁画墓》，《东北考古和历史》1982 年第 1 期，第 158 页。

墓主人的直系亲属。[①] 尊卑尚难判定。

2. 簪钗

药水里壁画墓后室北壁上部墓主夫人，发髻上插五枚簪钗，其中最左边一枚，下有垂饰，甚为华丽（图十四，6）。因壁画刻画不细致，具体形制难辨。考古发掘中多有簪、钗实物出土，参见下文。

1. 马王堆1号汉墓帛画　2. 晋顾恺之《女史箴图》　3. 麻线沟1号墓墓室东壁对坐图侍童后站立女子　4. 长川1号墓前室南壁第一栏左八女子　5. 安岳3号墓西侧室南壁中央冬寿夫人　6. 药水里壁画墓后室北壁上部墓主夫人　7. 角觝墓主室后壁墓主人左侧跪立女子　8. 长川1号墓前室南壁第一栏左侧站立女子　9. 双楹塚墓道东壁抄手侍立女子　10. 安岳3号墓西侧室南壁中央持熏炉侍女　11. 安岳3号墓回廊出行图前列上部两女子　12. 汉代戴帼女子

图十四　高句丽壁画所绘发饰

3. 巾帼与发带

帼又作簂，刘熙《释名·释首饰》云："簂，恢也，恢廓覆发上也。"孙机认为"此物即覆发的头巾。《后汉书·蔡琰传》称：'赐以头巾、履、襪。'其头巾即巾帼。"[②] 高春明引清厉荃《事物异名录》所载"按簂即帼也，若今假髻，用铁丝为圈，外编以发"。推断巾帼是"用假发（如丝、毛等物）制成的貌似发髻的饰物，使用时直接套在头上，无需梳挽"。[③]《中国文物大辞典》注释巾帼为"古代用丝织品或发丝等制成的一种头巾式头饰。秦汉时贵族妇女多在举行祭祀大典时戴之。用

---

① 李清泉：《墓葬中的佛像——长川1号壁画墓释读》，见巫鸿《汉唐之间的视觉文化与物质文化》，文物出版社2003年版，第482页。

② 孙机：《汉代物质文化资料图说》，上海古籍出版社2008年版，第283页。本书赞同孙机的观点。

③ 高春明：《中国服饰名物考》，上海文化出版社2001年版，第180页。

簪钗固定在发髻上，上面还装缀有金珠玉翠制成的首饰品。巾帼的种类和颜色有多种，如剪氂簂、绀缯簂等，前者用马尾，后者用丝织品制作”。[①] 又《辞源》释巾帼为妇女的头巾和发饰。[②]

高句丽壁画墓绘有多位头戴巾帼的女子形象。如角觝墓主室后壁墓主人左侧跪坐女子头戴尖顶白色巾帼（图十四，7）；长川1号墓前室南壁第一栏左侧站立女子头戴平顶的白色巾帼（图十四，8）；三室墓第一室左壁出行图左三女子头戴尖顶黄色巾帼。又通沟12号墓原报告记南室后壁屋宇内夫妻对坐图中女子头戴白色巾帼，壁面右端屋宇外一个捧物前行的女子也戴白色巾帼。此种巾帼包裹整个头顶部，有如发帽。

高句丽壁画还绘有头戴发带的女子形象。如双楹塚墓道东壁抄手侍立女子（图十四，9）。头戴宽幅发带，发带横置前额之上，紧裹发髻根部。再如安岳3号墓西侧室南壁中央持熏炉女侍，回廊北壁和东壁出行图队伍前列上部两女子，以红色窄条彩色发带绑缚在发髻上，又将带端下垂于环髻之旁，灵动飘逸（图十四，10、11）。

高句丽壁画墓所绘巾帼形制与孙机《汉代物质文化资料图说》引用图极为相似（图十四，12）。[③] 此图可见头巾缠绕的层次。高句丽壁画所绘巾帼的围裹方法，可能与此相近。戴巾帼的人，角觝墓、通沟12号墓与三室墓中四女子一般被视为墓主夫人；佩戴的场合或为宴饮，或为某种出行仪式，或为歌舞表演之所，因此，巾帼佩戴者身份可能相对尊贵，或是佩戴场合较为隆重。

宽幅条带主要用来固发，防止发髻散乱。窄条发带则主要起装饰点缀的作用，从冬寿夫人，到贴身女侍，出行图队列中的女子均缠缚窄条彩带，表明其无明显的尊卑之别，可能是女子盛装的一种饰物。

二　遗迹出土发饰

1. 簪

簪，先秦时期多称笄，两汉以后改称簪。一般由簪头和簪身两部分构成。早期形制简单，以骨质、木质为主，簪头多是简洁的几何形；后来装饰日益华美，动物、植物等各类繁复图案雕刻于簪头上，金、银、玉各种贵重材质广泛应用。簪身常为三棱、圆柱、扁平等形状，有长短之别，长簪多用于穿过冠上两孔，将冠固定于头上，短簪则用来贯穿发髻，避免散乱。[④]

---

① 中国文物协会专家委员会：《中国文物大辞典》，中央编译出版社2008年版，第639页。文中“氂”应为“氂”，高春明认为是牦牛毛。

② 辞源修订组：《辞源》，商务印书馆1997年版，第523页。

③ 孙机：《汉代物质文化资料图说》，上海古籍出版社2008年版，第282页。

④ 高春明：《中国服饰名物考》，上海文化出版社2001年版，第92—101页；周汛、高春明：《中国衣冠服饰大辞典》，上海辞书出版社1996年版，第389页。

高句丽遗迹中出土簪子数量不多，国内禹山墓区 JYM3283 号墓，石台子山城 02SSⅢTI④、H15，集安洞沟古墓群 JSM12 号墓，东台子遗址各处发现数枚。质地有金、铁、铜、骨等。簪长 8.6—13.5 厘米。簪头或加工为自然的扁锥状，或为扁圆形叶片，或为圆环状。簪身呈针形、圆柱形、扁长方体、锥形。如：

标本 1552，金质，重 2.5 克，簪头捶作扁圆形叶片，叶片表面錾有一周锥点纹饰，叶片直径 2.0，厚 0.1，簪针直径 0.2，长 8.6 厘米。藏于集安博物馆（图十五，1）。①

禹山墓区 JYM3283∶15，铁质鎏金，呈针形，簪头有孔可连缀坠饰。长 13.1，断面直径 0.2 厘米（图十五，2）。②

石台子山城 02SSⅢTI④∶2，铜质，圆柱形，簪头残，末端弯曲有钝尖。残长 12.5、直径 0.4 厘米；H15∶1，骨质，扁长方体，簪头扁锥状，簪身后端残，长 10.5 厘米（图十五，3、4）。③

集安洞沟古墓群 JSM12∶1，铁头簪，呈锥形，断面直径 0.4 厘米，簪头套联一小圆形铁环，环直径 2.2、断面直径 0.5 厘米（图十五，5）。④

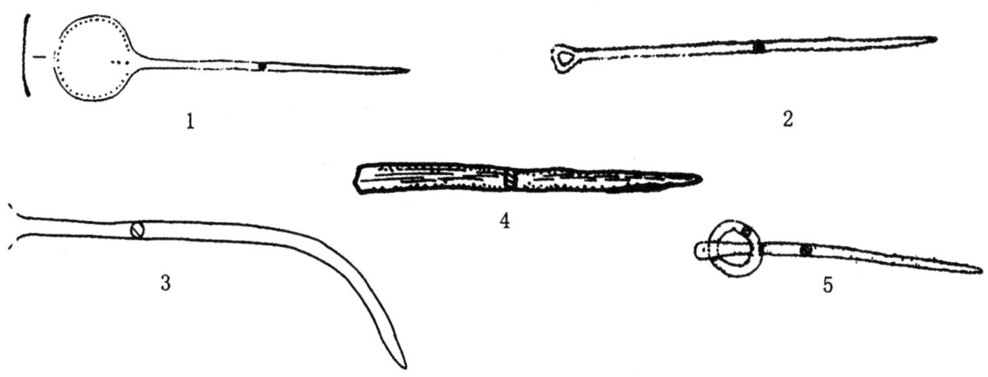

1. 集安博物馆标本 1552　2. 禹山墓区 JYM3283∶15　3. 石台子山城 02SSⅢTI④∶2　4. 石台子山城 H15∶1　5. 集安洞沟古墓群 JSM12∶1

图十五　簪

东台子遗址，铜质鎏金发簪，残，制作精致，长 13.5 厘米，藏于集安博物馆。⑤

---

① 孙仁杰：《集安出土的高句丽金饰》，《博物馆研究》1985 年第 1 期，第 97 页。

② 吉林省文物考古研究所、集安市文物保管所：《集安洞沟古墓群禹山墓区集锡公路墓葬发掘》，见吉林省文物考古研究所、集安市文物保管所《高句丽研究文集》，延边大学出版社 1993 年版，第 67 页。

③ 沈阳市文物考古研究所：《沈阳市石台子高句丽山城 2002 年Ⅲ区发掘简报》，《北方文物》2007 年第 3 期，第 35 页；李晓钟、刘长江等：《沈阳石台子山城试掘报告》，《辽海文物学刊》1993 年第 1 期，第 31 页。

④ 孙仁杰：《集安洞沟古墓群三座古墓葬清理》，《博物馆研究》1994 年第 3 期，第 80—81 页。

⑤ 吉林省博物馆：《吉林辑安高句丽建筑遗址的清理》，《考古》1961 年第 1 期，第 55 页。

朝鲜半岛平安南道大同郡八清里壁画墓①、德花里 3 号墓②、南浦市龙冈郡龙兴里墓群 2 号墓③、黄海北道燕滩郡松竹里 1 号墓④等墓葬亦出土银簪数枚，因无图片和具体说明，形制不详。

2. 钗

钗主要用于发髻造型，多为女性专用。钗与簪一样由头、身两部分构成，不同在于钗身分两股，簪身只一股，即插入头发内的部分一双脚一单脚。正如汉刘熙《释名·释首饰》所云："钗，叉也，象叉之形因名之也。"⑤ 学界一般认为钗出现时间稍晚于簪。两汉时期是形成期，此时钗形制简单，通常是将金银丝两端捶尖，中部弯折合拢成平行的双股。魏晋南北朝时期，渐有新变，如两股距离分开，弯折处捶扁。隋唐时期，高髻盛行，钗是不可或缺的盘发工具，制作越发精美。钗头装饰渐被注重，花朵造型甚为流行。⑥

高句丽遗迹出土发钗数量不多。集安博物馆收藏一件，五女山城、集安禹山墓区出土四件。均为双叉折股形，形制简单，质地以铜、铁为主，外施金、银。长度 9.7—13.5 厘米。如：

标本 903，稍残，金质，双叉折股形。折股处较宽厚，上饰三道瓦棱。钗身内为铜条，外包金箔。断面直径 0.5 厘米，折股处宽 1.6，厚 0.2，通长 13.5 厘米。现藏于集安博物馆（图十六，1）。⑦

五女山城 T31③:1，铜质，圆柱形铜条回折制作，钗身底部略尖。长 13、宽 1 厘米（图十六，2）。⑧ T56②:10，残，圆柱形铜条回折制作，两股已被分开，一股折断，钗身下端略尖，长 9.7、宽 0.5 厘米（图十六，3）。⑨

禹山墓区 JYM3160:4，残，银质，上端银片卷作拱形，下端包二铁条，铁条断损（图十六，4）。⑩

《朝鲜遗迹遗物图鉴·高句丽篇》收录一件出土于吉林集安的银钗，钗头为花形，两股分开，一股残断（图十六，5）。⑪

---

① ［朝］田畴农：《大同郡八清里壁画墓》，见朝鲜民主主义人民共和国科学院考古学与民俗学研究所《考古学资料集（3）——各地遗迹整理报告》，科学院出版社 1963 年版，第 162—170 页。

② ［朝］Jung Se-ang：《德花里 3 号墓发掘报告》，《朝鲜考古研究》1991 年第 1 期，第 22—25 页。

③ ［朝］李俊杰：《龙兴里高句丽墓葬发掘报告》，《朝鲜考古研究》1993 年第 1 期，第 19—24 页。

④ ［朝］Yun Kwang-soo：《燕滩郡松竹里高句丽壁画墓》，《朝鲜考古研究》2005 年第 3 期，第 20 页。

⑤ 王先谦：《释名疏证补》，中华书局 2008 年版，第 162 页。

⑥ 高春明：《中国服饰名物考》，上海文化出版社 2001 年版，第 102—113 页；周汛、高春明：《中国衣冠服饰大辞典》，上海辞书出版社 1996 年版，第 392 页。

⑦ 孙仁杰：《集安出土的高句丽金饰》，《博物馆研究》1985 年第 1 期，第 97 页。

⑧ 辽宁文物考古研究所：《五女山城》，文物出版社 2004 年版，第 212 页。

⑨ 同上书，第 215 页。

⑩ 吉林省文物考古研究所、集安市文物保管所《集安洞沟古墓群禹山墓区集锡公路墓葬发掘》，见吉林省文物考古研究所、集安市文物保管所《高句丽研究文集》，延边大学出版社 1993 年版，第 71 页。

⑪ ［朝］《朝鲜遗迹遗物图鉴》编纂委员会：《朝鲜遗迹遗物图鉴》，外文综合出版社 1990 年第 4 集，图 480。

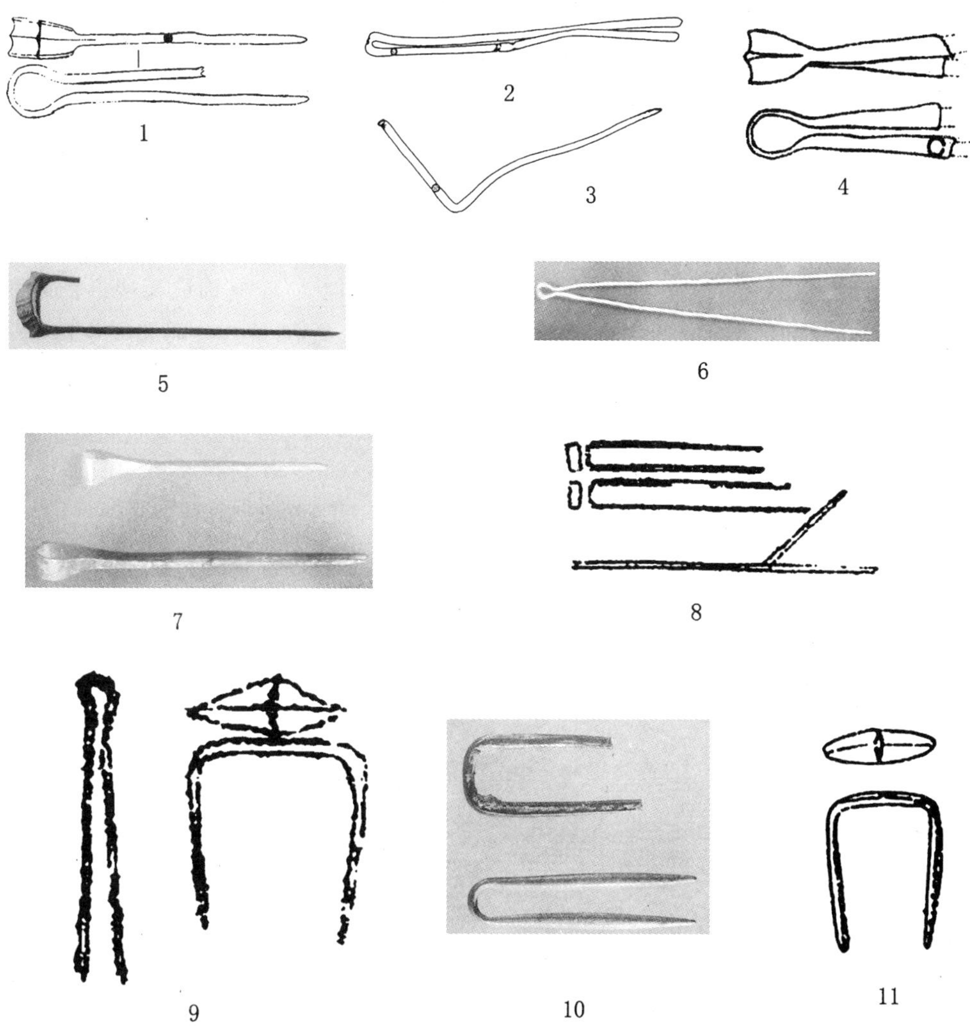

1. 集安博物馆藏标本 903　2. 五女山城 T31③：1　3. 五女山城 T56②：10　4. 禹山墓区 JYM3160：4　5.《朝鲜遗迹遗物图鉴·高句丽篇》收录吉林集安银钗　6. 平安南道顺川市龙岳洞墓　7. 平安南道顺川市北仓里 1 号墓　8. 大同郡德花里 3 号墓　9. 南浦市港口区域牛山里墓群牛山里 4 号墓　10. 平壤市力浦区域龙山里传东明王陵　11. 龙岗郡龙湖里大洞 5 号墓

图十六　钗

朝鲜半岛平安南道顺川市龙岳洞墓（图十六，6）①、北仓里 1 号墓（图十六，7）②，大同郡德花里 3 号墓（图十六，8）③，南浦市港口区域牛山里墓群牛山里 4 号

---

① ［朝］Jung Se-ang：《顺川市龙岳洞墓葬》，《朝鲜考古研究》1989 年第 1 期，第 46 页。

② ［朝］《朝鲜遗迹遗物图鉴》编纂委员会：《朝鲜遗迹遗物图鉴》，外文综合出版社 1990 年第 4 集，图 481。

③ ［朝］Jung Se-ang：《德花里 3 号墓发掘报告》，《朝鲜考古研究》1991 年第 1 期，第 22—25 页。

墓（图十六，9）均发现银制发钗[①]；平壤市力浦区域龙山里传东明王陵发现青铜钗（图十六，10）[②]；龙岗郡龙湖里大洞 5 号墓发现一枚发钗（图十六，11）。[③] 以上饰物缺乏详细说明。

朝鲜半岛出土的钗与国内发现的钗可简单划分为两类[④]，一类由金、银、铜、铁等各种金属条，简单弯折而成。钗头处几乎没有任何刻意地加工，钗身两股相邻，或保持一段距离。如五女山城 T31③∶1、T56②∶10，龙岳洞墓、德花里 3 号墓、东明王陵出土的发钗。另一类钗头精心装饰，或制成扁平状，或修饰成瓦棱形，或嵌以花纹。如集安博物馆藏标本 903、禹山墓区 JYM3160∶4，北仓里 1 号墓、牛山里 4 号墓、大洞 5 号墓出土的发钗。

第三节　面妆

面妆，也称饰面，指脸部的各种化妆与修饰。早在商周时期已有此俗，隋唐五代时期尤为兴盛。常见有描眉、抹粉、涂脂、妆靥、额黄、斜红、花钿、点唇等名目。具体妆容形态，因时、因地而异。高句丽壁画中一些保存相对完好的图像，可见女子面部细部刻画。

一　花钿

花钿，又称花子，是一种以五色花纸、金银箔、鱼鳃骨、丝绸、翡翠、云母片等材料制成可以用阿胶粘贴在额头、眉间或两颊的薄型饰物。其形多样，有圆形、菱形、桃形、梅花形、三叶形等各种特定形状。花钿来历，有说产生于秦始皇之时，有南北朝时期说，有武则天时期说，也有商周时说。唐代最为盛行，陕西、新疆等地唐墓出土陶俑、壁画中屡有描绘。[⑤]

安岳 3 号墓西侧室南壁冬寿夫人额上绘有一排红色，近月牙状的花钿（彩图一，1）。长川 1 号墓前室北壁左上部女子，脸敷白粉，咀施口红，眉间缀红色原点状花钿（彩图一，2）。

① ［朝］Yun Kwang-soo：《牛山里 4 号封土石室墓发掘报告》，《朝鲜考古研究》2002 年第 2 期，第 44—47 页。

② ［朝］《朝鲜遗迹遗物图鉴》编纂委员会：《朝鲜遗迹遗物图鉴》，外文综合出版社 1990 年第 4 集，图 482。

③ ［朝］田畴农：《江西郡蓄水地内部地带的高句丽墓葬》，见朝鲜民族主义人民共和国考古学与民俗学研究所《考古学资料集（3）——各地遗迹整理报告》，科学院出版社 1963 年版，第 189—200 页。

④ 朝鲜半岛出版的发掘报告、图鉴称发钗为笄、簪、插，不准确，本书统一改称发钗。

⑤ 李芽：《中国历代妆饰》，中国纺织出版社 2008 年版，第 47 页；周汛、高春明：《中国衣冠服饰大辞典》，上海辞书出版社 1996 年版，第 383 页。又《中国服饰名物考》认为花钿是一种安插在鬓发之上的首饰。高春明：《中国服饰名物考》，上海文化出版社 2001 年版，第 102—113 页。

二　斜红

斜红是用胭脂在面颊两侧、鬓眉之间画上月牙状或卷曲花纹状图案的一种妆饰方法。一般认为此俗始于南北朝，南朝梁简文帝《艳歌篇》云：“分妆间浅靥，绕脸傅斜红。”即言此妆。隋唐时期盛行，唐宇文氏《妆台记》称其为“斜红绕脸，即古妆也”。晚唐以后此俗渐衰。①

安岳3号墓冬寿夫人两鬓处绘有红色树枝状的图案（彩图一，1），大致位于斜红所在方位。有的学者认为这是用金箔、银箔、花瓣或植物叶子等物贴在两颊的花钿。② 细致观察壁画可见，此种树枝状饰物，除两鬓处绘制外，右侧脑后亦绘有。它不是施加在脸上的饰物，而是一种插戴的发饰。

三　面靥

通常指妇女以胭脂或颜料点画在面颊两侧酒窝处的点状或花状的饰物。汉代已经出现。刘熙《释名·释首饰》云：“以丹注面曰旳”③，“旳”又作“的”，本义“鲜明”。湖北江陵西汉墓中出土脸部点“旳”的彩绘女俑，在酒窝两边点画两个圆点是最初面靥的造型。盛唐以后点画范围逐渐扩大，鼻翼两侧，甚至整个面部，都成为饰画对象。形状亦富于变化，有花、鸟、兽等名目。④

通沟12号墓南室后壁屋宇内夫妻对坐图中女子，屋宇右侧两侧门中所绘女子⑤；长川1号墓前室藻井第二重顶石礼佛图女供养人（彩图一，3）；双楹塚主室北壁中央墓主夫人，墓道东壁抄手侍立女子（彩图一，4、5）；东岩里壁画墓前室女子残像（彩图一，6）；水山里壁画墓主室西壁出行图中女子（彩图一，7），脸颊酒窝处均施有红色圆点胭脂。

高句丽壁画中点画面靥的女子，通沟12号墓、双楹塚、水山里壁画墓所绘三位是墓主夫人，长川1号墓所绘是供养人，身份相对高贵。

四　白妆与红妆

白妆，是以白粉敷面，脸颊不施胭脂，追求素雅之美的一种化妆形式。《中华古今注》载：“梁天监中，武帝诏宫人梳回心髻，归真髻，作白妆青黛眉。”⑥ 红妆，

---

① 周汛、高春明：《中国衣冠服饰大辞典》，上海辞书出版社1996年版，第381页；李芽：《中国历代妆饰》，中国纺织出版社2008年版，第64—65页。

② 尹国有：《高句丽妇女面妆与头饰考》，《通化师范学院学报》1999年第1期，第38页。

③ 王先谦：《释名疏证补》，中华书局2008年版，第164页。

④ 周汛、高春明：《中国衣冠服饰大辞典》，上海辞书出版社1996年版，第382页；高春明：《中国服饰名物考》，上海文化出版社2001年版，第376—381页；李芽：《中国历代妆饰》，中国纺织出版社2008年版，第65页。

⑤ 王承礼、韩淑华：《吉林辑安通沟第十二号高句丽壁画墓》，《考古》1964年第2期，第69页。

⑥ 马缟：《中华古今注》，见《丛书集成本》，商务印书馆1939年版，第18页。

是以胭脂红粉敷面，秦汉时已有之。温庭筠《青妆录》记：“晋惠帝令宫人梳芙蓉髻，插通草五色花，又作晕红妆。”[①]晕红妆是一种浓艳的红妆，一般红妆则是施以浅红或粉红，使肤色红润，又不致杂眼。

安岳3号墓冬寿夫人及身边三个侍女，面部白皙，未施红粉，可能是魏晋六朝时期颇为流行的白妆（彩图一，1、8）。安岳3号墓前室东侧室东壁厨房图中女侍（彩图一，9），长川1号墓前室藻井东侧墓主夫人，甬道北壁女侍[②]都是粉面朱唇，可能为红妆扮相。

五　额黄

额黄是将黄色颜料涂抹在额头。其俗可能源自汉代，明张萱《疑耀》有“额上涂黄，亦汉宫妆”之语。有的学者认为此俗产生与佛教有关，六朝时期，佛教盛行，涂金的佛像，典雅高贵，妇女受其启发，将额头涂黄，形成一种新的妆饰。[③]后世，甚至将整个面部都染成黄色，谓之“佛妆”。

《旧唐书·音乐志》载高句丽：“舞者四人，椎髻于后，以绛抹额，饰以金珰。”“以绛抹额”是将额部涂成大红色，与额黄属于同一种妆饰方法，但颜色不同。

---

① 引自陶宗仪《说郛》卷77，清顺治三年宛委山堂本。

② 吉林省文物工作队、集安县文物保管所：《集安长川一号壁画墓》，《东北考古和历史》1982年第1期，第166—168页。

③ 高春明：《中国服饰名物考》，上海文化出版社2001年版，第382页。

第三章　首服

首服，又称首饰，是加著于头部的冠帽、巾帻与各类饰物的总称。《周礼·天官·追师》载："掌王后之首服，为副编次，追衡笄，为九嫔及外内命妇之首服，以待祭祀宾客。"①《汉书·元帝本纪》载："罢角觝、上林宫馆希御幸者，齐三服官、北假田官，盐铁官，常平仓。"唐颜师古注引李斐曰："齐国旧有三服之官。春献冠帻縰为首服，纨素为冬服，轻绡为夏服，凡三。"② 又《后汉书·舆服志下》载："上古穴居而野处，衣毛而冒皮，未有制度。后世圣人……见鸟兽有冠角髯胡之制，遂作冠冕缨蕤，以为首饰。"③ 首服（首饰）之名，由来已久。

正史《高句丽传》、张楚金《翰苑》、梁元帝《职贡图》、陈大德《高丽记》等古代文献记载高句丽首服有帻、折风、骨苏、皮冠、弁、各色罗冠，其上装饰鸟羽、鹿耳等金银饰品。高句丽壁画绘有不见高句丽史料记载的冕、进贤冠、笼冠、平巾帻、莲花冠、斗笠、长帽、尖顶帽、圆顶帽等各种冠帽。高句丽墓葬发现鸟羽形、山字形、鱼形等各类冠帽饰物。下面结合文献记载，根据壁画人物图像和出土实物，具体分析首服的形制特点。

第一节　正史《高句丽传》所载冠帽

正史《高句丽传》记载高句丽冠帽六种，其中帻、骨苏与罗冠三者属于同一类冠帽，折风、皮冠与弁属于另一类。

一　帻、骨苏与罗冠

"帻"、"骨苏"与"罗冠"的具体形制学界一直存在争议。有的学者认为高句丽壁画墓所绘冠顶平直，冠体近方形的冠帽，是"帻"，并据其形状与颜色的细节

① 郑玄注，贾公彦疏：《周礼注疏》，北京大学出版社 1999 年版，第 212 页。

② 班固：《汉书》，中华书局 2000 年版，第 200—201 页。

③ 范晔：《后汉书》，中华书局 2000 年版，第 2501 页。

差别，称此冠为“黄色方帻”[①]、“帻冠”[②]、“白色帻冠”[③]；有的学者认为前一种观点所言冠帽，不是“帻”，而是高句丽的另一种冠帽——“折风”[④]或“罗冠”[⑤]；还有的学者认为龛神塚壁画所绘山字形冠是“帻”[⑥]，唐章怀太子墓壁画“客使图”中由南向北第二人所戴冠帽是“骨苏”。[⑦]各家观点，莫衷一是。在使用上述各种冠帽名称时，少有学者对冠帽名称进行辨析，对壁画人物所戴冠帽命名，名称取舍的理由亦少有交代。有鉴于此，本书拟从文献记载入手，通过名称考辨，分析三种冠帽之间的联系，在此基础上结合高句丽壁画图像，推断形制特征，并进一步探讨壁画冠帽命名、身份等级、禹山3319号墓石刻人像身份等相关问题。

1. 名称考辨

“帻”之名，最早出现在《三国志・高句丽传》，其载“大加、主簿头著帻，如帻而无余，小加著折风，形如弁”。[⑧]认为高句丽冠帽“帻”，与汉服系统的“帻”相似，“折风”则与汉服“弁”相似，“帻”与“折风”是形制与使用者身份不同的两种冠帽。此种观点后被《后汉书・高句骊传》、《梁书・高句骊传》、《南史・高句丽传》采信，三家表述文字与《三国志・高句丽传》雷同。[⑨]

之后，“帻”出现于《南齐书・高丽传》，其载高句丽人“冠折风一梁，谓之帻”是“古弁之遗像”。[⑩]将“帻”与“折风”视为一种冠帽。

再后，《翰苑》注引梁元帝《职贡图序》云：“贵者冠帻而无后，以金银为鹿耳，加之帻上，贱者冠析（折）风。”[⑪]亦将“帻”与“折风”作为两种冠帽，虽细节与《三国志》等四家正史《高句丽传》存在差异——使用者身份，一个记为具体官职，另一个笼统称为“贵者”与“贱者”——但整体来看，都强调具有“如帻而无余”、“如冠帻而无后”特点的冠帽是“帻”，而不是“折风”。考虑到将“帻”与“折风”混同视之，是除《南齐书・高丽传》之外，他处不见记载的孤例。《南

---

① 王承礼、韩淑华：《吉林集安通沟十二号高句丽壁画墓》，《考古》1964年第2期，第69页。

② 吉林省博物馆集安考古队：《吉林集安麻线沟一号壁画墓》，《考古》1964年第10期，第522页。

③ 吉林省文物工作队、集安县文物保管所：《集安长川一号壁画墓》，《东北考古与历史》1982年第1期，第157页。

④ 李殿福：《集安洞沟三室墓壁画著录补正》，《考古与文物》1981年第3期，第124页。

⑤ ［韩］金东旭：《增补韩国服饰史研究》，亚细亚文化社1979年版，第3页。

⑥ ［韩］柳喜卿：《韩国服饰史研究》，梨花女子大学出版社2002年版，第55页。

⑦ 王维坤：《唐章怀太子墓壁画“客使图”辨析》，《考古》1996年第1期，第67页。

⑧ 陈寿：《三国志》，中华书局2000年版，第626页。

⑨ 《后汉书》：“大加、主薄皆冠帻，如冠帻而无后；其小加著折风，形如弁。”范晔：《后汉书》，中华书局2000年版，第1901页；《梁书》：“大加、主薄头所著似帻而无后；其小加著折风，形如弁。”姚思廉：《梁书》，中华书局2000年版，第555—556页；《南史》：“大加、主薄头所著似帻而无后；其小加著折风，形如弁。”李延寿：《南史》，中华书局2000年版，第1313页。

⑩ 萧子显：《南齐书》，中华书局2000年版，第687页。

⑪ 张楚金：《翰苑》，见金毓黻编《辽海丛书》，辽沈书社1985年版，第2519页；余太山：《〈梁书・西北诸戎传〉与〈梁职贡图〉——兼说今存〈梁职贡图〉残卷与裴子野〈方国使图〉的关系》，《燕京学报》1998年第5期，第93—123页。

齐书·高丽传》一说，可能有误。

此后，高句丽史料中再无“帻”之名，取而代之的是“骨苏”和“罗冠”。

“骨苏”之名，首见《周书·高丽传》，其载：“其冠曰骨苏，多以紫罗为之，杂以金银为饰。”① 与它同时成书的《隋书·高丽传》，则载：“贵者，冠用紫罗，饰以金银。”②《北史·高丽传》将两家观点合并，载为：“贵者，其冠曰苏骨，多用紫罗为之，饰以金银。”③ 将“骨苏”写作“苏骨”。

“冠”为通称，新旧《唐书·高丽传》以制作材料直接命名。《旧唐书·高丽传》载：“唯王五彩，以白罗为冠，白皮小带，其冠及带，咸以金饰。官之贵者，则青罗为冠，次以绯罗，插二鸟羽，及金银为饰。”《新唐书·高丽传》则载为：“王服五采，以白罗制冠，革带皆金扣。大臣青罗冠，次绛罗，珥两鸟羽，金银杂扣。”④ 新旧两《唐书·高丽传》用各种颜色标注罗冠之别。

“帻”、“骨苏”与“罗冠”三个名称表面看来好似三种不同冠帽，然而深入分析会发现它们之间存在密切的联系。

（1）使用时间

《三国志·高句丽传》成文大约在公元三世纪中后期，梁元帝《职贡图序》作于公元 541 年左右，《南齐书·高丽传》成书于梁天监年间（502—537 年），因此，“帻”之名，使用年代大致是公元三世纪中后期至公元六世纪中期。⑤

《周书·高丽传》记载了西魏、北周时期，大体在公元六世纪中期至后期高句丽的历史状况，其文成于贞观十年（636 年）。《北史》成书于唐高宗显庆四年（659 年），其内容是《魏书》、《北齐书》、《周书》，《隋书》各家的合并，其载“苏骨”是《周书·高丽传》“骨苏”旧说的延续。因此，“骨苏”一名使用的时间可能是公元六世纪中期至七世纪中前期。

《旧唐书·高丽传》主要记载了公元七世纪前期至中后期高句丽的历史情况，其文成于后晋高祖天福六年（941 年）。《新唐书·高丽传》中服饰内容基本是《旧唐书·高丽传》的改写润色。因此，各种“罗冠”称谓大体使用在公元七世纪至十世纪。⑥ 从“帻”，到“骨苏”，再到“罗冠”，三个名称使用时间存在早晚之别。

---

① 令狐德棻：《周书》，中华书局 2000 年版，第 600 页。

② 魏征：《隋书》，中华书局 2000 年版，第 1218 页。

③ 李延寿：《北史》，中华书局 2000 年版，第 2067—2068 页。

④ 刘昫：《旧唐书》，中华书局 2000 年版，第 3619 页；欧阳修、宋祁：《新唐书》，中华书局 2000 年版，第 4699—4700 页。

⑤ 史书编撰，从内容到文辞，本应以它所载那个年代为据。用前朝的文辞，如术语、俚语，按照前朝的习俗与观念，记载前朝的历史。实际上，史家修书时，往往会不自觉地将本朝观念，惯用文辞掺入前史中。有鉴于此，判断某一个词语的使用时间，要考虑到该史书成书的时间，而不是仅以史书记载的那个年代作为唯一的判定依据。

⑥ 高句丽政权灭亡于公元 668 年，从此点来看似乎“罗冠”一词使用下限应为公元七世纪中后期。但是，考虑到《旧唐书》成书时（941 年），“罗冠”一词仍在使用的现状，故将时间下限定为公元十世纪。

（2）命名方式

“帻”、“骨苏”、“罗冠”代表三种不同的命名方式。“帻”是用汉服相近之物命名；“骨苏”是高句丽本族语言的音译；“罗冠”是以制作材料为限定的命名方法。以“帻”命名，易与汉服系统中的“帻”混淆，如《三国志·高句丽传》载有“帻沟溇”[①]，此“帻”初识似高句丽的“帻”，但是根据上下文可知“帻沟溇”是放置中原政府赐予高句丽权贵朝服衣冠的地方，此“帻”乃是汉服的“帻”，不是高句丽的“帻”，此种命名方法显然存在缺陷。

“骨苏”命名方式，扫除了“帻”语意双关带来的模糊性，是一种进步，但从《北史》称其为“苏骨”而不是“骨苏”来看，此种冠帽的汉译名，并未在史家中达成共识，加之它无法具体说明冠帽的典型性特征，亦有不足。

“罗冠”以具有代表性的制作材料及颜色的不同来标识差别，是三种命名中最客观的称谓。命名方式的渐趋改进，可能是史家反复斟酌的结果。

（3）制作材料

高句丽的“帻”参照对象为汉服的“帻”，后一种“帻”制作材料布帛、丝绢、纱罗均可；“骨苏”用紫色的罗制成；“罗冠”制作材料也是罗，分白、青、绯、绛各色。“帻”、“骨苏”和“罗冠”制作材料基本相同。

（4）使用者身份

高句丽的“帻”使用者是大加、主簿；“骨苏”使用者是“贵者”；王戴白罗冠，“官之贵者”戴青罗冠，绛（绯）罗冠。“帻”、“骨苏”和“罗冠”是高句丽高级贵族或高级官吏，乃至君王的冠帽。

从上述分析来看，“帻”、“骨苏”、“罗冠”可能是同一类（种）冠帽在不同历史时期的不同称谓。

2. 形制推断

史载高句丽此类冠帽与汉服系统的“帻”最为相似。汉服的“帻”本是包发头巾，后来演变成为一种便帽。初期身份低微之人，没有资格戴冠，只能戴巾帻，正如蔡邕《独断》卷下所记“帻，古者卑贱执事不冠者之所服”。[②] 大致从西汉开始，“帻”的形制不断改进。《后汉书·舆服志》概括为“至孝文乃高颜题，续之为耳，崇其巾为屋，合后施收”。[③]“高颜题”指在“帻”的下部接额环脑处增加一宽布条。“续之为耳”是颜题在脑后升高形成两个三角形的突出。“崇巾为屋”是“帻”顶突起，呈屋顶状。“合后施收”是“帻”后部施有接口，可以开合，称“收”。突出的耳，正好是开合处两端向上的延伸。[④] 改良后的“帻”“上下群臣贵

---

① 陈寿：《三国志》，中华书局2000年版，第626页。

② 蔡邕：《独断》，商务印书馆1939年版，第26页。

③ 范晔：《后汉书》，中华书局2000年版，第2509页。

④ 孙机：《汉代物质文化资料图说》，上海古籍出版社2008年版，第266—268页；高春明：《中国服饰名物考》，上海文化出版社2001年版，第257—258页。

贱皆服之”。①

集安舞踊墓主室后壁宴饮墓主人（图十七，1）、左壁歌舞表演者、右耳室右壁叩拜人；麻线沟1号墓墓室南壁东端舞者（图十七，2）；通沟12号墓南室后壁对坐夫妻、甬道左侧龛室后壁作画男子（图十七，3）；长川2号墓墓室北扇石扉正面门吏（图十七，4）；长川1号墓前室东壁北侧门吏（图十七，5）；三室墓第一室出行图中墓主人与随行男子（图十七，6、7）和朝鲜境内东岩里壁画墓前室残存男子半身像（图十七，8）都绘有一种形状独特的冠帽。此冠由近似圆筒状的冠座和倒置去尖方锥体状的冠体两部分构成，冠底圈不大，略宽于发髻，冠体顶部平直。冠整体颜色以白为主，另有黄色、红色，冠边有红、黑两色。②

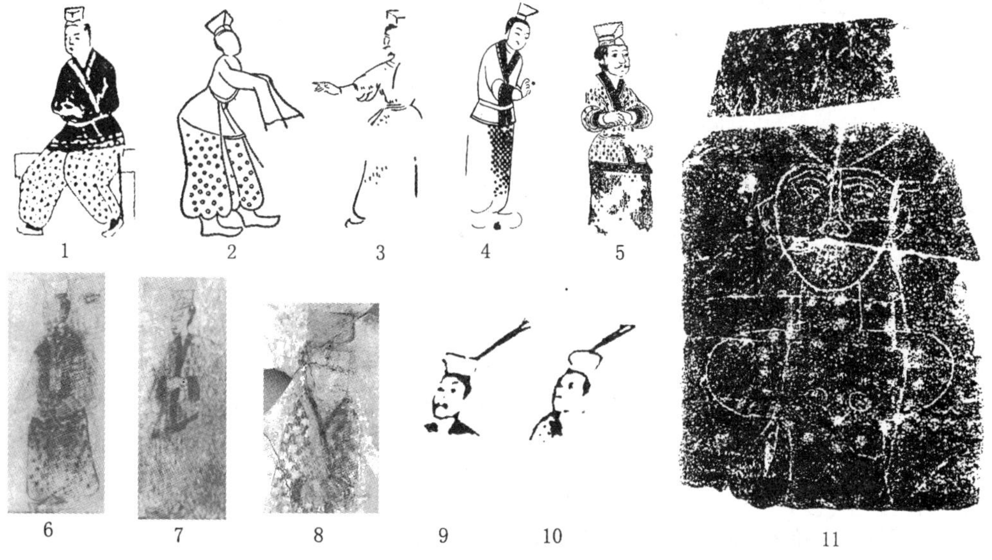

1. 舞踊墓主室后壁宴饮图墓主人　2. 麻线沟1号墓墓室南壁东端舞者　3. 通沟12号墓甬道左侧龛室后壁作画男子　4. 长川2号墓墓室北扇石扉正面门吏　5. 长川1号墓前室东壁北侧门吏　6. 三室墓第一室墓主人　7. 三室墓第一室随行男子　8. 东岩里壁画墓前室残存男子半身像　9、10. 长川1号墓前室南壁男子　11. 洞沟禹山墓区3319号墓外部东南角人像石刻（拓片）

图十七　帻、骨苏与罗冠

此冠与汉服的“帻”比较，有三点相似：第一点，都是“高颜题”，即在冠的下部环脑处有一圈宽布条；第二点，都是“崇巾为屋”，冠顶隆起，有一定空间，呈帽屋状；第三点，都是用布帛制成。不同点主要表现在两处：其一，此冠多前倾近额头，头顶后部裸露，汉服的“帻”则能遮蔽整个头顶；其二，此冠冠座是一个闭合的圆圈，无开口，无冠耳，而汉服的“帻”后开合，并在后部有突起的两个尖

① 范晔：《后汉书》，中华书局2000年版，第2509页。案：“帻”演变图文，参见后文“平巾帻”一节。

② 红黑两色线条，可能是压边，也可能是绘画时线描草稿。

翘的双耳。这两处差异正好符合史载高句丽帻冠“似帻而无后”[①]、“如帻而无余”[②]的特点。具体而言，“无后”可能指此冠不遮蔽脑顶后部，或无汉服“帻”后部的开口——“收”；“无余”可能指此冠无汉服“帻”后的冠耳。综上，此冠可能就是高句丽服饰史料中多次提及的“帻”、“骨苏”、“罗冠”一类冠帽。

集安舞踊墓年代在公元四世纪中叶至五世纪初。麻线沟 1 号墓、通沟 12 号墓、长川 2 号墓年代在公元五世纪初至五世纪末。长川 1 号墓、三室墓年代在公元五世纪末至六世纪初。[③] 朝鲜境内的东岩里壁画墓年代在公元五世纪后半叶至五世纪末。[④] 公元四世纪中叶至六世纪初正是《三国志·高句丽传》、梁元帝《职贡图序》等史料记载高句丽“帻”流行的时期。因此，在“帻”、“骨苏”、“罗冠”三个名称中，对高句丽壁画所绘此冠称“帻”最为恰当，称“骨苏”、“罗冠”则与高句丽壁画墓年代颇有出入，为了与汉服的“帻”相区分，称“帻冠”较为适宜。

骨苏和罗冠史载仅有制作材料和颜色，没有具体形制说明。高句丽壁画墓公元六世纪中叶以后壁画主题由世俗生活转为以四神为主，缺少人物形象。所以，骨苏与各色罗冠的具体样貌，尚难判断。不过考虑到“帻”、“骨苏”与“罗冠”是同类（种）冠帽在不同时期的不同称谓的可能，“骨苏”、“罗冠”的形制应与“帻冠”大同小异。

3. 身份等级与禹山 3319 号墓石刻人像分析

正史《高句丽传》、梁元帝《职贡图序》等文献均记“帻冠”是大加、主簿等身份尊贵之人的专属冠帽。根据壁画情境、构图与服饰特征分析壁画人物身份，舞踊墓、通沟 12 号墓所绘戴“帻冠”四人都是墓主人；麻线沟 1 号墓所绘为两位男舞者；长川 2 号墓所绘一人为守门吏；长川 1 号墓所绘二人为守门吏，二人为歌者，三人为侍立官吏；三室墓所绘两人，一个是墓主人，另一人可能是亲属或官吏。从上述墓葬的规格与形制来看，墓主人等级应属中高层贵族，他们及其属吏头戴“帻冠”大体与其身份相符。歌舞表演者与门吏头戴“帻冠”形象的出现似与史载矛盾。

歌手和舞蹈演员在宫廷苑囿表演时，穿着华美服装，借以增加美感，烘托气氛，演出服饰，偶有“僭越”，从高句丽史料来看，似亦允许此种僭越。如《周书·高丽传》记：“其冠曰骨苏，多以紫罗为之，杂以金银为饰。其有官品者，又插二鸟羽于其上，以显异之。”[⑤] 据此紫色、鸟羽似为权贵阶层的服饰专利。但《旧唐书·音乐志》又记高句丽乐工头戴紫罗帽，上插以鸟羽，腰系紫罗带。[⑥] 故长川 1 号墓

---

① 姚思廉：《梁书》，中华书局 2000 年版，第 555—556 页。

② 陈寿：《三国志》，中华书局 2000 年版，第 626 页。

③ 魏存成：《高句丽遗迹》，文物出版社 2002 年版，第 172—198 页。

④ ［日］東潮：《高句麗考古学研究》，吉川弘文館 1997 年版；赵俊杰：《4—7 世纪大同江、载宁江流域封土石室墓研究》，吉林大学，博士论文，2009 年。

⑤ 令狐德棻：《周书》，中华书局 2000 年版，第 600 页。

⑥ 《旧唐书·音乐志》：“高丽乐，工人紫罗帽，饰以鸟羽，黄大袖，紫罗带，大口袴，赤皮靴，五色绦绳。”刘昫：《旧唐书》，中华书局 2000 年版，第 723 页。

前室南壁第一栏中队列前两位男歌手头戴插有两根长长的雉尾的帻冠亦可算情理之中（图十七，9、10）。至于描绘在门扉或通道口处的人物形象，多称门吏。此门吏身份高下，与墓主人地位有关，他可能并不是现实生活中的普通守门卒。

禹山墓区3319号墓外部东南角9米外，有一青灰色沉积岩石。石面上用单刀阴刻正视人像，半裸身，头戴菱形冠帽，冠帽的顶端饰有阴刻的“忄”型装饰。脸部刻画细腻，右耳部刻有环饰，颈部以下用简单的弧线刻画出肩臂、肥胸和细身（图十七，11）。[①] 石刻性质，众说纷纭。有的学者认为石刻人物属于禹山墓区3319号墓的护卫；有的认为人像表现的内容与祭祀崇拜相关；有的认为人像刻石是具有民族个性的高句丽母神像；还有的认为人像石刻与禹山墓区3319号墓年代不同，人像石刻年代应早，可能属于鸭绿江流域具有地方特色的早期文化遗存。[②]

该石刻冠帽形状与高句丽壁画中的“帻”相似，应是“帻冠”。高句丽史料记载“帻”是男子所戴冠帽，现今发现的高句丽壁画中未见女子戴“帻冠”的形象。因此，此阴刻人物，不应是女性，认为他是高句丽母神像的观点，有待商榷。原报告认为此墓葬年代为355年，墓主人是平州刺史东夷校尉崔毖。晋元帝太兴二年（319年）十二月，鲜卑慕容廆袭辽东，崔毖奔逃至高句丽，终老于高句丽。依此推定，则禹山3319号墓是较早刻画门吏形象的墓葬，长川2号墓和长川1号墓都晚于它。禹山3319号墓门吏形象刻在墓外一隅，长川2号墓和长川1号墓绘在墓内门扉或进门处，并且，门吏形象渐趋细致。这些变化展现了高句丽壁画中门吏这个主题形象的延续与发展。

二 折风、皮冠与弁

1. 史料辨析

“折风”一词，首见《三国志·高句丽传》，其载“大加、主簿头著帻，如帻而无余，其小加著折风，形如弁”。[③] 该条史料将“折风”与汉服系统的“弁”相比附，并明确使用者为高句丽贵族阶层中的“小加”。此观点后被《后汉书·高句骊传》、《梁书·高句骊传》、《南史·高句丽传》采信，三家表述文字与《三国志·高句丽传》雷同。[④]

之后，《南齐书·高丽传》记：“冠折风一梁，谓之帻……此即古弁之遗像

---

① 吉林省文物考古研究所、集安市博物馆：《洞沟古墓群禹山墓区JYM3319号墓发掘报告》，见吉林省文物考古研究所《吉林集安高句丽墓葬报告集》，科学出版社2009年版，第265页。

② 同上书，第274—275页。

③ 陈寿：《三国志》，中华书局2000年版，第626页。

④ 《后汉书》：“大加、主薄皆冠帻，如冠帻而无后；其小加著折风，形如弁。”范晔：《后汉书》，中华书局2000年版，第1901页；《梁书》：“大加、主薄头所著似帻而无后；其小加著折风，形如弁。”姚思廉：《梁书》，中华书局2000年版，第555—556页；《南史》：“大加、主薄头所著似帻而无后；其小加著折风，形如弁。”李延寿：《南史》，中华书局2000年版，第1313页。

也。"[①] 肯定"折风"与"古弁"相像，不同是将"折风"与"帻"视为同一种冠帽。

《魏书·高句丽传》记："头著折风，其形如弁，旁插鸟羽，贵贱有差。"[②] 仍强调"折风"与"弁"相似，并记鸟羽装饰是区分贵贱的标准。

《翰苑》注引梁元帝《职贡图序》云："贵者冠帻而无后，以金银为鹿耳，加之帻上，贱者冠析（折）风。"[③]"折风"使用者由"小加"，降为"贱者"。

《隋书·高丽传》载："人皆皮冠，使人加插鸟羽。"[④] 记"使者"冠帽用鸟羽作为装饰，称"皮冠"，而不是"折风"。

《北史·高丽传》载："人皆头著折风，形如弁，士人加插二鸟羽。"[⑤] 此说是《魏书·高句丽传》与《隋书·高丽传》的合并删改。《魏书·高句丽传》"头著折风"与《隋书·高丽传》"人皆皮冠"合为"人皆头著折风"，"使人"改为"士人"。"折风"与"皮冠"的转换，表明史家将两者视为同一种冠帽。

《旧唐书·高丽传》：记"国人衣褐戴弁"[⑥]，《新唐书·高丽传》记："庶人衣褐戴弁。"[⑦] 无"折风"之名，直称"弁"，使用者身份记为"国人"、"庶人"。

梳理上述文献，可以得出下列四点推论：

第一点，"折风"、"皮冠"、"弁"可能是同一种冠帽在——两汉三国、南北朝、隋唐——三个不同历史阶段的不同称谓。三种称谓采用了三种不同的命名方式。"折风"是高句丽语直译或汉语意译，"皮冠"是以制作材料命名，"弁"为直引汉服系统相近式样的冠帽名称。

第二点，两汉三国时期"折风"是高句丽贵族小加的专属冠帽；南北朝时期，逐渐普及，"贱者"可用，插戴鸟羽与否，用以区分士庶；隋唐时期，国人皆戴此种冠帽。

第三点，"折风"与汉服系统的"弁"相似，明晓"弁"的形制，便可在高句丽壁画寻得"折风"形象。

第四点，《南齐书·高丽传》将"折风"与"帻"混同，而其他史料都记"折风"与"帻"是形制与使用者不同的两种冠帽，《南齐书》记载有误。

2. 形制推断与旧说考辨

（1）形制推断

---

① 萧子显：《南齐书》，中华书局2000年版，第687页。

② 魏收：《魏书》，中华书局2000年版，第1498页。

③ 张楚金：《翰苑》，见金毓黻编《辽海丛书》，辽沈书社1985年版，第2519页；余太山：《〈梁书·西北诸戎传〉与〈梁职贡图〉——兼说今存〈梁职贡图〉残卷与裴子野〈方国使图〉的关系》，《燕京学报》1998年第5期，第93—123页；李延寿：《北史》，中华书局2000年版，第2067—2068页。

④ 魏征：《隋书》，中华书局2000年版，第1218页。

⑤ 李延寿：《北史》，中华书局2000年版，第2067—2068页。

⑥ 刘昫：《旧唐书》，中华书局2000年版，第3619页。

⑦ 欧阳修、宋祁：《新唐书》，中华书局2000年版，第4700页。

史载“折风”与汉服系统的“弁”相似。“弁”又作“玣”，根据不同材质、形制及用途，有爵弁、皮弁、冠弁、韦弁等多种名称。“爵弁”形制如冕，但没有前低后高之势，又无旒，缍下作合手状，是仅次于冕的一种礼冠（图十八，1)。①“皮弁”上部锐小，下部宽广，若双手相合之状，以鹿皮分片缝制而成，接缝处按照一定规格和次序缀有不同玉饰（图十八，2、3)。②“冠弁”与委貌冠相似，黑色，是天子猎装及诸侯视朝之服（图十八，4)。③“韦弁”制如皮弁，顶上尖，赤色，是出征的戎装（图十八，5)。④皮弁、韦弁、冠弁三者形状略同，都为皮制，唯皮色冠饰稍有差异。⑤高句丽壁画未见与“爵弁”、“冠弁”相似的冠帽，与“皮弁”、“韦弁”相似的冠帽，则习见于舞踊墓、三室墓、双楹塚等高句丽壁画墓。⑥“韦弁”为红色，而高句丽壁画所绘相似冠帽，冠体通常为白色、黄色，罕见红色。因此，高句丽史料所云“古弁”、“弁”可能是“皮弁”的省称。

高句丽壁画所绘该种冠帽，上窄下宽，帽顶呈圆尖状，帽底部有一层翻折过来并施有开口的帽檐，帽檐多为黑色，前部贴服有一个方形的白色装饰物（图十八，6)。将其与“皮弁”相比照，“皮弁”下端为闭合的帽圈，高句丽壁画所绘为上折帽檐，“皮弁”冠体接缝处如沟壑凹陷，高句丽壁画所绘冠体平滑。两者整体形制相似中存在细部差别。《南齐书·高丽传》记，高句丽使人在京师，中书郎王融与其说笑，“服之不衷，身之灾也，头上定是何物?”使人答道：“此即古弁之遗像

---

① 《后汉书·舆服志下》：“爵弁，一名冕。广八寸，长尺二寸，如爵形，前小后大，缯其上似爵头色，有收持笄，所谓夏收殷哻者也。”范晔：《后汉书》，《中华书局》2000年版，第2504页；周锡保：《中国古代服饰史》，中国戏剧出版社2002年版，第47页；周汛、高春明：《中国衣冠服饰大辞典》，上海辞书出版社1996年版，第32页。

② 范晔《后汉书·舆服志》记：“长七寸，高四寸，制如覆杯，前高广，后卑锐。”范晔：《后汉书》，中华书局2000年版，第2504页；刘熙《释名·释首饰》载：“弁，如两手相和抃时也。”刘熙撰，毕沅疏证，王先谦补：《释名疏证补》，中华书局2008年版，第157页。

③ 《周礼·春官·司服》：“凡甸，冠弁服。”郑玄注“甸，田猎也。冠弁，委貌。其服缁布衣，亦积素以为裳。诸侯以为视朝之服。”郑玄注，贾公彦疏：《周礼注疏》，见《十三经注疏》，中华书局1980年版，第782页。

④ 《周礼·春官·司服》：“凡兵事，韦弁服。”郑玄注：“韦弁，以韎韦为弁，又以为服。”郑玄注，贾公彦疏：《周礼注疏》，见《十三经注疏》，中华书局1980年版，第782页；《仪礼·聘礼》：“韦弁”，唐贾公彦疏：“韎，即赤色。”郑玄注，贾公彦疏：《仪礼注疏》，见《十三经注疏》，中华书局1980年版，第1059页；周锡保：《中国古代服饰史》，中国戏剧出版社2002年版，第48页；赵连赏：《中国古代服饰图典》，云南人民出版社2007年版，第79页。

⑤ 清宋绵初《释服》：“大抵皮弁、韦弁、冠弁形状略同，皆以皮为之，而皮色冠饰不同耳。”转引自周汛、高春明《中国衣冠服饰大辞典》，上海辞书出版社1996年版，第32页。

⑥ ［日］池内宏、梅原末治：《通溝》（上、下)，日满文化協會1940年版，第5—14、21—28页；集安县文物保管所、吉林省文物工作队：《吉林集安洞沟三室墓清理记》，《考古与文物》1981年第3期，第71—72页；李殿福：《集安洞沟三室墓壁画著录补正》，《考古与文物》1981年第3期，第123—126、118页；［日］朝鲜総督府：《朝鮮古蹟圖譜》，國華社1915年版第2集，图527—581；［日］關野貞：《平壤附近に於ける高句麗時代の墳墓と繪画》，《朝鲜の建築と芸術》，岩波書店1941年版，第392—397页。

1. 爵弁（陈道祥《礼书》） 2. 皮弁（聂崇义《三礼图集注》） 3. 皮弁（《历代帝王图》） 4. 冠弁（聂崇义《三礼图集注》） 5. 韦弁（陈道祥《礼书》） 6. 舞踊墓主室左壁折风 7. 罗济笠（李如星《朝鲜服饰考》） 8. 龛神塚后室戴兜鍪武士 9. 龛神塚前室右侧戴兜鍪武士 10. 抚顺高尔山城址出土铁盔（地点：FG85Ⅵ区，下图：修复后）

图十八　各式弁、罗济笠、兜鍪与折风

也。"①"遗像"是前代事物留传下来的形状、式样。王融问高丽使人头戴何物，强调此冠帽与汉服系统的"头衣"存在差异，高丽使人以承继古弁遗制应对，突出此种冠帽的形制特征及其与汉服文化的关系。两人论辩反映的正是高句丽"折风"与汉服系统"皮弁"相似而不相同的形制特点。高句丽壁画所绘此种冠帽应是"折风"。

（2）旧说考辨

目前学界存在的各种观点中，"三角形笠说"以韩国学者李碎光、郑东愈、李圭景等人为代表，他们认为"罗济笠即折风"，"把折风推定为国语称之为'高帽'的

① 萧子显：《南齐书》，中华书局2000年版，第687页。

三角状冠”（图十八，7）。[①] 这种帽型在高句丽壁画中罕有发现，与“皮弁”形制差别较大，韩国学者李如星《朝鲜服饰考》已予以驳斥。[②]

“卷檐搭耳帽说”认为“折风”是帽檐上卷，饰有搭耳的帽子。韩国学者柳喜卿指定龛神塚后室两个武士所戴帽子即“折风”（图十八，8）。[③]细检龛神塚壁画可知，此帽是与铠甲搭配使用的兜鍪（图十八，9），抚顺高尔山城址曾发现一件比较完整的铁盔，形制与龛神塚所绘基本一致（图十八，10）。[④]

“头巾说”、“露髻便帽说”、“钟形小冠说”均认为舞踊墓、双楹塚等壁画中舞者、猎手所戴冠帽为“折风”。他们认定的壁画图像与本书观点一致，但是他们对于这些图像细部构造的描绘，也就是对“折风”具体形制的认识，与本书存在较大分歧。

“头巾说”认为“折风”是可随风飘扬的巾帕。朝鲜王朝宪宗、高宗年间的文臣李裕元较早提出此观点，“折风巾者，风吹飘扬，故称之也”。[⑤] 童书业亦认为“（舞踊墓左壁狩猎图）其中二人头巾上插有鸟羽二根……他们的头巾当就是所谓‘折风’”。[⑥]“巾”与“帽”关系密切，“帽”是在“巾”的基础上发展演变而成。两者区别，明人李时珍《本草纲目·服器·头巾》概括为，“古以尺布裹头为巾，后世以纱、罗、布、葛缝合，方者曰巾，圆者曰帽，加以漆制曰冠”。[⑦] 这段话有三层含义：一者，头巾最初指包头的尺布；二者，各种面料的尺布缝合成“头衣”后，若形制是方形仍可称为“巾”，圆形则称为“帽”；三者，制巾的材料主要是纱、罗、布、葛。以此观之，“折风”整体形状为上尖下宽的圆筒，不是方形；《隋书·高丽传》记“人皆皮冠”[⑧] 指出高句丽后期“折风”材质是皮料；再者，唐人李白乐府《高句骊》云：“金花折风帽，白马小迟回。”[⑨] 称“折风帽”，而不是“折风巾”。这些因素说明“折风”归为帽类更为准确。

“折风”名称的由来与含义，李裕元解释为“风吹飘扬”，但从形制来看，“折风”是以两侧的帽绳扎束在额下，难见飘扬之状。张志立认为“就其文字原意，当

---

① ［韩］李龙范：《关于高句丽人的鸟羽插冠》，见李德润、张志立《古民俗研究》，吉林文史出版社1990年版，第140页。

② ［韩］李如星：《朝鲜服饰考》，白杨堂1998年版，第113—119页。

③ ［韩］柳喜卿：《韩国服饰史研究》，梨花女子大学出版社2002年版，第56页。

④ 徐家国、孙力：《辽宁抚顺高尔山城发掘简报》，《辽海文物学刊》1987年第2期，第59—60页。

⑤ 《林下笔记》卷28《春明逸事》，转引自张劲锋《鸟羽——独特的高句丽帽饰》，《通化师范学院学报》2000年第3期，第35页。

⑥ 童书业：《中国古史籍中的高句丽服饰与通沟出土墓壁画中的高句丽服饰》，见童书业《童书业史籍考证论集》，中华书局2005年版，第598页。

⑦ 李时珍著，刘衡如点校：《本草纲目》，人民卫生出版社1981年版，第2187页。

⑧ 魏征：《隋书》，中华书局2000年版，第1218页。

⑨ 李白著，瞿蜕园、朱金成校注：《李白集校注》，上海古籍出版社2007年版，第443页。

为将风遮住或分开”。[①] 这种解释是对“折”与“风”两个汉字本义的合并归纳。“折风”除了见于高句丽史料外，《黄帝内经》也有记载。《黄帝内经·灵枢·九宫八风》记：“风从西北方来，名曰折风，其伤人也，内舍于小肠，外在于手太阳脉，脉绝则溢，脉闭则结不通，善暴死。”张景岳注：“西北方乾金宫也，金主折伤，故曰折风。”[②] 古汉语中“折风”是对人身体不利的西北风的专称，含有人被邪风损伤之意，而不是遮住风或将风分开。因此，笔者认为“折风”可能是高句丽语的音译。

“露髻发带说”认为“折风”是不能完全遮盖发髻的头饰。朝鲜学者朱荣宪曾言：“折风是在黑色框带的前方附以白色前饰，两侧附以绳。戴上它，框带便到达额上发际，前饰挡住竖髻，为防止折风的脱落，则用两侧的绳系于额下。从戴折风人的侧面看，可看到发髻，知其上并未完全被遮盖。”[③] 张志立也认为“折风只是挡住从前往后看的发髻，若从两侧看戴折风的人，则可以看到其后面梳着竖髻，因而知道折风并不是能将头顶的头发完全蒙盖或遮住”。[④] 此观点显然是将“折风”上折的黑色边檐，视为“折风”主体构成，将上窄下宽的冠筒视为竖起的发髻而得出的结论。此观点有两点难以自圆其说：一者，将折檐视为“折风”本身，其形制与“皮弁”相去甚远；二者，壁画中可见“折风”冠筒的颜色，以黄、白为主，偶有红色，未见黑色。因此，它不可能是发髻。

“束发小冠说”以方起东为代表，他认为“折风是高句丽穿戴中特有的束发小冠……在集安高句丽壁画中是屡见不鲜，其状略如钟，基部前后有黑色的箍，戴的位置偏前，通常在头顶与前额间”。[⑤] 此观点与笔者最为接近，只是称“折风”下部的装饰物为“箍”。“箍”是围束器物的圈，一般都是闭合的。从壁画来看，“折风”下端装饰物显然有向上的开口，因此称“箍”，不如折檐更准确。

3. “折风”分型与相关探讨

（1）“折风”分型

高句丽壁画墓中折风形象较为清晰的个体有 44 人，其中集安市内舞踊墓 14 人、麻线沟 1 号墓 3 人、通沟 12 号墓 1 人、禹山下 41 号墓 1 人、长川 1 号墓 10 人、三室墓 2 人，朝鲜境内东岩里壁画墓 3 人、双楹塚 2 人、大安里 1 号墓 2 人、铠马塚 6 人。此外，唐章怀太子墓墓道东壁“客使图”由南向北第二人[⑥]，头戴插有向上直立羽毛的冠帽，身着大红领宽袖白袍，腰束白带，脚穿黄靴。此人身份，学界有日

① 张志立：《高句丽风俗研究》，见张志立、王宏刚《东北亚历史与文化》，辽沈书社 1991 年版，第 229 页。

② 龙伯坚、龙式昭：《黄帝内经集解》，天津科学技术出版社 2004 年版，第 2041 页。

③ ［朝］朱荣宪：《高句丽文化》，吉林省文物考古研究所内部刊物，第 235 页。

④ 张志立：《高句丽风俗研究》，见张志立、王宏刚《东北亚历史与文化》，辽沈书社 1991 年版，第 229 页。

⑤ 方起东：《唐高丽乐舞札记》，《博物馆研究》1987 年第 1 期，第 31 页。

⑥ 陕西省博物馆等：《唐章怀太子墓发掘简报》，《文物》1972 年第 7 期，第 13—25 页。

本使节、新罗使节、渤海使节、高句丽使节等多种观点，笔者曾撰文考证此人是高句丽使节的可能性最大，该人所戴上部尖锐，下部宽敞的冠帽，是与高句丽壁画所绘形制相同的“折风”。①

根据形状差异，可将此45例“折风”分为A、B两型：

A型　整体呈圆锥状，帽顶尖锐，帽底圈相对较大。

此型见于舞踊墓主室后壁持刀男侍（图十九，1）、左壁上部舞者、下部歌手、主室右壁猎手；三室墓第一室左壁出行人；东岩里壁画墓前室猎手残图（图十九，2）；双楹塚墓道西壁侍立男子（图十九，3）；大安里1号墓后室西壁群像图中男子（图十九，4）；铠马塚墓室左侧第一层天井乘马人；唐章怀太子墓“客使图”高丽使者（图十九，5）等。

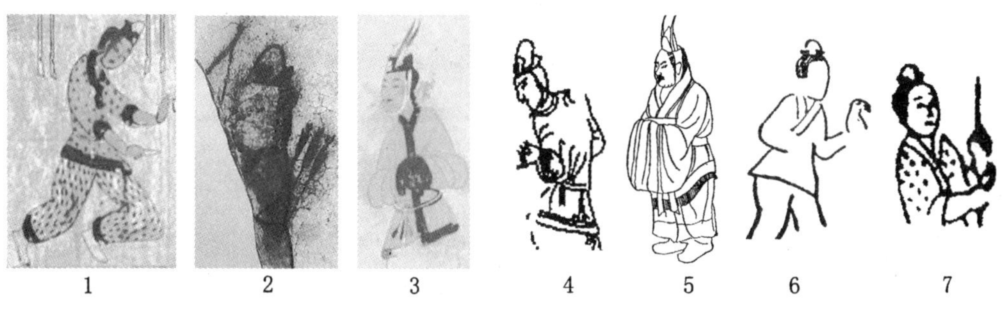

1—5. A型（舞踊墓主室后壁持刀男侍、东岩里壁画墓前室猎手残图、双楹塚墓道西壁侍立男子、大安里1号墓后室西壁群像图中男子、唐章怀太子墓“客使图”高丽使者）　6、7. B型（麻线沟1号墓北侧室东壁持鹰猎手、长川1号墓前室北壁树下持伞男侍）

图十九　折风分型

B型　整体呈圆球形，帽顶圆润，与帽底圈差别不大。

此型见于麻线沟1号墓北侧室东壁持鹰猎手（图十九，6），通沟12号墓甬道右壁猎手，长川1号墓前室北壁树下持伞男侍（图十九，7）等。

两型“折风”中，A型出现频率更高，使用更广泛，B型目前来看，仅在集安个别墓葬中出现。从壁画所绘情境分析，A型使用者有持刀男侍、舞者、歌手、骑马猎人、徒步猎手、出行官吏、持幡仪卫、使臣等，身份复杂。B型有徒步猎手、打伞男侍等，使用者身份较A型单一，等级地位似乎也稍逊于A型。

（2）“折风”的装饰与等级

壁画所绘“折风”装饰，有单羽、双羽、多羽，双雉尾、缨饰五种。单羽，单只羽毛插戴在“折风”一侧（图二十，1）。双羽，直立向上两只羽毛分别插戴在左右两端或近前侧（图十九，3、5；图二十，2、3）。多羽，一丛羽毛插戴在帽顶（图二十，4）。双雉尾，两只长长的野鸡尾羽插戴在“折风”两侧（图十八，6）。

① 郑春颖：《唐章怀太子墓“客使图”第二人身份再辨析》，《历史教学》2012年第2期，第62—66页。

缨饰，用线绳等材料制成的毛绒球、或垂穗状的饰物，插戴在帽顶（图二十，5、6）。

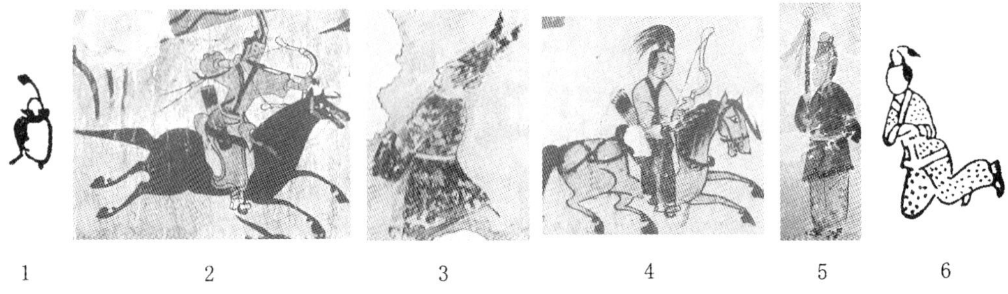

1. 麻线沟 1 号墓北侧室东壁男子　2. 舞踊墓主室右壁猎手　3. 铠马塚墓室左侧第一层天井乘马图男子　4. 舞踊墓主室右壁持弓人　5. 铠马塚墓室左侧第一层天井武士　6. 长川 1 号墓前室北壁右上部跪地人

图二十　折风的装饰

各种装饰物中，双羽高句丽壁画最为多见，它可能就是史籍记载具有区分贵贱等差作用的“鸟羽”装饰，而其他四类主要功用则侧重于凸显美化修饰。唐张楚金《翰苑》记高句丽人“佩刀砺而见等威，插金羽以明贵贱”。① 是以作为装饰的羽毛，除取自禽鸟身上的天然羽毛外，还有用贵重金属打造的羽饰。是否插戴鸟羽以及所戴鸟羽质地是区分身份等级的重要标志。高句丽壁画中插戴“双羽”的人物形象，多绘制在队列首位，画面显要位置，刻画也往往更细致，可见其身份之尊荣。

第二节　壁画所绘冠帽

高句丽壁画绘有正史《高句丽传》没有记载的冠帽，本节对此类冠帽加以说明。这些冠帽，有的是汉服习见式样，有的形制独特，较为罕见。前者本书直接利用汉服名称，后者则根据形制特点为其命名。

一　冕

冕是用于重大祭祀活动的一种礼冠。夏代称其为“收”，商代称“冔”，周代一度称“爵弁”，后改称“冕”，或“冕冠”。

冕由綖、旒、藻、武、纽、纮、紞、瑱等几部分构成。綖是冠顶部呈长方形的一块木板，又称延板、冕板。其表面用细布裱糊，上为玄色，象征天，下为纁色，象征地。綖一般宽八寸，长一尺六寸，前圆后方，喻天圆地方。固定在冠顶之上时，后板要略高于前板约一寸左右，呈前倾之势，以显谦卑恭让。綖前后两端，分

① 张楚金：《翰苑》，见金毓黻编《辽海丛书》，辽沈书社 1985 年版，第 2519 页。［日］竹内理三校訂·解說：《翰苑》，吉川弘文館 1977 年版，第 48 页。

别垂挂数串玉珠，称旒。穿旒的五彩丝线，名藻。两者合称为玉藻，或冕旒。一串珠玉叫一旒，旒数多寡是身份尊卑的标志。《礼记·礼器》载："天子之冕，朱绿藻，十有二旒；诸侯九，上大夫七，下大夫五，士三。"① 綖下面筒状的冠体，称武，或冠卷。其制为内以铁丝、细藤编为圆框，外蒙缟素、漆缅等织物，故《礼记·玉藻》有"缟冠玄武"之称。② 武的两侧各有一个用来贯穿玉笄的对穿小孔，名纽。冕的冠缨称纮，它和纽中之笄的功用相同，都是用以固定发髻和冠身的。纮的系法是一端系于笄首，另一端绕过颔下，系于笄的另一头。冠底沿内侧，两耳上部，各悬有一条彩色丝带，名紞。紞的末端缀有玉石珠，名瑱，又名黈纩、充耳。

周代以前的冕冠形制，汉代已经失传。东汉明帝下诏整饬礼制，厘定冕冠制度。此种新设形制，历代相传，时有损益，如晋代将本覆在冠卷上的冕板置于通天冠上，北魏宣帝改十二旒冕为二十四旒冕，唐代将紞加长，垂于胸前，甚至地面，名为天河带。

高句丽四神墓主室藻井东南隅、东北隅绘有五位头戴冕冠的御龙天人（图二十一，1），五盔坟5号墓第一重顶石西北亦绘有头戴黄色冕冠的乘龙仙人（图二十一，2）。后者刻画细致，可见冕前后垂有四旒，每旒六、七珠不等，綖前高后低，无冠武、纽、纮、紞、瑱等组成部分。此冕形制不符合礼法，有冕冠之形，无冕冠之实。

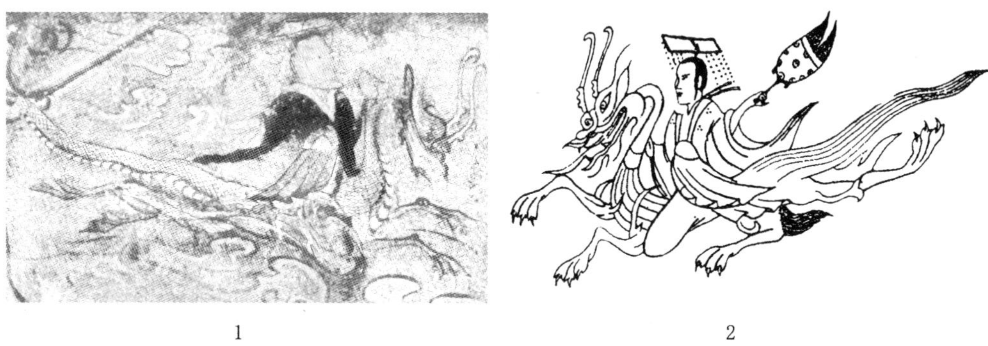

1　　2

1. 四神墓御龙天人 2. 五盔坟5号墓乘龙仙人

图二十一　冕

与冕冠相配者为冕服，其形制为上衣下裳，上衣为形体宽松的大袖衣，衣裳的颜色与冕板一样，上衣玄色，下裳纁色。③ 衣裳上施有十二种不同图案，名十二章。十二章图案的次序是日、月、星、山、龙、华虫、宗彝、藻、火、粉米、黼、黻。冕服上绘绣几种纹饰，有着严格的等级区分。如周代冕服天子、公绘日、月、星之外，山、龙以下的九章；侯、伯绘华虫以下七章；子、男绘宗彝以下五章；最末等

---

① 戴圣：《礼记》，商务印书馆1914年版，第87页。

② 阮元：《十三经注疏·礼记正义》，中华书局1980年版，第1476页。

③ 赵连赏：《中国古代服饰图典》，云南人民出版社2007年版，第71页。

卿、大夫，只能绘黻一章。

五盔坟5号墓仙人所著冕服，上衣为宽松的大袖衣，腰际垂芾，下身似裤。上衣前襟三处绘品字形红点，应取义粉米，但较圆形粉米形象差距颇大。芾，即佩带在带下的蔽膝，冕服中称芾，祭服中称韍，用在其他服饰上称韠。虽名称不同，但都是用韦（熟皮）制成。其制上广一尺、下广二尺、长三尺，天子用纯朱色，诸侯黄朱，大夫赤色。① 芾尺寸与颜色皆不符冕服制度。

二　进贤冠

1. 进贤冠的形制特点

进贤冠，简称“进贤”，是古代文吏、儒士、公侯、宗室成员常戴的一种礼冠。其前身为缁布冠。此冠由起遮发托冠作用的介帻和斜俎状展筩构成的冠体两部分组成。《后汉书·舆服志下》载展筩标准尺寸为前高七寸，后高三寸，长八寸，呈前高后低的态势。②

展筩内部以铁骨支持，一铁骨为一梁，梁数多寡是尊卑等级的标志。两汉时期以三梁为贵。《后汉书·舆服志》载：“公侯三梁，中二千石以下至博士两梁，自博士以下至小史私学弟子，皆一梁。宗室刘氏亦两梁冠，示加服也。”③ 晋代，冠梁增至五。《晋书·舆服志》载：“人主元服，始加缁布，则冠五梁进贤。”④ 隋唐时期，文官儒士仍戴此冠。宋代进贤冠的展筩和介帻合二为一。明代大体沿袭宋代的式样，但改名为“梁冠”。⑤

据孙机考证汉代进贤冠的展筩是有三个边的斜俎形，展筩的最高点远远高于介帻后部突起的两个三角形的“耳”（图二十二，1），但至晋朝冠耳急剧升高，几乎可与展筩最高点取齐（图二十二，2），许多展筩变成只有两个边的“人”字形。唐代，冠耳升得更高，且由尖耳变圆耳，展筩由人字形变为卷棚形，开元、天宝之后，展筩逐渐萎缩，最终和介帻的顶合为一体（图二十二，3）。⑥

朝鲜境内，安岳3号墓西侧室西壁墓主人图，前室南壁东段队列图，东侧室南壁马厩图，回廊北、东壁行列图（图二十二，4、5）⑦；德兴里壁画墓前室西壁十三郡太守图，前室南壁西侧属吏图，前室东壁出行图，后室东壁南侧七宝供养图（图

---

① 周锡保：《中国古代服饰史》，中国戏剧出版社2002年版，第13—14页。

② 范晔：《后汉书》，中华书局2000年版，第2505页。《后汉书·舆服志下》：“进贤冠，古缁布冠也，文儒者之服也。前高七寸，后高三寸，长八寸。”

③ 范晔：《后汉书》，中华书局2000年版，第2505页。

④ 房玄龄等：《晋书》，中华书局2000年版，第496页。

⑤ 孙机：《中国古舆服论丛》，文物出版社2001年版，第163—164页。

⑥ 同上书，第163页。

⑦ ［朝］朝鲜民主主义人民共和国科学院考古学与民俗学研究所：《安岳三号发掘报告》，科学院出版社1958年版。

二十二，6、7)①；药水里壁画墓前室西壁近臣坐像图与出行图（图二十二，8)②；伏狮里壁画墓右壁行列图（图二十二，9)③ 都绘有头戴进贤冠的人物图像。

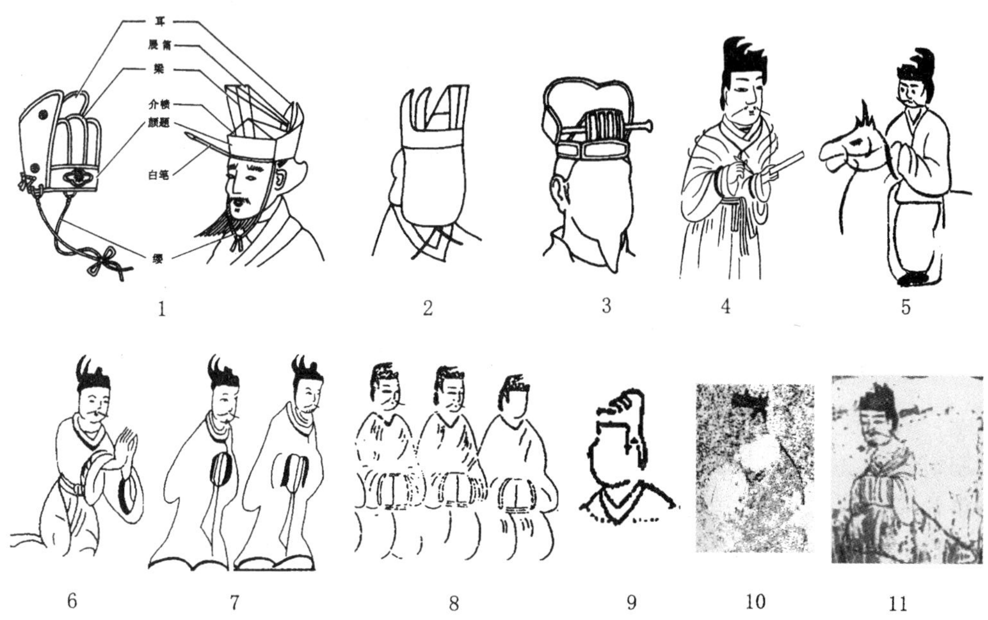

1. 东汉的进贤冠　2. 晋当利里社碑　3. 唐梁令瓒《五星二十八宿神形图》之亢星　4. 安岳 3 号墓西侧室西壁记事　5. 安岳 3 号墓回廊行列图骑马侍从　6. 德兴里壁画墓前室西壁十三郡太守图通事吏　7. 德兴里壁画墓前室西壁十三郡太守　8. 药水里壁画墓前室西壁近臣坐像图　9. 伏狮里壁画墓右壁行列图伞下人　10. 辽阳鹅房 1 号墓属吏图　11. 新疆吐鲁番哈拉和卓 98 号墓墓主像

图二十二　进贤冠

各墓所绘进贤冠形制基本相近，均为冠耳竖直，高耸前翘，展筩低矮，高度仅及耳中段。展筩分几梁描绘不清，表面看似乎都是一梁。一般通体黑色，唯安岳 3 号墓南壁持旌幡仪卫四人所戴帽圈中间涂为红色。这些进贤冠与汉服习见式样相比较，冠耳过于庞大，展筩又太矮小，以致有的学者认为壁画并未描绘展筩，低矮的突起是介帻，或是层叠的耳的一部分，并创造一个新的冠名“层帻”。④ 有的学者则将其与平巾帻混淆。⑤

---

① 康捷：《朝鲜德兴里壁画墓及其相关问题》，《博物馆研究》1986 年第 1 期，第 70—77 页。

② ［朝］朱荣宪：《药水里壁画墓发掘报告》，见《考古学资料集（3）——各地遗址整理报告》，科学院出版社 1963 年版，第 136—152 页。

③ ［朝］田畴农：《黄海南道安岳郡伏狮里壁画墓》，见《考古学资料集（3）——各地遗址整理报告》，科学院出版社 1963 年版，第 153—161 页。

④ 范鹏：《高句丽民族服饰的考古学观察》，吉林大学，硕士论文，2007 年，第 9—10 页；尹国有：《高句丽壁画研究》，吉林大学出版社 2003 年版，第 14 页。

⑤ ［韩］金镇善：《中国正史朝鲜传的韩国古代服饰研究》，檀国大学，硕士论文，2006 年，第 13 页。

该种形制的进贤冠并非上述几座壁画墓独有，辽阳鹅房1号墓（图二十二，10）[①]、新疆吐鲁番哈拉和卓98号墓（图二十二，11）亦有绘制[②]。鹅房1号墓所绘进贤冠，冠顶尖锐，好像介帻的顶部，因该壁画剥落严重，原线刻展筩可能已损蚀。哈拉和卓98号墓所绘进贤冠与朝鲜境内几座墓葬更为相似。哈拉和卓98号墓壁画年代为北凉（397—460年）时期。朝鲜境内几座墓葬的年代大致在两晋至南北朝前期，该时正是孙机所言冠耳急剧升高，展筩变成“人”字形的阶段，上述各进贤冠虽偏于写意，但均可见高耸夸张的耳和人字形的展筩。另一方面，在孙机考证进贤冠演变序列中，由晋朝到唐朝明显有缺环。这些低矮的人字形展筩可能代表着东晋后期进贤冠演进的新变化——伴随冠耳的升高，展筩开始变矮。

2. 戴进贤冠人物身份考证

跟据榜题，壁画中部分戴进贤冠人物身份，略可知晓。安岳3号墓所绘有记室、省事、门下拜等官员。德兴里壁画墓所绘为通事吏、别驾、御史、侍中、蓟县令，范阳、代郡两属国内史，渔阳、上谷、北平、辽西、昌黎、辽东、玄菟、乐浪、带方等九郡太守。

记事，是记事史，或记事督的简称，专管记录、簿书等办公事宜。门下拜，可能是门下史之误，为郡县官府的亲近属官，掌各种杂事，位高于记事史。[③] 省事，始置于西晋属尚书省，东晋时置于郡，为门下吏，位在书佐之上，系掌诵读文书的下级属员。[④] 通事吏，又称门下通事，晋置，是郡府门下掌传达通报的属吏。[⑤] 别驾，是别驾从事、别驾从事史的简称，为汉魏六朝地方州部佐吏。应劭《汉官仪》载，汉元帝时，丞相于定国条州大小为吏员，治中、别驾、诸部从事员一人。因从刺史行部，别乘传车，故谓之别驾。秩轻职重，有“其任居刺史之半”之说，居州吏之右。[⑥] 这些职官《晋书·职官志》多有记载，如“郡皆置太守……，又置主簿、主记室、门下贼曹、议生、门下史、记室史、录事史、书佐、循行、干、小史、五官掾、功曹史、功曹书佐、循行小史、五官掾等员”。[⑦] “州置刺史，别驾、治中从事、诸曹从事等员。”[⑧] 皆为两晋时期地方行政机构州郡常置属吏，官品较低，禄秩微薄。

御史，是侍御史的简称，两晋南北朝时期掌受公卿奏事，举劾按章等分曹治事，

① 辽阳市文物管理所：《辽阳发现三座壁画墓》，《考古》1980年第1期，第57—58页。

② 新疆博物馆考古队：《吐鲁番哈拉和卓古墓群发掘简报》，《文物》1978年第6期，第1—14页。

③ 房玄龄等：《晋书》，中华书局2000年版，第496页；俞鹿年：《中国官制大辞典》，黑龙江人民出版社1992年版，第64、687页；邱树森：《中国历代职官大辞典》，江西教育出版社1991年版，第204页。

④ 俞鹿年：《中国官制大辞典》，黑龙江人民出版社1992年版，第687页；吕宗力认为省事西晋属司隶校尉，东晋罢。南朝及北齐复至为州刺史，郡太守属吏。吕宗力：《中国历代官制大辞典》，北京出版社1994年版，第599页。

⑤ 俞鹿年：《中国官制大辞典》，黑龙江人民出版社1992年版，第688页。

⑥ 吕宗力：《中国历代官制大辞典》，北京出版社1994年版，第427页。

⑦ 房玄龄等：《晋书》，中华书局2000年版，第482页。

⑧ 同上书，第481页。

还奉命监国，督察巡视州郡，收捕官吏，职权颇重。① 侍中，秦朝始置，西汉为加官，东汉置为正式官职。三国魏晋，置为门下之侍中省长官。常侍卫皇帝左右，管理门下众事，侍奉生活起居，出行护驾。② 御史，两汉时禄秩六百石。侍中，三国魏晋时为三品，秩千石。康捷认为此两职原为皇帝侍从，由于晋末制度混乱，刺史僭越设有斯职。③ 其实，侍御史有巡察地方之职，出现在行列图中也算正常，不一定是僭越。县令，是一县的行政长官。《晋书·职官志》载："县大者置令，小者置长"④，蓟县为首县，故称"蓟县令"。《汉书·百官公卿表》载："县令、长，皆秦官，掌治其县。万户以上为令，秩千石至六百石；减万户为长，至五百石至三百石。"⑤ 曹魏时亦大县置令，小县置长。县令一般秩千石、六品或六百石、七品，县长则是三百石、八品。晋沿魏制。⑥

上述诸官职，官品多在六品之下，禄秩不超千石。按照《晋书·舆服志》记载："三公及封郡公、县公、郡侯、县侯、乡亭侯，则冠三梁。卿、大夫、八座，尚书，关中内侯、二千石及千石以上，则冠两梁。中书郎、秘书丞郎、著作郎、尚书丞郎、太子洗马舍人、六百石以下至于令史、门郎、小史、并冠一梁。"⑦ 他们所戴进贤冠都应为一梁，壁画中所绘一梁进贤冠符合人物身份。

太守与内史是郡的长官，《晋书·职官志》载："郡皆置太守，河南郡京师所在，则曰尹。诸王国以内史掌太守之任。"⑧ 此制西汉初首设，历代沿革，至隋始废。范阳，汉时置涿郡。魏文帝黄初七年改名范阳郡。西晋泰始元年（265 年），封司马绥为范阳王，范阳郡改称范阳国。⑨ 代郡，秦置，统县四，户三千四百。⑩ 幽州所辖十三郡中，范阳与代郡为属国，故称内史。渔阳、上谷、北平、辽西、昌黎、辽东、玄菟、乐浪，以及脱字的带方等诸郡长官则称太守。汉时太守秩二千石，总管行政、财赋、刑狱各务。西晋末，战事频繁，太守多加将军、都督等号，军事职能加强。⑪ 魏晋时郡国守相皆为第五品，禄秩多为二千石。

按照《晋书·舆服志》记载，千石以上禄秩的官员，戴二梁进贤冠。《宋书·舆服志》亦载："郡国太守、相、内史，银章，青绶。朝服，进贤两梁冠。"⑫ 德兴里壁画中诸太守与前述记事、别驾等属吏所戴进贤冠在梁的宽窄方面并没有区别。

---

① 吕宗力：《中国历代官制大辞典》，北京出版社 1994 年版，第 522—523 页。
② 同上书，第 519 页。
③ 康捷：《朝鲜德兴里壁画墓及其相关问题》，《博物馆研究》1986 年第 1 期，第 74 页。
④ 房玄龄等：《晋书》，中华书局 2000 年版，第 482 页。
⑤ 俞鹿年：《中国官制大辞典》，黑龙江人民出版社 1992 年版，第 779 页。
⑥ 邱树森：《中国历代职官大辞典》，江西教育出版社 1991 年版，第 323 页。
⑦ 房玄龄等：《晋书》，中华书局 2000 年版，第 496 页。
⑧ 同上书，第 482 页。
⑨ 同上书，第 274 页。
⑩ 同上书，第 275 页。
⑪ 沈起炜、徐光烈：《中国历代职官辞典》，上海辞书出版社 1998 年版，第 47 页。
⑫ 沈约：《宋书》，中华书局 2000 年版，第 344 页。

这说明绘图者并没有关注冠梁多少反映等级尊卑的问题。

德兴里壁画墓前室南壁西侧，绘有数人，榜题四行二十七字：“镇□守长史司马，参军典军录事乃，曹命使诸曹职更，故铭记之□□。”一般认为他们是墓主人的属吏。此官吏图上部四人，下部两人均戴进贤冠。《晋书·职官志》载：“三品将军秩中二千石者……置长史、司马各一人，秩千石；主簿，功曹，门下都督，录事，兵铠士贼曹，营军、刺奸吏、帐下都督，功曹书佐门吏，门下书吏各一人。”① 可知长史、司马作为将军的助手，身份高于其他吏员。长史，战国秦始置，掌顾问参谋之职，魏晋刺史僚佐置此职。司马，魏晋南北朝时为郡府之官，在将军下，综理一府之事，参与军事计划。官吏图下部两人头戴进贤冠，身着袍服，安坐于榻上，被周围属吏围绕，无疑地位较高，因此，他们的身份可能是榜题中的长史和司马。

榜题中其余各职，参军，东汉始置称参军事，简称参军，掌参谋军务。当时并非官称，三国时正式用作官称，魏制秩第七品。晋亲王、公府、将军、都督的幕府多设此官。② 录事，西晋时州郡县各置，称录事史，晋末改称录事，掌总录各曹文簿，举弹善恶。③ 典军，为掌营兵之官，三国吴、蜀，十六国北凉均置。又典军将军简称典军。④ 壁画中所载是否为上述典军有关，有待进一步考证，有的学者推断它可能是“典军录事”的简称。⑤ 这几个职官偏于军职，一般文官戴进贤冠，武官戴黑色介帻，官吏图上部戴进贤冠四人，可能是上述三职中某职，也可能是其他诸曹，如户、金、仓、集、法、兵尉等曹职之一。从其禄秩来看，官吏图中六人戴一梁进贤冠符合身份。

德兴里壁画墓后室东壁南侧七宝供养图南侧上段大树下一男子坐于榻上，头戴进贤冠，身着黄色袍服，其右上方榜题为“此人为中里都督典知七宝”。据《高丽记》载：“皂衣头大兄，比从三品，一名中里皂衣头大兄，东夷相传所谓皂衣先人者也。”⑥ 又《新唐书·泉男生传》：“泉男生字元德，高丽盖苏文子也。九岁，以父任为先人。迁中里小兄，犹唐谒者也。又为中里大兄，知国政，凡辞令，皆男生主之。进中里位头大兄。久之，为莫离支，兼三军大将军，加大莫离支，出按诸部。”⑦ 可知“中里”是高句丽官名，但具体指品位，职位，还是某行政区域，有待考证。都督，为地方军政长官。三国魏文帝黄初初年置，称都督诸州军事，领驻在州刺史，监理民政。晋南北朝沿置，分使持节、持节、假节三种，职权不同。高句丽大城置傉萨，位比都督。此人身兼高句丽与魏晋官职，同于墓主人镇位“建威将

① 房玄龄等：《晋书》，中华书局2000年版，第471页。

② 俞鹿年：《中国官制大辞典》，黑龙江人民出版社1992年版，第175页。

③ 同上书，第203页。

④ 吕宗力：《中国历代官制大辞典》，北京出版社1994年版，第496—497页。

⑤ 康捷：《朝鲜德兴里壁画墓及其相关问题》，《博物馆研究》1986年第1期，第74页。

⑥ 张楚金：《翰苑》，见金毓黻编《辽海丛书》，辽沈书社1985年版。

⑦ 欧阳修、宋祁：《新唐书》，中华书局2000年版，第3287页。

军□小大兄左将军龙骧将军辽东太守使持节东夷校尉幽州刺史”的情况。《南齐书·百官志》载：“晋太康中，都督知军事，刺史治民，各用人；惠帝末，乃并任，非要州则单为刺史。”① 曹魏迄晋初，都督与刺史各有一班人马，惠帝后凡都督一般皆领治所之刺史。德兴里壁画中特意在一壁中绘制“中里都督”的形象，一种可能是他与墓主人镇同修佛法，另一种可能是他与镇共同治理此区域。一为刺史，一为都督。只是此时中原各地，早已军政合一，都督兼刺史几成通例，不兼都督的刺史，被讥为单车刺史。《宋书·百官志》载：“诸持节都督第二品，刺史领兵第四品，刺史不领兵第五品。”②《宋书·舆服志》载：“州刺史，铜印，墨绶。给绛朝服，进贤两梁冠。”③ 南朝宋官制多同于魏晋，以此推断，“中里都督”所戴进贤冠应以二梁为宜。

高句丽壁画中还有一些戴进贤冠没有榜题的人物形象，此类形象可分三类。第一类为手持旌幡的仪卫。如安岳3号墓前室南壁队列图中持幡站立四人，药水里壁画墓前室出行图中骑马持幡的数人。第二类为墓主人分曹属吏，如安岳3号墓东侧室马厩图中官员，回廊行列图中前导及车后护卫的贴身官吏。药水里壁画墓前室西壁坐像图二十二近臣。第三类为墓主人，如伏狮里壁画墓墓室右壁伞盖下男子。第一、二类依从前文分析墓主人戴二梁冠，这些下属应戴一梁冠。第三类从墓葬形制与规格分析，墓主人所戴可能是二梁冠。

三　笼冠

笼冠，又称武冠、武弁、大冠、繁冠、建冠。旧说源自古惠文冠。《晋书·舆服志》推测名称来历：一为“赵惠文王所造”；二为“惠者，蟪也，其冠文轻细如蝉翼，故名惠文”。三为“齐人见千岁涸泽之神，名曰庆忌，冠大冠，乘小车，好疾驰，因象其冠而服焉”。④ 沈从文认为惠文冠之名“实本于东汉《舆服志》及崔豹《古今注》旧说，似不可信”。⑤ 孙机认为将惠文冠说成赵惠文王所造，或是细如蝉翼，均嫌迂阔费解。他依据《释名·释采帛》：“繐，惠也。齐人谓凉为惠，言服之轻细凉惠也。”《仪礼·丧服》郑注：“凡布细而疏者谓之繐”等文献考证惠文冠之名源自制冠材料缞布。⑥

史籍中武冠、武弁、大冠、笼冠之名习见，繁冠、建冠，仅有蔡邕《独断》、《晋书·舆服志》及《后汉书》李贤注等几处记载，使用不广泛。根据正史《舆服志》《职官志》的记载情况，武冠、武弁应是官方正式称谓，大冠、笼冠是俗称。

---

① 萧子显：《南齐书》，中华书局2000年版，第217页。
② 沈约：《宋书》，中华书局2000年版，第828页。
③ 同上书，第343页。
④ 房玄龄等：《晋书》，中华书局2000年版，第496页。
⑤ 沈从文：《中国古代服饰研究》，上海世纪出版集团2007年版，第260页。
⑥ 孙机：《中国古舆服论丛》，文物出版社2001年版，第167—170页。

笼冠较其他称谓，出现略晚，主要流行于两晋南北朝至隋唐时期。

笼冠与武冠存在形制差别，沈从文认为笼冠与武冠不同“实创始于北魏迁都洛阳以后，为前所未有”。[①] 此说被刘驰采信，在其所著《魏晋南北朝社会生活史》一书中，进一步推论“这种笼冠与前述武冠（亦可称为笼冠）的形制不同，出现时间亦晚得多。这种笼冠不见于史书《舆服志》或《礼仪志》记载，但从目前出土壁画、石刻、陶俑及石窟寺的雕塑、壁画来看，当时在社会上应用的相当广泛”。[②] 孙机认为武冠与笼冠一脉相承，两汉时期将军常常戴武弁大冠上阵，随着甲胄的普及，“武弁大冠逐渐退出了实战领域。也就是在这个时候，本来结扎得很紧的网巾状的弁，逐变成了一个笼状硬壳嵌在帻上，这就是《晋书·舆服志》所称之‘笼冠’”。[③]

笼冠，内衬巾帻，外罩笼状硬壳。硬壳顶面水平，呈长椭圆形。左右两侧向下弧曲，在两鬓处形成下垂的双耳。两晋时期，笼冠整体近方形，高度适中，两耳长度大致在耳朵的中上部（图二十三，1）。南北朝时期，整体呈长方形，顶部略收敛，垂耳变长完全遮蔽双耳（图二十三，2）。隋唐时期，冠体渐趋变短，回归至方形，两侧线条由弧曲向放直发展，垂耳长短皆有（图二十三，3—5）。[④]

安岳 3 号墓西侧室西壁帐下图，回廊北壁和东壁出行图；台城里 1 号墓右侧室帐下图；德兴里壁画墓前室北壁西侧、后室北壁帐下图；平壤驿前二室墓前室北壁演奏图；龛神塚前室东龛帐下图；药水里壁画墓前室北壁左侧，后室北壁上部帐下图；双楹塚后室后壁帐下图；水山里壁画墓墓室右壁出行图；八清里壁画墓前室右壁残图；五盔坟 4 号墓莲上仙人图均绘有头戴笼冠的人物形象。根据形制差别，可分二型：

A 型　笼冠正视近方形，冠顶较平，冠耳下垂至双耳上部。根据细部结构差异，又可分两个亚型：

Aa 型　笼冠中部略内弧，微呈亚腰形，冠顶部与冠底圈大小基本相同。如安岳 3 号墓西侧室西壁中央墓主人（图二十三，6）、台城里 1 号墓右侧室墓主人（图二十三，7）、德兴里壁画墓前室北壁西侧墓主人（图二十三，8）、双楹塚后室后壁墓主人。

Ab 型　冠顶部大于冠底圈，整体略显上宽下窄。如安岳 3 号墓回廊北壁和东壁出行图马上击鼓乐手、马上吹奏乐手（图二十三，9）、马上摇铃乐手，平壤驿前二室墓前室北壁击鼓乐手（图二十四，10）。

B 型　笼冠整体近长方形，冠顶水平，呈长椭圆形。冠耳长，下垂至双耳下部。

---

① 沈从文：《中国古代服饰研究》，上海世纪出版集团 2007 年版，第 261 页。

② 朱大渭、刘驰、梁满仓、陈勇：《魏晋南北朝社会生活史》，中国社会科学出版社 2005 年版，第 54 页。

③ 孙机：《中国古舆服论丛》，文物出版社 2001 年版，第 172—173 页。

④ 同上。

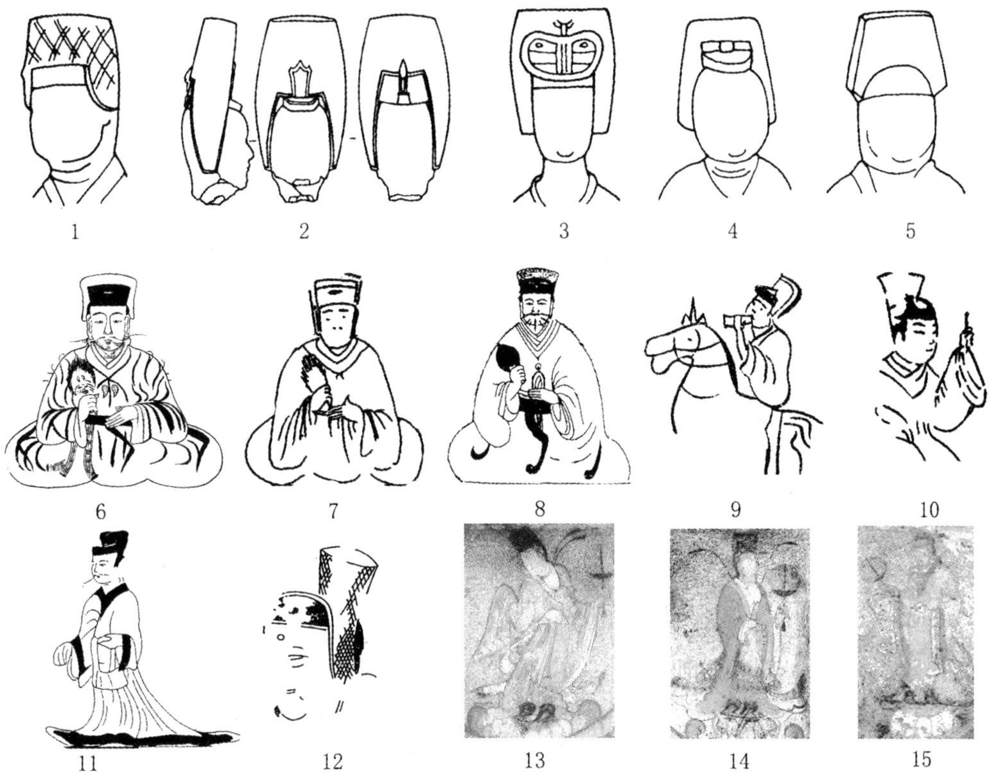

1. 长沙晋永宁二年墓出土陶笼冠俑　2. 北魏永宁寺影塑头像　3. 武汉周家大湾241号隋墓出土陶笼冠俑　4. 咸阳唐贞观十六年独孤开远墓出土陶笼冠俑　5. 咸阳唐景云元年薛氏墓出土陶乐俑　6—8. Aa型笼冠（安岳3号墓西侧室西壁中央墓主人、台城里1号墓右侧室墓主人、德兴里壁画墓前室北壁西侧墓主人）　9、10. Ab型笼冠（安岳3号墓回廊北壁和东壁出行图马上吹奏乐手、平壤驿前二室墓前室北壁击鼓乐手）　11—15. B型笼冠（水山里壁画墓墓室右壁墓主人、八清里壁画墓前室右壁墓主人、五盔坟4号墓东壁莲上人、五盔坟4号墓北壁上排正中莲上人、五盔坟4号墓西壁上左莲上人）

图二十三　笼冠

如水山里壁画墓墓室右壁墓主人（图二十三，11），八清里壁画墓前室右壁墓主人（图二十三，12），五盔坟4号墓东壁、北壁上排正中、西壁上左莲上人（图二十三，13—15）。

Aa型和B型笼冠佩戴者是各墓墓主人，Ab型笼冠佩戴者是演奏乐器的乐手。有的韩国学者认为墓主人所戴笼冠就是史书上提及的白罗冠，误也。①

安岳3号墓墓主冬寿，墨书铭记官职是“使持节都督诸军事平东将军护抚夷校尉乐浪□昌黎玄菟带方太守都乡□”。② 德兴里壁画墓墓主镇，墨书载官拜“建威将

① 金镇善：《中国正史朝鲜传的韩国古代服饰研究》，檀国大学，硕士论文，2006年，第25页。

② 洪晴玉：《关于冬寿墓的发现和研究》，《考古》1959年第1期，第35页。

军□小大兄左将军龙骧将军辽东太守使持节东夷校尉幽州刺史”。[①] 据《晋书·职官志第十四》载：“大司马、大将军、太尉、骠骑、车骑、卫将军、诸大将军，开府位从公者为武官公，皆著武冠，平上黑帻……三品将军秩中二千石者，著武冠，平上黑帻，五时朝服，佩水苍玉，食奉、春秋赐绵绢、菜田、田驺如光禄大夫诸卿制。”[②] 冬寿与镇应戴内衬黑色平上帻的笼冠。

又据《晋书·舆服志》“中朝大驾卤簿”载：“骑将军四人，骑校、鼗角、金鼓、铃下、信幡、军校并驾一。”[③]《宋书》记：“宋乘舆鼓吹，黑帻武冠。”[④]《隋书·音乐志中》载：“正一品……铙吹工人，武弁，朱褠衣。大角工人，平巾帻，绯衫，白布大口袴。三品以上，朱漆饶，饰以五采。驺、哄工人，武弁，朱褠衣。余同正一品。四品，铙及工人衣服同三品。”[⑤] 安岳3号墓中击鼓、吹角、摇铃及平壤驿前二室墓中击鼓各乐手亦戴黑帻武冠，但形制与官员所戴略有不同。

四　平巾帻

帻，本为包裹发髻的头巾，庶人直接用它覆发，位尊者将它置于冠下，作为衬垫。汉文帝时期，帻经过“高颜题，续之为耳，崇其巾为屋，合后施收”[⑥] 的改进，由“韬发之巾”变成了贵贱皆用的便帽。[⑦] 帻分介帻和平上帻两类，前者帻顶呈屋脊状，多为文吏所用（图二十四，1）；后者平顶，武官常服（图二十四，2）。东汉晚期，平上帻颜题渐短，后耳增高（图二十四，3）。[⑧] 两晋时期，前低后高的造型愈发明显，在帻顶向后升起的斜面上，还出现两纵裂，贯一扁簪，横穿于发髻之中（图二十四，4）。此式样日后长期沿用，被称为平巾帻，又称小冠。[⑨] 伴随着平上帻向平巾帻演变的过程，帻的地位亦逐渐提高，被视为礼服，乃至正式的官服。

安岳3号墓西侧室东壁北面仗剑侍卫图，前室西壁西侧室门口帐下督、东壁下部斧钺手图（图二十四，5）、南壁东段仪卫图，回廊北壁和东壁出行图；德兴里壁画墓前室北壁西侧帐下图、前室西壁十三郡太守图、前室南壁属吏图、前室东壁出行图，中间通路西壁主人出行图（图二十四，6）；龛神塚前室西壁龛内右侧仪卫

---

① 康捷：《朝鲜德兴里壁画墓及其有关问题》，《博物馆研究》1986年第1期，第70页。

② 房玄龄等：《晋书》，中华书局2000年版，第467—471页。

③ 同上书，第491页。

④ 沈约：《宋书》，中华书局2000年版，第340页。

⑤ 魏征：《隋书》，中华书局2000年版，第232页。

⑥ 《后汉书·舆服志》：“至孝文乃高颜题，续之为耳，崇其巾为屋，合后施收，上下群臣贵贱皆服之。”

⑦ 《急就篇》颜注：“帻者，韬发之巾。”

⑧ 《续汉书·五行志》：“延熹中，梁冀诛后，京师帻颜短耳长。”

⑨ 孙机：《汉代物质文化资料图说》，上海古籍出版社2008年版，第266—268页；高春明：《中国服饰名物考》，上海文化出版社2001年版，第257—258页；孙机：《中国古舆服论丛》，文物出版社2001年版，第170—173页。

（图二十四，7），前室北壁跪坐图；平壤驿前二室墓前室右壁仪卫图（图二十四，8）；药水里壁画墓前室北壁左侧帐下图（图二十四，9），前室南壁右侧出行图；保山里壁画墓北壁侍立图；伏狮里壁画墓墓室右壁、左壁两人；八清里壁画墓前室左壁骑马人（图二十四，10）；水山里壁画墓墓室东壁叩拜图（图二十四，11）；安岳2号墓墓室东壁南侧中均绘有平巾帻。

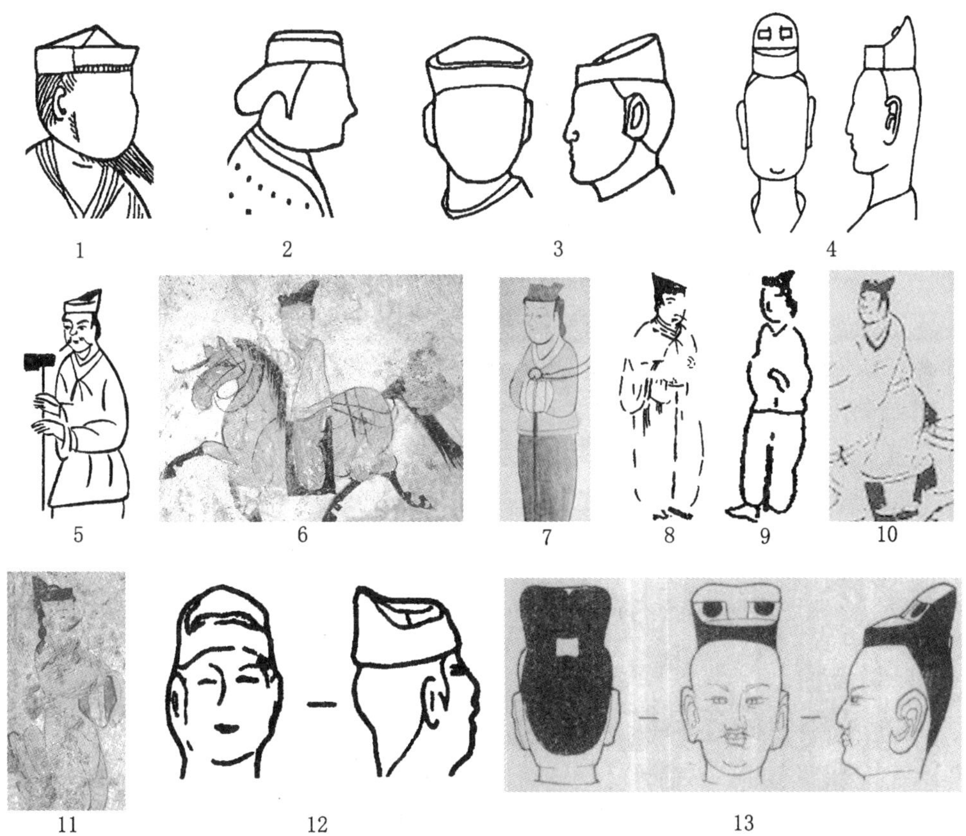

1. 沂南东汉画像石中的介帻　2. 山东汶上孙家村东汉画像石中的平上帻　3. 望都2号墓石雕骑俑（平上帻向平巾帻的过渡型）　4. 南京石子岗东晋南朝墓出土戴平巾帻的陶俑　5. 安岳3号墓东壁下部斧钺手　6. 德兴里壁画墓中间通路西壁主人出行图马上侍卫　7. 龛神塚前室西壁龛内右侧仪卫　8. 平壤驿前二室墓前室右壁仪卫　9. 药水里壁画墓前室北壁左侧帐下侍卫　10. 八清里壁画墓前室左壁骑马人　11. 水山里壁画墓墓室东壁跪拜人　12. 彭阳新集北魏墓M1击鼓俑　13. 河北磁县湾漳北朝墓文吏俑

图二十四　平巾帻

这些平巾帻形制基本相同，颜题矮小，双耳高耸，冠耳高于颜题二倍有余，并明显向后倾斜。部分刻画细腻的图像可见突起于颜题之上的帻顶。颜色以黑色为主，还有红色。因所有图案都是侧视图，正面斜坡处扁簪情况不详。北朝宁夏固原彭阳新集北魏墓M1击鼓俑（图二十四，12），河北磁县湾漳北朝墓文吏俑（图二十四，13）所戴平巾帻，低矮的颜题，微后翘的冠耳，稍突起的帻顶与高句丽壁画所绘平巾帻颇为相似。[①] 高句丽壁画所绘平巾帻应是东晋中后期至北朝前期的过渡类型。

戴平巾帻的人物身份，安岳3号墓有帐下督，武官，持斧钺、扇盖、旌幡的仪卫；卤簿中持盾、斧钺、弓箭、盖扇等物的步行和骑马的仪卫。德兴里壁画墓有打扇侍从、太守、属吏、步行和骑马的仪卫。平壤驿前二室墓有仪卫、武士。总体来看，官员、文吏、侍从、仪卫，甚至武将、步卒均头戴平巾帻。此种情况与中原地区平巾帻普遍流行的情况相一致。

五　帽子

早在新石器时代的遗址中已发现头戴帽子的陶俑形象。两汉时期帽子实物多出土于北方少数民族地区，其因在于北方地区气候寒冷，帽子被广泛用来保暖御寒；中原地区除孩童外，汉服中少用帽子，故许慎《说文解字》云："小儿、蛮夷蒙头衣。"[②]《隋书·礼仪志》载："帽，古野人之服也。董巴云：'上古穴居野处，衣毛帽皮。'以此而言，不施衣冠，明矣。"[③] 伴随中原汉族与北方少数民族的大融合，帽子作为胡服的代表饰物，流入中原，逐渐被汉人接纳，经过改良，成为汉服的重要组成部分。三国两晋时期戴帽之风盛行，世人多称"帽"为"帢"，或混称"帢帽"。南北朝时期，帽的种类增多，有礼帽、便帽、暖帽、凉帽、大帽、小帽、草帽、乌纱帽等多种类别[④]，使用范围亦逐渐扩大，上自王侯将相，下至普通百姓均戴各式帽子。

高句丽壁画所绘帽子，根据形制差别，可分风帽、圆顶翘脚帽、尖顶帽、平顶帽、檐帽五类。

1. 风帽

风帽是常见的一种暖帽，因能遮风御寒，故得名。风帽又称鲜卑帽、突骑帽、帷帽、长帽。《旧唐书·舆服志》载："北齐有长帽短靴，合袴袄子。"[⑤]《隋书·礼仪志》记"后周之时，咸着突骑帽，如今胡帽，垂裙覆带"。[⑥] 皆为此帽。风帽一般由帽屋和帽裙两部分构成，有的还配有帽带。帽屋有圆顶与尖顶之别，帽裙下垂，围于帽身后部及两侧，兜住双耳，甚至可披及肩背。[⑦] 北朝考古资料中多见风帽形象，如山西大同石家寨北魏司马金龙墓出土陶俑（图二十五，1）[⑧]、宁夏固原北魏

---

① 宁夏固原博物馆：《彭阳新集北魏墓》，《文物》1988年第9期，第26—42页；河北省文物研究所、中国社会科学院考古研究所：《磁县湾漳北朝壁画墓》，科学出版社2003年版。

② 许慎撰，徐铉校订：《说文解字》，中华书局1963年版，第156页。

③ 魏征：《隋书》，中华书局2000年版，第182页。

④ 高春明：《中国服饰名物考》，上海文化出版社2001年版，第234页。

⑤ 刘昫：《旧唐书》，中华书局2000年版，第1327页。

⑥ 魏征：《隋书》，中华书局2000年版，第182页。

⑦ 高春明：《中国服饰名物考》，上海文化出版社2001年版，第234—238页；孙机：《中国古舆服论丛》，文物出版社2001年版，第207页。

⑧ 山西省大同市博物馆、山西省文物工作委员会：《山西大同石家寨北魏司马金龙墓》，《文物》1972年第3期，第20—29、64页。

墓出土漆棺彩绘所画戴风帽人（图二十五，2）[①]、太原北齐娄睿墓中鲜卑武士（图二十五，3）[②] 等等。

1. 山西大同石家寨北魏司马金龙墓出土陶俑　2. 宁夏固原北魏墓出土漆棺彩绘戴风帽人　3. 太原北齐娄睿墓鲜卑武士　4. 舞踊墓右耳室右壁叩拜人　5. 舞踊墓主室后壁下部侍从

图二十五　风帽

舞踊墓右耳室右壁叩拜图，左边一人头戴圆顶，帽裙垂肩的黑色帽子（图二十五，4），该帽与宁夏固原北魏墓、北齐娄睿墓中风帽形象极为相像，应是风帽。主室后壁主人会见宾客图左下部面朝右侧三人亦戴此帽（图二十五，5）。

2. 圆顶翘脚帽

在集安地区的舞踊墓和朝鲜境内的安岳3号墓、德兴里壁画墓、药水里壁画墓、八清里壁画墓、水山里壁画墓、双楹塚、大安里1号墓等墓葬壁画中绘有一种形制独特的帽子。该帽帽圈大小适中，可遮盖整个头顶部，帽顶突起，呈圆弧状，帽后部支出一只翘脚[③]，本书称其为圆顶翘脚帽。

该帽翘脚形状多变，或略圆弧，呈扇叶状，如安岳3号墓回廊北壁和东壁出行图前导中抬乐器的乐手，八清里壁画墓后室正壁左侧跪拜人（图二十六，1）；或翘脚呈三角形，近帽处宽，渐远渐窄，收成锐角，如舞踊墓主室右壁赶牛车人（图二十六，2），德兴里壁画墓前室东侧天井马上猎手（图二十六，3）；或翘脚似条带状，前端与后端宽度相仿，唯头部尖锐，如德兴里壁画墓前室东侧天井马上猎手、后室西壁射戏图中注记人（图二十六，4），药水里壁画墓前室狩猎人，八清里壁画墓后室左壁持物人（图二十六，5），大安里1号墓前室北壁东侧侍立人。

圆顶翘脚帽与中国中古时代男装中流行的幞头存在诸多相似之处。

《周书·武帝本纪》载：宣政元年（578年）三月，“初服常冠，以皂纱为之，加

① 孙机：《固原北魏漆棺画》，见《中国圣火——中国古文物与东西文化交流中的若干问题》，辽宁教育出版社1996年版，第122—138页。

② 山西省考古所、太原市文物管理委员会：《太原市北齐娄睿墓发掘简报》，《文物》1983年第10期，第1—23页。

③ 因所见各图均为侧视图，不排除有两只翘脚的可能。

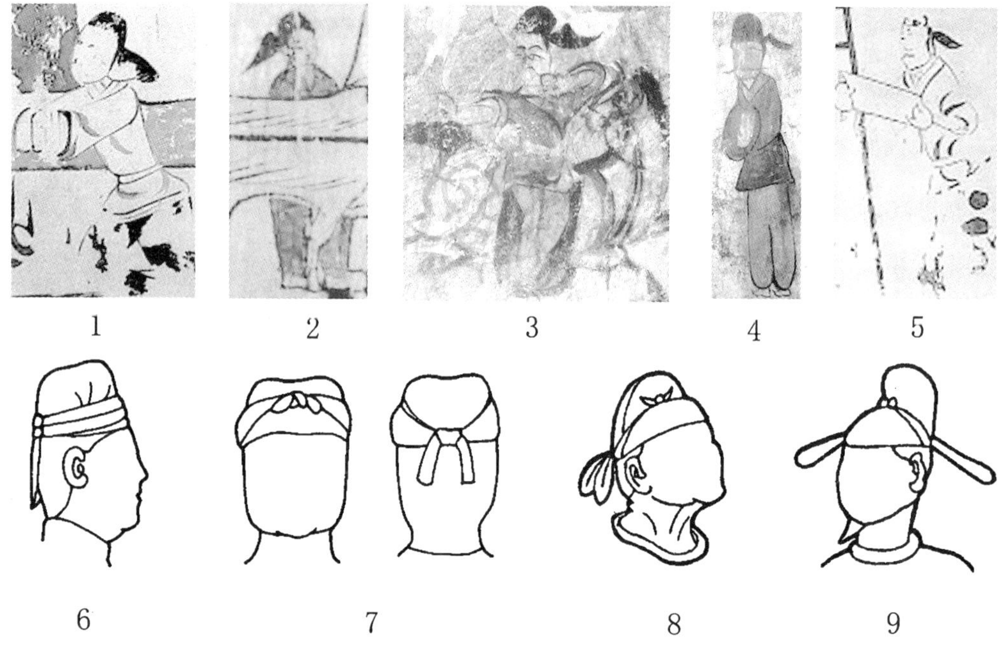

1. 八清里壁画墓后室正壁左侧跪拜人　2. 舞踊墓主室右壁赶牛车人　3. 德兴里壁画墓前室东侧天井马上猎手　4. 德兴里壁画墓后室西壁射戏图中注记人　5. 八清里壁画墓后室左壁持物人　6. 武汉周家大湾241号隋墓出土陶俑　7. 武汉东湖岳家嘴隋墓出土陶俑　8. 李贤墓石椁线刻硬脚幞头　9. 咸通五年敦煌藏经洞绢画

图二十六　圆顶翘脚帽与幞头

簪而不施缨导，其制若今之折角巾也”。[①] 学界多据此将北周武帝推为幞头的创制者。因北周幞头缺少形象资料，具体形制不详。隋代幞头逐渐成熟，初步定型，墓葬中有多例幞头俑出土。如武汉周家大湾241号隋墓出土的陶俑，幞头有两脚下垂在脑后（图二十六，6）；武汉东湖岳家嘴隋墓出土的陶俑，幞头有四脚，两系前，两系后，微下垂（图二十六，7）。唐代幞头是男子常服中不可缺少的部分，它的内衬巾子、脚、质料不断变化。巾子，初采用平头小样，以后渐变高、变圆、变尖，出现高头巾子、踣样巾、圆头巾子等式样。幞头脚开始不过是下垂的两根带子，后来不断加长，又以铁丝、铜丝为骨，衍生出硬脚、长脚、直脚、翘脚等多种形制。[②]

高句丽壁画中所绘圆顶翘脚帽，帽屋耸立，帽顶滚圆，似有圆头巾子支持，帽脚直翘，支在脑后侧，似有铜铁丝为骨，该形制与唐中后期的幞头颇为接近，如神龙二年李贤墓石椁线刻的硬脚幞头（图二十六，8）、咸通五年敦煌藏经洞绢本所绘

① 令狐德棻：《周书》，中华书局2000年版，第73页。

② 孙机：《中国古舆服论丛》，文物出版社2001年版，第205—213页。

翘脚幞头（图二十六，9）。[①]

与幞头演变关系密切的冠帽有两种：一种为幅巾，另一种是鲜卑帽。孙机认为自幅巾到幞头的演变序列中存在断层，幞头是直接由鲜卑帽发展出来的，将风帽的披副用带子扎起来，其形象便与幞头十分接近。[②] 笔者认为圆顶翘脚帽似可填补由幅巾到幞头的空白。

圆顶翘脚帽中呈扇叶状翘脚数量较少，三角形翘脚和条带状翘脚习见。戴圆顶翘脚帽人有乐手、猎手、赶车人、杂技演员、侍从等，身份复杂，表明此帽应用范围甚广。

3. 尖顶帽

在集安地区的舞踊墓和朝鲜境内的安岳 3 号墓、平壤驿前二室墓、东岩里壁画墓等墓葬中绘有一种顶部呈尖状的帽子，本书称其为尖顶帽。根据具体形制差别，可将其分成二型。

A 型 圆锥形尖顶帽。

该帽整体呈圆锥状，形制大小不一，小者仅能遮盖发髻，大者可以完全遮盖头顶。小圆锥帽，形制小巧，侧视图近等边三角形，如舞踊墓主室左壁天井上所绘文士所戴黑色小帽（图二十七，1）。大圆锥帽，形制相对较大，帽子高度明显大于宽度。如安岳 3 号墓回廊出行图中前导、后室男舞者，东岩里壁画墓前室残存人像（图二十七，3）。

B 型 翘脚尖顶帽。

帽后部有翘脚支出。如安岳 3 号墓前室南壁西面吹长角乐人，头戴尖顶帽，后部支出两条鹊尾状翘脚（图二十七，4）；平壤驿前二室墓前室前壁吹长角乐人，头戴双尖顶帽，帽后亦有一尖头短翘脚（图二十七，5）。

A 型小圆锥尖顶帽在临江墓和禹山 2110 号墓出土的青铜人形车辖上亦有相似发现。其中，临江墓青铜人形车辖 03JYM43J: 10，上部为双手叉腰的人像。人像高 17 厘米，最宽处 4.2 厘米。下部人身为长方柱形，正面厚 1 厘米，侧面宽 2.1—2.4 厘米。[③] 禹山 2110 号墓发现同样车辖 2 件。集安博物馆藏：2285 -1，人形，下部扁方条状，端部有一穿孔。五官端正，头戴圆形锥帽，两臂叉腰，通高 18.6 厘米，辖身下端略窄，宽 2.4、厚 0.9、孔径 0.7 厘米（图二十七，2）。另一件，集安博物馆藏：2285 -2，与前件形制相同。[④]

《集安高句丽王陵——1990—2003 年集安高句丽王陵调查报告》报告认为人形车辖上所见冠帽为传统的汉人装束，非高句丽人式样，据广东汉墓同类车辖形态知

① 幞头各图转引自孙机《中国古舆服论丛》，文物出版社 2001 年版，第 205—213 页。

② 孙机：《中国古舆服论丛》，文物出版社 2001 年版，第 206—208 页。

③ 吉林省文物考古研究所、集安市博物馆：《集安高句丽王陵——1990—2003 年集安高句丽王陵调查报告》，文物出版社 2004 年版，第 58 页。

④ 同上书，第 74 页。

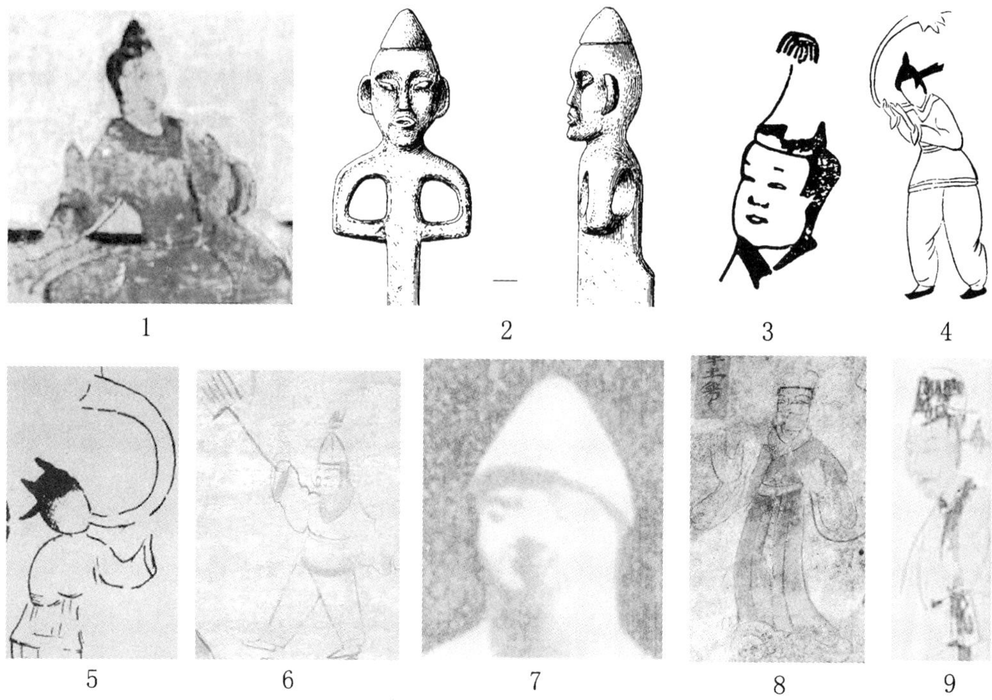

1—3. A 型（舞踊墓主室左壁天井文士、禹山 2110 号墓人形车辖 2285 - 1、东岩里壁画墓残存人像）
4、5. B 型（安岳 3 号墓前室南壁吹长角乐手、平壤驿前二室墓前室前壁吹长角乐手）　6. 酒泉丁家闸 5 号墓前室南壁持叉扬谷人　7. 内蒙古呼和浩特北魏墓出土男俑　8. 德兴里壁画墓前室南侧天井牛郎　9. 双楹塚墓道东壁侍立男子

图二十七　尖顶帽和平顶帽

流行于汉代。[①] 舞踊墓中戴 A 型小圆锥尖顶帽的人物所穿衣服非高句丽传统的短襦裤，而是汉式的长袍，此种搭配也表明此型小帽可能非高句丽固有式样。

A 型大圆锥尖顶帽，安岳 3 号墓出行图中所绘帽底圈为深色，上隔一定距离又有线状修饰，较精美，因原图残缺，颜色和具体形制不详。后室东壁男舞者所戴尖顶帽，有的学者称其为“答班”。[②] 东岩里壁画墓残存人像所戴尖顶帽，通体为白色，顶部饰白穗，上折帽圈为黑色，额头上部一块以红色为饰。此帽与酒泉丁家闸 5 号墓前室南壁扬场图中持叉扬谷人的所戴十分相似（图二十七，6）。

戴 A 型尖顶帽者，有文士、舞者、礼官、农人，身份较复杂。戴 B 型尖顶帽的人，则主要是乐手。B 型尖顶帽不常见，A 型则是应用较广，变体众多的一种帽型。在内蒙古呼和浩特北魏墓出土的Ⅲ式男佣中，有汉人赶车俑，身穿长衣，作拱手执

① 吉林省文物考古研究所、集安市博物馆：《集安高句丽王陵——1990—2003 年集安高句丽王陵调查报告》，文物出版社 2004 年版，第 375 页。

② 洪晴玉：《关于冬寿墓的发现和研究》，《考古》1959 年第 1 期，第 27—35 页。

物状，头上戴此种尖顶小帽（图二十七，7）。[①]

4. 平顶帽

帽顶较平，整体近筒形的帽子，本书称其为平顶帽。

德兴里壁画墓前室南侧天井牛郎织女图中牛郎头戴筒状白帽，帽顶微弧近平（图二十七，8）；双楹塚墓道东壁侍立男子头戴平顶黑色筒状帽（图二十七，9）；铠马塚墓室左侧第一层天井中一人头戴用金色羽状饰物修饰的精美的冠帽，残缺，隐约可见，平顶筒状的形制。平顶帽颜色有黑白两种。

5. 檐帽

帽筒周边又一圈边沿的帽子，本书称其为檐帽。

东岩里壁画墓前室残存人像中两人头戴窄檐平顶帽，帽檐微翘，一个通体为红色（图二十八，1），另一个饰有红色网格纹（图二十八，2）；安岳1号墓墓室西壁骑马人头戴宽檐圆顶帽（图二十八，3）；安岳2号墓墓室西壁中间位置一人头戴弯翘窄檐圆顶帽（图二十八，4）。

前两种檐帽是两种不同形制的斗笠，劳动者常用。各地多有发现，如四川成都扬子山汉墓戴斗笠的农民陶俑（图二十八，5）。[②] 后一种近似后世的圆边礼帽，可能并非原像。

六　头巾

头巾原指蒙覆头部的布帕，后有多种形制，幅巾、角巾、幧头，乃至帻、幞头都被视为头巾的变体。此处所言为最简单的裹头巾子。

角觝墓主室左壁角觝图中拄棍人，头裹黄色巾子，发髻将头巾顶起（图二十八，6）。长川1号墓前室北壁左上部角觝图中两角觝手，发髻上包头巾，巾角飞扬如两花瓣（图二十八，7）。

角觝墓拄棍人所戴头巾形制简单，宛如发套套在头顶，未见发带描绘，形制与秦始皇兵马俑坑出土的帻式巾相像（图二十八，8）。[③] 长川1号墓角觝手所扎头巾与南京西善桥出土的《竹林七贤与荣启期》砖刻画中向秀所戴头巾相似（图二十八，9）。[④]

七　莲花冠与王冠

莲花冠是整体造型近似莲花形状的一种冠帽。王冠是整体造型近似山峰状的一种冠帽。

---

① 郭素新：《内蒙古呼和浩特北魏墓》，《文物》1977年第5期，第38—41页。

② 图转引自沈从文《中国古代服饰研究》，上海世纪出版集团2007年版，第147页。

③ 陕西省考古研究所始皇陵秦俑坑考古发掘队：《秦始皇陵兵马俑坑一号坑发掘报告》，文物出版社1988年版，第115页。

④ 南京博物院等：《南京西善桥南朝墓及其砖刻壁画》，《文物》1960年第8、9期，第37—42页。

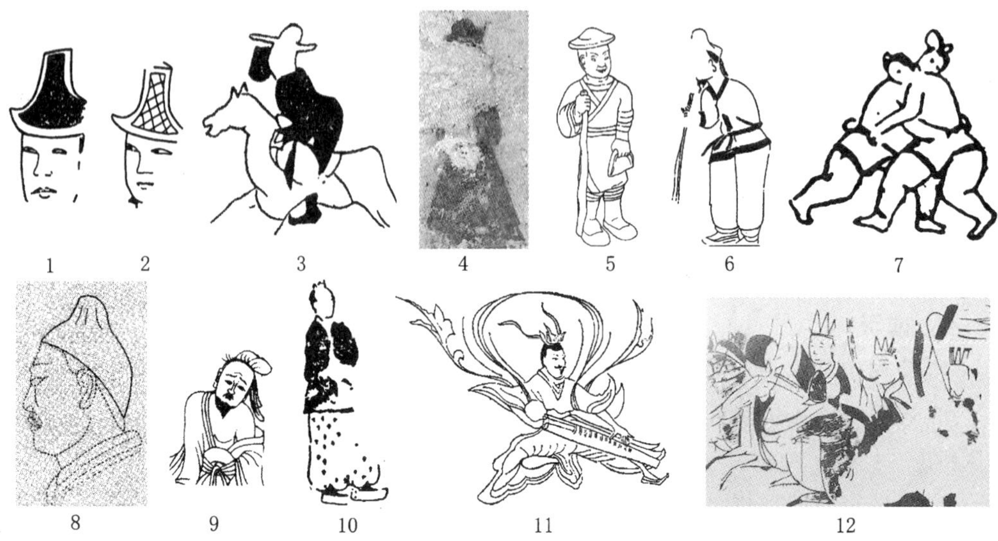

1、2. 东岩里壁画墓前室残存人像　3. 安岳 1 号墓墓室西壁骑马人　4. 安岳 2 号墓墓室西壁中间侍立人　5. 四川成都扬子山汉墓戴斗笠陶俑　6. 角觝墓主室左壁角觝图中拄棍人　7. 长川 1 号墓前室北壁左上部角觝手　8. 秦始皇兵马俑坑出土陶俑　9. 南京西善桥出土《竹林七贤与荣启期》砖刻画中向秀　10. 长川 1 号墓前室东壁藻井礼佛人　11. 五盔坟 4 号墓第二重顶石弹琴伎乐天人　12. 龛神塚残图戴王冠骑手

图二十八　檐帽、头巾、莲花冠与王冠

长川 1 号墓前室东壁藻井礼佛图中一人头戴莲花冠（图二十八，10）；五盔坟 4 号墓第二重顶石弹琴伎乐天人亦头戴莲花冠（图二十八，11）。两者形制略有不同。龛神塚壁画中有头戴王冠的人物形象，戴冠人骑坐马上，有人手持大角（图二十八，12），此冠仅此一例，形制特殊，非中土之物。图像恐非原貌。

八　兜鍪

高句丽壁画墓中绘有多例头戴兜鍪的武士形象，根据兜鍪形制不同，可分二型。

A 型　头盔顶部凸起，上插缨穗、雉尾等物，护耳夸张，似犄角，直翘头盔两侧。如德兴里壁画墓前室东壁出行图马具装武士（图二十九，1）；东岩里壁画墓前室兜鍪残图（图二十九，2）；双楹塚墓道东壁马具装武士（图二十九，3）；麻线沟 1 号墓墓室北壁东端铠马武士（图二十九，4）；通沟 12 号墓北室左壁举刀武士（图二十九，5）；三室墓第一室右壁攻战图右侧持大刀武士（图二十九，6），第二室西壁持刀站立武士（图二十九，7）。

B 型　头盔整体呈圆形，上插缨穗。如安岳 3 号墓回廊出行图中步行和马上武士（图二十九，8、9）；龛神塚前室残存扛环首刀武士（图二十九，10），前室西侧龛南侧拄刀武士（图二十九，11）；八清里壁画墓前室左壁铠甲武士；大安里 1 号墓前室东壁铠甲武士。

头戴 A 型兜鍪武士的身份高于 B 型。B 型兜鍪多用于出行图中，与礼仪活动有关。

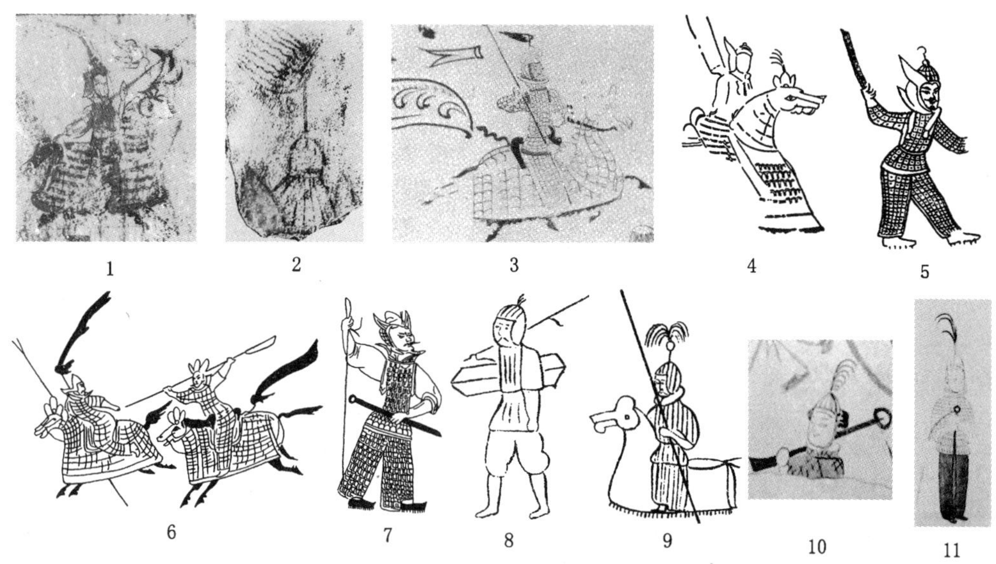

1—7. A 型（德兴里壁画墓前室东壁马具装武士、东岩里壁画墓前室兜鍪残图、双楹塚墓道东壁马具装武士、麻线沟 1 号墓墓室北壁东端铠马武士、通沟 12 号墓北室左壁举刀武士、三室墓第一室右壁攻战图右侧持大刀武士、三室墓第二室西壁持刀站立武士）　8—11. B 型（安岳 3 号墓回廊出行图中步行武士、安岳 3 号墓回廊出行图中马上武士，龛神塚前室残存扛环首刀武士、龛神塚前室西侧龛南侧拄刀武士）

图二十九　兜鍪

第三节　遗迹出土鎏金冠

在集安禹山墓区 3105 号墓，太王陵，平壤清岩洞土城等处发现保存相对完好的鎏金冠四件，加上旧传出土于集安或平壤属于高句丽时期，现收藏于辽宁博物馆、韩国中央博物馆和日本天理参考馆的三件鎏金冠，共有七件。按底托与立饰的形制差别，可分三型。

A 型　底托为镂空条带形，与上部立饰连为一体。

如平壤清岩洞土城附近出土一件火炎纹透雕鎏金铜冠，底部为忍冬纹、圆点纹透雕，镶嵌有花形装饰，上部突起七个火焰纹立饰，两旁下垂似带结状的装饰穗（图三十，1）。①

B 型　底托为山峰形，上部铆接三个长条形或鸟翼型的立饰。

如辽宁博物馆藏鎏金铜冠，山峰形底托上接三个饰有步摇摇叶的立饰，中间的

① 转引自［日］東潮《高句麗考古学研究》，吉川弘文館 1997 年版，第 439 页；［朝］李光稀《关于高句丽鎏金冠帽和冠帽装饰的考察》，《东北亚历史与考古》2007 年第 1 期，第 99 页；［朝］《朝鲜遗迹遗物图鉴》编纂委员会《朝鲜遗迹遗物图鉴》，外文综合出版社 1990 年第 4 集。

立饰上部为忍冬纹透雕，边缘修成锯齿状，两侧立饰为鸟羽状（图三十，2）。[①] 韩国中央博物馆所藏鎏金铜冠，山峰形底托中央饰以忍冬纹透雕，四周环绕丁字纹和格子纹。三个立饰，中间的破损严重，左右两侧保存较好。各立饰中央纵列饰有忍冬纹和三角纹透雕，边缘修成锯齿状（图三十，3）。[②] 禹山墓区出土的 JYM3105∶6，鎏金薄片做三翼羽毛状，中间立饰下部残见锯齿状边缘，两侧立饰残损严重。底托下有一桃形饰。整个冠体密布成组小孔，孔内金丝拧绕，连缀圆形摇叶，通高 30 厘米（图三十，4）。[③]

C 型　底托为圆筒状，两端一大一小，尺寸正可罩住发髻。

如太王陵出土的 2 件，03JYM541D∶8，铜片卷成中空圆筒状，通体鎏金。表面有七排成组双孔，窄端两排每排 7 组，宽端五排每排 8 组，共 54 组孔。孔内穿铜丝，扭成悬枝，上挂圆形摇叶。冠现存悬枝 20 枝，悬有摇叶 6 片。冠饰一端周长 23 厘米，沿边有三个可供固定的小钉孔，另一端周长 13.5 厘米。用 8 个铆钉铆合，复原直径约 4.3—7.3 厘米，高 14 厘米（图三十，5）。03JYM541∶13，表面穿 7 排成组双孔，每排 9 组，现存悬枝 5 段，摇叶尽失。冠饰高 10.2 厘米，上端周长 21.2、下端周长 11.6 厘米（图三十，6）。[④]

李光稀《关于高句丽鎏金冠帽和冠帽装饰的考察》一文提及，平壤曾发现一接近半球形的鎏金冠，上阴刻藤蔓花纹（图三十，7）。[⑤] 该冠具体出土地点不明，从形状来看，也应属于 C 型。

A 型鎏金冠，可直接戴在头顶，两侧可能有系带。有的学者认为禹山墓区 3283 号墓和 3142 号墓发现的两块冠饰残片，JYM3283∶12 和 JYM3142∶12 属于 A 型鎏金冠。[⑥] 从形制分析，JYM3283∶12，略长方，内饰镂空云纹、菱形纹和圆点纹，周边有铆钉（图三十，8）。[⑦] JYM3142∶12 为忍冬纹镂空饰（图三十，9）。[⑧] 忍冬纹和圆点纹是鎏金冠中常见纹饰，不但 A 型使用，B 型鎏金冠也使用，仅凭此点判断残片属于 A 型，有待商榷。

---

① 转引自［日］東潮《高句麗考古学研究》，吉川弘文館 1997 年版，第 437 页；［朝］李光稀《关于高句丽鎏金冠帽和冠帽装饰的考察》，《东北亚历史与考古》2007 年第 1 期，第 100 页。

② 转引自［日］東潮《高句麗考古学研究》，吉川弘文館 1997 年版，第 437 页；［朝］李光稀《关于高句丽鎏金冠帽和冠帽装饰的考察》，《东北亚历史与考古》2007 年第 1 期，第 99 页。

③ 吉林省文物考古研究所、集安市文物保管所：《集安洞沟古墓群禹山墓区集锡公路墓葬发掘》，见吉林省文物考古研究所、集安市文物保管所《高句丽研究文集》，延边大学出版社 1993 年版，第 65 页。

④ 吉林省文物考古研究所、集安市博物馆：《集安高句丽王陵——1990—2003 年集安高句丽王陵调查报告》，文物出版社 2004 年版，第 286—301 页。

⑤ ［朝］李光稀：《关于高句丽鎏金冠帽和冠帽装饰的考察》，《东北亚历史与考古》2007 年第 1 期，第 99 页。

⑥ 同上。

⑦ 吉林省文物考古研究所、集安市文物保管所：《集安洞沟古墓群禹山墓区集锡公路墓葬发掘》，见吉林省文物考古研究所、集安市文物保管所《高句丽研究文集》，延边大学出版社 1993 年版，第 69 页。

⑧ 同上书，第 65 页。

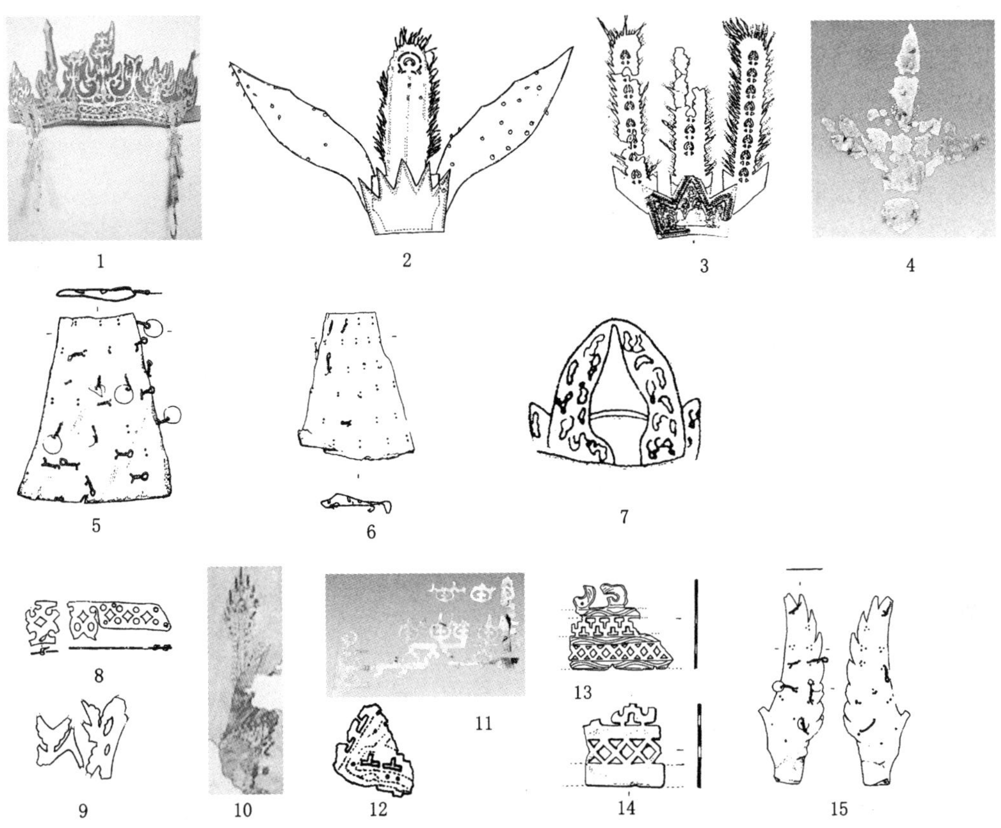

1. A 型（平壤清岩洞土城）　2—4. B 型（辽宁博物馆藏、韩国中央博物馆藏、禹山墓区 JYM3105∶6）　5—7. C 型（太王陵 03JYM541D∶8、03JYM541∶13、平壤发现）　8. 禹山墓区 JYM3283∶12　9. 禹山墓区 JYM3142∶12　10. 铠马塚墓室左侧第一层天井　11. 禹山墓区 JYM3560∶15B　12. 禹山墓区 JYM2891∶9　13、14. 太王陵 03JYM541∶25 -1、25 -2　15. 太王陵 03JYM541∶87

图三十　鎏金冠

B 型鎏金冠与铠马塚墓室左侧第一层天井中盛装男子所戴之物甚为相似（图三十，10）。中间是边缘修饰成锯齿状的高立饰，两边是鸟翼状伸向左右两方的稍矮立饰。此冠虽有残缺，但仔细辨识可见三立饰后有筒状的帽屋作为支撑。

禹山墓区 3560 号墓、2891 号墓、太王陵出土的 JYM3560∶15B（图三十，11），JYM2891∶9（图三十，12），03JYM541∶25 -1（图三十，13），03JYM541∶25 -2（图三十，14）等残片，四周为镂空格子纹（菱形纹）、“丁”字纹、内侧为忍冬纹，纹饰构图与 B 型鎏金冠山峰形底托十分相似，可能是 B 型残片。

C 型鎏金冠大小正可罩住发髻，应直接佩戴。太王陵中与两个 C 型鎏金冠同出的有 1 件鎏金凤翅步摇。03JYM541∶87，为铜片錾成的鸟翼形，前缘存一枝杈，后缘羽尖八分。其上部有七组等距三孔，同时向两面伸出悬枝，两面挂叶。下部有七组双孔，羽尖各穿单孔。现存两面悬枝三组，单面悬枝一组，摇叶二片。翅根部稍残，有一稍大孔，可与它件铆合。凤翅残长 12.4、宽 4.4、厚 0.05 厘米（图三十，15）。它可能是镶嵌在 C 型鎏金冠上的饰物。

观察上述几顶鎏金冠可见，通体镂空的 A 型鎏金冠上少有步摇装饰，步摇密布的 B、C 型鎏金冠上，没有或只有少量镂空装饰。因此，鎏金冠的分类方法，除按底托与立饰形制差别区分的三分法外，也可分步摇式鎏金冠和镂空式鎏金冠两类。此两类鎏金冠是否存在等级差别，或功用性差别，因资料稀缺，目前尚难判定。

第四节　冠帽饰物

一　文献所载冠帽饰物

史籍中多见高句丽冠帽饰物记载。如《周书·高丽传》载："其冠曰骨苏，多以紫罗为之，杂以金银为饰。其有官品者，又插二鸟羽于其上，以显异之。"[①]《魏书·高句丽传》载："头著折风，其形如弁，旁插鸟羽，贵贱有差。"[②]《隋书·高丽传》载："人皆皮冠，使人加插鸟羽。贵者冠用紫罗，饰以金银。"[③]

《旧唐书·高丽传》载："王以白罗为冠……其冠及带，咸以金饰。官之贵者，则青罗为冠，次以绯罗，插二鸟羽，及金银为饰。"[④]《新唐书·高丽传》载："王服五采，以白罗制冠；大臣青罗冠，次绛罗，珥两鸟羽，金银杂扣。"[⑤]

又《职贡图序》载："贵者冠帻而无后，以金银为鹿耳，加之帻上，贱者冠析（折）风。"《翰苑》："插金羽以明贵贱。"[⑥]

据此可知，高句丽权贵在折风、皮冠、骨苏等各色冠帽上插戴鸟羽和用金银等贵重金属制成的鹿耳等各种形制的饰物，作为尊贵身份的象征。

二　壁画所绘冠帽饰物

高句丽壁画中常见冠饰是羽毛和缨饰。其中，羽毛冠饰有单羽、双羽、多羽之别。

单羽[⑦]，如麻线沟 1 号墓北侧室东壁残存头像（图三十一，1）、长川 1 号墓前室北壁持枪猎手（图三十一，2）、东岩里壁画墓前室残图（图三十一，3）。前两者

---

① 令狐德棻：《周书》，中华书局 2000 年版，第 600 页。

② 魏收：《魏书》，中华书局 2000 年版，第 1498 页。

③ 魏征：《隋书》，中华书局 2000 年版，第 1218 页。

④ 刘昫：《旧唐书》，中华书局 2000 年版，第 3619 页。

⑤ 欧阳修、宋祁：《新唐书》，中华书局 2000 年版，第 4699—4700 页。

⑥ 余太山：《〈梁书·西北诸戎传〉与〈梁职贡图〉——兼说今存〈梁职贡图〉残卷与裴子野〈方国使图〉的关系》，《燕京学报》1998 年第 5 期，第 93—123 页；张楚金：《翰苑》，见金毓黻编《辽海丛书》，辽沈书社 1985 年版，第 2519 页。

⑦ 原报告称其为羽毛，但从形状来看，某些单羽也有可能是缨饰。

折风插单羽，后者骨苏（帻冠）插鸟羽，其下连缀红球状饰物，更显精致。

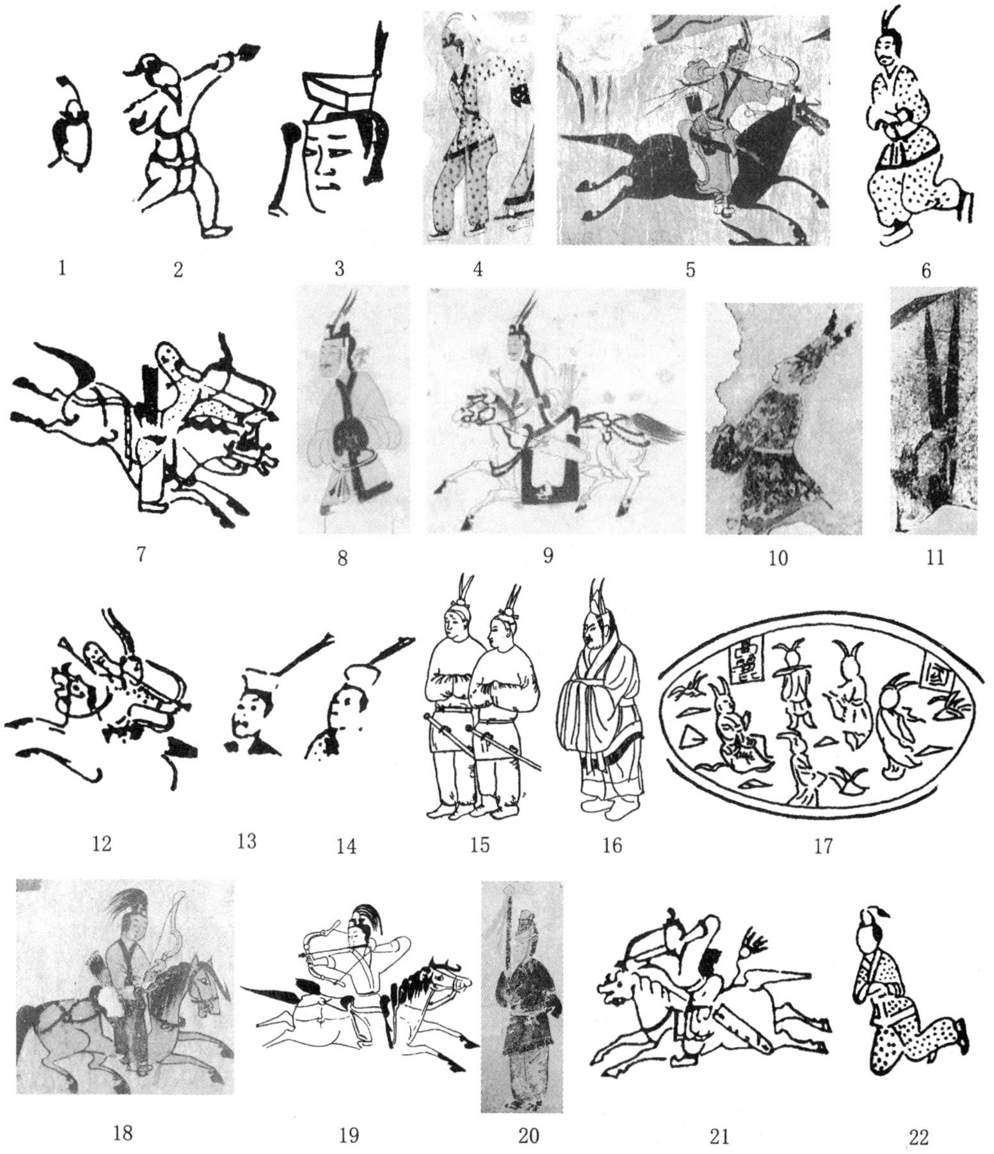

1. 麻线沟1号墓北侧室东壁残存头像　2. 长川1号墓前室北壁持枪猎手　3. 东岩里壁画墓前室残图　4. 舞踊墓主室左壁上部男舞者　5. 舞踊墓主室右壁中部狩猎人　6. 长川1号墓前室北壁右上部宾客　7. 长川1号墓前室北壁左下部骑马射獐猎手　8、9. 双楹塚墓道西壁侍立图、骑马图　10. 铠马塚墓室左侧第一层天井乘马图　11. 东岩里壁画墓前室残存头像　12. 长川1号墓前室北壁左下部骑马射虎人　13、14. 长川1号墓前室南壁第一栏左三、左四残存两人　15. 撒马尔罕城址一号室西壁两位外国使节　16. 唐章怀太子墓客使图第二人　17. 唐“都管七国六瓣银盒”中“高丽国”图　18、19. 舞踊墓主室右壁持弓人，上部狩猎人　20. 铠马塚墓室左侧第一层天井武士　21. 长川1号墓前室北壁左下部射野猪猎手　22. 长川1号墓前室北壁右上部跪地人

图三十一　壁画描绘的冠帽饰物

双羽，如舞踊墓主室左壁上部男舞者，舞踊墓主室右壁中部狩猎人（图三十一，4、5）；长川1号墓前室北壁右上部宾客，长川1号墓前室北壁左下部骑马射獐猎手（图三十一，6、7）；双楹塚墓道西壁侍立图、骑马图（图三十一，8、9）；铠马塚墓室左侧第一层天井乘马图（图三十一，10）；东岩里壁画墓前室残存头像（图三十一，11）；长川1号墓前室北壁左下部骑马射虎人（图三十一，12）；长川1号墓前室南壁第一栏左三、左四残存两人（图三十一，13、14）。

双羽冠饰的出现频率明显高于单羽和多羽。其插戴位置主要在折风的左右两侧，或两羽合并一处插戴在帽顶。双羽有短长两种，短者略高于帽顶，可能是普通的羽毛，也可能是金银等贵重金属雕琢而成的鸟羽形饰品；长者，应是雉尾。除上述壁画墓外，撒马尔罕城址一号室西壁两位外国使节（图三十一，15），唐章怀太子墓客使图第二人（图三十一，16），唐"都管七国六瓣银盒"中"高丽国"图（图三十一，17）中亦绘有此双羽形象。

多羽，如舞踊墓主室右壁持弓人，上部狩猎人（图三十一，18、19）。多羽冠饰不常见。

缨饰，如铠马塚墓室左侧第一层天井武士冠上插红绒球（图三十一，20），长川1号墓前室北壁左下部射野猪猎手冠上插叶状红缨（图三十一，21），长川1号墓前室北壁右上部跪地人冠上插穗状黑缨（图三十一，22）。

韩国学者对冠帽分类时，经常在折风、骨苏、帻、罗冠这些冠名之外，单列一种冠帽为鸟羽冠。如柳喜卿《韩国服饰史研究》，金镇善《中国正史〈朝鲜传〉的韩国古代服饰研究》,[①] 其实，鸟羽只是高句丽冠帽众多装饰物中的一种，不具备单独分类的条件。

三　遗迹出土冠帽饰物残片

集安禹山墓区3105、3283、3560、2891和3142号墓，七星山211号墓，西大墓，禹山992号墓，麻线2100号墓，好太王陵等墓葬中均发现铜质鎏金的金属冠帽和冠帽饰物残片。一般它们都是由鎏金铜板雕琢成型，或饰以各种镂空图案，或上坠各式步摇摇叶，甚为精美。根据残片的形状和装饰特点，可分三型。

A型　步摇类冠饰残片。

残片上有单孔、或成组的双孔、三孔，孔上绞拧悬枝，悬枝上挂有摇叶。据步摇连缀方式差别，又可分两个亚型。

Aa型，残片捶出半圆形泡，泡上穿孔，缀摇叶。

如禹山墓区JYM3283∶8为泡连坠叶饰（图三十二，1）。[②] 七星山211号墓

---

① ［韩］柳喜卿：《韩国服饰史研究》，梨花女子大学出版社2002年版；［韩］金镇善：《中国正史朝鲜传的韩国古代服饰研究》，檀国大学，硕士论文，2006年。

② 吉林省文物考古研究所、集安市文物保管所：《集安洞沟古墓群禹山墓区集锡公路墓葬发掘》，见吉林省文物考古研究所、集安市文物保管所《高句丽研究文集》，延边大学出版社1993年版，第65—67页。

03JQM211:23－1，饰片作长条形，厚约0.08厘米，中间捶出多个半圆形泡，泡上缀圆形摇叶。残长4.1、宽0.7、泡直径0.4厘米（图三十二，2）。①

麻线2100号墓03JMM2100:124－1，宽条表面捶出三行交错有序的圆泡，泡的顶部有三角形对称小孔，部分孔内残存铜丝悬枝，摇叶尽失。边缘处有一连接用的铆钉小孔。残长9.5、宽3.5厘米（图三十二，3）。②

千秋墓03JMM1000:42、03JMM1000:38、03JMM1000:40，同器残片，条形，正面捶出3行相错平行的半圆形泡，泡中部三孔，用以缀悬枝和摇叶。泡直径1.3、间距4.5、行距2.3厘米。整片残长6—7、宽5.9、厚0.05厘米（图三十二，4）。③

太王陵发现此类条带状步摇4件，其中03JYM541:164，上有泡形步摇座14个，残存一片心形摇叶。长37.4、宽3.5、泡经1.2、叶径2.3、悬枝长1.4厘米。03JYM541:9－3，残，带身较宽，残存圆泡4个，均有悬枝。残长15、宽4.8厘米（图三十二，5）。④

Aa型残片呈条带状，可能是额部的饰物。

Ab型，残片上直接钻孔，拧绕悬枝，上饰摇叶。

如麻线2100号墓03JMM2100:176，奔马形，两面缀摇叶。全长8.5、残高5.8、厚0.1厘米（图三十二，6）。⑤ 03JMM2100:38－1，凤鸟形，片饰上有4个错位缀孔，向两侧伸出悬枝，摇叶全部脱落。长3.6、残高4厘米（图三十二，7）。03JMM2100:100，凤首部与腿部已残损，后背、尾部、翅膀尚残余3孔。残长2.9、残高4.3厘米（图三十二，8）。⑥

太王陵03JYM541:177，长方形，正面有三排23组悬枝双孔，错位排列，有悬枝残存。长15.4、宽6、厚0.1厘米（图三十二，9）。⑦ 禹山下1080号墓，鱼尾形鎏金铜饰片，残长6.6，通宽12.3厘米，两面鎏金，并都錾刻出鱼尾纹理。顺着饰片的边沿和錾刻的纹理，布有五排小孔，有的孔中尚残留鎏金铜纽丝，纽丝前端的纽丝环上原来还缀饰可以游动的鎏金小叶片（图三十二，10）。⑧

步摇类冠饰残片上，铜丝拧绕的悬枝都是单枝，所饰摇叶主要有圆形、椭圆形、圭形、心形等几种形状。

B型　镂空类冠饰残片。

---

① 吉林省文物考古研究所、集安市博物馆：《集安高句丽王陵——1990—2003年集安高句丽王陵调查报告》，文物出版社2004年版，第91页。

② 同上书，第149—151页。

③ 同上书，第181—183页。

④ 同上书，第289页。

⑤ 同上书，第149—151页。

⑥ 同上书，第151页。

⑦ 同上书，第289页。

⑧ 方启东、林至德：《集安洞沟两座树立石碑的高句丽古墓》，《考古与文物》1983年第2期，第45—46页。

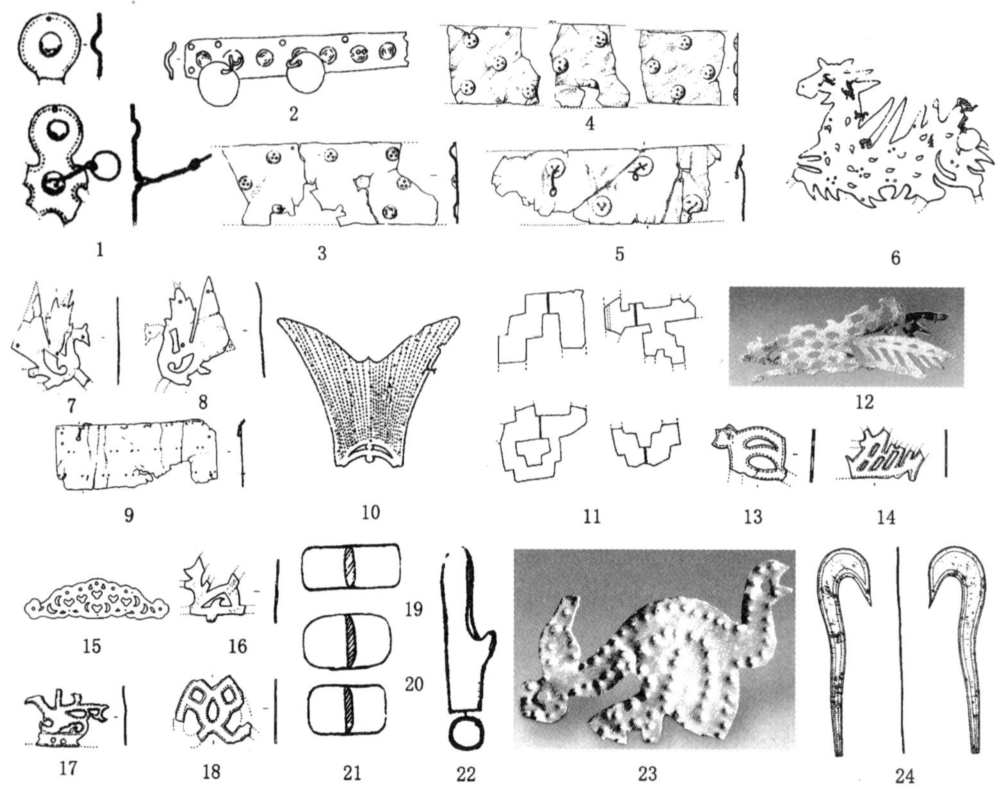

1—5. Aa 型（禹山墓区 JYM3283:8，七星山 211 号墓 03JQM211:23－1，麻线 2100 号墓 03JMM2100:124－1，千秋墓 03 JMM1000:42、03JMM1000:38、03JMM1000:40，太王陵 03JYM541:9－3）　6—10. Ab 型（麻线 2100 号墓 03JMM2100:176、03JMM2100:38－1、03JMM2100:100，太王陵 03JYM541:177，禹山下 1080 号墓铜饰片）　11—18. B 型（七星山墓区 03JQM211:25－2、禹山墓区 JYM3560:15A、太王陵 03JYM541:57－3、太王陵 03JYM541:57－2、平壤市龙城区域和盛里双椁坟铜质冠前饰、太王陵 03JYM541:99－4、太王陵 03JYM541:99－11、太王陵 03JYM541:57－1）　19—24. C 型（禹山墓区 JYM3560:1、禹山墓区 JYM3105:37、禹山墓区 JYM3600:4、禹山墓区 JYM3105:31、洞沟古墓群 M195:13、将军坟出土标本：856）

图三十二　冠饰残片

残片上透雕各种图案，有品字形、长条形、三角形、圆形、椭圆形，菱形网格纹、水波纹、月牙、心形等几何图案，植物纹，动物纹等。

如七星山 211 号墓发现 6 件镂空成“品”字形图案，可能同为一器。其中，03JQM211:24－1，长 2.8、宽 2.3 厘米。03JQM211:25－2，可见连续的“品”字，长 3.2、宽 2.6 厘米（图三十二，11）。①

① 吉林省文物考古研究所、集安市博物馆：《集安高句丽王陵——1990—2003 年集安高句丽王陵调查报告》，文物出版社 2004 年版，第 91 页。

禹山墓区 JYM3161:5 为镂空“品”字形。[①] 禹山墓区 JYM3560:15A，残损，外形为展翅鸟，内饰仅长条形、半圆形、三角形的镂空，各部分用小铆钉结合（图三十二，12）。[②]

太王陵 03JYM541:25－1，残长 3.7、宽 3 厘米。图案分三层，下层为菱形网格的二方连续图案，中层为“品”字形二方连续图案，表面阴刻水波纹数条。03JYM541:25－2，残片长、宽各 2 厘米，饰镂空菱形网格与“品”（丁）字形。

又如 03JYM541:57－3、57－2 饰有椭圆形、长条形透孔（图三十二，13、14）。[③] 平壤市龙城区域和盛里双椁坟出土的铜质冠前饰，整体呈圆润的山字形，左右对称，透雕装饰有圆点、月牙、心形等多种透雕图案（图三十二，15）。[④] 禹山墓区 JYM3142:12 为忍冬纹镂空饰。[⑤] 太王陵 03JYM541:99－4、99－11，镂花曲线与直线并用，图案以花草为主（图三十二，16、17）。[⑥] 太王陵 03JYM541:57－1，残长 3、宽 2.3 厘米，镂花饰套叠双鱼（图三十二，18）。

C 型　简单造型类。

此类没有步摇、镂空等繁复的装饰，鎏金铜板裁成各种形制，或光面，或饰锥点纹、线纹。

如禹山墓区发现 4 件两面鎏金的块饰。JYM3560:1，扁长方形。长 3.3、宽 1.4、厚 0.3 厘米（图三十二，19）。JYM3105:37、JYM3600:4，扁椭圆形。前者长 3、宽 1.8、厚 0.25 厘米（图三十二，20）。后者长 3.3、宽 1.4、厚 0.3 厘米（图三十二，21）。[⑦] 禹山墓区 JYM3105:31，角形饰，2 件，长 4、直径 0.9 厘米（图三十二，22）。[⑧] 洞沟古墓群 M195:13，铜鸟形饰件，1 件。似鸟形，张口展翅，鸟身饰锥点纹，头尾各有一孔（图三十二，23）。[⑨]

将军坟出土弯钩状头饰，集安博物馆藏:856，全长 17.9、宽 4.7—0.6 厘米。铜质，两面鎏金，表面錾环周的两重短线纹，尖残。另一端呈钩形，钩尖有一小孔，

---

① 吉林省文物考古研究所、集安市文物保管所：《集安洞沟古墓群禹山墓区集锡公路墓葬发掘》，见吉林省文物考古研究所、集安市文物保管所《高句丽研究文集》，延边大学出版社 1993 年版，第 65—67 页。

② 同上。

③ 吉林省文物考古研究所、集安市博物馆：《集安高句丽王陵——1990—2003 年集安高句丽王陵调查报告》，文物出版社 2004 年版，第 295 页。

④ 朝鲜民主主义人民共和国科学院考古学与民俗学研究所：《平安南道大同郡和盛里双椁坟发掘报告》，见《考古学资料集（1）——大同江流域古坟发掘报告》，科学院出版社 1958 年版，第 34—37 页，图版 LIX—LXIV。

⑤ 吉林省文物考古研究所、集安市文物保管所：《集安洞沟古墓群禹山墓区集锡公路墓葬发掘》，见吉林省文物考古研究所、集安市文物保管所《高句丽研究文集》，延边大学出版社 1993 年版，第 65—67 页。

⑥ 吉林省文物考古研究所、集安市博物馆：《集安高句丽王陵——1990—2003 年集安高句丽王陵调查报告》，文物出版社 2004 年版，第 295 页。

⑦ 吉林省文物考古研究所、集安市文物保管所：《集安洞沟古墓群禹山墓区集锡公路墓葬发掘》，见吉林省文物考古研究所、集安市文物保管所《高句丽研究文集》，延边大学出版社 1993 年版，第 65—67 页。

⑧ 同上书，第 67 页。该件饰品有可能是盖弓帽。

⑨ 集安县文物保管所：《集安高句丽墓葬发掘简报》，《考古》1983 年第 4 期，第 304—307、295 页。

可挂饰物（图三十二，24）。[1]

三型残片是鎏金冠的组成部分，还是史籍中记载的冠帽上的装饰品，因其破损严重，不易判断。如若是鎏金冠的配件，A 型残片和 B 型残片应分属步摇类鎏金冠和镂空类鎏金冠。若为冠帽上的饰物，三型残片可能会同时装饰在同一顶冠帽之上。

---

① 吉林省文物考古研究所、集安市博物馆：《集安高句丽王陵——1990—2003 年集安高句丽王陵调查报告》，文物出版社 2004 年版，第 350 页。

第四章　身衣

身衣是身上所穿的服装，古代一般称衣裳，它是服饰的主体。身衣基本形式可分上下连属和上衣下裳两类。上下连属是上衣和下裳连成一体，如深衣、长袍、长衫等。上衣下裳又有上衣下裤和上衣下裙两种式样。根据高句丽壁画所绘形象及有关文献记载，可将身衣分成襦、裤子、袍、裙和其他装饰五类。

第一节　襦

梁元帝《职贡图》高骊使臣图像题记载："高骊妇人衣白，而男子衣结锦"，又云"上白衣衫"。[①]《周书·高丽传》载"丈夫衣同袖衫"、"妇人服裙襦"。[②]《隋书·高丽传》载高丽人"服大袖衫"，此说又被《北史·高丽传》采信。[③]《旧唐书·高丽传》《新唐书·高丽传》都载为"衫筒袖"。[④]

中国古籍多称高句丽人所穿上衣为衫，因颜色形制不同又有白衣衫、同袖衫（同应为筒字）、大袖衫、衫筒袖之别。"衫"，指大袖单衣，多以轻薄纱罗为之，不用衬里。一般做成对襟式，衣袖以宽博为主，袖不施褾。[⑤]魏晋士人喜欢"衫"的轻便飘逸，江南地区甚为流行。南北朝时，受胡服影响，北朝穿者渐少，南朝仍旧流行。晚唐五代，再度复兴。宋代因袭五代遗制，以著"衫"为尚。《职贡图》出自南朝梁代文士之手，《周书》《隋书》《北史》《旧唐书》编撰于唐五代时期，《新唐书》于宋庆历四年开馆修撰，成于嘉佑五年。这些史籍编修之际，正是"衫"流行之时，各家史官便以其熟识之称谓命名高句丽上衣。考虑高句丽的地理环境，核之高句丽壁画人物形象，"衫"的称谓并不准确，应称为"襦"。

---

① 余太山：《〈梁书·西北诸戎传〉与〈梁职贡图〉——兼说今存〈梁职贡图〉残卷与裴子野〈方国使图〉的关系》，《燕京学报》1998年第5期，第93—123页。

② 令狐德棻：《周书》，中华书局2000年版，第600页。

③ 魏征：《隋书》，中华书局2000年版，第1218页；李延寿：《北史》，中华书局2000年版，第2067—2068页。

④ 刘昫：《旧唐书》，中华书局2000年版，第3619页；欧阳修、宋祁：《新唐书》，中华书局2000年版，第4699—4700页。

⑤ 周汛、高春明：《中国衣冠服饰大辞典》，上海辞书出版社1996年版，第206页。

襦，一般指长不过膝的短衣。[①] 有单、夹之分，夹棉絮者称“复襦”。“襦”用大襟，襟右掩为右衽，左掩为左衽。“襦”有长短之别，短者称腰襦，是一种齐腰的短袄。长者称长襦，按照襦身长短，又可分两种：一种是相对腰襦而言，长及髋部的上衣。另一种是长可至足的长袍。[②] 如《魏书·宇文莫槐传》载：“人皆剪发，而留其顶上……妇女披长襦及足，而无裳焉。”[③]

高句丽壁画所绘襦主要有两种形制：一种长至髋部，另一种垂至膝盖下脚踝上。为行文方便，本书将前者称为短襦，后者称为长襦。短襦一般与裈裤相配，偶见搭配裙子，长襦则固定与裙相搭。三种搭配形式中，短襦裤式男女都可穿着，短襦裙式和长襦裙式皆为女性装扮，正如《周书·高丽传》《隋书·高丽传》所记“妇人服裙襦”。

高句丽壁画所绘襦，在领、衽、袖、腰饰、花色、襈等几方面都具有自身特色，下文从此六点，深入分析襦的基本特征。

一　襦领

领，亦称衣领，与衣襟相连，藉此以承颈项。刘熙《释名·释衣服》载：“领，颈也，以雍颈也。亦言总领，衣体为端首也。”[④] 领制多样，有矩领、曲领、方领、圆领、大领、盘领之别。

韩国学者李京子将高句丽襦领分成直领、团领、曲领、盘领四类。其言：直领是交衽成英文字母 V 字形的领；团领是交衽成英文字母 U 字形的领；直领中把 V 字形的下角往上提到脖子处的是曲领；团领中 U 字形下角往上提到脖子处是盘领。[⑤]

直领、团领、曲领、盘领是中国古代服饰的专有名词，涵义固定。直领，亦作交领、直衿，制为长条，下连衣襟，穿时两襟相交叠压（图三十三，1）。刘熙《释名·释衣服》记：“直领，领邪直而交下，亦如丈夫服袍方也。”[⑥]团领，亦作圆领，圆形的衣领。汉魏以前多用于西域，有别于中原传统的直领，六朝后传入中原，隋唐以后多用作官吏常服（图三十三，2）。曲领，亦称拘领，缀有衬领的内衣，通常以白色布帛为之，领施于襦，著时加在外衣之内，以禁中衣之领上拥（图三十三，3）。刘熙《释名·释衣服》记：“曲领在内，所以禁中衣领，上横壅颈，其状曲也。”[⑦] 史游《急就章》：“袍襦表里曲领帬”，颜师古注“著曲领者，所以禁中衣之

① 《急就章》颜师古注：“短衣为襦，自膝而上。”

② 周汛、高春明：《中国衣冠服饰大辞典》，上海辞书出版社 1996 年版，第 220 页。

③ 魏收：《魏书》，中华书局 2000 年版，第 1559 页。

④ 王先谦：《释名疏证补》，中华书局 2008 年版，第 165 页。

⑤ ［韩］李京子：《我国的上古服饰——以高句丽古墓壁画为中心》，《东北亚历史与考古信息》1996 年第 2 期，第 33 页。

⑥ 王先谦：《释名疏证补》，中华书局 2008 年版，第 174 页。

⑦ 同上。

领，恐其上拥颈也"。[1]《隋书·礼仪志》载曲领"七品以上有内单者则服之，从省服及八品以下皆无。"[2] 规定七品以上穿朝服时可用之，穿常服不可用。盘领，亦作蟠领，它是装有硬衬的圆领，其制较普通圆领略高，领口钉有纽扣，一般多用于男服（图三十三，4）。[3] 李京子对四个概念的界定，与其本义多有出入。

从壁画形象分析，作为外衣的"襦"的领，都是直领，呈条状，多用与襦身颜色不同的布料缝制而成。学界习称衣裳边缘异色布帛缝制的装饰为襈，直领加襈是襦领的一大特色。

按照领襈与襟襈的连缀方式不同，可将直领分成两型。

A 型　领襈与襟襈一体型。

此型直领，领襈与大襟襈连在一起，从图像来看，似用一整块条布缝合而成。

短襦中 A 型直领，如角觝墓主室后壁男主人，舞踊墓主室右壁狩猎人（图三十三，5），麻线沟 1 号墓北侧室东壁猎手，长川 2 号墓北扇石扉正面门卒，长川 1 号墓前室东壁南侧门吏（图三十三，6），东岩里壁画墓前室残存图像，水山里壁画墓墓室西壁上栏夫人（图三十三，7），狩猎塚墓室北壁牵马人，双楹塚墓道西壁侍从，大安里 1 号墓后室西壁站立人，铠马塚墓室左侧第一持送武士。

长襦中 A 型直领，如角觝墓主室后壁女侍，舞踊墓主室左壁舞女，麻线沟 1 号墓墓室东壁南端女侍（图三十三，8），长川 2 号墓墓室北扇石扉背面女侍，长川 1 号墓甬道北壁女侍（图三十三，9），三室墓第一室左壁出行图女侍，东岩里壁画墓前室残存女像，安岳 2 号墓墓室西壁中央女子，铠马塚墓室左侧第一持送女侍。

B 型　独体领襈型。

此型直领从图像来看，似只有领襈，大襟无襈。如安岳 3 号墓西侧室东壁北面门卫（图三十三，10），前室南壁东端仪卫，西侧室南壁中央女侍（图三十三，11）；德兴里壁画墓前室南侧天井猎手，后室北壁右侧持巾女侍（图三十三，12）；平壤驿前二室墓前室右壁男侍（图三十三，13）；龛神塚前室左壁南侧侍从；药水里壁画墓前室左侧上半部猎手（图三十三，14）。

A 型直领颜色以黑色居多，又有褐色、红色、白色。如角觝墓主室左壁角觝图中拄棍人，舞踊墓主室左壁舞者（彩图二，1），东岩里壁画墓前室残存女像，水山里壁画墓西壁上栏女侍（彩图二，2），双楹塚墓道西壁男侍，铠马塚墓室左侧第一持送武士所穿短襦均缝制黑色直领；安岳 1 号墓西壁女子所穿短襦缝制褐色直领；山城下 332 号墓甬道东壁射猎图中猎手，水山里壁画墓西壁夫人（彩图二，3），双楹塚后室后壁夫人（彩图二，4）所穿短襦都缝有红色直领；舞踊墓主室右壁狩猎

[1] 王先谦：《释名疏证补》，中华书局 2008 年版，第 174 页。

[2] 魏征：《隋书》，中华书局 2000 年版，第 188 页。

[3] 衣领情况概述转自周汛、高春明《中国衣冠服饰大辞典》，上海辞书出版社 1996 年版，第 246—247 页。

1. 直领示意图　2. 团领示意图　3. 曲领示意图　4. 盘领示意图　5—9. A 型（舞踊墓主室右壁狩猎人、长川 1 号墓前室东壁南侧门吏、水山里壁画墓墓室西壁上栏夫人、麻线沟 1 号墓墓室东壁南端女侍、长川 1 号墓甬道北壁女侍）　10—14. B 型（安岳 3 号墓西侧室东壁北面门卫、安岳 3 号墓西侧室南壁中央女侍、德兴里壁画墓后室北壁持巾女侍、平壤驿前二室墓前室右壁男侍、药水里壁画墓前室左侧猎手）

图三十三　襦领

图左数第四人短襦缝制白色直领（彩图二，5）。

再如，舞踊墓主室左壁女舞者（彩图二，6），角觝墓主室后壁女侍所穿长襦缝有黑色直领；铠马塚左侧第一持送女侍长襦黑色直领上还绘有菱形线条纹和点纹的装饰（彩图二，7）。

制领的布料一般紧贴领缘，有的则和领缘保存一段距离，如角觝墓主室后壁夫人身穿黑色长襦裙，直领边缘为黑色，间隔一定距离后缝有红色条襈（彩图二，8），舞踊墓后壁墓主人所穿短襦亦是此种情况。

还有一种直领，用两种不同颜色的布料制成主副襈式。如通沟 12 号墓南室后壁夫妻对坐图中女主人长襦裙领上嵌红黑两道襈；长川 2 号墓北扇石扉正面门卒短襦上嵌黑色主襈和白黑相间的副襈；长川 1 号墓前室北侧东壁门吏领上为黑红两道同宽的条襈，南侧门吏和甬道北壁侍女领以黑襈为主，外饰白色细条襈；东岩里壁画墓前室壁画残片中红黑色和红褐色两种不同的主副襈（彩图二，9）。

B 型直领有黑色、红色、浅褐色、白色、前棕色等几种颜色。如安岳 3 号墓前室南壁东侧上段仪卫穿黑领白色短襦，回廊行列图中持幡仪卫穿白领短襦（彩图二，10），前室南壁东侧下段斧钺手穿红领短襦，西侧室南壁左侧女侍穿前褐领红色短襦（彩图二，11）；德兴里壁画墓前室东壁行列下部骑马卫士穿白领深褐短襦（彩图二，12），后室西壁南侧上段男侍穿浅褐色领短襦，后室北壁右侧女侍所穿短襦领的颜色与衣身同为浅棕色（彩图二，13）。

壁画人物所绘内衣多被外衣遮盖，具体形制不详，仅可见衣领。领分直领、曲领和圆领三种。如安岳 3 号墓西侧室东壁北面门卫（图三十四，1），前室南壁东端仪卫（图三十四，2）内衣与外衣短襦都是直领。四神墓主室东南、东北两隅四位身穿冕服的御龙天人内穿曲领衣外罩直领袍（图三十四，3）。五盔坟 4 号墓北壁上排正中仙人内穿曲领中单外套直领袍（图三十四，4）。安岳 3 号墓回廊出行中端上部持斧吏圆领内衣外罩直领短襦（图三十四，5）。德兴里壁画墓前室西壁太守图上栏通事吏圆领内衣外配红色合衽袍（图三十四，6）。①

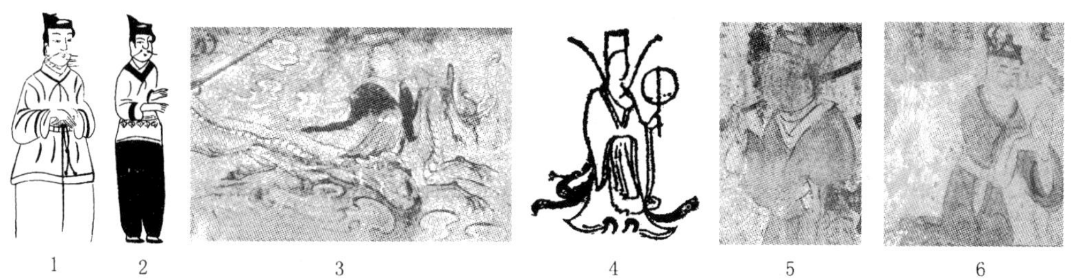

1. 安岳 3 号墓西侧室东壁北面门卫　2. 安岳 3 号墓前室南壁东端仪卫　3. 四神墓主室御龙天人　4. 五盔坟 4 号墓北壁上排正中仙人　5. 安岳 3 号墓回廊出行中端上部持斧吏　6. 德兴里壁画墓前室西壁太守图上栏通事吏

图三十四　内衣领

二　襦衽（大襟）

衽，俗写作袵，泛指衣襟。形制有三种：由左向右掩，为右衽，是中原地区传统汉服形式。由右向左掩，为左衽，是少数民族常用服制。正中两襟对开，直通上下，有纽扣在胸前正中连系，为对襟式（对衽）。②

① 圆领在中原流行时间较晚，大致在六朝之后。高句丽壁画中内衣上所绘圆领，可能并不是圆领，而是描绘人物时的一些辅助线。

② 周汛、高春明：《中国衣冠服饰大辞典》，上海辞书出版社 1996 年版，第 242—243 页。

壁画所绘襦衽部，有的残缺不全，有的描绘不清。凡无法辨析两襟谁在谁之上，仅见两襟交叠雏形者，统称为合衽。描绘清晰的衽部，参照领口处左右掩压情况，可分左衽、右衽和对衽三种式样。衽部有的加禩，禩饰与领相同，并一直连缀到下摆，有的无禩饰。两襟交叠之后，外露大襟边缘处，或在腋下，或在胸前。根据以上差异，可将衽部分成 A、B、C 三型。

A 型　左衽，按有禩与否，可分 Aa、Ab 二亚型。

Aa 型　左衽，领禩、衽禩皆有，并且两者相连，颜色纹饰基本相同，衽禩延伸至襦的下摆处。左右两襟交叠，右襟在上，其边缘显露在前身中央。

短襦具有此型衽式，如舞踊墓主室后壁墓主人，长川 2 号墓墓室北扇石扉正面门卒，长川 1 号墓前室北壁左上部男演员（图三十五，1），三室墓第一室左壁狩猎图骑马猎手，东岩里壁画墓前室壁画残存男像，安岳 1 号墓墓室西壁第二列左六女子，双楹塚墓道西壁男子，大安里 1 号墓后室西壁群像左五男子。

长襦具有此型衽式，如角觝墓主室后壁夫人（图三十五，2），舞踊墓主室左壁左三舞女，麻线沟 1 号墓墓室东壁南端夫妻对坐图中女侍，长川 1 号墓前室南壁第一栏左数第十六人（图三十五，3），三室墓第一室左壁出行图女主人，东岩里壁画墓前室壁画残存女像，安岳 2 号墓墓室西壁上栏女子，铠马塚墓室左侧第一持送左侧女子。

Ab 型　左衽，有领禩无衽禩，右襟边缘显露在左侧腋下。

如德兴里壁画墓前室东侧天井狩猎图左三男子，中间通路东侧上栏夫人出行图左四女子（图三十五，4），水山里壁画墓墓室西壁上栏左三杂耍伎人（图三十五，5）。

B 型，右衽，按有禩与否，可分 Ba、Bb 二亚型。

Ba 型　右衽，领禩、衽禩皆有，并且两者相连，颜色纹饰基本相同，衽禩延伸至短（长）襦的下摆处。左右两襟交叠，左襟在上，其边缘显露在前身中央。

短襦具有此型衽式，如麻线沟 1 号墓北侧室东壁逐猎图中部男子，长川 1 号墓前室北壁右上部宾客下男子（图三十五，6），三室墓第三室东壁卫士，八清里壁画墓后室右壁左二男子，水山里壁画墓墓室西壁上栏左七，狩猎塚墓室北壁生活图左五男子（图三十五，7），双楹塚后室左壁供礼图左一女子。

长襦具有此型衽式，如长川 2 号墓墓室北扇石扉背面女侍（图三十五，8），长川 1 号壁画墓前室藻井东侧礼佛图左八女子，八清里壁画墓后室右壁左一女子。

Bb 型 右衽，有领禩无衽禩，左侧衣襟边缘显露在右侧腋下。

短襦，安岳 3 号墓回廊出行中端上部持幡吏（图三十五，9），后端中部马上击钲乐手，后端下部牵马人；德兴里壁画墓中间通路西壁上栏左四，西壁下栏牵马人，后室北壁右栏第一列左三侍女；水山里壁画墓墓室东壁下栏乐手（图三十五，10）。

C 型　对衽

如月精里壁画墓壁画残片男像所穿上衣，两襟相对，无重叠（图三十五，11）。

1—3. Aa 型（长川 1 号墓前室北壁左上部男演员、角觝墓主室后壁夫人、长川 1 号墓前室南壁第一栏左数第十六人） 4、5. Ab 型（德兴里壁画墓中间通路东侧上栏夫人出行图左四女子、水山里壁画墓墓室西壁上栏左三男子） 6—8. Ba 型（长川 1 号墓前室北壁右上部宾客下男子、狩猎塚墓室北壁生活图左五男子、长川 2 号墓墓室北扇石扉背面女侍） 9、10. Bb 型（安岳 3 号墓回廊出行中端上部持幡吏、水山里壁画墓墓室东壁下栏乐手） 11. C 型（月精里壁画墓壁画残片）

图三十五　襦衽

此型罕见，仅发现此一例。

壁画中描绘的衽部大部分都是纵向裁剪，在舞踊墓中却有四个特例。四名舞者所穿短襦，大襟下部有一条左向的墨线，此墨线的出现非常突兀，可能是笔误，如若不是，则说明短襦中还有一种大襟下部向左横裁的短襦，因穿此襦的人都是舞者，或许它是一种舞衣。舞蹈表演者形象壁画习见，但襟下横裁的短襦除此他出皆无，笔者认为笔误的可能性要大一些（彩图二，1）。

壁画中衽部描绘清晰的个体共有 136 人，其中 A 型 79 人，B 型 57 人，左衽明显多于右衽。Aa 型 74 人，Ab 型 5 人，而 Ba 型 30 人，Bb 型 27 人，说明左衽加领襈和衽襈是一种普遍使用的固定式样，右衽则存在领襈和衽襈皆有或有领襈无衽襈两种搭配方式。C 型不是襦的常用衽式（附表 7 襦衽分型分布统计表）。

三　襦袖

《周书·高丽传》载高句丽上衣袖型为“同袖”，《旧唐书·高丽传》《新唐书

·高丽传》载为“筒袖”。[①]“筒（同）袖”是直筒袖的简称，此种袖子袖身形状多与人的手臂形状自然贴合，上下宽度变化不大，呈直筒状。直筒袖往往都是两片袖，由大小袖片缝合而成。因壁画描绘不清，文献所指“筒袖”是两片式还是单片式，尚难确定。

《隋书·高丽传》《北史·高丽传》记上衣袖型为“大袖”。《旧唐书·音乐志》记为“黄大袖”。李白曾赋诗描绘高丽服饰“金花折风帽，翩翩舞广袖”。[②]“大袖”与“广袖”同义，通常指宽大的衣袖。

高句丽壁画中描绘的襦袖，按照袖子的长短差别，可分成A、B、C三型。

A型　长袖，袖身长度超过手掌。按照袖副宽窄变化，又可分Aa、Ab、Ac三个亚型。

Aa型　窄长袖。

该型袖身极长，袖筒窄，上下宽度基本一致，呈窄长筒状，袖口多加襈。

短襦中此型，如舞踊墓主室左壁左一男舞者（图三十六，1），麻线沟1号墓墓室南壁东端男舞者，通沟12号墓南室前壁墓门右侧舞者，长川1号墓前室南壁第二栏左四女子，高山洞A10号墓舞蹈图残像左侧女子。

长襦中此型，如舞踊墓主室左壁左四女舞者（图三十六，2）；长川1号墓前室南壁第二栏左二女子，高山洞A10号墓舞蹈图残像中间女子。长襦此型除在袖口加襈外，在上臂中段亦往往加黑色的宽条襈饰。

Ab型　窄袂弧袪式长袖。

该型袖子，袖长过手，有时上挽至腕或肘，袖身肩部窄小，越往下越阔大，呈下垂微弧状，袖身至袖口处缩敛并加襈。因古代服饰中袖口称袂，袖身称袪，此型袖子特点可概括为窄袂（袖口窄）、弧袪（袖身宽大，下垂至袖口呈弧线状）。

如舞踊墓主室左壁左二进肴女侍，麻线沟1号墓墓室东壁南端侍童后第三女侍（图三十六，3），通沟12号墓南室左壁左端车辕后第二女子，长川2号墓墓室北扇石扉背面女侍，长川1号墓前室北壁左上部捧琴女（图三十六，4），三室墓第一室左壁出行图女主人，安岳2号墓墓室西壁上栏左七女侍。

Ac型　宽长袖。

该型袖长过手，袖身肥大，袖口开阔，有襈或无襈。如安岳3号墓西侧室南壁左二女侍（图三十六，5），右侧侍女；德兴里壁画墓中间通路东侧上栏夫人出行图中女侍；双楹塚后室后壁墓主夫人；安岳2号墓墓室西壁上栏左十四女子；铠马塚墓室左侧第一持送左侧女子；章怀太子墓客使图第二人（图三十六，6）。

B型　中袖，袖身长及手腕，袖筒宽窄适中。按照是否加襈，或襈的形制差别，

---

① 《周书·高丽传》记为“丈夫衣同袖衫”。《旧唐书·高丽传》《新唐书·高丽传》载为“衫筒袖”。

② 《隋书·高丽传》记为“服大袖衫”。《旧唐书·音乐志》记为“工人黄大袖，舞者二人黄裙襦，赤黄勋长其袖”。

1、2. Aa 型（舞踊墓主室左壁左一男舞者、舞踊墓主室左壁左四女舞者）　3、4. Ab 型（麻线沟 1 号墓墓室东壁南端侍童后第三女侍、长川 1 号墓前室北壁左上部捧琴女）　5、6. Ac 型（安岳 3 号墓西侧室南壁左二女侍、章怀太子墓客使图第二人）　7、8. Ba 型（长川 2 号墓墓室北扇石扉正面门卒、安岳 3 号墓前室南壁东侧上段仪卫）　9、10. Bb 型（安岳 3 号墓回廊出行图中部持幡仪卫、八清里壁画墓后室正壁东侧男子）　11、12. C 型（舞踊墓主室后壁持刀男子、长川 1 号墓前室北壁右上部持巾人）

图三十六　襦袖

可分 Ba、Bb 二亚型。

Ba 型　袖口加异色襈。

如角觝墓主室后壁男主人；舞踊墓主室左壁墓主人；麻线沟 1 号墓墓室东壁猎手；长川 2 号墓墓室北扇石扉正面门卒（图三十六，7）；长川 1 号墓前室藻井东侧礼佛图跪拜男子，前室南壁第一栏左十女子；三室墓第一室左壁出行图左四女子；安岳 3 号墓前室南壁东侧上段仪卫（图三十六，8）；东岩里壁画墓前室残片男子；水山里壁画墓墓室西壁上栏夫人子；狩猎塚墓室北壁生活图左五男子；双楹塚后室后壁墓主右侧男侍，后室东壁供礼图左六男子；大安里 1 号墓后室西壁群像左三男子；铠马塚墓室左侧第一持送左三男子。

Bb 型　袖口无襈，或是袖口处外露内衣袖的一段白边（也可能是白色襈）。

如安岳 3 号墓前室东壁下段持斧仪卫，回廊出行图中部持幡仪卫（图三十六，9）；德兴里壁画墓前室东壁出行图第三列左二；龛神塚前室右壁龛内右侧男子；八清里壁画墓后室正壁东侧男子（图三十六，10）；大安里 1 号墓前室北壁西侧上部左二男子。

C 型　短袖。[①]

该型袖子，袖身长至肘部，袖筒宽窄适中，袖口一般加襈。

如舞踊墓主室后壁持刀男子（图三十六，11），主室右壁狩猎图猎手；通沟 12 号墓南室前壁墓门右侧伴奏人；山城下 332 号墓通道东壁猎手；长川 1 号墓前室北壁右上部持巾人（图三十六，12），前室北壁左上部左一骑马人；三室墓第一室左壁狩猎图左一猎手；德兴里壁画墓前室南侧天井猎手；松竹里 1 号墓残存图像；药水里壁画墓前室南壁左侧守门将；东岩里壁画墓前室壁画残片；水山里壁画墓墓室西壁上栏踩高跷伎人，东壁抬鼓人；双楹塚后室东壁顶灯女侍。

A 型袖式，短襦和长襦均有使用。Aa 型长袖是舞衣专用袖式。《旧唐书·音乐志》载“赤黄勋长其袖”，既是用赤黄色的布增饰衣袖，长袖随舞者舞蹈动作翻飞，增加美感。Ab 型长袖是长襦常见袖式，短襦未见使用。该袖型是典型的高句丽长襦袖式。Ac 型袖式多见短襦，偶有长襦。

四　腰饰

襦腰系带是襦的一大特色，除个别短襦外，大部分短襦和长襦都束带，腰带和领、衽、袖一样几乎是襦不可分割的组成部分。

《周书·高丽传》载高丽男子“衣同袖衫……白韦带”。《隋书·高丽传》《北史·高丽传》载为“服大袖衫，大口裤，素皮带”。《旧唐书·高丽传》记：“衣裳服饰，唯王五彩，以白罗为冠，白皮小带，其冠及带，咸以金饰……衫筒袖，裤大口，白韦带。”《新唐书·高丽传》记为：“王服五采，以白罗制冠，革带皆金扣……衫筒袖，裤大口，白韦带。”又《旧唐书·音乐志》记：“《高丽乐》，工人紫罗帽，饰以鸟羽，黄大袖，紫罗带，大口燕皮靴，五色绦绳。”梁元帝《职贡图》载：“腰有银带，左佩砺而右佩五子刀。”[②]

据上可知，文献中记载的腰带可分三种：第一种是用布、帛、丝、麻等织物制成的软带，即紫罗带、五色绦绳之属；第二种是普通的白色皮革带，即白韦带、素皮带、白皮小带之流，官员、贵族常在此类皮带上饰以黄金饰物；第三种是佩有砺石和五子刀的蹀躞带。

壁画所绘腰带，根据形制差别，可分 A、B、C 三型。

A 型，呈条带状，环绕襦腰一周，宽窄差别不大，颜色有黑、白、红、黄四色。此类是织物制成的软带，或是皮革带均有可能。

如舞踊墓主室右壁狩猎图马上猎手短襦系白带；长川 1 号墓北壁左上部独舞男

---

① 有的短袖，可能是挽起的中袖。因壁画描绘缺乏细节，多难判断。

② 令狐德棻：《周书》，中华书局 2000 年版，第 600 页；刘昫：《旧唐书》，中华书局 2000 年版，第 3619 页；欧阳修、宋祁：《新唐书》，中华书局 2000 年版，第 4699—4700 页；魏征：《隋书》，中华书局 2000 年版，第 1218 页；李延寿：《北史》，中华书局 2000 年版，第 2067—2068 页；张楚金：《翰苑》，见金毓黻编《辽海丛书》，辽沈书社 1985 年版，第 2519—2520 页。

1—3. A 型（长川 1 号墓北壁左上部独舞男子、水山里壁画墓墓室西壁上栏左六男子、铠马塚墓室左侧第一持送左二男子） 4—11. B 型（舞踊墓主室左壁男舞者、双楹塚墓道西壁男子、长川 1 号墓前室东壁藻井跪拜女子、八清里壁画墓后室正壁西侧左二女子、长川 1 号墓前室南壁第一栏右三女子、长川 1 号墓甬道北壁女侍、长川 1 号墓前室南壁第二栏右五女子、长川 1 号墓前室南壁第二栏右一男子） 12—14. C 型（安岳 3 号墓西侧室东壁北面侍卫、安岳 3 号墓前室西壁右侧帐下督，安岳 3 号墓前室南壁东面上段左二仪卫）

图三十七　腰饰

子短襦系带（图三十七，1）；三室墓第一室左壁狩猎图马上猎手短襦系带；安岳 3 号墓前室南壁东面上段左三仪卫腰系白带；德兴里壁画墓前室南壁东侧第二列左二髡发人腰部系带；药水里壁画墓前室南壁左侧上半部骑马人腰部系带；高山洞 A10 号墓舞女所穿短襦腰部系带；八清里壁画墓前室左壁行列图第一列左数第四人短襦系带；东岩里壁画墓前室残片短襦腰部系带；水山里壁画墓墓室西壁上栏左六男子（图三十七，2）；双楹塚后室左壁供礼图左一女子短襦系带；大安里 1 号墓后室西壁群像左三男子短襦腰束白带；铠马塚墓室左侧第一持送左二男子短襦腰系白带（图三十七，3）。

B 型，带上系有带结，单节、花结都有，打结的位置身前居多，亦有身后、身侧两端。此类应是布帛丝麻制成的绳带。

身前打花结，如角觝墓主室左壁拄棍老人；舞踊墓主室左壁男舞者（图三十七，4）；长川 1 号墓前室南壁第二栏女舞者；安岳 3 号墓西侧室南壁中央左一侍女短襦系红带，前垂腰下；双楹塚墓道西壁男子短襦黑带前结（图三十七，5）；大安里 1 号墓后室西壁群像左五男子；铠马塚墓室左侧第一持送左三男子。

身后打花结，如长川 1 号墓前室东壁藻井跪拜女子（图三十七，6）；八清里壁画墓后室正壁西侧左二女子黑带身后系花结（图三十七，7）；铠马塚墓室左侧第一持送左四男子红带身后系花结。

身侧打花结，如舞踊墓主室左壁左二进肴女子长襦系黑带，左侧打花结；长川1号墓前室南壁第一栏右三女子长襦系带，左侧打花结（图三十七，8）；三室墓第一室左壁出行图左八女子长襦系带，左侧打单结；长川1号墓甬道北壁女侍长襦系带，右侧打花结（图三十七，9）。

除简单的绳结外，有的带上还悬垂由绳结、玉璧和花穗组合的佩饰，如长川1号墓前室南壁第二栏右五女子和右一男子（图三十七，10、11）。

C型，条带上有的饰有方块形的銙饰，有的带下饰有桃形垂饰。

如安岳3号墓西侧室东壁北面侍卫腰带上有方块形饰物（图三十七，12），前室西壁右侧帐下督腰带饰有桃形和穗状垂饰（图三十七，13），前室南壁东面上段左二仪卫腰带饰有五枚桃形垂饰（图三十七，14）。

此外，在高句丽墓葬和城址中还出土大量的带扣、带銙和铊尾，此部分内容参见后文。

五　颜色与花纹

《职贡图》载“高骊妇人衣白，而男子衣结锦。”① 高句丽壁画中襦的颜色和花纹较为丰富，有单色和花色之别。

1. 单色襦

短襦单色有棕色、黑色、黄色、白色、红色、浅红色、深红色、桔红色、朱红色、绿色、灰色、浅灰色、金黄色、赭色、浅褐色、深褐色、浅棕色、棕色、浅青色等颜色。

如角觝墓主室左壁拄棍老人身穿棕色短襦（彩图三，1）；舞踊墓主室后壁墓主人身穿黑色短襦（彩图三，2），主室右壁狩猎图中猎手身穿浅红色短襦，主室左壁持物女侍穿黄色短襦（彩图三，3）；八清里壁画墓后室右壁左侧男子穿朱红色短襦；水山里壁画墓墓室西壁上栏两女子穿浅褐色短襦；双楹塚后室后壁墓主夫人穿红色短襦。

长襦单色有黑色、白色、黄色、浅黄色等颜色。如角觝墓主室后壁夫人穿黑色长襦（彩图三，4）；长川1号墓前室北壁左上部弹琴女子穿白色长襦，化妆女子穿浅黄色长襦；东岩里壁画墓前室残存女像穿白色长襦（彩图三，5）；安岳2号墓墓室西壁上栏女子穿黄色长襦（彩图三，6）；铠马塚墓室左侧第一持送左侧女子穿浅黄色长襦。

---

① 张楚金：《翰苑》，见金毓黻编《辽海丛书》，辽沈书社1985年版，第2519页；余太山：《〈梁书·西北诸戎传〉与〈梁职贡图〉——兼说今存〈梁职贡图〉残卷与裴子野〈方国使图〉的关系》，《燕京学报》1998年第5期，第93—123页。

2. 花襦

花襦，多种颜色和圆点纹、竖点纹、方点纹、菱格杂点纹、十字纹、格子纹等几何纹样装饰的襦。

短襦花色有白地黑点纹、白地绿菱格纹、白地黑菱格点纹、白地红十字纹、白地黑十字纹、白地红点纹、黄地褐点纹、黄地黑点纹、黄地红点纹、绿地黑点纹、绿地黑菱格点纹、黑地红点纹、红地黑点纹、棕地褐点纹、黑白格子纹等数种花色。

如角觝墓主室后壁墓主人穿棕地褐点纹短襦；舞踊墓主室左壁男舞者穿白地黑点纹短襦（彩图三，7），后壁持刀男侍穿黄地褐点纹短襦（彩图三，8）；长川1号墓前室东壁北侧门吏穿白地黑菱格点纹短襦，南侧门吏穿绿地黑菱格点纹短襦；双楹塚后室左壁供礼图左七女子穿白地红点纹短襦；东岩里壁画墓前室壁画残存男子穿黑白格子纹短襦（彩图三，9）。

长襦花色有白地黑点纹、白地红点纹、白地绿点纹、黄地红点纹、黄地黑方点纹、黄地褐点纹、桔黄地黑点纹、金黄地黑点纹、红地黑点纹、绿地黑点纹、棕地褐点纹等数种花色。

如舞踊墓主室左壁左三女舞者穿黄地褐点纹长襦（彩图三，10），左四女舞者穿白地黑点纹长襦（彩图三，11）；角觝墓主室后壁右二女子穿棕地褐点纹长襦；东岩里壁画墓前室女子残像穿白地杂点纹长襦；安岳2号墓墓室西壁上栏女子穿白地红点纹长襦（彩图三，12）；铠马塚墓室左侧第一持送左侧女子穿白地竖点纹长襦。

壁画中颜色和花纹较为清晰的386个人物形象中，① 单色短襦以黑、白、黄、红、浅褐五色居多，单色长襦主要是黑、白、黄三色。花襦多是各类不同底色的圆点纹，尤以白地黑点纹、黄地黑点纹常见（附表8 襦颜色和花纹分类统计表）。

六　襈

襈是衣服缘边上的装饰，通常用异色布帛为之，制为双层，宽窄有度，考究者绣织花纹，既增强牢固度，又用于装饰。② 战国时期服饰普遍加缘边装饰，出土楚女俑，多着加宽襈的深衣。《释名·释衣服》云："襈，撰也，青绛为之缘也。"③记汉服衣襈常用青绛二色。《周书·高丽传》云："妇女服裙襦，裾袖皆为襈。"《隋书·高丽传》《北史·高丽传》亦载"妇人裙襦加襈"，记高丽妇人裙襦衣襟和袖子上加襈装饰④。

从壁画来看，领、衽、袖、下摆加襈是襦的一大特色。前文领、衽、袖三节涉

① 颜色和花纹的基本情况，有的据考古报告记载，有的来自对壁画图版的观察。

② 周汛、高春明：《中国衣冠服饰大辞典》，上海辞书出版社1996年版，第254页。

③ 王先谦：《释名疏证补》，中华书局2008年版，第173页。

④ 令狐德棻：《周书》，中华书局2000年版，第600页；魏征：《隋书》，中华书局2000年版，第1218页；李延寿：《北史》，中华书局2000年版，第2067—2068页。

及襦襈部分内容，本节将就其他方面进一步说明。按照襈所在衣服部位的不同，可将襈分成领襈、衽襈、袖襈、摆襈（下摆镶襈）四类，四襈存无，情况不一（附表9 襦襈统计表）。

有的襦，领、衽、袖、摆四襈俱全，如舞踊墓主室后壁持刀男子（彩图四，1），左壁进肴女子（彩图四，2）；有的襦，有领襈、袖襈、摆襈，独无衽襈。如安岳3号墓前室南壁东段男子（彩图四，3）；有的襦，有领襈、衽襈、摆襈，独无袖襈，如铠马塚墓室左侧第一持送左三男子（彩图四，4）；有的襦，有领襈，摆襈，无衽襈、袖襈，如德兴里壁画墓中间通路西壁上段南侧男子（彩图四，5）；有的襦，仅有领襈，无其他三襈。如德兴里壁画墓后室西壁上栏男子（彩图四，6）。

整体来看，角觝墓、舞踊墓、通沟12号墓、长川2号墓、长川1号墓、东岩里壁画墓、水山里壁画墓、双楹塚等处所绘襦，多数情况下领、衽、袖、摆四襈俱全。安岳3号墓、德兴里壁画墓、龛神塚等处所绘多有领襈、无衽襈，袖襈和摆襈则时有时无。

领加襈，是由襦为两襟交叠的形制所决定的，加襈之后，才能保证领部的直挺，领襈的颜色即是直领的颜色。衽襈多数情况与领襈相连，其形制或是与领襈相同的宽边布帛，或是简单的包边（牙边）。如水山里壁画墓东壁下栏抬鼓乐手（彩图四，7）。袖襈，长袖襦的袖襈明显宽于领襈、衽襈和摆襈。如舞踊墓主室左壁左三男舞者（彩图四，8）、左四女舞者（彩图四，9）。中袖襦、短袖襦的袖襈一般与其他三处襈饰同宽。摆襈，一般与其他三处襈饰同宽，偶有略窄，或略宽现象。

领、衽、袖、摆四襈一般情况颜色一致，以黑色、红色居多，白色、褐色、黄色亦见。如水山里壁画墓室西壁上栏夫人和女侍所穿短襦襈色分为黑和红色（彩图四，10、11）；舞踊墓主室右壁狩猎图中猎手所穿短襦襈色为白色（彩图四，12）；安岳1号墓墓室西壁第二列左六女子所穿短襦襈色为褐色（彩图四，13）。大多数情况襦襈都是单襈，即单色条布，缝制在领、衽、袖、摆边缘处，或是距离边缘有一定距离。个别襦上缝制有两色或不同花纹的主副襈。如角觝墓主室后壁男主人所穿短襦饰黑、红两色主副襈（彩图四，14）；东岩里壁画墓前室女像残片领衽部为红褐两色襈（彩图四，15）；长川2号墓墓室北扇石扉正面门卒短襦主襈为黑色，副襈是白黑格纹（彩图四，16）。单襈中黑色是常用色，红色多为墓主和墓主夫人所用。主副襈更为华美，亦应是尊贵身份的象征。

《周书·高丽传》《隋书·高丽传》《北史·高丽传》等文献均载妇女所穿裙襦的衣襟和袖口加襈，但是壁画形象中，男性所穿短襦亦加襈，并且，无论短襦，还是长襦，加襈的部位，除衽、袖外，还有领和下摆。

第二节　裤子

裤，古代写为“袴”、“绔”。早期中原汉族所穿裤子，上至膝部，下及脚踝，与后世套裤相似。刘熙《释名・释衣服》记为："绔，跨也，两股各跨别也。"① 后来裤管加长与裤腰相连，但裤裆部不相接，以便于私溺。而北方游牧民族为骑射之便很早就发明了满裆裤。为区分两者，开裆裤称为"袴"，满裆裤称为"裈"。大约从汉代起满裆裤渐为百姓所用。

《南齐书・高丽传》载"高丽俗服穷裤"。《周书・高丽传》《隋书・高丽传》和《北史・高丽传》并载高丽男子穿"大口裤"。又梁元帝《职贡图序》记高丽人"下白长袴"。②

穷裤，又作穷绔、緄裆裤、裈，是一种有裆的裤子。相传其制始于西汉，最初为宫女所服，以戒房事。裤子为前后裆，裆不缝缀，以带系缚。后世发展为满裆裤。③ 有的学者认为穷裤是瘦腿裤④，此说不准确。穷裤的典型性特征是裆部的有无，而不是裤管的粗细。大口裤是一种裤管和裤脚肥筩的裤子。汉代以前多用于北族，魏晋之后为汉族采用，南北朝大兴，官民皆用。初始裤管尚窄，其后渐趋阔大。与其相对应的是裤型狭窄的小口裤。白长袴指裤子颜色为白色，并且裤管较长。综合上述几条，文献所载高句丽裤子具有：有裆、裤管肥长、白色三个特点。

高句丽壁画所绘裤子，根据裤管长短，可分长裤和短裤两大类。长裤，裤管长至脚踝。短裤，裤管在膝盖之上。前者按照裤管宽窄，又可分为肥筩裤和瘦腿裤两小类。后者，古称犊鼻裈，有平头和三角两种不同形制。

一　肥筩裤

肥筩裤，裤管肥大，裤脚处多束口，有的加黑色襈。按照裤管的宽大程度，又可分成阔肥筩裤与普通肥筩裤两型。

A 型　阔肥筩裤。裤管上下同宽，极端肥大。

如角觝墓主室后壁男子；舞踊墓主室后壁男子（图三十八，1），主室右壁狩猎图左一男子；麻线沟 1 号墓墓室南壁东端对舞图左侧人（图三十八，2）；通沟 12 号墓南室前壁墓门右侧舞蹈者；长川 1 号壁画墓前室藻井东侧礼佛图跪地男子，前室北壁左上部男子（图三十八，3）；三室墓第一室左壁出行图左一、二两男子；高山洞 A10 号墓墓室壁画左侧女子；水山里壁画墓西壁上栏左六男子（图三十八，4）；狩猎塚墓室北壁生活图左五男子、西壁狩猎图骑马男子；双楹塚后室左壁供礼图左七女子，墓道西壁骑马男子；安岳 2 号墓墓室西壁上栏左八男子。

---

① 王先谦：《释名疏证补》，中华书局 2008 年版，第 170 页。

② 萧子显：《南齐书》，中华书局 2000 年版，第 687 页；令狐德棻：《周书》，中华书局 2000 年版，第 600 页；魏征：《隋书》，中华书局 2000 年版，第 1218 页；李延寿：《北史》，中华书局 2000 年版，第 2067—2068 页；余太山：《〈梁书・西北诸戎传〉与〈梁职贡图〉——兼说今存〈梁职贡图〉残卷与裴子野〈方国使图〉的关系》，《燕京学报》1998 年第 5 期，第 93—123 页。

③ 《汉书・外戚传》："虽宫人使令皆为穷绔，多其带。"服虔注："穷绔有前后裆。"颜师古注："即今绲裆袴也。"

④ ［朝］朱荣宪著，常白山、凌水南译：《高句丽文化》，吉林省文物考古研究所内部刊物，第 232 页。

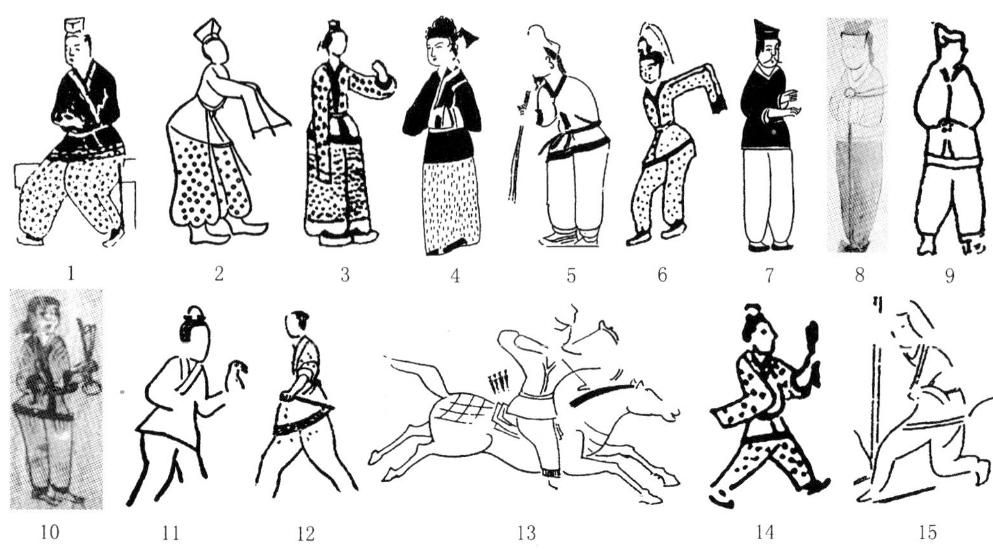

1—4. A 型肥筩裤（舞踊墓主室后壁男子、麻线沟 1 号墓墓室南壁对舞图左侧人、长川 1 号墓前室北壁左上部男子、水山里壁画墓西壁上栏左六男子） 5—9. B 型肥筩裤（角觝墓主室左壁拄棍老人、舞踊墓主室左壁左一跳舞男子、安岳 3 号墓前室南壁上段左二男子、龛神塚前室西壁龛内右侧男子、保山里壁画墓残存男像） 10—15. 瘦腿裤（舞踊墓主室左壁持物女子、麻线沟 1 号墓北侧室东壁逐猎图中部男子、通沟 12 号墓南室左壁左端男子、山城下 332 号墓甬道东壁狩猎图马上男子、长川 1 号墓前室北壁左上部持物男子、八清里壁画墓后室右壁男子）

图三十八　肥筩裤与瘦腿裤

B 型　普通肥筩裤。裤管上部略宽，下部略窄，肥瘦适中。

如角觝墓主室左壁拄棍老人（图三十八，5）；舞踊墓主室后壁持刀男子，左壁左一跳舞男子（图三十八，6）；长川 2 号墓北扇石扉正面门卒；长川 1 号墓前室南壁第二栏左六男子，北壁右上部跪地男子；三室墓第一室左壁出行图左七男子；安岳 3 号墓前室西壁右帐下督，前室南壁西面上段吹大角乐手，前室南壁东面上段左二男子（图三十八，7）；德兴里壁画墓前室东壁骑马男子，后室西壁上栏男子；平壤驿前二室墓前室右壁男子；龛神塚前室西壁龛内右侧男子（图三十八，8）；高山洞 A7 号墓前室东壁右侧男子；松竹里 1 号墓残存男像；药水里壁画墓前室西壁骑马男子；东岩里壁画墓男子残像；保山里壁画墓残存男像（图三十八，9）；八清里壁画墓后室右壁左侧男子；水山里壁画墓墓室北壁左侧上栏两男子；双楹塚后室后壁跪地男子；大安里 1 号墓后室西壁左七男子；铠马塚墓室左侧第一持送左一男子。

壁画所绘肥筩裤，花色多样，既有白色、朱红、黄色、红色等单一色彩的纯色裤，也有以白、黄、绿、桔红四色打底，上饰点纹、十字纹、方格纹、菱格纹等不同几何图案的花裤。

其中，A 型肥筩裤，以黑点纹为主，有白地黑点纹、白地红方格碎点纹、桔红地黑点纹、青地点纹等不同搭配，还包括黄地双排竖黑点纹、白地黑十字纹、白地红斜方格纹及少量红、黄两种单色。

B型肥筩裤，单色和花色两类并存。单色有白色、朱红色、黄色、黑色、浅褐色、浅青色、浅棕色、深棕色、深褐色等纯色；花色有白地黑点纹、白地褐点纹、白地红点纹、绿地黑点纹、黄地黑点纹、红地黑点纹、黄地褐点纹、白地黑竖点纹绿地黑方点纹、黄白格纹、黑白红格纹等多种图案。

A型肥筩裤的穿着者有墓主人、舞蹈演员、马上猎手和出行图中站在队列中的人物。A型肥筩裤裤管肥大，舞蹈演员穿着可增加舞蹈表演的艺术表演力。对于墓主人和出行图中的人物而言，它可能是参加礼仪活动的一种礼服。A型肥筩裤不便于狩猎活动，少数马上猎手穿着它，说明壁画描绘的狩猎场面可能不是简单的狩猎活动，或许是与宗庙祭祀有关的田猎仪式。

B型肥筩裤比A型肥筩裤穿着人的身份更复杂，应有更广。其中B型点纹肥筩裤在集安高句丽壁画中非常流行（附表10肥筩裤与瘦腿裤统计表）。

二　瘦腿裤

瘦腿裤，裤管窄小，裤脚多散口。如舞踊墓主室左壁持物女子（图三十八，10）；麻线沟1号墓北侧室东壁逐猎图中部男子（图三十八，11）；通沟12号墓南室左壁左端挽车男子（图三十八，12）；山城下332号墓甬道东壁狩猎图马上男子（图三十八，13）；禹山下41号墓墓室北壁鹿后偏下男子；长川1号墓前室北壁左上部持物男子（图三十八，14）；东岩里壁画墓残存图像；保山里壁画墓残像；八清里壁画墓后室右壁男子（图三十八，15）；双楹塚后室东壁供养图左八男子；铠马塚墓室左侧第一持送左二男子。

瘦腿裤以单色居多，较清晰者可见白、红、桔、浅棕四色，通沟12号墓和长川1号壁画墓绘有青地点纹、红地黑点纹、黄地黑点纹、白地黑点纹、绿地黑点纹五种图案。

瘦腿裤穿着者有马童、步行和骑马猎手、拉车人等，壁画中所绘瘦腿裤数量要远小于肥筩裤，穿着者似以劳动者居多。

三　犊鼻裈

犊鼻裈，简称“犊鼻”，是一种形制短小，裤长不到膝盖的短裤。汉晋时男子多穿着，尤其以农夫、仆役多用。《史记·司马相如传》载司马相如破落时，曾“身自著犊鼻裈，与保庸杂作，涤器于市中”。[1] 名称来源有两说，一说裤式短小，两边开口，若牛鼻两孔；另一说为取自膝下穴位之名。[2]《二仪实录》认为西戎的犊

① 司马迁：《史记》，中华书局2000年版，第2288页。

② 明田艺蘅《留青日札》卷二十二“犊鼻裈……以三尺布为之，形如牛鼻……”；《格致镜原》卷十八引《秕言》：“相如身自著犊鼻裈……其形与犊鼻不似。姚令盛曰：膝上之穴为犊鼻穴，言裈之长才至此。”

鼻裈用皮制成，夏后氏以来用绢，长至于膝，汉晋时才称犊鼻，北齐的犊鼻裈与袴长短相似，所以得出“考犊鼻之名，是则起于西戎，变于三代，而折中于北朝”的观点。①

高句丽壁画中，角觝墓主室左壁（图三十九，1），长川1号墓前室北壁所绘犊鼻裈形近平角裤（图三十九，2），舞踊墓主室后壁藻井（图三十九，3）、安岳3号墓前室东壁所绘形近三角裤（图三十九，4）。各家犊鼻裈的腰部两侧都绘有打花结的腰带，应起捆束和装饰的双重作用。穿着者均为角觝手。

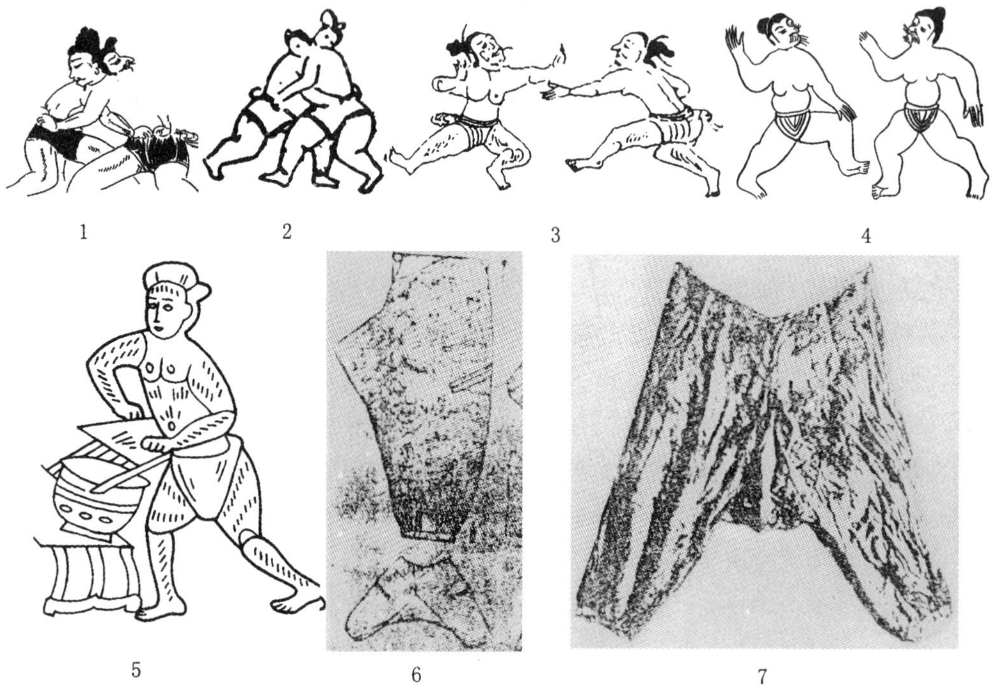

1. 角觝墓主室左壁角觝手　2. 长川1号墓前室北壁角觝手　3. 舞踊墓主室后壁藻井角觝手　4. 安岳3号墓前室东壁角觝手　5. 沂南画像石所绘男子　6、7. 诺音乌拉发现的遗物

图三十九　犊鼻裈

汉服中的犊鼻裈一般用3尺布（约合现在70厘米）裁成②，长度在膝盖稍上。如沂南画像石所绘男子所穿（图三十九，5）。③ 高句丽壁画中描绘的犊鼻裈，较中原式样似裤长更短，裤管更瘦。

参照壁画所绘裤子图样，肥筩裤和瘦腿裤分别可与史籍记载的大口裤和小口裤相对应。裤子外露，上配短襦仅及臀部上围，无疑裤子应有裆部。再者，一些裤子

① 周汛、高春明：《中国衣冠服饰大辞典》，上海辞书出版社1996年版，第273—274页。

② 黄能馥、陈娟娟：《中国服饰史》，上海人民出版社2005年版，第93页。

③ 图转引自孙机《汉代物质文化资料图说》，上海古籍出版社2008年版，第274页。

裆部后边绘成起翘的尖状，此种形制与蒙古诺音乌拉发现的有裆裤子实物几乎一样也证明此点（图三十九，6、7）。花色方面，虽有白色，但不是主体。其因或是文献记载有误，或是与壁画描绘场景及人物身份有关。

第三节　袍

袍，又称袍服，是一种长度通常在膝盖以下的长衣。西汉史游《急救篇》载："袍襦表里去领帬。"唐颜师古注："长衣曰袍，下至足跗，短衣曰襦，自膝以上。"[①] 东汉刘熙《释名·释衣服》记："丈夫著，下至跗者也。袍，苞也，苞内衣也。妇人以绛作衣裳，上下连，四起施缘，亦曰袍，义亦然也。"[②] 袍最初多被用作内衣，穿时在外另加罩衣。其制多作两层，中纳棉絮。东汉之后，袍由内衣变为外衣，不论有无棉絮，统称为袍。男女仕庶皆可穿着。[③]

高句丽壁画中身着袍服的人物形象有 144 人左右（附表 11 袍服统计表）。袍领均为直领，一般加襈，襈色有褐、绿、黑、黄、红五色。韩国学者李京子将袍领分成直领、团领和曲领三种。此种分类不准确，前文襦领一节已经予以说明，此不赘述。[④] 袍的衽部，一般不加襈，有时边缘处镶有牙边。左右衽交叠情况，多数形象描绘不清，袍服统计表称其为合衽。少数清晰者可见左衽、右衽、对衽三种形制并存。袖子以长且宽的大袖为主。腰部一般扎束黑、白、红三色带，带末端前垂。有的还饰有绿、褐、红等不同色彩的芾和绶。袍服花色丰富，有黑、红、黄、绿、褐、白等多种色彩。

根据领、衽、袖、花色等细部的差别，可将袍服分为三型：

A 型　袍身肥大，衽部多为对衽，亦有右衽。袖口宽大呈喇叭型，有的袖身绘有彩色帔帛。腰部束带，有的前饰芾，两侧垂双绶。

如五盔坟 4 号墓墓室东壁莲上居士穿直领合衽绿色袍，身前饰芾，两侧垂绶，手持团扇；墓室北壁上排正中莲上居士内穿绿襈直领对衽红色袍，身前饰褐色芾，两侧为褐色双绶；墓室东抹角燧神身穿黄襈对衽褐色袍，腰部束带，手持火把；墓室第二重顶石背面弹琴天人穿黄襈合衽褐色袍（图四十，1）；墓室第二重顶石西面驾鹤天人穿黄襈对衽褐色袍。五盔坟 5 号墓第二重顶石东北吹排箫天人身穿褐襈对衽绿色袍，上饰红色帔帛（图四十，2）。德兴里壁画墓前室南侧天井牛郎身穿直领白襈右衽朱红色袍，身前垂白色带。天王地神塚驾鹤仙人穿此型合衽大袖袍。江西大墓中的骑鹤仙人亦穿此型红色袍。

---

① 转引自周汛、高春明《中国衣冠服饰大辞典》，上海辞书出版社 1996 年版，第 193 页。

② 王先谦：《释名疏证补》，中华书局 2008 年版，第 175 页。

③ 袍服概况引自周汛、高春明《中国衣冠服饰大辞典》，上海辞书出版社 1996 年版，第 193 页。

④ ［韩］李京子：《我国的上古服饰——以高句丽古墓壁画为中心》，《东北亚历史与考古信息》1996 年第 2 期，第 47—50 页。

B 型　袍身宽窄适度，衽部左衽、右衽皆有，大部分为两衽交叠呈“U”字或“V”字形的合衽。袖口宽度适中，加襈或无襈。腰部一般束带，偶见垂芾及绶。

如安岳 3 号墓西侧室西壁墓主人身穿合衽深褐色袍，腰束黑色带垂绶（图四十，3）；身旁左侧记室身穿合衽浅褐色袍，腰间白带前垂；前室南壁西面下段的四个乐手均穿黑领、束带、合衽袍；前室南壁东面上段持幡仪卫穿直领黑襈，腰带前垂的浅褐色袍；回廊出行图后部马上击鼓乐手身穿直领加襈，右衽深棕色袍，腰束白带。德兴里壁画墓前室北壁西侧墓主人身穿绿领合衽浅褐色袍，腰前垂黑色带；前室西壁太守身穿黑领左衽红色袍，腰前垂白色带（图四十，4）；前室南壁右侧属吏图四十七人穿黄领合衽黑色袍。台城里 1 号墓右侧室墓主人穿直领加襈合衽袍（图四十，5）。

1、2. A 型（五盔坟 4 号墓第二重顶石背面弹琴天人、五盔坟 5 号墓第二重顶石东北吹排箫天人）
3—9. B 型（安岳 3 号墓西侧室西壁墓主人、德兴里壁画墓前室西壁太守、台城里 1 号墓右侧室墓主人、水山里壁画墓西壁上栏左四男子、水山里壁画墓东壁上栏站立男子、安岳 3 号墓西侧室西壁小史、龛神塚前室右壁左侧女子）　10、11. C 型（安岳 3 号墓西侧室南壁女主人、安岳 3 号墓回廊出行图前端持麾女子）

图四十　袍

平壤驿前二室墓前室前壁右侧鼓乐手内穿直领衣外罩直领加襈合衽袍。龛神塚前室左壁龛内墓主人穿直领加襈合衽红色袍，腰前垂芾。药水里壁画墓前室北壁左侧墓主人穿直领加襈合衽黄色袍；前室西壁右侧跪坐男子穿直领加襈合衽深褐色袍。水山里壁画墓墓室西壁上栏左四男子穿黑领右衽浅褐色袍，衽部镶黑牙边，袖口和下摆加黑襈（图四十，6）；东壁上栏跪拜男子穿黄色袍，袖口黑襈；东壁上栏站立男子穿黑领右衽浅褐色袍，袖口和下摆加黑襈（图四十，7）。双楹塚后室后壁墓主人穿合衽红色袍，领和袖口加襈。安岳 2 号墓墓室东壁下部男子穿直领合衽束带黄色袍。保山里壁画墓跪坐男子穿宽袖长袍。八清里壁画墓前室左壁行列图右端男子穿宽长袖袍服。

壁画所绘此型袍的穿着者以男性居多，偶有女性。如安岳 3 号墓西侧室西壁小史穿直领合衽浅褐色袍，袖口加黑襈，腰前垂黑带（图四十，8）；东侧室北壁阿光穿直领加襈，合衽白色袍，腰束红色带；东侧室东壁阿婢穿合衽白色袍，领和袖加襈，腰束带；回廊出行图车后步行女子穿合衽浅褐色袍，领加襈，腰束带。龛神塚前室右壁右侧女子穿直领加襈合衽红色袍，腰前饰白地褐色条纹芾，腰后垂白色条（绶）带；左侧女子穿直领合衽饰有条纹的长袍，腰前系芾，腰后垂（绶）带（图四十，9）。安岳 2 号墓墓室西壁上栏女子穿褐领合衽绿色袍，腰前系红色芾。[①]

C 型　领、袖、衽的形制基本与 B 型相同，但袍子下部饰有上宽下窄的圭形饰片。

如安岳 3 号墓西侧室南壁女主人身穿白领右衽绛紫地云纹锦袍，袍边缘重重叠叠饰有多枚圭形彩色布片，肩部、袖口和下摆镶有三道黑襈（图四十，10）；回廊出行图前端持麾两女子所穿直领加襈右衽袍的下摆处亦有此种圭形装饰（图四十，11）。

A 型袍服内衣多搭配白色曲领中单。穿着者有莲上居士、神话传说人物、伎乐天人。B 型袍服内衣多搭配同种款式的直领白袍。穿着者有官吏、仪卫、乐手等。A、B 两型袍服领部及袖部显露的白色条块，有时并非是袍上的白襈，而是内衣的白领和白袖的端部。

C 型袍服形制与古文献记载的袿衣相似。袿衣，又作圭衣、袿袍。汉刘熙《释名・释衣服》："妇人上服曰袿，其下垂者，上广下狭，如刀圭。"[②] 傅毅《舞赋》云："华袿飞髾而杂纤罗。"《文选・子虚赋》："蜚襳垂髾。"李注："司马彪曰：'襳，袿饰也。髾，燕尾也。'善曰：'襳与燕尾，皆妇人袿衣之饰也。'"是以袿衣有两种装饰，一种是刀圭状的燕尾，另一种是长飘带即襳。[③] 安岳 3 号墓中所绘正是前者。

刘熙所云"上服"非指上衣，而是上等服饰。清人王先谦《释名疏证补》卷五载："郑注《周礼・内司服》云'今世有圭衣者，盖三翟之遗俗。'案三翟，王后六服之上也，故圭衣为妇人之上服。今本'圭'字加'衣'旁，俗也。"[④]安岳 3 号墓中冬寿夫人，其夫为辽东、韩、玄菟三郡太守。出行图里持麾女子，不是普通的侍女，应是身着礼服参与卤簿仪式的礼官，三人身份都符合"妇人之上服"的特点。

---

① 韩国学者李京子将长襦归于袍类，称为直领袍。襦和袍的区别主要在于：襦一般短于袍，襦的长度"自膝盖而上"，袍则"下至足跗"。从高句丽壁画形象来看，长襦与裙相配，裙下露裤脚，裤下露鞋。长襦的长度在膝盖左右或膝盖之上。故不应将长襦与袍混淆。

② 王先谦：《释名疏证补》，中华书局 2008 年版，第 173 页。

③ 孙机：《汉代物质文化资料图说》，上海古籍出版社 2008 年版，第 281 页；周汛、高春明：《中国衣冠服饰大辞典》，上海辞书出版社 1996 年版，第 141 页。

④ 同上。

第四节　裙

裙，亦作裳、羣。汉刘熙《释名·释衣服》记：“裙，下裳也。裙，羣也。连接羣幅也。”[①] 裙通常用五幅、六幅或八幅布帛拼制而成，上连于腰。其形制长短不一，短者下不及膝，长至拖曳至地。或素面无纹，或用绣、染、镶、贴等工艺装饰华美。既有简单的围腰筒裙，也有方便行走的掐褶裙。[②]

《周书·高丽传》载：“妇人服裙襦，裾袖皆为褾。”《隋书·高丽传》《北史·高丽传》亦载：“妇人裙襦加襈”。[③] 文献记载高句丽妇女穿裙子，裙与襦搭配，并有襈装饰。

高句丽壁画中裙子描绘较为清晰的个体有一百人左右，穿着者大都是女性（附表12 裙子统计表）。因裙子上部被短襦或长襦遮盖，腰部具体情况不详。裙身较长，在膝盖左右或以下，普遍施褶，有的褶皱较宽，有的褶皱细密。颜色以白色居多，亦有两种颜色或三种颜色相间的竖条纹裙。裙下摆处有的加襈，多为黑、红两色，有的无襈。根据裙子的长度、花色及襈的有无，可将其分成三型。

A 型　裙幅较宽，褶皱多而密。裙子稍短，下露裤脚及鞋，或仅露鞋。颜色以白色为主，下摆加一道宽黑襈，或两道一粗一细的主副襈。此型一般与长襦搭配。

如角觝墓主室后壁右二女子；舞踊墓主室左壁舞女（图四十一，1）；麻线沟1号墓墓室东壁侍童后女子；通沟12号墓南室左壁车辕后女子；长川2号墓墓室北扇石扉背面女子；长川1号墓前室南壁第一栏女子，前室北壁右上部女子（图四十一，2）；三室墓第一室左壁出行图持伞女子；高山洞A7号墓前室东壁右侧女子；东岩里壁画墓残存图像；高山洞A10号墓残存女子；八清里壁画墓后室北壁西侧两女子；安岳2号墓墓室西壁上栏女子（图四十一，3）；铠马塚墓室左侧第一持送残存女子。有的曳地白裙，不露裤脚及鞋。皱褶有疏有密，襈时有时无。如角觝墓主室后壁跪坐女子（图四十一，4），三室墓第一室左壁出行图左三女子（图四十一，5）。

B 型　裙幅稍窄，褶皱适中。裙子稍短，下露裤脚及鞋。花色既有两色相间的条纹裙，也有纯白色裙。下摆无襈。此型一般与短襦搭配。

如德兴里壁画墓中间通路东壁女子穿红白两色相间的竖条纹裙（图四十一，6）；后室北壁右侧左一女子穿黄褐两色相间的竖条纹裙，左三女子穿白色褶裙（图四十一，7）。安岳3号墓西侧室南壁中央左侧侍立女子穿浅褐色褶裙（图四十一，8）；水山里壁画墓墓室西壁上栏后端女子穿白色褶裙（图四十一，9）；双楹塚后室

---

① 王先谦：《释名疏证补》，中华书局2008年版，第173页。

② 裙子概括引自周汛、高春明《中国衣冠服饰大辞典》，上海辞书出版社1996年版，第278页。

③ 令狐德棻：《周书》，中华书局2000年版，第616页；魏征：《隋书》，中华书局，2000年版，第1218页；李延寿：《北史》，中华书局2000年版，第2169页。

1—5. A 型（舞踊墓主室左壁舞女、长川 1 号墓前室北壁右上部女子、安岳 2 号墓墓室西壁上栏女子、角觝墓主室后壁跪坐女子、三室墓第一室左壁出行图左三女子） 6—12. B 型（德兴里壁画墓中间通路东壁女子、德兴里壁画墓后室北壁右侧左三女子、安岳 3 号墓西侧室南壁中央左侧侍立女子、水山里壁画墓墓室西壁上栏后端女子、双楹塚墓道东壁中间女子、安岳 1 号墓墓室西壁第二列左六女子、水山里壁画墓墓室西壁上栏左七女子） 13、14. C 型（安岳 3 号墓西侧室南壁中央墓主夫人、安岳 3 号墓回廊出行图持麾女子）

图四十一　裙

左壁礼供图左四女子，墓道东壁中间女子皆着白色褶裙（图四十一，10），此六人所穿裙子与长襦搭配，裙下摆无襈。

有的长裙曳地，因下方残缺或没有描绘，不露裤脚及鞋。两色或三色相间的条纹裙，或施以点纹。如药水里壁画墓后室北壁上部夫妇图中右侧两女子穿点纹褶裙；安岳 1 号墓墓室西壁第二列左六女子穿白色和棕色相间的条纹裙（图四十一，11）；水山里壁画墓墓室西壁上栏左七女子穿三种颜色相间的条纹裙（图四十一，12）；双楹塚后室后壁榻上女子穿红色和白色相间的条纹裙。

C 型　长裙曳地，不露裤脚及鞋。花色丰富，图案鲜艳。下摆加襈。此型与袿衣搭配。

如安岳 3 号墓西侧室南壁中央墓主夫人穿白地云纹裙，裙摆下有两道褐色襈（图四十一，13）；回廊出行图持麾女子穿白地红点纹裙，下摆为红色襈（图四十一，14）。

三型裙子中，A 型和 B 型裙子下摆高于地面，方便活动。C 型和 B 型中的条纹裙，较为华丽，穿着者不是普通女子，可能是重大场合穿着的礼服。从壁画来看，裙与长、短襦组合是女子的主要服饰搭配，襈则不是必然因素。壁画中描绘的裙子，俗称百褶裙，亦称百裥裙、百叠裙。通常以数幅布帛制成，周身施加宽窄相等的裥，少则数十褶，多则过百。制作时被每道褶固定在裙腰处。

第五节　身衣上的其他装饰

一　披肩

披肩，又称披领。是用质地厚实的布帛制成的搭在肩上的饰物。有方形、圆形、菱形等多种形制。一般中间有领口，正前开襟，穿时披及肩背，系结于颈。披肩战国时期已出现，之后流行于各代，款式、质料、工艺各有不同。①

角觝墓主室后壁墓主人，跪坐夫人均身着黑色披肩（图四十二，1）；麻线沟1号墓墓室东壁南端夫妻对坐图中站立女子长襦上着披肩；长川1号墓前室藻井东侧礼佛图左三、左六两女子长襦上着披肩，前室南壁第一栏左一女子长襦饰黑色披肩，前室南壁第一栏左九女子短襦上饰披肩，前室北壁左上部化妆女子、弹琴女子皆着黑色披肩（图四十二，2）。②

壁画所绘披肩使用者以女性居多，穿着人有墓主人、夫人、高级女侍、弹琴女子和化妆女演员等。披肩即可保暖又具有装饰效果，这可能是其深受上层女子和文艺表演者喜欢的原因。

二　帔帛

帔帛，又作披帛。是古代妇女披搭在肩背、缠绕于双肩的窄幅长条帛巾。通常以轻薄的纱罗为之，或施晕染，或施彩绘，上面印画各种图纹。始于秦汉，盛行于唐。多用于宫嫔、歌姬及舞女。③

长川1号墓中前室藻井东、西、南、北四侧所绘飞天、菩萨、力士、伎乐天人，多身着红色、绿色、黄色、白色、黑色等五色披帛。三室墓中第三室西壁卫士多身着黄色披帛。五盔坟4号墓第二重顶石持卷轴、击腰鼓伎乐天人（图四十二，3）。五盔坟5号墓第二重顶石所绘伎乐天人着绿、红、褐三色披帛（图四十二，4）。江西大墓中北侧天井所绘飞天身着彩色披帛。

飞天、菩萨、力士、伎乐天人披帛是其服饰的传统式样，具有浓郁的宗教气息。高句丽壁画所绘世俗服饰罕见披帛形象。

① 周汛、高春明：《中国衣冠服饰大辞典》，上海辞书出版社1996年版，第237页；高春明：《中国服饰名物考》，上海文化出版社2001年版，第581—589页；华梅：《中国服饰史》，中国纺织出版社2007年版，第36页。

② 长川1号墓报告称前室北壁宾客后面两男子分着绿、黄披肩，但壁画摹写图中没有披肩形象。故未列入。

③ 周汛、高春明：《中国衣冠服饰大辞典》，上海辞书出版社1996年版，第237页；高春明：《中国服饰名物考》，上海文化出版社2001年版，第590—593页。

三　韝

韝，亦作鞲、褠。是扎束在衣袖上的臂套。最初多用皮革制成，故其字从“韦”、“革”旁。后用布、帛为之，故又从“衣”、“巾”旁。穿时套于手臂，介于腕与肘之间。其制由猎人停鹰、放箭之用的射韝演变而来。多用于士庶，以便劳役。①

长川1号墓前室北壁右上部放鹰猎手右壁有黑地红条纹的臂套（图四十二，5）。②

四　绶

绶是用丝织成的带子，初时用以系物。秦以后逐渐成为区别官阶高下的标志。其颜色、长度、宽度代表不同等级身份。《后汉书·舆服志》记皇帝的绶黄赤色，长二丈九尺九寸；诸侯王绶赤色，长二丈一尺；公、侯将军绶紫色，长一丈七尺，以下各有等差。《通典·礼志》记隋制正从一品绿綟绶，长丈八尺，广九寸；从三品以上紫绶，长丈六尺，广八寸；正从四品青绶，长丈四尺，广七寸；正从五品墨绶，长丈二尺，广六寸；至王公以下，皆有下双绶，长二尺六寸，色同大绶。③

五盔坟4号墓墓室东壁，北壁上排正中（图四十二，6），北壁右上角三位莲上居士腰两侧均绘有褐色绶带；安岳3号墓西侧室西壁中央墓主人腰前垂绶；龛神塚前室右壁右侧女子身后垂绶（图四十二，7）。这些人物佩绶表明身份不是普通百姓。

五　蔽膝与芾

蔽膝，源自祭服中的韠，又称绂、韍、韨、芾。早期下端呈斧口形，喻斧能决断之意，佩戴韠是权力的象征。后来横幅加宽，变成遮挡在下体前面的蔽膝。它主要起到保护身体的作用，后世祭服取意不忘本仍旧使用。④

五盔坟4号墓墓室东壁，北壁上排正中，北壁右上角三位莲上居士腰前垂挂绿、褐、红不同颜色的芾；水山里壁画墓西壁墓主人腰前饰褐色芾（图四十二，8）；双楹塚后室后壁墓主人腰前垂芾；安岳2号墓室西壁上栏三女子亦着红色芾。芾与袍服搭配，襦袴和襦裙搭配中无芾。

长川1号墓前室北壁左下部夹击野猪图中徒步猎手衣缘下边露出两片蔽膝（图

---

① 韝概述引自周汛、高春明《中国衣冠服饰大辞典》，上海辞书出版社1996年版，第673页。

② 原图不清楚，但原报告记录带有臂套。

③ 周汛、高春明：《中国衣冠服饰大辞典》，上海辞书出版社1996年版，第452页；高春明：《中国服饰名物考》，上海文化出版社2001年版，第679—683页；孙机：《汉代物质文化资料图说》，上海古籍出版社2008年版，第286页。

④ 周汛、高春明：《中国衣冠服饰大辞典》，上海辞书出版社1996年版，第114，265—266页。

1. 角觝墓主室后壁跪坐夫人　2. 长川 1 号墓前室北壁弹琴女子　3. 五盔坟 4 号墓第二重顶击腰鼓伎乐天人　4. 五盔坟 5 号墓第二重顶石伎乐天人　5. 长川 1 号墓前室北壁右上部放鹰猎手　6. 五盔坟 4 号墓墓室北壁上排正中莲上居士　7. 龛神塚前室右壁右侧女子　8. 水山里壁画墓西壁墓主人　9. 长川 1 号墓前室北壁徒步猎手　10. 舞踊墓主室右壁狩猎图左五骑马男子

图四十二　身衣上的其他装饰

四十二，9），射箭骑手腿前绘有带花纹的蔽膝。作用在于保护膝部及下体。

六　行縢

行縢，又称裹腿，是缠裹小腿的布帛。制为长条，斜缠于胫，上达于膝，下及脚踝，多为男子所著，不论尊卑，均可着之。通常用于出行。商周时称“邪幅”、“幅”，汉以后改称行縢，取行走跳跃轻便之意。[①]

舞踊墓主室右壁狩猎图左五骑马男子裤子与鞋子之间绘有深色条纹，应是行縢（图四十二，10）。长川 1 号墓前室北壁右上部表演竿头戏和转轮的杂技演员，绑绿色裹腿，穿黑靴子。[②] 四神墓中所绘力士小腿绑有黄色行縢。药水里壁画墓前室南壁守门将小腿处亦绘有行縢。狩猎塚西壁狩猎图骑马男子，双楹塚墓道西壁骑马男子，阔大的肥筩裤下边都系有行縢，方便运动。

有的学者认为安岳 3 号墓出行图中武士使用裹腿。[③] 细检出行图，可见持斧、盾、弓箭的徒步仪卫和抬鼓、钟镈的徒步乐手所穿裤子多为大腿处裤管宽松，小腿紧裹的形象。因原图颜色剥离殆尽，细节难详，除是行縢外，也不排除穿着高鞠鞋（靴子）的可能。

---

① 周汛、高春明：《中国衣冠服饰大辞典》，上海辞书出版社 1996 年版，第 275 页；孙机：《汉代物质文化资料图说》，上海古籍出版社 2008 年版，第 297 页。

② 原报告作此记载，但图像中很难区分。

③ ［朝］朱荣宪著，常白山、凌水南译：《高句丽文化》，吉林省文物考古研究所内部刊物，第 239 页。

第五章　足衣

足衣，是穿在脚上的装束，有内外之分，内者为袜，外者为鞋。袜本字为“韈”，刘熙《释名·释衣服》云：“韈，末也，在脚末也。”① 鞋，古时又称履、屦、靸、鞮、舄等，各种称谓使用时间、形制、颜色、质料各不相同。如舄，是复底鞋，上层用麻或皮，下层用木。《诗经·豳风·狼跋》记：“公孙硕肤，赤舄几几。”② 靸、鞮分指小儿鞋及薄革小鞋。《急就篇》有“靸鞮卬角褐韈巾”句。③ 古代鞋袜用料有丝帛、麻布、熟皮。

文献记载、高句丽壁画描绘和出土实物发现的足衣，主要包括矮靿便鞋、中靿短靴、长筒皮靴、钉鞋和圆头履、笏头履等几类。制作原料以皮革为主，又有铜铁等金属。虽未见记载及实物，但依情理推断，也应有丝麻。

第一节　文献所载足衣

梁元帝《职贡图》载高句丽人“足履豆礼鞜”。④《周书·高丽传》《新唐书·高丽传》记为足穿“黄革履”⑤，《隋书·高丽传》《旧唐书·高丽传》分录为“黄革屦”、“黄韦履”。⑥

“韋沓”字，《翰苑》注引《职贡图》写为一字，但其他文献，多将其视为“韦（韋）”与“沓”两字。如桓宽《盐铁论·散不足》有“蠢竖婢妾，韦沓丝履”。⑦ 王利器《盐铁论校注》案：“《汉书·扬雄传下》云：‘革鞜不穿’，师古曰：‘鞜，革履。音踏。’革鞜即韦沓。”又案：“王佩诤言：‘居延汉简有韋沓，是汉时边防军事中多用之，见劳干《居延汉简考释》。’”⑧ 因此，“韋沓”可能是两个字，

---

① 王先谦：《释名疏证补》，中华书局2008年版，第176页。

② 周振甫：《诗经译注》，中华书局第2003年版，第226页

③ 辞源修订组：《辞源》，商务印书馆1997年版，第1831—1832页。

④ 张楚金：《翰苑》，见金毓黻编《辽海丛书》，辽沈书社1985年版，第2520页。“韋沓”是“韋”和“沓”合成的一个字。

⑤ 令狐德棻：《周书》，中华书局2000年版，第600页；欧阳修、宋祁：《新唐书》，中华书局2000年版，第4700页。

⑥ 魏征：《隋书》，中华书局2000年版，第1218页；刘昫：《旧唐书》，中华书局2000年版，第3619页。

⑦ 王利器：《盐铁论校注》，中华书局1992年版，第355页。

⑧ 同上书，第397页。

指用皮革制成的鞋。“豆礼”，非汉语，或许是高句丽语所言的另一种鞋，或许是高句丽遗迹中出土的钉鞋。

“革”、“韦”意思相同，是去毛后经过熟治的兽皮。《世本》载：“於则作扉履”，汉代宋衷注云：“於则，黄帝臣。草曰屦，麻曰履。”[①] 按原材料区分“履”与“屦”，但一般情况下，“履”指单底的鞋，后泛指各类鞋子。“屦”是汉代以前鞋子的总称，汉代以后则称履。正史《高丽传》所言“黄革履”“黄革屦”“黄韦履”所指是黄颜色的皮制鞋子。皮料，猪皮、牛皮都可用来制鞋。麻线2100号墓曾发现一件侧边卷曲的皮革，长6.6、宽3.3、厚0.1厘米，从表面皮纹和鬃眼较粗分析，似猪皮。[②]

第二节　壁画所绘足衣及出土实物

高句丽壁画所绘人物少有跣足，一般都穿着鞋履。常见鞋履形象，根据鞋靿高矮不同，可将其分为矮靿、中靿、高靿三个类型。此类鞋前部一般翘起，俗称翘尖鞋，鞋头有尖头、圆头之别。在通沟12号墓（马槽墓）、三室墓壁画中绘有钉鞋。禹山墓区2112号、3105号、3109号、540号墓，丸都山城、太王陵、将军坟等墓葬中发现钉鞋实物残件。此外，龛神塚、五盔坟4号壁画墓中还绘有南北朝时期习见的圆头履、笏头履。

一　矮靿鞋

矮靿鞋是一种鞋帮矮小，低于脚踝骨以下的鞋。此种鞋前部微微翘起，鞋尖有圆头和尖头之别。

圆头矮靿鞋，头部呈圆弧状，凸起。如角觝墓主室左壁角觝图中拄棍老人；舞踊墓主室后壁帐下图中墓主人、僧侣，主室左壁舞蹈图中男舞者（图四十三，1）；长川1号墓前室藻井礼佛图中打伞盖人，前室南壁第三栏进馔图中男侍（图四十三，2）；三室墓第一室左壁出行图中男主人、女侍从；东岩里壁画墓前室足部残片；双楹塚后室东壁女侍从，墓道东壁男侍；安岳2号墓主室西壁侍从等墓葬壁画人物都穿着此类鞋。

一般该鞋绘为褐、黑、白三色，鞋与肥筩裤之间显露出部分袜子的颜色，有黑、白两色。不同颜色有区分人物身份的倾向，如舞踊墓主室后壁墓主人穿褐色圆头矮帮鞋，配黑色袜子（彩图五，1）；舞踊墓主室左壁男舞者（彩图五，2），长川1号墓北壁站立男舞者，东岩里壁画墓中残存侍者脚部，都穿着白色圆头矮帮鞋，配黑

---

① 汉宋衷注，清秦嘉谟等辑：《世本八种·孙冯翼集本》，商务印书馆1957年版，第4页。

② 吉林省文物考古研究所、集安市博物馆：《集安高句丽王陵——1990—2003年集安高句丽王陵调查报告》，文物出版社2004年版，第167页。

色袜子。舞踊墓主室后壁僧侣则穿黑色圆头矮帮鞋，配白袜子（彩图五，3）。

尖头矮鞠鞋，头部较尖锐，微翘。如安岳3号墓壁画墓前室西壁门卫图中帐下督（图四十三，3），前室南壁仪卫图中仪卫，回廊北壁、东壁出行图中骑马侍从、乐手，东侧室东壁厨房图中女侍（图四十三，4）；德兴里壁画墓后室北壁持巾侍者，平壤驿前二室墓前室西壁男侍从所穿矮鞠鞋都是此种风格。五盔坟4号墓顶第二重抹角石所绘制轮人（图四十三，5）、墓顶第二重顶石北面弹琴伎乐仙人，所穿尖头矮鞠鞋鞋尖部艺术夸大，尖头伸长。

1. 舞踊墓主室左壁舞蹈图中男舞者　2. 长川1号墓前室南壁第三栏进馔图中男侍　3. 安岳3号墓前室西壁门卫图中帐下督　4. 安岳3号墓东侧室东壁厨房图女侍　5. 五盔坟4号墓顶第二重抹角石所绘制轮人　6. 角骶墓主室后壁女侍　7. 麻线沟1号墓南壁东端舞者　8. 舞踊墓主室后壁持刀男侍　9. 长川1号墓前室南壁第二栏侍者　10. 德兴里壁画墓后室右壁马射戏中站立侍从　11. 药水里壁画墓前室南壁右侧马上乐手　12. 安岳3号墓回廊出行图中持盾武士　13. 水山里壁画墓主室右壁转轮伎人　14. 梅山里四神塚主室北壁墓主生活图

图四十三　矮鞠鞋、中鞠鞋与高鞠鞋

矮鞠鞋是一种穿着舒适，利于运动的便鞋。制作材料主要是皮革，也可能有麻布。舞踊墓主室后壁宾客所穿矮鞠鞋，仔细辨认，可见白袜上有黑色的系带。矮鞠鞋穿着者，从性别来看，男女都有，但整体上男性多于女性。穿着此鞋人物的身份有墓主人、舞蹈者、男女侍从等。穿着场合即有隆重的拜佛、出行、礼宾等大场面，也有平日家庭起居场景。因此，矮鞠鞋可能是高句丽服饰中老少尊卑皆可穿着，应用范围较广的一种鞋型。

二　中鞠鞋

中鞠鞋是一种鞋帮在脚踝骨以上，脚腕以下，鞋尖微翘的鞋型。从画面来看，鞋前部形状略有差异，有扁长、适中、短小三种情况。

扁长类，鞋掌部即扁又长，鞋尖上翘。如角觝墓主室后壁女侍（图四十三，6）；舞踊墓主室左壁进肴女侍、持物女侍、女舞者；麻线沟1号墓南壁东端舞者（图四十三，7），东壁南端女侍；长川1号墓前室藻井东侧持巾女侍；德兴里壁画墓后室后壁右侧女侍，中间通道女侍；药水里前室南壁左侧守门将；高山洞A10号墓后室南壁舞女；八清里壁画墓后室右壁男侍；安岳2号墓主室西壁站立女侍都穿着此类中靿鞋。

适中类，鞋掌部长短适中，前部圆弧，或微尖，翘起。如舞踊墓主室后壁持刀男侍（图四十三，8），主室右壁狩猎人、持弓人；长川1号墓前室南壁第二栏侍者（图四十三，9），前室北壁右上部站立侍从、北壁左下角射鹿骑手；东岩里壁画墓残存脚部图案；八清里壁画墓后室右壁侍从；大安里1号墓后室西壁站立侍从都穿此类鞋。

短小类，鞋前部短小，头部尖翘，短尖的程度与身体略显不成比例。如德兴里壁画墓后室右壁主人后男侍、马射戏中站立侍从（图四十三，10）、马上射箭者；药水里壁画墓前室南壁右侧马上乐手（图四十三，11）。

中靿鞋一般是白色，鞋帮上部直接与肥筩裤相连，或是在两者之间绑缠“胫衣”，如舞踊墓主室左壁狩猎人，腿上绑有棕红两色相间的“胫衣”（彩图五，4）。描绘清晰的个体可见鞋面、鞋帮、鞋跟、鞋底四块皮革缝合痕迹，鞋面中前部多皱褶（彩图五，5）。短小类中靿鞋可能是适中类中靿鞋的描绘简化版，也可能短小类中靿鞋的制作方法与前两者不同，皮革裁剪更精简，故鞋型较小。中靿鞋的质料主要应是皮革，虽壁画以白色为主，实际生活中皮革本色，或黄色亦应广泛使用。

中靿鞋男女皆可都穿着，其中，扁长类多为女性所穿，男性多穿适中类。穿着者有穿长襦裙和短襦裤的侍女、男女舞蹈者、骑马的狩猎人、男侍从、守门人、马上乐手等等。穿着场合有宴饮、出行、狩猎等各种情况。这说明中靿鞋也是一种社会各阶层、各种场合普遍使用的鞋型。中靿鞋类似今人所穿的短靴，它轻便保暖，适于北方地区的地理环境，功用性方面的优势是其广泛使用的前提条件。

三 高靿鞋

高靿鞋是一种鞋帮在脚腕以上，膝盖以下的鞋型。鞋头有圆头和尖头之别。

圆头高靿鞋，鞋头圆弧，鞋尖微翘，或不翘。如长川1号墓前室北壁转轮技人，安岳3号墓回廊出行图中持盾武士（图四十三，12）、牵马人、持斧人、击鼓人皆穿此鞋。

尖头高靿鞋，鞋头扁长，鞋尖弯翘。如药水里壁画墓前室南壁右侧男舞者；水山里壁画墓主室右壁转轮伎人（图四十三，13）、弄丸伎人；梅山里四神塚主室北壁墓主生活图中所绘长靴都属于此类（图四十三，14）。

高靿鞋一般为黑色，水山里壁画墓弄丸伎人所穿为黄色，禹山下41号墓墓室北壁，鹿后部偏下方一人，所穿则着赭红色。透过水山里壁画墓弄丸伎人所穿高鞡鞋可见靴筒部是由两块皮革拼合而成。

高鞡鞋穿着者主要是男性，穿着方式是将裤腿放在靴筒内，腿部简捷利索，无宽阔的裤腿牵绊，因此伎乐表演者多穿此鞋。与前两种鞋型比较，高鞡鞋数量较少。其因，可能在于壁画中描绘的部分中鞡鞋是遮蔽了靴筒的高鞡鞋。高句丽民族所穿典型肥筩裤，一般裤筒都宽大、长曳、难以塞入靴筒，即使塞入后也会显得十分臃肿，因此，穿着高鞡鞋的方法应是将裤腿放在靴筒外，这样在壁画图像中高鞡鞋便成为了中鞡鞋的样子。

四　钉鞋

钉鞋是鞋底部施加钉子的鞋。又称“梮”、“钉屐”、“钉鞵”。《汉书·沟洫志》记大禹治水“陆行载车，水行乘舟，泥行乘毳，山行则梮”，颜师古注引如淳曰：“梮谓以铁如锥头，长半寸，施之履下，以上山，不蹉跌也。”[①]《太平御览》卷六九八引《晋书》载：“石勒击刘曜，使人着铁屐施钉登城。”[②] 又《资治通鉴·唐纪四十八》载唐德宗贞元三年：“（德宗）入骆谷，值霖雨，道途险滑，卫士多亡归朱泚，叔明之子昪及郭子仪之子曙、令狐彰之子建等六人，恐有奸人危乘舆，相与啮臂为盟，著行縢、钉鞵，更鞚上马以至梁州。”胡三省注：“钉鞵，以皮为之，外施油蜡，底著铁钉。”[③]《文献通考》卷八十四记行封禅礼，登泰山，“卫士皆给钉鞵”。[④]

据文献所载，最晚至汉代，鞋底加有半寸铁锥的钉鞋已应用于日常生活。魏晋至唐宋时期，钉鞋广泛使用于军事征战、礼仪宿卫、登城、爬山之时。钉鞋形制有两种：一种铁制，下部施钉；另一种皮制，外施油蜡，防水加固，底部加钉。但钉鞋实物罕见发现。

吉林省集安市麻线沟墓区、禹山墓区、七星山墓区，辽宁省丸都山城城址中相继发现一些铁质、铜质鎏金钉鞋。其中保存较完整的钉鞋，根据形制与质料不同可分铁钉鞋和铜质鎏金钉鞋两类。

1. 铁钉鞋

此类钉鞋，形制模仿马蹄铁，由铁质踏面和鞋钉两部分构成。据形制差异又可分 A、B、C 三型。

A 型　整体呈闭合 U 形，踏面长 11—15 厘米，宽 10—11 厘米，底部饰有 6—7 颗钉，鞋钉较长，4—5 厘米，钉截面多为方形。如：

标本 2001JWGT903③:19，踏面长 14.4、宽 10.4 厘米，底部饰有 7 钉，钉长 4

---

① 班固：《汉书》，中华书局 2000 年版，第 1333 页。

② 宋李昉编撰，任明等校点：《太平御览》，河北教育出版社 2000 年版第 6 集，第 472 页。

③ 司马光：《资治通鉴》，中华书局 2007 年版，第 7491 页。

④ 马端临：《文献通考》，中华书局 1986 年版，第 770 页。

厘米（图四十四，1）。[①] 标本2001JWGT410③:1，踏面长11.2、宽10厘米，底部饰有6钉，钉长4厘米（图四十四，2）。[②] 标本1801－1，踏面长12、宽10厘米，底部饰有6钉，钉长5.4厘米（图四十四，3）。[③] 三个标本都出自丸都山城。

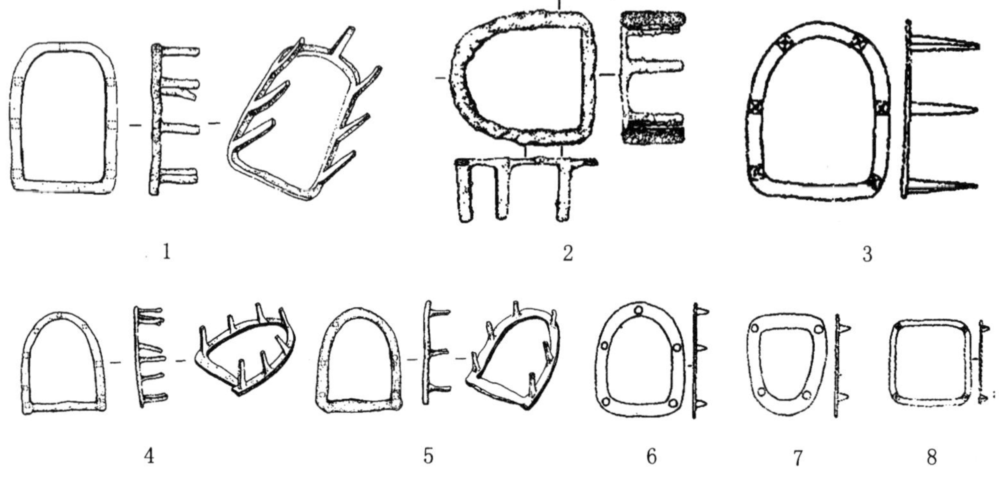

1—3. A型（丸都山城2001JWGT903③:19、丸都山城2001JWGT410③:1、丸都山城标本1801－1）
4—7. B型（丸都山城2001JWGT905④:5、丸都山城2001JWGT903③:21、万宝汀墓区M151标本1625—1、万宝汀墓区M151标本1625—2） 8. C型（丸都山城标本1801－2）

图四十四　铁钉鞋

B型 整体呈马蹄形，踏面长11—12厘米，宽9—10厘米，底部饰有4—7颗钉，鞋钉略短，长1—3厘米，钉截面为长方形、方形、圆形。如：

标本2001JWGT905④:5，踏面长11.2、宽9.6厘米。底部饰有7钉，钉长2.7厘米，钉截面呈长方形（图四十四，4）。[④] 标本2001JWGT903③:21，踏面长12、宽10厘米，底部饰有6钉，钉截面方形，钉长2.4厘米（图四十四，5）。[⑤] 均出自丸都山城。

标本1625，万宝汀墓区M151出土，其中，标本1625—1踏面长11.5厘米，宽9.8厘米，底部饰5个圆锥钉，钉长1.4厘米（图四十四，6）。标本1625—2踏面

---

① 吉林省文物考古研究所、集安市博物馆：《丸都山城：2001—2003年集安丸都山城调查试掘报告》，文物出版社2004年版，第91页。

② 同上。

③ 耿铁华：《高句丽兵器初论》，《辽海文物学刊》1993年第2期，第108页；耿铁华、孙仁杰、迟勇：《高句丽兵器研究》，见吉林省文物考古研究所、集安市文物保管所《高句丽研究文集》，延边大学出版社1993年版，第216—217页；王鹏勇：《高句丽之钉履》，《博物馆研究》2000年第1期，第71页。

④ 吉林省文物考古研究所、集安市博物馆：《丸都山城：2001—2003年集安丸都山城调查试掘报告》，文物出版社2004年版，第91页。

⑤ 同上。

长 11.5、宽 9.2 厘米，底部饰 4 圆锥钉，钉长 1.4 厘米（图四十四，7）。[①]

C 型 整体呈方形，丸都山城出土，标本 1801－2，踏面长宽均为 9 厘米，底部饰有 5 钉，钉长 1 厘米（图四十四，8）[②]。

A 型钉鞋的履钉较长，方柱形柱体增大了着力点的摩擦力，一旦插入地面，不容易脱落，它可能用于攀爬。B 型钉鞋从万宝汀墓区 M151 出土的 4 件来看，正好配合一双鞋使用，5 颗钉的钉鞋用于脚掌、4 颗钉的钉鞋用于后跟。B 型钉鞋可能是两两配合使用，搭配时，奇数钉的钉鞋在前，偶数钉的在后。B 型钉鞋前后掌分开，受力面大，履钉长短适中，便于插入和拔出地面，或冰面，它可能主要用于防滑。C 型钉鞋只发现一件，钉长只有 1 厘米，不知是磨损后的长度，还是原长度。若原长度达 4—5 厘米，可能与 A 型配合使用。

铁钉鞋的穿着方式是直接将铁掌钉于鞋底之上，也就是文献中记载的鞋为皮制，外施油蜡，底部加钉；还是在需要时用绳子临时捆绑在鞋上，尚难判定。若是后者，A 型钉鞋阔大的踏面可直接捆绑于鞋底部中央单独使用，B 型钉鞋则是在脚掌和脚跟处分别绑两件。

铁钉鞋的穿着者，有的学者认为是“一般士兵和下级将领”[③]，有的学者认为是“贵族或军长一类人物才可能使用”。[④] 从铁钉鞋出土地点分析，丸都山城发现的 5 件，均出于包括宫墙、排水系统、建筑台基、建筑址、宫门、中心广场及宫殿附属设施的大型宫殿址中。出土 4 件铁钉鞋的万宝汀墓区 JWM151 也不是一座平民形制的墓葬。因此，现阶段发现的三种式样的铁钉鞋可能是高句丽贵族和军事将领使用的钉鞋。

普通士兵、平民是否穿着铁钉鞋，从高句丽地区自然环境来看，多大山深谷，冬季气候寒冷，高山冰雪覆盖，陡峭滑湿，为方便攀爬、行走、作战亦应穿着。《丸都山城宫殿址出土部分铁器的金相学研究》一文检测了 2001JWGT410③出土的铁钉履，推测它是由铸造直接成型，铸造中在其内部锻接一层条形钢材，作为加固之用。[⑤] 此铁钉鞋加工较为精细。但从铸造缺陷、夹杂物的多寡、组织均衡性等方面的迹象显示它是小手工业作坊制作的产品。[⑥] 普通士兵、平民穿着的铁钉鞋与现今发现的三式钉鞋相比较，形制应更简单，质料更差一些，做工更粗糙一些，因此没能保存下来，或没有被搜集。

---

① 耿铁华：《高句丽兵器初论》，《辽海文物学刊》1993 年第 2 期，第 108 页；耿铁华、孙仁杰、迟勇：《高句丽兵器研究》，见吉林省文物考古研究所、集安市文物保管所《高句丽研究文集》，延边大学出版社 1993 年版，第 216—217 页；王鹏勇：《高句丽之钉履》，《博物馆研究》2000 年第 1 期，第 71 页。

② 同上。

③ 耿铁华：《高句丽兵器初论》，《辽海文物学刊》1993 年第 2 期，第 109 页。

④ 王鹏勇：《高句丽之钉履》，《博物馆研究》2000 年第 1 期，第 72 页。

⑤ 吉林省文物考古研究所、集安市博物馆：《丸都山城：2001—2003 年集安丸都山城调查试掘报告》，文物出版社 2004 年版，第 180 页。

⑥ 同上书，第 183 页。

2. 铜质鎏金钉鞋

此类钉鞋，只见鞋底与鞋钉，铜质，表面鎏金。鞋底长度30—32.5厘米，中部宽10—12厘米，相当于今日43、44号鞋码。鞋底部有22—39颗鞋钉，钉长1.2—3.3厘米。鞋底边缘多上折，有的鞋尖部向上翘起，边沿四周多有圆形或长方形的孔。其中，8件较为完整，见下：

标本2292，1959年前后麻线沟附近高句丽古墓出土，鞋底长32.5、宽8.7厘米。鞋底边缘向上翘起1厘米，鞋尖微微向上回卷，边沿四周相对有22个直径为3毫米的圆孔，鞋底原有35颗鞋钉，钉长3.3厘米，粗0.5厘米（图四十五，1）。①

标本115，1959年3月26日禹山墓区一座高句丽古墓出土，鞋底长32、中宽11厘米。原有22颗钉，现存18颗，钉长1.2厘米（图四十五，2）。②

标本117，1960年麻线猪场附近一座高句丽古墓出土，鞋底边缘上折，四周有小孔。鞋底长32、中宽11.5厘米。原有35颗鞋钉，现存27颗，钉长3厘米（图四十五，3）。③

标本2282，1983年七星山墓区1223方坛积石墓出土，鞋底长32、中宽10.3厘米。原有23颗钉，现存8颗钉。钉长3.2厘米（图四十五，4）。④

标本3105-1，1986年禹山墓区JYM3105积石墓出土，鞋底边缘上折，周边有长方形和圆形小孔。鞋底长31、中宽12厘米。原有23颗钉，现存2颗，钉长3.2厘米（图四十五，5）。⑤

标本3109-1，1986年禹山墓区3109号积石墓出土，鞋底长30、宽9—11.6厘米，鞋底应有23颗四棱尖状的钉，现存两颗。钉长3.2厘米。鞋底周缘折起，上有小孔（图四十五，6）。⑥

标本00JYM2B:1，将军坟祭台东南角出土，残存近鞋跟部位。鞋底有乳状钉9

---

① 远生：《高句丽的鎏金铜钉鞋》，《博物馆研究》1983年第1期，第32页；耿铁华：《高句丽兵器初论》，《辽海文物学刊》1993年第2期，第108页；耿铁华、孙仁杰、迟勇：《高句丽兵器研究》，见吉林省文物考古研究所、集安市文物保管所《高句丽研究文集》，延边大学出版社1993年版，第217—218页；王鹏勇：《高句丽之钉履》，《博物馆研究》2000年第1期，第71页。

② 耿铁华：《高句丽兵器初论》，《辽海文物学刊》1993年第2期，第108页；耿铁华、孙仁杰、迟勇：《高句丽兵器研究》，见吉林省文物考古研究所、集安市文物保管所《高句丽研究文集》，延边大学出版社1993年版，第218页；王鹏勇：《高句丽之钉履》，《博物馆研究》2000年第1期，第71页。

③ 同上。

④ 王鹏勇：《高句丽之钉履》，《博物馆研究》2000年第1期，第71—72页。

⑤ 案：王鹏勇认为此鞋出自禹山墓区3105号墓，耿铁华认为出自3109号墓。因《集安洞沟古墓群禹山墓区集锡公路墓葬发掘》所绘3109号墓出土钉鞋与耿铁华论文中的图案存在差异，故本书采纳王鹏勇之说，将此鞋归为3105号墓葬。参见王鹏勇：《高句丽之钉履》，《博物馆研究》2000年第1期，第72页；耿铁华：《高句丽兵器初论》，《辽海文物学刊》1993年第2期，第108页；耿铁华、孙仁杰、迟勇：《高句丽兵器研究》，见吉林省文物考古研究所、集安市文物保管所《高句丽研究文集》，延边大学出版社1993年版，第218页。

⑥ 吉林省文物考古研究所、集安市文物保管所：《集安洞沟古墓群禹山墓区集锡公路墓葬发掘》，见吉林省文物考古研究所、集安市文物保管所《高句丽研究文集》，延边大学出版社1993年版，第67页。

颗，边缘上折且有圆孔。残长 12.5 厘米，宽 10.5 厘米，高 1.6、厚 0.05 厘米（图四十五，7）。①

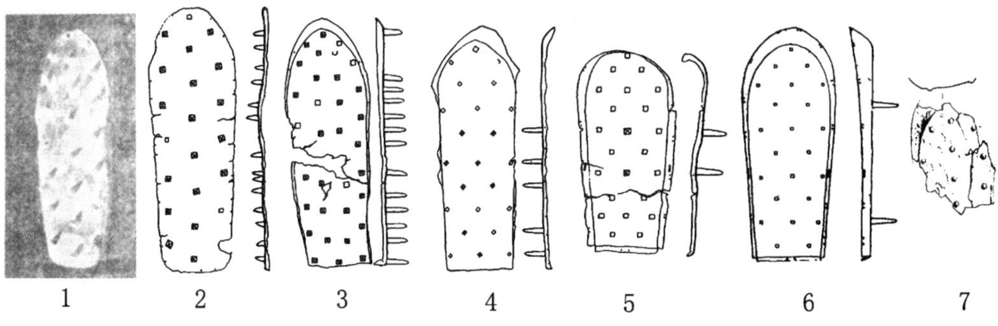

1. 麻线沟高句丽古墓标本 2292　2. 禹山高句丽古墓标本 115　3. 麻线猪场高句丽古墓标本 117　4. 七星山墓区 1223 方坛积石墓标本 2282　5. 禹山墓区 JYM3105 积石墓标本 3105－1　6. 禹山墓区 3109 号积石墓标本 3109－1　7. 将军坟 00JYM2B:1

图四十五　铜质鎏金钉鞋

铜质鎏金钉鞋，鞋底边缘四周有圆形、方形的小孔，这些小孔的功用，发掘者多认为是系线连缀与缝合，连缀缝合的对象可能是布帛、皮革，也可能是同种材质的金属。前一种可能等于认同铜质鎏金钉鞋只有鞋底是金属的，因考古发现中确实无金属鞋面、鞋帮出土，此说尚算合理。

从小孔直径分析，标本 2292，圆孔直径为 3 毫米，可通过小的铆钉铆合金属材质的鞋帮。禹山墓区 JYM3105 号墓发现 3 件呈片状六瓣梅花形的饰物，直径 2.2 厘米，花蕊有一铆钉长 0.5 厘米。报告认为鎏金梅花饰是镶在鎏金钉鞋鞋面的装饰。②0.5 厘米的铆钉应是用于铜质鞋面。在百济武宁王陵，新罗金冠塚、壶杅塚、天马塚、饰履塚，日本藤之木古坟、船山古坟、荷山古坟等处均发现鞋面、鞋帮、鞋底通体鎏金的铜（钉）鞋。因此，鎏金铜钉鞋也可能是通体金属制成。

铜质鎏金钉鞋制作工艺精湛，出土于规格较高的方坛积石墓，穿着者或拥有者，身份应普遍高于穿铁钉鞋的人，学界于此无疑议。争议焦点在于，铜质鎏金钉鞋是实用器，还是明器，有的学者认为它是“高句丽贵族军事首长冬季穿用的防滑之物”③，有的学者认为它是“随葬的明器，非实用器”④，还有的学者认为“它虽是明器，但在高句丽部族的日常生活中确已穿用，因为古代部族的葬俗，往往都是选

① 吉林省文物考古研究所、集安市博物馆：《集安高句丽王陵——1990—2003 年集安高句丽王陵调查报告》，文物出版社 2004 年版，第 359 页。

② 吉林省文物考古研究所、集安市文物保管所：《集安洞沟古墓群禹山墓区集锡公路墓葬发掘》，见吉林省文物考古研究所、集安市文物保管所《高句丽研究文集》，延边大学出版社 1993 年版，第 68 页。

③ 耿铁华、孙仁杰、迟勇：《高句丽兵器研究》，见吉林省文物考古研究所、集安市文物保管所《高句丽研究文集》，延边大学出版社 1993 年版，第 218—219 页。

④ 王鹏勇：《高句丽之钉履》，《博物馆研究》2000 年第 1 期，第 72 页。

定出几件与生前日常生活最密切，最亲近，最重要的物品作为随葬的”[①]。第三种观点显然混淆了明器与实用器的概念。“明器”是专门为随葬而制造的器物，一般不在日常生活中使用。第一、二种观点辨析的关键在于铜质鎏金钉鞋是否有使用的痕迹及铜质鎏金钉鞋是否便于日常使用。

何种磨损为使用痕迹，学者界定不同。持实用论学者认为“鎏金钉鞋放置在死者脚下，而且有不同程度的磨损使用痕迹。证明这些鎏金钉鞋或铁钉履曾经使用，使用者死后又成为随葬品。”[②] 持明器论学者认为“整个钉履表明鎏金，没有使用的痕迹。”[③] 使用痕迹存在与否，通过肉眼有时难以分辨，但通过电子显微镜微痕分析，可以解决。铜质鎏金钉鞋是否便于日常使用，与鞋底厚度关系密切。若鞋底太厚，不能弯折，不便行走，不可能是实用器，反之，则具有实用性。

现今发现的铜质鎏金钉鞋底部多由薄铜板捶制而成，厚度大小不一。将军坟祭台东南角发现的鎏金钉履 00JYM2B∶1，残存近鞋跟部位，鞋底厚度仅为 0.05 厘米。[④] 禹山墓区 2112 号墓中出土鎏金鞋钉 YM2112∶252，顶部铆接宽 1.1 厘米的鎏金残片、厚约 0.1 厘米（图四十六，1）。[⑤] 麻线沟墓区出土的标本 2992、标本 117，禹山墓区出土的标本 115、标本 3109—1、标本 3105—1，七星山墓区 JQM1223 出土的标本 2282，鞋底厚度约为 0.2 厘米。[⑥] 0.05—0.2 厘米厚度的铜板尚可弯曲。

前文提及铜质鎏金钉鞋上的鞋钉长度在 1.2—3.3 厘米之间，而在高句丽墓葬城址中发现的十余件鎏金鞋钉，钉长则在 2.3—5.7 厘米，如禹山 540 号墓 03JYM0540∶50，通长 2.3 厘米（图四十六，2）。[⑦] 丸都山城 2003JWL∶34，长 4 厘米（图四十六，3）。[⑧] 太王陵 03JYM541∶203－2，钉长 4.4 厘米（图四十六，4）。[⑨] 禹山墓区 2112 号墓 YM2112∶255，钉身残长 5.7 厘米（图四十六，5）。[⑩] 散出的鎏金鞋钉明显普遍比鞋底保存完整的钉鞋上的钉长。原则上，裸钉长度减去鞋底上露出的鞋钉的长度，也就是上两组数据相减，可得出鎏金鞋底的厚度，即 1.1—2.4 厘米。但这个数据远大于实际测量的 0.05—0.2 厘米，数据中应有一些水分，如某些鎏金钉可能不是鞋钉，但整体来说，1 厘米左右的厚底，还是可能存在的。此种厚度的鞋底，

---

① 远生：《高句丽的鎏金铜钉鞋》，《博物馆研究》1983 年第 1 期，第 32 页。

② 耿铁华：《高句丽兵器初论》，《辽海文物学刊》1993 年第 2 期，第 109 页。

③ 王鹏勇：《高句丽之钉履》，《博物馆研究》2000 年第 1 期，第 72 页。

④ 吉林省文物考古研究所、集安市博物馆：《集安高句丽王陵——1990—2003 年集安高句丽王陵调查报告》，文物出版社 2004 年版，第 359 页。

⑤ 集安市博物馆：《集安洞沟古墓群禹山墓区 2112 号墓》，《北方文物》2004 年第 2 期，第 29—35 页。

⑥ 王鹏勇：《高句丽之钉履》，《博物馆研究》2000 年第 1 期，第 72 页。

⑦ 王志刚：《集安禹山 540 号墓清理报告》，《北方文物》2009 年第 1 期，第 20—31 页。

⑧ 吉林省文物考古研究所、集安市博物馆：《丸都山城：2001—2003 年集安丸都山城调查试掘报告》，文物出版社 2004 年版，第 161 页。

⑨ 吉林省文物考古研究所、集安市博物馆：《集安高句丽王陵——1990—2003 年集安高句丽王陵调查报告》，文物出版社 2004 年版，第 309 页。

⑩ 集安市博物馆：《集安洞沟古墓群禹山墓区 2112 号墓》，《北方文物》2004 年第 2 期，第 29—35 页。

弯折较难，在现实生活中无法使用。

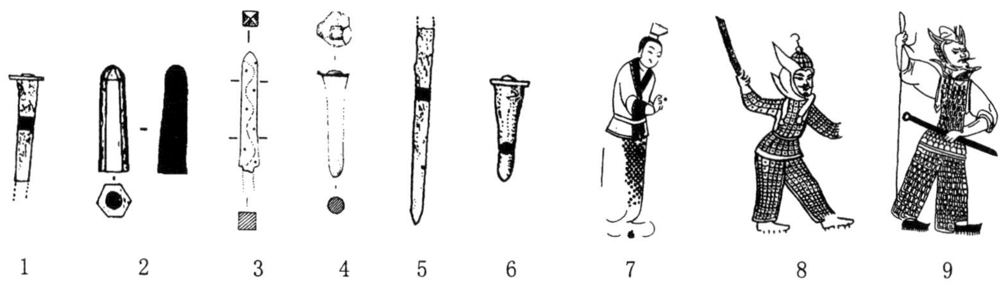

1. 禹山墓区 YM2112:252 2. 禹山 03JYM0540:50 3. 丸都山城 2003JWL:34 4. 太王陵 03JYM541:203－2 5. 禹山墓区 YM2112:255 6. 禹山墓区 YM2112:256 7. 长川 2 号墓墓室北扇石扉正面门卒 8. 通沟 12 号墓北室左壁举刀武士 9. 三室墓第二室西壁武士

图四十六 鞋钉与穿钉鞋人像

从鎏金鞋钉分析，钉身截面有六棱形、方形、圆形三种形制。如禹山 540 号墓 03JYM0540:50，器身呈六棱柱体末端较粗，前部略细，末端底有圆形残痕。① 丸都山城 2003JWL:34，钉身为方形，各面均饰波浪间圆点式纹饰，通体打磨精致。② 禹山墓区 2112 号墓 YM2112:256，钉身断面为圆形，上粗下细（图四十六，6）。③ 作为实用器的铁钉鞋鞋钉截面有方形、圆形，但其加工工艺远不如鎏金鞋钉精细，六棱形截面则没有。

综上所述，铜质鎏金鞋至少应包含两种形制，一种是专门为随葬制作的明器，如通体金属的鎏金钉鞋；另一种则具有实用性，供王族、高级贵族使用，如仅鞋底是薄铜片的钉鞋。铜质鎏金鞋的华美与精致，表明它应使用于隆重的礼仪场合。

此外，长川 2 号墓墓室北扇石扉正面绘有穿钉履的门卒形象（图四十六，7）。通沟 12 号墓北室左壁举刀武士（图四十六，8），三室墓第二室西壁所绘左手握剑、右手持矛的武士（图四十六，9），亦脚穿钉履。长川 2 号墓所绘钉鞋已漫漶不清，具体形制不详。通沟 12 号、三室墓所绘钉鞋，可见鞋底部布满鞋钉。从钉鞋的配套服装来看，有便装与戎装之别，钉鞋形制也应相应有别。至于它们所穿钉鞋是 A 与 B 哪种形制，因壁画写实性不强，难下定论。

五 圆头履与笏头履

圆头履，圆头的鞋。先秦时期出现，西汉以前多为大夫使用，用以区分天子和

---

① 王志刚：《集安禹山 540 号墓清理报告》，《北方文物》2009 年第 1 期，第 20—31 页。

② 吉林省文物考古研究所、集安市博物馆：《丸都山城：2001—2003 年集安丸都山城调查试掘报告》，文物出版社 2004 年版，第 161 页。

③ 集安市博物馆：《集安洞沟古墓群禹山墓区 2112 号墓》，《北方文物》2004 年第 2 期，第 29—35 页。

诸侯所穿黑色、素色方头履。① 东汉以后用于女性，表顺从之义。晋太康初年，因女性广泛穿着方头履，圆头履伦理性别取向尽失。② 南朝刘宋时期，圆头履盛行，无论尊卑男女，皆穿此鞋。③ 如南京幕府山出土侍女俑（图四十七，1）④，南京小洪山出土男侍陶俑（图四十七，2）。⑤ 北朝各代亦以圆头履为尚，出土陶俑中习见圆头履形象，如北朝景县封氏墓武士俑（图四十七，3），太原北齐徐显秀墓戴笼冠文吏俑（图四十七，4）。⑥

1. 南京幕府山侍女俑　2. 南京小洪山男侍陶俑　3. 北朝景县封氏墓武士俑　4. 太原北齐徐显秀墓戴笼冠文吏俑　5. 德兴里壁画墓前室西壁上段太守　6、7. 龛神塚前室西壁左侧女子　8. 龛神塚前室西壁右侧女子　9. 河南邓县画像砖　10. 北魏洛阳宁懋石室线画　11. 五盔坟4号墓东壁　12. 五盔坟4号墓北壁

图四十七　圆头履与笏头履

在高句丽壁画中，部分人物所穿裙袍长及地面，大半鞋履覆盖其下，但从鞋头

① 《太平御览》卷六九七引汉贾谊《贾子》："天子黑方履，诸侯素方履，大夫素圆履。"任明等校点：《太平御览》，河北教育出版社2000年版，第464页。

② 《宋书·五行志一》载："昔初作履者，妇人圆头，男子方头。圆者，顺从之义，所以别男女也。晋太康初，妇人皆履方头，此去其圆从，与男无别也。"沈约：《宋书》，中华书局2000年版，第593页。

③ 《宋书·五行志一》载："孝武世，幸臣戴法兴权亚人主，造圆头履，世人莫不效之。其时圆进之俗大行，方格之风尽矣。"沈约：《宋书》，中华书局2000年版，第594页。

④ 沈从文：《中国古代服饰研究》，上海书店出版社2007年版，第208页。

⑤ 同上书，第208页。

⑥ 同上书，第219页。

形状来看，明显与前述高句丽各类足衣不同，应属于南北朝时期广为流传的圆头履。如德兴里壁画墓前室西壁上段十三郡太守图中第一位太守，头戴平巾帻，身穿红色宽袖长袍，足登黑色圆头履（图四十七，5）。龛神塚前室西壁左侧女子，梳双螺髻，身穿竖条纹长裙，裙前饰蔽膝，裙后垂绶带，或垂披帛，足下圆头履（图四十七，6、7）；西壁右侧女子，梳高髻、穿朱色长裙、裙前饰白地红色曲线纹蔽膝，裙后垂白色绶带，足登黑色圆头履（图四十七，8）。

笏头履，是一种鞋头高翘，顶部圆弧，整体呈笏板状的鞋履。五代后唐马缟《中华古今注》卷四记："宋有重台履，梁有笏头履。"故多以此鞋产生于梁时。[①]河南邓县画像砖（图四十七，9）[②]，北魏洛阳宁懋石室线画（图四十七，10）[③]，绘有笏头履。笏头履与宽大长袍相配，可约束下摆，防止绊倒，又可增加雍容之气，深受南北朝时期社会上层人物喜爱，穿着者以贵族、高冠、高级侍从居多。

五盔坟4号墓东壁、北壁、西壁，莲台之上，绘有同样装扮的六人：头戴乌纱笼冠，身穿方心曲领袍，红、绿、赭各色不一，宽大长袖，腰前垂赭、黄二色韠，身后或两侧垂红、绿、赭三色绶带，手持团扇，足登黑色笏头履（图四十七，11、12）。

---

① 周汛、高春明：《中国衣冠服饰大辞典》，上海辞书出版社1996年版，第292页。

② 沈从文：《中国古代服饰研究》，上海书店出版社2007年版，第215页。

③ 同上书，第233页。

第六章　其他出土饰物

除前文提及的服饰资料外，田野发掘中还发现大量耳环、耳坠、指环、手镯、带扣、带铐、铊尾等各种饰物，本章从耳饰、手饰、带具三类分别阐述。

第一节　耳饰

耳饰，即耳部的装饰。多用金银、珠玉等贵重材质制成。包括耳钉、耳珰、耳环、耳坠等。高句丽遗迹中发现耳饰主要有耳环和耳坠两类。

一　耳环

耳环是用金属丝弯制而成的环状耳饰。目前高句丽遗迹中出土耳环共有11件。质地有金、铜、鎏金和包金四种。环直径一般介于1.8至2.4厘米之间，用于弯环的铜丝或金丝粗度在0.2至0.3厘米之间（附表13高句丽遗迹出土耳饰统计表）。

中国国内发现，如麻线沟1号墓出土一件，金质，略呈三角形，断面方形，侧面刻有平行的斜线纹，重1.47克（图四十八，1）。[①] 五女山城T52②:7，铜质，平面呈不规则圆形，直径1.8厘米（图四十八，2）。[②] 抚顺洼浑木M2出土两件，包金，编号为M2:3、M2:5，制作不很精细，金片均残，环直径2.2厘米（图四十八，3、4）。[③] 沈阳石台子山城墓葬三件，均为黄铜锻制。2006SSM3:1出土于墓室东壁，直径2.4，铜丝粗0.3厘米（图四十八，5）；2006SSM3:2，出土于墓主人头部西侧，直径2，铜丝粗0.2厘米（图四十八，6）；2006SSM3:3，出土于墓主人头部东侧。黄铜锻制，外侧包金。直径2.3—2.4厘米，铜丝粗0.25厘米（图四十八，7）。[④]

---

① 吉林省博物馆辑安考古队：《吉林辑安麻线沟一号壁画墓》，《考古》1964年第10期，第520—528页。

② 辽宁文物考古研究所：《五女山城》，文物出版社2004年版，第215页。

③ 王增新：《辽宁抚顺市前屯、洼浑木高句丽墓发掘简报》，《考古》1964年第10期，第542页。

④ 沈阳市文物考古研究所：《2004年沈阳石台子山城高句丽墓葬发掘简报》，《北方文物》2006年第2期，第20—26页。

朝鲜境内发现，如云平里10号墓发现一件金质耳环（图四十八，8）。① 祥原3号墓发现两件铜鎏金耳环（图四十八，9、10）。②

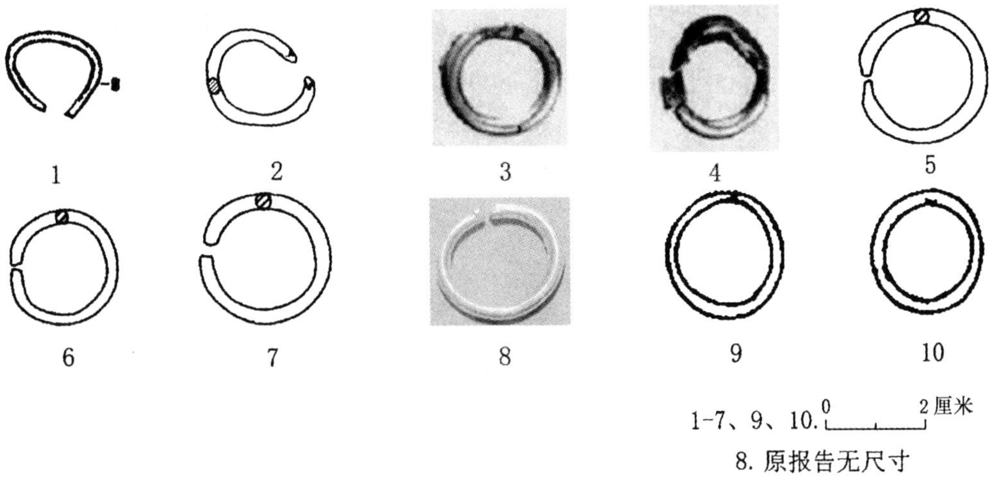

1. 麻线沟1号墓　2. 五女山城T52②:7　3、4. 抚顺洼浑木M2:3、M2:5　5—7. 沈阳石台子山城墓葬2006SSM3:1、2006SSM3:2、2006SSM3:3　8. 云平里10号墓　9、10. 祥原3号墓

图四十八　耳环

二　耳坠

耳坠是带有下垂饰物的耳饰。目前高句丽遗迹发现耳坠共有43件。质地有金、铜、鎏金三种。根据耳坠结构及佩戴方式不同，可将其分为三型。

A型　粗环耳坠。

由上部粗环，中部扁圆环和下部坠饰三部分构成。粗环一般是用金银箔卷成筒状后弯折而成。粗环大小不一，大的直径4.6厘米，小的直径1.5厘米。坠饰形制丰富，多是由圆球、圆饼、圆柱、圆锥、矛状饰件、桃形饰片等构成的复杂几何体，根据坠饰形制差别，又可分两个亚型。

Aa型　由圆球、圆饼、圆柱、圆锥等几何体构成的坠饰。

中国国内发现，如麻线沟1号墓出土一件，金质，金丝弯成的扁圆环下套联由圆球、圆饼和圆锥构成的葫芦形的坠饰。通长3.8厘米，重24.7克（图四十九，1）。③ 集安馆藏:1453，金质，通长4.2厘米，粗环直径1.8厘米，扁圆环下套由圆球、圆饼，圆饼下端作矛头状，坠长2厘米（图四十九，2）。集安馆藏:1486，金

---

① ［朝］《朝鲜遗迹遗物图鉴》编纂委员会:《朝鲜遗迹遗物图鉴》，外文综合出版社1990年版第4集。

② ［朝］Rah Meong kwan:《平壤市祥原郡一带高句丽墓葬调查发掘报告》，《朝鲜考古研究》1986年第3期，第42—43页；［朝］孙寿浩、Choi Ung seon:《平壤城、高句丽封土石室墓发掘报告》，白山资料院2003年版，第244—247页。

③ 吉林省博物馆辑安考古队:《吉林辑安麻线沟一号壁画墓》，《考古》1964年第10期，第520—528页。

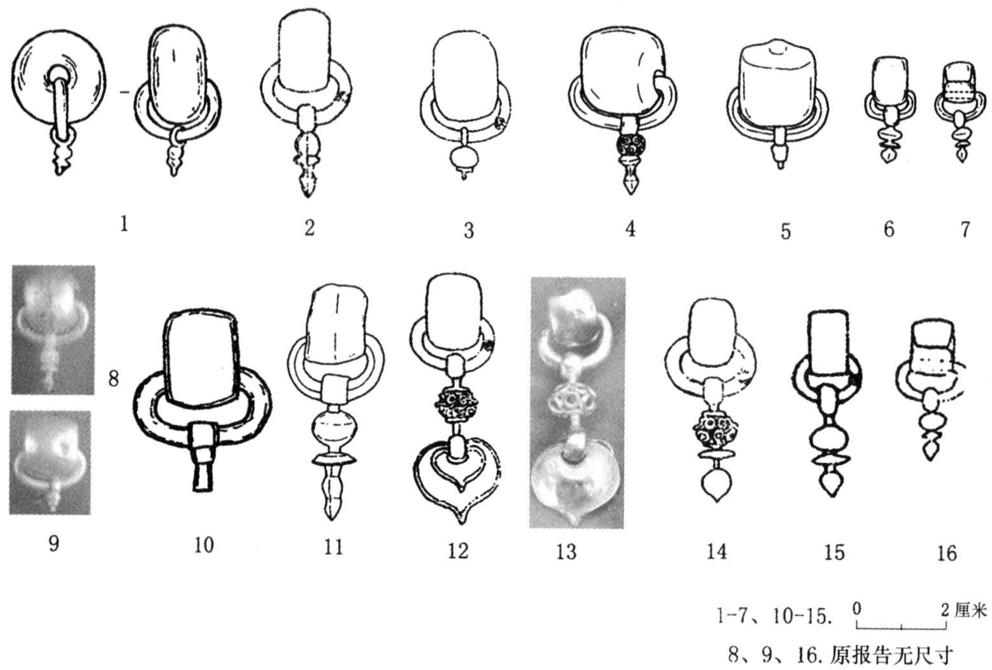

1—11. Aa 型（麻线沟 1 号墓、集安馆藏：1453、集安馆藏：1486、大城山城、大城山城、晚达面 4 号墓、晚达面 4 号墓、安鹤洞、安鹤洞、地镜洞古坟、地点不明） 12—16. Ab 型（集安馆藏：1521、平安南道大同郡、集安馆藏：1460、集安馆藏：1523、大洞 6 号墓）

图四十九　A 型粗环耳坠

质，通长 3.8 厘米，粗环直径 2.2 厘米，扁圆环下套圆球坠饰，球下有一小圆柄，坠长 0.8 厘米（图四十九，3）。①

朝鲜境内发现，如大城山城采集两件，一件扁圆环下套圆球、圆饼，圆饼下端作矛头状（图四十九，4），另一件扁圆环下套近似圆锥体的坠饰，其下端另接续一小尖（图四十九，5）。晚达面 4 号墓出土两件，均为扁圆环下套圆饼，圆饼下端作矛头状（图四十九，6、7）。② 安鹤洞出土两件，一件扁圆环下套圆球、圆饼，圆饼下端作矛头状（图四十九，8），一件扁圆环下套圆饼，圆饼下端作尖状（图四十九，9）。③ 地镜洞古坟出土一件，扁圆环下套粗细不同的两个圆柱型坠饰（图四十

① 集安馆藏:1453 和 1486，引自孙仁杰《集安出土的高句丽金饰》，《博物馆研究》1985 年第 1 期，第 97—100 页。

② ［日］谷井濟一:《平安南道江東郡晚達面古墳調查報告書》，见《大正五年度古蹟調查報告》（实为大正六年调查），朝鲜総督府 1917 年版，第 865—868 页；［日］野守健、榧本龜次郎:《晚達山麓高句麗古墳の調查》，见《昭和十二年度古蹟調查報告》，朝鲜古蹟研究會 1938 年版，第 43—46 页。案：東潮记为晚达面 7 号墓。

③ ［朝］《朝鲜遗迹遗物图鉴》编纂委员会:《朝鲜遗迹遗物图鉴》，外文综合出版社 1990 年第 4 集。

九，10）。还有一件具体地点不详的耳坠（图四十九，11）。①

Ab 型　由圆球、圆饼和桃形饰片构成的坠饰。

如集安馆藏:1521，金质，通长5.9厘米，粗环直径1.7厘米，下套扁圆环直径2.0厘米，扁圆环下接镂空扁圆球，其下为一大一小两个桃形金叶，大叶直径1.9厘米，小叶直径1.1厘米，厚0.1厘米（图四十九，12）。平安南道大同郡发现一件金耳坠与集安馆藏:1521形制基本相同（图四十九，13）。② 集安馆藏:1460，金质，粗环直径1.5厘米，下套扁圆环直径1.7厘米，其下为直径1.1厘米的镂空扁球，直径0.8厘米的圆饼和直径0.5厘米的桃形饰片（图四十九，14）。集安馆藏:1523，金质，通长3.8厘米，粗环直径1厘米，扁圆环下接圆球、圆饼和桃形饰片（图四十九，15）。③ 朝鲜半岛普林里大洞6号墓出土一件，亦为扁圆环下接圆球、圆饼和桃形饰片（图四十九，16）。④

此外，集安将军坟祭台东南角发现一件金质粗环，下套一金圈。编号为00JYM0002B:3，环孔径0.9厘米，环直径2.8厘米，金圈直径1.2厘米。⑤ 平壤驿前二室墓亦发现一件鎏金粗环。龙兴里2号墓发现一件金质粗环，下套一金圈。⑥ 此三件耳坠下部坠饰遗失。

B 型　细环耳坠。

由上部细环、中部小圆环和下部坠饰三部分构成。细环一般由金属丝弯折而成。坠饰形制多样，多由棒状、链状、球状、桃形饰片等饰件组合而成，根据坠饰形制差别，可分五个亚型。

Ba 型　坠饰由扁圆、圆饼和矛状突起构成。

如沈阳石台子山城墓葬出土的两件，均为黄铜锻制。一件编号2004SSM2:2，残长2.1、宽1.35厘米，铜丝粗0.25、坠长1.65、直径0.6厘米（图五十，1）；另一件编号2004SSM2:3，残长2.1、宽1.3、铜丝粗0.25、坠长1.6、直径0.7厘米（图五十，2）。⑦

Bb 型　坠饰整体近似圆（方）柱体，可细分为倒瓶状、棒状、矛状、条状等。

中国国内发现，如集安馆藏:1854，金质，通长4.6厘米，细环直径2.1厘米，

---

① 大城山城、晚达面7号墓、地镜洞古坟和一出处不明的耳坠，引自［日］東潮《高句麗考古学研究》，吉川弘文館1997年版，第404—406页。

② ［朝］《朝鲜遗迹遗物图鉴》编纂委员会:《朝鲜遗迹遗物图鉴》，外文综合出版社1990年版第4集。

③ 集安馆藏:1521、1460和1523，引自孙仁杰《集安出土的高句丽金饰》，《博物馆研究》1985年第1期，第97—100页。

④ ［朝］田畴农:《江西郡蓄水地内部地带的高句丽墓葬》，见朝鲜民族主义人民共和国考古学与民俗学研究所《考古学资料集（3）——各地遗迹整理报告》，科学院出版社1963年版，第189—205页。

⑤ 吉林省文物考古研究所、集安市博物馆:《集安高句丽王陵——1990—2003年集安高句丽王陵调查报告》，文物出版社2004年版，第359页。

⑥ 李俊杰:《龙兴里高句丽墓葬发掘报告》，《朝鲜考古研究》1993年第1期，第19—24页。

⑦ 沈阳市文物考古研究所:《2004年沈阳石台子山城高句丽墓葬发掘简报》，《北方文物》2006年第2期，第20—26页。

坠身整体呈倒瓶状，自上而下为珍珠纹、圆圈纹、竖线纹，坠尖部饰叶形纹，坠长 2.4 厘米。集安馆藏：1535，金质，通长 3.1 厘米，细环直径 1.8 厘米，套接小金环，其下为长 1.4、直径 0.2 厘米的尖方椎体。①

朝鲜境内发现，如传宁远郡出土的两件，一件小圆环下套圆球和矛状坠饰，一件小圆环下套镂空方形，下接圆球和圆锥体坠饰（图五十，3、4）。具体出土地点不明的一件，小圆环下套镂空方形，下接矛状坠饰（图五十，5）。

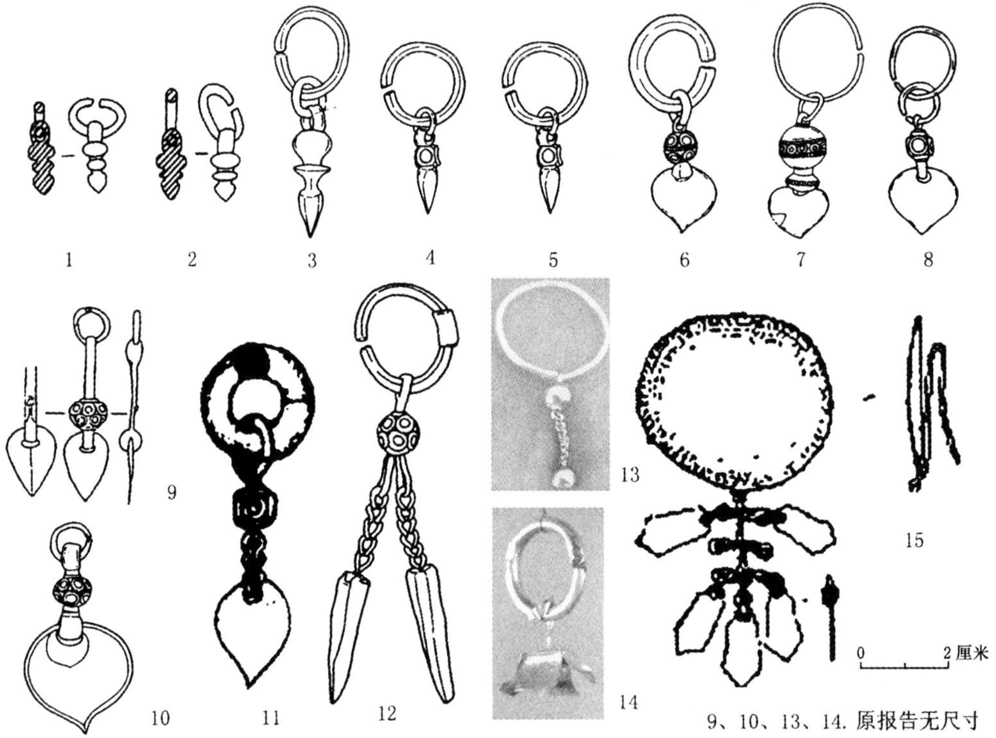

1、2. Ba 型（沈阳石台子山城墓葬 2004SSM2:2、2004SSM2:3）　3—5. Bb 型（传宁远郡、传宁远郡、地点不明）　6—10. Bc 型（传宁远郡、地点不明、地点不明、大洞 19 号墓、地点不明）　11—13. Bd 型（麻线安子沟 M401:1、宁远郡、药水里壁画墓）　14. Be 型（德花里 3 号墓）　15. C 型（禹山墓区 JYM3283:5）

图五十　B 型细环耳坠和 C 型插针式耳坠

Bc 型　坠饰整体由圆球和桃形饰片两部分构成。

中国国内发现，如集安馆藏：1534，通长 3.9 厘米，细环直径 1.6 厘米，中间小圆环直径 0.6 厘米，再接一圆球和三片桃形金片。大金片直径 1.7 厘米，小金片直径 0.6 厘米，厚 0.1 厘米。集安馆藏：1842，金质，通长 3.5 厘米，细环直径 1.7 厘米，下接小圆环，其下为镂空正方形饰和桃形金叶，叶直径 0.7 厘米，厚 0.1 厘米。

① 集安馆藏：1854 和 1535，引自孙仁杰《集安出土的高句丽金饰》，《博物馆研究》1985 年第 1 期，第 97—100 页。

集安馆藏:1549，通长4.1厘米，细环直径2厘米，连接镶有圆球和圆筒，下部为二小一大的桃形金片。大金片直径1.7厘米，小金片直径0.5厘米。

朝鲜境内发现，如传宁远郡出土一件，小圆环下接镂孔圆球，其下为桃形饰片（图五十，6）。龙岗郡秋洞8号墓出土一件，细环下接一枚略大的圆环，圆环下为镂孔圆球，其下连缀三片桃形饰片，一大二小。出土具体地点不明的三件，第一件小圆环下接镂孔圆球和扁球，其下为桃形饰片（图五十，7），第二件细环下接一枚略大的圆环，圆环下为镂孔方球，其下连缀桃形饰片（图五十，8）。第三件细环下套接两个小圆环，其下为一桃形饰片。

龙岗郡大洞19号墓出土一件，细环下套接一金属棍，上穿镂空圆球，下接一片桃形饰片（图五十，9）。[①] 出土具体地点不明的一件细环下套接一金属棍，上穿镂空圆球，下接三片桃形饰片（图五十，10）。此两件是Bc型常见式样的变体。

Bd型 由条链连接坠饰。

中国国内发现，如麻线安子沟M401:1，金质，通长5厘米，圆环中套有一小环形链，下部连有一桃形叶片（图五十，11）。[②] 集安馆藏:2289，金质，通长3.1厘米，细环直径2.2厘米，下部为0.1厘米的双股金丝拧成的链，再下部残缺。集安馆藏:1473，通长6.5厘米，细环直径3.3厘米，下接八节绞结的金链，链长3.6厘米，其下为圆形卷边金片。金片直径0.8，厚0.1厘米。

朝鲜境内发现，如宁远郡出土，小圆环下为镂空圆球，下接两条金属链，链下是两个锥状的饰件（图五十，12）。药水里壁画墓发现一件，金质，细环下套接一圆球，其下为金属链，链末端再连接一圆球（图五十，13）。[③]

Be型 花朵状坠饰。

仅一件，出自德花里3号墓，金质，细环下接花朵状坠饰（图五十，14）。[④]

C型 插针式耳坠。

此式耳坠仅发现一件，出自禹山墓区3283号墓。金质，编号为JYM3283:5。其耳坠上端用金丝锤做直径4厘米的薄圆金片，圆片边缘有五周锥点纹，圆片后有一弯曲的插针。另一端将金线拉细拧绕7个坠环，每个环上套联一片金叶。通长8厘米（图五十，15）。[⑤] 佩戴方法是将耳坠上端的插针穿过耳孔。

耳环形象，除出土实物外，壁画亦有描绘，如长川2号墓北扇石扉正面男像，

---

① 《朝鲜遗迹遗物图鉴》第4册收录一件金耳坠记为出土于南浦市台城里，该耳坠与大洞19号墓出土品形制完全一样。不知是相同的两件，还是東潮或该《图鉴》记载有误。

② 吉林省文物考古研究所、集安市文物保管所：《集安麻线安子沟高句丽墓葬调查与清理》，《北方文物》2002年第2期，第50页。

③ ［朝］朱荣宪：《药水里壁画墓发掘报告》，见朝鲜民族主义人民共和国考古学与民俗学研究所《考古学资料集（3）——各地遗迹整理报告》，科学院出版社1963年版，第136—152页，图版LXIV—LXXVI。

④ ［朝］Jung Se-ang：《德花里3号墓发掘报告》，《朝鲜考古研究》1991年第1期，第22—25页。

⑤ 吉林省文物考古研究所、集安市文物保管所：《集安洞沟古墓群禹山墓区集锡公路墓葬发掘》，见吉林省文物考古研究所、集安市文物保管所《高句丽研究文集》，延边大学出版社1993年版，第70—71页。

右耳绘有黄耳环。[①] 四神墓所绘力士耳部绘金色耳环。张楚金《翰苑》注引梁元帝《职贡图》载“穿耳以金环”。[②] 是以高句丽人有带耳环的习俗，不单女子佩戴，男子亦可。

在耳坠中，对于A型耳坠的功用，学界一直颇有争议。有的学者认为它是耳部的装饰。[③] 有的学者认为它是冠上的附属物。[④] A型耳坠，直径一般在2.5—4厘米左右，重量在10克左右。此种尺寸和重量的耳坠在现代女性常用耳饰中不乏实物。冠上作为装饰的粗环，下垂坠饰多细长而繁复。如天马塚、瑞凤塚出土的金冠，粗环点缀在冠帽圈上，下坠饰长可及肩。[⑤] A型耳坠与其相比要短小许多。佩戴方式，或可通过卡扣掐在耳垂两侧，或通过镶嵌在里面的扣针，穿过耳孔。因此，其功用可能是耳饰与冠饰两者兼备。

Aa型耳坠与Ba型、Bb型耳坠的坠饰相似，Ab型耳坠与Bc型耳坠的坠饰相似，个别甚至完全相同。Bd型耳坠中的金属链其他类型不见，但（镂孔）圆球、矛状垂饰和桃形饰片是其他耳饰的常见组合。Be型和C型耳坠，发现数量少，又不具备其他耳坠所具备的某些特性，可能是来自其他地方的输入品。

第二节　手饰

手饰是手部的装饰，包括手镯、手链、指环、扳指等。在高句丽遗迹中发现的手饰，主要有指环和镯子两类。

一　指环

指环是套在手指之上用贵重金属或宝石制成的小环。高句丽遗迹目前共发现30件指环。质地有金、银、铜、鎏金、鎏银等几种。制法均为金属片或金属丝卷曲而成，偶见外表面装饰竖线纹、瓦棱纹。环直径大致在1.7至2.3厘米之间（附表14高句丽遗迹出土指环统计表）。

中国国内发现，如集安馆藏:1584，金质，用宽0.6，厚0.1厘米的长条形金片卷曲成环状，直径2.1厘米。表面外缘的两端各刻有一周均匀的竖线纹，中间捶一周凹下的圆点，圆点两端各缀两滴粟粒般大小的金珠（图五十一，1）。[⑥] 五女山城

---

① 吉林省文物工作队:《吉林集安长川二号封土墓发掘纪要》,《考古与文物》1983年第1期，第23页。

② 张楚金:《翰苑》，见金毓黻编《辽海丛书》，辽沈书社1985年版，第2519页。

③ ［日］東潮:《高句麗考古学研究》，吉川弘文館1997年版，第405—407页。

④ 孙仁杰:《集安出土的高句丽金饰》,《博物馆研究》1985年第1期，第97—100页；范鹏:《高句丽民族服饰的考古观察》，吉林大学，硕士论文，2008年，第17页。

⑤ ［韩］黄善真、李银英、刘颂玉:《服饰文化》，教文社2003年版，第33页；［韩］柳喜卿:《韩国服饰史研究》，梨花女子大学出版社2002年版，第81—82页。

⑥ 孙仁杰:《集安出土的高句丽金饰》,《博物馆研究》1985年第1期，第97—100页。

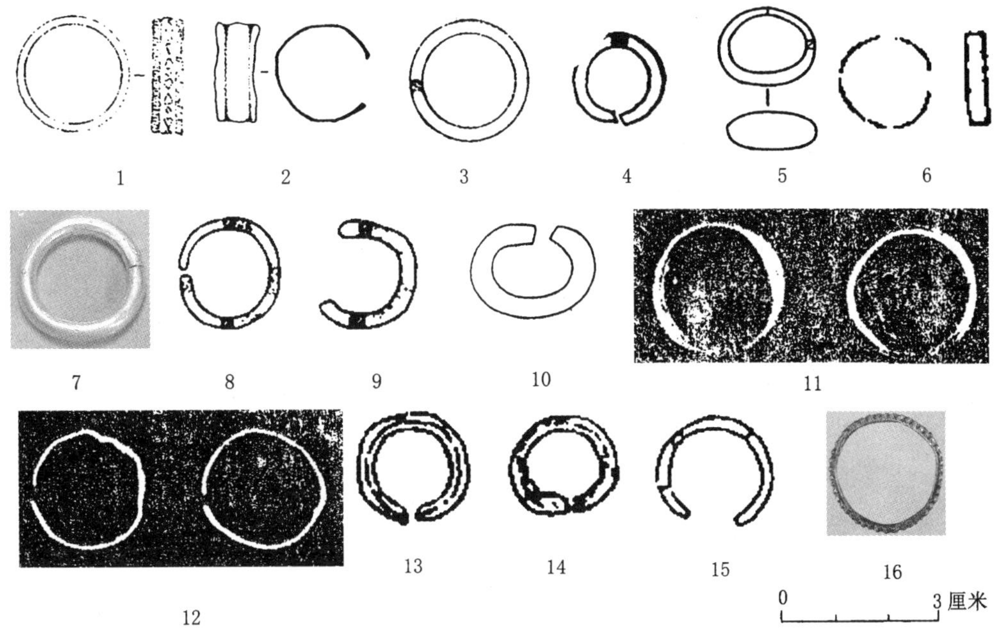

1. 集安馆藏:1584　2. 五女山城 T51②:7　3. 集安馆藏:1472　4. 集安老虎哨 M4　5. 沈阳石台子山城 02SSⅢT1⑤:12　6. 城岘里 Kinjaedongl2 号墓　7. 德花里 3 号墓　8、9. 安鹤宫 2 号墓　10. 平壤驿前二室墓　11、12. 药水里壁画墓　13. 大洞 13 号墓　14. 秋洞 9 号墓　15. 牛洞 1 号墓　16. 龙峰里 2 号墓

图五十一　指环

T51②:7，铜质，铜片环曲制成，外表面两侧有凹槽。[①] 径长 1.8，宽 0.8 厘米（图五十一，2）。集安馆藏:1472，素面，金质，金丝锻制而成，环直径 2.2 厘米（图五十一，3）。[②] 集安老虎哨 M4 发现一件银指环，以银丝卷成环形，断面呈圆形，直径 0.2 厘米，指环直径 1.7 厘米（图五十一，4）。[③] 沈阳石台子山城 02SSⅢT1⑤:12，铜质，直径 2.0 厘米（图五十一，5）。[④] 禹山 M3161 发现两件铜指环，JYM3161:2 系薄铜片绕作环形。[⑤]

朝鲜境内发现，如城岘里 Kinjaedong12 号墓发现一件银指环，直径在 2 厘米左右（图五十一，6）。[⑥] 德花里 3 号墓发现两件金指环，一件直径为 2.3 厘米（图五

---

① 辽宁文物考古研究所：《五女山城》，文物出版社 2004 年版，第 215 页。

② 孙仁杰：《集安出土的高句丽金饰》，《博物馆研究》1985 年第 1 期，第 97 页。

③ 集安县文物保管所：《集安县老虎哨古墓》，《文物》1984 年第 1 期，第 72 页。

④ 沈阳市文物考古研究所：《沈阳市石台子高句丽山城 2002 年Ⅲ区发掘简报》，《北方文物》2007 年第 3 期，第 29—37 页。

⑤ 吉林省文物考古研究所、集安市文物保管所：《集安洞沟古墓群禹山墓区集锡公路墓葬发掘》，见吉林省文物考古研究所、集安市文物保管所《高句丽研究文集》，延边大学出版社 1993 年版，第 60 页。

⑥ ［朝］金南一：《温泉郡城岘里 Kinjaedong12 号封土石室墓发掘报告》，《朝鲜考古研究》2007 年第 3 期，第 38—41 页。

十一，7）。[①] 安鹤宫2号墓发现两件青铜指环，直径在2厘米左右（图五十一，8、9）。[②] 平壤驿前二室墓发现一件银指环（图五十一，10）。[③] 药水里壁画墓发现两件金指环和两件银指环（图五十一，11、12）。[④] 大洞13号墓发现一件指环（图五十一，13），秋洞9号墓发现一件金指环（图五十一，14），牛洞1号墓发现一件指环（图五十一，15），直径均在2厘米左右。[⑤] 龙峰里2号墓发现一件银指环，直径2厘米（图五十一，16）。[⑥]

此外，乐浪洞M36发现一件铜鎏银指环。[⑦] 贞柏洞M101发现一件金指环。[⑧] 台城里1号墓发现两件银指环。[⑨] 台城里20号墓发现一件银指环。[⑩] 牛山里4号墓发现一件银指环。[⑪] 龙兴里墓群发现一件指环。[⑫] 松竹里1号墓发现一件铜鎏金指环。[⑬] 这些实物无图像，亦无详细记载，具体尺码不明。

除金属指环外，在罗通山城还发现一件玉扳指，淡黄色，管状，一端内侧刮削出斜面。内径2、外径2.9、高2.3厘米。[⑭]

二 镯子

镯子是套在手腕上的环形装饰品。高句丽遗迹目前共发现34件镯子。质地多为铜质，亦有少量金质、银质、青铜和鎏金。制法上，均为断面为三角形、圆形或扁体的金属条卷曲而成。镯子表面多素面，偶有外表面装饰瓦棱纹。直径在5至8厘

---

① ［朝］Jung Se-ang：《德花里3号墓发掘报告》，《朝鲜考古研究》1991年第1期，第22—25页。

② 金日成综合大学考古学及民俗学讲座：《大城山的高句丽遗迹》1973年版，第274—287页；［朝］孙寿浩、Choi Ung seon：《平壤城、高句丽封土石室墓发掘报告》，白山资料院2003年版，第118—128页。

③ ［朝］朝鲜民主主义人民共和国科学院考古学与民俗学研究所：《平壤驿前二室坟发掘报告》，《考古学资料集（1）——大同江流域古坟发掘报告》，科学院出版社1958年版，第17—24页，图版XIX—XXXVII。

④ ［朝］朱荣宪：《药水里壁画墓发掘报告》，见朝鲜民族主义人民共和国考古学与民俗学研究所《考古学资料集（3）——各地遗迹整理报告》，科学院出版社1963年版，第136—152页，图版LXIV—LXXVI。

⑤ ［朝］田畴农：《江西郡蓄水地内部地带的高句丽墓葬》，朝鲜民族主义人民共和国考古学与民俗学研究所《考古学资料集（3）——各地遗迹整理报告》，科学院出版社1963年版，第189—205页。

⑥ ［朝］《朝鲜遗迹遗物图鉴》编纂委员会：《朝鲜遗迹遗物图鉴》，外文综合出版社1990年版第4集。

⑦ ［朝］李淳镇：《乐浪区域一带的高句丽封土石室墓》，《朝鲜考古研究》1990年第4期，第2—9页；［朝］孙寿浩、Choi Ung seon：《平壤城、高句丽封土石室墓发掘报告》，白山资料院2003年版，第199—219页。

⑧ 同上。

⑨ ［朝］朝鲜民族主义人民共和国科学院考古学与民俗学研究所：《遗迹发掘报告（5）——台城里古坟群发掘报告》，科学院出版社1959年版。

⑩ ［朝］An Seong-kju：《台城里高句丽封土石室墓发掘报告》，《朝鲜考古研究》2008年第2期，第45—48页。

⑪ ［朝］Yun Kwang-soo：《牛山里4号封土石室墓发掘报告》，《朝鲜考古研究》2002年第2期，第44—47页。

⑫ ［朝］李俊杰：《龙兴里高句丽墓葬发掘报告》，《朝鲜考古研究》1993年第1期，第19—24页。

⑬ ［朝］Yun Kwang-soo：《燕滩郡松竹里高句丽壁画墓》，《朝鲜考古研究》2005年第3期，第20页。

⑭ 吉林省文物工作队：《高句丽罗通山城调查简报》，《文物》1985年第2期，第44页。

米之间（附表15 高句丽遗迹出土镯子统计表）。

中国国内发现，如五女山城出土四件铜镯子，其中 T402②:6，残，镯内侧平，外侧呈竹节状（图五十二，1）；T56②:3，残，剖面呈三角形，残长 2.5、宽 2.3 厘米（图五十二，2）；T407②:4，残余一段，剖面近圆形（图五十二，3）[①]；F32:23，残存多半圈，剖面近三角形（图五十二，4）。[②]

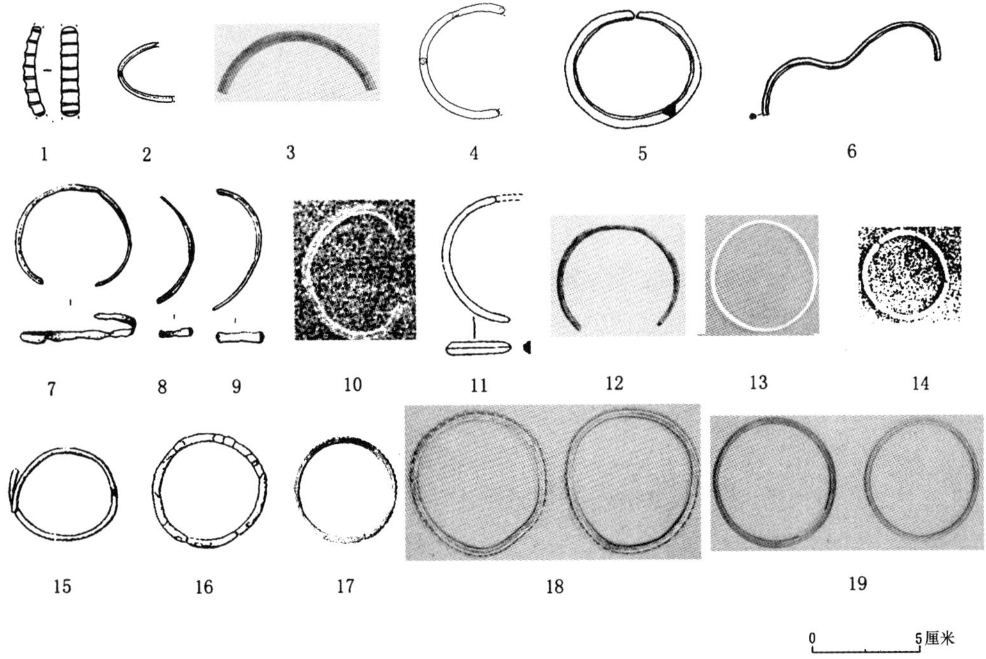

1—4. 五女山城（T402②:6、T56②:3、T407②:4、F32:23）　5. 禹山 JYM3160:3　6. 禹山 JYM3241:7　7—9. 临江墓 03JYM43J:15　10. 集安板岔岭　11. 辽源龙首山山城　12. 辽宁抚顺洼浑木 M2:4　13. 顺川市龙岳洞墓　14. 台城里 3 号墓　15. 大洞 4 号墓　16. 秋洞 9 号墓　17. 晚达面墓群　18. 凤山郡天德里　19. 隣山郡平和里

图五十二　镯子

禹山 M3160 发现两件鎏金镯子，其中一件编号为 JYM3160:3，断面为三角形。直径 6，断面直径 0.5 厘米（图五十二，5）。[③] 禹山 M3241 发现一件铜镯子，编号为 JYM3241:7，稍残，断面呈三角形（图五十二，6）[④]。临江墓发现一副青铜手镯，编号为 03JYM43J:15，是两个圆形开口的青铜圈，其中一个已经残成 2 段。圈直径

---

① 辽宁文物考古研究所：《五女山城》，文物出版社 2004 年版，第 215 页。

② 同上书，第 137 页。

③ 吉林省文物考古研究所、集安市文物保管所：《集安洞沟古墓群禹山墓区集锡公路墓葬发掘》，见吉林省文物考古研究所、集安市文物保管所《高句丽研究文集》，延边大学出版社 1993 年版，第 67 页。

④ 同上书，第 60 页。

5、宽0.5、厚0.2厘米（图五十二，7—9）。[①] 集安板岔岭发现一件金镯子，直径约5厘米（图五十二，10）。[②]

辽源龙首山山城发现一件铜镯子，圆环状内面较平，外中明凸一条棱线，断面呈三角形。直径5.25、宽0.51、厚0.3厘米（图五十二，11）。[③] 辽宁抚顺洼浑木M2发现一件铜镯子，编号M2:4，已残，断面为圆形，粗细不均，环径6.3厘米（图五十二，12）。[④]

此外，辽宁抚顺前屯高句丽墓发现一件铜镯子，编号M17:1，断面为扁圆形，环径6.3厘米。[⑤] 辽宁本溪小市晋墓发现两件银镯子和两件金镯子。银镯子，锻制，长方形银条打平棱角，接头严密不见缝隙，直径6.8、体径0.28厘米。金镯子直径略小于银镯子。[⑥] 桓仁高力墓子村墓地发现银镯子和铜镯子。[⑦] 吉林省博物馆藏标本一件，扁圆环状，内面平弧，外面有对称的两组瓦棱沟纹，周长17厘米。[⑧]

朝鲜境内发现，如顺川市龙岳洞墓发现一件银镯子，直径为6.2厘米（图五十二，13）。[⑨] 台城里3号墓发现两件形制基本相同的镯子（图五十二，14）。[⑩] 大洞4号墓发现一件镯子（图五十二，15）。秋洞9号墓发现一件镯子（图五十二，16）。[⑪] 晚达面墓群发现一件青铜镯子（图五十二，17）。[⑫] 凤山郡天德里发现两件银镯子，直径为8厘米（图五十二，18）。[⑬] 隣山郡平和里发现两件银镯子，直径为6.5厘米（图五十二，19）。[⑭] 乐浪洞M36发现四件银镯子。[⑮]

---

① 吉林省文物考古研究所、集安市博物馆：《集安高句丽王陵——1990—2003年集安高句丽王陵调查报告》，文物出版社2004年版，第58页。

② 转引自范鹏《高句丽民族服饰的考古学观察》，吉林大学，硕士论文，2008年，第18页。

③ 唐洪源：《辽源龙首山再次考古调查与清理》，《博物馆研究》2000年第2期，第50页。

④ 王增新：《辽宁抚顺市前屯、洼浑木高句丽墓发掘简报》，《考古》1964年第10期，第542页。

⑤ 王增新：《辽宁抚顺市前屯、洼浑木高句丽墓发掘简报》，《考古》1964年第10期，第532页。

⑥ 辽宁省博物馆：《辽宁本溪晋墓》，《考古》1984年第8期，第717页。

⑦ 陈大为：《桓仁县考古调查发掘简报》，《考古》1960年第1期，第8页。

⑧ 孙仁杰：《集安出土的高句丽金饰》，《博物馆研究》1985年第1期，第97页。

⑨ ［朝］《朝鲜遗迹遗物图鉴》编纂委员会：《朝鲜遗迹遗物图鉴》，外文综合出版社1990年版第4集。

⑩ 参见《新发现的台城里3号高句丽壁画》，《朝鲜考古研究》2002年第1期，第37—39页。

⑪ ［朝］田畴农：《江西郡蓄水地内部地带的高句丽墓葬》，见朝鲜民族主义人民共和国考古学与民俗学研究所《考古学资料集（3）——各地遗迹整理报告》，科学院出版社1963年版，第189—205页。

⑫ ［日］谷井濟一：《平安南道江東郡晚達面古墳調查報告書》，见《大正五年度古蹟調查報告》（实为大正六年调查），朝鲜総督府1917年版，第865—868页；［日］野守健、榧本龜次郎：《晚達山麓高句麗古墳の調查》，见《昭和十二年度古蹟調查報告》，朝鮮古蹟研究會1938年版，第43—46页。

⑬ ［朝］《朝鲜遗迹遗物图鉴》编纂委员会：《朝鲜遗迹遗物图鉴》，外文综合出版社1990年版第4集。

⑭ 同上。

⑮ ［朝］李淳镇：《乐浪区域一带的高句丽封土石室墓》，《朝鲜考古研究》1990年第4期，第2—9页；［朝］孙寿浩、Choi Ung seon：《平壤城、高句丽封土石室墓发掘报告》，白山资料院2003年版，第199—219页。

第三节　带具

考古发掘中，麻线沟1号墓，万宝汀78号墓、242号墓，禹山下41号墓，禹山540号、2110号、992号墓、1897号墓，禹山3232、3105、3283、3231、2891、3560号墓，七星山96号墓，长川2号墓，山城下187号墓，下活龙村8号墓，东大坡262、217号墓，集安JSZM145号墓，太王陵，临江墓，五女山城，丸都山城，霸王朝山城，罗通山城，辽源龙首山城，沈阳石台子山城，桓仁高力墓子村第15号墓，辽宁本溪小市晋墓，德花里3号墓，地镜洞1号墓，大城山城等墓葬和遗址发现数量众多的带扣、带銙、铊尾等各种带具金属构件。

一　带扣

带扣是腰带端头的卡扣。高句丽墓葬和遗址中出土的带扣数量丰富，据公开发表材料统计大致有180多件，质地以铜质鎏金和铁质习见，亦有铜质、银质（附表16高句丽遗迹出土的带扣统计表）。按照带扣结构和用法的差异，可将其分成四型。

A型　由扣环、一字形扣针、一条横梁三部分构成，扣针套接在扣环后端的横梁之上，可自由转动。根据扣环形状不同，可分六个亚型。

Aa型　扣环整体呈椭圆形。

如五女山城03XM:4，铁质，一字形扣针端头略下折，后梁与半圆形合页相连，合页上有3个铆钉，长5.5、宽4.6厘米（图五十三，1）[①]；F37:4，铁质，后梁与长方形合页相接，下端略弧，上有3个铆钉，长4.4、宽3.3厘米（图五十三，2）[②]；JC:47，铁质，合页平面呈圭形，带扣长4.5、宽2.2厘米，合页长3.3、宽3.1厘米（图五十三，3）；JC:48，铁带扣，残仅存扣环，平面呈椭圆形，长3.6、宽2.3厘米。[③]

Ab型　扣环整体呈U字形。

如禹山下41号，铁质，横截面为圆形（图五十三，4）。[④] 集安JSZM0001K2:13，铁质，长5.6、宽4.3厘米（图五十三，5）。[⑤]

有的U型扣环前端圆弧略外侈，后端平直略内收。如山城下M187:1，铁质，

---

① 辽宁文物考古研究所：《五女山城》，文物出版社2004年版，第37页。

② 同上书，第140页。案：原报告称03XM:4和F37:4扣针为T字形，误。

③ 同上书，第175页。

④ 吉林省博物馆文物工作队：《吉林集安的两座高句丽墓》，《考古》1977年第2期，第123—131页。

⑤ 吉林省文物考古研究所、集安市博物馆：《集安JSZM0001号墓清理报告》，见吉林省文物考古研究所《吉林集安高句丽墓葬报告集》，科学出版社2009年版，第282页。

前端略宽。[①] 禹山 JYM2891∶7，前端略外侈，高 4.4、宽 3.5 厘米（图五十三，6）。[②] 临江墓 03JYM43J∶12－1，03JYM43J∶12－2，长 5.5、宽 2.7 厘米，长针截面呈圆形。[③] 禹山 JYM3232∶4，前端圆弧外侈。[④]

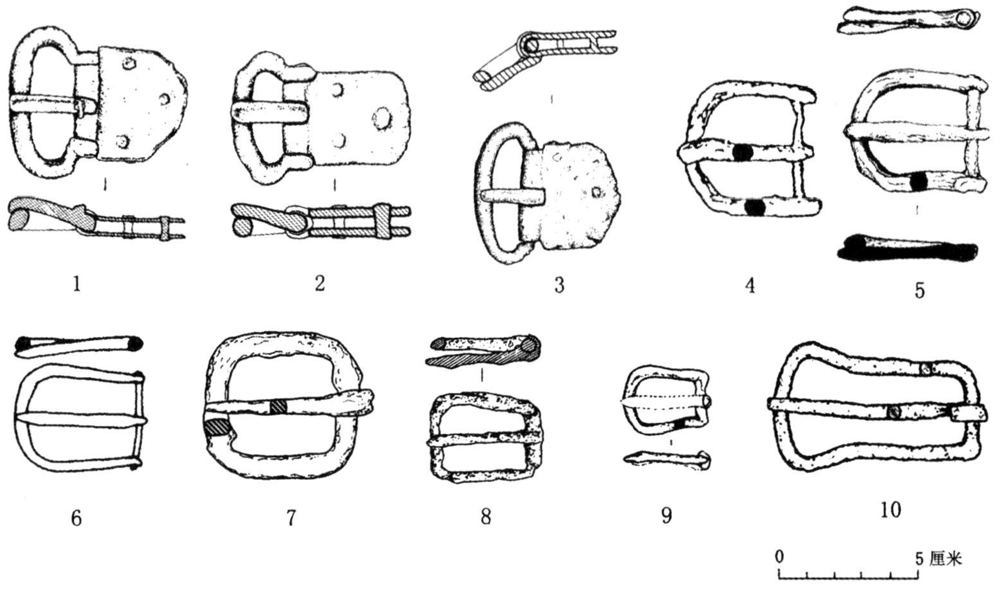

1—3. Aa 型（五女山城 03XM∶4、五女山城 F37∶4、五女山城 JC∶47）　4—6. Ab 型（禹山下 M41、集安 JSZM0001K2∶13、禹山 JYM2891∶7）　7、8. Ac 型（五女山城 F33∶2、禹山 03JYM992∶33）　9、10. Ad 型（集安 03JSZM145∶24、五女山城 JC∶66）

图五十三　A 型带扣

Ac 型　扣环整体呈方形或长方形，有的四角弧圆，有的前端略宽，弧圆外侈，后端略窄。

如五女山城 F33∶2，铁质，平面近方形，一字形扣针绕于带扣后梁上，长 5.8、宽 5.5 厘米（图五十三，7）。[⑤] 万宝汀墓区 242 号墓出土一件，铜质鎏金，前端较宽大，后端平直，连接一块夹有皮革的薄片，折叠后用三个铆钉固定，通长 5 厘

① 集安县文物保管所：《集安高句丽墓葬发掘简报》，《考古》1983 年第 4 期，第 306 页。

② 吉林省文物考古研究所、集安市文物保管所：《集安洞沟古墓群禹山墓区集锡公路墓葬发掘》，见吉林省文物考古研究所、集安市文物保管所《高句丽研究文集》，延边大学出版社 1993 年版，第 69—70 页。

③ 吉林省文物考古研究所、集安市博物馆：《集安高句丽王陵——1990—2003 年集安高句丽王陵调查报告》，文物出版社 2004 年版，第 58 页。

④ 吉林省文物考古研究所、集安市文物保管所：《集安洞沟古墓群禹山墓区集锡公路墓葬发掘》，见吉林省文物考古研究所、集安市文物保管所《高句丽研究文集》，延边大学出版社 1993 年版，第 63—64 页。

⑤ 辽宁文物考古研究所：《五女山城》，文物出版社 2004 年版，第 137 页。

米。[1] 集安 JSZM0001K2:20，锻制，铜质鎏金，前端弧圆外侈，截面圆形，长、宽皆 3.5 厘米，截面直径 0.4 厘米。[2] 禹山 JYM3283:11A，铁质，前端略弧曲。[3]

有的扣环整体呈长方形，棱角较鲜明。如下活龙村 82JXM8:6，铁质，扣环呈长方形，断面皆为圆形。[4] 禹山 03JYM992:33，铁质，框近长方形，前长后短，长 4、宽 3、卡针长 4 厘米（图五十三，8）。[5] 禹山 JYM3105:27，铁质，前端略圆弧。[6]

Ad 型　扣环整体近长方形，中部亚腰。

禹山墓区出土亚腰长方形带扣，4 件，铁质，器形较小，如 JYM3231:6，亚腰明显；JYM3283:11B，针轴连接革带的铁皮扣。扣上有铆钉。[7] 集安 03JSZM145:24，铁质，扣环长 3.1、宽 2.5、卡针长 3.2 厘米（图五十三，9）。[8] 五女山城 JC:66，铁质，前端两角外展，长 8、宽 4.9 厘米（图五十三，10）。[9]

B 型　由扣环、扣针、两条横梁三部分构成，扣针与中间的横梁焊死，呈 T 字形，依靠中间横梁的转轴转动。根据扣环形状不同，可分四个亚型。

Ba 型　扣环整体呈椭圆形。

扣环前横梁之前的形状呈椭圆形，前后横梁之间呈长方形，两横梁有时紧密相连，有时保持一定间隔。有的带扣后横梁上无金属片连接，是原本没有，还是后来遗失，尚难判定。

如五女山城 F17:3，铁质，前后横梁紧密相连，长 4.8、宽 2.6 厘米[10]；T22②:3，前后横梁稍有分离，长 6.8、宽 4.1 厘米[11]；F27:10，铁质，前后横梁分离明显，长 3.9、宽 3.7 厘米[12]；F26:5，铁质，长 3.8、宽 2.9 厘米（图五十四，1）[13]；JC:68，铁质，长 4.5、宽 3.8 厘米。[14]

---

① 吉林集安文官所：《集安万宝汀墓区 242 号古墓清理简报》，《考古与文物》1982 年第 6 期，第 16—19，28 页。

② 吉林省文物考古研究所、集安市博物馆：《集安 JSZM0001 号墓清理报告》，见吉林省文物考古研究所《吉林集安高句丽墓葬报告集》，科学出版社 2009 年版，第 282 页。

③ 吉林省文物考古研究所、集安市文物保管所：《集安洞沟古墓群禹山墓区集锡公路墓葬发掘》，见吉林省文物考古研究所、集安市文物保管所《高句丽研究文集》，延边大学出版社 1993 年版，第 63—64 页。

④ 集安县文物保管所：《集安县上、下活龙村高句丽古墓清理简报》，《文物》1984 年第 1 期，第 67 页。

⑤ 吉林省文物考古研究所、集安市博物馆：《集安高句丽王陵——1990—2003 年集安高句丽王陵调查报告》，文物出版社 2004 年版，第 129 页。

⑥ 吉林省文物考古研究所、集安市文物保管所：《集安洞沟古墓群禹山墓区集锡公路墓葬发掘》，见吉林省文物考古研究所、集安市文物保管所《高句丽研究文集》，延边大学出版社 1993 年版，第 63—64 页。

⑦ 同上。

⑧ 吉林省文物考古研究所、集安市博物馆：《集安 JSZM145 号墓调查报告》，见吉林省文物考古研究所《吉林集安高句丽墓葬报告集》，科学出版社 2009 年，第 288 页。

⑨ 辽宁文物考古研究所：《五女山城》，文物出版社 2004 年版，第 177 页。

⑩ 同上书，第 102 页。

⑪ 同上书，第 200 页。

⑫ 同上书，第 120 页。

⑬ 同上书，第 118 页。

⑭ 同上书，第 177 页。

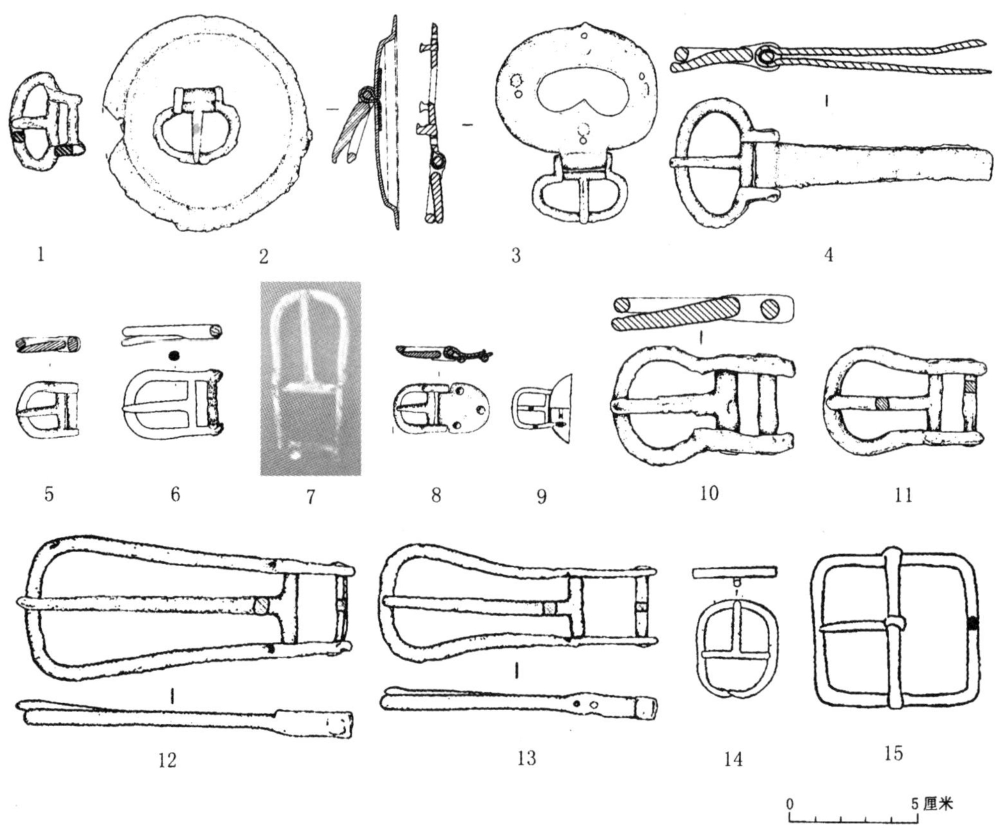

1—4. Ba 型（五女山城 F26∶5、五女山城 JC∶36、五女山城 JC∶41、五女山城 JC∶46）　5—9. Bb 型（太王陵 03JYM541∶174、禹山 03JYM0540∶9、地镜洞 M1、太王陵 03JYM541∶77、七星山 M96）　10、11. Bc 型（五女山城 J2∶9、五女山城 F30∶7）　12、13. Bd 型（五女山城 JC∶49、五女山城 JC∶56）　14、15. Be 型（万宝汀 M 78、东大坡 M217∶8）

图五十四　B 型带扣

有的后横梁套接有金属片，目前所见金属片形状主要有三种情况：

第一种　金属片呈浅圆盘状。

如五女山城 JC∶36，通过铁鼻与浅圆盘状盘座相连，圆盘折沿上有 8 个小孔，两个一组，近中部有一横穿。铁鼻为铁片回折制作，回折处缠在带扣后部横梁上，鼻端穿过盘座横穿后，分别向两侧横折，将带扣与盘座固定在一起，盘座径长 8.3、厚 1、带扣长 3.5、宽 3 厘米（图五十四，2）①；JC∶37，形制同上，盘座残，径长 8、厚 0.9、带扣长 5、宽 4 厘米②；F26∶12，形制同上，盘座残，长 5.4、宽 4.1 厘米。③

① 辽宁文物考古研究所：《五女山城》，文物出版社 2004 年版，第 173—174 页。

② 同上书，第 174 页。

③ 同上书，第 118 页。

第二种　金属片呈桃形。

如五女山城 F4:10，铁质，桃形叶片中部镂空，上有 4 个铆钉，带扣长 4.5、宽 2.5 厘米，叶片长 5.6、宽 4.5 厘米①；JC:40，桃形叶片中部镂空，周边对称分布四组小孔，每组二孔，带扣长 3.9、宽 2.9、叶片长 7、宽 5.3 厘米②；JC:41，形制同上，带扣长 3.7、宽 2.5、叶片长 6.4、宽 5.1 厘米（图五十四，3）。③ 吉林集安霸王朝山城出土一件，铁质，形制基本同上，可见三孔。④

第三种　金属片呈长条形。

如五女山城 JC:45，铁质，带扣长 4.5、宽 3.8、合页长 8.3、宽 1.5 厘米；JC:46，形制同上，带扣长 4.4、宽 3.5、合页长 8.2、宽 1.5 厘米（图五十四，4）。⑤

Bb 型　扣环整体呈 U 字形。有的扣环呈标准 U 字形，有的呈长 U 字形，前端略宽两角圆弧，后端略窄，前横梁略长于后横梁，前横梁居中，或靠后。

标准 U 字形或形近标准 U 字形，前横梁靠后。如太王陵 03JYM541:174，鎏金，尾宽 1.3、圆径 2 厘米，针长 1.5、直径 0.3 厘米（图五十四，5）。⑥ 万宝汀 78 号墓发现五件，一件稍大。⑦ 长川 2 号墓发现二件，铁质，卡圈、横柱及扣针断面均圆形，长 5.2、宽 4 厘米。⑧ 禹山墓区发现 4 件，两大两小，大者如 JYM3105:28A。⑨ 禹山 03JYM0540:8，鎏金，通长 4.3、头宽 3.5 厘米。⑩ 罗通山城发现一件，鎏金，宽 2.6、全长 3 厘米。断面为圆形。⑪

变异 U 字形，整体略长或前端略宽，前横梁靠后。如麻线沟 1 号墓出土一件，扣圈和扣针的断面呈圆形。⑫ 七星山 96 号墓发现二件，一大一小，形制基本相同。⑬ 禹山 JYM3105:28B，鎏金，形制较小。⑭ 禹山 540 号墓东耳室出土二件，鎏金，03JYM0540:7，通常 5.2、头宽 3.6 厘米；03JYM0540:9，通长 4.3、头宽 3 厘米

---

① 辽宁文物考古研究所：《五女山城》，文物出版社 2004 年版，第 155 页。

② 同上书，第 174—175 页。

③ 同上书，第 175 页。

④ 方起东：《吉林辑安高句丽霸王朝山城》，《考古》1962 年第 11 期，第 570—571 页。

⑤ 辽宁文物考古研究所：《五女山城》，文物出版社 2004 年版，第 175 页。

⑥ 吉林省文物考古研究所、集安市博物馆：《集安高句丽王陵——1990—2003 年集安高句丽王陵调查报告》，文物出版社 2004 年版，第 305 页。

⑦ 吉林省博物馆文物工作队：《吉林集安的两座高句丽墓》，《考古》1977 年第 2 期，第 123—131 页。

⑧ 吉林省文物工作队：《吉林集安长川二号封土墓发掘纪要》，《考古与文物》1983 年第 1 期，第 24—25 页。

⑨ 吉林省文物考古研究所、集安市文物保管所：《集安洞沟古墓群禹山墓区集锡公路墓葬发掘》，见吉林省文物考古研究所、集安市文物保管所《高句丽研究文集》，延边大学出版社 1993 年版，第 69—70 页。

⑩ 王志刚：《集安禹山 540 号墓清理报告》，《北方文物》2009 年第 1 期，第 20—31 页。

⑪ 吉林省文物工作队：《高句丽罗通山城调查简报》，《文物》1985 年第 2 期，第 44 页。

⑫ 吉林省博物馆辑安考古队：《吉林辑安麻线沟一号壁画墓》，《考古》1964 年第 10 期，第 520—528 页。

⑬ 集安县文物保管所：《集安县两座高句丽积石墓的清理》，《考古》1979 年第 1 期，第 27—32、50 页。

⑭ 吉林省文物考古研究所、集安市文物保管所：《集安洞沟古墓群禹山墓区集锡公路墓葬发掘》，见吉林省文物考古研究所、集安市文物保管所《高句丽研究文集》，延边大学出版社 1993 年版，第 69—70 页。

（图五十四，6）。[①]

变异U字形，整体略长或前端略宽，前横梁居中。如地镜洞1号墓发现的两件鎏金带扣，前横梁位于带扣中部（图五十四，7）。[②]

Bb型带扣有的后横梁无套接物，原物是否有金属片套接，不详。

有的套接有半圆形、圭形、三叶形金属片，如太王陵03JYM541:77，铁质鎏金，尾部有环扣的双层半圆卡片，用三个铆钉钉接皮带。卡长3.3、宽1.6厘米，扣针长1.4、截面直径0.2厘米（图五十四，8）。[③] 万宝汀78号墓发现一件，形制较小，后端连有圭形鎏金铜片，上有三颗铆钉。[④] 禹山540号墓03JYM0540:6，铁梁上套接三叶形饰，五个铆钉连接。[⑤]

套接数量最多的是浅圆盘状金属片，如麻线沟1号墓[⑥]、万宝汀78号墓[⑦]、七星山96号墓（图五十四，9）[⑧] 发现的三件，后端均连接圆形鼓起的挡头。禹山JYM2891:6，扣圈前端圆弧，后端方折，尾端再套以装饰的鎏金圆泡饰，泡饰表面錾有龙蛇图案。泡直径4、通高3.8厘米。[⑨] 禹山下41号墓亦发现一件，稍残。[⑩] 五女山城JC:38，铁质浅盘座，带扣平面呈长方形，盘座径长6.4、厚0.8，带扣长4.1、宽3.1厘米。[⑪]

Bc型　扣环前横梁之前整体近圆形（椭圆形），或前端弧圆明显，后端近前横梁处内收（亚腰），前后横梁距离较远，呈长方形。

如五女山城J2:9，铁质，长7.9、宽5厘米（图五十四，10）[⑫]；F28:2，铁质长4，宽2.6厘米[⑬]；F30:7，铁质，长7、宽4.7厘米（图五十四，11）[⑭]；T24②:1，

---

① 王志刚：《集安禹山540号墓清理报告》，《北方文物》2009年第1期，第20—31页。

② ［朝］Park Chang su：《发现高句丽马具一式的地境洞墓葬》，《历史科学》1977年第3期；［日］中山清隆、大谷猛：《高句麗・地境洞古墳とその遺物——馬具類を中心として》，《古文化談叢》，九州古文化研究会1983年第12期，第211—223页；［朝］Park Chang su：《平城市地镜洞高句丽墓葬发掘报告》，《朝鲜考古研究》1986年第4期，第42—48页；［朝］《朝鲜遗迹遗物图鉴》编纂委员会：《朝鲜遗迹遗物图鉴》，外文综合出版社1990年版第4集，第227—240页。

③ 吉林省文物考古研究所、集安市博物馆：《集安高句丽王陵——1990—2003年集安高句丽王陵调查报告》，文物出版社2004年版，第305页。

④ 吉林省博物馆文物工作队：《吉林集安的两座高句丽墓》，《考古》1977年第2期，第123—131页。

⑤ 王志刚：《集安禹山540号墓清理报告》，《北方文物》2009年第1期，第20—31页。

⑥ 吉林省博物馆辑安考古队：《吉林辑安麻线沟一号壁画墓》，《考古》1964年第10期，第520—528页。

⑦ 吉林省博物馆文物工作队：《吉林集安的两座高句丽墓》，《考古》1977年第2期，第123—131页。

⑧ 集安县文物保管所：《集安县两座高句丽积石墓的清理》，《考古》1979年第1期，第27—32、50页。

⑨ 吉林省文物考古研究所、集安市文物保管所：《集安洞沟古墓群禹山墓区集锡公路墓葬发掘》，见吉林省文物考古研究所、集安市文物保管所《高句丽研究文集》，延边大学出版社1993年版，第69—70页。

⑩ 吉林省博物馆文物工作队：《吉林集安的两座高句丽墓》，《考古》1977年第2期，第123—131页。

⑪ 辽宁文物考古研究所：《五女山城》，文物出版社2004年版，第174页。

⑫ 同上书，第85页。

⑬ 同上书，第124页。

⑭ 同上书，第128页。

铁质，长 7.5、宽 5.1 厘米。[①]

Bd 型　扣环整体呈长舌型。前端弧圆，较宽，后端平直，较窄。

有的扣环上下两边平直，前横梁略长于后横梁，略呈梯形。如五女山城 JC:49，铁质，方柱状后梁，长 13.2、宽 5.8 厘米（图五十四，12）；JC:50，铁质，形制同上，长 13、宽 5.8 厘米；JC:58，铁质，形制大体同上，后梁与带环锻为一体，长 11、宽 4.2 厘米[②]；JC:69，铁质，后梁锻合处呈乳突状，长 11.8、宽 5.2 厘米。[③]

有的扣环上下两边在前横梁之前内外，略呈亚腰形，前后横梁几乎等长。如五女山城 JC:54，铁质，长 10.4、宽 5 厘米；JC:56，铁质，长 11、宽 4.2 厘米（图五十四，13）；JC:55，铁质，长 11.2、宽 4.5 厘米。[④] 辽源龙首山城出土一件，铁质，前端用圆铁条制，后面锻制扁棱形，顶侧面圆穿孔为铆制。扣中略弯，尖上翘。长 10.2、宽 4.2—5 厘米。[⑤]

Be 型　后横梁与扣环连为一体，非单独铆接。

如万宝汀 78 号墓出土四件，扣环后端系带部位内弯弧圆，作为后横梁（图五十四，14）。[⑥] 东大坡 M217:8，铁质，扣环为方形，后端直接作为后横梁，表面看是 T 字形扣针，但仔细观察可见，前横梁居中铆实不可动，扣针横套在前梁上，依靠套圈转动（图五十四，15）。[⑦]

C 型　扣环中无扣针，扣环呈圆形、椭圆形、方形，或亚腰长方形，后端套接金属片，或整体前圆后方。根据此种差别，又可分两个亚型。

Ca 型　由扣环和金属片两部分构成。

如五女山城，F23:2，铁质，半圆形铁环套接方形合页，合页四角各有一铆钉，长 5.7、宽 3.1 厘米（图五十五，1）。[⑧] 丸都山城 2001JWGT406③:9，形制与前者略同，套接金属片为半圆形，上有三个铆钉，环体截面近圆形，直径 0.4 厘米（图五十五，2）。[⑨] 沈阳石台子山城 T2①:6，铁质，扣环椭圆形，套接金属片方形，有两个穿孔，铁片单面横长 2.9、宽 2.7、套环最大直径 3.6 厘米。[⑩] 禹山 JYM3296:8，圆形铜环，套接一长方形铁带扣，上有两个铆钉（图五十五，3）。[⑪]

---

① 辽宁文物考古研究所：《五女山城》，文物出版社 2004 年版，第 200 页。

② 同上书，第 177 页。

③ 同上。

④ 同上。

⑤ 唐洪源：《辽源龙首山再次考古调查与清理》，《博物馆研究》2000 年第 2 期，第 51 页。

⑥ 吉林省博物馆文物工作队：《吉林集安的两座高句丽墓》，《考古》1977 年第 2 期，第 123—131 页。

⑦ 张雪岩：《吉林集安东大坡高句丽墓葬发掘简报》，《考古》1991 年第 7 期，第 606 页。

⑧ 辽宁文物考古研究所：《五女山城》，文物出版社 2004 年版，第 111 页。

⑨ 吉林省文物考古研究所、集安市博物馆：《丸都山城：2001—2003 年集安丸都山城调查试掘报告》，文物出版社 2004 年版，第 95 页。

⑩ 李晓钟、刘长江等：《沈阳石台子山城试掘报告》，《辽海文物学刊》1993 年第 1 期，第 30—31 页。

⑪ 吉林省文物考古研究所、集安市文物保管所：《集安洞沟古墓群禹山墓区集锡公路墓葬发掘》，见吉林省文物考古研究所、集安市文物保管所《高句丽研究文集》，延边大学出版社 1993 年版，第 60 页。

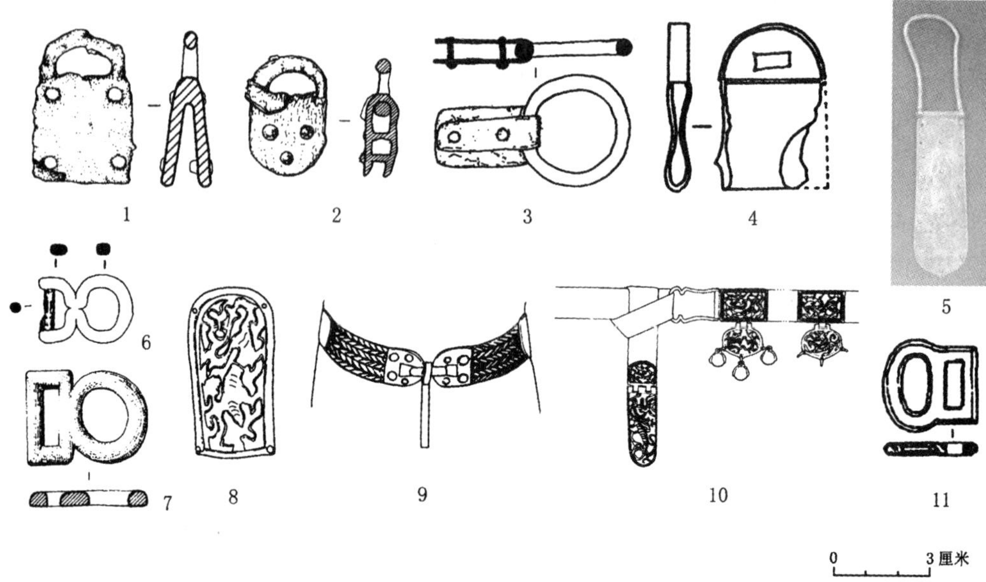

1—5. Ca 型（五女山城 F23:2、丸都山城 2001JWGT406③:9、禹山 JYM3296:8、沈阳石台子山城 H19:18、德花里 M3）　6、7. Cb 型（禹山 03JYM0540:11、太王陵 03JYM541:68）　8. D 型（山城下 M159）　9. 哈德尔出土安息石雕像中带扣　10. 日本京都古冢古坟出土带具　11. 河北满城汉墓（M1:2344）

图五十五　C、D 型带扣

沈阳石台子山城 H19:18，铁质，下端直角，上端半月状，中有长方形孔。孔长 1.4、宽 0.6 厘米，外缘有凸线，通长 6.6、宽 4.2 厘米（图五十五，4）。[①] 禹山 JYM3560:14，鎏金，扣环呈不规则方形，尾端连缀方形饰片，上有六个穿孔，通长 4.4、宽 3.5 厘米。[②] 德花里 3 号墓，银质，前端是亚腰长方形带环，后接长舌状饰片（图五十五，5）。[③]

Cb 型　扣环前端为圆环，后端为方环或近方环。

如禹山 03JYM0540:11，鎏金，2 件形制一致。为一横截面近椭圆形的铜条弯曲而成，前端弯成椭圆形，后部为一长方形，长方形两短边后部较扁，末端横贯一铁梁，通长 3.2 厘米（图五十五，6）。[④] 太王陵 03JYM541:68，铸造，鎏金。一端作环形，中透圆形孔，另一端长方形，穿一长孔，整体厚重，外表磨出圆弧。长 3.8、

① 李晓钟、刘长江等：《沈阳石台子山城试掘报告》，《辽海文物学刊》1993 年第 1 期，第 30—31 页。

② 吉林省文物考古研究所、集安市文物保管所：《集安洞沟古墓群禹山墓区集锡公路墓葬发掘》，见吉林省文物考古研究所、集安市文物保管所《高句丽研究文集》，延边大学出版社 1993 年版，第 69—70 页。

③ ［朝］Jung Se-ang：《德花里 3 号墓发掘报告》，《朝鲜考古研究》1991 年第 1 期，第 22—25 页。

④ 王志刚：《集安禹山 540 号墓清理报告》，《北方文物》2009 年第 1 期，第 20—31 页。案：原报告以其为带铐。

宽 2.8、厚 0.5 厘米（图五十五，7）。[1]

D 型　前圆后方的长方形牌饰

山城下 159 号墓出土一件，内有水鱼纹镂空，边缘有压条，各角有一铆钉（图五十五，8）。[2]

A 型带扣开始使用时间早于 B 型带扣，大致两汉时期已经出现。使用范围亦较 B 型更广泛。两晋南北朝时期，中原地区扣环渐趋以 U 字为标准式样，高句丽遗迹中发现的 A 型带扣扣环形状却颇为多样。

B 型带扣多见于高句丽中后期遗迹，此型带扣中原地区并不多见。B 型带扣扣环形状与 A 型带扣一样，除标准的 U 字形外，还有多种形制。

C 型带扣在原报告中名称各异，有铁带饰、带扣、卡片、带卡、带銙、带环几种不同称谓。从整体形状分析，圆环、椭圆环或方环一端应为首部，革带从此穿越；方环或套接金属片一端应为尾部，用来固定革带。该形制基本具备带扣的功能。从细节分析，禹山 03JYM0540:11 在方环末端的铁梁上，还残存经纬交织的皮革纹理，恰好印证其作用在于固定革带。从参照对象来看，C 型各式带扣，多可寻得相似的图像（物件）。如 Ca 型中沈阳石台子山城出土的 H19:18，与哈德尔出土安息石雕像中带扣相似（图五十五，9）。[3] 德花里 3 号墓出土的那件与日本京都古冢古坟出土带扣相似（图五十五，10）。[4] Cb 型中的三件与河北满城汉墓（M1:2344）（图五十五，11）、朝阳袁台子东晋墓出土的带扣极为相似。[5]

D 型带扣，过去多被视为铊尾，但其尺寸过大，难以穿越带扣。据孙机考证，此牌饰与带扣两两相对，应是带扣对面的饰牌。[6] 因它与带扣本为一对，配套使用，属于带扣的一个组成部分，所以笔者将其放在带扣一节，而不是将其命名为带头，单列一处。

二　带銙

銙，又作胯，是钉在腰带上的片状饰物。质料、形状、数量、纹饰的差异往往是等级区分的标准。目前高句丽遗迹中发现的带銙共有 47 件。质料以鎏金居多，还有少量的铜、铁、银质（附表 17 高句丽遗迹出土的带銙统计表）。根据形制差

---

① 吉林省文物考古研究所、集安市博物馆：《集安高句丽王陵——1990—2003 年集安高句丽王陵调查报告》，文物出版社 2004 年版，第 305 页。

② 转引自张雪岩《集安出土高句丽金属带饰的类型及相关问题》，《边疆考古研究》2004 年第 2 辑，第 264 页；［日］東潮：《高句麗考古学研究》，吉川弘文館 1997 年版，第 426 页。

③ 图像转引自孙机《中国古舆服论丛》，文物出版社 2001 年版，第 271 页。

④ 同上书，第 272 页。

⑤ 中国社会科学院考古研究所：《满城汉墓发掘报告》，文物出版社 1980 年版，第 330 页；辽宁省博物馆文物队、朝阳地区博物馆文物队、朝阳县文化馆：《朝阳袁台子东晋壁画墓》，《文物》1984 年第 6 期，第 9—45 页。

⑥ 孙机：《中国古舆服论丛》，文物出版社 2001 年版，第 270 页。

别，可将其分成三型。

A 型　整体呈正方形。上穿 4—5 孔，周边平直或有斜面。

七星山 96 号墓出土 4 件，周边斜面，上有四个铆钉。[①] 麻线 03JMM2100: 190 - 1，四角铆四个圆帽铆钉，边长 2.5 厘米（图五十六，1）。[②] 太王陵 03JYM541: 160，方形薄片双层夹合，上有 5 颗铆钉。长宽均为 3.1 厘米，厚 0.3 厘米（图五十六，2）。[③] 禹山 JYM3146: 3，直径 1.9 厘米，四角各有一孔。

B 型　整体呈半圆形或方形，铐板中下部有一长方形的穿孔。宋王得臣《麈史》卷上说："胯且留 ·眼，号曰古眼，古环象也。"[④] 可知此穿孔，古称"古眼"。根据铐板形制差别，又可分两个亚型。

Ba 型　半圆形铐。铐板整体呈半圆形，中下部有长方形古眼。上穿 3—5 个用以固定铆钉的小孔，周边多磨斜面。

辽宁抚顺前屯高句丽墓出土 M7: 2，铜带铐，两块半圆形铜片用五颗铜钉铆在一起。高 1.8、宽 2.4、厚 0.6 厘米（图五十六，3）。[⑤] 禹山 JYM3560: 14，铜质，长 3、宽 1.9 厘米。[⑥] 沈阳石台子山城，98SBM④: 1，长方形孔位于中部，四铆钉，弧长 2.5 厘米。[⑦] 国内城 2001JGDSCY: 25，背面存在边框凸棱。长 2.9、宽 2、透孔长 1.8、宽 0.5 厘米（图五十六，4）。[⑧] 抚顺高尔山城发现 1 件，铁质，上有 3 个铆钉孔。[⑨]

Bb 型　方铐。铐板整体呈方形，中下部有长方或方形古眼。上穿 4—5 个用以固定铆钉的小孔。

抚顺高尔山城Ⅳ区内 H1 出土一方铐，铜质，背面有四个小乳钉，正面用牛角片贴面。[⑩] 禹山 JYM3233: 6，平面呈方形，四角各有一银铆钉[⑪]；JYM3560: 19，略呈方形，长 2.8、宽 2.5、厚 0.1 厘米（图五十六，5）。[⑫]

---

① 集安县文物保管所：《集安县两座高句丽积石墓的清理》，《考古》1979 年第 1 期，第 27—32、50 页。

② 吉林省文物考古研究所、集安市博物馆：《集安高句丽王陵——1990—2003 年集安高句丽王陵调查报告》，文物出版社 2004 年版，第 151 页。

③ 同上书，第 305 页。

④ 周汛、高春明：《中国衣冠服饰大辞典》，上海辞书出版社 1996 年版，第 476 页。

⑤ 王增新：《辽宁抚顺市前屯、洼浑木高句丽墓发掘简报》，《考古》1964 年第 10 期，第 532 页。

⑥ 吉林省文物考古研究所、集安市文物保管所：《集安洞沟古墓群禹山墓区集锡公路墓葬发掘》，见吉林省文物考古研究所、集安市文物保管所《高句丽研究文集》，延边大学出版社 1993 年版，第 56—60 页。

⑦ 沈阳市文物考古工作队：《辽宁沈阳石市台子高句丽山城第二次发掘简报》，《考古》2001 年第 3 期，第 35—50 页。

⑧ 吉林省文物考古研究所、集安市博物馆：《国内城——2000—2003 年集安国内城与民主遗址试掘报告》，文物出版社 2004 年版，第 95 页。

⑨ 徐家国、孙力：《辽宁抚顺高尔山城发掘简报》，《辽海文物学刊》1987 年第 2 期，第 53 页。

⑩ 同上。

⑪ 吉林省文物考古研究所、集安市文物保管所：《集安洞沟古墓群禹山墓区集锡公路墓葬发掘》，见吉林省文物考古研究所、集安市文物保管所《高句丽研究文集》，延边大学出版社 1993 年版，第 64 页。案，从图片来看，应有 5 个铆钉孔。

⑫ 同上书，第 56—60 页。

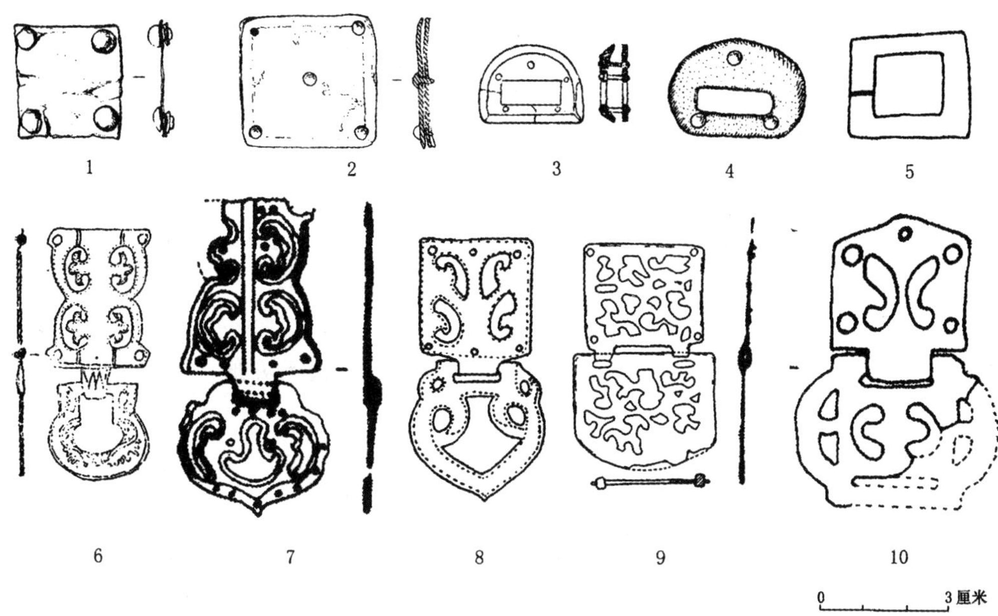

1、2. A型（麻线03JMM2100:190－1、太王陵03JYM541:160）　3、4. Ba型（抚顺前屯M7:2、国内城2001JGDSCY:25）　5. Bb型（禹山JYM3560:19）　6、7. Ca型（山城下M152:10、禹山JYM3560:13A）　8. Cb型（山城下M330）　9. Cc型（大城山城）　10. Cd型（禹山JYM3162:5）

图五十六　带銙

C型　由銙板和下垂饰片令部分组成，一般通体透雕卷草纹，卷云纹，周边施以錾点纹。根据銙板和饰片的形状不同，可分四个亚型。

Ca型　銙板整体呈亚腰长方形，饰片为马蹄形或桃形。

山城下M152:10，鎏金，銙板正面饰曲线纹，两侧连弧形，有四个对称镂空卷云纹，四角各有一铆钉，长3.7、宽2.8厘米（图五十六，6）。①　禹山JYM3560:13A，正面鎏金，銙板内有卷草纹镂空图案，四角各有一铆钉，下缀桃形卷草纹镂空饰片。通常6.7、宽3.3、厚0.1厘米（图五十六，7）。②

Cb型　銙板整体呈方形或长方形，饰片为桃形。

山城下725号墓出土一件，银质，上为长方形，内饰镂空忍冬卷草纹，七个铆钉，下为带卷草纹的桃形饰片。③　山城下330号墓出土一件，上为镂空方形片饰，

---

①　集安县文物保管所：《集安高句丽墓葬发掘简报》，《考古》1983年第4期，第304页。

②　吉林省文物考古研究所、集安市文物保管所：《集安洞沟古墓群禹山墓区集锡公路墓葬发掘》，见吉林省文物考古研究所、集安市文物保管所《高句丽研究文集》，延边大学出版社1993年版，第68页。

③　转引自张雪岩《集安出土高句丽金属带饰的类型及相关问题》，《边疆考古研究》2004年第2辑，第263页。

六个铆钉，下套镂孔桃形饰片，镂孔周围布满针孔（图五十六，8）。[①] 山城下151号墓出土，银质，銙板内饰镂空忍冬纹，两个铆钉，下套空心桃形饰片，总长4.7厘米。[②] 连江乡19号墓一件，銙板饰有镂空卷草纹，下为桃形饰片。[③]

Cc型　銙板为长方形或方形，下垂饰片接銙板一端平直，另一端中部突起，整体似圭形。两端一般竖直，偶有斜边外扩。銙板和饰片均装饰镂空图案。

长川4号墓发现两件，上銙板为镂空方形，四角四钉，饰片为圭形，内饰镂空卷云纹，周边有錾点纹，通长4.9，宽5厘米，厚不及0.1厘米。[④] 朝鲜大城山城[⑤]（图五十六，9）、植物园10号墓[⑥]发现两件形制基本一致，銙板方形，饰片下端略圆弧，近圭形，饰镂空图案。七星山1196－1号墓，銙板为方形，下套两边弧曲，整体似圭形的饰片，上下镂空均为卷云纹，中间有忍冬纹，周边有錾点纹。[⑦] 山城下873号墓仅发现銙板，鎏金，中间镂空，四角各带一个铆钉[⑧]，湖南里四神塚亦发现同样形制的一件銙板。[⑨]

此外，有的出土品銙板残缺，具体形制不详，下垂饰片近长方形，与銙板连接一端平直，另一端圆弧。饰片内装饰镂空图案。它们也可能属于此亚型。如禹山墓区发现两件，正面鎏金，上部均残，下部饰片内饰镂空卷草纹。JYM3560∶13C，宽5.4、厚0.1厘米，薄片上饰有錾点纹；另一件JYM3142∶10，有镂空纹无錾点纹。[⑩] 山城下159号墓，仅存悬挂饰片，内有鱼水纹镂空图案，四角有铆钉，有两个小扁长孔。[⑪]

Cd型　銙板上端尖锐，下端平直，近圭形；下垂饰片上下平直，左右圆弧，似椭圆形，内饰镂空图案。

禹山JYM3162∶5，鎏金，銙板四角各有铆钉，中间饰镂空云纹，下连椭圆形

---

① 吉林省文物工作队、集安文管所：《1976年集安洞沟高句丽墓清理》，《考古》1984年第1期，第75页。

② 吉林省文物志编委会：《集安县文物志》，吉林省文物志编委会1984年版。

③ 转引自［日］東潮《高句麗考古学研究》，吉川弘文館1997年版，第426页。

④ 转引自张雪岩《集安出土高句丽金属带饰的类型及相关问题》，《边疆考古研究》2004年第2辑，第264页。

⑤ 转引自［日］東潮《高句麗考古学研究》，吉川弘文館1997年版，第412页。

⑥ ［朝］朝鲜社会科学院考古学与民俗学研究所：《遗迹发掘报告（9）——大城山一带高句丽遗迹研究》，科学院出版社1964年版，第39—41页。

⑦ 吉林省文物志编委会：《集安县文物志》，吉林省文物志编委会1984年版。

⑧ 吉林省文物工作队、集安文管所：《1976年集安洞沟高句丽墓清理》，《考古》1984年第1期，第75页。

⑨ ［日］關野貞：《平安南道大同郡順川郡龍岡郡古蹟調查報告書》，见《大正五年度古蹟調查報告》，朝鮮総督府1917年版，第705—718、723页；［日］關野貞：《平壤附近に於ける高句麗時代の墳墓と繪画》，《朝鮮の建築と芸術》，岩波書店1941年版，第415—418页。

⑩ 吉林省文物考古研究所、集安市文物保管所：《集安洞沟古墓群禹山墓区集锡公路墓葬发掘》，见吉林省文物考古研究所、集安市文物保管所《高句丽研究文集》，延边大学出版社1993年版，第68页。

⑪ 集安县文物保管所：《集安高句丽墓葬发掘简报》，《考古》1983年第4期，第301—307页。

饰，稍残。通长6.8、宽5.2、厚0.1厘米（图五十六，10）。[①]

上述三种带銙，A型是直接镶嵌在带鞓之上的纯装饰品，安岳3号墓西侧室东壁北面侍卫腰带上所绘方块形饰物，就是此型带銙。B型下方孔可连缀他物，具有一定实用性。有的学者认为A、B二型带銙下不悬挂装饰物，应归入笏头带[②]，此说有待商榷。

首先，笏头带究竟是何种形制的腰带，颇有争议。其说有四：一、插笏的带子；二、缀有金铊尾的革带，带头呈圆弧状与笏板相似，故得此名；三指毬路带，是宋明官员用的一种绣或织有球形花纹的腰带[③]；四、不用小环，仅以銙牌为饰，因其带尾被制成笏头状，故称笏头带。[④] 诸说孰是孰非，未为定论。

其次，一般观点以笏头带最具代表性的特征是铊尾为笏板状。目前发现的A、B二型带銙是革带上的饰件，其所搭配的铊尾是否是笏板状多难确定。再者，B型带銙下端虽无带环，却可直接悬挂饰物，应归类蹀躞带。

过去有学者认为B型带銙流行时间约应自初唐至辽代前期。[⑤] 高句丽墓葬中出土的这些銙板，有些可早至公元五世纪左右，这说明在东晋后期或南北朝时期已经出现此类带有“古眼”的带銙。

C型带銙，是典型的蹀躞带带銙。蹀躞是带銙环上垂下来的带子，带上系物。

梁元帝《职贡图》载高句丽人腰系银带“左佩砺而右佩五子刀”。[⑥] “五子”不是五种不同形制的刀，而是蹀躞带上佩戴的五种物件，它们和砺石、刀合称七事。

《旧唐书·睿宗本纪》载：“景云二年，夏四月，又令内外官依上元元年九品已上文武官，咸带手巾、算袋，武官咸带七事（韦占）鞢并足。”[⑦] 又《舆服志》载：“上元元年八月又制：‘一品已下带手巾、算袋，仍佩刀子、砺石，武官欲带者听之。’”“景云中又制，令依上元故事，一品已下带手巾、算袋，其刀子、砺石等许不佩。武官五品已上佩（韦占）鞢七事。七谓佩刀、刀子、砺石、契苾真、哕厥、针筒、火石袋等也。至开元初复罢之。”[⑧]

《新唐书·车服志》载：“初，职事官三品以上赐金装刀、砺石，一品以下则有手巾、算袋、佩刀、砺石。至睿宗时，罢佩刀、砺石，而武官五品以上佩（韦占）鞢七事，佩刀、刀子、蛎石、契苾真、哕厥针筒、火石是也。”[⑨] 又《五行志》载：

---

① 吉林省文物考古研究所、集安市文物保管所：《集安洞沟古墓群禹山墓区集锡公路墓葬发掘》，见吉林省文物考古研究所、集安市文物保管所《高句丽研究文集》，延边大学出版社1993年版，第68页。

② 范鹏：《高句丽民族服饰的考古学观察》，吉林大学，硕士学位论文，2008年，第22—24页。

③ 周汛、高春明：《中国衣冠服饰大辞典》，上海辞书出版社1996年版，第448页。

④ 高春明：《中国服饰名物考》，上海文化出版社2001年版，第665页。

⑤ 孙机：《中国古舆服论丛》，文物出版社2001年版，第276页。

⑥ 张楚金：《翰苑》，见金毓黻编《辽海丛书》，辽沈书社1985年版，第2519—2520页。有学者认为是“七枝刀”。

⑦ 刘昫：《旧唐书》，中华书局2000年版，第105页。

⑧ 同上书，第1328页。

⑨ 欧阳修、宋祁：《新唐书》，中华书局2000年版，第353页。

“高宗尝内宴，太平公主紫衫、玉带、皁罗折上巾，具纷砺七事，歌舞于帝前。帝与武后笑曰：‘女子不可为武官，何为此装束?’近服妖也。”[①]

“七事”是流行于唐代，悬挂于蹀躞带上，代表身份地位的七种物品。包括手巾、算袋、佩刀、刀子、砺石、契苾真、哕厥、针筒、火石诸物。文官所戴类别与武官不同。

七事中，佩刀又名横刀，士兵、将领都可佩带。佩带方法是用皮襻带之，刀横腋下。刀子是一种长度不超过一尺的小型刀，宋元时又称“篦刀”，主要用在宴饮时切割鱼、肉。日本正仓院所藏唐沉香把鞘金银绘饰嵌珠玉刀子是其中精品（图五十七，1）。砺是用于磨刀的磨石。内蒙古伊克昭盟准格尔旗西沟畔 2 号战国匈奴墓墓主人左腿旁出土包金磨石一件。凉城毛庆沟 58 号战国墓墓主腰间也佩有此种砺石（图五十七，2）。针筒，原作计筒，日本法隆寺藏有三色钿牙拨镂针筒。火石袋是装火石的袋子。契苾真、哕厥，应是外来语对音，所指二物为何，尚不知晓。[②]

唐王朝常将七事与锦袍、金钿带、鱼袋赐予周边四夷首领，作为恩典。如《新唐书·突厥下》记：“以武卫中郎将王惠持节拜苏禄左羽林大将军、顺国公，赐锦袍、钿带、鱼袋、七事，为金方道经略大使。”[③]《新唐书·南蛮传上》载赐皮逻阁：“又以破洱蛮功，驰遣中人册为云南王，赐锦袍、金钿带、七事。”[④]《新唐书·泉男生传》亦载：“帝又命西台舍人李虔绎就军慰劳，赐袍带、金釦、七事。”[⑤]

在五女山城、国内城、下古城子遗址、禹山 992 号墓等处均有砺石出土。如：五女山城，F19:4，形状不规则，上端钻一孔，磨砺面呈斜坡状，长 7.8、宽 3 厘米（图五十七，3）。[⑥]F30:13，平面近长方形，上端钻有一孔，下部渐薄，四侧边缘抹斜，长4.6、宽 1.9、厚 1.1 厘米（图五十七，4）。[⑦] F32:14，残，平面近长方形，一端略弧，三面有磨砺光面，残长 7.7、宽 5.9、厚 1.7 厘米（图五十七，5）。[⑧] F37:1，残存一角，磨砺面光滑，残长 6. 宽 4.2、厚 3.3 厘米。[⑨]

在国内城，蔬菜商场地点发现一件，2000JGST10③:24，长条形。研磨面有明显使用痕迹。长 17.6、最宽处 5.8、厚 3.2—3.4 厘米（图五十七，6）。[⑩] 东市场地点发现一件，2001JGDSCY:21，磨面略呈梯形，因使用而明显内凹。最大长度 10.1、

---

① 欧阳修、宋祁：《新唐书》，中华书局 2000 年版，第 581 页。

② 内容及图转自孙机《中国古舆服论丛》，文物出版社 2001 年版，第 455—456 页。

③ 欧阳修、宋祁：《新唐书》，中华书局 2000 年版，第 4618 页。

④ 同上书，第 4755 页。

⑤ 同上书，第 3287 页。

⑥ 吉林省文物考古研究所、集安市博物馆：《集安高句丽王陵——1990—2003 年集安高句丽王陵调查报告》，文物出版社 2004 年版，第 105 页。

⑦ 同上书，第 127 页。

⑧ 同上书，第 131 页。

⑨ 同上书，第 140 页。

⑩ 吉林省文物考古研究所、集安市博物馆：《国内城——2000—2003 年集安国内城与民主遗址试掘报告》，文物出版社 2004 年版，第 59 页。

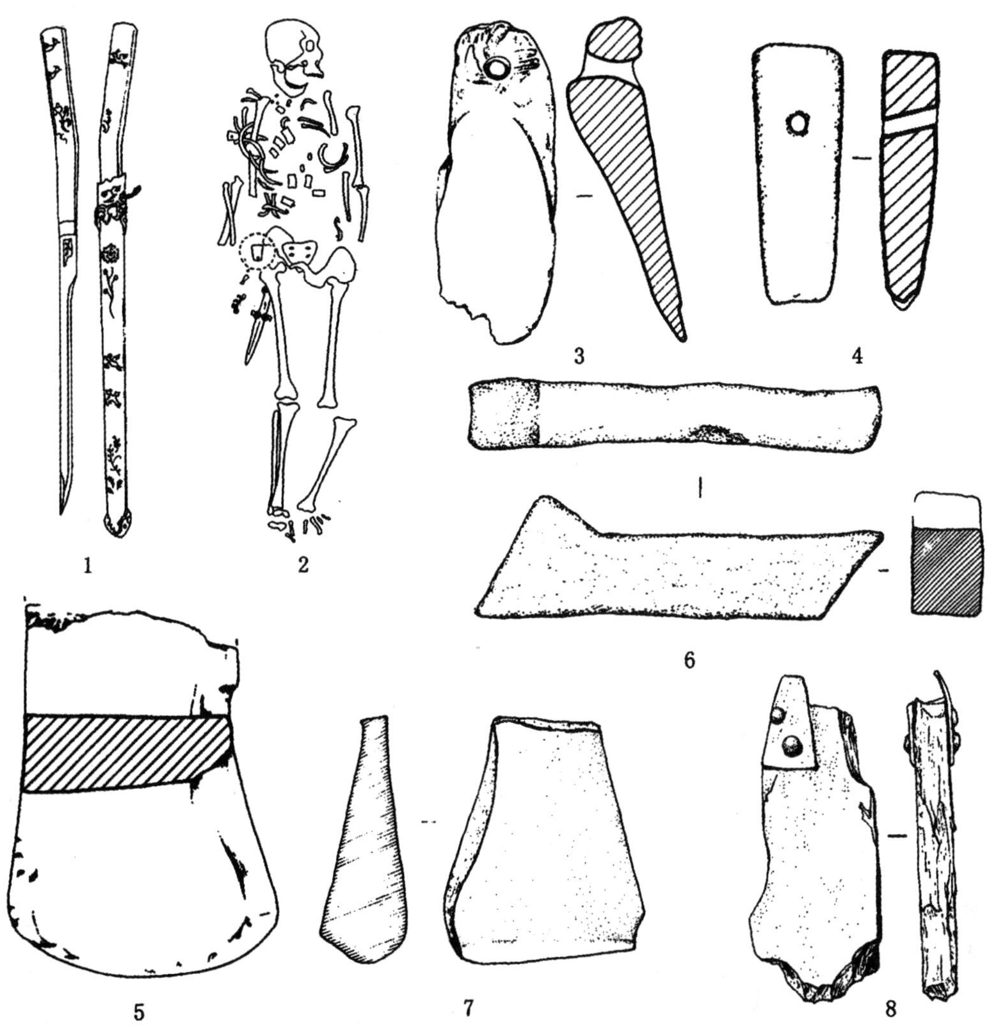

1. 日本正仓院所藏唐沉香把鞘金银绘饰嵌珠玉刀子　2. 凉城毛庆沟 58 号战国墓墓主　3. 五女山城 F19∶4　4. 五女山城 F30∶13　5. 五女山城 F32∶14　6. 国内城 2000JGST1O③∶24　7. 国内城 2001JGDSCY∶21　8. 禹山 03JYM992∶31

图五十七　刀子和砺石

宽 8.3—4.5、厚 4.5—1 厘米（图五十七，7）。①

禹山 992 号墓发现 1 件，03JYM992∶31，两面磨光，扁平，残。石器一端两面以条形铁片铆合，铆钉尚存。残长 6.7、宽 2.8、厚 0.9 厘米（图五十七，8）。②

① 吉林省文物考古研究所、集安市博物馆：《国内城——2000—2003 年集安国内城与民主遗址试掘报告》，文物出版社 2004 年版，第 95 页。

② 吉林省文物考古研究所，集安市博物馆：《集安高句丽王陵——1990—2003 年集安高句丽王陵调查报告》，文物出版社 2004 年版，第 131 页。

这些砺石，上端没有穿孔，或尺寸过大者，不便携带；形制较小，有穿孔者，可穿挂于腰带之上。贵族蹀躞带上悬垂的作为装饰品的砺石无疑要比普通民众腰间悬挂的具有实际功用性的砺石更加精美，装潢更考究。

三　铊尾

铊尾，亦称挞尾、獭尾、埸尾、鱼尾，是装饰在腰带尾部的饰品。质料以金、银、玉、铜、铁常见。一般呈扁长状，一端方直，另一端作圆弧形，四周钻有穿连铆钉的小孔。目前发现高句丽铊尾，共有46件，质地以鎏金、铜居多，又有少量金、银、铁包银。根据铊尾形制差异，可将其分成四型（附表18 高句丽遗迹出土的铊尾统计表）。

A型　整体形状呈半圆形。上穿三孔，直角边二孔，圆弧边一孔。有的整体呈薄片状，有的周边磨有斜面。长宽一般在1.5—2.5厘米之间，厚度0.1—0.64厘米不等。

麻线沟1号墓，发现5件，鎏金，长宽均在2厘米左右。[①] 禹山下41号墓发现的两件，鎏金，一件宽2.5厘米，一件宽2厘米。[②] 山城下332号墓，发现三件，铜质，其中二件，素面，直边长1.8、拱高1.4厘米；另一件边长1.7—2.3、钉长0.7厘米。[③] 太王陵03JYM541：179，金器，两片半圆形薄片铆合而成，周边打磨出斜面，长、宽各约0.7，厚0.64厘米，[④] 该件在目前发现的铊尾中，尺寸最小；03JYM541：159，鎏金，长2.8、宽2.4、厚0.5厘米（图五十八，1），该件尺寸最大；03JYM541：175－1，长宽各为2.3厘米，单片厚0.2厘米。[⑤]

禹山1897号墓发现1件鎏金铊尾[⑥]；辽宁本溪小市晋墓发现1件，铜质鎏金铊尾，原报告称鎏金铆钉饰件，长2.4、宽2.3、厚0.1厘米（图五十八，2）[⑦]；禹山540号墓发现4件，其中03JYM0540：12－1长1.8、直边宽2.4厘米，03JYM0540：13，形体略小，长1.5，直边宽1.9厘米[⑧]；朝鲜平城市地镜洞1号墓发现6件鎏金该形制的铊尾。[⑨]

---

① 吉林省博物馆辑安考古队：《吉林辑安麻线沟一号壁画墓》，《考古》1964年第10期，第520—528页。

② 吉林省博物馆文物工作队：《吉林集安的两座高句丽墓》，《考古》1977年第2期，第123—131页。

③ 李殿福：《集安洞沟三座壁画墓》，《考古》1983年第4期，第311页。

④ 吉林省文物考古研究所、集安市博物馆：《集安高句丽王陵——1990—2003年集安高句丽王陵调查报告》，文物出版社2004年版，第283页。

⑤ 同上书，第305页。

⑥ 张雪岩：《集安两座高句丽封土墓》，《博物馆研究》1988年第1期，第59页。

⑦ 辽宁省博物馆：《辽宁本溪晋墓》，《考古》1984年第8期，第718页。有的学者认为此墓属于三燕。

⑧ 王志刚：《集安禹山540号墓清理报告》，《北方文物》2009年第1期，第20—31页。

⑨ ［朝］Park Chang su：《发现高句丽马具一式的地境洞墓葬》，《历史科学》1977年第3期；［日］中山清隆、大谷猛：《高句麗・地境洞古墳とその遺物——馬具類を中心として》，《古文化談叢》，九州古文化研究会1983年第12期，第211—223页；［朝］Park Chang su：《平城市地镜洞高句丽墓葬发掘报告》，《朝鲜考古研究》1986年第4期，第42—48页；［朝］《朝鲜遗迹遗物图鉴》编纂委员会：《朝鲜遗迹遗物图鉴》，外文综合出版社1990年版第4集，第227—240页。

B 型　整体形状呈舌形。前端圆弧，后端平直。带身有 6—9 个孔，孔分布于后端平直处，或等距离遍布全身。

辽宁抚顺前屯 M7:1，铜质，体扁平，后端铆 7 个铜钉，长 2.7、宽 2.4、厚 0.6 厘米（图五十八，3）。[①] 太王陵 03JYM541:125，鎏金，六个铆钉交错分布，长 4.9、宽 3、厚 0.4 厘米，钉长 0.6 厘米（图五十八，4）。[②] 山城下 725 号墓，形体较长，用 9 颗铆钉相连。[③]

C 型　整体呈方形或长方形。尾端有 2—5 孔，以 2 孔居多。

整体呈方形或近梯形，穿 2、3 孔。如万宝汀墓区 242 号墓发现 4 件，均长 2.5、宽 2.2 厘米（图五十八，5、6）。[④] 山城下 M195:12，2 件，鎏金，一大一小，大的宽端有 3 个铆钉，小的宽端有 2 个铆钉。[⑤] 禹山 JYM3105:34，用长方薄片折成[⑥]；97JYM3319:21，正方形，直径 1.8 厘米。[⑦]

有的整体呈细窄的长方形，穿孔 3—5 个。如沈阳石台子山城 98SDMG1:79，铜质，近长方形，长 2.7 厘米。[⑧] 禹山 JYM3560:20，鎏金，长方形，尾端有连缀革带的五个穿孔。长 4.5、宽 2.5 厘米。[⑨]

D 型　整体呈长舌状，一端平直，一端尖凸。

如禹山 JYM3296:9，铁质表面包一层薄银片。平面略呈长方形，后端弧曲处有四颗铆钉，长 8.3、宽 2 厘米（图五十八，7）。[⑩] 本溪小市晋墓出土一件，铜质，一端作圭角长条形，一端留有条孔，上挂一穿有两孔的近方形饰片。长 12.5、宽 1.5—2.1、厚 0.08 厘米（图五十八，8）。[⑪] 德花里 3 号墓出土一件，银质，一端弧圆，一端平直。[⑫]

A 型半圆形的带饰除了可作为修饰革带尾末端的铊尾外，亦可作为装饰革带中

---

① 王增新：《辽宁抚顺市前屯、洼浑木高句丽墓发掘简报》，《考古》1964 年第 10 期，第 532 页。

② 吉林省文物考古研究所、集安市博物馆：《集安高句丽王陵——1990—2003 年集安高句丽王陵调查报告》，文物出版社 2004 年版，第 305 页。

③ 转引自张雪岩《集安出土高句丽金属带饰的类型及相关问题》，《边疆考古研究》2004 年第 2 辑，第 265 页。

④ 吉林集安文管所：《集安万宝汀墓区 242 号古墓清理简报》，《考古与文物》1982 年第 6 期，第 16—19 页、28 页。

⑤ 集安县文物保管所：《集安高句丽墓葬发掘简报》，《考古》1983 年第 4 期，第 305 页。

⑥ 吉林省文物考古研究所、集安市文物保管所：《集安洞沟古墓群禹山墓区集锡公路墓葬发掘》，见吉林省文物考古研究所、集安市文物保管所《高句丽研究文集》，延边大学出版社 1993 年版，第 69 页。

⑦ 吉林省文物考古研究所、集安市博物馆：《洞沟古墓群禹山墓区 JYM3319 号墓发掘报告》，见吉林省文物考古研究所《吉林集安高句丽墓葬报告集》，科学出版社 2009 年版，第 266 页。

⑧ 沈阳市文物考古工作队：《辽宁沈阳石市台子高句丽山城第二次发掘简报》，《考古》2001 年第 3 期，第 35—50 页。

⑨ 吉林省文物考古研究所、集安市文物保管所：《集安洞沟古墓群禹山墓区集锡公路墓葬发掘》，见吉林省文物考古研究所、集安市文物保管所《高句丽研究文集》，延边大学出版社 1993 年版，第 69 页。

⑩ 同上书，第 64 页。

⑪ 辽宁省博物馆：《辽宁本溪晋墓》，《考古》1984 年第 8 期，第 718 页。有的学者认为此墓属于三燕。

⑫ ［朝］Jung Se-ang：《德花里 3 号墓发掘报告》，《朝鲜考古研究》1991 年第 1 期，第 22—25 页。

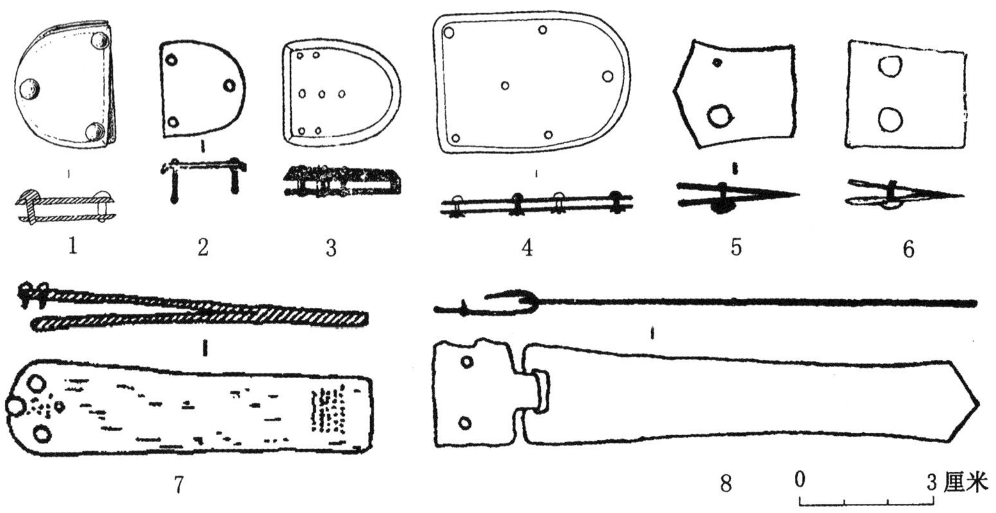

1、2. A 型（太王陵 03JYM541∶159、本溪小市晋墓） 3、4. B 型（抚顺前屯 M7∶1、太王陵 03J YM541∶125） 5、6. C 型（万宝汀墓区 M242） 7、8. D 型（禹山 JYM3296∶9、本溪小市晋墓）

图五十八　铊尾

部的带銙。在吉林和龙市龙海渤海墓（M14）中发现一件金托玉带，其上装饰有半圆形玉銙11 件，即为该种形制。①

四型铊尾中，A、B 二型多为两个相同的饰片配合使用。C 型系用一长条鎏金（铜）片对折而成，使用时将革带夹在上下两层饰片中间，用铆钉铆接。麻线沟 1 号墓、禹山下 41 号墓、山城下 332 号墓发现的铊尾背面留有丝织品或麻布痕迹，这表明当初固定时，在皮革与铊尾之间，还衬垫有布帛防止滑脱。至于是否存在另一种可能，布帛带上直接加铊尾式的金属饰片，尚不可知。

四　其他类型

1. 带箍

禹山 540 号墓东耳室出土两件，两者形制相同，大小略异。以内侧平直，外侧面缓圆的铜条弯曲成，外侧缓圆面鎏金，内侧直面不鎏金，03JYM0540∶14－1，通长 3 厘米。03JYM0540∶14－2，通长 2.6 厘米（图五十九，1、2）。②

该物应是用在带扣之后，束缚革带防止外翘的带具部件。原报告称带卡，因带卡曾是带扣的别称，两者易混，今改称带箍。

2. 带环

① 吉林省文物考古研究所、延边朝鲜族自治州文物管理委员会办公室：《吉林和龙市龙海渤海王室墓葬发掘简报》，《考古》2009 年第 6 期，第 23—39 页。

② 王志刚：《集安禹山 540 号墓清理报告》，《北方文物》2009 年第 1 期，第 20—31 页。

禹山 JYM3305：11，原报告称银杏叶坠饰，上部为直径 0.7 厘米的环，连坠一杏叶坠饰（图五十九，3）。[①] 七星山 96 号墓（图五十九，4）[②]、德花里 3 号墓（图五十九，5）[③]、地镜洞 1 号墓（图五十九，6）[④] 均出土此过形制相似的物件，材质有鎏金、银、金之别。麻线沟 1 号墓出土的一件，悬挂在带扣之上，这应是其使用方法之一（图五十九，7）。[⑤]

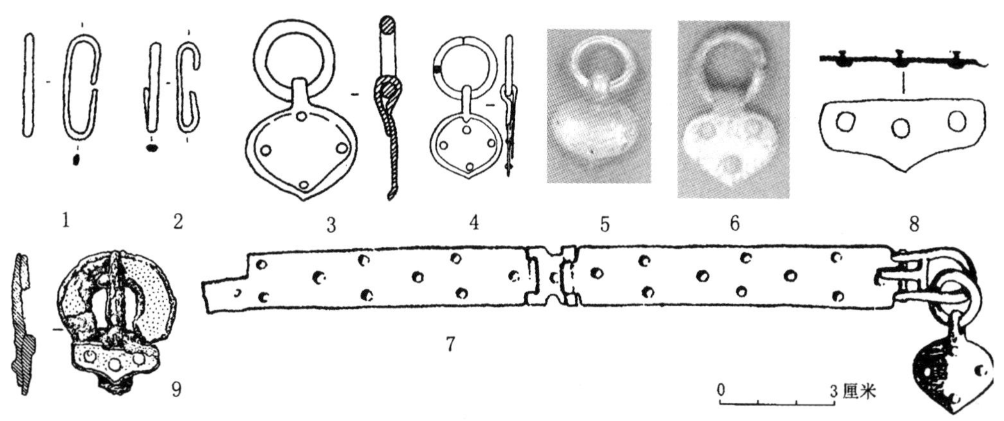

1. 禹山 03JYM0540：14－1 2. 禹山 03JYM0540：14－2 3. 禹山 JYM3305：11 4. 七星山 M96 5. 德花里 M3 6. 地镜洞 M1 7. 麻线沟 M1 8. 山城下 M195：18 9. 榆树老河深 M11：25

图五十九 带箍、带环和带首片

3. 带首片

山城下 195 号墓出土一件整体呈山字形的鎏金铜饰片，编号为 M195：18（图五十九，8）。[⑥] 有的学者认为它是铊尾。[⑦] 榆树老河深中层墓葬出土的 M11：25（图五十九，9）[⑧]，扣环呈椭圆形，后端连接扣针的横梁上所套接的金属片与 M195：18 相同，依此来看，此物应为带首片。

---

① 吉林省文物考古研究所、集安市文物保管所：《集安洞沟古墓群禹山墓区集锡公路墓葬发掘》，见吉林省文物考古研究所、集安市文物保管所《高句丽研究文集》，延边大学出版社 1993 年版，第 71—72 页。

② 集安县文物保管所：《集安县两座高句丽积石墓的清理》，《考古》1979 年第 1 期，第 27—32、50 页。

③ ［朝］Jung Se-ang：《德花里 3 号墓发掘报告》，《朝鲜考古研究》1991 年第 1 期，第 22—25 页。

④ ［朝］Park Chang su：《发现高句丽马具一式的地境洞墓葬》，《历史科学》1977 年第 3 期；［日］中山清隆、大谷猛：《高句麗・地境洞古墳とその遺物——馬具類を中心として》，《古文化談叢》，九州古文化研究会 1983 年第 12 期，第 211—223 页；［朝］Park Chang su：《平城市地镜洞高句丽墓葬发掘报告》，《朝鲜考古研究》1986 年第 4 期，第 42—48 页；［朝］《朝鲜遗迹遗物图鉴》编纂委员会：《朝鲜遗迹遗物图鉴》，外文综合出版社 1990 年版第 4 集，第 227—240 页。

⑤ 吉林省博物馆辑安考古队：《吉林辑安麻线沟一号壁画墓》，《考古》1964 年第 10 期，第 520—528 页。

⑥ 集安县文物保管所：《集安高句丽墓葬发掘简报》，《考古》1983 年第 4 期，第 305 页。

⑦ 张雪岩：《集安出土高句丽金属带饰的类型及相关问题》，《边疆考古研究》2004 年第 2 期，第 265 页。

⑧ 吉林省文物考古研究所：《榆树老河深》，文物出版社 1987 年版，第 53 页。

五　使用者与使用方法

带具主要用于连缀，或用于马身，或用于人体。大约在汉代之前，中原地区，人体束带多用带钩，马具则用扣环是圆形或方形、扣针固定不动的方策和带鐍；北方地区，牌饰状的带扣用于人体。[1] 魏晋之后，带扣构造逐渐定型，扣环形状圆方都有，但渐趋以U字形为标准，扣针套接在扣环后端的横梁之上，可自由转动。用于马具与人体的带扣，形制上几乎没有太大差别。

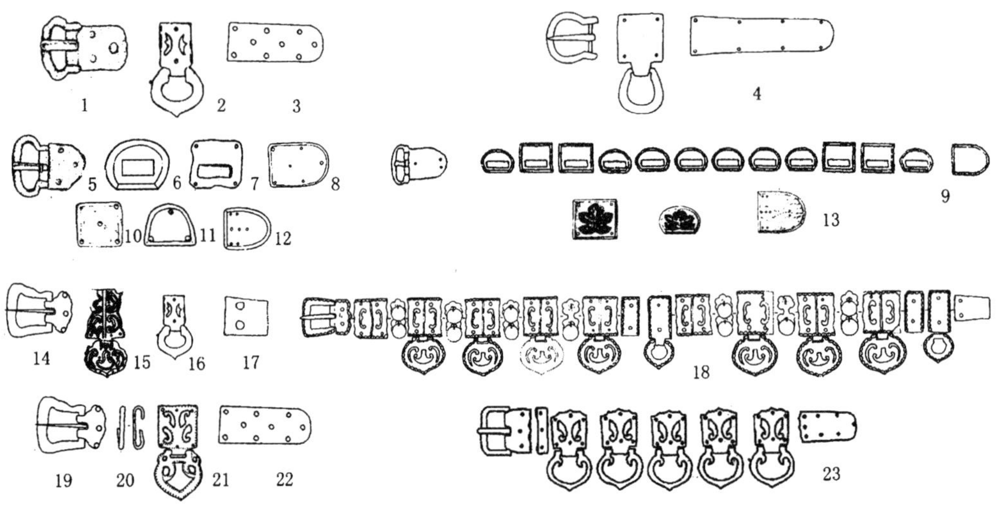

1. 五女山城 F37∶4　2. 山城下 M151　3. 山城下 M725　4. 河北定县北魏石函　5. 五女山城 03XM∶4　6. 沈阳石台子山城 98SBM④∶1　7. 抚顺高尔山城　8. 太王陵 03JYM541∶125　9. 吉林和龙北大 M28　10. 太王陵 03JYM541∶160　11. 禹山 03JYM0540∶12－1　12. 抚顺前屯 M7∶1　13. 吉林龙海渤海王室墓　14. 万宝汀 M242　15. 禹山 JYM3560∶13A　16. 山城下 M151　17. 万宝汀墓区 M242　18. 喇嘛洞墓地 M196∶10－22、30　19. 万宝汀 M242　20. 禹山 03JYM0540∶14－2　21. 山城下 M330　22. 山城下 M725　23. 朝阳王子坟墓群两晋墓腰 M9001∶3

图六十　带具的第一种搭配方法

高句丽遗迹发现的带具，C、D型带扣主要使用于人体，A型以人使用为主，B型人、马都可使用。B型带扣中套接浅圆盘饰片的带扣，又称鞖，是马具。带銙和铊尾主要亦用于人体。

简单的带具，或带扣连接打孔革带，或革带末端用半圆形铊尾修饰，此种形制带具人和马通用。讲究一些的带具，由带扣、带銙和铊尾三部分构成，主要应用于人体，身份地位越高，带具越华美。根据高句丽遗迹带具出土具体情况，参照已知

---

[1] 王仁湘：《带扣略论》，《考古》1986年第1期，第65—75页；田立坤：《论带扣的型式及演变》，《辽海文物学刊》1996年第1期，第34—41页；孙机：《中国古舆服论丛》，文物出版社2001年版，第253—292页。

较完整的革带图像，带具搭配使用方法，存在下列几种可能：

第一种，A 型带扣 + A/B/C 型带銙 + A/B/C 型铊尾。

如 Aa 型带扣 + Cb 型带銙 + B 型铊尾的搭配型式，河北定县北魏石函中所出带具即为此型（图六十，1—4）。[①] Aa 型带扣 + A/Ba/Bb 型带銙 + B 型铊尾的搭配型式，吉林和龙北大 M28 渤海墓、龙海渤海王室墓出土的带具即为此型（图六十，5—13）。[②] Ac 型带扣 + Ca/Cb 型带銙 + C 型铊尾的搭配型式，喇嘛洞墓地 M196:10－22、30 即此型（图六十，14—18）。[③] Ac 型带扣 + 带箍 + Cb 型带銙 + B 型铊尾的搭配型式，朝阳王子坟墓群两晋墓出土的腰 M9001:3 即为此型（图六十，19—23）。[④]

第二种，B 型带扣 + C 型带銙 + B/C 型铊尾。

如 Bd 型带扣 + Cb 型带銙 + C 型铊尾的搭配型式，朝鲜庆州皇南里第 82 号坟东冢出土的带具即为此型（图六十一，1－4）。[⑤] Bb 型带扣 + Cb 型带銙 + D 型铊尾的搭配型式，日本宫山古坟第 2 主体出土的带具即为此型（图六十一，5—8）。[⑥]

第三种，C 型带扣 + D 型铊尾。

如 Ca 型带扣 + D 型铊尾的搭配型式，日本京都谷冢古坟出土的带具即为此型（图六十一，9—11）。[⑦]

第四种，D 型带扣 + C/D 型带銙或 D 型带扣 + C 带銙 + D 型铊尾。

如 D 型带扣 + Ca、Cc 型带銙的搭配型式，喇嘛洞墓地 M266:44－55 即为此型（图六十二，1—4）。[⑧] D 型带扣 + Cb 型带銙的搭配型式，湖北汉阳出土的晋代鎏金带具即为此型（图六十二，5—7）。[⑨] D 型带扣 + Ca、Cb、Cc 带銙 + D 型铊尾的搭配型式，宜兴周处墓所出带具即为此型（图六十二，8—13）。[⑩]

---

① 图转引自孙机《中国古舆服论丛》，文物出版社 2001 年版，第 274 页。

② 延边朝鲜族自治州博物馆、和龙县文化馆：《和龙北大渤海墓葬清理简报》，《东北考古与历史》1982 年第 1 期；延边博物馆：《吉林和龙县北大渤海墓葬》，《文物》1994 年第 1 期；［日］伊藤玄三著，杨晶译：《渤海时代的带具》，《东北亚考古资料译文集》第 6 集，北方文物杂志社 2006 年版；吉林省文物考古研究所、延边朝鲜族自治州文物管理委员会办公室：《吉林和龙市龙海渤海王室墓葬发掘简报》，《考古》2009 年第 6 期，第 23—39 页。

③ 辽宁省文物考古研究所、朝阳市博物馆、北票文物管理所：《辽宁北票喇嘛洞墓地 1998 年发掘报告》，《考古学报》2004 年第 2 期，第 232 页。

④ 辽宁省文物考古研究所、朝阳市博物馆：《朝阳王子坟两晋墓群 1987、1990 年度考古发掘的主要收获》，《文物》1997 年第 11 期，第 1—18 页。

⑤ 图转引自孙机《中国古舆服论丛》，文物出版社 2001 年版，第 274 页。

⑥ 同上。

⑦ 同上书，第 272 页。

⑧ 辽宁省文物考古研究所、朝阳市博物馆、北票文物管理所：《辽宁北票喇嘛洞墓地 1998 年发掘报告》，《考古学报》2004 年第 2 期，第 209—242 页，图版十六。

⑨ 刘森淼：《湖北汉阳出土的晋代鎏金铜带具》，《考古》1994 年第 11 期，第 954—956 页。

⑩ 图转引自孙机《中国古舆服论丛》，文物出版社 2001 年版，第 272 页。

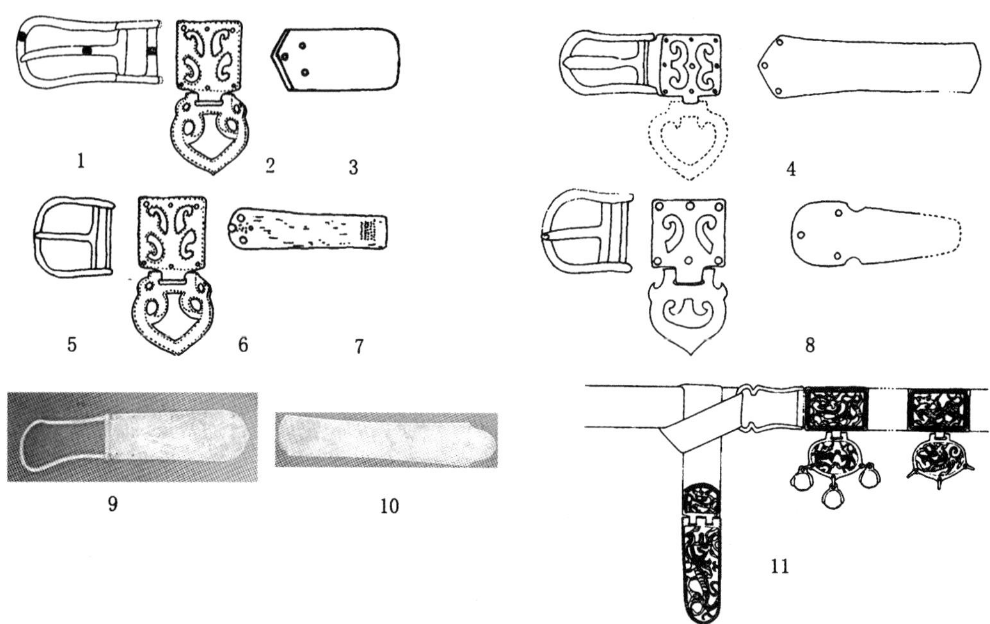

1. 辽源龙首山城　2. 山城下 M330　3. 沈阳石台子山城 98SDMG1:79　4. 朝鲜庆州皇南里第 82 号坟东冢　5. 禹山 JYM3105:28A　6. 山城下 M330　7. 禹山 JYM3296:9　8. 日本宫山古坟　9、10. 德花里 M3　11. 日本京都谷冢古坟

图六十一　带具的第二、三种搭配方法

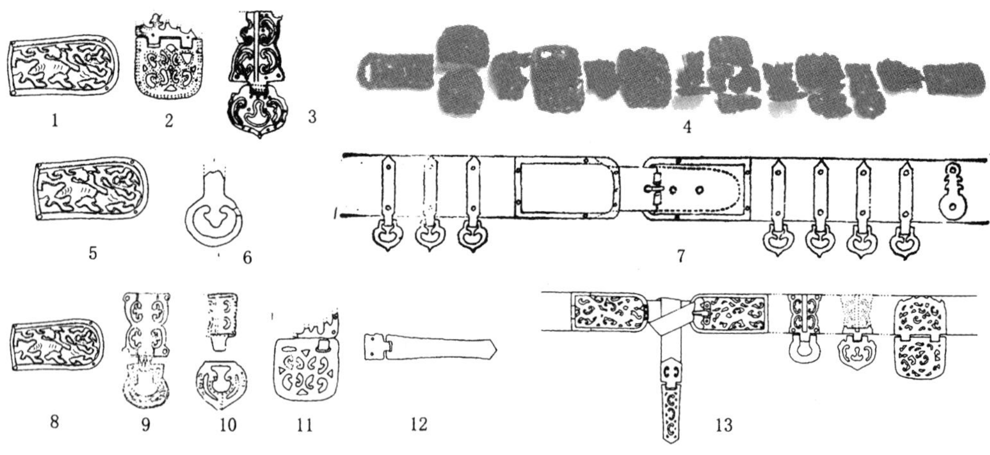

1、5、8. 山城下 M159　2. 禹山 JYM3560:13C　3. 禹山 JYM356013A　4. 喇嘛洞墓地 M266:44 - 55　6. 禹山 JYM3560:13B　7. 湖北汉阳出晋墓　9. 山城下 M152:10　10. 连江乡 M19　11. 禹山 JYM3142:10　12. 本溪小市晋墓　13. 宜兴周处墓

图六十二　带具的第四种搭配方法

第七章　服饰的社会性

服饰作为人类社会发展的必然产物，身兼物质文化与精神文化双重身份。它不单是用来遮风挡雨的实用物品，还是历史上某个时代、某一区域、某个民族社会文化的体现者。因其复杂而丰富的社会内涵，服饰被视为人类的“第二层皮肤”。服饰各类组成部分，不是孤立的存在。妆饰、首服、身衣、足衣以及各种饰物的特定搭配是某个民族审美理想和生活意趣的展示与表达。本章将在服饰搭配组合研究的基础上，深入剖析高句丽遗存及文献所见所载服饰的民族性、地域性、等级性、礼仪性等文化属性。

第一节　服饰组合分型

高句丽壁画所绘人物服饰，按照妆饰、首服、身衣、足衣的不同搭配方式，可以分成十型。

A型　披发/顶髻+短襦（A型襦领；Aa、Ba型衽；Aa型长袖、Ba型中袖，偶见C型短袖；A、B型腰饰）**+肥筩裤**（A、B型肥筩裤）**/瘦腿裤+矮靿鞋/中靿鞋**。[①]

如舞踊墓主室左壁左一、左五两位男舞者（图六十三，1、2）；长川1号墓前

1、2. 舞踊墓主室左壁左一、左五两位男舞者　3、4、5. 长川1号墓前室北壁树下舞者、中部放鹰人、前室藻井东侧礼佛图跪拜男子　6. 松竹里1号墓残存人像　7. 双楹塚后室左壁左七女子

图六十三　壁画服饰A型搭配

① “/”符号代表“或者”。

室北壁树下舞者，中部放鹰人，前室藻井东侧礼佛图跪拜男子（图六十三，3—5）；松竹里1号墓残存人像（图六十三，6）；双楹塚后室左壁左七女子（图六十三，7）。A型服饰组合襦裤花色以点纹为代表，偶见单色。

B型　折风/帻冠[①] **+短襦**（A型襦领；Aa、Ba型衽；Aa型长袖，Ba型中袖；A、B型腰饰）**+肥筩裤**（A、B型肥筩裤）**/瘦腿裤+矮靿鞋/中靿鞋**

头戴折风（皮冠、弁）的人，如舞踊墓主室后壁持刀男子（图六十四，1）；麻线沟1号墓北侧室东部持鹰人（图六十四，2）；长川1号墓前室北壁右上部打伞人（图六十四，3）；三室墓第一室左壁出行图站立人（图六十四，4）；东岩里壁画墓残像男子（图六十四，5）；双楹塚墓道西壁侍立男子（图六十四，6）；大安里1号墓后室西壁男子（图六十四，7）。

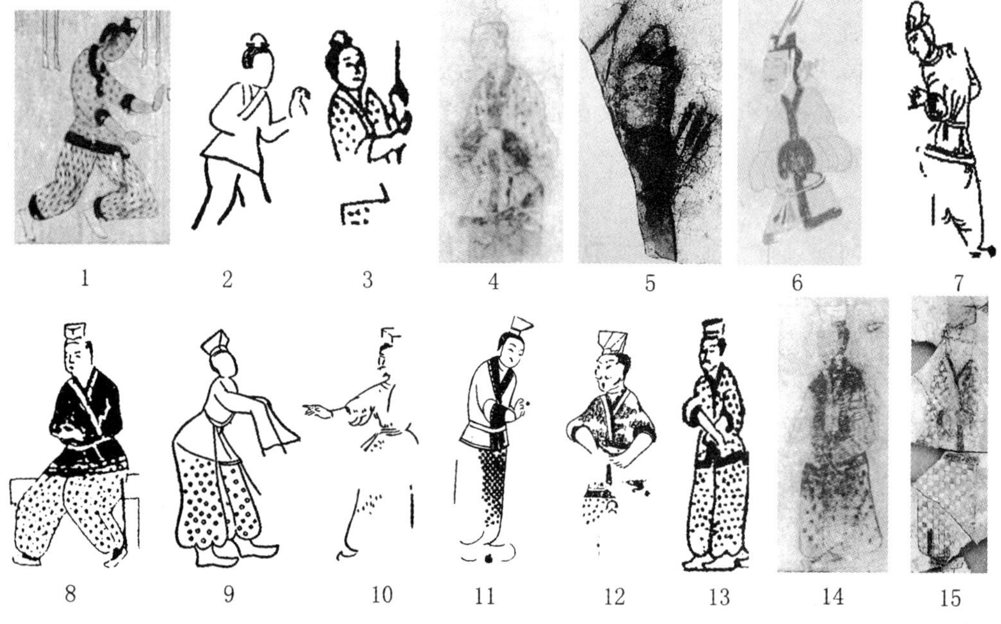

1. 舞踊墓主室后壁持刀男子　2. 麻线沟1号墓北侧室东部持鹰人　3. 长川1号墓前室北壁右上部打伞人　4. 三室墓第一室左壁出行图站立人　5. 东岩里壁画墓残像男子　6. 双楹塚墓道西壁侍立男子　7. 大安里1号墓后室西壁男子　8. 舞踊墓主室后壁宴饮图中墓主人　9. 麻线沟1号墓墓室南壁东端对舞图左边舞者　10. 通沟12号墓甬道左侧龛室后壁作画男子　11. 长川2号墓墓室北扇石扉正面男子　12、13. 长川1号墓前室东壁北侧门吏、前室南壁第二栏左七男子　14. 三室墓第一室出行图左二男子　15. 东岩里壁画墓前室残存男子

图六十四　壁画服饰B型搭配

头戴帻冠（骨苏、罗冠）的人，如舞踊墓主室后壁宴饮图中墓主人（图六十

① “折风”，也可写为“皮冠”、“弁”。“帻冠”，也可写为“骨苏”，“罗冠”。参加前文论证。

四，8）；麻线沟 1 号墓墓室南壁东端对舞图左边舞者（图六十四，9）；通沟 12 号墓甬道左侧龛室后壁作画男子（图六十四，10）；长川 2 号墓墓室北扇石扉正面男子（图六十四，11）；长川 1 号墓前室东壁北侧门吏，前室南壁第二栏左七男子（图六十四，12、13）；三室墓第一室出行图中左二男子（图六十四，14）；东岩里壁画墓前室残存男子（图六十四，15）。B 型服饰组合襦裤花色以点纹、几何纹为代表，偶见单色。

C 型　**垂髻/盘髻/巾帼+短襦/长襦**（A 型襦领；Aa、Ba 型衽；Aa 型长袖、Ba 型中袖；A、B 型腰饰）**+肥筩裤**（A、B 型肥筩裤）**/瘦腿裤/A 型裙+矮靿鞋/中靿鞋**

如舞踊墓主室左壁进肴女侍（图六十五，1）；长川 1 号墓前室藻井东侧女侍（图六十五，2）；东岩里壁画墓前室残存女子（图六十五，3）；水山里壁画墓墓室西壁打伞女侍（图六十五，4）；安岳 2 号墓后室西壁站立女子（图六十五，5）；舞踊墓主室左壁左侧进肴女侍（图六十五，6）；长川 1 号墓东壁甬道北壁女侍（图六十五，7）；高山洞 A10 号墓后室南壁东侧上部跳舞女子（图六十五，8）。

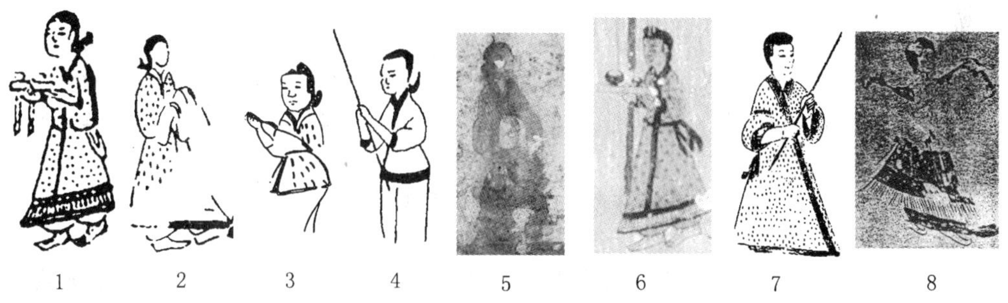

1. 舞踊墓主室左壁进肴女侍　2. 长川 1 号墓前室藻井东侧女侍　3. 东岩里壁画墓前室残存女子　4. 水山里壁画墓墓室西壁打伞女侍　5. 安岳 2 号墓后室西壁站立女子　6. 舞踊墓主室左壁左侧进肴女侍　7. 长川 1 号墓东壁甬道北壁女侍　8. 高山洞 A10 号墓后室南壁东侧上部跳舞女子

图六十五　壁画服饰 C 型搭配

D 型　**笼冠+袍**（A、B 型）**+矮靿鞋/圆头履/笏头履**

如五盔坟 4 号墓东壁莲上居士（图六十六，1）；安岳 3 号墓西侧室西壁墓主人，回廊出行图后部马上击鼓乐手（图六十六，2、3）；德兴里壁画墓前室北壁西侧墓主人（图六十六，4）；台城里 1 号墓右侧室墓主人（图六十六，5）；平壤驿前二室墓前室前壁右侧鼓乐手（图六十六，6）；龛神塚前室左壁龛内墓主人（图六十六，7）；药水里壁画墓前室北壁左侧墓主人（图六十六，8）；水山里壁画墓墓室西壁上栏左四男子（图六十六，9）；双楹塚后室后壁墓主人（图六十六，10）；八清里壁画墓前室左壁行列图右端男子（图六十六，11）。

E 型 **进贤冠/平巾帻+袍**（A、B 型）**+矮靿鞋/圆头履**

如安岳 3 号墓西侧室记室，前室南壁东面上段持幡仪卫（图六十七，1、2）；德兴里壁画墓前室西壁太守（图六十七，3）；药水里壁画墓前室西壁右侧跪坐男子

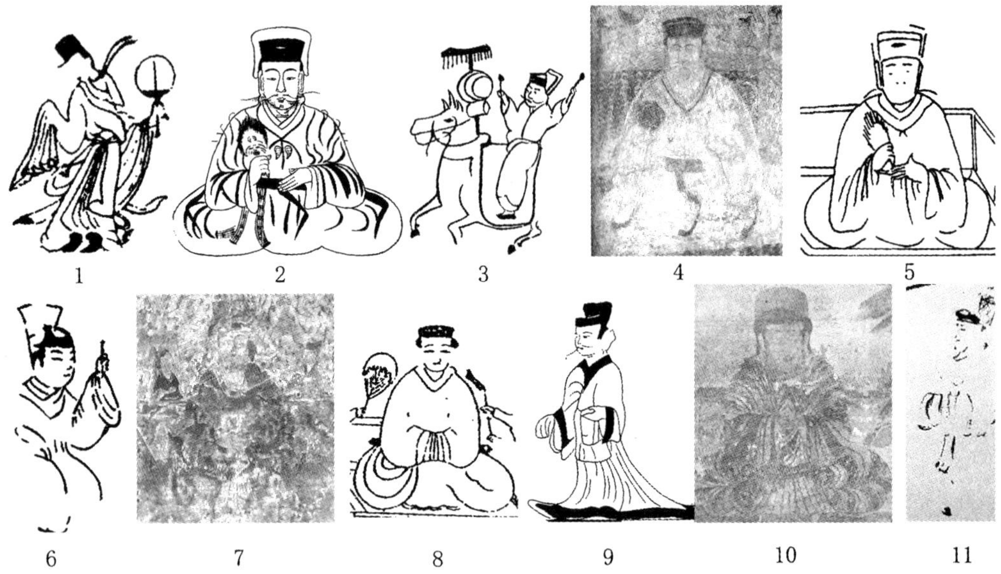

1. 五盔坟4号墓东壁莲上居士　2、3. 安岳3号墓西侧室西壁墓主人、回廊出行图后部马上击鼓乐手　4. 德兴里壁画墓前室北壁西侧墓主人　5. 台城里1号墓右侧室墓主人　6. 平壤驿前二室墓前室前壁右侧鼓乐手　7. 龛神塚前室左壁龛内墓主人　8. 药水里壁画墓前室北壁左侧墓主人　9. 水山里壁画墓墓室西壁上栏左四男子　10. 双楹塚后室后壁墓主人　11. 八清里壁画墓前室左壁行列图右端男子

图六十六　壁画服饰D型搭配

（图六十七，4）；安岳2号墓墓室东壁下部男子（图六十七，5）；德兴里壁画墓前室西壁太守（图六十七，6）；水山里东壁上栏站立男子（图六十七，7）。

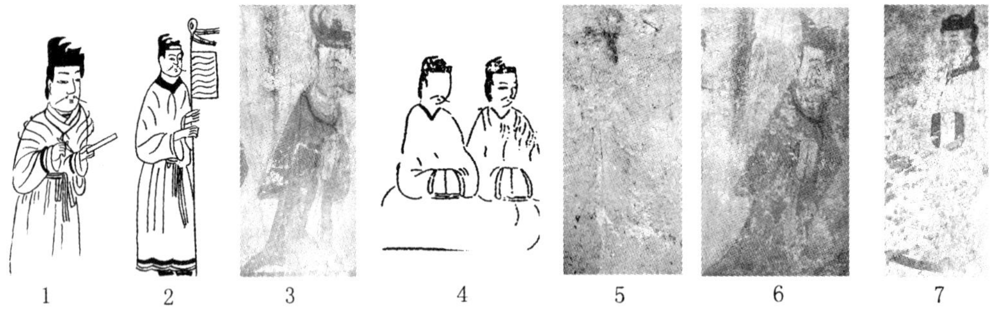

1. 安岳3号墓西侧室记室　2. 安岳3号墓前室南壁东面上段持幡仪卫　3. 德兴里壁画墓前室西壁太守　4. 药水里壁画墓前室西壁右侧跪坐男子　5. 安岳2号墓墓室东壁下部男子　6. 德兴里壁画墓前室西壁太守　7. 水山里东壁上栏站立男子

图六十七　壁画服饰E型搭配

F型　平巾帻＋短襦（B型领；Ab、Bb型衽；Bb型中袖，C型短袖）**＋B型肥筩裤＋矮靿鞋**

如安岳 3 号墓前室西壁西侧室门口帐下督（图六十八，1）；德兴里壁画墓中间通路西壁出行图中步吏（图六十八，2）；龛神塚前室西壁龛内右侧仪卫（图六十八，3）；平壤驿前二室墓前室右龛仪卫（图六十八，4）；药水里壁画墓前室北壁左侧帐下侍从（图六十八，5）；保山里壁画墓北壁站立人（图六十八，6）；伏狮里壁画墓墓室左壁男子（图六十八，7）；八清里壁画墓前室左壁骑马人（图六十八，8）。此型衣裤多为单色。

1. 安岳 3 号墓前室西壁西侧室门口帐下督　2. 德兴里壁画墓中间通路西壁主人出行图中步吏　3. 龛神塚前室西壁龛内右侧仪卫　4. 平壤驿前二室墓前室右龛仪卫　5. 药水里壁画墓前室北壁左侧帐下侍从　6. 保山里壁画墓北壁站立人　7. 伏狮里壁画墓墓室左壁男子　8. 八清里壁画墓前室左壁骑马人

图六十八　壁画服饰 F 型搭配

G 型　撷子髻/鬟髻/双髻（A、B、C 型）**/不聊生髻 + 袍**（B、C 型）**/短襦 + B 型裙 + 圆头履**

如安岳 3 号墓西侧室西壁小史（图六十九，1）；龛神塚前室右壁右侧女子、左侧女子（图六十九，2、3）；药水里壁画墓后室北壁上部夫妇图中右侧女子（图六十九，4）；安岳 3 号墓西侧室南壁女主人，回廊出行图前端持麾两女子（图六十九，5、6）。

1. 安岳 3 号墓西侧室西壁小史　2. 龛神塚前室右壁右侧女子　3. 龛神塚前室右壁左侧女子　4. 药水里壁画墓后室北壁上部夫妇图中右侧女子　5. 安岳 3 号墓西侧室南壁女主人　6. 安岳 3 号墓回廊出行图前端持麾两女子

图六十九　壁画服饰 G 型搭配

H 型　髡发/顶髻 + 短襦（B 型领；Ab、Bb 型衽；Bb 型中袖，C 型短袖）+ **B 型肥筩裤/瘦腿裤/B 型裙 + 矮鞠鞋/中鞠鞋**

1. 德兴里壁画墓中间通道东壁车旁人　2. 德兴里壁画墓中间通道东壁左侧牵牛人　3. 德兴里壁画墓后室北壁下部持巾人　4. 德兴里壁画墓前室东壁出行图中二人　5. 德兴里壁画墓后室北壁持物女侍　6. 德兴里壁画墓中间通道东壁车旁女侍

图七十　壁画服饰 H 型搭配

如德兴里壁画墓中间通道东壁车旁人（图七十，1）；德兴里壁画墓中间通道东壁左侧牵牛人（图七十，2）；德兴里壁画墓后室北壁下部持巾人（图七十，3）；德兴里壁画墓前室东壁出行图中二人（图七十，4）；德兴里壁画墓后室北壁持物女侍（图七十，5）；德兴里壁画墓中间通道东壁车旁女侍（图七十，6）。此型衣裤多为单色。

I 型　帽（风帽，圆顶翘脚帽，尖顶帽）+ 短襦（B 型领；Ab、Bb 型衽；Bb 型中袖，C 型短袖）+ **B 型肥筩裤/瘦腿裤 + 矮鞠鞋/中鞠鞋**

如舞踊墓右耳室右壁叩拜人（图七十一，1）；舞踊墓主室右壁赶牛车人（图七十一，2）；德兴里壁画墓后室西壁射戏图中注记人（图七十一，3）；八清里壁画墓后室右壁左侧站立男子（图七十一，4）；水山里壁画墓墓室左壁抬鼓人（图七十一，5）；安岳 3 号墓前室南壁西面吹长角乐人（图七十一，6）。

1. 舞踊墓右耳室右壁叩拜人　2. 舞踊墓主室右壁赶牛车人　3. 德兴里壁画墓后室西壁射戏图中注记人　4. 八清里壁画墓后室右壁左侧站立男子　5. 水山里壁画墓左壁抬鼓人　6. 安岳 3 号墓前室南壁长角乐人

图七十一　壁画服饰 I 型搭配

J型　D型双髻/云髻/花钗大髻+短襦（A型领；Aa、Ba型衽）+**B型裙**

如水山里壁画墓墓室西壁上栏后端两女子（图七十二，1）；安岳2号墓墓室西壁上栏女子（图七十二，2）；双楹塚后室左壁礼供图左四女子，墓道东壁中间女子（图七十二，3、4）；安岳1号墓墓室西壁第二列左六女子（图七十二，5）；水山里壁画墓墓室西壁上栏左七女子（图七十二，6）；双楹塚后室后壁榻上女子（图七十二，7）。

1. 水山里壁画墓墓室西壁上栏后端女子　2. 安岳2号墓墓室西壁上栏女子　3. 双楹塚后室左壁礼供图左四女子　4. 双楹塚墓道东壁中间女子　5. 安岳1号墓墓室西壁第二列左六女子　6. 水山里壁画墓墓室西壁上栏左七女子　7. 双楹塚后室后壁榻上女子

图七十二　壁画服饰J型搭配

第二节　服饰的民族性

服饰的样式与图案往往具有鲜明的民族性。不同民族服饰在衣料、裁剪、颜色、花纹、搭配等各方面往往体现出不同的风格。服饰的民族性是在某种特定的历史条件下，地理环境、历史观念和深层文化内涵三者共同作用的结果。服饰的民族特色在古代服饰中表现尤为突出，被视为最具标识性的民族文化符号之一。

上述十型搭配中，A、B、C三型，男子所戴折风和帻冠是高句丽人特有的冠帽类型；女子所梳垂髻、盘髻与中原女子同类发型梳理方法虽然相同，但整体效果颇具地方特色。“短襦裤”和“长襦裙”两种服饰搭配与文献所记高句丽人传统服饰相吻合——男子穿筒袖衫、大口裤，女子穿裙襦。各色打底的点纹、竖点纹、菱格纹、十字纹等图案花色，在本地区之外的其他区域较为罕见。因此，A、B、C三型应是高句丽民族传统服饰。其中，A型一般为男子服饰、偶见女子穿着，B型为男子服饰，C型为女子服饰。

D、E两型，笼冠配袍服，进贤冠配袍服，平巾帻配袍服是汉魏六朝时期儒士、官员、公侯、宗室成员常见的官服（礼服）装扮，有时也作为闲居常服。《晋书·职官志》载：“三品将军秩中二千石者，著武冠，平上黑帻，五时朝服，佩水苍玉，食奉、春秋赐绵绢、菜田、田驺如光禄大夫诸卿制。"[1] 规定中二千石的三品将军，戴平上黑帻，外罩漆纱笼冠，穿朝服。《宋书·舆服志》载："郡国太守、相、内史，银章，青绶。朝服，进贤两梁冠。"[2] 规定地方单位太守、内史级别的属吏，戴两梁进贤冠，穿朝服。文献记载的朝服、五时朝服即为袍服。帻，本为庶人的覆发头巾，伴随着平上帻演变为平巾帻的过程，帻的地位逐渐提高，被视为礼服，乃至正式官服，安岳3号墓中太守级别的官员，便以平巾帻搭配袍服。

F型，上身过臀短襦，下身肥筩裤，此种搭配称"袴褶"。"袴褶"本为北方游牧民族的传统服装。秦汉时期，汉人也穿裤搭配短襦，但贵族必在襦裤之外套上袍裳，只有骑者、厮徒等从事体力劳作的人为方便行动，直接将襦裤露在外面。到了晋代情况有所变化，《晋书·舆服志》记"袴褶之制，未详所起，近世凡车驾亲戎，中外戒严服之。服无定色，冠黑帽，缀紫摽，摽以缯为之，长四寸，广一寸，腰有络带以代鞶"。[3] 又记"中朝大驾卤簿"中"黑袴褶将一人，骑校、鋋角各一人"。[4] 南北朝时期，"袴褶"使用更加广泛，俨然已经成为汉服的一个组成部分。

D、E、F三型，除高句丽壁画外，魏晋南北朝时期各地壁画墓均有相似发现。如辽阳上王家村墓右耳室墓主人，头戴笼冠，身穿袍服。[5] 朝阳袁台子壁画墓前室右龛墓主人，头戴笼冠，身份袍服（图七十三，1）。[6] 丹阳建山金家村墓墓室下栏绘有仪卫卤簿，均头戴笼冠，身穿袍服，足登笏头履（图七十三，2）。[7] 酒泉丁家闸5号墓前室西壁左侧弹琴男子及墓主人身旁站立男子均头戴平巾帻，身穿袍服（图七十三，3、4）；中部站立男侍头戴平巾帻，身穿短襦裤（图七十三，5）；右侧墓主人头戴进贤冠，身穿袍服（图七十三，6）。[8] 云南昭通后海子东晋霍承嗣墓北壁正中墓主人头戴笼冠，身穿袍服（图七十三，7）；东壁持幡仪卫，头戴平巾帻，身穿短襦裤（图七十三，8）。[9] 大体凡是奉中原王朝为正朔，接受册封的官吏，无论其族属是汉人与否，都穿着此类服饰。

D、E、F三型属于汉服系列，或都具有汉服因素。

G型，撷子髻、双髻、鬟髻、不聊生髻均属高髻。高髻是各类借助于假发（假髻），梳挽在头顶，髻式高耸的女性发式的统称。最初流行于宫廷内部，大约在东汉时期从宫掖流行至民间。《后汉书·马廖传》载长安俗谚："城中好高髻，四方高

---

① 房玄龄等：《晋书》，中华书局2000年版，第467—471页。

② 沈约：《宋书》，中华书局2000年版，第344页。

③ 房玄龄等：《晋书》，中华书局2000年版，第499页。

④ 同上书，第491页。

⑤ 李庆发：《辽阳上王家村晋代壁画墓清理简报》，《文物》1959年第7期，第60—62页。

⑥ 辽宁省博物馆文物队、朝阳地区博物馆文物队、朝阳县文化馆：《朝阳袁台子东晋壁画墓》，《文物》1984年第6期，第9—45页。

⑦ 南京博物院：《江苏丹阳、建山两座南朝墓葬》，《文物》1980年第2期，第1—17页。

⑧ 甘肃省文物考古研究所：《酒泉十六国墓壁画》，文物出版社1989年版。

⑨ 云南省文物工作队：《云南省昭通后海子东晋壁画墓清理简报》，《文物》1963年第12期，第1—6页。

1. 朝阳袁台子壁画墓前室右龛墓主人　2. 丹阳建山金家村墓墓室下栏仪卫　3—6. 酒泉丁家闸 5 号墓前室西壁左侧弹琴男子、墓主人身旁站立男子、中部站立男侍、右侧墓主人　7、8. 云南昭通后海子东晋霍承嗣墓北壁墓主人、东壁持幡仪卫

图七十三　D、E、F 型服饰相似搭配

一尺。"① 反映了京都地区高髻的盛行。《后汉书 · 明德马皇后本纪》李贤注引《东观汉记》云："明帝马皇后美发，为四起大髻，但以发成，尚有余，绕髻三匝。"②"四起大髻"是早期高髻的一种。魏晋南北朝时期，高髻在市民百姓中普及，款式丰富，名目繁多，比较著名的有灵蛇髻、飞天髻、缬子髻、盘桓髻、惊鹄髻、云髻等。

《晋书 · 舆服志》记郡公侯县公侯太夫人、夫人，公特进侯卿校世妇，中二千石、二千石夫人，头饰绀缯帼，以属于深衣制的皂绢、缥绢为服。③"绀缯帼"是用来使发髻高耸，增加华贵之感的一种假髻。作为命妇朝服的深衣制衣服是上下连署的袍服。袿衣，战国时期已经是女子的盛装。汉魏时期，袿衣更趋华美，是一种上等女服。南北朝时仍旧盛行。《宋书 · 义恭传》记："舞伎正冬着袿衣。"此后其制

① 范晔：《后汉书》，中华书局 2000 年版，第 570 页。
② 同上书，第 271 页。
③ 房玄龄等：《晋书》，中华书局 2000 年版，第 501 页。

渐失。[①] 安岳3号墓西侧室西壁头梳鬟髻，身穿袍服女子的身份，根据榜题可知为小史，是一名女官。此种高髻配袍服，配襦裙的搭配方式是汉服中女子常见的装扮，不单高贵命妇，普通女子亦可穿着。衣服的面料，图案花色，金银饰物的搭配体现两者身份的差别。

高句丽壁画外，此型女子形象各地壁画均有相似发现。如酒泉丁家闸5号墓前室西壁中部女子梳不聊生髻，穿襦裙（图七十四，1）；下部女子梳双鬟髻，穿襦裙（图七十四，2）。新疆吐鲁番阿斯塔纳晋墓出土纸画绘有一女子，梳单环撷子髻，穿襦裙（图七十四，3）。[②] 传顾恺之绘《列女图》中女子，梳高髻，穿袿衣（图七十四，4）。[③]

1、2. 酒泉丁家闸5号墓前室西壁中部女子、下部女子　3. 新疆吐鲁番阿斯塔纳晋墓出土纸画　4. 顾恺之《列女图》　5. 朝阳袁台子壁画墓奉食图　6. 山东金乡朱鲔墓画像石　7. 阎立本《北齐校书图》　8. 西安南郊草场坡村北朝墓

图七十四　G、H、I、J型服饰相似搭配

G型和D、E、F三型一样属于汉服系列，或是具有汉服因素。D、E、F三型是男性专属服饰搭配，G型属于女性。

H型，髡发是北方游牧民族的传统发式，髡发搭配短襦裙和髡发搭配短襦裤，亦应是北方游牧民族的装扮。因德兴里壁画墓的墓主人"镇"和夫人，可能是慕容鲜卑人，该型组合或许属于鲜卑服一系。顶髻搭配短襦裙的装扮，非汉服传统女装组合，德兴里壁画墓中此型装扮女子与髡发搭配短襦裙的女子、髡发搭配短襦裤的男子同为墓主夫人的贴身侍从，则此装扮也可能属于鲜卑服系。

I型，风帽是北方游牧民族常戴的一种暖帽，因其格外受到鲜卑人的喜爱，又称鲜卑帽。《旧唐书·舆服志》载："北朝则杂以戎狄之制，爰至北齐，有长帽短靴，合袴袄子。"[④] 其载长帽是风帽的别称。风帽搭配短靴，裤裆闭合的肥筩裤和短

① 孙机：《汉代物质文化资料图说》，上海古籍出版社2008年版，第281页；周汛、高春明：《中国衣冠服饰大辞典》，上海辞书出版社1996年版，第141页；高春明：《中国服饰名物考》，上海文化出版社2001年版，第527—528页。

② 图转引自高春明《中国服饰名物考》，上海文化出版社2001年版，第33页。

③ 同上书，第527页。

④ 刘昫：《旧唐书》，中华书局2000年版，第1327页。

袄，是其民族的传统装扮。因此，I型中风帽搭配短襦裤的装扮属于鲜卑服系。[①]

圆顶翘脚帽搭配短襦裤，此类装扮在集安舞踊墓发现一例，为赶车男仆。[②] 朝鲜境内的安岳3号墓、德兴里壁画墓、药水里壁画墓、八清里壁画墓、水山里壁画墓、大安里1号墓、双楹塚均发现多例。身份复杂，有乐手、马上狩猎者、徒步狩猎者、马童、记录员、下级官吏、杂耍演员等。除高句丽壁画外，在朝阳袁台子壁画墓奉食图、庭院图、屠宰图、牛耕图、狩猎图、膳食图中都绘有此类装扮的男子（图七十四，5）。[③] 学界一般认为该墓与辽东地区壁画墓关系密切，该墓的墓主人可能是被掠到辽西的辽东大姓。[④] 笔者基本赞同此种观点，需要补充说明的是袁台子壁画墓的壁画内容、画法虽然与辽阳地区的壁画墓相似，但人物服饰却存在明显差别。如圆顶翘脚帽与短襦裤的搭配在辽阳地区的壁画人物中较为罕见。此种差异性恰恰说明该型服饰与辽阳汉族所穿服饰不同。辽西地区是慕容鲜卑繁衍生息之地，安岳3号墓和德兴里壁画墓墓主人的身份与经历又都与三燕政权关系甚密，因此，该型服饰是鲜卑服系，特别是慕容鲜卑服系的可能性较大。

J型，双髻、云髻、花钗大髻等发式是汉魏六朝时中原女子流行的头发梳理样式。汉服系统中此类发式一般与上下相连的袍服搭配，或搭配襦裙，短襦多掖在裙下，偶见露在裙外。如山东金乡朱鲔墓出土的画像石中女子，梳花钗大髻，穿掩地长袍（图七十四，6）；阎立本《北齐校书图》中提壶女侍，梳云髻，穿短襦，配长裙（图七十四，7）。水山里壁画墓、双楹塚、安岳1号墓和2号墓中各发型多与短襦裙搭配，短襦长度过臀，领、衽、袖、下摆四周皆加襈，有明显的高句丽民族特色。裙子是白色或条纹相间的百褶裙。搭配方式为短襦穿在裙外，遮住裙腰。此种搭配形式在北魏时期的壁画墓中多有发现，但细节不同。如西安南郊草场坡村发现的北朝墓中所绘女子，头梳十字髻，短襦有条纹装饰，腰部系带，长裙上饰三角形纹饰（图七十四，8）。[⑤]

J型搭配与同时期其他地区壁画墓中所绘女子的装扮不同，有一种混搭的倾向，它可能是高句丽民族传统服饰、汉服和以鲜卑为代表的胡服多种因素的杂糅。

此外，前文提及高句丽遗迹出土大量耳环和耳坠。其中A型粗环耳坠，中原罕见，是高句丽民族传统佩饰。B型细环耳坠中的某些款式与辽西地区发现的耳饰存

---

① 第3章《首服》对此有所论述，此不赘述。

② 舞踊墓北壁狩猎图中一猎手所戴与圆顶翘脚帽形似，因有残缺，存疑。

③ 辽宁省博物馆文物队、朝阳地区博物馆文物队、朝阳县文化馆：《朝阳袁台子东晋壁画墓》，《文物》1984年第6期，第9—45页。

④ 刘中澄：《关于朝阳袁台子晋墓壁画墓的初步研究》，《辽海文物学刊》1987年第1期，第95页；田立坤：《袁台子壁画墓的再认识》，《文物》2002年第9期，第41—48页；王宇：《辽西地区慕容鲜卑及三燕时期墓葬研究》，吉林大学，硕士论文，2008年；陈超：《辽阳汉魏晋时期壁画墓研究》，吉林大学，硕士论文，2008年。

⑤ 陕西省文物管理委员会：《西安南郊草场坡村北朝墓的发掘》，《考古》1959年第6期，第285—287页。

在诸多相似之处。再有，安岳3号墓冬寿夫人身边打扇女侍，头梳撷子髻，身穿襦裙，右耳下部绘有红色耳饰。

佩戴耳饰本是周边少数民族的习俗，后渐趋汉风胡化。《释名·释首饰》载："穿耳施珠曰珰。此本出于蛮夷所为也。蛮夷妇女轻浮好走，故以此珰垂之也。今中国人效之耳。"① 汉代妇女喜用耳珰，很少佩戴耳环。六朝时期的汉族妇女无穿耳风俗，亦不佩戴耳饰。② 高句丽遗迹耳饰的出土，表明部分女性（也可能存在男性）仍沿袭北方民族的传统习俗。

综上所述，高句丽遗存中所见服饰资料，可分为高句丽民族传统服饰、含汉服因素的服饰、含以（慕容）鲜卑为代表的胡服因素和上述各种因素混搭的服饰四种情况。

第三节　服饰的地域性

服饰是人类社会发展形成的一种物质文化产物，它的发生、发展和定型与居住地的自然环境、气候条件、生产方式、生活方式有着密不可分的关系，受其影响，服饰通常呈现出鲜明的地域色彩。历史上没有哪一个地区可以完全隔绝与外界的联系，政治环境的风云变幻总是会对某一地区社会生活的方方面面产生诸多影响，服饰便是其中一方面。外族入侵、政权更替、遗民迁徙等外在因素往往会为某一地区注入新的服饰因素，或是使得某一固有服饰因素加强或弱化，促使原来的服饰地域性特征呈现出一种新的面貌。自然条件与社会因素的双重作用，使得服饰地域性的表象更为复杂，它所蕴含的丰富的文化内涵是对真实历史环境的一种表述。

高句丽遗存所见服饰资料主要集中在中国集安、桓仁、沈阳、抚顺等地和朝鲜的平安南道、黄海南道、平壤市、南浦市等地。在各种服饰资料中，耳环、耳坠、指环、手镯、带具等出土饰物两地区形制差别不大；壁画人物形象则颇具地方特色。

集安高句丽壁画墓常见男子服饰为A型和B型两种搭配，女子服饰为C型搭配，偶见D型中的笼冠配袍服和I型中的风帽配短襦裤、圆顶翘脚帽配短襦裤。该地区服饰搭配比较单一，男子两种，女子一种。

朝鲜高句丽壁画墓常见男子服饰为D型、E型、F型、H型和I型五种搭配，女子服饰为G型、H型和J型三种搭配。男子亦有B型，女子亦有C型搭配。该地区服饰搭配种类多样，男子六种，女子四种。

依据前文对各种服饰搭配所做族属辨析的结论，集安高句丽壁画墓所绘服饰形象多为高句丽民族传统服饰，偶见含汉服因素和含以（慕容）鲜卑为代表的胡服因素的服饰。朝鲜高句丽壁画墓所绘服饰则是含汉服因素的服饰、含以（慕容）鲜卑

---

① 王先谦：《释名疏证补》，扫叶山房石印本1919年版，第9页。

② 高春明：《中国服饰名物考》，上海文化出版社2001年版，第416—417页。

为代表的胡服因素的服饰、高句丽民族传统服饰三者并存，尤其前两种因素居多。

集安高句丽壁画服饰因素比较纯正，传统服饰因素根深蒂固；朝鲜高句丽壁画服饰因素复杂，各种因素杂糅在一起。两地服饰差异，最初可能源于自然条件的不同，之后，则更多是受到不同社会环境影响的结果。集安地区较少受到外来因素影响，即使有所影响，也不能撼动其根基。朝鲜大同江、载宁江流域政治形势较为复杂，服饰亦伴随着政治舞台的轮转进行着角色的变换。

第四节　服饰的等级性

服饰的等级性是指古代社会用服饰的式样、质料、图案、花纹区分尊卑贵贱，标示身份地位。服饰诞生之初，穿戴目的在于遮羞、保暖和对美的追求，侧重服饰的实用性。随着生产力和社会分工的发展，社会群体日益分化，服饰的社会意义和社会功能逐渐突显，其中最主要的一个方面是用服饰来表现人们的身份地位。据说早在黄帝轩辕氏时期服饰的等级性已经出现，之后历朝历代规定渐严渐密。服饰最终成为“统治阶级严内外、别亲疏、昭名分、辨贵贱的政治工具”。①

一　文献有关高句丽服饰等级性的记载

高句丽服饰史料数量不多。金富轼《三国史记·色服志》在详细罗列新罗服色历代变迁后，颇为无奈地写道：“高句丽、百济衣服之制，不可得而考，今但记见于中国历代史书者。”② 有关高句丽服饰等级性的记载更是少之又少，主要有如下几条：

《三国志·高句丽传》：“其公会，衣服皆锦绣，金银以自饰。大加、主簿头著帻，如帻而无余，其小加著折风，形如弁。”③《后汉书·高句骊传》《梁书·高句骊传》《南史·高句丽传》《魏略》所记与此雷同。

《魏书·高句丽传》：“头著折风，其形如弁，旁插鸟羽，贵贱有差。其公会，衣服皆锦绣，金银以为饰。”④

《周书·高丽传》：“其冠曰骨苏，多以紫罗为之，杂以金银为饰。其有官品者，又插二鸟羽于其上，以显异之。”⑤

《隋书·高丽传》：“人皆皮冠，使人加插鸟羽。贵者冠用紫罗，饰以金银。”⑥

《旧唐书·高丽传》：“衣裳服饰，唯王五彩，以白罗为冠，白皮小带，其冠及

① 庄华峰等：《中国社会生活史》，合肥工业大学出版社2004年版，第82页。

② 金富轼著，孙文范等校勘：《三国史记》，吉林文史出版社2003年版，第415页。

③ 陈寿：《三国志》，中华书局2000年版，第626页。

④ 魏收：《魏书》，中华书局2000年版，第1498页。

⑤ 令狐德棻：《周书》，中华书局2000年版，第600页。

⑥ 魏征：《隋书》，中华书局2000年版，第1218页。

带，咸以金饰。官之贵者，则青罗为冠，次以绯罗，插二鸟羽，及金银为饰。……国人衣褐，戴弁。”①

《新唐书·东夷·高丽传》：“王服五采，以白罗制冠，革带皆金扣。大臣青罗冠，次绛罗，珥两鸟羽，金银杂扣……庶人衣褐，戴弁。”②

梁元帝《职贡图序》：“贵者冠帻而无后，以金银为鹿耳，加之帻上，贱者冠析（折）风。”③

上述记载说明三个问题：第一，服饰质料和饰物是权贵阶层服饰与普通百姓服饰主要区别之一。第二，权贵阶层等级区分，前期通过首服和配饰，帻冠、折风、鸟羽、鹿耳是区分身份高下的标志；后期服饰颜色成为限定等级的一个新因素。五彩，白、青、绯、绛三（四）色阶的划分，突出了王权的唯一性和高级官吏（贵族）的等差性。《魏书》中有关高句丽官制的内容来自李敖公元438年出使高句丽的报告，因此前后两期的分界点，或在公元五世纪中期左右。第三，高句丽灭亡之前未形成如同新罗般完善的服色制度。

严密的服饰等级性以健全的职官制度为前提条件之一。高句丽的官位制一直是学界研究热点。中国学者杨军、高福顺，日本学者武田幸男，朝韩学者李钟旭、李承赫等学者对此都有研究。④ 各家研究结论细节分歧较大，但大体都认同汉魏时期官位制草创，以七级为主，但时有变动；两晋南北朝时期，逐渐形成“使者系”和“兄系”两大官位系统，十二级或十三级的官位等级日趋严密；隋唐时期官位等级最终确定。公元五世纪至六世纪是高句丽官制发展的重要时期。

文献所载高句丽服饰等级性因素的变化与其官制发展基本情况保持一致。三国时期服饰等级区分笼统，南北朝时期贵贱等差渐趋明晰，隋唐引入服色概念，以白、紫两色为上品。

二 壁画中展现的等级性

壁画墓所绘内容是对墓主人生前物质世界和精神世界的再现。封闭的壁画空间内展现的服饰等级系统，若不是以王公将相、先圣先贤等历史人物为题材的特殊情况，通常以墓主人及夫人所穿服饰规格代表第一等级，其次为墓主人的属下官吏，或亲属子女，再次是为墓主人日常生活服务的侍从、奴仆。根据此种推断，结合壁画中的榜题，描绘情境，人物所处位置、人物手中所持物品可做如下划分。

---

① 刘昫：《旧唐书》，中华书局2000年版，第3619页。

② 欧阳修、宋祁：《新唐书》，中华书局2000年版，第4699—4700页。

③ 张楚金：《翰苑》，见金毓黻编《辽海丛书》，辽沈书社1985年版，第2519—2520页。

④ 杨军：《高句丽中央官制研究》，《黑龙江民族丛刊》2001年第4期，第70—73页；杨军：《高句丽地方统治结构研究》，《史学集刊》2002年第1期，第71—76页；高福顺：《高句丽中央官位等级制度的演变》，《史学集刊》2006年第5期，第81—88页；［日］武田幸男：《高句麗史と东アジア：〈広開土王碑〉研究序説》，岩波書店1989年版；［朝］李承赫：《关于高句丽大加和下加问题》，《历史科学》1986年第2期，见《朝鲜历史研究论丛》，延边大学出版社1987年版。

1. 第一等级服饰

集安高句丽壁画墓墓主人所穿服饰与平壤高句丽壁画不同，是 B 型搭配中的帻冠配短襦裤。墓主人一般头戴白色或黄色的帻冠，上身穿以黑色、白色为主，偶见点纹的左衽加襈短襦，下身穿阔肥筩裤，花纹有独特的白地红方格碎点纹、白地十字纹，也有较为普及的白地黑点纹。

如角觝墓主室后壁墓主人，图像头部、脚部残缺，上身穿领、衽、袖镶有黑红色襈，左衽，棕地褐点纹的短襦，下身穿白地黑点纹阔肥筩裤（图七十五，1）。舞踊墓主室后壁墓主人，头戴白色帻冠，上身穿红襈左衽黑色短襦，下身穿白地红方格碎点纹阔肥筩裤，足登棕色矮靿鞋（图七十五，2）。麻线沟 1 号墓墓主人图像残缺严重，仅见上身穿左衽中袖加襈短襦。通沟 12 号墓墓主人头戴白色帻冠，上身穿合衽白色短襦，下身穿灰地黑点肥筩裤，足部残。禹山下 41 号墓墓主人图像头部及下身残，仅见合衽红襈黄地红点纹短襦。长川 1 号墓前室东壁藻井所绘墓主人梳顶髻，上身穿合衽加襈黑地红点纹，下身穿白地黑十字纹阔肥筩裤；前室南壁所绘墓主人头部残，上身穿左衽加襈黑色短襦，下身穿白地黑点纹肥筩裤；前室北壁所绘墓主人上身残，仅见下身穿白地黑十字阔肥筩裤，足登矮靿鞋，内穿黑红色袜子（图七十五，3—5）。三室墓第一室后壁 3 号屋宇内墓主人，头戴帻冠，身穿左衽加襈黄色短襦；第一室左壁出行图中墓主人，头戴黄色帻冠，上身穿合衽黑襈黑色短襦，下穿点纹阔肥筩裤，足登黄色矮靿鞋（图七十五，6）。

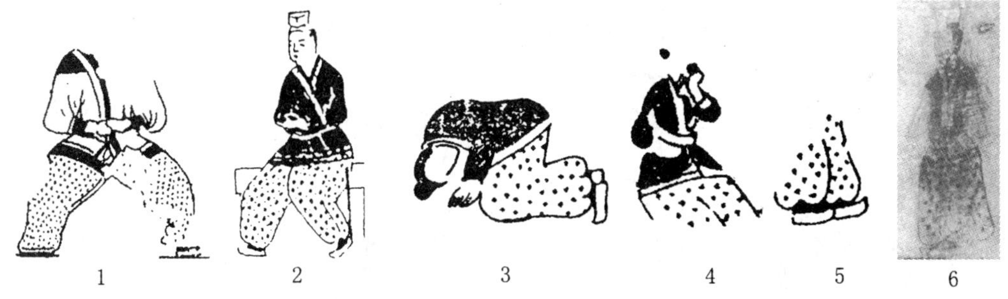

1. 角觝墓主室后壁墓主人　2. 舞踊墓主室后壁墓主人　3、4、5. 长川 1 号墓前室东壁藻井、前室南壁、前室北壁所绘墓主人　6. 三室墓第一室左壁出行图中墓主人

图七十五　集安高句丽壁画墓主人像

朝鲜高句丽壁画墓所绘墓主人有三种不同装扮。第一种是属于 D 型搭配的笼冠配袍服；第二种是属于 E 型搭配的进贤冠配袍服，或平巾帻配袍服；第三种是平顶帽配短襦裤。其中，前两种搭配习见，第三种搭配仅一例。

第一种搭配，头戴笼冠，身穿深褐、浅褐、红色、黄色等单色袍服。

如安岳 3 号墓西侧室西壁墓主人，头戴笼冠，身穿合衽加襈深褐色袍服，腰束黑色带（图七十六，1）。台城里 1 号墓右侧室墓主人，头戴笼冠，身穿合衽加襈袍服（图七十六，2）。德兴里壁画墓前室北壁西侧墓主人，头戴笼冠，身穿合衽加襈浅褐色袍服，腰束黑色带（图七十六，3）。药水里壁画墓后室北壁墓主人，头戴笼冠，身穿合衽加襈黄色袍服，前室北壁墓主人也是此装扮（图七十六，4、5）。水山里壁画墓墓室西壁上栏墓主人，头戴笼冠，身穿右衽黑襈浅褐色袍服（图七十六，6）。八清里壁画墓前室右壁墓主人残存头部，头戴笼冠，眉间饰白毫；前室左壁行列图第二列墓主人，头戴笼冠，身穿袍服（图七十六，7、8）。双楹塚后室后壁墓主人和龛神塚前室左壁龛内墓主人，均头戴笼冠，身穿合衽加襈红色袍服（图七十六，9、10）。

1. 安岳3号墓西侧室西壁墓主人　2. 台城里1号墓右侧室墓主人　3. 德兴里壁画墓前室北壁西侧墓主人　4、5. 药水里壁画墓后室北壁、前室北壁墓主人　6. 水山里壁画墓西壁上栏墓主人　7、8. 八清里壁画墓前室右壁、前室左壁行列图第二列墓主人　9. 双楹塚后室后壁墓主人　10. 龛神塚前室左壁龛内墓主人　11. 保山里壁画墓墓主人　12. 伏狮里壁画墓墓室右壁行列图中墓主人　13. 水山里壁画墓东壁墓主人　14. 铠马塚墓室第一持送墓主人

图七十六　朝鲜高句丽壁画墓主人像

第二种搭配，如保山里壁画墓残存墓主人像，头戴进贤冠，身穿袍服（图七十六，11）。伏狮里壁画墓墓室右壁行列图中墓主人，头戴进贤冠，其下残缺（图七十六，12）。水山里壁画墓东壁墓主人，头戴平巾帻，身穿袍服（图七十六，13）。

第三种搭配，铠马塚墓室左侧第一持送所绘墓主人，头戴平顶帽，上插鸟羽和鎏金冠饰，上身穿黑襈黄地圆点纹短襦，下身残缺（图七十六，14）。

集安高句丽壁画墓所绘夫人服饰是属于 C 型搭配的巾帼或盘髻配长襦裙。夫人一般头戴巾帼，偶露盘髻，多穿黑、红、白等单色长襦，配白色百褶裙，肩搭黑色披肩。

如角觝墓后壁绘有两位夫人，前者为妻，后者可能为妾。妻头戴白色巾帼，身穿红襈左衽黑色长襦，下配白色无襈百褶裙；妾亦戴白色巾帼，身穿黑襈左衽白地黑点纹长襦，肩搭黑色披肩，下搭有粗细两道襈的白色百褶裙（图七十七，1、2）。麻线沟 1 号墓夫人残缺，身穿绿襈合衽红色长襦。通沟 12 号墓夫人，头戴白色巾帼，脸施圆点胭脂，身穿合衽红黑襈白色长襦，下配黑襈百褶裙。长川 1 号墓前室东壁藻井所绘夫人，梳盘髻，穿合衽加襈白色长襦，肩搭黑色披肩，下配加襈百褶裙（图七十七，3）；前室南壁所绘夫人，亦梳盘髻，穿左衽加襈白色长襦，肩搭黑色披肩，下部残。三室墓第一室后壁 1 号屋宇内妻子头戴黄色巾帼，身穿黑色长襦，妾穿黄色长襦，其他部位皆残缺；第一室左壁出行图中夫人头戴黄色巾帼，身穿左衽加襈黄色长襦，配加襈百褶裙。

朝鲜高句丽壁画墓所绘夫人有两种装扮，第一种是属于 G 型搭配的撷子髻配袍服；第二种是属于 J 型搭配的云髻或花钗大髻配短襦裙。该地夫人一般梳高髻，配袍服，或配红、黑单色短襦，两色或三色相间的条纹裙。

如安岳 3 号墓西侧室南壁夫人，梳撷子髻，上身穿绛紫地云纹锦袿衣，下配镶有两道褐色襈的白地云纹裙（图七十七，4）。药水里壁画墓后室北壁夫人，梳花钗大髻，穿合衽加襈红色袍服（图七十七，5）。水山里壁画墓墓室西壁上栏夫人，梳云髻，上身穿右衽红襈黑色短襦，下搭三色条纹裙（图七十七，6）。双楹塚后室后壁夫人，梳花钗大髻，穿右衽加襈红色短襦，配红白两色条纹裙（图七十七，7）。

1、2. 角觝墓后壁夫人及妾　3. 长川 1 号墓前室东壁藻井夫人　4. 安岳 3 号墓西侧室南壁夫人　5. 药水里壁画墓后室北壁夫人　6. 水山里壁画墓墓室西壁上栏夫人　7. 双楹塚后室后壁夫人

图七十七　高句丽壁画墓夫人像

2. 第二等级服饰

集安高句丽壁画男子所穿服饰主要是属于 B 型搭配的折风配短襦裤，或帻冠配短襦裤。如舞踊墓右耳室中壁左侧男子，头戴折风，身穿合衽黑襈点纹短襦，两手

相交在腹前，作恭敬状。其旁为一幅叩拜图，头戴风帽的男子向头戴帻冠的男子跪地叩拜，表示臣服。此种情景下，中壁左侧男子的身份，可能是侍立主人身旁的属吏（图七十八，1）。

1. 舞踊墓右耳室中壁左侧男子　2. 大安里1号墓后室西壁男子　3. 双楹塚墓道西壁男子　4. 长川2号墓北扇石扉正面门卒　5、6. 长川1号墓前室东壁南侧、北侧门卒　7—9. 长川1号墓前室南壁第二栏后端侍立三个男子　10. 三室墓第一室左壁出行第五人　11. 安岳3号墓西侧室西壁门下拜　12. 德兴里壁画墓前室西壁太守　13. 药水里壁画墓前室西壁近臣　14. 德兴里壁画墓前室西壁太守　15. 水山里壁画墓东部跪拜男子　16. 安岳3号墓前室西壁西侧帐下督　17. 平壤驿前二室墓前室右壁帐下男子　18. 龛神塚前室西壁龛内站立男子　19. 水山里壁画墓西壁出行图中男子　20. 八清里壁画墓后室右壁左侧站立男子

图七十八　男子第二等级服饰

长川2号墓北扇石扉正面门卒，头戴帻冠，上身穿镶有主副襈的黄色短襦，下身穿绿地黑花（方点）肥筩裤（图七十八，4）。长川1号墓前室东壁南侧门卒，头戴白色帻冠，上身穿镶有主副襈的绿地黑菱格纹杂点状菱格纹短襦，下身穿黄地黑菱格纹肥筩裤；北侧门卒，亦头戴白色帻冠，上身穿镶有主副襈的白地黑菱格点纹短襦，下身穿黄地黑点纹肥筩裤（图七十八，5、6）。这三个门卒可能是墓主人的中下级属吏。

长川1号墓前室南壁第二栏后端侍立的三个男子，均头戴帻冠，足登中靿鞋。其中，第一人上身穿左衽加襈白色短襦，下身穿白地黑点肥筩裤；第二人上身穿左衽加襈白地黑点纹短襦，下身穿绿地黑点肥筩裤；第三人上身穿合衽加襈白色短襦，下身穿白色肥筩裤，腰系带穗佩饰（图七十八，7—9）。此三人，袖挽至腕上，两手交叉于腹前，面对墓主夫妇，作恭敬貌，可能是属吏。三室墓第一室左壁出行第五人，头戴黄色帻冠，上身穿合衽加襈金黄色短襦，下身穿黄地黑点纹肥筩裤（图七十八，10），走在出行队伍中部，紧随墓主夫妇之后，双手姿态与上述长川1号墓人物相似，此人身份可能是属吏。①

平壤高句丽壁画男子所穿服饰有四种搭配形式，第一种是属于 E 型搭配的进贤冠配袍服或平巾帻配袍服；第二种是属于 F 型的平巾帻配短襦裤；第三种是属于 I 型搭配的圆顶翘脚帽配短襦裤。第四种是属于 B 型搭配的折风配短襦裤。前两种使用广泛，后两种稍次之。

第一种搭配，如安岳 3 号墓西侧室西壁墓主人身边的记室、省事和门下拜三人，头戴黑色进贤冠，身穿浅褐色袍服（图七十八，11）。德兴里壁画墓前室西壁十三郡太守图中的头戴黑色进贤冠，身穿袍服的太守（图七十八，12）；前室南壁右侧属吏图中戴黑色进贤冠，身穿袍服站立在两旁的人物。药水里壁画墓前室西壁近臣坐像中诸位男子，头戴进贤冠，身穿袍服（图七十八，13）。德兴里壁画墓前室西壁十三郡太守图中的头戴平巾帻，身穿袍服的太守（图七十八，14）；前室南壁右侧属吏图中头戴平巾帻，身穿袍服的属吏。水山里壁画墓东部跪拜男子，头戴黑色平巾帻，身穿袍服（图七十八，15）。

第二种搭配，安岳 3 号墓前室西壁西侧帐下督，头戴黑色平巾帻，上身穿合衽浅褐色短襦，下身穿加襈肥筩裤（图七十八，16）。平壤驿前二室墓前室右壁帐下男子，头戴平巾帻，身穿短襦裤（图七十八，17）；龛神塚前室西壁龛内站立男子，戴平巾帻，穿短襦裤（图七十八，18）。

第三种搭配，水山里壁画墓西壁出行图中男子，头戴圆顶翘脚帽，上身穿黑色短襦，下身穿白地黑点纹肥筩裤（图七十八，19）。八清里壁画墓后室右壁左侧站立男子，头戴圆顶翘脚帽，上身穿白襈朱红色短襦，下穿红色肥筩裤，白色中靿鞋（图七十八，20）。

第四种搭配，如大安里 1 号墓后室西壁多名男子，头戴折风，身穿短襦裤，站立在一起。此种站立群像图与药水里壁画墓中的跪坐群像图，性质相同，都是由德兴里壁画墓等早期壁画中的属吏图演变而来，其身份可能是墓主人属吏（图七十八，2）。双楹塚墓道西壁男子，头戴插鸟羽的折风，身穿短襦裤，亦应为高级属吏（图七十八，3）。

集安高句丽壁画女子所穿服饰是属于 C 型搭配的巾帼或盘髻配长襦裙。如长川 2 号墓北扇石扉背面的女子，头部残，身穿右衽加襈黄色黑花（黑方点）纹长襦，下配镶有主副襈的百褶裙（图七十九，1）。长川 1 号墓甬道北壁女子，梳盘髻，身穿左衽加襈桔黄地黑点纹长襦，下配裙子（图七十九，2）。这两个女子，装着华丽，不是普通的女侍，可能是女官。长川 1 号墓前室南壁第一栏后部五女子，第一位头戴巾帼，穿合衽加襈白色长襦，下部残；第二人亦头戴巾帼，上身穿合衽加襈白地黑点纹长襦，下搭裙（图七十九，3）；第三位，梳盘髻，上身穿合衽加襈白地黑点纹长襦，下搭百褶裙。她们站在队伍的前列，两手摆放的姿态与男子相似，应

① 此人身份也可能是墓主夫妇的亲属。

不是普通女子，具有某种特殊身份。

朝鲜高句丽壁画女子所穿服饰有三种搭配形式，第一种是属于C型搭配的巾帼配长襦裙，或垂髻配长襦裙；第二种是属于G型搭配的撷子髻、鬟髻或双髻配袍服。第三种是属于J型的云髻配短襦裙。

第一种搭配，如高山洞A7号墓前室东壁右侧女子，头戴巾帼，身穿长襦裙（图七十九，4）。安岳2号墓北壁女子，梳垂髻，身穿白地红点纹长襦，配下摆加黑襈的百褶裙（图七十九，5）。

第二种搭配，如安岳3号墓西侧室西壁小史，梳鬟髻，身穿浅褐色袍服；回廊北壁出行图中持麾女子（图七十九，6、7）。龛神塚前室西壁右侧女子，梳双髻，穿袍服（图七十九，8）。

第三种搭配，如双楹塚墓道东壁女子，梳云髻，上身穿加襈单色短襦，下配百褶裙，抄手站立，作恭敬状（图七十九，9）。

1. 长川2号墓北扇石扉背面的女子 2. 长川1号墓甬道北壁女子 3. 长川1号墓前室南壁第一栏后部女子 4. 高山洞A7号墓前室东壁右侧女子 5. 安岳2号墓北壁女子 6. 安岳3号墓西侧室西壁小史 7. 安岳3号墓回廊北壁出行图中持麾女子 8. 龛神塚前室西壁右侧女子 9. 双楹塚墓道东壁女子

图七十九 女子第二等级服饰

3. 第三等级服饰

集安高句丽壁画男子所穿服饰有三种搭配形式，第一种是属于A型搭配的披发（顶髻）配短襦裤；第二种是属于B型搭配的折风配短襦裤。第三种是属于I型搭配的圆顶翘脚帽配短襦裤。前两种习见，第三种仅发现一例。

第一种搭配，如通沟12号墓南室左壁拉车男仆，头部略残，无冠帽，上身穿黄色短襦，下身穿青地点纹瘦腿裤（图八十，1）。长川1号墓前室南壁第三栏左四进肴男侍，头部残缺，似顶髻，上身穿左衽加襈黄地黑点纹短襦，下身穿白地黑点纹肥筩裤，足登矮鞫鞋（图八十，2）。

第二种搭配，如舞踊墓主室后壁持刀切食物的男侍，头戴折风，上身穿黄地褐点纹短襦，下身穿黑襈白地黑竖点纹肥筩裤（图八十，3）。

第三种搭配，如舞踊墓主室右壁赶牛车男仆，头戴黑色圆顶翘脚帽，身穿红色短襦裤（图八十，4）。

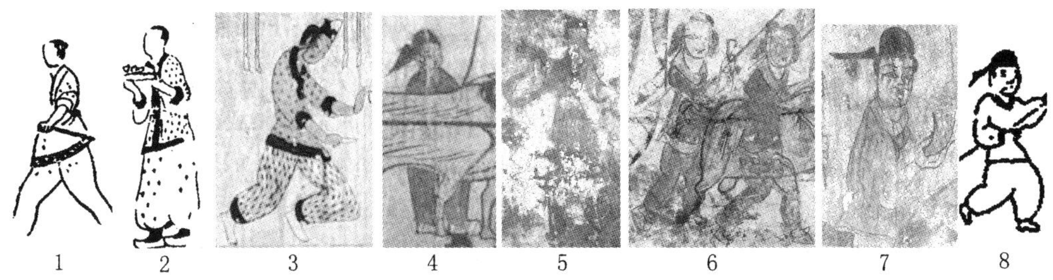

1. 通沟 12 号墓南室左壁拉车男仆　2. 长川 1 号墓前室南壁第三栏左四进肴男侍　3. 舞踊墓主室后壁持刀男侍　4. 舞踊墓主室右壁赶牛车男仆　5—7. 德兴里壁画墓中间通路西壁下栏牵马男仆、中间通路上栏赶牛车男仆、后室北壁中部持物男侍　8. 药水里壁画墓前室南壁右侧牵马人

图八十　男子第三等级服饰

朝鲜高句丽壁画男子所穿服饰亦有四种搭配形式，第一种是属于 F 型的平巾帻配短襦裤；第二种是属于 H 型搭配的髡发配短襦裤；第三种是属于 I 型搭配的圆顶翘脚帽配短襦裤。第四种是属于 A 型或 B 型中的一种搭配。前三种搭配出现频率较高，第四种仅见一例。

第一种搭配，如德兴里壁画墓中间通路西壁下栏牵马男仆，头戴黑色平巾帻，上身穿右衽朱红色短襦，下身穿深褐色肥筩裤（图八十，5）。

第二种搭配，如德兴里壁画墓中间通路上栏赶牛车男仆，髡发，身穿加襈朱红色短襦裤（图八十，6）；

第三种搭配，如德兴里壁画墓后室北壁中部持物男侍，头戴黑色圆顶翘脚帽，上身穿朱红色短襦，下身穿肥筩裤（图八十，7）。药水里壁画墓前室南壁右侧牵马人，头戴圆顶翘脚帽，身穿短襦裤（图八十，8）。

第四种搭配，高山洞 A7 号墓前室西壁牵马人，头部漶漫不清，上身穿短襦，下身穿点纹肥筩裤。

集安高句丽壁画女子装扮是属于 C 型搭配的垂髻配长襦裙（短襦裤），或盘髻配长襦裙。如舞踊墓主室左壁左三进肴女侍，梳盘髻，穿左衽黄地褐点纹长襦，裙下露黄色肥筩裤，白色中鞠鞋（图八十一，1）。长川 1 号墓前室藻井东侧礼佛图左一持巾女侍，梳垂髻，上身穿合衽加襈绿地黑点纹短襦，下身穿白地黑点裤；左二持巾女侍，梳垂髻，身穿左衽加襈白地绿点纹长襦，下配加襈裙，裙下露肥筩裤（图八十一，2、3）。水山里壁画墓西壁打伞女侍，梳垂髻，上身穿右衽浅褐色短襦，下身深褐色肥筩裤（图八十一，4）。

朝鲜高句丽壁画女子服饰有两种搭配形式，第一种是属于 G 型搭配的撷子髻配短襦裙，或鬟髻配短襦裙，或不聊生髻配短襦裙；第二种是属于 H 型搭配的髡发配短襦裙，或顶髻配短襦裙。

第一种搭配，如安岳 3 号墓西侧室南壁左侧打扇女侍，梳撷子髻，穿红襈浅褐色短襦配长裙；右侧持香炉女侍，梳鬟髻，穿红色短襦，配浅褐色长裙（图八十一，5、6）。药水里壁画墓后室北壁右侧打扇女子，梳不聊生髻，穿短襦，配条纹裙（图八十一，7）。

第二种搭配，如德兴里壁画墓后室北壁右侧左一持巾女侍，梳顶髻，穿右衽朱红色短襦，配双色褶裙，裙下露肥筩裤，白色中靿鞋；左三持巾女侍，髡发，穿右衽朱红色短襦，配白色百褶裙，裙下亦露肥筩裤，白色中靿鞋（图八十一，8、9）。

1. 舞踊墓主室左壁左三进肴女侍　2、3. 长川1号墓前室藻井东侧礼佛图左一、左二持巾女侍　4. 水山里壁画墓西壁打伞女侍　5. 安岳3号墓西侧室南壁左侧打扇女侍　6. 安岳3号墓右侧持香炉女侍　7. 药水里壁画墓后室北壁右侧打扇女子　8、9. 德兴里壁画墓后室北壁右侧左一、左三持巾女侍

图八十一　女子第三等级服饰

上述多种服饰搭配显示中国集安和朝鲜两地存在两套不同的服饰等级系统。

中国集安地区，男子服饰第一等级是帻冠配短襦裤，此种搭配第二等级亦有使用，但是，第二等级所穿短襦裤的颜色与花纹与第一等级不同，第二等级不见第一等级频繁使用的黑色及白地红方格碎点纹、白地十字纹图案。第二等级的折风配短襦裤，第三等级也有使用，两者区分不明显。第三等级中的披发（顶髻）配短襦裤和圆顶翘脚帽配短襦裤不见于第一、二等级。① 女子服饰第一等级是巾帼配长襦裙，此种搭配第二等级亦使用，区别在于第一等级所穿长襦多为单色，而第二等级以点纹居多。第三等级多为垂髻配长襦裙，偶见盘髻配长襦裙，一般而言，盘髻配长襦裙者身份高于垂髻配长襦裙，后者又高于垂髻配短襦裤者。总之，集安地区服饰等级系统，帻冠配短襦裤和巾帼配长襦裙分别代表男女服饰的最高级别，各类服饰搭配具有一定的等级区分性，但不十分严密（图八十二）。

朝鲜地区，情况较集安复杂，服饰等级系统包括四个序列（图八十三）。②

第一序列，以铠马塚为代表，包括东岩里壁画墓、高山洞A7号墓、安岳2号墓。铠马塚墓主人，头戴平顶帽，上饰华丽的鸟羽，身穿点纹肥筩裤，其属吏头戴折风配短襦裤，侍女头部残缺，穿长襦裙。其他三座墓，墓主夫妇图像缺失，可辨析形象，男子均为折风/帻冠配短襦裤，女子为盘髻/巾帼配长襦裙，或垂髻

---

①　长川1号墓墓主人露顶髻，情况特殊，此图描绘跪地叩拜佛主的情景，墓主人和夫人，一人未戴帻冠，一人未戴巾帼，用脱帽的形式表达对于佛主的尊崇。

②　有的壁画残缺严重，辨识不清，因此此处称“至少包括四个序列”。平壤地区许多墓主缺少墓主夫妇图像，特别是夫人图像，男女区分来划分等级系统较为困难，故此处男女混同。

1、4、5. 角觝墓　2、7、20—23. 舞踊墓　3、6、9—12、15—17、19、25. 长川 1 号墓　13. 三室墓　8、14. 长川 2 号墓　18、24. 通沟 12 号墓

图八十二　集安高句丽壁画服饰等级系统

配短襦裤。

第二序列，以双楹塚、大安里 1 号墓为代表。该序列服饰等级为从笼冠配袍服（花钗大髻配短襦裙），到折风配短襦裤（云髻配短襦裙），再到圆顶翘脚帽。或是由折风配短襦裤，到圆顶翘脚帽。

第三序列，以八清里壁画墓、水山里壁画墓、保山里壁画墓为代表。该序列服饰等级是从笼冠配袍服（云髻配短襦裙），到圆顶翘脚帽配短襦裤/平巾帻配袍服/平巾帻配短襦裤（双髻配短襦裙），再到垂髻配长襦裙/垂髻配短襦裤。或是从进贤冠配袍服，到平巾帻配短襦裤，再到垂髻配长襦裙。

第四序列，以安岳 3 号墓、德兴里壁画墓、龛神塚、伏狮里壁画墓、药水里壁画墓为代表。该序列常见服饰等级是从笼冠配袍服（撷子髻配袿衣），到进贤冠配袍服/平巾帻配袍服（鬟髻配袿衣），再到平巾帻配短襦裤/圆顶翘脚帽配短襦裤（撷子髻配短襦裙）；或是从进贤冠配袍服，到平巾帻配短襦裤。

四个序列中，第一序列服饰搭配与集安地区相同，以高句丽民族传统服饰为主。第二序列高句丽民族传统服饰与含有汉服因素、鲜卑服因素的服饰同时存在。高句丽民族传统服饰或为第二等级，排在含汉服因素的服饰之后，或者在没有汉服因素服饰的情况下，位列第一。穿含鲜卑服因素服饰的人跪拜在地，似暗示穿此服饰人物的身份低于前两者。第三序列仅见少量位于第三等级的高句丽民族服饰因素，性别多为女性。含有汉服因素的服饰位于第一等级，第二等级含有汉服因素和鲜卑服

1、2. 铠马塚 3、6. 东岩里壁画墓 4、7. 高山洞 A7 号墓 5. 安岳 2 号墓 8—10、12—14. 双楹塚 11、15. 大安里 1 号墓 16、18、20、22、23. 水山里壁画墓 17、19、25. 八清里壁画墓 21、24. 保山里壁画墓 26、28—30、32. 安岳 3 号墓 27. 伏狮里壁画墓 31、34、35、37. 德兴里壁画墓 33. 龛神塚 36. 药水里壁画墓

图八十三 朝鲜高句丽壁画服饰等级系统

因素的服饰两者都有，尤以鲜卑服因素居多。第四序列不见高句丽民族传统服饰因素，以含汉服因素的服饰为第一等级，第二等级含汉服因素和鲜卑服因素的服饰亦两者都有，但以含汉服因素的服饰为主。

第四序列中安岳 3 号墓和德兴里壁画墓的墓主人，根据榜题可知是冬寿和镇。冬寿原为前燕慕容皝的司马，后来投降了慕容仁，慕容仁兵败后，他率族于咸康二年（336 年）投奔高句丽，永和十三年（357 年）卒于此地。① 德兴里壁画墓墓主人“镇”，据学者考证，他生前很可能是后燕的官吏，与冬寿一样，由于某种政治原因，流亡到高句丽，得到高句丽政权的安置。② 冬寿和镇的身份具有三个特点，一者他们都不是高句丽人，二者他们与慕容氏建立的前后燕政权联系密切，三者他们

① 宿白：《朝鲜安岳所发现的冬寿墓》，《文物参考资料》1952 年第 1 期，第 101—104 页；洪晴玉：《关于冬寿墓的发现与研究》，《考古》1959 年第 1 期，第 27—35 页。

② 康捷：《朝鲜德兴里壁画墓及其相关问题》，《博物馆研究》1986 年第 1 期，第 70—77 页。

历任官职都符合魏晋时期的职官制度。考虑到此三点，他们墓葬的壁画中没有出现高句丽民族传统服饰，而是以含汉服因素和鲜卑服因素的服饰为主，并且以汉服因素为第一等级，鲜卑服因素为第二等级的服饰现象，可算情理之中。

若安岳3号墓、德兴里壁画墓中出现的此种情况不是偶然现象，而是代表了相同背景经历的墓主人对汉文化的认同；那么，同属于第四序列中的龛神塚、伏狮里壁画墓、药水里壁画墓墓主人的身份、经历非常可能与冬寿和镇相似。同理，第三序列中以含汉服因素和鲜卑服因素的服饰为主体的八清里壁画墓、水山里壁画墓、保山里壁画墓也可大体归于此种情况。具体而言，第四序列墓主人的身份可能是汉化的鲜卑人或汉人，第三序列墓主人是鲜卑人的可能性较大。

第五节　服饰的礼仪性

古代社会，不同场合有不同的服饰要求。在特定时间、特定场合，穿着与之相应的服饰被视为守礼尊法，反之，则有僭越之嫌。制礼作乐者不断将此点细化，形成了一套完备的服饰规定，正所谓祭祀有祭服、上朝有朝服、丧葬有丧服，闲居有常服。服饰的此种“场合差异”是服饰礼仪性的表象与外壳，各种服饰式样规定背后，悄然植入的浓郁的伦理色彩才是其内核与本质，因此，服饰的礼仪性又被某些学者称为伦理性。①

文献中有关高句丽服饰礼仪性的内容零零散散，不成系统。如《三国志·高句丽传》载：“其公会，衣服皆锦绣，金银以自饰……男女已嫁娶，便稍作送终之衣。”《北史·高丽传》载：“常以十月祭天，其公会，衣服皆锦绣，金银以为饰。”《周书·高丽传》载：“父母及夫丧，其服制同于华夏。”《隋书·高丽传》：“死者殡于屋内，经三年，择吉日而葬。居父母及夫之丧，服皆三年，兄弟三月。初终哭泣，葬则鼓舞作乐以送之。埋讫，悉取死者生时服玩车马置于墓侧，会葬者争取而去。”②

从这些史料来看，在高句丽政权发展前期，祭祀、公会等大型活动中，权贵阶层所穿服饰无严格限定，总体以衣饰华美为尚，以华服象征高贵身份，也借此表达对于此类活动的重视，因为这些仪式能到达沟通人神关系加强宗族团结，巩固权利地位的隐性目的。高句丽政权后期，随着“人皆皮冠，使人加插鸟羽。贵者冠用紫罗，饰以金银”。③“衣裳服饰，唯王五彩，以白罗为冠，白皮小带，其

① 庄华峰等：《中国社会生活史》，合肥工业大学出版社2004年版；阎步克：《分等分类视角中的汉、唐冠服体制变迁》，《史学月刊》2008年第2期，第30页。

② 陈寿：《三国志》，中华书局2000年版，第626页；令狐德棻：《周书》，中华书局2000年版，第600页；魏征：《隋书》，中华书局2000年版，第1218页；李延寿：《北史》，中华书局2000年版，第2067—2038页。

③ 魏征：《隋书》，中华书局2000年版，第1218页。

冠及带，咸以金饰。官之贵者，则青罗为冠，次以绯罗，插二鸟羽，及金银为饰。”① 服饰等级性规定的渐趋明晰，祭祀、朝会等正式场合中服饰的礼仪性也应有相应的规定。

高句丽人重视丧葬，男女成年婚嫁后，便开始准备“送终之衣”。此衣有两解，一为本人穿着的寿衣，二为居丧和送葬时穿着的丧服，两种可能都存在。《周书·高句丽》记“其服制同于华夏”，所言“服制”，即丧服制度，按照儒家礼法固定，根据与亡故人血缘关系远近不同，穿着斩衰、齐衰、大功、小功、缌麻五种不同丧服，服丧时间从三年至三月不等。高句丽人为亡故的父母及夫，服丧皆三年，为兄弟服丧三月。而华夏丧服制度规定：子为父，未嫁女为父服三年斩衰；父卒为母服齐衰三年，父在为母服齐衰杖期一年；男子为兄弟服齐衰不杖期一年；男子为堂兄弟服大功九个月。可见高句丽服制与华夏服制并不完全相同，服制中明显体现了对于母亲或者女性身份的尊重，这表明在该民族地区中女性的地位可能高于汉族女子。

高句丽壁画墓中所绘场景，主要包括墓主人居室生活、出行、狩猎三大主题。

集安地区壁画墓所绘墓主人居室生活图，以角觝墓、舞踊墓、长川1号墓最为清晰。角觝墓中，墓主人身穿棕地褐点纹短襦，白地黑点纹肥筩裤，双手交叉置于腹前，端坐在高凳之上。其右侧跪坐一妻一妾，皆头戴巾帼，身穿席地长襦裙。墓主夫妇构成了画面的主体，在其两旁是身穿长襦裙和短襦裤，躬身站立的男女侍从（图八十四）。

舞踊墓无夫人图像，墓主人出现在主室后壁和主室左壁两幅图画中：一幅为接见宾客图，墓主人头戴帻冠，身穿黑色短襦，白地红方格碎点纹肥筩裤，足登棕色矮靿鞋，双手交叉置于腹前，端坐在高凳之上；其对面是两位身穿袍服的来宾，其后是两个穿短襦裤的侍从（图八十五，1）。另一幅为观看歌舞图，墓主人骑马像绘在画面左下部，其前方绘有两行男女混杂的歌舞表演队。男子头戴折风或披发，身穿白地黑点纹、黄地褐点纹长袖短襦裤，足登白色矮靿鞋；女子梳盘髻，身穿与男子同种花色的长襦，下部为黑襈百褶裙，露黄色肥筩裤，白色中靿鞋。墓主像后上方为进肴图，绘有三个梳垂髻或盘髻，穿长襦裙，手捧几案的女侍（图八十五，2）。

长川1号墓前室南壁中，墓主夫妇图像绘在画面的左上部。夫妇二人手臂相挽，并坐在屋檐之下的高凳之上，此种亲昵的造型在同时期其他文化的壁画中较为罕见。这种造型表明夫人的地位非同寻常，或是如前文所言女性身份受到尊重。

墓主人居右，穿黑色短襦，配点纹肥筩裤，夫人居左，穿长襦，肩上有披肩。夫妇像的正前方和下方画面分成三栏，第一栏前部为挽手并列的男女歌手，后部是头戴巾帼或梳盘髻，身穿长襦裙，叉手侍立的五个女子；第二栏前部为身穿短襦裤

① 刘昫：《旧唐书》，中华书局2000年版，第3619页。

图八十四　角觝墓主室后壁生活图

1

2

1. 舞踊墓主室后壁宾客图　2. 舞踊墓主室左壁歌舞图

图八十五　舞踊墓宾客图与歌舞图

或长襦裙的舞者，后部是头戴帻冠，身穿点纹短襦裤的三名男子；第三栏残存一叉手侍立的男子和三个身穿点纹短襦裤，手捧几案，进献食物的男侍。长川1号墓南壁图画内容是对角觝墓等早期壁画墓中出现的夫妻帐下坐像图、歌舞表演图、进肴图、随从侍立图的综合（图八十六）。

朝鲜高句丽壁画墓墓主人居室生活图，以墓主人单身像居多，如台城里1号墓右侧室，墓主人头戴笼冠，身穿袍服，手持麈尾，盘坐在榻上，四周围绕若干侍从（图八十七，1）。八清里壁画墓前室右壁，墓主人头戴笼冠，位于屋檐之下，其左右两侧分立若干头戴圆顶翘脚帽，身穿短襦裤的属吏与侍从（图八十七，2）。保山里壁画墓北壁墓主人头戴进贤冠，身穿袍服，双手放置在胸前，盘坐在地。后侧一

图八十六　长川 1 号墓前室南壁夫妻并坐图

女子，梳垂髻，穿袍服，手持伞盖（图八十七，3）。

安岳 3 号墓绘有墓主夫妇像，但两像并未出现在同一画面。冬寿绘在西侧室西壁中央，夫人像绘在西侧室南壁中央。冬寿头戴笼冠，身穿袍服，腰束黑带，手持麈尾，盘坐在榻上。其右侧为头戴进贤冠穿袍服的省事和门下拜，左侧是头戴进贤冠身穿袍服的记室和梳鬟髻穿袍服的女官小史（图八十八，1）。夫人梳饰有垂髾的撷子髻，穿华丽的袿衣裙，双手抱在胸前，跪坐在榻上。右侧侍女梳鬟髻，穿短襦裙，手持香炉。左侧两侍女，梳撷子髻，穿短襦裙，一抄手侍立，一人摇扇（图八十八，2）。

德兴里壁画墓原设计包括墓主人单身像和夫妇并坐像。其中单身像位于前室北壁西侧，"镇"头戴笼冠，身穿袍服，手持麈尾，盘坐在榻上。其左上部是两个女子，一人梳撷子髻，手持阮咸，另一人梳双髻，手持团扇。右侧残缺严重，可见一男子头戴黑色平巾帻，身穿短襦（图八十八，3）。夫妇并坐像位于后室北壁，北壁图画分左中右三栏，中间原图设计为墓主夫妇图，墓主位列左侧，头戴笼冠，身穿袍服，手持麈尾，盘坐在榻上。其右空白，应为夫人像，不知何因未画（图八十八，4）。

双楹塚后室后壁绘有墓主夫妇，两人并坐在榻上，墓主人居右，头戴笼冠，身穿红色袍服，足登黑色高靿鞋；夫人居左，梳花钗大髻，穿红色短襦，配红白裥裙，亦登黑色高靿鞋。

集安与朝鲜两地高句丽壁画墓主居室生活图，从背景到构图，从坐具到服饰，都不相同。集安高句丽壁画常见服饰为 A、B、C 三型，朝鲜则为 D、E、F、G、I、J 六型。集安壁画服饰因素单一，以高句丽民族传统服饰为主；朝鲜壁画服饰因素

1. 台城里 1 号墓右侧室生活图　2. 八清里壁画墓前室右壁生活图　3. 保山里壁画墓北壁生活图

图八十七　朝鲜高句丽壁画墓主人生活图

复杂，含汉服、鲜卑服因素的服饰与高句丽民族服饰混杂在一起。同样的情况在出行图和狩猎图中也存在。

舞踊墓、麻线沟 1 号墓、长川 1 号墓所绘狩猎图，猎手常见装扮是头戴插有鸟羽的折风冠，身穿点纹短襦裤。德兴里壁画墓、药水里壁画墓、大安里 1 号墓所绘猎手则多是头戴圆顶翘脚帽，身穿单色短襦裤（图八十九）。

三室墓第一室左壁所绘出行图，以一位披发，穿短襦裤的男子为先导，其后为墓主夫妇，墓主头戴帻冠，身穿单色短襦，配点纹阔肥筩裤，足登矮靿鞋，夫人身穿纯色长襦配百褶裙，他们身后是穿着典型高句丽民族服饰一字排开的一众人等。此种构图的出行图亦见于平壤地区的水山里壁画墓和双楹塚，但服饰文化因素不同（图九十，1）。

水山里壁画墓主室西壁出行图，墓主人头戴笼冠，身穿加襈袍服；身后打扇侍女，梳垂髻，穿短襦裤；其后，男子头戴圆顶翘脚帽，身穿短襦裤；再后是七个数云髻、双髻，穿短襦裙的女子。双楹塚后室东壁所绘出行图，以一头部顶灯，身穿

1. 安岳 3 号墓西侧室西壁　2. 安岳 3 号墓西侧室南壁　3. 德兴里壁画墓前室北壁　4. 德兴里壁画墓后室北壁

图八十八　安岳 3 号墓与德兴里壁画墓生活图

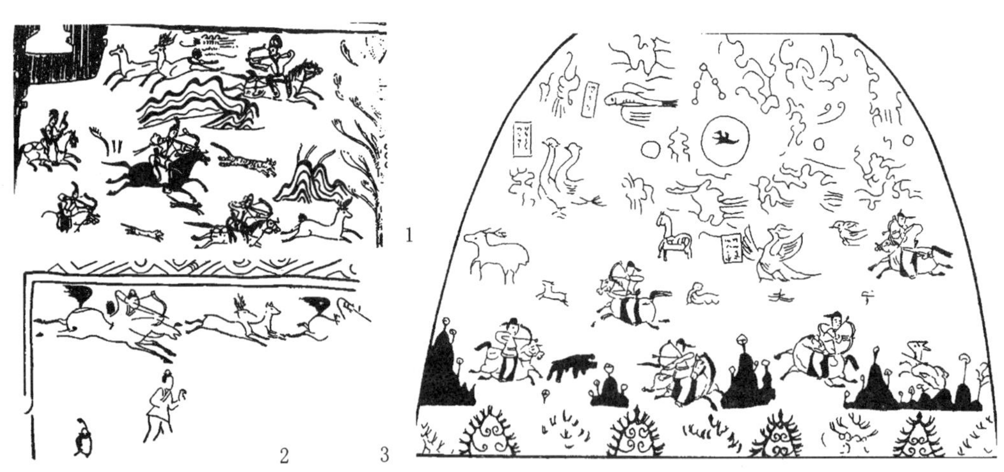

1. 舞踊墓主室左壁狩猎图　2. 麻线沟 1 号墓北侧室东壁狩猎图　3. 德兴里壁画墓前室东壁天井狩猎图

图八十九　高句丽壁画狩猎图

短襦裙的女子为先导；其后为手持法器的僧侣和两个身穿短襦裙的女子；再后为头梳垂髻，身穿点纹短襦裤，足登矮靿鞋的三人；相隔一段距离，是两个身穿素色短襦裤的男子。水山里壁画墓中打伞侍女和双楹塚出行图中部三人的装扮为典型高句丽式；水山里壁画墓打伞侍女身后男子所穿裤子是典型的高句丽点纹阔肥筩裤，所戴帽子则是含有鲜卑因素的圆顶翘脚帽。两墓所绘其他人物服饰也都表现为汉服因素和鲜卑服因素的两者共存（图九十，2）。

1. 三室墓第一室左壁出行图　2. 水山里壁画墓主室西壁出行图　3. 安岳3号墓回廊东壁出行图

图九十　高句丽壁画出行图

安岳3号墓回廊北壁和东壁，德兴里壁画墓前室东壁，药水里壁画墓前室南壁和东壁所绘出行图，场面宏大，构思严密。以安岳3号墓为例，钟镈先导，骑校、鞉角、金鼓、铃下、信幡守后；戟盾、长矟在外，刀盾、椎斧、弓矢在内，队伍排列顺序多与《晋书·舆服志》所载“中朝大驾卤簿”相契合（图九十，3）。德兴里壁画墓和药水里壁画墓所绘大体是安岳3号墓的变体。人物服饰均以D、E、F为主，偶见G、I两型。这类出行图与上述简单横列式出行图，从构图到服饰内容迥异。

壁画中三种场景，“出行”是隆重的礼仪活动，需要穿着正式的礼服、朝服、公服；“狩猎”可能是休闲娱乐，也可能与祭祀等礼仪大典有关，无论哪种情况，为方便行动，一般应穿着便服、猎装；“居室生活”虽不如朝堂祭祀要求严格，也不可任意妄为，要穿着符合身份的常服。集安壁画墓中折风配短襦裤多出现在狩猎图中，帻冠配短襦裤出行图和居室生活图习见，这表明高句丽民族传统服饰的礼仪性特征虽有一定的区分度，但不明确。朝鲜高句丽壁画服饰搭配多样，等级性较为清晰，服饰的礼仪性特征较集安高句丽壁画明朗。

综上所述，高句丽遗迹中所见服饰资料具有较强的民族性、地域性特征，集安、朝鲜两地高句丽壁画服饰的等级性、礼仪性存在较大差别。朝韩学者将两地发现的所有墓葬都视为高句丽人的墓葬，如认为安岳3号墓是美川王墓，药水里壁画墓是某某王墓，进而将壁画中所绘服饰都视为高句丽民族传统服饰的做法有待商榷。从服饰学角度来看，此种将多类服饰因素混同的做法不能如实地反映两地区所有服饰的真实面貌，也不利于全面揭示此种现象产生的原因。

本章对高句丽遗存所见服饰的各种社会属性进行辨析，并对其产生差异的原因略有说明。此种浅尝辄止式的分析，揭示的只是诱发该现象出现的众多表层原因中的一种。深层原因，则要在宏观视角下，从高句丽民族文化的发展与高句丽社会的演变中寻得，此部分内容请见下文。

第八章　服饰的时空变迁

服饰不是一成不变的物品，而是动态的社会符号。政治变迁、经济发展、军事征战、民族交往、自然环境、生活习俗、审美情趣等诸多因素都会对其产生影响，使其种类、款式、颜色、质地乃至图案等发生较大变化。本章拟在高句丽墓葬，尤其是高句丽壁画墓分期编年研究的基础上，深入探讨该地区服饰发展演变历程中的阶段性差异。

第一节　高句丽壁画墓分期与编年研究成果回顾

高句丽墓葬类型主要包括“积石为封”的积石墓和以土为封的封土墓两大类。积石墓学界争议不大。各家观点中，魏存成的结论具有代表性。他根据积石墓内外结构差别，将其分为无坛石圹墓、方坛石圹墓、方坛阶梯石圹墓、无圹石室墓、方坛石室墓、方坛阶梯石室墓六类。通过对比研究判定，积石墓的内部结构和外部形状分别反映了时代早晚和等级高低两方面的差异，前三类积石石圹墓的年代上限可能在高句丽政权建立之前，下限至公元五世纪。后三类积石石室墓年代晚于积石石圹墓，上限在公元三世纪末至四世纪初，结束年代与积石石圹墓基本同时，大概为公元五世纪末。①

封土墓中无壁画的中、小型墓葬数量最多，但发掘较少。柳岚、张雪岩将 1976 年集安发掘的 188 座中小型墓葬作为研究对象。按墓室数量将墓葬分为单室墓、双室墓、三室墓三类；墓葬平面形状，按墓道位置，分为长条形、刀形、铲形三类；天井构造，又分为平顶、平行叠涩顶、抹角叠涩顶三类。这些因素搭配组合，构成了“单室墓—刀形—平顶”“单室墓—刀形—平行叠涩顶”“单室墓—铲形—平行叠涩顶”“单室墓—刀形—抹角叠涩顶”“单室墓—铲形—抹角叠涩顶”；“双室长条形—墓道与墓室无界限—平顶”“双室长条形—平顶 + 刀形—平行叠涩顶”“二室刀形—平行叠涩顶”“二室铲形—平行叠涩顶”“二室刀形—抹角叠涩顶”“二室铲形—抹角叠涩顶”；“三室墓—西室至东室平面为刀形、刀形、铲形—平行叠涩顶”“三室刀形—西室至东室天井为平行叠涩、抹角叠涩、抹角叠涩”共十三种不同形

① 魏存成：《高句丽遗迹》，文物出版社 2005 年版，第 144—159 页。

制的墓葬类型。该著认为墓葬中存在两组相对年代关系，即平面形态“长条形→刀形→铲形”和天井形态“平顶→平行叠涩顶→抹角叠涩顶”，并推定这批墓葬的年代约为两晋至南北朝时期。①

有壁画的大中型封土墓葬一直是学界研究的热点。高句丽壁画墓，除少数几座为积石墓外，大部分都是封土墓。在高句丽墓葬各种类型中壁画墓发现服饰资料最丰富，壁画墓的分期、编年与本章研究内容最为密切，所以下文对这方面研究成果重点介绍。

高句丽壁画墓的分期与编年问题是中外学者涉及最多的课题。中国学者宿白、王承礼、杨泓、李殿福、方起东、汤池、李浴、陈兆复、刘永智、魏存成、耿铁华、赵冬艳、刘未、赵俊杰等人对该问题均有不同程度的研究。② 日本学者池内宏、关野贞、東潮、绪方泉，朝鲜学者金荣俊、朱荣宪、朴晋煜、孙寿浩，韩国学者金元龙、姜贤淑、全虎兑等人亦有多篇论文及专著对其进行探讨。③

学者们的研究一般多是直接从墓葬形制、壁画主题入手，择选周邻地区相似壁画墓、同类随葬品作为参照物，通过类比法，对墓葬的相对及绝对年代进行推断。虽然各家研究方法相似，但由于学者们对何者是断代的主要因素，何者是次要因素，判定标准不一，选择的类比对象及分析视角、切入点不同，导致研究结论纷纭杂沓，莫衷一是。各位学者研究成果详情，此不赘述（附表 19 中国相关高句丽壁画墓编年、附表 20 朝鲜相关高句丽壁画墓编年）。

整体来看，集安地区高句丽壁画墓分期与编年研究成果可归为两类：

第一类，认为角觝墓和舞踊墓是集安高句丽壁画墓的最初阶段，其后为麻线沟 1 号墓、通沟 12 号墓、山城下 332 号墓，再后为长川 1 号墓、三室墓，最后为四神墓、五盔坟 4 号墓、五盔坟 5 号墓等墓葬。代表人物为李殿福、方起东、汤池、魏存成等。

本类研究成果中，杨泓、李殿福推测墓葬年代偏早。杨泓认为角觝墓、舞踊墓

---

① 吉林省文物工作队、集安文管所：《1976 年集安洞沟高句丽墓清理》，《考古》1984 年第 1 期，第 69—76 页。

② 刘萱堂：《集安高句丽壁画墓研究概述》，《北方文物》1998 年第 1 期，第 34—43 页；刘未：《高句丽石室墓的起源与发展》，《南方文物》2008 年第 4 期，第 74—83 页；赵俊杰：《4——7 世纪大同江、载宁江流域封土石室墓研究》，吉林大学，博士论文，2009 年。

③ ［日］池内宏、梅原末治：《通溝》（上、下），日满文化協會 1938 年版，1940 年版；［日］關野貞：《朝鮮の建築と芸術》，岩波書店 1941 年版；［日］東潮：《高句麗考古学研究》，吉川弘文館 1997 年版；［日］緒方泉：《高句麗古墳群に関する一试考——中国集安県における発掘調査を中心にして》，《古代文化》1985 年第 1 期，第 1—16 页，第 3 期，第 95—114 页；［朝］金瑢俊：《高句丽古坟壁画研究》，见《科学院考古学与民俗学研究所艺术史研究丛书》，社会科学院出版社 1958 年版；［朝］朱荣宪：《高句丽壁画古坟编年研究》，科学院出版社 1961 年版；［朝］朴晋煜：《高句丽壁画墓的类型变迁与编年研究》，见《高句丽古坟壁画——第 3 回高句丽国际学术大会发表论集》，高句丽研究会 1997 年版；［朝］孙寿浩：《高句丽古坟研究》，社会科学院出版社 2001 年版；［韩］金元龙：《高句丽古坟壁画起源研究》，《震檀学报》1959 年第 21 期，第 425—488 页；［韩］姜贤淑：《高句丽石室封土壁画坟的渊源》，《韩国考古学报》1999 年第 40 期；［韩］全虎兑：《高句丽古坟壁画研究》，四季节出版社 2002 年版。

的年代较东北汉墓晚，但不迟于魏晋，四神墓、五盔坟4、5号墓年代在北朝末期；李殿福认为其年代分为公元三世纪中叶至公元四世纪中叶和五世纪中叶至六世纪中叶。汤池、魏存成推测墓葬年代偏晚，他们认为角觝墓、舞踊墓的年代在公元四世纪中（末）期至五世纪初（前叶），四神墓、五盔坟4、5号墓的年代可达至公元六世纪中叶至七世纪初。

第二类，认为折天井墓、麻线沟1号墓、通沟12号墓、禹山下41号墓年代最早，其后为角觝墓、舞踊墓、山城下332号墓，再后为长川1号墓、三室墓、美人墓，最后为四神墓、五盔坟4号墓、五盔坟5号墓等墓葬。代表人物为赵东艳、刘未。① 日本学者東潮也持有相似观点。

该类大体认为集安地区早期壁画墓的年代为公元四世纪（早）中期至四世纪后半叶（五世纪初），晚期年代为公元六世纪中叶（后期）至七世纪中叶（初）。

两类观点争论的核心内容是墓葬平面结构中龛、耳室、半前室、方形前室的演变过程。第一类观点认为墓道两侧附属设施存在从半前室，到耳室，到龛室，再后为龛，最后直至消失的逐渐退化过程。② 第二类观点认为墓葬墓道两侧的附属设施经历了从龛，到耳室（侧室），再到长方形前室，最后形成方形前室的演变过程。③

朝鲜境内高句丽壁画墓分期与编年成果众多，分歧较大。其中，朝鲜学者朱荣宪、孙寿浩，韩国学者全虎兑，日本学者東潮，中国学者赵俊杰的观点比较具有代表性（附表21 朝鲜相关高句丽壁画墓分期与编年表）。

朱荣宪以墓域设施、天井构造、墓室方向、内部设施、墓道、墓室数量等因素作为判断标准，将封土石室墓分为单室墓、二室墓、带龛和侧室的墓葬三类，单室墓又分为三型，分别代表不同的发展阶段；并进一步考察壁画内容的分类、变化及其与墓葬形制的关系，将壁画墓分为中期（年代相当于4世纪中叶——6世纪初）与后期（年代相当于6世纪中叶——7世纪）两期，按壁画主题的变化，又将中期分为三段。④ 按照他的编年，台城里1号墓、平壤驿前二室墓、龛神塚、安岳1号墓、伏狮里壁画墓、药水里壁画墓年代为公元四世纪初至五世纪初；八清里壁画墓、大安里1号墓、天王地神塚年代为公元五世纪初至五世纪中叶；双楹塚、安岳2号墓、狩猎塚年代是公元五世纪末至六世纪初；铠马塚为公元六世纪，江西大墓为公元七世纪。

孙寿浩将高句丽封土石室墓分为单室墓（A类）、带龛（侧室）的单室墓（B类）、二室墓（C类）、带龛（侧室）的二室墓（D类）、多室墓（E类）以及同封

① 两人观点略有差异，赵东艳认为山城下332号墓和长川2号墓属于第一期，舞踊墓属于第二期；刘未认为山城下332号墓、长川2号墓、角觝墓和舞踊墓都属于第二期。

② 魏存成：《高句丽四耳展沿壶的演变及有关的几个问题》，《文物》1985年第5期，第79—84页。

③ ［日］東潮：《集安の壁画墳とその变迁》，见《好太王碑と集安の壁画古墳：躍動する高句麗文化》，木耳社1988年版。

④ ［朝］朱荣宪：《高句丽壁画古坟编年研究》，科学院出版社1961年版。

异穴双室墓与多室墓（F 类）六大类，在 A、B、F 三类下又各划分四型，即 A1 型平面长方形，无墓道；A2 型墓道完全偏向一侧，平天井；A3 型墓道居中，略偏向一侧，穹窿叠涩天井；A4 型平面方形，墓道居中，平行抹角叠涩天井。B 类墓葬的四型大致与 A 类相同。又将 C、D 两类各分出两型，即 C1 型前室长方形，C2 型前室方形；D1 型前室带龛，D2 型前室带侧室。①

他认为单室墓中 A1 型年代在公元一世纪前半叶至公元二世纪，A2 型年代在公元一世纪后半叶至公元三世纪初，A3 型年代在公元二世纪前半叶至公元五世纪，A4 型年代在公元三世纪至公元七世纪；B1 型年代在公元一世纪后半叶至公元二世纪，B2 型年代在公元二世纪至公元三世纪初，B3 型年代在公元三世纪至四世纪，B4 公元四世纪末至公元五世纪初；C1 型至 C2 型年代在公元四世纪后半至公元五世纪末；D1 型至 D2 型年代在公元三世纪末至五世纪中叶；E 型年代为公元四世纪。

按照他的编年，台城里 1 号墓、平壤驿前二室墓、龛神塚、伏狮里壁画墓、东岩里壁画墓、安岳 1 号墓、长山洞 1 号墓、药水里壁画墓年代为公元四世纪前半叶至五世纪初；保山里壁画墓、八清里壁画墓、大安里 1 号墓、天王地神塚、狩猎塚年代为公元五世纪；双楹塚为公元五世纪后半叶，铠马塚为公元六世纪，江西大墓为公元七世纪前半叶。

全虎兑的研究着眼于墓葬壁画，他按照壁画主题的不同将其分为生活风俗系、装饰纹样系、四神系三大类，在对每类壁画配置考察的基础上，深入探讨了三类壁画所代表的宗教观念，将其分别释读为“继世的来世观”“转生的来世观”和“仙、佛混合的来世观”。②

按照他的编年，台城里 1 号墓、平壤驿前二室墓、安岳 1 号墓、药水里壁画墓、伏狮里壁画墓、东岩里壁画墓、长山洞 1 号墓、龛神塚、八清里壁画墓和高山洞 A7、A10 号墓年代为公元四世纪末至五世纪前半；大安里 1 号墓、天王地神塚、水山里壁画墓、双楹塚、狩猎塚、安岳 2 号墓、保山里壁画墓年代为公元五世纪中叶至五世纪末。

東潮在研究集安地区壁画墓的石室构造中，格外注重前室的变化，他丰富了朱荣宪关于墓葬附属构造是从龛、侧室发展到前室的观点，并据此将壁画墓划分五个类型，即Ⅰ类型墓葬墓道上带小龛，天井为穹窿顶、平行叠涩顶、平顶；Ⅱ类型墓葬龛发展为侧室，侧室有独立天井，但顶部低于墓道天井，墓室天井为穹窿顶；Ⅲ类型墓葬墓道两壁的龛、侧室更为发达，与前室连成一体。墓室天井为平行加抹角叠涩。Ⅳ类型墓葬前室发达，平面构造、天井形态与后室相似。墓室天井为平行叠涩或平行加抹角叠涩；Ⅴ类型墓葬前室与后室分离，各自形成独立单室，墓室天井多为平行加抹角叠涩顶，也见多层平行叠涩顶。它们分别代表墓葬形制演变的五个

① ［朝］孙寿浩：《高句丽古坟研究》，社会科学院出版社 2001 年版。

② ［韩］全虎兑：《高句丽古坟壁画研究》，四季节出版社 2000 年版。

先后阶段。①

同时，東潮通过对高句丽各类遗物形制变化的综合考察，将遗物以及对应的墓葬分为五期十一段，并将周边地区的相关重要墓葬纳入到这一分期之中，从而形成了一个较为完整的编年体系。其中，五期为早期（公元三世纪），前期（公元四世纪前叶至四世纪后叶），中期（公元五世纪前叶至五世纪后叶），后期（公元六世纪前叶至六世纪后叶），晚期（公元七世纪）。②

按照他的编年，平壤驿前二室墓、伏狮里壁画墓、台城里 1 号墓、龛神塚、天王地神塚、高山洞 A10 号墓年代下限为公元五世纪前半叶；药水里壁画墓、水山里壁画墓、大安里 1 号墓、高山洞 A7 号墓、东岩里壁画墓、双楹塚、安岳 1 号墓、八清里壁画墓年代为公元五世纪后半叶至六世纪初；狩猎塚、长山洞 1 号墓、铠马塚、月精里壁画墓、保山里壁画墓、安岳 2 号墓、江西大墓年代为公元六世纪前半叶至六世纪后半叶。

赵俊杰在对公元四到七世纪大同江、载宁江流域封土石室墓综合研究的基础上，综合考量石室的平面形态、墓道的位置、天井的架构方法、坟丘构造、墓室位置、墓室方位等多方因素，将其分为一封单穴墓和同封异穴墓两大类。其中，一封单穴墓，按照墓室的多少分为多室墓、二室墓与单室墓三小类。同封异穴墓按照墓穴的多少分为双穴墓和多穴墓两小类。

他认为这些封土石室墓，可划分为三期五段：第一期为公元四世纪中叶至五世纪初；第二期前段为公元五世纪初至五世纪后叶早段，第二期后段为五世纪后叶早段至六世纪前叶晚段；第三期前段为公元六世纪前叶晚段至六世纪后叶，第三期后段为公元六世纪后叶至七世纪前叶。

按照他的编年，台城里 1 号墓年代为公元四世纪后叶至四世纪末，平壤驿前二室墓年代为公元五世纪中叶；龛神塚、高山洞 A7 号墓、药水里壁画墓、东岩里壁画墓、天王地神塚年代为公元五世纪后叶至五世纪末；伏狮里壁画墓、八清里壁画墓、高山洞 A10 号墓、月精里壁画墓、水山里壁画墓、安岳 1 号墓年代为公元五世纪末到六世纪初；双楹塚、狩猎塚、安岳 2 号墓、保山里壁画墓、长山洞 1 号墓、大安里 1 号、铠马塚墓年代为公元六世纪前叶至六世纪中叶；江西大墓年代为公元七世纪初至七世纪前叶。

各家观点大体有两点共识：第一点，安岳 3 号墓、台城里 1 号墓、平壤驿前二室墓、龛神塚、德兴里壁画墓等墓葬处于朝鲜境内高句丽壁画墓发展的最初阶段，年代在公元四世纪前半叶至五世纪前半叶之间；第二点，水山里壁画墓、双楹塚、狩猎塚、铠马塚、江西大墓等墓葬处于该地壁画墓发展的中后段，年代大致在公元

---

① ［日］東潮：《集安の壁画墳とその変迁》，见《好太王碑と集安の壁画古墳：躍動する高句麗文化》，木耳社 1988 年版。

② ［日］東潮：《高句麗文物に関する編年学的一考察》，见《橿原考古学研究所論集》，吉川弘文館 1988 年第 10 集，第 271—306 页；［日］東潮：《高句麗考古学研究》，吉川弘文館 1997 年版。

五世纪后半叶至公元七世纪前半叶。

分歧点主要集中在药水里壁画墓、安岳1号墓、高山洞A7号墓、东岩里壁画墓、大安里1号墓、八清里壁画墓等几座墓葬的年代。東潮、赵俊杰认为药水里壁画墓年代为公元五世纪后半叶，朱荣宪、朴晋煜、孙寿浩、金元龙、姜贤淑、全虎兑、刘未主张其年代在公元五世纪初至五世纪前半叶之间。朱荣宪、孙寿浩、全虎兑、姜贤淑认为安岳1号墓年代为公元四世纪末至五世纪初，朴晋煜、東潮、金元龙、赵俊杰断代为公元五世纪后半叶至六世纪初。全虎兑认为高山洞A7号墓的年代为公元五世纪前半叶，東潮、赵俊杰主张其年代为公元五世纪后半叶至五世纪末。孙寿浩、全虎兑认为东岩里壁画墓年代为公元四世纪后半至五世纪初，東潮、赵俊杰认为其年代是公元五世纪后半叶至五世纪末。金荣俊、朱荣宪、金元龙、全虎兑认为大安里1号墓的年代为公元四世纪末至五世纪中叶，東潮、姜贤淑认为是公元五世纪后半叶，赵俊杰认为年代可晚至公元六世纪前叶。朱荣宪、姜贤淑、孙寿浩、金元龙、全虎兑认为八清里壁画墓年代为公元五世纪初至公元五世纪中叶，赵俊杰、東潮主张其年代为公元五世纪末至六世纪初。

墓葬的分期与编年是对墓葬形制、壁画内容、随葬器物等各种内外因素综合分析之后，确定的两个时间范畴。前者提供了墓葬之间的先后关系，是相对时间，后者则确立了可供参考的绝对时间。它们是墓葬之间演进序列及墓葬中任意一个组成部分时效性的判定标尺。墓葬壁画所绘内容均以此年代作为时间下限，这也就是说，壁画中描绘的各种服饰可能是在该时间段才出现的新时尚，或是在此之前已经出现并流传至今的旧式样。上述中外学者在高句丽壁画墓分期与编年方面取得的研究成果，是探究高句丽地区服饰变迁的重要参考依据之一。

第二节　服饰的分区与分期

根据文献相关记载，高句丽壁画墓分期编年研究成果，参照壁画所绘服饰的地域性差别及服饰本身的形制变化，可将集安高句丽壁画服饰和朝鲜高句丽壁画服饰分别划分为四个时期（图九十一）。

一　集安高句丽壁画服饰分期

第一期，男子服饰主要是十种服饰搭配类型中的A型和B型，还包括少量I型中的风帽配短襦裤和圆顶翘脚帽配短襦裤。其中，发式为披发、B型非球形顶髻，辫发和断发各有一例。首服多为上无装饰的帻冠和插有双鸟羽或一簇鸟羽的A型圆锥状折风，还有一件三角状翘脚圆顶帽。

女子服饰全属C型搭配。其中，发式为A型椎状垂髻、B型球状（环状）垂髻，A型平顶式盘髻，鬓角多修饰为A型长鬓或B型短鬓。墓夫人头戴巾帼。

本期人物图像主要出自角觝墓和舞踊墓。年代在公元四世纪中叶至五世纪初。

中国集安　　　　朝鲜

300

第一期（中国集安）

公元四世纪中叶——五世纪初

400

第一期（朝鲜）

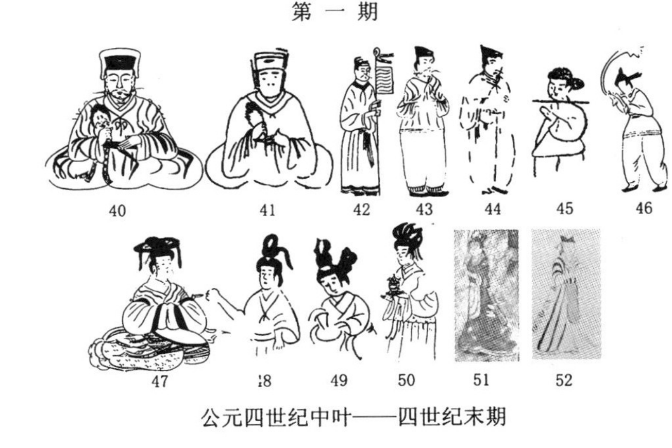

公元四世纪中叶——四世纪末期

第二期（中国集安）

公元五世纪初——五世纪末

第二期（朝鲜）

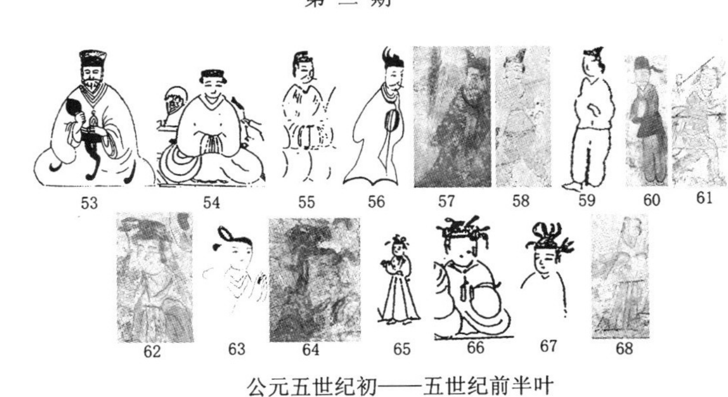

公元五世纪初——五世纪前半叶

500

第三期（中国集安）

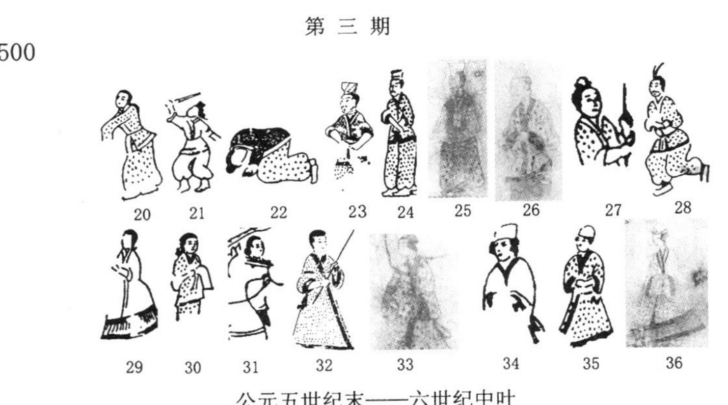

公元五世纪末——六世纪中叶

第三期（朝鲜）

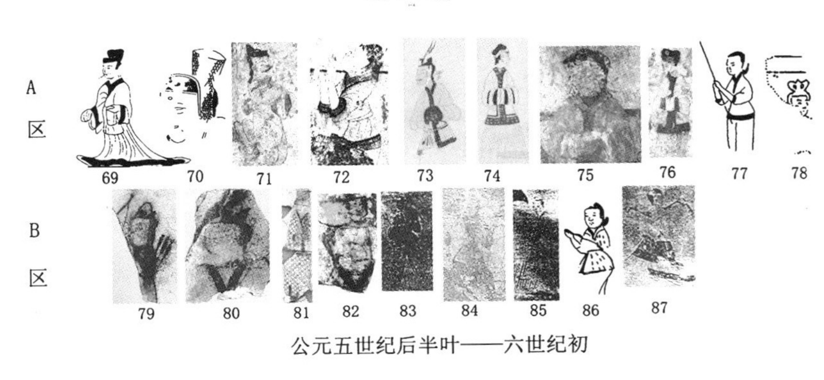

公元五世纪后半叶——六世纪初

600

第四期（中国集安）

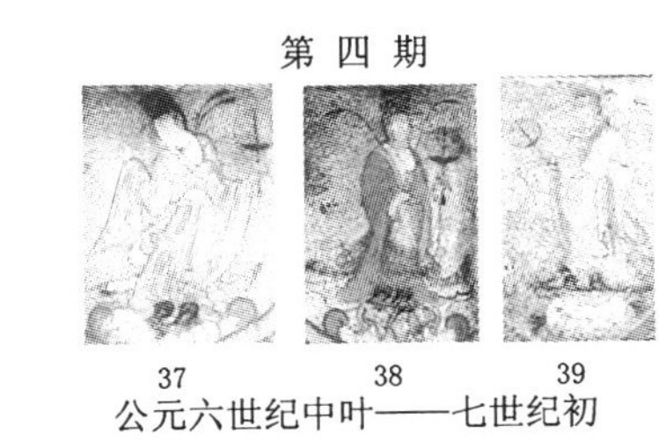

公元六世纪中叶——七世纪初

第四期（朝鲜）

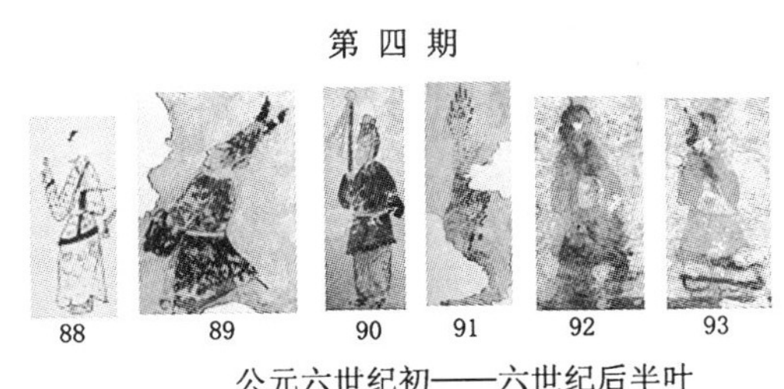

公元六世纪初——六世纪后半叶

1、3—10. 舞踊墓　2、11、12. 角觝墓　13、14、17. 麻线沟1号墓　15、18、19. 通沟12号墓　16. 长川2号墓　20—24、27—32、34、35. 长川1号墓　25、26、33、36. 三室墓　37—39. 五盔坟4号墓　40、42、43、45—50. 安岳3号墓　41. 台城里1号墓　44. 平壤驿前二室墓　51、52. 龛神塚　53、56—58、60—64、68. 德兴里壁画墓　54、55、59、65—67. 药水里壁画墓　69、71、72、76、77. 水山里壁画墓　70. 八清里壁画墓　73—75. 双楹塚　78. 伏狮里壁画墓　79—82、86. 东岩里壁画墓　83、85. 高山洞A7号墓　84. 松竹里1号墓　87. 高山洞A10号墓　88. 梅山里四神塚(狩猎塚)　89—91. 铠马塚　92、93. 安岳2号墓

图九十一　服饰分区分期图

第二期，男子服饰主要是B型搭配。首服多为无装饰的帻冠，上无装饰或插一根鸟羽的B型圆球形折风。女子服饰全属C型搭配。其中，发式多为A型椎状垂髻、B型反绾式盘髻，鬓角多修饰为C型秃鬓。

本期人物图像主要出自麻线沟1号墓、通沟12号墓、山城下332号墓、长川2号墓等壁画墓。年代在公元五世纪初至公元五世纪末。

第三期，男子服饰主要是A型和B型两类搭配。其中，发式多为马尾状披发，亦见波浪（微翘）状披发；顶髻为B型球髻。首服多为无装饰或插一根长雉尾的帻冠，A、B型折风，上插双鸟羽、红缨、羽毛等饰物。

女子服饰全属C型搭配。其中，发式为A型椎状垂髻、B型球状（环状）垂髻，A型平顶式盘髻、B型反绾式盘髻，鬓角多修饰为A型长鬓或C型秃鬓。墓夫人头戴巾帼或梳A型盘髻。

本期人物图像主要出自长川1号墓、美人墓和三室墓。年代在公元五世纪末至六世纪中叶。

第四期，由于高句丽壁画主题改变，世俗人物形象减少，取而代之的是乘龙驾凤的众多仙人图像。其中，头戴冕冠穿冕服的男子形象和头戴笼冠、身穿袍服、足登笏头履的D型搭配服饰人物形象比较具有代表性。笼冠是属于B型的长椭圆形。

本期人物图像主要出自四神墓、五盔坟4号墓、五盔坟5号墓。年代在公元六世纪中至七世纪初（附表22 集安高句丽壁画服饰分期）。

二　朝鲜高句丽壁画服饰分期

第一期，男子服饰主要是D型、E型和F型搭配，和少量I型中的圆顶翘脚帽配短襦裤、尖顶帽配短襦裤。其中，首服多为Aa型亚腰形笼冠、Ab型上宽下窄式笼冠，进贤冠，平巾帻，还有几件扇形翘脚圆顶帽、A型圆锥形尖顶帽和B型翘脚尖顶帽。

女子服饰主要是G型搭配中的撷子髻、鬟髻、双髻配袍服或短襦裙。其中，发式有A型双环、B型四环撷子髻，A型单环、B型双环、C型多环鬟髻和B型条状、C型螺状双髻，这些高髻多与A型单垂髾、B型双垂髾相配，其鬓角处多修饰呈A型直垂型长鬓。

本期人物图像主要出自安岳3号墓、台城里1号墓、平壤驿前二室墓、龛神塚。年代在公元四世纪中叶至四世纪末期。

第二期，男子服饰主要是D型、E型、F型搭配和I型中的圆顶翘脚帽或尖顶帽配短襦裤，及少量H型搭配中的髡发配短襦裤。其中，发式有A、B、C、D四型髡发。首服多为Aa型亚腰形笼冠，进贤冠，平巾帻，扇形、三角状、条带状翘脚圆顶帽，还有几件A型圆锥状、B型翘脚式尖顶帽，平顶帽。

女子服饰主要是G型搭配中的撷子髻、鬟髻、双髻、不聊生髻配袍服或短襦裙、J型中的花钗大髻配短襦裙和少量H型搭配中的髡发配短襦裙。其中，发式多为 B 型四环撷子髻、A 型单环鬟髻、A 型球状双髻、花钗大髻、不聊生髻，鬟髻、缬子髻、双髻多与 A 型单垂髾、B 型双垂髾相配。鬓角多修饰呈 A 型直垂型长鬓、B 型短鬓或 C 型秃鬓。还有几例属于 A、B、C 三型的髡发。

本期人物图像主要出自德兴里壁画墓、药水壁画墓。年代在公元五世纪初至公元五世纪前半叶。

第三期，根据大同江中下游及载宁江下游地区墓葬所绘服饰的地域性差异，可将其分成两个小区：A 区是平壤以西地区，包括南浦市及西海岸地区、载宁江下游的黄海北道银波郡及黄海南道银川郡、安岳地区；B 区是平壤附近及以东地区，包括大同江中游的顺川市、平安南道殷山郡地区、大同江下游的黄海北道燕滩郡、遂安郡地区。

A 区，人物图像主要出自伏狮里壁画墓、安岳 1 号墓、八清里壁画墓、水山里壁画墓、双楹塚、大安里 1 号墓。

男子服饰主要是 D 型、E 型、F 型和 I 型中的圆顶翘脚帽配短襦裤，其次为 A 型中的披发配短襦裤和 B 型中的折风配短襦裤。其中，发式为马尾状披发，首服为 Aa 型亚腰形、B 型长椭圆形笼冠，进贤冠、平巾帻，圆顶翘脚帽，还有几件平顶帽、檐帽。

女子服饰主要是 J 型搭配，其次为 G 型和 C 型中的垂髻配长襦裙。其中，主要发式是云髻、花钗大髻、D 型鞍状双髻，A 型单环，C 型多环鬟髻，还有 A 型椎状垂髻。鬓角多修饰呈 A 型直垂型长鬓、C 型自然形秃鬓。头戴宽幅发带。

B 区，人物图像主要出自东岩里壁画墓、高山洞 A7 号墓、高山洞 A10 号墓、松竹里 1 号墓。

男子服饰主要是 A 型和 B 型搭配。其中，发式为马尾状披发，首服有 A 型圆锥状、B 型圆球形两型折风，无装饰或插有鸟羽的帻冠，还有 A 型尖顶帽、檐帽。女子服饰主要是 C 型。发式有 A 型椎状垂髻，A 型平顶式、B 型反绾式盘髻，鬓角多修饰呈 C 型直角形秃鬓。还有巾帼。

本期年代在公元五世纪后半叶至公元六世纪初。

第四期，男子服饰主要是 B 型搭配中的折风配短襦裤，偶尔可见一二例 E 型搭配。其中，首服有 A 型圆锥状、B 型圆球形两型折风，还有少量平顶帽、檐帽。

女子服饰主要是 C 型中的垂髻配长襦裙，发式为 A 型椎状垂髻。偶尔可见一、二例 G 型或 J 型搭配。①

本期人物图像出自狩猎塚、德花里 1 号墓、安岳 2 号墓、铠马塚。年代在公元六世纪初至公元六世纪后叶（附表 23 朝鲜高句丽壁画服饰分期）。

---

① 第四期男女服饰中少见的 E、G、J 三型搭配，均出自安岳 2 号墓。壁画漶漫不清，此三型的判定不一定准确。

第三节　各期服饰文化因素分析

本节将从宏观和微观两个角度，系统地分析集安、朝鲜两地各种类型服饰搭配的形制演变规律，并在此基础上深入探讨各种服饰文化因素发生、发展与消亡的根源，力图以服饰学的视角，揭示高句丽民族的形成、发展与高句丽社会的演变历程。

一　集安高句丽壁画服饰文化因素分析

1. 各型服饰搭配的形制演变

宏观来看，高句丽民族传统服饰 A、B、C 三型搭配一直是集安高句丽壁画服饰搭配的主体。从第一期至第三期，男子所穿服饰为 A、B 两型搭配，女子所穿服饰为 C 型搭配。第四期由于壁画主题变化，世俗服饰罕见。乘龙驾凤的仙人个别穿着含汉服因素的 D 型搭配。

第四期高句丽壁画墓中虽然不见 A、B、C 三型搭配。但是，从属于稍后时期[①]的唐章怀太子墓墓道东壁“客使图”、撒马尔罕 1 号室西壁壁画和“都管七国六瓣银盒高丽国”图中所绘高句丽人形象分析——“客使图”中由南向北第二人为高丽使臣，该人头戴插有两根鸟羽的折风，上身穿红领襈、宽袖、白色短襦，腰束白带，下身穿散腿肥筩裤，足登黄色中靿鞋。[②] 撒马尔罕 1 号室西壁所绘两位高丽使节，均头戴插有两根鸟羽的 B 型折风，上身穿圆领、窄袖短襦，下身穿肥筩裤，足登中靿鞋。[③] 西安唐长安城道政坊一带发现的“都管七国六瓣银盒”中“高丽国”图内绘五位高丽人，冠帽刻画不清，可能是小巧的 B 型折风，冠上皆插二鸟羽，三人身衣形制模糊，清晰的两人，可见上身微宽袖短襦，腰系带，下身着裤。——该地男子服饰非常可能仍为 A、B 两型搭配。

这表明在公元四世纪中叶至七世纪中叶之间，该区域服饰整体造型延续着传统的搭配模式，没有发生巨大转变。第一期出现少量含有（慕容）鲜卑服饰因素的 I 型搭配，第二期以后该型服饰搭配不再出现。

微观分析，发式、首服、肥筩裤可见阶段性差异。

如女子所梳盘髻，第一期多为 A 型平顶式盘髻，第二期出现了 B 型反绾式盘髻，第三期 A、B 两型同在。依此推断，公元五世纪之前，女子流行梳理 A 型盘髻；公元五世纪初至公元五世纪末出现了 B 型盘髻。B 型反绾式晚于 A 型平顶式。

男子所戴折风，第一期多为 A 型圆锥状折风，第二期出现了 B 型圆球形折风，

---

① 此三处所绘人物服饰年代可能稍偏后，下限可在公元七世纪中叶。

② 云翔：《唐章怀太子墓壁画客使图中“日本使节”质疑》，《考古》1984 年第 12 期，第 1141、1142—1144 页；王维坤：《唐章怀太子墓壁画“客使图”辨析》，《考古》1996 年第 1 期，第 65—74 页。

③ ［日］穴沢和光、馬目順一：《アフラシャブ都城址出土の壁画にみられる朝鮮人使節について》，《朝鲜学報》1976 年第 7 期，第 23—26 页。

第三期与 A、B 型共存。唐章怀太子墓所绘高句丽使节所戴折风属于 A 型圆锥状，撒马尔罕 1 号室西壁中所绘高句丽使节所戴折风属于 B 型小球状，这表明第四期 A 型与 B 型折风仍被使用。依此推断，折风形制大体经历了由 A 型圆锥状，到 B 型圆球形的演变过程。即公元四世纪中叶至五世纪初，流行 A 型折风；进入公元五世纪，出现 B 型折风。五世纪末至六世纪中叶 A 型、B 型两种折风同时流行。

男性舞蹈演员所穿肥筩裤，第一期 A 型阔肥筩裤和 B 型普通肥筩裤都有，第二期 A 型阔肥筩裤居多，第三期几乎都是 A 型阔肥筩裤，并且 A 型阔肥筩裤的裤筒有越来越肥阔的演变趋向。

2. 各型服饰文化因素解读

(1) A、B、C 三型搭配与高句丽民族的初步形成

公元前 37 年，高句丽始祖朱蒙率众南下，在卒本川（今辽宁省桓仁满族自治县附近）建立高句丽政权。建国之初，其内部存在句丽（骊）人、夫余人、秽人、貊人、汉人等多种民族成分。伴随着高句丽政权的不断对外扩张，更多的民族、部族被吸纳入高句丽的统治之下，或是与高句丽人有着频繁的文化交流。《三国史记 · 高句丽本纪》记载，始祖朱蒙统治时期，先是向北驱逐了肃慎系的靺鞨部族，逆沸流水而上征服了松让的沸流国。又伐太白山东南的荇人国，取其地为城邑。接着用兵东方，吞并北沃沮。琉璃明王时期，先是西向打败了鲜卑人，后又西伐梁貊，灭其国。大武神王时期，击败宿敌夫余，向南吞并了盖马国、句荼国。太祖大王时期，伐东沃沮、藻那部、朱那部。[①]《三国史记》有关高句丽早期发展历史的记载，多有夸饰之嫌。这些生活在高句丽周邻的小国和部族，虽然不一定如《三国史记》所记载被征服，他们与句丽人的交往一定是在不同程度上客观存在的。高句丽政权统治内及周边部分地区各民族、部族的彼此融合，其结果必然是逐渐形成了一个新的民族——高句丽族。

从上述被征服部族的名称不再见于史书记载，及三国以后，中国正史《东夷传》中不再为沃沮人和秽貊人立传的情况分析，这些民族、部族融合的时间从公元三世纪中叶已经开始[②]，这也就是说，高句丽民族在此时期已经萌芽。

公元四世纪初至四世纪中叶，高句丽征战频繁，先是出兵南下灭了乐浪郡和带方郡。后又攻破玄菟城，杀获甚众，又遣兵袭辽东。这一系列军事活动的成果表明，此时高句丽综合国力，特别是军事实力有所增强。而开展军事活动的前提条件之一，需要巩固的大后方作为保障。因此，或可推断，该时段集安已经初步形成了一个较为成熟的高句丽族。

民族服饰风格的形成以该民族的稳定与成熟作为前提条件。民族服饰样式与图案的定型是该民族共同语言、共同地域、共同经济生活、共同文化、共同心理素质

---

① 金富轼著，孙文范等校勘：《三国史记》，吉林文史出版社 2003 年版，第 173—193 页。

② 杨军：《高句丽民族与国家的形成和演变》，中国社会科学出版社 2006 年版，第 154 页。案：杨军认为高句丽人的形成在三世纪以后。

等众多“共同性”的表征。在民族服饰风格形成过程中，起到主导作用的一般应是该民族中占主体地位的那个人群的服饰文化因素，其他人群的服饰文化因素，可能会影响主体人群的服饰风格，影响程度的多寡，则要视具体情况而定。

高句丽民族的来源与构成（即高句丽族源）一直是学界研究的热点。有夫余说、秽貊说、肃慎说、炎帝族系说、高夷说、商人说、“夫余、夷、汉”说、“东北土著民族集团、夫余南迁民族集团”说等等。[①] 过去学界，较为通行夫余说与秽貊说，近年来多源说已经渐成学界通论。笔者亦赞成多源说，前文对高句丽民族的形成与发展所作分析大体也是按照这样的一个视角展开的。需要说明的是——多源说中“夫余”、“秽貊”都是构成高句丽民族的重要组成部分。但从现存两族服饰记载来看，《三国志·高句丽传》记“言语诸事多与夫余同，其性气衣服有异”。[②] 《三国志·秽传》载“言语法俗大抵与句丽铜，衣服有异”。[③] 夫余与秽貊两族服饰不是高句丽民族服饰形成的主导因素，其他各族中，《后汉书·沃沮传》记“言语、食饮、居处、衣服、有似句骊”。[④] 可能存在沃沮对高句丽服饰的影响，当然也可能是高句丽影响沃沮。早在朱蒙建国前，汉玄菟郡下设有高句丽县，学界一般认为高句丽县名来自当地已经存在的句骊胡、句骊蛮夷部族。该部族的名称影响了县名，甚至高句丽政权的命名，说明该部族具备一定的人口和实力。因此，或可推断该部族的服饰文化因素，可能是后来形成的高句丽民族服饰风格的主要来源。无论高句丽服饰风格的源头在哪里，公元四世纪中叶，集安地区壁画墓所绘服饰稳定风格的初步成型，即以A、B、C三型搭配为主体，是此时期高句丽民族初步形成的间接反映。

从公元3年，琉璃明王迁都至国内城。至公元427年，长寿王迁都至今朝鲜平壤地区的平壤城。在长达四百年余年的时间里，集安（桓仁）地区一直是高句丽政权的统治中心。即使是在南迁之后，此地区亦是高句丽族最大的聚居区，也是高句丽文化传统最为根深蒂固的区域。从公元四世纪中叶至公元七世纪，集安壁画墓所绘服饰风格的持续稳定是该地始终以高句丽民族为主体，并且始终是高句丽政权统治核心区域的表现。

（2）I型搭配与慕容鲜卑的崛起

① 王建群：《高句丽族属探源》，《学习与探索》1987年第6期，第139页；李德山：《高句丽族称及其族属考辨》，《社会科学战线》1992年第1期，第226页；李树林：《吉林集安高句丽3319墓日月神阙考释及相关重大课题研究》，《社会科学战线》2002年第3期，第193页；耿铁华：《高句丽起源和建国问题探索》，《求是学刊》1986年第1期，第79—85页；刘子敏：《高句丽历史与研究》，延边大学出版社1996年版，第9页；王绵厚：《高夷、秽貊与高句丽——再论高句丽族源主体为先秦之“高夷”即辽东“二江”流域“貊”部说》，《社会科学战线》2002年第5期，第170—171页；范犁：《〈高句丽族属探微〉驳议》，见耿铁华、孙仁杰《高句丽研究文集》，延边大学出版社1993年版，第261页；孙进已：《高句丽的起源及前高句丽文化的研究》，《社会科学战线》2002年第2期，第162页；杨军：《高句丽民族与国家的形成和演变》，中国社会科学出版社2006年版，第139—157页。

② 陈寿：《三国志》，中华书局2000年版，第626页。

③ 同上书，第629页。

④ 范晔：《后汉书》，中华书局2000年版，第1903页。

魏晋之际，慕容鲜卑在其首领莫护跋、慕容廆等人的治理下渐趋强大。公元四世纪前半期，先后灭掉宇文部、段部，基本实现了对“东部鲜卑”各部的统一。因其与高句丽都将辽东地区的控制权作为既定发展战略目标，视对方为称霸东北一隅的最大障碍，两者之间的征战不可避免。

两者相争的早期阶段，慕容氏势力稍强，多有斩获。慕容廆建立前燕之后，屡次与高句丽作战。公元293年，慕容廆率军直抵高句丽，迫使烽上王逃亡，幸赖新城宰高奴子救驾复国。[①] 公元296年，慕容廆再度领兵进军高句丽，发掘了西川王墓。慕容皝即位后先后两次进攻高句丽。[②] 公元342年，他亲率四万大军的征高句丽，攻克丸都城，故国原王单骑出逃，其母和王妃都被燕兵擒获，其父美川王的尸体也被从墓中掘出运走。经历此次打击，故国原王不得不暂时表示臣服，接受前燕的封号。

公元四世纪中叶以后至公元五世纪初，慕容氏国力由盛转衰，特别是后燕慕容垂立国后，内乱不断，政治无力。而高句丽在小兽林王、好太王的英明领导下，大力恢复农业和手工业生产，发展教育、宗教、文化事业，国家富裕，军事力量逐渐增强。公元385年，高句丽攻陷辽东和玄菟，掠获男女一万口还师。公元五世纪初，最终占领辽东。公元407年后燕灭亡，伴随着该政权的消失，慕容鲜卑的势力也逐渐退出东北地区的历史舞台。

集安高句丽壁画服饰发展各阶段中，第一期出现含（慕容）鲜卑因素的I型服饰搭配圆顶翘脚帽配短襦裤，第二期以后不见该服饰因素的现象，正好与慕容鲜卑在辽东的活动时间相吻合。身穿该种I型搭配的人，在集安高句丽壁画中，要么是属于第三等级的奴仆，要么是跪拜在地的臣服者形象，这些图像应是高句丽人渴望战胜慕容鲜卑求胜心理的体现。

（3）D型搭配与南朝服饰流行风尚及高句丽中后期佛教的流传

D型搭配是南朝士大夫的典型装扮。魏晋以来，服装日趋宽博。东晋南迁后，受宽松的政治环境，魏晋玄学之风，佛教的兴盛以及士族制度等诸多因素影响，宽博之风日盛。上自王公名士，下及黎庶百姓，都以宽衫大袖，褒衣博带为尚。冠帽方面，原有巾帻逐渐后部加高，体积缩小，演变为平巾帻（小冠）。其上加细纱制成的笼巾，称为笼冠。笼冠与褒衣博带的组合是南朝士大夫阶层流行的一种服饰搭配。该种风尚始于南朝，但北朝服饰亦受其影响。洛阳宁懋石室石刻贵族人物，山东临朐崔芬墓室西壁夫妇出行图中的男主人均此种装扮。[③] 集安第四期高句丽壁画中出现此种搭配，表明该地亦受到此种服饰流行风尚的浸染。

高句丽地区佛教流入的时间，据《三国史记》载是在小兽林王二年（372年）。

① 金富轼著，孙文范等校勘：《三国史记》，吉林文史出版社2003年版，第213页。

② 同上书，第214页。案：公元293、296年慕容廆亲征高句丽一事，学界存在争议。

③ 黄明兰：《洛阳北魏世俗石刻线画集》，人民美术出版社1987年，第95—105页；郭建邦：《北魏宁懋石室线刻画》，人民美术出版社1987年版；山东文物考古研究所等：《山东临朐北齐崔芬壁画墓》，《文物》2002年第4期，第4—26页。

是年，“夏六月，秦王苻坚遣使及浮屠顺道送佛像、经文”。之后，“小兽林王四年（374年），僧阿道来。五年，始创肖门寺，以置顺道。又创伊弗兰寺，以置阿道”。[①] 从此，佛教开始在高句丽境内广为流传。考古发掘中发现多处寺庙遗址和佛像等文物。如1985年在集安彩印场建筑工地出土一件高句丽时期的金铜佛造像。有的学者认为，该处可能是高句丽的肖门寺或弗兰寺遗址。[②] 1938年在平壤地区的青岩里土城发现一座废寺，学者们认为它是金刚寺遗址。[③] 1974年在传东明王陵南侧发掘出一座寺庙遗址，根据出土的陶片上有“定陵”、“陵寺”等字样，可认定为定陵寺遗址。[④] 1963年，在韩国庆尚南道宜宁郡出土了铭文为“延嘉七年已未”（539年）的一件金铜佛造像。[⑤] 高句丽壁画对于佛教主题亦多有表现。如长川1号墓藻井上的礼佛图。这些内容无不展现了高句丽人对佛教的推崇及佛教在高句丽的兴盛。

第四期壁画中所绘男子，仅从服饰看，是普通凡人造型。但从画面整体来看，他站立在作为佛教象征符号的莲台之上，与之共同出现的人物都是各式神仙装扮。结合当时佛教兴盛的时代背景推测，该类男子形象可能是研习佛法，带发修行的居士的化身，也可能是墓主人精神世界的自我写照，这些形象背后隐含的应是一心向佛，渴望修成正果的强烈诉求。

D型搭配的出现是南朝服饰流行风尚影响的结果，亦与高句丽中后期佛教的流传有关。

二　朝鲜高句丽壁画服饰文化因素分析

1. 各型服饰搭配的形制演变

整体来看，朝鲜高句丽壁画服饰第一、二期以含汉服因素的服饰搭配为主体，没有出现高句丽民族传统服饰搭配。男子服饰主要是D、E、F三型，女子主要是G型。第一期与第二期的不同在于，第一期中含鲜卑服饰因素的服饰搭配较少，只有若干I型搭配。但在第二期中含鲜卑服饰因素的服饰明显增多，大量出现I型和H型搭配。并且，还出现了杂糅高句丽民族传统服饰、汉服、以鲜卑服为代表的胡服三种文化因素的J型搭配。

第三期分A、B两区，两区服饰搭配不同。A区，男女服饰沿袭着第二期的传统，仍以D、E、F、G、I、J五型为主体，不同在于出现了少量A型中的披发配短襦裤、B型中的折风配短襦裤和C型中的垂髻配长襦裙形象；B区，男子服饰主要是A、B两型，女子服饰主要是C型，男女服饰均以高句丽民族传统服饰为主。

第三期与第一、二期比较最大的不同在于高句丽民族传统服饰开始出现，只是，

① 金富轼著，孙文范等校勘：《三国史记》，吉林文史出版社2003年版，第221页。

② 转引自耿铁华《高句丽儒释道“三教合一”的形成与影响》，《古代文明》2007年第4期，第62—74页。

③ 朝鲜社会科学院考古研究所编，李云铎译：《朝鲜考古学概要》，黑龙江文物出版编辑室1983年版。

④ ［日］東潮、田中俊明編著：《高句麗の歴史と遺跡》，中央公論社1995年版。

⑤ 转引自耿铁华《高句丽儒释道“三教合一”的形成与影响》，《古代文明》2007年第4期，第62—74页。

在 A、B 两区高句丽民族传统服饰所占服饰总量的比例不同，存在地区差异。

第四期高句丽民族传统服饰成为了服饰的主体，含鲜卑服饰因素的服饰次之，含汉服文化因素的服饰几近消失。此时男子服饰主要是 B、I 两型，女子服饰是 C 型。

细节分析，发式、首服略可见阶段性差异。

女子所梳双髻，第一期多为 B 型条状、C 型螺状双髻；第二期出现 A 型球状双髻；第三期又出现 D 形鞍状双髻。D 型双髻曾在唐墓中发现类似发式。

男子所戴笼冠，第一、二期多为 Aa 型亚腰形笼冠和 Ab 型上宽下窄式笼冠；第三期出现了 B 型长椭圆形笼冠。A 型笼冠的年代大致是公元四世纪中叶至五世纪末，B 型笼冠年代略晚，在公元六世纪初至七世纪初。A 型与 B 型笼冠的差异，与两晋、南北朝时期中原地区笼冠阶段性差异相似。南北朝时期，南北两地笼冠形制不同。《南史 · 褚緭传》载："褚緭在魏，魏人欲用之。魏元会，緭戏为诗曰：'帽上著笼冠，袴上著硃衣，不知是今是，不知非昔非。'魏人怒，出为始平太守。日日行猎，堕马死。"[①] 从南朝入北朝的褚緭因嘲笑北朝服饰被贬，从中可见两地服饰的确存在差别。高句丽壁画所绘 B 型笼冠，冠顶较大，冠两侧略内弧，与北朝流行的外弧枣核形笼冠形制不同，似更近南朝笼冠。

男子所戴翘脚圆顶帽，第一期多为扇形翘脚；第二、三期扇形、三角形，条带状翘脚三种形制都有；第四期仅见条带状。条带状翘脚圆顶帽，在三种形制中与幞头的形状最为接近。前文笔者提及圆顶翘脚帽似可填补由幅巾到幞头演变的空白。在翘脚圆顶帽的三个类型中，从形状和时间两个方面来衡量，翘脚圆顶帽可能对幞头的影响最大。

此外，第三期出现了女子所梳的 A 型椎状垂髻，A 型平顶式、B 型反绾式盘髻。第三、四期出现了男子所戴的 A 型圆锥状和 B 型圆球形折风。它们出现的时间与集安地区流行的时间基本一致。

2. 各期服饰文化因素解读

集安高句丽壁画服饰始终以高句丽本民族服饰为主体，朝鲜高句丽壁画服饰则是另一种面貌：公元四世纪中叶至五世纪前半叶的第一、二期中没有出现任何高句丽民族传统服饰形象；公元五世纪后半叶至六世纪初的第三期中，B 区以高句丽民族传统服饰形象为主，而 A 区仅出现少量高句丽民族传统服饰形象；公元六世纪初至六世纪后叶的第四期，A 区才开始与 B 区一样，高句丽民族传统服饰形象占据主体地位。该现象产生的原因，可以从四个方面来解读。

（1）社会变革因素分析

军事征伐、政权更迭总是如疾风暴雨般，一蹴而就，但文化的变更是一个缓慢的、渐进的过程。被征服地区的民众，如无强制性的政令干预，往往会在很长一段

---

① 李延寿：《南史》，中华书局 2000 年版，第 999 页。

时间内，延续着传统的生活方式。服饰亦是如此。平壤周边地区是汉晋时期乐浪、带方二郡所在之地。从公元前 108 年，汉武帝征服卫满朝鲜，设汉四郡开始，至公元 313 年高句丽灭乐浪、带方郡，四百年间此地一直是汉人的聚居地，汉文化积淀甚为深厚。公元四世纪初期，高句丽的侵入，不可能短时间内改变当地的民族构成，也不可能马上彻底改变其传统汉文化面貌。

乐浪、带方遗民方面，据西本昌弘、池内宏、洼添庆文、韩昇等学者考证，二郡灭亡后，郡内汉人的流向为一部分汉人聚居在黄海南道信川郡及周边，以青山里土城为中心。还有一部分与避"五胡乱华"的辽东、辽西新移民，迁徙至南浦市江西地区，结成新的汉人集团。① 在黄海南道信川郡发现大量记有王、韩、孙、张等乐浪汉姓的纪年铭砖。② 可确知年代从西晋永嘉七年（313 年）至东晋元兴三年（404 年），跨度近百年，表明相当数量的汉人，没有因为二郡的灭亡，选择离开。

征服者高句丽方面，从《三国史记》的记载来看，进攻重点在于"掠人"，而不是"占地"。③ 公元四世纪中叶，慕容鲜卑崛起，迫使高句丽将大部分军事力量投入到国境西部以便与之抗衡，必然无力顾及乐浪、带方一地。故国壤王和广开土王在位时，都将争夺辽东作为既定战略目标，对乐浪、带方一地的管理难免松弛。

这些因素综合到一起，说明高句丽虽然占领了二郡，但在相当长的一段时间之内，并没有行之有效的控制该地，汉人集团具有一定的独立性。据此历史背景分析，该地区发现的第一、二期以含汉服因素服饰为主的壁画墓很有可能是汉人墓。虽然当地最高统治者的身份瞬间转变，但汉人集团内部仍沿袭着自己的文化传统。他们在墓葬这个完全属于个人的私密空间时，勾画出曾经拥有的或是期盼获得的物质与精神生活，壁画人物所穿服饰情理之中应是本民族传统的汉服式样，而不可能是征服者高句丽人的形象。

从公元四世纪初到五世纪中叶一百五十多年来，汉文化与高句丽文化之间经历了一个由碰撞、到交融的演变历程，汉人集团对高句丽政权的态度也必然会由排斥，转为接纳。公元 427 年是一个重要的年份，或可将其视为转折加速期的开端——这一年长寿王将都城由集安迁至平壤。随着高句丽政权对于该地域控制的逐步加强，汉人集团的"自治"恐难继续。汉人集团逐渐瓦解后，大部分汉人会融入到高句丽社会中去，成为高句丽化的汉人。这一文化变迁反映到服饰上便是壁画服饰中开始出现身穿高句丽民族传统服饰的人物形象，这些形象背后隐含的是汉人对于政治地

---

① ［日］西本昌弘：《楽浪・帯方二郡の興亡と漢人遺民の行方》，《古代文化》1989 年第 10 期，第 14—27 页；［日］窪添慶文：《楽浪郡と帯方郡の推移》，见《东アジアにおける日本古代史讲座》，学生社 1981 年版第 3 集；［日］池内宏：《楽浪郡考》，见《滿鮮史研究》，吉川弘文館 1951 年版；韩昇：《日本古代的大陆移民研究》，文津出版社 1995 年版。

② ［日］梅原末治：《楽浪・带方郡時代紀年銘塼集録》，见《昭和七年度古蹟調査報告》，朝鲜古蹟研究會 1933 年版。

③ 《三国史记・美川王本纪》："十四年，侵乐浪郡，虏获男女二千余口。"金富轼著，孙文范等校勘：《三国史记》，吉林文史出版社 2003 年版，第 216 页。

位、民族身份的重新认知。同时，也不应忽视那些较早进入到汉人聚居区的高句丽人，在当地强势文化——汉文化的浸渍下，可能会成为汉化的高句丽人。在其墓葬壁画中虽然身着高句丽民族传统服饰，但在其他一些方面却体现出汉文化的特点。

具体而言，A、B 两区情况有所不同。A 区通过前文可知是汉人聚居区之一，此地汉人民族主体意识强，汉文化观念浓郁。他们对高句丽文化（人）的排斥性较重，所以壁画服饰以汉服为主体，少量出现高句丽人形象。B 区高山洞墓群所在中部区域为都城直辖区，一方面，此处生活的汉人，无论在政治观念还是在民族心理方面，所受到的来自于高句丽政权的影响一定会大于 A 区，他们会比 A 区的汉人更早形成对于高句丽文化（民族）的认同感，更早的完成由高句丽化的汉人向高句丽人的过度，成为新的高句丽族人。另一方面，长寿王迁都，高句丽的政治中心、社会中心南移，伴随的必然是大批高句丽人迁人，B 区东岩里壁画墓、所在地正好是从集安到平壤的交通线上，在高句丽人迁徙过程中，可能会有一部分人居留此处。所以 B 区大量出现身穿高句丽民族传统服饰的人物形象。

公元六世纪至六世纪后叶，汉文化与高句丽文化经历了二百多年的融合，早已融为一体。乐浪、带方郡及后来由内地迁来的汉人的后裔们，也已经完全融入到高句丽社会中，成为了高句丽族的一分子。所以，第四期壁画人物服饰以高句丽民族传统服饰为主体，汉服因素罕见。

（2）与集安高句丽壁画服饰对比

集安高句丽壁画墓，年代基本与朝鲜高句丽壁画墓相当，墓葬形制亦相似。但壁画人物所穿服饰，从墓主夫妇，到属吏、侍从，再到奴仆，都是属于 A、B、C 三型的高句丽民族传统服饰。前文已言及，集安（桓仁）地区是高句丽民族的发源地，高句丽人生于此地、长于此地，聚居于此地。高句丽壁画中所绘情境是墓主人，也就是高句丽贵族，生前现实生活的再现，壁画人物服饰是对现实生活中高句丽人实际穿着服饰的临摹。集安高句丽壁画墓所绘服饰的一致性，体现的是本地区的生活者对于本民族服饰的心理认同，它实际上是民族身份的表白，这种服饰一致性也表明在高句丽人的墓葬中已经形成了壁画人物穿着高句丽民族服饰的传统。

学界一直以来有一种观点，认为朝鲜大部分被称为高句丽墓葬的墓主人是汉化的高句丽人，或就是高句丽人，此种观点在朝韩学者之间尤为盛行。他们认为朝鲜高句丽墓葬中的汉文化因素是南迁的高句丽人受到乐浪固有的汉文化传统的影响。笔者亦肯定此种影响的存在，但是，从服饰观察，这个问题的答案还存在另一种可能。服饰具有民族性，是民族身份的标志。某一民族中的某个个体，在现实生活中，可能选择穿着本民族的服饰，也可能在文化开放的风气下穿着异族服饰。但是，在其入土为安的墓葬中，他本人及墓中所绘人物一般都穿着本民族传统服饰，该行为有落叶归根的深意。

如陕西西安北郊大明宫乡坑底寨出土的安伽墓石棺床、河南安阳近郊出土的北齐石棺床和日本 Miho 博物馆收藏石棺床板上所绘人物服饰风格相似，均为粟特服饰。据考安伽曾任北周同州萨保，应为安国人的后裔，属于分布在中亚阿姆河和锡尔河流域的昭武九姓胡，即汉魏时代所为的粟特。① 以安伽为代表的这些异域人，他们生前活动在汉文化区域内，甚至接受中原政权的册封，深受汉服文化浸染，但是，在他们的棺椁中所绘服饰都是本族的服饰。

从这一视角分析——高句丽人迁入平壤后，受到了此地汉文化的影响，放弃了本民族的服饰传统，甚至在他的墓葬中所绘他本人及属下的形象都不穿高句丽民族服饰——此种假设未免不合情理。乐浪汉文化对侵入的高句丽文化理应有所影响，但是此种影响的强度能否撼动南下平壤的高句丽人的固有观念，使其在墓葬中改变集安地区业已形成的壁画服饰传统，有待商榷。

（3）参考墓主人身份明确的墓葬

安岳 3 号墓与德兴里壁画墓是第一、二期服饰编年中年代和墓主人身份较为明确的两座墓葬。

安岳 3 号墓墓主人“冬寿”，生前是前燕慕容皝的司马，后来投降慕容仁，慕容仁兵败后，他率族于咸康二年（336 年）投奔高句丽，永和十三年（357 年）卒于此地。冬寿墓铭文所用年号“永和”为东晋穆帝的年号，榜题所录“使持节都督诸军事平东将军护抚夷校尉乐浪□昌黎玄菟带方太守都乡□”、记室、省事、门下拜等官职与晋制相合。②“冬寿”不是高句丽人，被环境所迫居于高句丽政权的统治区内，其墓葬所用纪年及榜题官职，都表现出对东晋政权的归化之心。其墓葬壁画所绘服饰组合亦以 D、E、F、G 四型含汉服因素的服饰为主，没有出现任何高句丽民族传统服饰。

德兴里壁画墓墓主人“镇”，有着与冬寿相似的经历，他生前可能是后燕的官吏，由于政治原因，流亡到高句丽，得到高句丽政权的安置。③ 其墓葬所用年号为“永乐”是高句丽广开土王使用的年号。他所担任的官职除“建威将军左将军龙骧将军辽东太守使持节东夷校尉幽州刺史”等一系晋制官职外，还有高句丽的官职“国小大兄”，此两点表明“镇”承认高句丽政权的正统性，并接受了高句丽政权的册封。可是，即便如此，在“镇”的墓葬中仍旧没有出现高句丽民族传统服饰。其墓葬壁画服饰与安岳 3 号墓一样以 D、E、F、G 四型含汉服因素的服饰组合为主。与安岳 3 号墓的细微不同在于含鲜卑服饰文化因素的 I 型和 H 型增多。有的学者根据德兴里壁画墓铭文中“镇”前有两个字的空格，曾推断他复姓“慕容”，是慕容鲜卑人。若果真如此，I 型和 H 型的出现实属正常。

除“冬寿”与“镇”外，史载与三燕有所瓜葛，逃亡到高句丽的人还有崔毖、

---

① 郑岩：《魏晋南北朝壁画墓》，文物出版社 2000 年版，第 4237—4262 页。

② 洪晴玉：《关于冬寿墓的发现和研究》，《考古》1959 年第 1 期，第 35 页。

③ 康捷：《朝鲜德兴里壁画墓及其相关问题》，《博物馆研究》1986 年版第 1 期，第 70—77 页。

冯弘。公元319年，东部校尉崔毖唆使高句丽、段部、宇文部联合进攻慕容部，计划失败后，崔毖逃往高句丽。[①] 公元436年，北魏灭北燕，其主冯弘率残部逃入高句丽。[②] 实际上，伴随着权力争夺的白热化，在前燕、后燕、北燕三个政权交替之间，从三燕入高句丽寻求政治避难的汉人和慕容鲜卑人亦应不占少数。朝鲜地区第二期壁画服饰中含鲜卑服饰文化因素的服饰的增加可能与上述历史背景有关。

安岳3号墓与德兴里壁画墓作为第一期和第二期服饰编年中最具代表性的两座墓葬。若以它们作为参照对象，那些与其年代相仿，壁画服饰风格相类的墓葬，其墓葬主人可能都是与“冬寿”、“镇”有着相似背景经历的汉化（慕容）鲜卑人，而非高句丽人。

（4）从墓葬形制分析

朝鲜服饰编年中共涉及20座封土石室墓。墓葬形制有单室墓、二室墓、多室墓三种。具体情况如下：

第一期，安岳3号墓是多室墓，台城里1号墓、平壤驿前二室墓、龛神塚都是二室墓。

第二期，德兴里壁画墓、药水里壁画墓是二室墓。

第三期，A区的伏狮里壁画墓、安岳1号墓、水山里壁画墓是单室墓，八清里壁画墓、双楹塚、大安里1号墓是二室墓。B区的东岩里壁画墓、高山洞A7号墓、高山洞A10号墓、松竹里1号墓都是二室墓。

第四期，狩猎塚、安岳2号墓、德花里1号墓、铠马塚都是单室墓。

赵俊杰曾对公元四到七世纪大同江、载宁江流域发现的253座封土石室墓进行研究。他认为一封单穴墓中的多室墓与前后二室墓是汉系墓葬形态，同封异穴墓与一封单穴单室墓是属于高句丽系的墓葬特征。[③] 该结论与本书服饰学视角下观察的结果不谋而合。属于服饰编年第一、二、三期的墓葬，除伏狮里壁画墓、安岳1号墓、水山里壁画墓外，其余的都是属于汉系墓葬形态的多室墓和二室墓，服饰上亦多见汉服因素。第四期的墓葬都是属于高句丽系墓葬形态的单室墓，服饰上亦以高句丽传统服饰为主体。

伏狮里壁画墓、安岳1号墓、水山里壁画墓三座墓葬都属于第三期A区。它们在本期中年代略偏晚。A区中大部分墓葬都是二室墓，此三座墓却是单室墓。伏狮里壁画墓、安岳1号墓分布在黄海南道安岳郡，水山里壁画墓位于南浦市江西区域，两地区都是汉人集团聚居区。服饰方面，伏狮里壁画墓残存服饰均为含汉服因素的服饰；安岳1号墓残存服饰多为含汉服因素和多种服饰因素杂糅的服饰；水山里壁画墓残存服饰大量出现的是含汉服因素、鲜卑服因素和多种服饰因素杂糅的服饰，

---

① 金富轼著，孙文范等校勘：《三国史记》，吉林文史出版社2003年版，第216—217页。

② 同上书，第226—227页。

③ 赵俊杰：《4—7世纪大同江、载宁江流域封土石室墓研究》，吉林大学，博士论文，2009年，第166页。

高句丽民族传统服饰仅一例，该人是为男子人打伞的女侍形象。

综合考虑上述因素，此三座的墓主人是高句丽化的汉人（鲜卑人）的可能性较大。其墓葬结构受到高句丽文化的影响，采用了当时的主流形制——单室墓，但墓葬内部壁画中的自我形象仍穿着本民族服饰。

东岩里壁画墓、高山洞 A7 号墓、高山洞 A10 号墓、松竹里 1 号墓四座墓葬都属于第三期 B 区。它们在本期中年代偏早。B 区的墓葬以单室墓为主，此四座墓却都是二室墓。高山洞墓区仅发现少量以高山洞 A7、A10 号墓为代表的二室墓，其形制与周边分布的其他墓葬迥然不同。东岩里壁画墓位于顺川市，正处于集安到平壤的交通线上；松竹里 1 号墓所在燕滩郡处于高句丽南下与百济北上的必经之路。[①]两墓葬所在之地在交通与军事方面都有着重要的战略意义。据赵俊杰考证两地多有汉移民迁入，“辽东城塚在顺川地区的突然出现，可能是高句丽攻占襄平后，有意将辽东的汉人望族迁至此地的结果”。[②]“高句丽徙汉民至燕滩，很可能是为通过屯垦来满足附近山城内驻军的军粮供应”。[③]

这些因素综合分析，B 区中此四座墓葬的墓主人是汉化的高句丽人的可能性较大。他们迁入此地的时间可能较早，受到当地汉文化的影响。其墓葬壁画中自我形象虽穿着高句丽民族传统服饰，但墓葬结构却采用了汉系的二室墓形制。

综上所述，集安高句丽壁画所绘服饰始终以高句丽民族传统服饰为主体，朝鲜高句丽壁画所绘服饰则经历了由含汉服（鲜卑服）因素的服饰为主体，到各种服饰因素混杂，再到高句丽民族传统服饰占主导地位的演变过程。两地服饰差异及服饰类型演变是两地区墓主人族属不同及其政治观念与民族观念随客观环境变化而发现转变的体现。这些壁画墓的墓主人是上不及君王，下不达百姓的权贵阶层。在古代等级社会中，该阶层是文化的引领者，也是文化转变的先行者。他们的政治倾向、审美意趣、生活习惯往往会影响，甚至左右整个社会的价值观。《韩非子・二柄》所云：“楚王好细腰，而国中多饿人。”[④]正是此种“上行下效”的极端表达。高句丽壁画所展现的两地服饰的种种演化及其背后的社会内涵，不仅是权贵阶层特有的心路历程，也是整个高句丽社会文化变迁的折射。

此外，必须指出的是，朝鲜地区汉系服饰的高句丽化只是高句丽统治区域内众多服饰文化交流演变序列中的一支，且在壁画主题中有比较明确的体现。与此同时，高句丽服饰与汉族、鲜卑、夫余、秽貊、沃沮、靺鞨、百济、新罗等各族间的服饰文化交流也客观存在。这些内容是下一章探讨的重点。

---

① 赵俊杰：《4—7 世纪大同江、载宁江流域封土石室墓研究》，吉林大学，博士论文，2009 年版，第 136 页。

② 同上书，第 135 页。

③ 同上书，第 137 页。

④ 王先谦：《韩非子集解》，中华书局 2003 年版，第 42 页。

第九章　服饰的对比与交流

民族服饰风格的形成与演变，总会受到来自时间和空间两个向度的文化因素的影响。属于时间向度的是具有连续性的历史传统；属于空间向度的是具有流动性的跨地域传播。不同历史时期，两个因素主次关系不定，时而连续性占显要位置，人们惯性地尊重历史传统，延续固有的服饰式样；时而流动性成为主导因素，军事征伐、人口迁徙、长途贸易、宗教传播等活动，使得服饰文化呈现出你中有我，我中有你的复杂局面。

高句丽政权与中原王朝一直保持较为友好的关系，遣使朝贡，接受册封；慕容鲜卑是高句丽的宿敌，在其退出东北历史舞台之前，高句丽受其制约，一度称臣；夫余是高句丽贵族的主要来源之一，它与秽貊、沃沮的部分族人，最后都融入到高句丽民族；靺鞨曾被高句丽驱使，参与征战，高句丽灭亡后，部分高句丽人成为渤海国一员；高句丽与百济、新罗争雄朝鲜半岛，开启了长达数百年的三国时代。高句丽与周邻地区上述几个族群（政权）关系密切，文化交流亦最为频繁。本章将集中探讨高句丽与这些族群（政权）服饰的异同及服饰文化的交流。

第一节　高句丽服饰[①]与汉服

汉服，有狭义、广义两解。狭义指汉代服饰。明文震亨《长物志·衣饰》记："至于蝉冠朱衣，方心曲领，玉佩朱履之为'汉服'也。幞头大袍之为'隋服'也。"广义泛指汉族服饰，有别于各种少数民族服装式样。近人徐珂《清稗类钞·服饰》："高宗在宫，尝屡衣汉服，欲竟易之。一日，冕旒袍服，召所亲近曰：'朕似汉人否？'一老臣独对曰：'皇上于汉诚似矣，而于满则非也。'乃止。"[②]

汉服由来可追溯到三皇五帝时期，史载黄帝垂衣裳而天下治，汉服初具雏形。后经周代规范制式，汉朝整肃衣冠制度，汉服渐趋完善并普及。其基本形制是上下分开的上衣下裳（裙）制和上下连署的深衣服制。魏晋南北朝时期，北方民族频繁南下，他们穿着的上衣下裤式袴褶一度成为中原地区，乃至南方王朝的主导服饰，

---

① 为行文方便，下文称高句丽遗存中所见服饰为高句丽服饰。

② 此说转引自周汛、高春明《中国衣冠服饰大辞典》，上海辞书出版社1996年版，第12页。

受其影响上衣下裳（裙）渐变为女性服饰主流，男子不再穿着此式服装，而改为穿裤装，外罩交领长袍。隋唐时期，源于西域服饰的圆领袍逐渐成为汉服主体，男子在作为内衣的襦裤之外套上圆领袍，该式装扮一直流行到明代。

汉服是一个动态的概念，不同时期内涵不同。它像一个不断滚动的雪球，将来源、风格不同的各样服饰因素，或是原封不动的照搬挪用，或是将其分解，取其部分因素杂糅到固有的式样中。本节所言汉服指中原地区流行的汉族传统服饰，包括上下连署式的深衣、袍服、袿衣，上衣下裳式的冕服等式样及各种饰品、织品。

一　汉服及汉式工艺在高句丽的流布

汉服在高句丽境内的流布主要通过两条途径：一条是以中原政权赏赐形式进行的高层传播，赐予对象有高句丽王、高句丽权贵，在特殊时期还包括投降的高级将领；另一条是民众避乱求生自发性的人口迁徙和军事征伐掠夺人口被动型的乔迁安置，两者都推动了汉服在民间的交流。

早在两汉时期，高句丽权贵阶层经常从管理他们名籍的玄菟郡接受“朝服衣帻”的赏赐。待其逐渐强大后，不再亲临玄菟郡。玄菟郡在其郡界之东建造了一座名为“帻沟溇”的小城，将赐予高句丽的“朝服衣帻”放置其中，待其“岁时来取之”。①

南北朝时期，北魏孝文帝太和十六年（492 年），派遣大鸿胪册封文咨明王为“使持节、都督辽海诸军事、征东将军、领护东夷中郎将、辽东郡开国公、高句丽王”，并“赐衣冠服物车旗之饰”。② 梁武帝普通元年（520 年），派江法盛等人出使高句丽，册封安臧王宁东将军等职，并授予衣冠剑佩。③ 又北魏出帝初年（532 年），下诏册封安原王延为“使持节、散骑常侍、车骑大将军、领护东夷校尉、辽东郡开国公、高句丽王”，又“赐衣冠服物车旗之饰”。④

隋唐时期，隋文帝开皇十年（590 年），遣使拜婴阳王为“上开府仪同三司，袭爵辽东郡公，赐衣一袭”。⑤ 唐太宗贞观十九年（645 年）六月，伐辽东，攻白岩城。“城主孙伐音请降，遂受降。帝以白岩城为岩州，以孙伐音为中大夫、守岩州刺史、上轻车都尉，赐帛一百匹，马一匹，衣袭金带一。同谋而降者，并赐戎秩及诸衣物焉”。⑥

---

① 《三国志·高句丽传》：“汉时赐鼓吹技人。常从玄菟郡受朝服衣帻。高句丽令主其名籍。后稍骄恣，不复诣郡。于东界筑小城，置朝服衣帻其中，岁时来取之。今胡犹名此城为帻沟溇。沟溇者，句丽名城也。”

② 魏收：《魏书》，中华书局 2000 年版，第 1499 页。

③ 魏收：《魏书》，中华书局 2000 年版，第 1499 页；金富轼著，孙文范等校勘：《三国史记》，吉林文史出版社 2003 年版，第 235 页。

④ 魏收：《魏书》，中华书局 2000 年版，第 1499 页；金富轼著，孙文范等校勘：《三国史记》，吉林文史出版社 2003 年版，第 236 页。

⑤ 魏征：《隋书》，中华书局 2000 年版，第 1219 页。

⑥ 王钦若：《册府元龟》，中华书局 1989 年版，第 368 页。

中原王朝赏赐给高句丽王及高句丽中上层权贵的服饰是汉服系统中用于祭祀、朝会、盛典等正式场合的符合礼法规范及其身份职位的朝（官）服和冠帽。这些服饰不同于普通服饰，政治意味远大于审美需求。赐予者以此方式向天下昭示对方的臣子地位；被赐予者谦卑的接受赏赐，表示臣服，亦将这身服饰作为征伐及号令周邻地区弱小势力的法器。

朱蒙建国前，集安（桓仁）地区已有汉人生活在此地。平壤地区从晚商时期的箕子东迁，到汉武帝设四郡，一直以来是汉人的一个聚居区。每当中原战乱，百姓流民避乱的走向之一便是迁居东北地区，或定居辽东，或进入朝鲜半岛。史书对此多有记载，如《三国志·秽传》："陈胜等起，天下叛秦，燕、齐、赵民避地朝鲜数万口。"[①] 记来自今中国河北、山东的万余口移民迁居大同江流域。《三国史记》载，故国川王十九年（197 年），"中国大乱，汉人避乱来投者甚多"。[②]山上王二十一年（217 年），"秋八月，汉平州人夏瑶以百姓一千余家来投，王纳之，安置栅城"。[③]军事征伐中将攻占城池内生活的民众，迁徙到自己的腹地，以便于管理，这是北方民族，也是高句丽人经常采用的政治手段。如《三国史记》记美川王十四年（313 年）十月，高句丽大军侵袭乐浪郡，虏获男女二千余口而归。[④]

移民是文化传播最直接的方式。大批汉人的到来，不仅给当地带来了先进的技术，同时也将汉人的风俗习惯传入此地。《后汉书·东夷传序》记："或冠弁衣锦，器用俎豆。所谓中国失礼，求之四夷者也。"[⑤] 所言正是汉服作为汉文化的一个重要因素，在东夷地区的广为流传，并对当地服饰文化产生影响。

汉服形象在集安和平壤两地的高句丽壁画中都有出现，集安较少，朝鲜丰富。

集安只有舞踊墓、五盔坟 4 号墓、五盔坟 5 号墓、四神墓四座壁画墓出现汉服形象，并且，穿着汉服的人物都不是凡夫俗子，而是跣足坐榻、乘龙驾凤，立于莲台之上的仙人。如舞踊墓主室左壁天井上绘有两个坐在榻上的男子：一人头戴尖顶帽，身穿领部加襈的朱红色长袍；另一人，亦戴尖顶帽，手持纸笔，身穿领部加襈的宽袖，黄色长袍。这两件袍服式样与汉服传统袍服相似，但两人所戴尖顶帽非汉服系统中儒士所戴冠帽。五盔坟 4 号墓东壁、北壁、西壁绘有六位莲上居士，他们头顶漆纱笼冠，身穿红、绿、赭等各色宽袖袍服，腰系绶带、腹前垂芾，手持团扇，足登笏头履。此六人通身装扮与当时汉族士大夫形象别无两样。五盔坟 5 号墓与四神墓绘有身穿冕服的帝王形象，冕服形制仅存其形，细节刻画多用偏差，冕前后垂旒数量、袍服上的图案、芾的尺寸都不符合礼法规定。

集安高句丽壁画墓中世俗生活题材罕见汉服形象，推究其因大体有三种可能：

---

① 陈寿：《三国志》，中华书局 2000 年版，第 629 页。

② 金富轼著，孙文范等校勘：《三国史记》，吉林文史出版社 2003 年版，第 202 页。

③ 同上书，第 205 页。

④ 同上书，第 216 页。

⑤ 范晔：《后汉书》，中华书局 2000 年版，第 1899 页。

第一种，受壁画主题局限，集安壁画所绘内容主要展现墓主人生前的享乐生活，如观看角觝、歌舞表演，品尝女侍进献的美味佳肴，驰骋田猎，与宾客、友人、夫人相伴，在这些活动中不需要穿着正式的官服（朝服）。第二种，受墓主人身份（墓葬等级）局限，中原政权赏赐服饰的对象可能是高句丽社会中的上层权贵，而现今发现的前三期墓葬墓主人可能是中下层贵族。第三种，如前文所述当地在公元四世纪中叶已经形成壁画服饰以高句丽民族服饰为主的服饰传统。

朝鲜高句丽壁画墓中汉服形象数量众多，在服饰分期的第一、二、三期里，汉服绝对占主导地位，即使是第四期高句丽民族传统服饰激增，成为服饰主体，狩猎塚、安岳2号墓仍绘有零星穿着汉服的人物形象。除数量众多外，汉服式样亦非常丰富，男子有笼冠配袍服、进贤冠配袍服、平巾帻配袍服，女子有撷子髻、鬟髻、双髻、花钗大髻等各种高髻配袍服或配袿衣的多种搭配形式。从整体来看，这些汉服与同期汉文化区内人们所穿着的汉服在形制、款式上差别不大。汉服文化在此地兴盛的原因，前文以作分析，此不赘述。

遗物方面，山城下M159出土的D型带扣，禹山墓区JYM3560和山城下JSM152出土的Ca型铜质鎏金带銙（JYM3560：13A 、M152：10），禹山墓区JYM3560和JYM3142中出土的Cc型铜质鎏金带銙（JYM3560：13C、JYM3142：10），这几件带具与洛阳西晋24号墓、西晋周处墓出土的银带饰，广州大刀山晋墓出土的铜带饰形制基本一致，是两晋时期流行的“晋式带具”式样，它们很可能是从中原输入的，或是中原仿制品。①

长川2号墓曾在南棺床西北角发现一块织锦残片。这片织锦残长23厘米，制作精细，组织匀致。由经线显花，在桔黄色衬地上织出绛红和深兰的图案花纹。经北京故宫博物院鉴定“该织锦残片系两重三枚平纹径锦……径密56根一厘米，纬密32根一厘米；经直径0.2—0.3毫米，纬直径0.2毫米”。因破损严重，图案难以复原，但在锦面上依稀可辨有闪亮的碎屑，似石英粒，或是织锦镶嵌上的装饰品。鉴定指出这件锦片在织造方面基本上沿袭了汉锦的织造方法。②

汉族的纺织技术传入朝鲜半岛的时间可以追溯到箕子东迁，《汉书·地理志》记：“殷道衰，箕子去之朝鲜，教其民以礼义，田蚕织作。”③ 乐浪时期，朝鲜当地纺织技艺进一步发展，最富盛名的织物是乐浪练帛，魏文帝曹丕曾云：“山西黄布细，乐浪练帛精”，乐浪练帛，又称乐浪练，是指经过“练丝帛”工艺加工过的优质丝织品。④ 唐太宗贞观十八年（644年），陈大德出使高丽，在其所奏《高丽记》

---

① 有关高句丽带具与汉式带具的情况，见后一节鲜卑带具部分。

② 吉林省文物工作队：《吉林集安长川二号封土墓发掘纪要》，《考古与文物》1983年第1期，第26—27页。

③ 班固：《汉书》，中华书局2000年版，第1322页。

④ 赵翰生：《中国古代纺织与印染》，商务印书馆2007年版，第37页。“练丝帛”是进一步除去了丝上的丝胶和杂质，使生丝更加洁白，利于染色和充分体现丝纤维特有的光泽，优美的悬垂感。

上特别提及，“其人亦造锦，紫地缬文者为上，次有五色锦，次有云布锦。又有造白叠布、青布而尤佳，又造鄣曰，华言接籬，其毛即靺鞨猪发也”。[①] 这段记载说明高句丽后期麻、丝、毛三类织物纺织工艺精湛，在当世均有盛名。《建康实录》曾引《南齐书·高丽传》记：“重中国彩缬，丈夫衣之。”[②] 反映了高句丽人对中原传入纺织品，或是用汉族织锦（布），印染工艺制作的织物的喜爱。

高句丽环纹墓、王字墓、莲花墓、龟甲墓、长川 1 号墓、长川 2 号墓、桓仁将军墓中都有大幅拟织锦的图案，如环纹、莲花纹、王字纹、龟甲纹、云纹王字等，这些图案式壁画与高句丽纺织品的花纹图案应有联系。但是，从壁画人物来看，服饰图案简单，主要是圆点纹、菱格纹、方格纹等几何图案。其因可能在于壁画人物太小，无法描绘复杂的织锦花纹，实际上，高句丽王公贵族所着服饰衣料纹样可能要更复杂、更华丽。

二　高句丽民族传统服饰中的汉服因素

高句丽民族传统服饰中一些细节上的装饰，如短（长）襦的襈饰、大襟、衽式、腰饰，女子发式中的髾鬟等方面与汉服文化因素存有颇多相似之处，可能受其影响。

高句丽民族传统服饰中短（长）襦的领部、衽部、下摆和袖口处普遍镶襈。襈多用与短（长）襦颜色不同的布帛制成，宽窄都有，细者为牙边，宽者有数寸。此种服装修饰手法在中国商周时期已经出现，秦汉时期相当普及，魏晋南北朝时期仍被广泛使用。高句丽短（长）襦加襈可能受到汉服传统式样的影响，对于此点韩国学者李京子曾言“这种另色布的有纹饰领，中国早从殷代便已使用，因此是否应该完全接受其为我国固有之物的主张，还存在疑问”。[③]

短（长）襦左右两大襟，相掩方式为一上一下，交叠部位的边缘一般在身前正中稍偏左或偏右一侧，而不是大襟的一端收口在左腋或右腋之下。此种类似对襟式的衽部在商周两代的玉人、陶俑、青铜俑身上多有发现，如洛阳东郊出土的双笄玉人、山东侯马牛村出土的男子陶范、山西长治分水岭出土的青铜武士所绘衣服的两襟都是交汇于身前正中略偏右一侧，并且领部、衽部、袖口处皆加襈（图九十二，1—3）。[④] 战国时期，楚服一般大襟绕至腋下，汉朝建立后承袭楚制，无论曲裾的深衣还是直裾袍，大襟多在腋下收口。魏晋六朝时期，袍襦的大襟亦多裁成此种形制。高句丽短（长）襦大襟的处理方式似对殷周传统手法的沿袭。

短（长）襦衽部，因两襟交叠方向不同，可分为左衽和右衽两类。角觝墓、舞

---

① 张楚金：《翰苑》，见金毓黻编《辽海丛书》，辽沈书社 1985 年版，第 2520 页。

② 萧子显：《南齐书》，中华书局 2000 年版，第 693 页。

③ ［韩］李京子：《我国的上古服饰——以高句丽古墓壁画为中心》，《东北亚历史与考古信息》1996 年第 2 期，第 33 页。

④ 图转引自沈从文《中国古代服饰研究》，上海书店出版社 2007 年版，第 39、45 页。

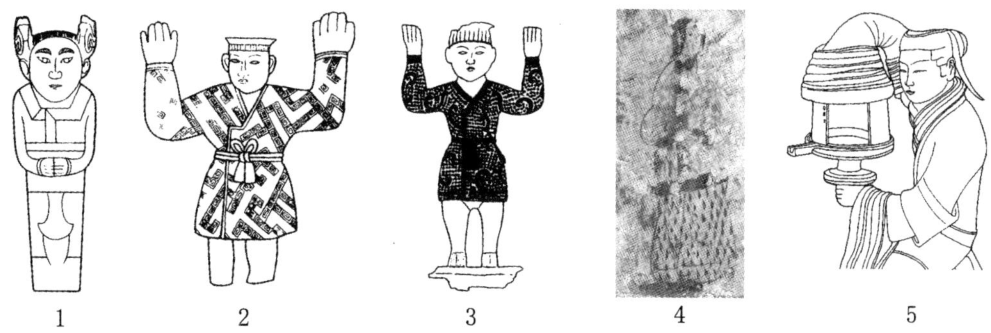

1. 洛阳东郊出土的双笄玉人　2. 山东侯马牛村出土的男子陶范　3. 山西长治分水岭青铜武士　4. 双楹塚后室东壁出行图中女子　5. 河北满城汉墓长信宫灯铜人

图九十二　高句丽服饰与汉服比较

踊墓中衽部描绘清晰的个体都是左衽，长川 1 号墓、三室墓大部分衽部亦为左衽。左衽是高句丽短（长）襦的传统式样。除左衽外，在麻线沟 1 号墓、长川 2 号墓、长川 1 号墓、三室墓的壁画中还绘有少量右衽的短（长）襦形象。左衽和右衽一直是服饰史上区分汉服与胡服的重要标志之一。集安壁画中少数右衽形象的出现可能是汉服因素影响的结果。

长川 1 号墓前室南壁第二栏中男子腰系带穗的佩饰。从形状来看，此饰物应为玉佩。儒家文化注重玉饰，认为玉的温润、坚硬等质地上的特点，可与仁、义礼、智、信五德相配。君子以佩玉来砥砺自我，陶冶性情，正所谓“君子必佩玉”，“比德如玉”。古代东亚地区深受此种思想影响，统治者普遍佩玉。佩玉有全佩、组佩、及礼制之外的装饰性玉佩。长川 1 号墓所绘佩饰，由垂带、环佩和花穗三部分构成，形状稍显简单，可能属于普通的装饰性玉佩。

女子发式中，鬓角处的头发作为发式主体的陪衬，一般都比较讲究。高句丽壁画所绘鬓发前文将其分成三型。其中，A 型长鬓中的弯曲前翘式、扭曲盘桓式长鬓和 C 型秃鬓中的圆弧形、直角形秃鬓是集安高句丽壁画中最为盛行传统发式装饰式样。A 型长鬓中的弯曲前翘式长鬓早在朝鲜乐浪彩箧冢出土的汉代漆画上已经出现，弯曲前翘式长鬓的流行，除发式本身的搭配技巧外，可能也受到乐浪文化的影响。双楹塚后室东壁出行图中一女子，梳垂髻配 A 型长鬓中的直垂式长鬓（图九十二，4），此种搭配不常见，体现了高句丽民族传统发式与汉系发式的杂糅。[①] C 型秃鬓中圆弧形秃鬓，修饰细致，其梳理者有出行图中紧随车后的侍女，礼佛图的贵族妇女、女官，身份略显高贵。C 型秃鬓中直角形秃鬓，与河北满城汉墓中长信宫灯铜人的鬓发属于同一类型（图九十二，5），铜人鬓发三个直角，降幂排列，高句丽壁画中所绘仅一个直角，似其简化版。

① 该形象比较特殊，从面孔、姿态看似女子，但披发配短襦裤的造型一般是男子的装扮。

除上述内容外，高句丽权贵服饰中色彩等级性的确定也受到北周至隋唐时期品色服制度的影响。

根据正史《高句丽传》记载，两汉至南北朝中期，高句丽权贵阶层服饰等级区分方式是通过冠帽形制及冠帽饰物，即大加戴帻冠，小加戴折风，贵者插两鸟羽。《周书·高丽传》开始出现有关冠帽颜色的记录，“其冠曰骨苏，多以紫罗为之，杂以金银为饰”。之后，《隋书·高丽传》载为：“贵者冠用紫罗，饰以金银。”再后，《旧唐书·高丽传》记为：“衣裳服饰，唯王五彩，以白罗为冠，白皮小带，其冠及带闲以金饰。官之贵者，则青罗为冠，次以绯罗，插二鸟羽，及金银为饰。”《新唐书·高丽传》记载与《旧唐书·高丽传》基本相同，唯改绯色为绛色。[①] 这三条记载表明从北周至隋唐时期，也就是高句丽政权的中后期服饰色彩的等级区分功能渐趋明确。高句丽王所用要么是华丽的五彩，要么是单色的纯白，以两种极致的颜色标榜其独尊的地位。为官者，以紫色为贵，次之青色、再次之绯色、绛色。中国古代明确以服饰的色彩来区分官品尊卑的“品色衣”制度，始于北周，形成于唐朝。高句丽服色问题提出与初步确定的时间正好也是该时间段。服饰色彩方面，以唐太宗贞观四年令为例，“三品以上服紫，五品以下服绯，六品、七品服绿，八品、九品服以青”。[②] 高句丽服色亦以紫色为贵，绯色、青色也都作为官服选色，只是排列顺序稍异。

汉唐时期的中原地区在整个东北亚是先进文化的代表，它对周邻地区文化的影响甚为深远。无论是主动地接纳，还是被动地迎合，汉文化的种种因素总是能在周邻地区寻得一些踪迹。高句丽壁画墓中壁画主题、场景、布局与汉唐时期中原地区的壁画墓存在诸多相似之处，集安高句丽壁画墓中的羽人形象，与汉画像砖（石）墓中刻画的羽人颇为神似。这些现象都是汉文化对高句丽文化影响的表现。因该方面内容不是本书的重点，故未详论。从服饰学来看，服饰文化形制特征的形成与变化可能是某一地域、民族、政权内部各种因素共同作用的结果，也可能是外部环境，文化交流催生的产物。高句丽民族传统服饰与汉服的共存，与汉服在某些细节方面的相似，是当时两种服饰文化彼此独立又相互交融的关系的外显，其本质是两地政治关系、思想观念、审美情趣、功用性诉求等诸多文化因素相似中存在差异的复杂的文化内涵的外在表象。

第二节　高句丽服饰与鲜卑服饰

鲜卑分东部鲜卑与拓跋鲜卑两支。[③] 东部鲜卑出自东胡部落大联盟，东胡被匈奴

---

① 令狐德棻：《周书》，中华书局2000年版，第600页；魏征：《隋书》，中华书局2000年版，第1218页；刘昫：《旧唐书》，中华书局2000年版，第3619页；欧阳修、宋祁：《新唐书》，中华书局2000年版，第4699—4700页。

② 刘昫：《旧唐书》，中华书局2000年版，第1328页。

③ 鲜卑内容概述，参考了马长寿《乌桓与鲜卑》，广西师范大学出版社2006年版；张博泉、魏存成《东北古代民族、考古与疆域》，吉林大学出版社1998年版。

击垮后，其中一部分逃至鲜卑山（今大兴安岭南段），在此定居，并逐渐形成一个新的民族，以山为号，称鲜卑族。拓跋鲜卑先世居住在匈奴之北，早期与中原地区没有任何联系，其族名也是因地而生，因其居住在大鲜卑山附近（大兴安岭北段），亦名为鲜卑。东汉时期，匈奴失散，东部鲜卑向西发展，占据了匈奴人的故地。与此同时，拓跋鲜卑开始南下，亦迁至此地。东部鲜卑建立檀石槐军事部落大联盟时，拓跋鲜卑也有加入。檀石槐死后，联盟解体，各部独立发展。魏晋时期，东部鲜卑经过兼并重组，形成慕容部、宇文部、段部三大政治势力。初始段部实力较强，后来慕容部吞并三部，建立前燕政权。灭亡前燕的前秦败于东晋后，前燕慕容氏掀起复国运动，先后建立了后燕、北燕、西燕和南燕四个政权。拓跋鲜卑在其首领什翼犍的领导下逐渐强大，至其孙拓跋珪，建立北魏政权，基本统一了北方的大部分区域。六镇起义以后，北魏灭亡，分裂为东魏和西魏，并分别由北齐和北周取代。

一　文献记载及壁画图像资料分析

东部鲜卑服饰记载较少又零散。《后汉书·鲜卑传》笼统地记为“其言语习俗与乌桓同，唯婚姻先髡头，以季春月大会于饶水上，饮宴毕，然后配合”。[①] 段部服饰情况罕有记录。宇文部，据《北史·宇文莫槐传》载：“人皆剪发而留其顶上，以为首饰，长过数寸则截断之。妇女披长襦及足，而无裳。”[②] 慕容部，《晋书·慕容皝载记》记慕容皝上书晋自称：“臣披发殊俗，位为上将。”[③]

据此可知，宇文鲜卑发式为仅留顶发，女子穿拖地的长襦，无裙（裤）。慕容鲜卑发式为披发，披散下垂的头发可能是顶发或鬓发。[④] 朝阳袁台子壁画墓奉食图、庭院图、屠宰图、牛耕图、狩猎图、膳食图中绘有大量头戴圆顶翘脚帽身穿短襦裤的人物形象（图九十三，1—3），前文已经考证此种装扮可能是慕容鲜卑的服饰。从这些资料分析，宇文鲜卑服饰与高句丽民族传统服饰差别较大。高句丽男子多梳顶髻，女子梳垂髻和盘髻。高句丽女子穿着过膝长襦，襦下配裙，裙内穿长裤。慕容鲜卑服饰与高句丽民传统服饰一样都是上衣下裤式。从袁台子壁画形象来看，慕容鲜卑的短襦领部、袖部、下摆加襈，衽部无襈；高句丽短襦则此四处都加襈。慕容鲜卑裤子裤筒较肥，裤脚处收口；高句丽的裤子也具有这些特点，不同在高句丽多点纹图案，慕容鲜卑的裤子似都是单色。

拓跋鲜卑服饰情况比东部鲜卑复杂。据《魏书·礼志》、《隋书·礼仪志》记载，孝文帝前，北魏服制多违背古制；太和年间制定了冠服制度，但仍“不能周洽”，熙平年间朝廷采纳了王怿、韦廷祥等人的建议，“奏定五时朝服”，舆服制定

---

① 范晔：《后汉书》，中华书局2000年版，第2019页。《后汉书·乌桓传》记其：“以毛毳为衣”、“以髡头为轻便”、“妇人至嫁时乃养发，分为髻，著句决，饰以金碧，犹中国有簂步摇。”

② 李延寿：《北史》，中华书局2000年版，第2169页。

③ 房玄龄：《晋书》，中华书局2000年版，第1884页。

④ 参见本书关于发式一章。

方才“条章初备”；北齐服制大体因袭北魏制度而稍作改易，北周服制假托《周礼》略有创新。[①]《礼仪志》所载是北朝上层权贵所穿祭服、朝服等礼服体系的情况，其他阶层的服饰大体也经历了这三个阶段的变迁。

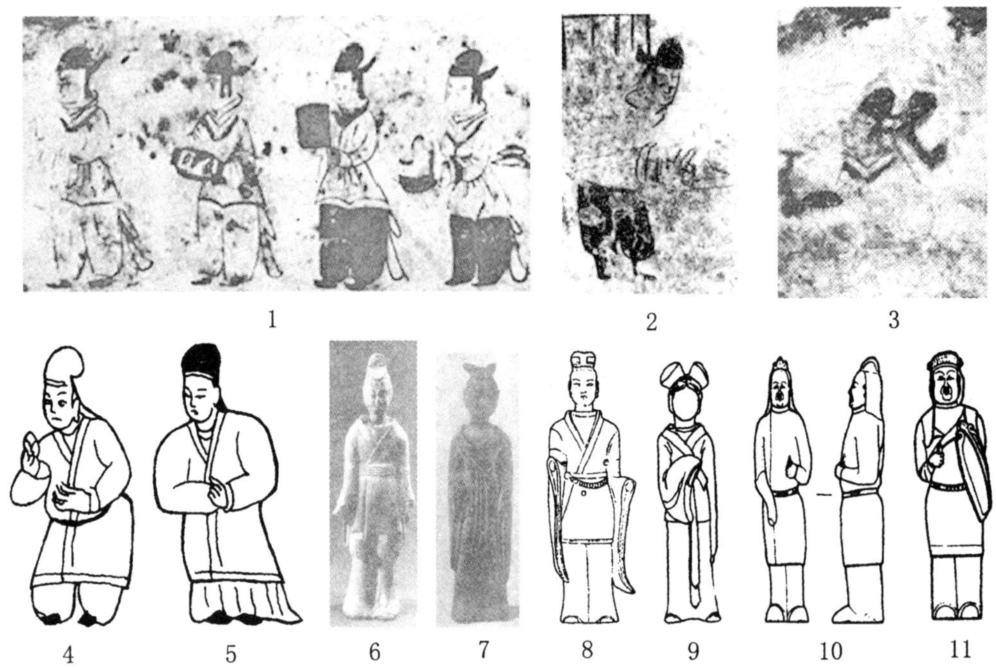

1—3. 朝阳袁台子壁画墓　4、5. 宁夏固原雷祖庙漆棺画　6、7. 洛阳北魏元邵墓　8. 磁县湾漳北朝大墓　9. 磁县东陈村尧赵氏墓　10、11. 太原北齐徐显秀墓

图九十三　鲜卑服饰

北魏孝文帝改革之前拓跋鲜卑服饰民族性较强。《南齐书·魏虏传》记：“被发左衽，故呼为索头。”[②]《资治通鉴·晋纪》载胡三省注：“索头，鲜卑种。言索头……以其辫发，故谓之索头。”[③] 又《魏书·咸阳王禧传》《魏书·任城王澄传》记孝文帝责备留京的官员不督促服饰改革，“妇女之服，仍为夹领小袖”。[④]“妇人冠帽而著小襦袄”。[⑤] 从山西大同智家堡北魏墓棺板画[⑥]、宁夏固原雷祖庙漆棺画[⑦]来看，此时男子多为头戴圆顶垂裙鲜卑帽，上身穿直领加襈窄袖及膝的短襦，下身穿

---

① 魏收：《魏书》，中华书局 2000 年版，第 1882—1883 页；魏征：《隋书》，中华书局 2000 年版，第 147—171 页。

② 萧子显：《南齐书》，中华书局 2000 年版，第 669 页。

③ 司马光：《资治通鉴》，中华书局 2007 年版，第 3007 页。

④ 魏收：《魏书》，中华书局 2000 年版，第 361 页。

⑤ 同上书，第 317 页。

⑥ 王银田、刘俊喜：《大同智家堡北魏墓石椁壁画》，《文物》2001 年第 7 期，第 40—51 页。

⑦ 宁夏固原博物馆：《固原北魏墓漆棺画》，宁夏人民出版社 1998 年版，第 15 页。

裤筒适中的小口裤，足登黑鞋（图九十三，4）。女子头戴凹顶垂裙鲜卑帽，上身穿直领加襈窄袖过膝的长襦，下配拖地长裙（图九十三，5）。

孝文帝改革后至北魏分裂为东、西魏之前。经过拓跋氏四十余年的潜心经营，北魏社会经历了翻天覆地的大变革。此时拓跋鲜卑服饰融入了许多汉服及其他民族服饰文化因素。① 从河南偃师南蔡庄北魏墓②、洛阳北魏元邵墓③、洛阳孟津北陈村王温墓④等墓葬中出土的男女俑来看，此时男子多为头戴小冠，垂裙的鲜卑帽大为减少，上身穿直领加襈宽袖短襦，腰系革带，下身穿裤筒肥硕的大口裤，裤脚处多为散腿（图九十三，6）。女子则头梳螺髻、双丫髻等发髻，上身穿直领加襈宽袖过臀短襦，腰束宽带，下着拖地长裙（图九十三，7）。

东、西魏至北齐、北周时期，前一时期的服饰仍旧流行，如磁县湾漳北朝大墓⑤和磁县东陈村尧赵氏墓⑥出土的陶俑（图九十三，8、9）。同时男子服饰中开始大量出现圆领袍、翻领袍，女子发髻变高变大。⑦ 如太原北齐徐显秀墓出土的两件陶俑（图九十三，10、11）。⑧

从整体服饰构成来看，高句丽民族传统服饰与拓跋鲜卑服饰都是男子上衣下裤，女子上襦下裙，但细节处差异颇大。首先，发式、首服不同，高句丽是顶髻、垂髻、盘髻及折风、帻冠，拓跋鲜卑是辫发、螺髻、双丫髻及各种形状的鲜卑帽。其次，高句丽短襦的长度为过腰及臀，拓跋鲜卑早期的短襦多长至膝下，中期略有缩短位于膝上；高句丽长襦袖子具有窄袂弧袪的特点，拓跋鲜卑早期的长襦袖子较窄。再次，高句丽肥筩裤裤脚收口，拓跋鲜卑早期的裤子收口，中期多散腿或在膝盖处束带。最后，高句丽短襦裤花纹多为圆点纹、菱格纹等几何图案，拓跋鲜卑似多单色。

二　出土遗物分析

高句丽遗迹中出土的带具、铁钉鞋、摇叶耳坠、步摇冠在辽宁北票喇嘛洞墓地⑨、

---

① 此时段权贵阶层礼服沿袭汉魏旧制，均为高冠大履、褒衣博带。这些属于汉服因素，故不论及。此处论述着重于拓跋鲜卑民族服饰的变化。

② 偃师商城博物馆：《河南偃师南蔡庄北魏墓》，《考古》1991 年第 9 期，第 832—834 页。

③ 洛阳博物馆：《洛阳北魏元邵墓》，《考古》1973 年第 4 期，第 218—224 页。

④ 洛阳市文物工作队：《洛阳孟津北陈村王温墓》，《文物》1995 年第 8 期，第 26—35 页。

⑤ 河北省文物研究所、中国社会科学院考古研究所：《磁县湾漳北朝壁画墓》，科学出版社 2003 年版。

⑥ 磁县文化馆：《河北磁县东陈村东魏墓》，《考古》1977 年第 6 期，第 391—400 页。

⑦ 北朝服饰的概括，参照了孙机《南北朝时期我国服饰的变化》，《中国古舆服论丛》，文物出版社 2001 年版，第 194—203 页；宋馨《北魏平城期的鲜卑服》，见《4—6 世纪的北中国与欧亚大陆》，科学出版社 2006 年版，第 84—107 页；宋丙玲《北朝世俗服饰研究》，山东大学，博士论文，2008 年。

⑧ 山西省考古研究所等：《太原北齐徐显秀墓发掘简报》，《文物》2003 年第 10 期，第 4—40 页。

⑨ 辽宁省文物考古研究所、朝阳市博物馆、北票文物管理所：《辽宁北票喇嘛洞墓地 1998 年发掘报告》，《考古学报》2004 年第 2 期，第 209—242 页。

朝阳前燕奉车都尉墓[①]、朝阳袁台子东晋壁画墓[②]、内蒙古达茂旗西河子公社[③]、北票房身村2号墓[④]、朝阳田草沟墓地[⑤]、北票西关营子北燕冯素弗墓[⑥]等慕容鲜卑墓葬中均有相似发现。

带具，Ab型、Ac型、Ad型、Cb型、D型带扣，Ca、Cb、Cc型带銙和C型铊尾在辽宁北票喇嘛洞墓地、朝阳前燕奉车都尉墓、朝阳袁台子东晋壁画墓出土的带具中均能寻得相似之物。

Ab型带扣，如喇嘛洞墓地M202:16与禹山下M41发现的一件，都是由U字形的扣环、一字形扣针和一条横梁三部分构成。Ac型带扣，如喇嘛洞墓地M196出土的两件带扣与万宝汀M242，都是由方形扣环、一字形扣针和一条横梁三部分构成。再如袁台子出土的一件铜带扣与集安JSZM0001K2:20，都是由前端圆弧方形扣环、一字形扣针和一条横梁三部分构成（图九十四，1—6）。袁台子出土的一件铁带扣与下活龙村82JXM8:6，都是由近长方形扣环、一字形扣针和一条横梁三部分构成。Ad型带扣，如袁台子出土的一件银带扣与禹山JYM3232:4，都是由前圆弧后内收略亚腰近长方形扣环、一字形扣针和一条横梁三部分构成（图九十四，7—10）。

Cb型带扣，如袁台子出土的一件铜带扣与太王陵03JYM541:68，都是扣环前端为圆形，后端为近方形。D型带扣，如喇嘛洞墓地M101、M266，朝阳前燕奉车都尉墓，袁台子墓出土的几件带扣均与山城下159号墓出土的一件带扣相似，都是前圆后方的长方形牌饰（图九十四，11—15）。

Ca、Cb、Cc型带銙，如喇嘛洞墓地M266出土的一件与禹山JYM3560:13A，都是銙板呈亚腰长方形，饰片为桃形，纹饰为卷草纹。喇嘛洞墓地M196出土的两件与连江乡M19出土的一件，都是銙板呈长方形，饰片为桃形。喇嘛洞墓地M266出土的一件与禹山JYM3560:13C，都是饰片近长方形，与銙板连接的一端平直，另一端圆弧，饰片内有镂空图案（图九十四，16—21）。

C型铊尾，如喇嘛洞墓地M266:2与禹山97JYM3319:21，都是整体呈方形，穿两个孔。喇嘛洞墓地M196出土的一件铊尾与山城下M195:12，整体近梯形，尾端窄，镶铆钉一端略宽（图九十四，22—25）。

整体分析，喇嘛洞墓地年代为公元三世纪末至四世纪中叶，袁台子壁画墓年代为公元四世纪初到四世纪中叶，而出土这些带具的高句丽墓葬年代在公元三世纪末

---

① 田立坤：《朝阳前燕奉车都尉墓》，《文物》1994年第11期，第33—37页。

② 辽宁省博物馆文物队、朝阳地区博物馆文物队、朝阳县文化馆：《朝阳袁台子东晋壁画墓》，《文物》1984年第6期，第9—45页。

③ 陆思贤、陈棠栋：《达茂旗出土的古代北方民族金饰件》，《文物》1984年第1期，第81—83、29、106页。

④ 陈大为：《辽宁北票房身村晋墓发掘简报》，《考古》1960年第1期，第24—26、10页。

⑤ 辽宁省文物考古研究所、朝阳市博物馆、朝阳县文物管理所：《辽宁朝阳田草沟晋墓》，《文物》1997年第11期，第33—41、99页。

⑥ 黎瑶渤：《辽宁北票西关营子北燕冯素弗墓》，《文物》1973年第3期，第2—28、65、69页。

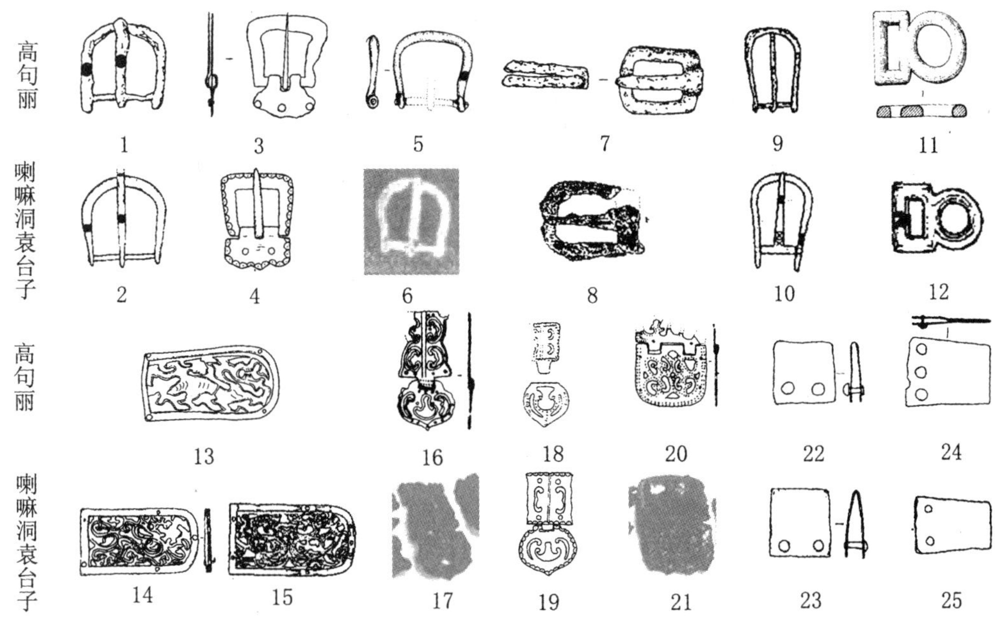

1. 禹山下 M41 2. 喇嘛洞墓地 M202:16 3. 万宝汀 M242 4、19、25. 喇嘛洞墓地 M196 5. 集安 JSZMO001K2:20 6. 朝阳袁台子东晋墓铜带扣 7. 下活龙村 82JXM8:6 8. 朝阳袁台子东晋墓铁带扣 9. 禹山 JYM3232:4 10. 朝阳袁台子东晋墓银带扣 11. 太王陵 035YM541:68 12. 朝阳袁台子东晋墓银带扣 13. 山城下 M159 14. 喇嘛洞墓地 M101:18 15. 朝阳袁台子东晋墓银带扣 MI:55 16. 禹山 JYM3560:13A 17、21. 喇嘛洞墓地 M266 18. 连江乡 M19 20. 禹山 JYM3560:13C 22. 禹山 97JYM3319:21 23. 喇嘛洞墓地 M266:2 24. 山城下 M195:12

图九十四 高句丽与喇嘛洞墓地、袁台子壁画墓出土带具比较

至五世纪中叶，时代略晚于前两者。结合地域等相关因素综合考量，高句丽遗迹出土带具的形制有可能受到慕容鲜卑带具因素的影响，也可能其中某些是直接从辽西鲜卑传入。

细节来看，高句丽遗迹出土的 A 型带扣中，Ac 型、Ad 型常见于东北地区，Ab 型是带扣演进后形成的标志式样，从两晋到隋唐时期，中原和北方地区都很流行。Cb 型带扣，较早见于河北满城汉墓①，北京大葆台汉墓亦有相似形制的带扣，只是中间横梁上穿套一个活动的别针。② D 型带扣产生于战国时代的北方地区，汉代传入中原地区，深受上层人物喜爱。两晋时期是其发展的黄金阶段，中原和北方地区多有发现。受中原文化影响，早期带扣中的动物纹逐渐被龙凤纹取代。C 型带銙一般与 D 型带扣搭配。

中国古代的带具包含带钩和带扣两个系统，学界一般认为带钩产自中原，带扣

① 中国社会科学院考古研究所：《满城汉墓发掘报告》，文物出版社 1980 年版，第 330 页。

② 大葆台汉墓发掘组：《北京大葆台汉墓》，文物出版社 1989 年版，第 87 页。

来自北方。带扣的产生与鲜卑族关系密切。王国维《胡服考》认为："黄金师比者，具带之钩，亦本胡名，《楚辞·大招》作'鲜卑'王逸注'鲜卑，绅带头也。'《史记·匈奴传》作'胥紕'，《汉书》作'犀毗'，高诱《淮南》注'私鈚头'，皆鲜卑一语之转，延笃所谓胡革带钩是也。"[①] 带扣传入中原后，一方面，受到地理环境，汉服形制及带钩传统等诸多因素的影响，逐渐形成了自己的风格；另一方面，与北方民族，尤其是鲜卑族的政治交往、文化交流，又促使两地区的带扣（带具）处于不断的传播交融中。因此，在（慕容）鲜卑境内发现的带具，特别是 D 型带扣和 Ca、Cb、Cc 型带铐等晋式带具，存在从中原王朝通过赏赐等方式传入，或（慕容）鲜卑自己仿制两种可能。日本学者町田章曾撰文认定北票喇嘛洞Ⅱ M275 出土的晋式带具为中原制作品，喇嘛洞Ⅱ M101、朝阳前燕奉车都尉墓、朝阳袁台子壁画墓以及朝阳十二台 88M1 出土的晋式带具是慕容鲜卑仿照。[②] 此种划分标准正确与否，姑且不论。前文高句丽服饰与汉服一节提及的高句丽墓葬中发现的 D 型带扣与 Ca、Cb 型带铐可能是中原传入，或仿制中原。综合考虑这些因素，高句丽带具与慕容鲜卑相似的诸多式样，除了受到鲜卑带具因素影响之外，也可能受到汉因素的影响。它们之间的关系可能是由 A（汉因素）→B（鲜卑因素）→C（高句丽），也可能是由 B→A→C，或是 AB→C。

铁钉鞋，北票喇嘛洞墓地发现 6 件形制相同的铁钉鞋。M196:37，平面近 U 字形，上有 5 个钉齿，长 10.1、宽 7.5、厚 0.3 厘米，钉长 1.2—1.6 厘米（图九十五，1）。[③] 该钉鞋与集安地区丸都山城、万宝汀墓区 M151 发现的 B 型铁钉鞋极为相近，尤其与万宝汀墓区 M151 出土的标本 1625 趋近（图九十五，2）。钉鞋是我国古代北方民族军事征战、登城爬山时常有的装备。不但高句丽人和慕容鲜卑人使用，据《太平御览》卷六九八引《晋书》载：石勒击刘曜时，让士兵穿"铁屐施钉登城"。[④]

摇叶耳坠，禹山 3283 号墓发现的 C 型拧丝缀叶式耳坠（图九十五，3），在喇嘛洞墓地发现多件。其中，金、银质九件，铜质四件。M266:82，以金丝拧成上下连为一体的两层"坠架"，上层出四杈，每杈末端环内坠一圭形金叶，下层出五杈，缀五叶（图九十五，4）。M379:9，银质，为单层坠架，上缀五叶（图九十五，5）。

步摇冠，在七星山 211 号墓、麻线 2100 号墓、千秋墓、太王陵、禹山 JYM3105、禹山 JYM3283、禹山 1080 号墓等墓葬中均见饰有步摇的鎏金冠和冠饰残片。如禹山 JYM3105:6，整个冠体由底托和三翼立饰构成，其上密布成组小孔，孔

---

① 王国维：《观堂集林》，文物出版社 1959 年版，第 1073 页。

② ［日］町田章：《鲜卑的金属带具》，见辽宁省文物考古所、日本奈良文化财研究所《东北亚考古学论丛》，科学出版社 2010 年版，第 155—167 页。

③ 辽宁省文物考古研究所、朝阳市博物馆、北票市文物管理所：《辽宁北票喇嘛洞墓地 1998 年发掘报告》，《考古学报》2004 年第 2 期，第 226—227 页。

④ 宋李昉编撰，任明等校点：《太平御览》，河北教育出版社 2000 年版第 6 集，第 472 页。

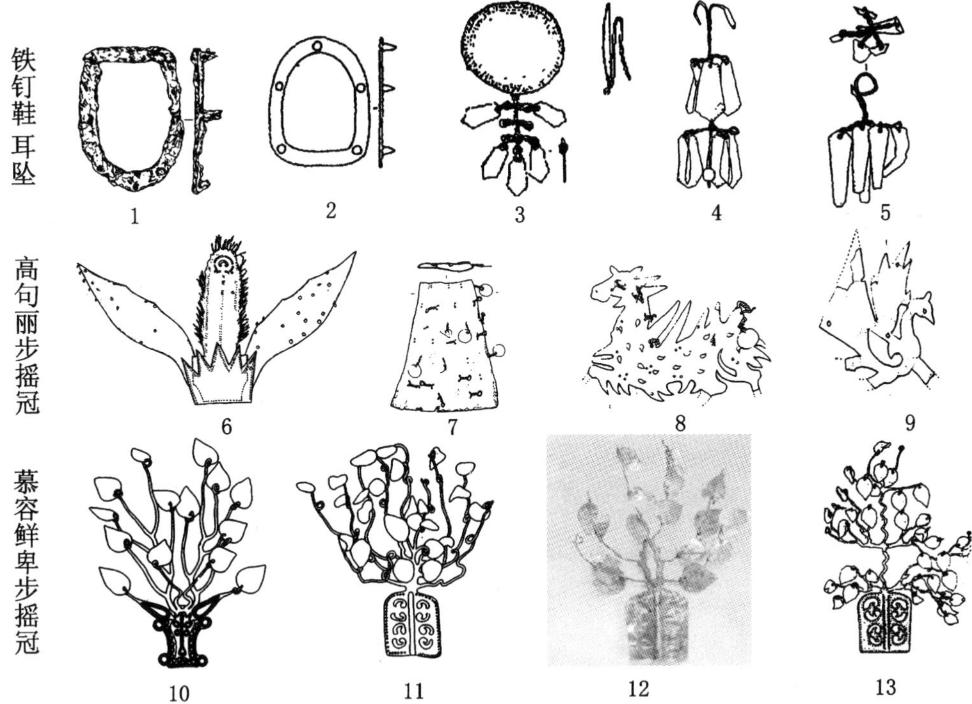

1. 北票喇嘛洞墓地 M196∶37　2. 万宝汀墓区 M151 标本 1625　3. 禹山 JYM3283∶5　4. 喇嘛洞墓地 M266∶82　5. 喇嘛洞墓地 M379∶9　6. 禹山墓区 JYM3105∶6　7. 太王陵 03JYM541D∶8　8. 麻线 03JMM2100∶176　9. 麻线 03JMM2100∶38－1　10. 内蒙古达茂旗西河子公社　11. 北票房身村 2 号墓　12. 北票喇嘛洞墓地 M7　13. 朝阳田草沟墓地 M2∶22

图九十五　高句丽与慕容鲜卑钉鞋、耳坠、步摇冠比较

内金丝拧绕，连缀圆形摇叶（图九十五，6）。[①] 太王陵 03JYM541D∶8，圆锥形筒状冠，其表面有七排成组双孔，窄端两排每排 7 组，宽端五排每排 8 组，共 54 组孔。孔内穿铜丝，扭成悬枝，上挂圆形摇叶（图九十五，7）。[②] 七星山 211 号墓 03JQM211∶23－1，冠饰残片为长条形，其上捶出多个半圆形泡，泡上缀圆形摇叶。[③] 麻线 2100 号墓 03JMM2100∶176，奔马形，两面缀摇叶（图九十五，8）。[④] 03JMM2100∶38－1，凤鸟形，片饰上有 4 个错位缀孔，向两侧伸出悬枝，摇叶全部脱落（图九十五，9）。[⑤] 鎏金冠和冠饰上的悬枝一般都是铜丝拧绕的单枝，所饰摇

① 吉林省文物考古研究所、集安市文物保管所：《集安洞沟古墓群禹山墓区集锡公路墓葬发掘》，见吉林省文物考古研究所、集安市文物保管所《高句丽研究文集》，延边大学出版社 1993 年版，第 65 页。

② 吉林省文物考古研究所、集安市博物馆：《集安高句丽王陵——1990—2003 年集安高句丽王陵调查报告》，文物出版社 2004 年版，第 286—301 页。

③ 同上书，第 91 页。

④ 同上书，第 149—151 页。

⑤ 吉林省文物考古研究所、集安市博物馆：《集安高句丽王陵——1990—2003 年集安高句丽王陵调查报告》，文物出版社 2004 年版，第 151 页。

叶主要有圆形、椭圆形、圭形、心形等几种形状。

“摇叶文化”起源于中亚的月氏文化，后经由匈奴等草原民族的迁徙和战争传入中国东北地区。在当时诸多的东北民族中，慕容鲜卑率先接纳此种文化，并将其发扬光大。摇叶被广泛地应用在冠饰、耳饰、带饰、牌饰之上，其中最具特色的是饰有摇叶的步摇冠。在内蒙古达茂旗西河子公社（图九十五，10）①、北票房身村 2 号墓（图九十五，11）②、北票喇嘛洞墓地（图九十五，12）③、朝阳田草沟墓地（图九十五，13）④、北票西关营子北燕冯素弗墓⑤等慕容鲜卑墓葬中均有步摇冠的发现。受其影响高句丽人也开始将摇叶装饰在冠帽之上，在对慕容鲜卑步摇冠吸收利用的同时亦对其不断加以改造，逐渐形成了自己的风格。如高句丽步摇冠将摇叶直接系在冠上，而慕容鲜卑的步摇冠将摇叶坠饰在冠上伸出的枝杈上；高句丽步摇冠多饰圆形摇叶，而慕容鲜卑的步摇冠所饰皆为桃形摇叶。

总之，在鲜卑人诸多分支中地缘毗邻的慕容鲜卑与高句丽关系最为密切，服饰文化也最为相似。高句丽的短襦裤民族风格较突出，带具、铁鞋、耳饰、冠饰等便于流通和传播的饰品，则多受到慕容鲜卑服饰文化的影响。

第三节　高句丽服饰与夫余、沃沮、秽貊服饰

一　高句丽服饰与夫余服饰

夫余建国于西汉年间，东汉王充在《论衡·吉验篇》记其始祖东明出自北夷橐离国。夫余早期历史资料匮乏，具体情况不详。汉魏时期，夫余与中原王朝保持良好关系，主动向东汉进贡，毌丘俭征伐高句丽时还为其提供粮草资助。在与周邻关系中也一直处于优势地位。公元三世纪以后，夫余势力开始衰落，公元 285 年，一度被慕容鲜卑灭国。次年，虽然在晋东夷校尉何龛的支持下重建家园，但国势衰颓，难以重振。先后，臣服于前燕、前秦、高句丽、北魏，夹缝中求生。公元五世纪晚期，原为其统治的勿吉逐渐强大，夫余被迫南迁。公元 494 年，夫余王及妻孥投奔高句丽，夫余灭国。

夫余服饰，据《三国志·夫余传》载：“在国衣尚白，白布大袂，袍、裤，履革鞜。出国则尚缯绣锦罽。大人加狐狸、狖白、黑貂之裘，以金银饰帽。”⑥ 这段文

① 陆思贤、陈棠栋：《达茂旗出土的古代北方民族金饰件》，《文物》1984 年第 1 期，第 81—83、29、106 页。

② 陈大为：《辽宁北票房身村晋墓发掘简报》，《考古》1960 年第 1 期，第 24—26、10 页。

③ 辽宁省文物考古研究所、朝阳市博物馆、北票文物管理所：《辽宁北票喇嘛洞墓地 1998 年发掘报告》，《考古学报》2004 年第 2 期，第 209—242 页。

④ 辽宁省文物考古研究所、朝阳市博物馆、朝阳县文物管理所：《辽宁朝阳田草沟晋墓》，《文物》1997 年第 11 期，第 33—41、99 页。

⑤ 黎瑶渤：《辽宁北票西关营子北燕冯素弗墓》，《文物》1973 年第 3 期，第 2—28、65、69 页。

⑥ 陈寿：《三国志》，中华书局 2000 年版，第 624 页。

字将夫余服饰分作三种情况：一种在国内，穿白色大袖袍，下配裤，足登皮鞋；另一种“出国”时，穿着考究的面料缯、绣、锦、罽；还有一种是身份尊贵的大人，衣裳上加饰狐狸、狖白、黑貂各式皮革，冠帽上配以金银饰品作为装点。

高句丽民族传统服饰与其比较，最大区别在于服装基本款式不同。高句丽是上衣下裤式的短襦裤，而夫余是上下连署的袍服。细节方面，高句丽的短襦多为窄袖，夫余则是大袖。正如《三国志·高句丽传》所记虽“言语诸事”多与夫余相同，但“性气衣服有异”。[①]

高句丽民族传统服饰与夫余服饰差别中，亦有相似之处。夫余尚白色，高句丽亦然；夫余以“以金银饰帽”，“以金银饰腰”。[②] 高句丽亦有此俗。高句丽带具中，Aa 型、Ae 型带扣、Ba 型带銙在属于夫余文化的吉林榆树老河深中层墓葬出土带具中均有相似发现。[③]

Aa 型带扣，如榆树老河深 M11∶5 与五女山城 F37∶4，如榆树老河深 M56∶29 与五女山城 JC∶47，都是由椭圆形扣环、一字形扣针和一条横梁三部分构成。Ac 型带扣，如榆树老河深 M66∶2 与临江墓 03JYM43J∶12－1，都是由前弧圆长方形扣环、一字形扣针和一条横梁三部分构成。Ba 型带銙，如榆树老河深 M21∶5 与禹山 JYM3560∶14，都是半圆形銙板，中下部有一个长方形的古眼（图九十六，1—8）。[④]

高句丽与夫余服饰差别中存在相似。推究其因，差别应源自：一者，两地生存环境不同。夫余所居“多山陵、广泽，于东夷之域最平敞”[⑤]，而高句丽“多大山深谷，无原泽，随山谷以为居”[⑥]；二者，夫余大致在东汉初已经臣属于汉，与中原来往密切，深受汉族文化影响。它“以殷正月祭天”，“其居丧，男女皆纯白，妇人着布面衣，去环珮，大体与中国相仿佛也”。[⑦] 袍服是汉族服饰的典型式样，夫余流行袍服可能有汉服影响因素在里面，夫余的汉化比高句丽的汉化要更浓烈些。相似则在于：高句丽的王族来自夫余；高句丽与夫余征战不断，人员往来频繁。如《三国史记·高句丽》记：“公元 22 年，击败宿敌夫余。夫余王从弟，与万余人来投，封为王，安置掾那部。”公元 494 年灭国后，一部分夫余人融入高句丽。夫余文化对高句丽文化有一定的影响。

---

① 《三国志·高句丽传》：“东夷旧语以为夫余别种，言语诸事，多与夫余同。其性气衣服有异。”陈寿：《三国志》，中华书局 2000 年版，第 626 页。

② 《晋书·夫余传》记夫余人：“其出使，乃衣锦罽，以金银饰腰。”房玄龄：《晋书》，中华书局 2000 年版，第 1689 页。

③ 吉林省文物考古研究所：《榆树老河深》，文物出版社 1987 年，第 53 页。

④ 案：半圆形带銙流行的时间较晚，大致在南北朝时期。榆树老河深中层文化遗存的年代相当于西汉末至东汉初，属于中层文化遗存的 M21 不太可能出现半圆形带銙，M21∶5 可能属于上层文化遗存。

⑤ 陈寿：《三国志》，中华书局 2000 年版，第 624 页。

⑥ 同上书，第 625 页。

⑦ 同上。

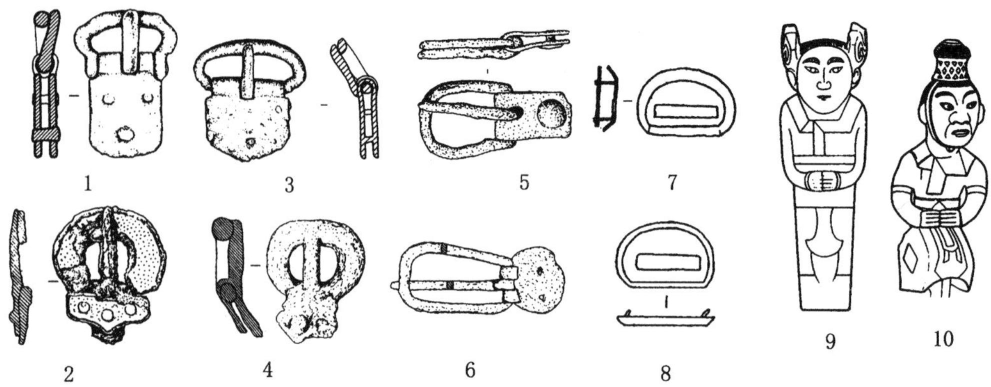

1. 五女山城 F37:4　2. 榆树老河深 M11:5　3. 五女山城 JC:47　4. 榆树老河深 M56:29　5. 临江墓 03JYM43J:12－1　6. 榆树老河深 M66:2　7. 禹山 JYM3560:14　8. 榆树老河深 M21:5　9. 洛阳东郊西周早期墓葬　10. 洛阳庞家沟西周墓

图九十六　高句丽与夫余、秽貊服饰比较

二　高句丽服饰与沃沮服饰

沃沮是公元前二世纪至公元五世纪居住在朝鲜半岛北部的部落。在汉代沃沮分为两部，居住在高句丽盖马大山（今长白山及狼林山脉）以东的是东沃沮。居住在图们江至兴凯湖附近的是北沃沮。沃沮形成早期，由于其管辖权在汉四郡和高句丽之间摇摆，沃沮一直没能形成一个独立的国家。三国时期，沃沮成为高句丽藩属。244 年，曹魏攻打高句丽时，高句丽东川王曾逃至到北沃沮。285 年夫余王族在遭到北方游牧民族袭击时也曾逃到沃沮。南北朝时期，沃沮被勿吉所逐，一部分族人可能融入高句丽。

考古学界一般认为团结——克罗乌诺夫卡文化是沃沮人遗存。其典型遗址包括黑龙江东宁县大肚川公社团结遗址下层、东宁大城子，吉林珲春一松亭，汪清新安闾上层等。同类遗存俄罗斯境内被称为“克罗乌诺夫卡文化”，已经发掘的遗址有克罗乌诺夫卡、谢米皮亚特那雅古、奥列尼、索克里奇等二十余处。朝鲜半岛东北部发现的罗津草岛遗址部分遗物、会宁五洞遗址的 F6、茂山虎谷洞第六期遗存亦属于此文化。① 因该文化没有发现服饰类遗物，沃沮人服饰特点只能依据文献记载推其崖略。

《后汉书・东沃沮传》载沃沮衣服“有似句骊”②，说明沃沮衣服可能和高句丽一样是短襦裤二部式。据《三国史记》记载，早在公元前 28 年，北沃沮已经被高

---

① 张博泉、魏存成：《东北古代民族、考古与疆域》，吉林大学出版社 1998 年版。

② 《后汉书・沃沮传》：“言语、食饮、居处，衣服，有似句骊。”范晔：《后汉书》，中华书局 2000 年版，第 1903 页。

句丽吞并。[①] 公元 56 年，东沃沮亦成为高句丽的城邑。[②] 这些记载虽有夸大之处，但也说明两族的交流从公元一世纪已经开始。至魏晋时期，数百年的文化交流与互动，注定会有许多相似之处。相似而非相同，其因或为：一者，生活环境不同。《三国志·东沃沮传》载："其土地肥美，背山向海，宜五谷，善种田。"[③] 又《满洲源流考》卷九《疆域二》记："沃沮者，实即今之窝集也。窝集是满语，指林木丛生，地多沮洳之地。"[④] 二者，沃沮人一直聚族而居，保持相对的独立性。从古朝鲜，到玄菟郡、乐浪郡，乐浪东部都尉，再到高句丽，虽沃沮历代臣属不同，但大体各时期都是通过沃沮人首领间接管理沃沮民众。团结文化与周边文化的差异也恰恰说明了沃沮文化的独特性。

沃沮纺织业发达，在珲春一松亭遗址 T2，东宁团结遗址 F1、F9、T3、T27，东宁大城子居住址 F2 等处发现数十件形状各异的陶纺轮。[⑤] 《三国志·东沃沮传》、《后汉书·东沃沮传》均载沃沮盛产"貊布"。高句丽在该地设立大加，负责事宜中"貊布"与租税、鱼、盐、海中食物并提[⑥]，可见貊布生产在当地具有一定的规模，是知名的地方土贡。高句丽纺织业的发展可能有来自沃沮的"貊布"传统工艺的影响。

三　高句丽服饰与秽貊服饰

秽貊是秽与貊两个族系民族融合之后形成的新民族。此族中秽人多于貊人，故《三国志》和《后汉书》直接称其为秽。秽貊分布区约在今朝鲜江原道及其北部。[⑦] 秽貊人先后臣属于箕子朝鲜、卫满朝鲜。汉武帝灭朝鲜后臣服于汉，武帝于其地设临屯郡，昭帝始元五年并入乐浪郡，后属乐浪东部都尉。与沃沮一样接受汉人郡县制下的官号。东汉放弃岭东七县建侯国时，秽貊人建侯国"不耐秽侯"。东汉末更属句骊。

---

① 《三国史记·始祖东明圣王本纪》："十年，冬十一月，王命扶尉猒伐北沃沮，灭之。以其地为城邑。"金富轼著，孙文范等校勘：《三国史记》，吉林文史出版社 2003 年版，第 176 页。此条史料存在争议，张博泉认为北沃沮归属的时间应在太祖大王四十六年（96 年）纪功前不久。出自张博泉、苏金源、董玉瑛：《东北历代疆域史》，吉林人民出版社 1983 年版，第 31—32 页。

② 《三国史记·太祖大王本纪》："四年，秋七月，伐东沃沮，取其土地为城邑，拓境东至沧海，南至萨水。"金富轼著，孙文范等校勘：《三国史记》，吉林文史出版社 2003 年版，第 191 页。

③ 陈寿：《三国志》，中华书局 2000 年版，第 628 页。

④ 转引自李强《沃沮、东沃沮考略》，《北方文物》1986 年第 1 期，第 2 页。

⑤ 李云铎：《吉林珲春南团山、一松亭遗址调查》，《文物》1973 年第 8 期，第 72 页；匡瑜：《战国至两汉的北沃沮文化》，《黑龙江文物丛刊》1982 年第 1 期，第 28 页；黑龙江省文物考古工作队、吉林大学历史系考古专业：《东宁团结遗址发掘报告》，吉林省考古学会第一次年会资料 1979 年版，第 11—12 页；黑龙江省博物馆：《黑龙江东宁大城子新石器时代居住址》，《考古》1979 年第 1 期，第 18 页。

⑥ 陈寿：《三国志》，中华书局 2000 年版，第 628 页。《后汉书·东沃沮传》写作"貊布鱼盐"，亦可通。

⑦ 程妮娜：《东北史》，吉林大学出版社 2004 年版，第 48 页；张博泉、魏存成：《东北古代民族、考古与疆域》，吉林大学出版社 1998 年版，第 105—134 页。

秽貊人言语、法俗，大抵与高句丽相同，但“衣服有异”，秽貊“男女衣皆著曲领”。[①] 高句丽人的衣领则是两襟交汇于身前的直领。曲领，汉刘熙《释名·释衣服》曰：“曲领在内，所以禁中衣上横壅颈，其状曲也”。史游《急就章》卷二：“袍襦表里曲领帬。”颜师古注：“著曲领者，所以禁中衣之领，恐其上拥颈也。其状阔大而曲，因以名云。”又《礼记·深衣》云：“曲袷如矩以应方。”旧注：“袷，曲领也。”各家表述曲领典型特征并不相同，刘熙、史游、颜师古强调曲领阔大、弯曲，《礼记》却说它为方矩形。两者孰是孰非，尚难判定。前一种观点比较流行，《中国衣冠服饰大辞典》即采纳此法。[②] 笔者认为文献记载的差异性，可能说明曲领形制在不同历史时期并不相同，或是早期曲领定义不明确，包含多层含义，后来内涵逐渐明朗。如两汉时期，曲领所指可能既包括商周时期加在外衣上的方矩形衬领，也包括魏晋六朝时期流行的宽大弧曲喇叭形的领型。

在洛阳东郊西周早期墓葬出土一圆雕玉人，其衣领在前胸处折曲成长方形（图九十六，9）[③]，同样形制，还见于洛阳庞家沟西周墓出土的人形铜管辖（图九十六，10）和英国人奥斯卡·瑞夫尔（Oscar Rapael）收藏的一件西周晚期玉人。[④] 若前文关于曲领形制的推理成立，秽貊人所著曲领可能就是此种式样。从历史背景来看，此种假设也有一定的合理性。秽貊人服装式样与周初中原服饰相似，应与箕子东迁有关。《后汉书·秽传》载：“昔武王封箕子于朝鲜，箕子教以礼义田蚕，又制八条之教。”[⑤] 殷遗民的迁入教会了当地人种麻，养蚕，织制绵布[⑥]，也带来了殷周时期的服饰式样。当地及周边民族在学习殷周较为先进的政治制度、文化技术的同时，也模仿了殷周服饰的某些形制特点。当中原服饰文化经历着日新月异的变化时，它们却保存了殷周时期的传统式样。

《三国志·秽传》记秽貊“男子系银花广数寸以为饰”[⑦]，男子用数寸宽的银花作为装饰。此银花装饰的部位是头部，还是衣服上，没有说明。如若是头部，与高句丽鎏金冠帽、冠饰或许有相似之处。

早在公元前一世纪，沃沮、秽貊与高句丽便有接触，大约从公元三世纪开始两族与高句丽的关系更为密切，交往亦更为频繁，可能有一部分族人还逐渐融入到高句丽民族中。夫余与高句丽的关系比前两者还要亲密，它不但是高句丽族的主要来

① 《三国志·秽传》：“言语法俗大抵与句丽同，衣服有异。男女衣皆著曲领，男子系银花广数寸以为饰。”陈寿：《三国志》，中华书局2000年版，第629页。

② 曲领，《中国衣冠服饰大辞典》认为是缀有衬领的内衣，通常以白色布帛为之，领施于襦，著时加在外衣之内，以禁中衣之领上涌。（参见245—246页）

③ 傅永魁：《洛阳东郊西周墓发掘简报》，《考古》1959年第4期，第187—188页。

④ 参见沈从文《中国古代服饰研究》，上海书店出版社2007年版，第41—42页。

⑤ 范晔：《后汉书》，中华书局2000年版，第1904页。

⑥ 《后汉书·秽传》：“知种麻，养蚕，作绵布。”范晔：《后汉书》，中华书局2000年版，第1904页；《三国志·秽传》：“有麻布，蚕桑作绵。”陈寿：《三国志》，中华书局2000年版，第629页。

⑦ 《三国志·秽传》：“言语法俗大抵与句丽同，衣服有异。男女衣皆著曲领，男子系银花广数寸以为饰。”陈寿：《三国志》，中华书局2000年版，第629页。

源之一，还是构成高句丽贵族集团的主要成员之一。夫余、沃沮、秽貊各族服饰与高句丽民族传统服饰的差异性，是它们彼此曾为独立的个体的表现；高句丽民族传统服饰与夫余、沃沮、秽貊各族服饰的相似性，则是高句丽服饰文化中所蕴含的三族服饰因素的外显。

第四节　高句丽服饰与肃慎、挹娄、勿吉、靺鞨、渤海服饰

肃慎是我国东北地区的古老民族之一，居地在今长白山以北，牡丹江中下游至黑龙江下游的广大地区，是先秦时期见于史书记载的生活在我国最北部的居民。[①]周武王灭纣以后，肃慎曾遣使朝贡。汉魏南北朝时期，肃慎称为挹娄、勿吉。隋唐时期又更名为靺鞨，并分为粟末靺鞨、黑水靺鞨等多个部族。后来粟末靺鞨和其他靺鞨部、高句丽人等各民族不断融合，形成了一个新的民族——渤海族。[②] 公元698年，大祚荣建立震国。713年，唐玄宗册封大祚荣为渤海郡王，统辖忽汗州，加授忽汗州都督。762年，唐廷诏令渤海为国。926年渤海被辽国所灭，传国十五世，历时229年。

一　文献记载分析

肃慎系民族服饰正史多有记载。《后汉书·东夷传》记挹娄："有五谷、麻布、出赤玉、好貂"，又载"好养猪，食其肉，衣其皮。冬以豕膏涂身，厚数分，以御风寒。夏则裸袒，以尺布蔽其前后"。[③]《晋书·东夷传》沿用旧称记肃慎："无牛羊，多畜猪，食其肉，衣其皮，绩毛以为布。"又载"俗皆编发，以布为襜，径尺余，以蔽前后"。[④]《魏书·东夷传》记勿吉："妇人则布裙，男子猪犬皮裘……头插虎豹尾。"[⑤]《隋书·东夷传》记靺鞨："妇人服布，男子衣猪狗皮。"[⑥]《旧唐书·北狄传》记靺鞨："俗皆编发"，又载"其畜宜猪，富人至数百口，食其肉而衣其皮"。[⑦]《新唐书·北狄传》记黑水靺鞨："俗编发，缀野豕牙，插雉尾为冠饰，自别于诸部。"[⑧] 又记渤海："以品为秩，三秩以上服紫，牙笏、金鱼；五秩以上服绯，

---

① 程妮娜：《东北史》，吉林大学出版社2004年版，第18页

② 程妮娜：《东北史》，吉林大学出版社2004年版，第18—20页；张博泉、魏存成：《东北古代民族、考古与疆域》，吉林大学出版社1998年版，第70—105页。

③ 范晔：《后汉书》，中华书局2000年版，第1900页。

④ 房玄龄等：《晋书》，中华书局2000年版，第1691页。

⑤ 魏收：《魏书》，中华书局2000年版，第1502页。

⑥ 魏征：《隋书》，中华书局2000年版，第1222页。

⑦ 刘昫：《旧唐书》，中华书局2000年版，第3645页。

⑧ 欧阳修、宋祁：《新唐书》，中华书局2000年版，第4694页。

牙笏、银鱼；六秩、七秩浅绯衣，八秩绿衣，皆木笏。”[①]

这些记载反映肃慎系民族服饰具有四个特点：第一，好养猪，由此发展，以猪皮、猪毛织物作为主要服装面料，狗皮、貂皮为辅；第二，发式为编发，或用宽发带围裹，或用猪牙、雉尾修饰；第三，女子用麻布制裙，男子穿猪、狗、貂皮制成的皮裘，男女有别。第四，渤海时期官服汉化，引入了唐代的品色衣制度，民间服饰亦应受到唐代服饰的影响。

肃慎系民族编发，与高句丽发式不同，但其发带围裹头发，雉尾作为头饰的修饰方法与高句丽习俗相似。[②] 肃慎系民族猪毛纺织技术颇具民族特色，这一技术后来传播到高句丽，并在高句丽人手中发扬光大。陈大德《高丽记》中特别提及“又造鄣曰，华言接篱，其毛即靺鞨猪发也”。[③]

“鄣曰”简而言之是高句丽用靺鞨猪发编织的物品。但它究竟是何种形制的物品并无说明。学界一般认为“鄣曰”一词不是高句丽语，有汉语遮日防晒之意[④]，此物为猪毛织成的遮阳凉帽。按照此种理解，“曰”字有“日”字之嫌，有的学者直接称呼“鄣曰”为“鄣日”。[⑤]

“鄣日”，原为动宾词组，其意为遮蔽日头。宋玉《高唐赋》云：“其少进也，晰兮若姣姬，扬袂鄣日，而望所思。”[⑥] 指举袖遮日，极目远眺。后来，“鄣日”演变为防晒帽之名，又称“大鄣日”，是一种劳动人民常戴的敞檐大帽。[⑦]《晋书·五行志中》载元康年间天下商农都戴大鄣日，因而童谣吟唱：“屠苏鄣日覆两耳，当见瞎兒作天子。”[⑧] 又孙楚曾作《谢赐鄣日笺》以反讽的语调，表达谢意，云“大恩赐鄣日，其器虽小，而礼遇甚弘。昔卫绾锡六剑，珍而不用。楚虽不敏，且受而藏之”。[⑨]

《辽海丛书》本《翰苑》注引《高丽记》此段行文顺序为：“其人亦造锦，紫地缬文者为上，次有五色锦，次有云布锦。又有造白叠布，青布而尤佳。又造鄣曰，华言接篱，其毛即靺鞨猪发也。”[⑩] “又造鄣曰”之前所言紫地缬文锦、五色锦、云布锦、白叠布、青布都是纺织品，至“鄣曰”，忽而改为服饰中的大檐遮阳帽，明显与前文主题不符。又京大影印本《高丽记》“又造鄣曰华言接篱”一句断为“又

---

① 欧阳修、宋祁：《新唐书》，中华书局2000年版，第4697页。

② 案：高句丽壁画墓双楹塚中有用发带包裹云髻的妇人形象。

③ 张楚金：《翰苑》，见金毓黻编《辽海丛书》，辽沈书社1985年版，第2520页。

④ 高福顺、姜维公、戚畅：《〈高丽记〉研究》，吉林文史出版社2003年版，第208—209页。

⑤ 鸿鹄：《关于高句丽纺织品之我见——以分析〈高丽记〉史载为中心》，《社会科学战线》2007年第4期，第182—184页。

⑥ 陈宏天、赵福海、陈复兴：《昭明文选译注》，吉林文史出版社1988年版，第1026页。

⑦ 周汛、高春明编：《中国衣冠服饰大辞典》，上海辞书出版社1996年版，第73页。

⑧ 房玄龄等：《晋书》，中华书局2000年版，第548—549页。

⑨ 李昉等：《太平御览》，中华书局1959年版，第3068页。

⑩ 张楚金：《翰苑》，见金毓黻编《辽海丛书》，辽沈书社1985年版，第2520页。

造幞，曰华言接篱”。[①] 若依此解，“曰”的主语是高句丽人，此句之意为又造纺织品“幞”，高句丽人说这种织物汉语称“接篱”。这样“幞曰”又有被称为“幞”的可能。无论哪种断句更准确，两种版本都肯定与“幞曰”关系密切的是另一种被称为“接篱”的织物。

“接篱”，又称睫㰊、白鹭縗、白接篱，是用白鹭羽毛制成的白色头巾。[②] 晋郭璞注《尔雅·释鸟》“鹭，舂鉏”条云：“白鹭也，头、翅、背上皆有长翰毛。今江东人取以为睫㰊，名之曰白鹭縗。”[③]《世说新语·任诞》载山简在荆州时，每至酒酣，则倒戴“接篱”出行，当时人赋歌曰“山公时一醉，径造高阳池。日莫倒载归，茗艼无所知。复能乘骏马，倒著白接篱。举手问葛强，何如并州儿?”此种头巾始于晋，流行于南朝，唐宋时期仍旧受士人喜爱。[④] 李白曾作《答友人赠乌纱帽》云：“领得乌纱帽，全胜白接篱。”[⑤] 白居易在《和杨同州寒食乾坑会后闻杨工部欲到知予与工部有宿酲》一诗中描绘拂枕而眠，簪斜巾歪的情形，“拂枕青长袖，欹簪白接䍠”。[⑥]

《高丽记》是唐朝使臣陈大德出使高句丽的汇报材料，成文时间大约在贞观十八年（644 年），当时正是“接篱”盛行之时，所以才有“华言接篱”的提法。综上所述，“幞曰”与“幞日”不同，它不是遮风避雨的大檐凉帽，而是可用于包裹头发的巾帕类纺织物。此解可与“又造幞曰”前各类锦、布之说相呼应。

二　出土遗物分析

高句丽带具中，A 型带扣下的四种亚型和 B 型带扣下的 Ba、Bc、Bd、Be 四种亚型，A 型带銙和 B 型带銙下的 Ba、Bb 两个亚型，A 型和 B 型铊尾在渤海出土的带具中均有相似的发现。

Aa 型带扣，如榆树老河深上层墓葬 M25∶5[⑦] 与五女山城 03XM∶4，抚松前甸子 M1∶8[⑧] 与五女山城 JC∶47，都是由椭圆形扣环、一字形扣针和一条横梁三部分构成。Ab 型带扣，如海林细鳞河[⑨]出土的带扣与集安 JSZM0001K2∶13，都是由 U 字形的扣环、一字形扣针和一条横梁三部分构成。Ac 型带扣，如尼古拉耶夫斯克 3 号城址[⑩]出土的一件带扣与五女山城 F33∶2，都是由方形扣环、一字形扣针和一条横梁三部

① 高福顺、姜维公、戚畅：《〈高丽记〉研究》，吉林文史出版社 2003 年版，第 142 页。

② 周汛、高春明编：《中国衣冠服饰大辞典》，上海辞书出版社 1996 年版，第 101 页。

③ 晋郭璞注，宋邢昺疏：《尔雅注疏．十三经注疏》，北京大学出版社 1999 年版，第 317 页。

④ 周汛、高春明编：《中国衣冠服饰大辞典》，上海辞书出版社 1996 年版，第 101 页。

⑤ 李白：《李白全集》，上海古籍出版社 1996 年版。

⑥ 周汛、高春明编：《中国衣冠服饰大辞典》，上海辞书出版社 1996 年版，第 101 页。

⑦ 吉林省文物考古研究所：《榆树老河深》，文物出版社 1987 年版，第 104 页。

⑧ 柳岚：《抚松前甸子渤海古墓清理简报》，《博物馆研究》1983 年第 3 期。

⑨ 黑龙江文物考古研究所、吉林大学考古系：《1996 年海林细鳞河遗址发掘的主要收获》，《北方文物》1997 年第 4 期，第 43—46 页。

⑩ 转引自崔鲜花《渤海服饰的考古学探索》，吉林大学，硕士论文，2006 年，第 78 页。

分构成。Ad 型带扣，如虹鳟渔场 T1:33① 与下活龙村 82JXM8:6，都是由近长方形扣环、一字形扣针和一条横梁三部分构成。Ae 型带扣，如马蹄山寺②出土的一件带扣与禹山 JYM2891:7，都是由前圆弧后内收近长方形扣环、一字形扣针和一条横梁三部分构成。Af 型带扣，如马蹄山寺③出土的一件带扣与禹山 JYM3231:6，都是由中部亚腰，整体近长方形扣环和一字形扣针、一条横梁三部分构成（图九十七，1—14）。

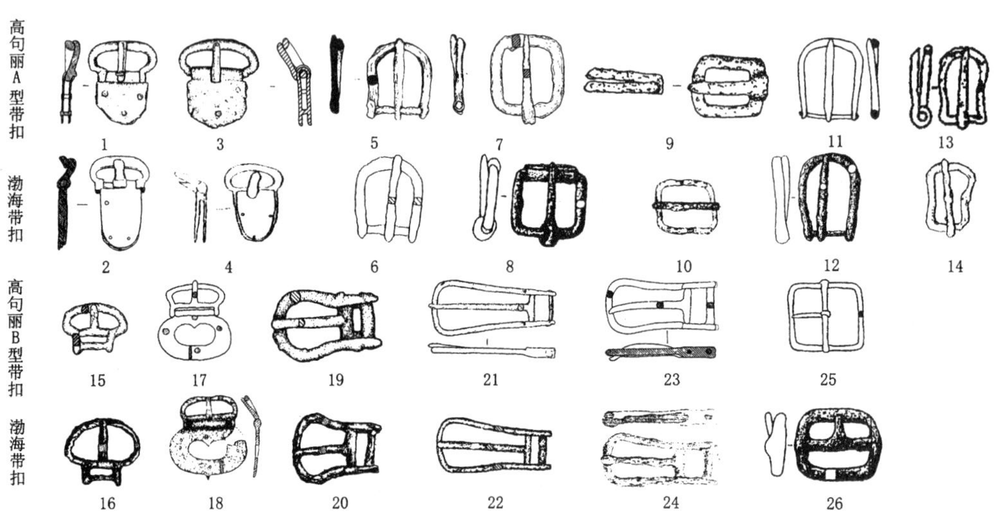

1. 五女山城 03XM:4　2. 榆树老河深上层墓葬 M25:5　3. 五女山城 JC:47　4. 抚松前甸子 M1:8　5. 集安 JSZMO001K2:13　6. 海林细鳞河　7. 五女山城 F33:2　8. 尼古拉耶夫斯克 3 号城址　9. 下活龙村 82JXM8:6　10. 虹鳟渔场 T1:33　11. 禹山 JYM2891:7　12. 马蹄山寺　13. 禹山 JYM3231:6　14. 马蹄山寺　15. 五女山城 F26:5　16. 河口四期上 M33:5　17. 五女山城 F4:10　18. 虹鳟渔场 M2308:4　19. 五女山城 F28:2　20. 河口四期上 M33:9　21. 五女山城 JC:49　22. 虹鳟渔场 M2308:1　23. 辽源龙首山城　24. 东清 90M9:2　25. 东大坡 M217:8　26. 新戈尔耶夫斯克城址

图九十七　高句丽与渤海带扣比较

Ba 型带扣，如河口四期上 M33:5④ 与五女山城 F26:5，虹鳟渔场 M2308:4⑤ 与五女山城 F4:10，都是由椭圆形扣环，T 字形扣针和一条横梁构成（图九十七，15—18）。Bc 型带扣，如河口四期上 M33:9⑥ 与五女山城 F28:2，都是扣环前端整体近椭圆形，后端亚腰内收，扣针为 T 字形，扣针后又一条横梁。Bd 型带扣，如虹鳟

① 黑龙江省文物考古研究所：《黑龙江宁安市虹鳟渔场墓地的发掘》，《考古》1997 年第 2 期。

② 林树山译，林沄校：《苏联滨海地区的渤海文化遗存》，《东北历史与考古》1982 年第 1 期。

③ 同上。

④ 黑龙江文物考古研究所、吉林大学考古系：《河口与振兴——牡丹江莲花水库发掘报告》，科学出版社 2001 年版。

⑤ 黑龙江省文物考古研究所：《黑龙江宁安市虹鳟渔场墓地的发掘》，《考古》1997 年第 2 期。

⑥ 黑龙江文物考古研究所、吉林大学考古系：《河口与振兴——牡丹江莲花水库发掘报告》，科学出版社 2001 年版。

渔场 M2308:1[①] 与五女山城 JC:49，东清 90M9:2[②] 与辽源龙首山城，扣环整体呈长舌形，前端弧圆，较宽，中部微亚腰，后端平直，扣针为 T 字形，扣针后又一条横梁。Be 型带扣，如新戈尔耶夫斯克城址出土的一件带扣[③]与东大坡 M217:8，后横梁与扣环连为一体，非单独铆接，扣针为 T 字形，扣针后又一条横梁（图九十七，19—26）。

A 型带铐，如吉林和龙龙海渤海王室墓 M14 出土的带铐[④]与七星山 M96 出土带铐及太王陵 03JYM541:160，都是整体呈正方形，上穿四到五个孔（图九十八，1—4）。Bb 型带铐，如海林细鳞河[⑤]出土的两件带铐与抚顺高尔山城，都是整体呈方形的铐板，中下部有一长方形古眼（图九十八，5、6）。Ba 型带铐，如六顶山 M215:4[⑥] 与禹山 JYM3560:14，海林羊草沟 M112:5[⑦] 与国内城 2001JGDSCY:25，都是半圆形的铐板，中下部有长方形古眼（图九十八，7—10）。

A 型铊尾，如吉林和龙龙海渤海王室墓 M14[⑧] 出土的一件铊尾与禹山 03JYM0540:12-1，虹鳟渔场 T1:6[⑨] 与太王陵 03JYM541:78，都是整体呈半圆形，上穿三孔（图九十八，11—14）。B 型铊尾，如吉林和龙龙海渤海王室墓 M14[⑩] 出土的一件铊尾与抚顺前屯 M7:1，杨屯三次 M18:2[⑪] 与太王陵 03JYM541:125，都是整体呈舌形，前圆弧，后平直，穿孔较多（图九十八，15—18）。

高句丽遗迹出土带扣中，A 型两汉时期已经出现，之后广泛使用于各个历史时期。B 型大致在公元四世纪前叶至中叶出现，主要流行在北方，中原地区一般不见。[⑫] A 型带扣出现时间早于 B 型。前文提及榆树老河深中层、喇嘛洞墓地、朝阳袁台子壁画墓等夫余、慕容鲜卑墓葬都大量发现高句丽 A 型带扣的相似品，而 B 型却始终未见。B 型带扣可能是高句丽政权中后期逐渐形成的一种有地方特色的扣类。A 型带铐，Ba、Bb 型带铐，A 型和 B 型铊尾主要发现在高句丽中后期的遗迹中。Ba 型带铐在榆树老河深中层的夫余文化墓葬中亦有发现。因此，渤海时期流行的上

---

① 黑龙江省文物考古研究所：《黑龙江宁安市虹鳟渔场墓地的发掘》，《考古》1997 年第 2 期。

② 郑永振、严长录：《渤海墓葬研究》，吉林人民出版社 2000 年版。

③ 转引自崔鲜花《渤海服饰的考古学探索》，吉林大学，硕士论文，2006 年，第 81 页。

④ 吉林省文物考古研究所、延边朝鲜族自治州文物管理委员会办公室：《吉林和龙市龙海渤海王室墓葬发掘简报》，《考古》2009 年第 6 期，第 37 页。

⑤ 黑龙江文物考古研究所、吉林大学考古系：《1996 年海林细鳞河遗址发掘的主要收获》，《北方文物》1997 年第 4 期，第 43—46 页。

⑥ 王承礼、曹正榕：《吉林敦化六顶山渤海古墓》，《考古》1961 年第 6 期。

⑦ 黑龙江省文物考古研究所：《黑龙江省海林市羊草沟墓地的发掘》，《北方文物》1998 年第 3 期。

⑧ 吉林省文物考古研究所、延边朝鲜族自治州文物管理委员会办公室：《吉林和龙市龙海渤海王室墓葬发掘简报》，《考古》2009 年第 6 期，第 37 页。

⑨ 黑龙江省文物考古研究所：《黑龙江宁安市虹鳟渔场墓地的发掘》，《考古》1997 年第 2 期。

⑩ 吉林省文物考古研究所、延边朝鲜族自治州文物管理委员会办公室：《吉林和龙市龙海渤海王室墓葬发掘简报》，《考古》2009 年第 6 期，第 37 页。

⑪ 吉林市博物馆：《吉林永吉杨屯大海猛遗址》，《考古学集刊》1987 年第 5 期。

⑫ 王仁湘：《带扣略论》，《考古》1986 年第 1 期，第 68 页。

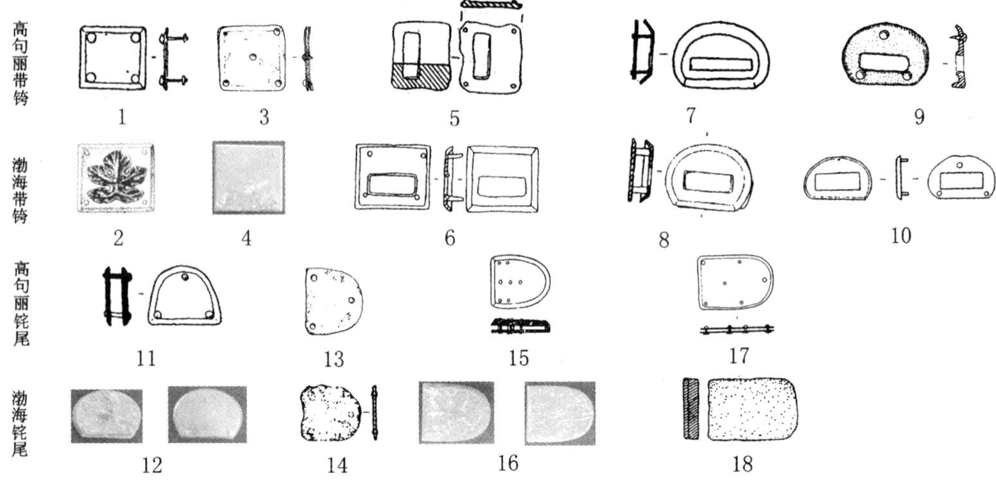

1. 七星山 M96　2. 吉林和龙龙海渤海王室墓 M14　3. 太王陵 03JYM541：160　4. 吉林和龙龙海渤海王室墓 M14　5. 抚顺高尔山城　6. 海林细鳞河　7. 禹山 JYM3560：14　8. 六顶山 M215：4　9. 国内城 2001JGDSCY：25　10. 海林羊草沟 M112：5　11. 禹山 03JYM0540：12－1　12. 吉林和龙龙海渤海王室墓 M14　13. 太王陵03JYM541：78　14. 虹鳟渔场 T1：6　15. 抚顺前屯 M7：1　16. 吉林和龙龙海渤海王室墓 M14　17. 太王陵03JYM541：125　18. 杨屯三次 M18：2

图九十八　高句丽与渤海带銙、铊尾比较

述几种带具形制，可能受到高句丽带扣风尚的影响，其中某些或有夫余文化因素的作用。

耳饰中，A 型粗环耳坠与 B 型细环耳坠在渤海出土的耳饰中均有相似发现。如旌门里昌德[①]出土的一件耳坠与麻线沟 1 号墓出土的 Aa 型耳坠相似，都是由上部粗环、中部（扁）圆环和下部坠饰三部分构成（图九十九，1、2）。六顶山 M203：2[②]与集安馆藏 Bc 型耳坠标本 1534 相似，都是由上部细环、中部小圆环和下部桃形饰片构成（图九十九，3、4）。A 型粗环耳坠是具有高句丽民族特色的耳饰，渤海遗址中发现少量相似耳环，可能是受高句丽风气影响的仿制品。

高句丽与肃慎系的交往由来已久。据《三国史记》记载，太祖大王六十九年（121 年），肃慎曾派使臣前来，献紫孤裘及白鹰白马。[③] 公元三世纪后期，肃慎南下，欲侵占高句丽北边疆土。西川王派遣达贾应战，“达贾出奇掩击，拔檀卢城，杀酋长，迁六百余家于扶余南乌川，降部落六七所，以为附庸。王大悦，拜达贾为安国君，知内外兵马事，兼弘梁貊、肃慎诸部落”。[④] 公元四到六世纪前期，《三国

① 转引自崔鲜花《渤海服饰的考古学探索》，吉林大学，硕士论文，2006 年，第 71 页。
② 王承礼、曹正榕：《吉林敦化六顶山渤海古墓》，《考古》1961 年第 6 期。
③ 金富轼著，孙文范等校勘：《三国史记》，吉林文史出版社 2003 年版，第 193 页。
④ 同上书，第 212 页。

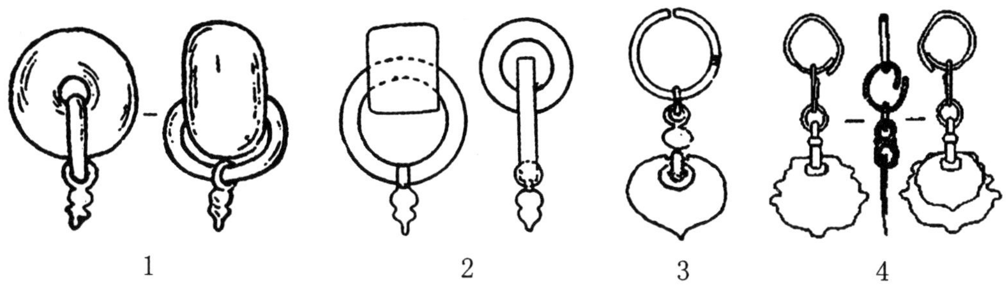

1. 麻线沟 1 号墓 2. 旌门里昌德 3. 集安馆藏标本 1534 4. 六顶山 M203:2

图九十九 高句丽与渤海耳坠比较

史记》载有多条高句丽与靺鞨联军进攻百济、新罗的史料。[①] 公元六世纪后期至七世纪中叶，在与靺鞨的关系中，高句丽一直占据优势地位。高句丽侵犯辽西等地时，靺鞨一直追随左右。开皇十七年（597 年），隋文帝下诏指责高句丽王汤不尽藩附义务，罪状之一就是"驱逼靺鞨，固禁契丹"。[②] 高句丽最为强盛时期，靺鞨中的白山部、伯咄部、安车部、号室部，粟末部以及处于辽东的内属靺鞨等靺鞨部落都曾归附于高句丽。[③] 公元 668 年，高句丽灭亡。一部分高句丽人逃至靺鞨地区，以躲避唐朝军队。公元 677 年，高臧借唐高宗之命返回辽东，安抚高丽遗民，私下却与靺鞨密谋反唐，足见高句丽与靺鞨之间关系密切。公元 698 年，靺鞨人乞四比羽、乞乞仲象及大祚荣率部返回靺鞨故地，建立渤海国。随行之人，不单是靺鞨人，还有高句丽人。渤海政权建立后，又不断有高句丽人投奔。公元八世纪末至九世纪前期，渤海疆域囊括了高句丽大部分国土，生活在这里的高句丽人便成为了渤海国人。据学者考证投奔渤海（靺鞨）的高句丽人至少在十万人以上，另一种观点认为与大祚荣部建立渤海国的高句丽人不会超过 5 万户。[④]

有鉴于两者之间的关系，服饰中存在相似因素，亦是必然。渤海建国后，全面模仿唐朝建立了一套完备的政治、军事制度。官服色阶的确立亦完全仿效唐朝的品色服制度。从贞孝公主壁画墓、和龙石椁墓等图像资料来看，渤海服饰整体与唐王朝服饰更为相近。

---

① 案：据学者考证，这些记载所言靺鞨，可能不是属于肃慎族系的靺鞨，而是居住在朝鲜半岛东北部的秽人。杨军：《朝鲜史书〈三国史记〉所载"靺鞨"考》，《中国边疆史地研究》2008 年第 2 期，第 73—148 页。

② 魏征：《隋书》，中华书局 2000 年版，第 1218 页。

③ 马一虹：《6、7 世纪靺鞨部族与高句丽关系考述》，见《三条丝绸之路比较研究学术讨论会论文集》2001 年版，第 286—300 页。

④ 程妮娜：《东北史》，吉林大学出版社 2004 年版，第 107 页；杨军：《高句丽民族与国家的形成和演变》，中国社会科学出版社 2006 年版，第 170 页。

第五节　高句丽服饰与百济、新罗服饰

百济是高句丽始祖朱蒙之子温祚王于公元前18年在朝鲜半岛西南部原马韩之地建立的国家。开国之初，居于慰礼城的百济经常受到马韩的侵扰。公元10年前后，百济吞并了马韩，初步解决宿敌。近肖古王统治时期（346年—375年），百济达到全盛。通过与高句丽的战争向北扩展了疆土，战争中杀死了高句丽故国原王，同时向南消灭了残存的马韩部落。之后，在高句丽持续的军事威胁下，百济不得不南下撤退。公元475年，首都被高句丽军队侵入，百济迁都熊津，并将以后的外交战略制定为联合新罗打击高句丽。公元538年，圣王再次移都泗沘，改国号为南扶余。公元660年，在唐朝军队与新罗军队的联合攻击下，百济首都泗沘被攻陷，百济灭亡。

新罗相传于公元前57年由朴赫居世建国。建国初期，部落联盟中的酋长由朴、昔、金三氏担任。四世纪中叶起，王位由金姓世袭，王权逐渐得到加强。国家实力亦逐渐激增，渐趋成为半岛东南部的强国，与百济、高句丽三足鼎立。公元六世纪前期，新罗进行一系列改革，实行州、郡、县制，颁布律令，制定有尊卑差别的百官服色，进一步完善国家体制。六世纪中期，新罗扩地迅猛，先后占有洛东江流域、汉江上下游地区，并将其势力一直伸延到今咸镜南道的利原地方。新罗的扩张招致高句丽和百济的不断进攻。新罗危急之时向唐朝请兵。唐朝与新罗联军于660年灭百济，668年灭高句丽。百济、高句丽灭亡后，大同江以南地区完全统一于新罗。新罗后期，政治腐败，战乱频繁，民不堪命，纷纷起义。公元935年，新罗为王氏高丽（王建）所灭。

一　文献记载及雕塑绘画资料分析

百济服饰情况，《魏书·百济传》[①]《梁书·百济传》[②]《隋书·百济传》[③]《北史·百济传》[④]《南史·百济传》[⑤] 均载与高句丽服饰相同或略同。唯有《周书·百济传》记为“其衣服，男子略同于高丽”[⑥]，未提百济女子服饰与高句丽女子服饰相似。

百济男子服饰没有明文说明，但据《梁书·百济传》记百济人“呼帽曰冠，襦曰复衫，裤曰袴”[⑦]，推断帽、襦、裤可能是男子服饰最基本的组成部分。又《周

① 魏收：《魏书》，中华书局2000年版，第1500页。《魏书·百济传》：“其衣服饮食与高句丽同。”

② 姚思廉：《梁书》，中华书局2000年版，第557页。《梁书·百济传》：“今言语服章略与高丽同。”

③ 魏征：《隋书》，中华书局2000年版，第1220页。《隋书·百济传》：“其衣服与高丽略同。”

④ 李延寿：《北史》，中华书局2000年版，第2070页。《北史·百济传》：“其饮食衣服，与高丽略同。”

⑤ 李延寿：《南史》，中华书局，2000年版，第1315页。《南史·百济传》：“言语服章略与高丽同。”

⑥ 令狐德棻：《周书》，中华书局2000年版，第601页。

⑦ 姚思廉：《梁书》，中华书局2000年版，第557页。《南史·百济传》所记略有不同，“言语服呼帽曰冠，襦曰复衫，袴曰裤”。李延寿：《南史》，中华书局，2000年版，第1315页。

书・百济传》记“若朝拜祭祀，其冠两厢加翅，戎事则不”。[1] 是以朝拜祭祀等隆重场合男子在冠帽两侧插带鸟羽作为装饰。

百济女子服饰，《周书・百济传》记“妇人衣（以）［似］袍，而袖微大。在室者，编发盘于首，后垂一道为饰；出嫁者，乃分为两道焉”。《隋书・百济传》记为“妇人不加粉黛，女辫发垂后，已出嫁则分为两道，盘于头上”。《北史・百济传》：“妇人不加粉黛，女辫发垂后，已出嫁，则分为两道，盘于头上。衣似袍而袖微大。”[2] 是以女子面部不施粉黛；发式出嫁前后有别，出嫁前在脑后直接梳一发辫，或是盘发在头顶，脑后垂一发辫，已出嫁则将辫子分为两道，盘于头上；所穿衣较长与袍子相似，袖子微大。

上述记载表明，百济男女服饰搭配形式与高句丽相似，都是男子为冠帽配襦裤，女子为盘发配长襦，但从发式、冠饰、袖子等细节来看，男子服饰似乎较女子服饰更接近高句丽服饰。

百济后期，仿效北周始创隋唐兴盛的服色制度，创立了具有自身特色的官服等级系统。官位设为十六品，服色分为七等：一品左平、二品达（大）率、三品恩率、四品德率、五品扞（杅）率、六品柰（奈）率，此六品冠上饰以银花；七品将德，紫带；八品施德，皂带；九品固德，赤带；十品李（季）德，青带；十一品对德，十二品文督，皆黄带；十三品武督，十四品佐军，十五品振武，十六品克虞，皆用白带。[3] 随着王权的不断强化，又规定“王服大袖紫袍，青锦裤，素皮带，乌革履，乌罗冠饰以金花。群臣绛衣，饰冠以银花。禁民绛紫”。[4]

新罗服饰情况，《隋书・新罗传》《北史・新罗传》《旧唐书・新罗传》均载与高句丽、百济略同。[5]《梁书・新罗传》记：“其冠曰遗子礼，襦曰尉解，裤曰柯半，

---

① 令狐德棻：《周书》，中华书局 2000 年版，第 601 页.

② 令狐德棻：《周书》，中华书局 2000 年版，第 601 页；魏征：《隋书》，中华书局 2000 年版，第 1220 页；李延寿：《北史》，中华书局 2000 年版，第 2070 页。

③ 《周书・百济传》记为：“官有十六品。左平五人，一品；达率三十人，二品；恩率三品；德率四品；扞率五品；柰率六品。六品已上，冠饰银华。将德七品，紫带；施德八品，皂带；固德九品，赤带；（李）［季］德十品，青带；对德十一品，文督十二品，皆黄带；武督十三品，佐军十四品，振武十五品，克虞十六品，皆白带。”《隋书・百济传》所载略有不同，记为“官有十六品：长曰左平，次大率，次恩率，次德率，次杅率，次奈率，次将德，服紫带；次施德，皂带；次固德，赤带；次李德，青带；次对德以下，皆黄带；次文督，次武督，次佐军，次振武，次克虞，皆用白带。其冠制并同，唯奈率以上饰以银花”。《北史・百济传》所载与《周书》相同。魏征：《隋书》，中华书局 2000 年版，第 1220 页；令狐德棻：《周书》，中华书局 2000 年版，第 601 页；李延寿：《北史》，中华书局 2000 年版，第 2069 页。

④ 欧阳修、宋祁：《新唐书》，中华书局 2000 年版，第 4708 页。《旧唐书・百济传》记为：“其王服大袖紫袍，青锦裤，乌罗冠，金花为饰，素皮带，乌革履。官人尽绯为衣，银花饰冠。庶人不得衣绯紫。”刘昫：《旧唐书》，中华书局 2000 年版，第 3625 页。

⑤ 《隋书・新罗传》：“风俗、刑政、衣服，略与高丽、百济同。”《北史・新罗传》：“风俗、刑政、衣服略与高丽、百济同。”《旧唐书・新罗传》：“其风俗、刑法、衣服，与高丽、百济略同，而朝服尚白。”魏征：《隋书》，中华书局 2000 年版，第 1222 页；李延寿：《北史》，中华书局 2000 年版，第 2072 页；刘昫：《旧唐书》，中华书局 2000 年版，第 3629 页。

靴曰洗。”[①] 是以其服饰包括冠、襦、裤、靴四部分。新罗服饰“服色尚素”[②] “朝服尚白”[③]。男子剪发卖钱，头戴黑巾，穿褐裤。[④] 女子不施粉黛，头发梳理成发辫，绕在头上，以杂彩及珠为装饰，穿长襦。[⑤]

新罗的服色制度草创于法兴王时期，《三国史记·法兴王本纪》载“七年（520年），春正月，颁示律令，始制百官公服，朱紫之制”。[⑥] 此时是按照本族习俗，简单地确定了各部族的服色尊卑。[⑦] 具体情况《三国史记·杂志第二·色服》记为：“法兴王制：自太大角干至大阿餐紫衣，阿餐至级餐绯衣，并牙笏；大奈麻、奈麻青衣，大舍至先沮知黄衣。伊餐、迎餐锦冠，波珍餐、大阿餐衿荷绯冠，上堂大奈麻，赤位大舍组缨。”[⑧] 贞观二十二年（648年），金春秋入唐，请求按照唐品色服制度，改革本国官服。唐太宗下诏允许，并赐予衣带。[⑨] 真德王三年（649年），“春正月，始服中朝衣冠”。[⑩] 文武王四年（664年），又改革妇人之服，“自此已后，衣冠同于中国”。[⑪] 兴德王九年（834年）再次下诏改革服制，《三国史记·杂志第二·色服》详细的记录了从权贵阶层真骨大、真骨女、六头品、六头品女、五头品、五头品女、四头品、四头品女，到平人、平人女所穿服饰的具体规定[⑫]，内容涉及首服、身衣、足衣、配饰、面料、颜色、质地等各方面，要求甚为细密。高丽王朝建立后，国家法度，多因循新罗旧制，金富轼曾感叹“今朝廷士女之衣裳，盖亦春秋请来之遗制欤”。[⑬]

从这些记载来看，新罗传统服饰与高句丽、百济基本服饰构成相似，但发式、冠帽、服色等细节差别较明显，其与高句丽服饰的关系似不如百济密切。公元七世

---

① 姚思廉：《梁书》，中华书局2000年版，第558页。《南史·新罗传》亦有相似记载：“其冠曰遗子礼，襦曰尉解，袴曰柯半，靴曰洗。”李延寿：《南史》，中华书局2000年版，第1316页。

② 魏征：《隋书》，中华书局2000年版，第1222页。

③ 刘昫：《旧唐书》，中华书局2000年版，第3629页

④ 《新唐书·新罗传》：“男子褐裤，妇长襦……不粉黛，率美发以缭首，以珠彩饰之。男子剪发鬻，冒以黑巾。”欧阳修、宋祁：《新唐书》，中华书局2000年版，第4710页。

⑤ 《隋书·新罗传》：“妇人辫发绕头，以杂彩及珠为饰。”《北史·新罗传》：“妇人辫发绕颈，以杂彩及珠为饰。”《旧唐书·新罗传》：“妇人发绕头，以彩及珠为饰，发甚长美。”魏征：《隋书》，中华书局2000年版，第1222页；欧阳修、宋祁：《新唐书》，中华书局2000年版，第4710页；刘昫：《旧唐书》，中华书局2000年版，第3629页。

⑥ 金富轼著，孙文范等校勘：《三国史记》，吉林文史出版社2003年版，第50页。

⑦ 《三国史记·杂志第二·色服》（卷三十三）：“新罗之初，衣服之制，不可考色。至第二十三叶法兴王，始定六部人服色。尊卑之制，犹是夷俗。”

⑧ 金富轼著，孙文范等校勘：《三国史记》，吉林文史出版社2003年版，第413页。案：太大角干是文武王为金庾信特设，法兴王时尚无此职。

⑨ 《新唐书·新罗传》：“（贞观二十二年）因请改章服，从中国制，内出珍服赐之。”《三国史记·杂志第二·色服》（卷三十三）：“至真德在位二年，金春秋入唐，请袭唐仪，玄（正本以外诸本均作太）宗皇帝诏可之，兼赐衣带。”欧阳修、宋祁：《新唐书》，中华书局2000年版，第4710页；金富轼著，孙文范等校勘：《三国史记》，吉林文史出版社2003年版，第412—413页。

⑩ 金富轼著，孙文范等校勘：《三国史记》，吉林文史出版社2003年版，第71页。

⑪ 同上书，第412—413页。

⑫ 同上书，第413页。

⑬ 同上。

纪中叶开始，新罗服饰全面仿效唐制，与高句丽、百济服饰相去日远。

迄今发现的百济、新罗壁画墓年代大致都在公元六世纪中叶之后，壁画内容多为四神、力士等题材，且漫漶不清。如公州宋山里6号墓所绘为四神①，於宿知述干墓、顺兴壁画墓所绘力士形象较为清晰。壁画中世俗服饰图像较为罕见。新罗墓葬发现多件人物俑，男俑服饰多为唐朝装扮。如1987年发掘的庆州隍城洞古坟（公元七世纪初）出土的两个男俑，均身穿隋末唐初流行的窄身型窄袖圆领袍，头戴前倾的幞头（图一〇〇，1、2）。② 1986年发掘的庆州龙岳洞古坟（公元七世纪末至八世纪初）出土的两个文官俑，均穿右衽圆领袍，上戴幞头（图一〇〇，3、4）。③

1、2. 庆州隍城洞古坟　3、4. 庆州龙岳洞古坟　5. 萧绎《职贡图》　6—8. 阎立本《王会图》

图一〇〇　高句丽与百济、新罗服饰比较

此外，传世绘画作品萧绎《职贡图》和阎立本《王会图》中绘有高句丽、百

① 财团法人东洋文库：《朝鲜古迹研究会遗稿》Ⅱ，2002年版。

② 转引自金镇善《中国正史朝鲜传的韩国古代服饰研究》，檀国大学，硕士论文，2006年。

③ 戈君编译：《庆州龙江洞发现一座重要新罗古坟》，《北方文物》1988年第1期，第26—27页。

济、新罗使臣形象。[①]《职贡图》绘制于南朝梁代，原本已佚，今存为宋人摹本，现藏于南京博物院。《职贡图》所绘百济使臣，头戴白色冠，冠形制较小仅罩发髻，冠带系于颌下；上身穿交领右衽窄长袖兰色短襦，短襦领、袖口、下摆加黑色襈，腰束兰色带，带尾端下垂；下身穿浅橘色散腿肥筩裤，裤脚加深橘色襈；足登黑色靴子（图一〇〇，5）。此使臣形象与《梁书·百济传》《周书·百济传》所载帽、襦、裤式的服饰搭配基本相符。但是，《周书·百济传》记录男子每逢朝拜祭祀等隆重场合要在冠帽两侧插带鸟羽作为装饰，《职贡图》中没有描绘。

《王会图》旧题由阎立本绘制于唐前期，现藏于台湾故宫博物院。其所绘高句丽使臣头戴折风上插双鸟羽，冠带系于颌下；上身穿交领右衽窄长袖红色地大圆点纹短襦，短襦领、袖口、下摆加黑色襈，腰束白色带，带尾端下垂；下身穿浅绿色散腿肥筩裤，裤脚加红色襈；足登黑色靴子（图一〇〇，6）。百济使臣头戴黑色冠，冠带系于颌下；上身穿交领右衽窄长袖浅绿色短襦，短襦领、袖口、下摆加红色襈，腰束白色带，带尾端下垂；下身穿白色散腿肥筩裤，裤脚加红色襈；足登黑色靴子（图一〇〇，7）。新罗使臣头戴兰色冠；上身穿交领右衽窄长袖白色短襦，短襦领、袖口、下摆加兰色襈；下身穿白色肥筩裤，裤下部微收，裤脚加兰色襈；足登黑色靴子（图一〇〇，8）。

《王会图》所绘高句丽使臣穿着服饰与高句丽壁画中描绘的高句丽民族传统服饰相似中略有差异。相似是指同为折风短襦裤式搭配。差异是指折风冠略大，短襦略长，纹饰不同，裤脚不是束口。与章怀太子墓《礼宾图中》的高丽使臣服饰相比，肥筩袴相似，但后者短襦为宽袖，不是窄长袖，《礼宾图》所绘折风与高句丽壁画所绘基本一致，不似《王会图》那般巨大。百济使臣与《职贡图》所绘大体相同，但冠帽与颜色略有差异。新罗使臣服饰符合《梁书·新罗传》、《旧唐书·新罗传》所载冠、襦、裤、靴相搭配，朝服尚白的特点。百济与新罗使臣所穿均为其民族传统服饰，但是，据文献记载，百济、新罗从六世纪中叶开始，官服全面引入唐朝品色服规制，以此推理，阎立本所绘唐前期的两国使臣形象，应该穿着的是唐朝官服式样的服装，才合时宜。一种可能是《王会图》为突出朝会各国的民族性，故意绘制为本民族服饰；另一种可能是《王会图》或许是赝品。《故宫书画录》曾言《王会图》难辨真伪。[②] 从服饰学的视角来看，其真实性的确有待考证。

二　出土遗物分析

高句丽的 A、B、C 三型鎏金冠，Ab 型、Bc、Bd 型耳坠，Ab、Ae 型、Bb 型带扣、

---

① 图片转引自“国立”故宫博物院《故宫图选粹》，“中华民国国立”博物馆 1971 年版；白银淑《唐代男服与韩国统一新罗男服比较研究》，江南大学，硕士论文，2009 年。

② 同上。

Cb型带铐、B型、Cb型铊尾，鎏金（钉）鞋在百济、新罗、伽倻、日本均有相似发现，这些遗物在受到高句丽服饰文化影响同时，形制均有不同程度的变化，雕琢更为精密，有些遗物上的步摇装饰更为繁密，呈现出本族本地独特的风格与面貌。

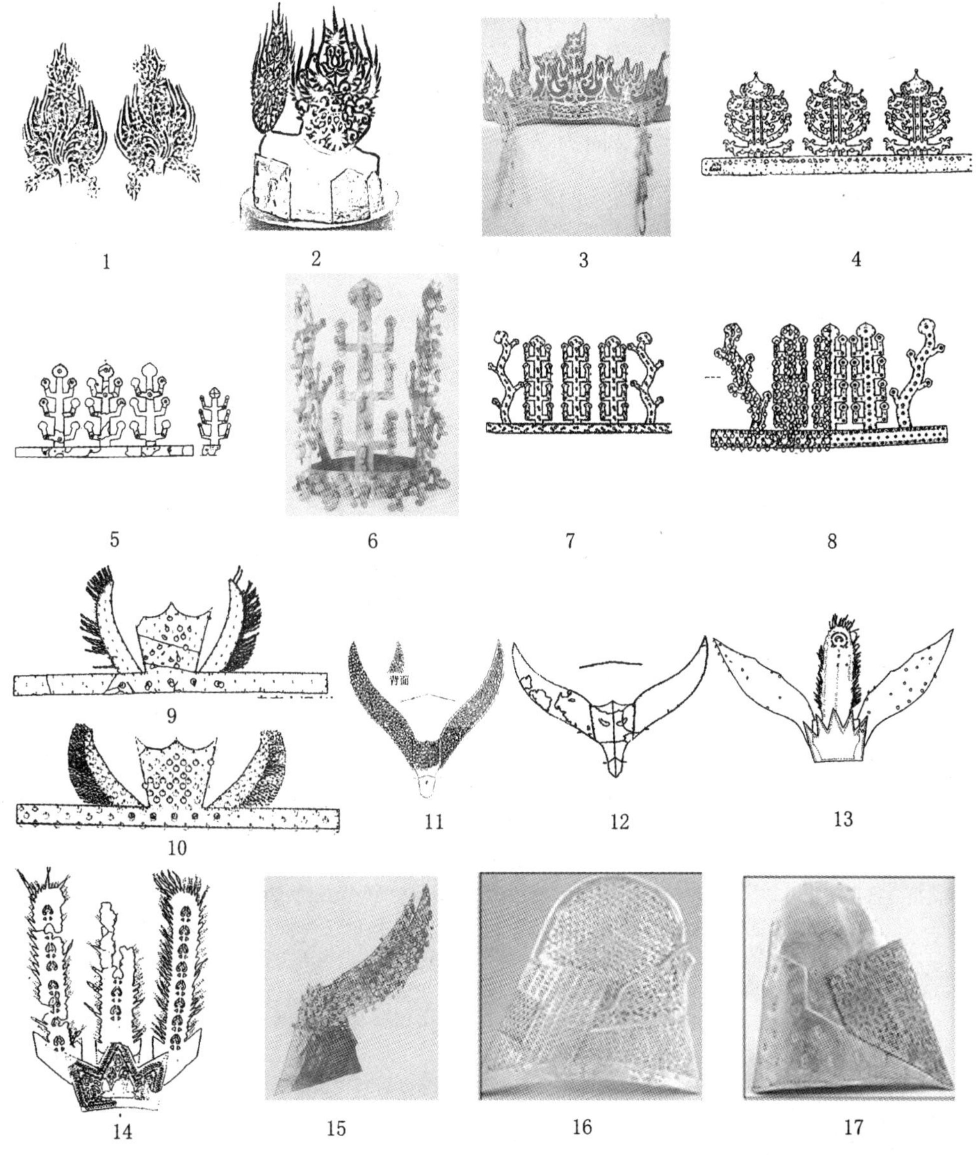

1. 百济武宁王陵（王）　2. 百济武宁王陵（王后）　3. 平壤清岩洞土城　4. 罗州新村里9号墓　5. 皇南大塚南坟　6. 金冠塚　7. 金铃塚　8. 天马塚　9. 皇南大塚南坟　10. 皇南大塚南坟　11. 天马塚　12. 皇南大塚北坟　13. 辽宁博物馆藏　14. 韩国中央博物馆所藏　15. 金冠塚　16. 天马塚　17. 皇南大塚南坟

图一〇一　百济、新罗鎏金冠

鎏金冠，百济武宁王陵出土的镶有金步摇的镂雕火焰纹鎏金冠饰，两两成组，系铆合在冠两侧的饰物（图一〇一，1、2）。[①] 该冠饰纹样与平壤清岩洞土城出土的一件火焰纹透雕鎏金铜冠极为相似（图一〇一，3）。罗州新村里9号墓出土的鎏金冠，底托为条带形，上部镶有三组树状立饰，树枝弯曲上翘似火焰状（图一〇一，4）。[②] 此型鎏金冠形似高句丽A型和B型两种鎏金冠的合体。

罗州新村里9号墓出土的冠型在新罗盛行，皇南大塚[③]、瑞凤塚[④]、金冠塚[⑤]、金铃塚[⑥]、天马塚[⑦]、皇吾里16、34号墓[⑧]、普门里夫妇塚[⑨]等墓葬都发现此型鎏金冠。其形制与罗州新村里9号墓同为条带形底托配树状立饰，不同在于新罗的树状立饰更写实（图一〇一，5—8）。此型冠多被称为山字形冠，又称圣树冠。新罗另一种常见的鎏金冠，立饰为鸟翼状。皇南大塚南坟、皇南洞98号墓、天马塚、皇南大塚北坟、金冠塚均有出土（图一〇一，9—12）。其形制与辽宁博物馆和韩国中央博物馆所藏的两件属于高句丽的鸟翼型冠饰相似（图一〇一，13、14）。此型鎏金冠有条形底托者，可直接佩戴；无底托者，与圆筒状冠帽配合使用（图一〇一，15—17）。

伽倻的福泉洞1号坟[⑩]、庆山林堂洞EⅢ-8号坟、昌宁校洞7号坟、梁山夫妇塚[⑪]、陕川玉田6号坟、大邱达西37号坟、安东枝洞2号坟、星州伽岩洞、东海下里楸岩洞B-力21号坟、池山洞32号坟、大邱飞山洞37号坟等[⑫]墓葬出土了与新罗相似的山字形鎏金冠和立柱形鎏金冠（图一〇二，1、2）。义城塔里古城、昌宁校洞11号坟、大邱内唐洞59号坟，黄柔洞古坟1号坟，大邱飞山洞34、37号坟等墓葬出土了鸟翼形鎏金冠和蜂蝶形鎏金冠（图一〇二，3—6）。日本福井二本松山

---

① ［韩］金元龙：《永宁王陵》，韩国文化财管理局1974年版；贾梅仙：《朝鲜南壁武宁王陵简介》，《考古学参考资料》1983年第6期，第66—80页。

② ［韩］忠南大学：《博物馆图录》（百济资料篇），忠南大学校博物馆1983年版。

③ ［韩］文化财管理局、文化财研究所：《皇南大冢——庆州市皇南洞第98号古坟北坟发掘报告书》，韩国文化公报部文化财管理局1985年版；［日］朝鮮総督府：《昭和六年度古蹟調查報告》，朝鮮総督府1935年版；［日］朝鮮総督府：《昭和九年度古蹟調查報告》，朝鮮総督府1937年版。

④ ［韩］韓国考古学会编；［日］武末純一監译訳，庄田慎矢、山本孝文訳：《概説韓国考古学》，同成社2013年版；［韩］崔秉鉉：《新羅古墳研究》，一志社1992年版。

⑤ ［日］］朝鮮総督府：《慶州金冠塚と其遺寳》，见《古蹟調查特別報告》第三册，朝鮮総督府1924—1927年版。

⑥ ［日］朝鮮総督府：《慶州金鈴塚飾履塚発掘調查報告》，见《大正十三年古蹟調查報告》第一册，朝鮮総督府1932年版。

⑦ 金正基：《天马塚·慶州皇南洞第一五五號古墳発掘調查報告》，朝鮮総督府1975年版。

⑧ ［日］有光教一、藤井和夫编：《慶州皇吾里第16號墳、慶州路西里215番地古墳発掘調查報告（1932—1933）》，《朝鮮古蹟研究会遺稿》Ⅰ，東洋文库庫2002年版。

⑨ ［日］朝鮮総督府：《朝鮮古蹟圖譜》第三册，朝鮮総督官房総務印刷所1916年版。

⑩ ［韩］申敬澈：《东莱福泉洞古坟群》Ⅰ，釜山大学校博物馆1983年版。

⑪ ［日］朝鮮総督府：《梁山夫婦塚と其遺物》，见《古蹟調查特別報告》第五册，朝鮮総督府1927年版。

⑫ ［韩］韓国考古学会编；［日］武末純一監訳，庄田慎矢、山本孝文訳：《概説韓国考古学》，同成社2013年版；［日］早乙女雅博：《朝鲜半岛的考古学》，同成社2000年版；釜山广域市博物馆福川分馆：《釜山的历史和福泉洞古坟》，釜山广域市博物馆1996年版。中、韩、日学者对于孰为伽倻遗存尚有争议。

古坟、佐贺岛田塚、滋贺鸭稻荷山古坟、群马山王金冠塚、奈良藤之木亦发现与伽倻相似的山字形冠、立柱形（图一〇二，7、8）[①]。伽倻、日本流行的立柱形冠、蜂蝶形冠可能是山字形冠、鸟翼形冠的变体，是后两种冠进一步发展演变的新形制。

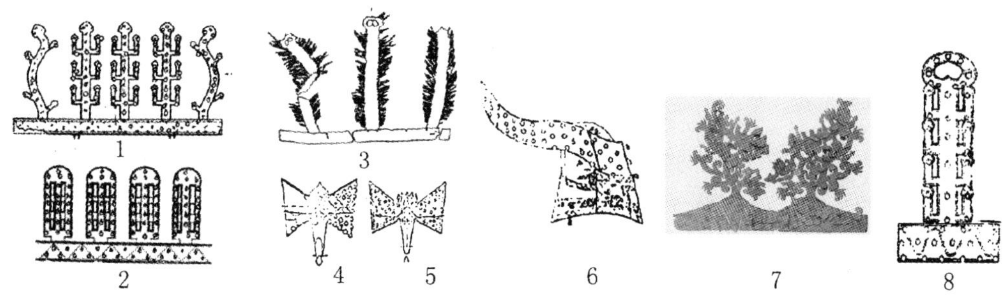

1. 梁山夫妇塚　2. 东海下里楸岩洞 B－力 81 号坟　3. 义城塔里古坟　4. 大邱内唐洞 59 号坟　5. 义城塔里古坟　6. 梁山夫妇塚　7. 日本奈良藤之木古坟　8. 日本群马县山王金冠塚

图一〇二　伽倻、日本鎏金冠

耳坠，百济罗州新村里 9 号坟、公州百济古坟，新罗金铃塚、皇吾里 14 号坟、皇南里 82 号坟出土的耳坠，与集安馆藏标本 1534、秋洞 8 号墓和传宁远郡等地出土的 Bc 型耳坠相似，均由上部细环，中部圆形或方形饰件，下部二片大小不一的桃形饰片三部分构成（图一〇三，1—5、8—12）。百济武宁王陵、饰履塚出土的两件耳坠与宁远郡、麻线安子沟 M401 出土的 Bd 型耳坠相似，均为细环下坠长链，长链尾端缀锥形或桃形饰片（图一〇三，6、7、13、14）。

新罗普门里夫妇塚、金冠塚、金铃塚、皇南里 82 号坟、皇吾里 14 号坟出土的耳坠，与集安博物馆馆藏标本 1521、1460，平安南道大同郡出土的 Ab 型耳坠相似，同由上部粗环，中部圆球状饰件，下部桃形缀叶三部分构成。新罗此型耳坠中部圆球状饰件上又加饰一圈小桃形饰片，装饰比高句丽同型耳坠更繁复（图一〇三，15—22）。

伽倻梁山夫妇塚、昌宁校洞、大邱内唐洞 59 号坟、东莱福泉洞 1 号墓、义城塔里古坟发现多件耳坠。形制比新罗出土耳坠丰富，一些新罗墓葬不见或罕见的 Bb 型高句丽耳坠，在伽倻的墓葬中也有出土（图一〇四，1—6）。此种情况说明除以百济、新罗为服饰文化交流中介外，高句丽与伽倻可能存在直接的服饰文化交流。

带具，新罗金冠塚、金铃塚出土带扣与禹山下 41 号墓、禹山 2891 号墓出土 Ab 型带扣相似，均由 U 字形扣环或前方弧圆近长方形的扣环，一字形扣针和单梁三部

① 王仲殊：《东晋南北朝时代中国与海东诸国的关系》，《考古》1989 年第 11 期，第 1027—1040 页；魏存成：《日藤之木古坟及出土马具》，《史学集刊》1989 年第 2 期，第 75—76 页；罗宗真：《六朝时期中国对外文化交流》，《文史哲》1993 年第 6 期，第 75—77 页；［日］東潮：《高句麗考古学研究》，吉川弘文館 1997 年版，第 471 页；［日］藤井和夫：《新罗、加耶古坟出土冠研究序说》，《东北亚历史与考古信息》1998 年第 1 期，第 25—32 页。

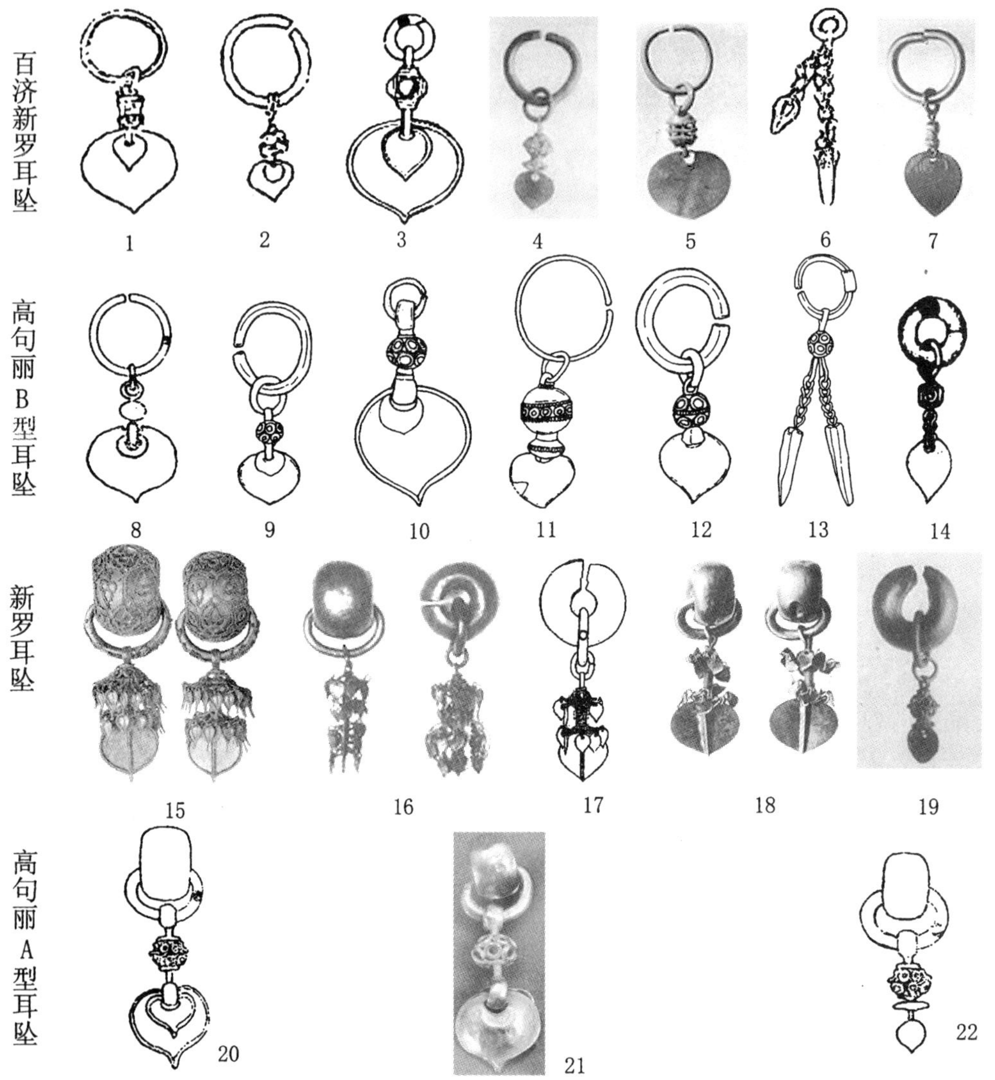

1. 罗州新村里9号墓　2. 公州百济古坟　3. 金铃塚　4. 皇吾里14号坟　5. 皇南里82号坟　6. 百济武宁王陵　7. 饰履塚　8. 集安馆藏标本1534　9. 秋洞8号墓　10、11. 地点不明（引自東潮《高句丽考古学研究》）　12. 传宁远郡　13. 宁远郡　14. 麻线安子沟M401∶1　15. 普门里夫妇塚　16. 金冠塚　17. 金铃塚　18. 皇南里82号坟　19. 皇吾里14号坟　20. 集安博物馆馆藏标本∶1521　21. 平安南道大同郡　22. 集安博物馆馆藏标本：1460

图一〇三　高句丽与百济、新罗耳坠比较

分构成（图一〇五，1、2、6、7）。饰履塚、皇南里82号坟、金冠塚出土的丁字形扣针式带扣，与禹山540号墓、七星山96号墓出土的Bb型带扣相似（图一〇五，3—5,、8、10、11）。金铃塚、饰履塚出土的带銙与山城下330号墓出土的Cb型带銙相似，均为上方、下桃形两件饰片构成（图一〇五，2、3、9）。

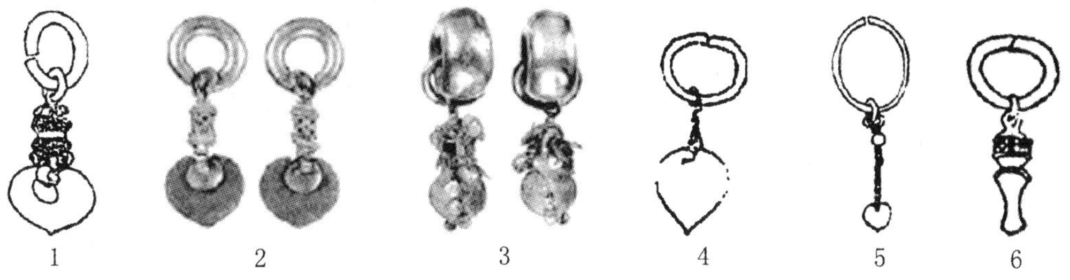

1. 梁山夫妇塚　2、3. 昌宁校洞　4. 大邱内唐洞 59 号古坟　5. 东莱福泉洞 1 号坟　6. 义城塔里古坟

图一〇四　伽倻耳坠

金冠塚出土一套带扣、带铐、铊尾、垂挂饰物保存完整的蹀躞带，通过它可以窥见蹀躞带连缀与佩戴的方式（图一〇五，12）。垂挂勾玉、鱼形、圭形等具有新罗服饰文化特色的坠物的连接带是上下套接的若干个椭圆形饰片（图一〇五，13）。这种上下有长方形镂孔的椭圆形饰片在禹山 JYM3296 号墓和丸都山城都曾发现，其用途过去不甚明朗，从金冠塚出土带具来看，它们应是蹀躞带上使用的连缀物。皇南里 82 号坟、金铃塚出土的铊尾与禹山 3296 号墓、太王陵出土的 D 型、B 型铊尾相似，前者呈长舌状，后者一端平直，一端弧圆（图一〇五，16—20）。

新罗带具在带铐、坠饰上拧有悬枝，悬枝上饰有圆形或圭形的摇叶，此种装饰手法与高句丽相同，但高句丽带具中罕见使用，一般将其应用在发饰、冠饰和马具之上。伽倻昌宁校洞 37 号古坟、日本京都谷冢古坟、宫山古坟出土的带具与新罗金冠塚、饰履塚、金铃塚出土的鎏金带具相似，又有进一步的变化，如带铐桃形片上饰铃铛（图一〇五，21—23）。

百济武宁王陵，新罗金冠塚、天马塚、壶杅塚、饰履塚，伽倻义城塔里二椁墓，日本熊本县江田船山古坟、滋贺县鸭稻荷山古坟、群马县二子山古坟、奈良斑鸠町藤之木古坟等墓葬发现多例铜质鎏金（钉）鞋。

这些鎏金鞋，通体由金属铜（银）制成，分两种形制，一种由鞋底与左右两侧鞋帮三部分构成，另一种由鞋底、左右两侧鞋帮、鞋面四部分构成。长 33. 8—37 厘米，鞋底前部微翘，或较平。鞋面、鞋帮纹饰繁复华丽，鞋底饰有若干鞋钉，花形饰片加小乳钉，或纯平底。鞋内多垫有布帛、皮革、薄木片。如：百济武宁王陵中，武宁王余隆与王妃各随葬鎏金钉鞋一双。两鞋形制基本相同，鞋底和鞋帮用银板制成，上覆盖一层透雕忍冬唐草纹的鎏金铜板。鞋底与鞋帮用金属钉连接。底部有圆形小金片和九枚钉子（图一〇六，1）。金冠塚出土两双鎏金铜鞋，一双“小饰附透雕履”，鞋面、鞋帮上透雕丁字形纹饰，另一双“花形座饰附浅履”，鞋底有 34 个花形饰片上铆小乳钉。鞋内垫绫绢及薄木片（图一〇六，2、3）。饰履塚出土鎏金铜鞋，饰有龟甲禽兽纹，由鞋底、两鞋帮构成（图一〇六，4、5）。金铃塚出土鎏金铜鞋，饰有悬枝，悬枝顶端串有圆形摇叶（图一〇六，6）。伽倻义城塔里古坟出土

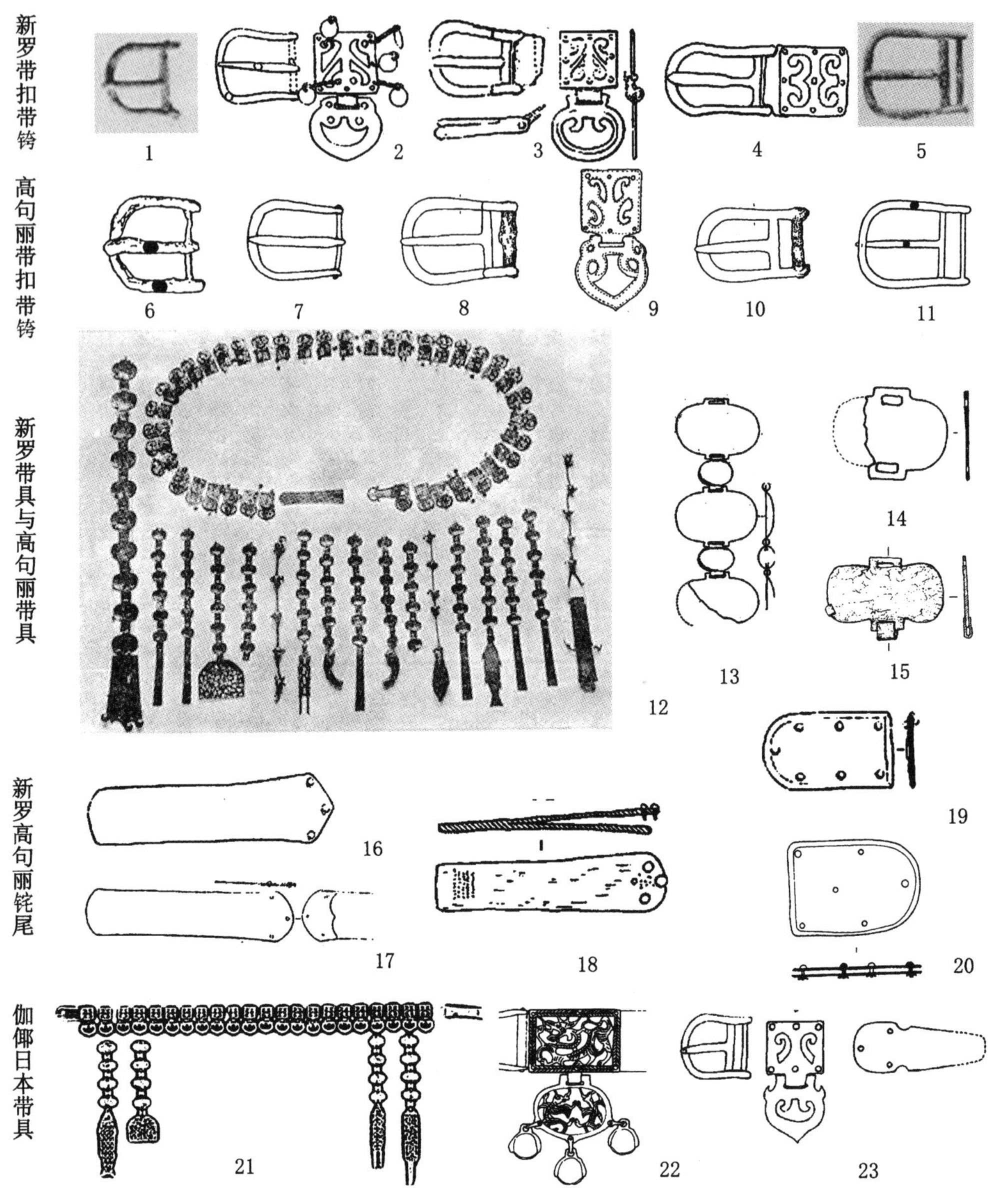

1. 金冠塚　2. 金铃塚　3. 饰履塚　4. 皇南里 82 号坟　5. 金冠塚　6. 禹山下 M41　7. 禹山 JYM2891:7　8. 禹山033YM0540:7　9. 山城下 M330　10. 禹山 03JYM0540:9　11. 七星山 M96　12. 金冠塚　13. 金冠塚　14. 禹山 JYM3296:11　15. 丸都山城 2002JWGT509③:20　16. 皇南里 82 号坟　17. 金铃塚　18. 禹山 JYM3296:9　19. 金铃塚　20. 太王陵 033YM541:125　21. 伽倻昌宁校洞 37 号坟　22. 日本京都谷冢古坟　23. 日本宫山古坟第 2 主体

图一〇五　高句丽与新罗、伽倻、日本带具比较

鎏金铜鞋，鞋面及鞋帮为透雕丁字纹（图一〇六，7）。大邱内唐洞 55 号坟出土鎏金铜鞋，饰有圆形摇叶（图一〇六，8）。日本奈良斑鸠町藤之木古坟出土两双鎏金铜鞋，其上饰有步摇花叶（图一〇六，9）。熊本县江田村船山古坟发现鎏金铜鞋，由鞋底和两侧鞋帮构成，通体六角形纹饰，鞋底施钉（图一〇六，10）。

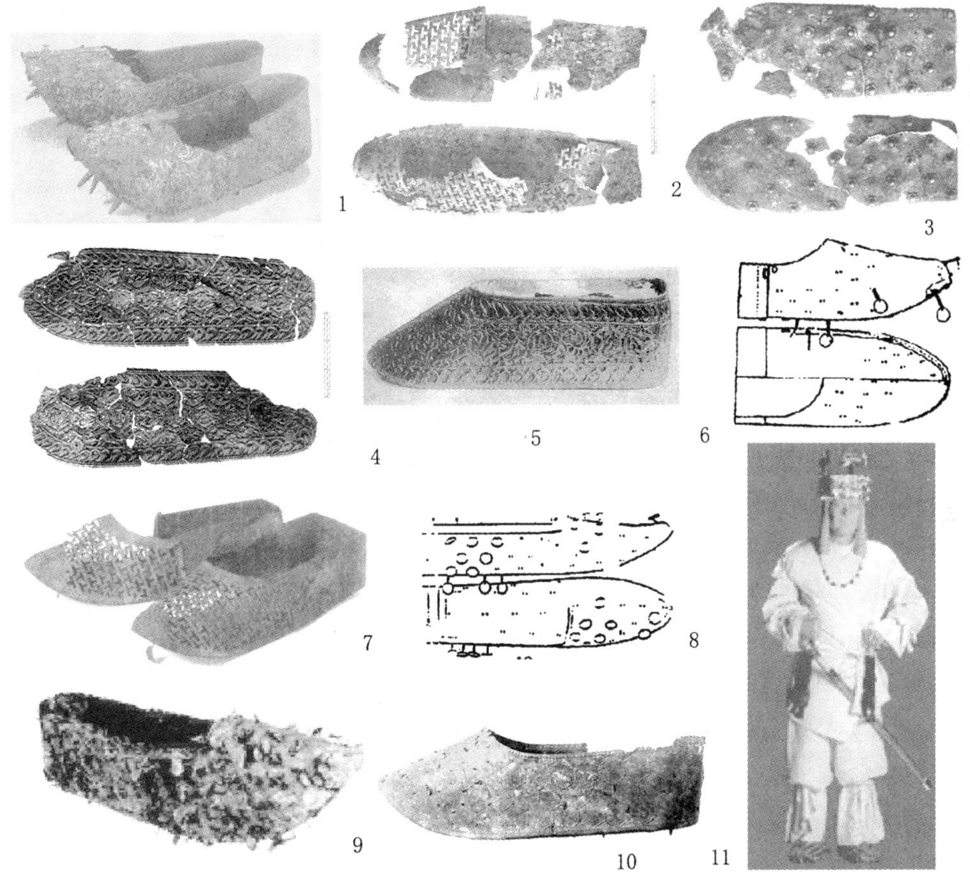

1. 百济武宁王陵　2. 金冠塚　3. 金冠塚　4、5. 饰履塚　6. 金铃塚　7. 伽倻义城塔里古坟　8. 大邱内唐洞55号坟　9. 日本奈良斑鸠町藤之木古坟　10. 日本熊本县江田村船山古坟　11.《神秘的黄金世展图录》中“王者的装束”图像

图一〇六　高句丽与百济、新罗、伽倻、日本鎏金（钉）鞋比较

与高句丽铜质鎏金鞋比较，上述诸鞋，鞋面与鞋帮大多保存完好，纹饰细致精美，鞋底较长。鞋钉少，甚至不施加鞋钉，以小乳钉铆接装饰性的花瓣替代。整体感觉比高句丽铜鞋，加工更精致，装饰性更强。韩国学者认为铜质鎏金鞋是墓主人的生活用品。在《神秘的黄金世纪展图录》中，题为“王者的装束”的画面，描绘了百济王族脚穿钉鞋的形象（图一〇六，11）。各种鎏金鞋，出土时鞋内垫有绫绢、麻布、皮革、木片等物，应是效仿平日穿着时的样子。因此，此物虽不便走动，但尚可徒步前行，它可能使用于重大礼仪场合。

高句丽迁都平壤后，与百济、新罗共同构成了朝鲜半岛的三国时代。三个政权为了使自己的利益在朝鲜半岛实现最大化，对内积极学习中原王朝的先进制度，进行政治改革，推行一系列的富国强兵举措。对外一方面频繁派遣使臣出使中原王朝，日本等国，或是在三国间选择一个盟友，利用各种外交策略寻求周边国家地区的支持；另一方面通过不断地征战，掠夺人口，扩充领土。历时数百年的三国争雄，促进了朝鲜半岛内部及其与周邻地区各族各地域之间的文化交流。高句丽民族服饰与百济、新罗服饰的趋同与差异正是三个地区之间复杂的政治关系及密切的文化交流的体现。

综上所述，高句丽服饰文化与汉族、鲜卑、夫余、秽貊、靺鞨、百济、新罗等周边各族服饰文化，一方面相对独立，自成体系；另一方面又存在不同程度的交流。总体来讲，可从以下三个层面解读。

第一，高句丽民族传统服饰属于北方民族服饰系统，其“上衣下裤”式服饰结构比较适合北方寒冷的气候条件以及骑马渔猎的生活方式。“褒衣博带”式的汉服是以“礼乐昌隆”为标志的农耕经济的产物，与高句丽民族传统服饰分属不同服饰文化系统。鲜卑、秽貊、靺鞨、百济、新罗服饰虽与高句丽服饰一样属于北方民族服饰，但由于地理环境、风俗习惯、审美情趣等多方因素的差别，使得各族服饰在形制、颜色、花纹、材质、装饰等细节方面表现出多种差异性。此种差异性，恰恰是各族服饰民族性之所在。

第二，“服饰”中“服”与“饰”两个组成部分，“服”所指代的“衣裳”更具稳定性，受到外来因素影响较少，形制往往不会发生重大改变。高句丽的短襦裤、长襦裙在与周邻地区服饰文化交流中，一直保持着本民族传统的花纹、图案、式样，其他各族亦然。“饰”所指代的冠饰、耳饰、带具等装饰品，新奇华美的造型易于引起审美共鸣，贵重的材质又可彰显佩戴者的尊贵身份，加之便于流通，使其在服饰文化交流中形制多变、花样翻新。高句丽对于外来“饰”的加工，多为浅尝辄止，稍有改易，兼容并包，从中尚可窥见发源地的固有式样；在其向朝鲜半岛南端传播的过程中，“饰”则不断被添加各种装饰因素，改动渐大。

第三，由于地缘毗邻中原，使得高句丽成为朝鲜半岛内外陆路服饰文化交流的必经之路，中原地区的汉服文化、辽西地区的鲜卑服饰文化，通过它传至百济、新罗，再至伽倻、日本。反之，这些民族的服饰文化又经由高句丽进入中国腹地。这是服饰文化交流中的一条主线，与其并存的还有周邻地区的一些直接的短线交往。服饰文化交流的来去之间都会在高句丽服饰文化中残留些微沉淀。

第十章　结语

本书以高句丽遗存所见壁画图像、出土遗物以及史料相关记载作为研究对象。在对三种资料全面收集、整理、分析的基础上，综合运用古代服饰学、历史文献学、考古学等各学科研究方法，不单探究高句丽统治区域内各族服饰的基本情况，还透过服饰的演变、对比与交流，从东北亚地区历史变迁这一宏观视角，深度挖掘服饰背后隐含的深层文化内涵。

通过正文各章的论述与分析，本项研究主要收获如下：

第一，对高句丽服饰相关资料全面整理。在文献学方面，通过不同版本之间的比较，深入探讨各种史料的承继关系，从史源学角度，探究各种传世史料价值所在。在壁画图像方面，对中国及朝鲜境内壁画墓中服饰刻画较为清晰的个体，逐一爬梳，详细描述各种服饰的外貌特点，从微观把握每一个人物的服饰信息。出土遗物方面，通过对鎏金冠、冠饰残片、簪、钗、耳坠、耳坠、指环、手镯、带扣、带铐、铊尾的分类统计，整体掌握各种饰物的质地、尺寸等细节特征。对上述三种资料的梳理，不但是本书研究的前提条件，也为其他相关领域的研究提供便利条件。

第二，分从妆饰、首服、身衣、足衣和其他出土饰物五方面，对各种服饰资料全面分析，参照高句丽服饰史料记载，古代服饰学有关规定及服饰本身的形制特点，为各种服饰命名。根据同类服饰的形制差异，进一步划分类型，分别总结各型的外貌特征。在此基础上，对各种服饰穿着者的身份、性别、搭配、使用方法等问题初步分析。通过名物考证，尝试纠正前人研究成果中存在的不当之处。

第三，在服饰分类研究的基础上，将妆饰、首服、身衣、足衣各种服饰因素综合考量，根据搭配方式的不同，将壁画所绘人物服饰分成十型。以此为出发点，从民族性、地域性、等级性和礼仪性四方面，深入剖析各种高句丽服饰资料所反映的社会属性，高度概括各种文化属性的典型性特征，并指出差异性所在。

第四，结合高句丽壁画墓分期与编年研究成果，根据高句丽遗存中所见服饰资料的地域性差异，将其分为集安和平壤两大地区。参照文献有关记载及服饰搭配发展的阶段性差异，再将每区各划分为四个时期。在此时空框架下，对服饰演变情况进行宏观和微观两个向度的综合考察，并从高句丽民族的初步形成、慕容鲜卑的崛起、南朝服饰流行风尚、高句丽中后期佛教的流传、平壤地区的社会变革、平壤与集安两地壁画所绘服饰对比、墓主人身份辨析、墓葬形制分析等方面深入探究导致各种现象产生的原因。

第五，将高句丽遗存所见服饰资料，特别是高句丽民族传统服饰与周邻地区的汉族服饰，鲜卑服饰，夫余、沃沮、秽貊服饰，肃慎、挹娄、勿吉、靺鞨、渤海服饰，百济、新罗服饰相比较，系统阐释各族服饰文化之间的异同及产生原因，深入探讨该地区政治制度、经济制度、文化习俗、移民等因素对于服饰文化交流的影响，并进一步揭示高句丽在东北亚地区服饰文化交流中的地位及作用。

由于考古发现的偶然性、局限性，本书仅是对目前相关发现的阶段性总结。服饰作为传统文化的重要组成部分，涵盖信息相当丰富。随着考古资料的不断丰富和研究方法的不断进步，本书所涉领域还有进一步深入细化研究的可能。

参考文献

一　古代文献

1. 张鹏一：《魏略辑本》，陕西文献征辑处 1924 年版。
2. 王云五：《丛书集成初编》，商务印书馆 1935—1937 年版。
3. 张楚金：《翰苑》，见金毓黻《辽海丛书》，辽沈书社 1985 年第 4 集。
4. 许嵩：《建康实录》，中华书局 1986 年版。
5. 王钦若：《册府元龟》，中华书局 1989 年版。
6. 王利器：《盐铁论校注》，中华书局 1992 年版。
7. 何宁：《淮南子集释》，中华书局 1998 年版。
8. 李学勤主编：《十三经注疏》，北京大学出版社 1999 年版。
9. 司马迁：《史记》，中华书局 2000 年版。
10. 范晔：《后汉书》，中华书局 2000 年版。
11. 陈寿：《三国志》，中华书局 2000 年版。
12. 房玄龄：《晋书》，中华书局 2000 年版。
13. 令狐德棻：《周书》，中华书局 2000 年版。
14. 魏征：《隋书》，中华书局 2000 年版。
15. 刘昫：《旧唐书》，中华书局 2000 年版。
16. 欧阳修、宋祁：《新唐书》，中华书局 2000 年版。
17. 杨伯峻：《春秋左传注》，中华书局 2000 年版。
18. 金富轼著，孙文范等校勘：《三国史记》，吉林文史出版社 2003 年版。
19. 李丙焘监制，金贞培校勘：《三国史记》，景仁文化社 1977 年版。
20. 一然著，孙文范等校勘：《三国遗事》，吉林文史出版社 2003 年版。
21. 王先谦：《韩非子集解》，中华书局 2003 年版。
22. 司马光：《资治通鉴》，中华书局 2007 年版。
23. 王先谦：《释名疏证补》，中华书局 2008 年版。

二　研究专著

（一）服饰类

1. 王宇清：《中国服饰史纲》，中华大典编印会 1967 年版。
2. 中国大百科全书编委会：《中国大百科全书》，中国大百科全书出版社 1984 年版。
3. 周锡保：《中国古代服饰史》，中国戏剧出版社 1984 年版。
4. 吴淑生、田自秉：《中国染织史》，上海人民出版社 1986 年版。
5. 周汛、高春明：《中国历代妇女妆饰》，上海学林出版社、三联书店（香港）有限公司 1988 年版。
6. 孙机：《汉代物质文化资料图说》，上海古籍出版社 2008 年版。
7. 黄能馥、陈娟娟：《中国服饰史》，上海人民出版社 2005 年版。
8. 沈从文：《中国古代服饰研究》，上海书店出版社 2007 年版。
9. 周汛、高春明：《中国衣冠服饰大辞典》，上海辞书出版社 1996 年版。
10. 华梅：《中国服饰史》，天津人民美术出版社 1999 年版。
11. 高春明：《中国服饰名物考》，上海文化出版社 2001 年版。
12. 孙机：《中国古舆服论丛》，文物出版社 2001 年版。
13. 李之檀：《中国服饰文化参考文献目录》，中国纺织出版社 2001 年版。
14. 刘永华：《中国古代军戎服饰》，上海古籍出版社 2003 年版。
15. 朱和平：《中国服饰史稿》，中州古籍出版社 2003 年版。
16. 李芽：《中国历代妆饰》，中国纺织出版社 2004 年版。
17. 华梅：《古代服饰》，文物出版社 2004 年版。
18. 管彦波：《文化与艺术：中国少数民族头饰文化研究》，中国经济出版社 2005 年版。
19. 黄能馥：《中国服饰通史》，中国纺织出版社 2007 年版。
20. 赵连赏：《中国古代服饰图典》，云南人民出版社 2007 年版。
21. 诸葛铠等：《文明的轮回——中国服饰文化的历程》，中国纺织出版社 2007 年版。
22. ［日］原田淑人：《增補漢六朝の服飾》，東洋文庫 1937 年版。
23. ［日］原田淑人：《唐代の服飾》，東洋文庫 1970 年版。
24. ［韩］李丙焘：《韩国古代史研究》，学生社 1980 年版。
25. ［韩］李如星：《朝鲜服饰考》，白杨堂 1947 年版。
26. ［韩］李京子：《韩国服饰史论》，一志社 1983 年版。
27. ［韩］金东旭：《增补韩国服饰史研究》，亚细亚文化社 1979 年版。

（二）历史考古类

1. 金毓黻：《东北通史》，五十年代出版社 1943 年版。

2. 马长寿：《北狄与匈奴》，三联书店 1962 年版。
3. 张博泉、苏金源、董玉瑛：《东北历代疆域史》，吉林人民出版社 1983 年版。
4. 宁夏固原博物馆：《固原北魏墓漆棺画》，宁夏人民出版社 1998 年版。
5. 薛虹、李澍田：《中国东北通史》，吉林文史出版社 1991 年版。
6. 中国考古学会：《中国考古学年鉴・1992》，文物出版社 1994 年版。
7. 李殿福：《东北考古研究》，中州古籍出版社 1994 年版。
8. 魏存成：《高句丽考古》，吉林大学出版社 1994 年版。
9. 吕一飞：《胡族习俗与隋唐风韵——魏晋北朝北方少数民族社会风俗及其对隋唐的影响》，书目文献出版社 1994 年版。
10. 韩昇：《日本古代的大陆移民研究》，文津出版社 1995 年版。
11. 刘子敏：《高句丽历史研究》，延边大学出版社 1996 年版。
12. 张博泉、魏存成：《东北古代民族・考古与疆域》，吉林大学出版社 1998 年版。
13. 魏存成：《高句丽遗迹》，文物出版社 2002 年版。
14. 郑岩：《魏晋南北朝壁画墓研究》，文物出版社 2002 年版。
15. 王绵厚：《高句丽古城研究》，文物出版社 2002 年版。
16. 高福顺、姜维公：《〈高丽记〉研究》吉林文史出版社 2003 年版。
17. 尹国有：《高句丽壁画研究》，吉林大学出版社 2003 年版。
18. 李凭：《北朝研究存稿》，商务印书馆 2006 年版。
19. 刘子敏、苗威：《中国正史〈高句丽传〉详注及研究》，香港亚洲出版社 2006 年版。
20. 王培新：《乐浪文化——以墓葬为中心的考古学研究》，科学出版社 2007 年版。
21. 张福有、孙仁杰、迟勇：《高句丽王陵通考》，亚洲出版社 2007 年版。
22. 耿铁华：《高句丽古墓壁画研究》，吉林大学出版社 2008 年版。
23. 庄华峰等：《中国社会生活史》，合肥工业大学出版社 2004 年版。
24. ［日］關野貞：《朝鮮の建築と芸術》，岩波書店 1941 年版。
25. ［日］池内宏：《滿鮮史研究》，吉川弘文館 1951 年版。
26. ［日］三上次男：《古代東北アジア史の研究》，吉川弘文館 1966 年版。
27. ［日］今西龍：《朝鮮古史の研究》，近澤書店 1937 年版。
28. ［日］竹内理三校訂・解説：《翰苑》，吉川弘文館 1977 年版。
29. ［日］武田幸男：《高句麗史と东アジア：〈広開土王碑〉研究序説》，岩波書店 1989 年版。
30. ［日］堀敏一：《中国と古代東アジア世界：中華的世界と諸民族》，岩波書店 1993 年版。
31. ［日］東潮、田中俊明編著：《高句麗の歴史と遺跡》，中央公論社 1995 年版。
32. ［日］東潮：《高句麗考古学研究》，吉川弘文館 1997 年版。
33. ［日］堀敏一著，韩昇、刘建英译：《隋唐帝国与东亚》，云南人民出版社 2002

年版。
34. ［韩］全虎兑：《高句丽古坟壁画研究》，四季节出版社 2002 年版。
35. ［韩］全虎兑：《高句丽古坟壁画的世界》，首尔大学校出版社 2005 年版。
36. ［韩］金瑢俊：《高句丽古坟壁画研究》，科学院考古学与民俗学研究所：《艺术史研究丛书》第 1 辑，社会科学院出版社 1958 年版。
37. ［朝］朱荣宪著，常白山、凌水南译：《高句丽文化》，社会科学出版 1975 年版。
38. ［朝］朱荣宪：《高句丽壁画古坟编年研究》，社会科学院出版社 1961 年版。
39. ［朝］孙寿浩：《高句丽古坟研究》，社会科学院出版社 2001 年版。

三　考古发掘报告与简报

（一）中国

1. 王增新：《辽阳三道壕发现的晋代墓葬》，《文物参考资料》1955 年第 11 期，第 37—46 页。
2. 东北博物馆：《辽阳三道壕两座壁画墓的清理工作简报》，《文物参考资料》1955 年第 12 期，第 49—58 页。
3. 曾昭燏、蒋宝庚、黎忠义：《沂南古画像石墓发掘报告》，文化部文物管理局出版 1956 年版。
4. 南京博物院：《昌梨水库汉墓群发掘简报》，《文物参考资料》1957 年第 12 期，第 29—44 页。
5. 河南省文化局文物工作队：《邓县彩色画像砖墓》，文物出版社 1958 年版。
6. 傅永魁：《洛阳东郊西周墓发掘简报》，《考古》1959 年第 4 期，第 187—188 页。
7. 李庆发：《辽阳上王家村晋代壁画墓清理简报》，《文物》1959 年第 7 期，第 60—62 页。
8. 陕西省文物管理委员会：《西安南郊草场坡村北朝墓的发掘》，《考古》1959 年第 6 期，第 285—287 页。
9. 陈大为：《辽宁北票房身村晋墓发掘简报》，《考古》1960 年第 1 期，第 24—26 页。
10. 陈大为：《桓仁县考古调查发掘简报》，《考古》1960 年第 1 期，第 5—10 页。
11. 吉林省博物馆：《吉林辑安高句丽建筑遗址的清理》，《考古》1961 年第 1 期，第 50—55 页。
12. 王承礼、曹正榕：《吉林敦化六顶山渤海古墓》，《考古》1961 年第 6 期。
13. 李殿福：《一九六二年春季吉林辑安考古调查报告》，《考古》1962 年第 11 期，第 566—568 页。
14. 方起东：《吉林辑安高句丽霸王朝山城》，《考古》1962 年第 11 期，第 569—

571 页。

15. 云南省文物工作队：《云南省昭通后海子东晋壁画墓清理简报》，《文物》1963 年第 12 期，第 1—6 页。
16. 吉林省博物馆：《吉林辑安五盔坟四号与五号墓清理略记》，《考古》1964 年第 2 期，第 59—66 页。
17. 王承礼、韩淑华：《吉林辑安通沟第十二号高句丽壁画墓》，《考古》1964 年第 2 期，第 67—72 页。
18. 吉林省博物馆辑安考古队：《吉林辑安麻线沟一号壁画墓》，《考古》1964 年第 10 期，第 520—528 页。
19. 王增新：《辽宁抚顺市前屯、洼浑木高句丽墓发掘简报》，《考古》1964 年第 10 期，第 529—532、542 页。
20. 李云铎：《吉林珲春南团山、一松亭遗址调查》，《文物》1973 年第 8 期，第 69—72、35 页。
21. 黎瑶渤：《辽宁北票西关营子北燕冯素弗墓》，《文物》1973 年第 3 期，第 2—28、65、69 页。
22. 定县博物馆：《河北定县 43 号汉墓发掘简报》，《文物》1973 年第 11 期，第 8—20 页。
23. 陕西省博物馆、文管会：《唐李寿墓发掘简报》，《文物》1974 年第 9 期，第 71—88。
24. 吉林省博物馆文物工作队：《吉林集安的两座高句丽墓》，《考古》1977 年第 2 期，第 123—131 页。
25. 亳县博物馆：《安徽亳县隋墓》，《考古》1977 年第 1 期，第 65—68 页。
26. 集安县文物保管所：《集安县两座高句丽积石墓的清理》，《考古》1979 年第 1 期，第 27—32、50 页。
27. 黑龙江省文物考古工作队、吉林大学历史系考古专业：《东宁团结遗址发掘报告》，吉林省考古学会第一次年会会议材料 1979 年版，第 1—35 页。
28. 黑龙江省博物馆：《黑龙江东宁大城子新石器时代居住址》，《考古》1979 年第 1 期，第 15—19 页。
29. 辽阳市文物管理所：《辽阳发现三座壁画墓》，《考古》1980 年第 1 期，第 57—58 页。
30. 南京博物院：《江苏丹阳县胡桥、建山两座南朝墓葬》，《文物》1980 年第 2 期，第 1—17 页。
31. 集安县文物保管所、吉林省文物工作队：《吉林集安洞沟三室墓清理记》，《考古与文物》1981 年第 3 期，第 71—72 页。
32. 李殿福：《集安洞沟三室墓壁画著录补正》，《文物》1981 年第 3 期，第 123—126、118 页。

33. 吉林省文物工作队、集安县文物保管所：《集安长川一号壁画墓》，《东北考古与历史》1982 年第 1 期，第 154—173 页。
34. 延边朝鲜族自治州博物馆、和龙县文化馆：《和龙北大渤海墓葬清理简报》，《东北考古与历史》1982 年第 1 期。
35. 吉林集安文管所：《集安万宝汀墓区 242 号古墓清理简报》，《考古与文物》1982 年第 6 期，第 16—19、28 页。
36. 云铎、铭学：《朝鲜德兴里高句丽壁画墓》，《东北考古与历史》1982 年第 1 期，第 228—230 页。
37. 林树山译，林沄校：《苏联滨海地区的渤海文化遗存》，《东北历史与考古》1982 年第 1 期。
38. 吉林省文物工作队：《吉林集安长川二号封土墓发掘纪要》，《考古与文物》1983 年第 1 期，第 22—27 页。
39. 方启东、林至德：《集安洞沟两座树立石碑的高句丽古墓》，《考古与文物》1983 年第 2 期，第 42—48 页。
40. 集安县文物保管所：《集安高句丽墓葬发掘简报》，《考古》1983 年第 4 期，第 301—307、295 页。
41. 李殿福：《集安洞沟三座壁画墓》，《考古》1983 年第 4 期，第 308—314 页。
42. 柳岚：《抚松前甸子渤海古墓清理简报》，《博物馆研究》1983 年第 3 期。
43. 吉林省文物工作队：《吉林集安五盔坟四号墓》，《考古学报》1984 年第 1 期，第 121—136 页。
44. 吉林省文物工作队、集安文管所：《1976 年集安洞沟高句丽墓清理》，《考古》1984 年第 1 期，第 69—76 页。
45. 集安县文物保管所：《集安县上、下活龙村高句丽古墓清理简报》，《文物》1984 年第 1 期，第 64—70 页。
46. 集安县文物保管所：《集安县老虎哨古墓》，《文物》1984 年第 1 期，第 71—74 页。
47. 陆思贤、陈棠栋：《达茂旗出土的古代北方民族金饰件》，《文物》1984 年第 1 期，第 81—83、29、106 页。
48. 辽宁省博物馆文物队、朝阳地区博物馆文物队、朝阳县文化馆：《朝阳袁台子东晋壁画墓》，《文物》1984 年第 6 期，第 9—45 页。
49. 辽宁省博物馆：《辽宁本溪晋墓》，《考古》1984 年第 8 期，第 715—720 页。
50. 吉林省文物工作队：《高句丽罗通山城调查简报》，《文物》1985 年第 2 期，第 39—45 页。
51. 李宇峰：《辽宁朝阳两晋十六国时期墓葬清理简报》，《北方文物》1986 年第 3 期，第 23—26、71 页。
52. 徐家国、孙力：《辽宁抚顺高尔山城发掘简报》，《辽海文物学刊》1987 年第 2

期，第 43—62 页。
53. 邵春华、满承志、柳岚：《赤柏松汉城调查》，《博物馆研究》1987 年第 1 期，第 60—63 页。
54. 吉林省文物考古研究所：《榆树老河深》，文物出版社 1987 年版。
55. 吉林市博物馆：《吉林永吉杨屯大海猛遗址》，《考古学集刊》1987 年第 5 集。
56. 刘中澄：《关于朝阳袁台子晋墓壁画墓的初步研究》，《辽海文物学刊》1987 年第 1 期。
57. 张雪岩：《集安两座高句丽封土墓》，《博物馆研究》1988 年第 1 期，第 58—60 页。
58. 孙仁杰：《“折天井”墓调查拾零》，《博物馆研究》1988 年第 3 期，第 74—75 页。
59. 洪峰：《临江电站库区古遗存调查综述》，《博物馆研究》1988 年第 3 期，第 56—60、63 页。
60. 甘肃省文物考古研究所：《酒泉十六国墓壁画》，文物出版社 1989 年版。
61. 辽阳博物馆：《辽阳市三道壕西晋墓清理简报》，《考古》1990 年第 4 期，第 333—336、374 页。
62. 张雪岩：《吉林集安东大坡高句丽墓葬发掘简报》，《考古》1991 年第 7 期，第 600—607 页。
63. 梁志龙：《桓仁地区高句丽城址概述》，《博物馆研究》1992 年第 1 期，第 64—69、82 页。
64. 抚顺市博物馆：《辽宁新宾县高句丽太子城》，《考古》1992 年第 4 期，第 318—323 页。
65. 李晓钟、刘长江等：《沈阳石台子山城试掘报告》，《辽海文物学刊》1993 年第 1 期，第 22—31 页。
66. 富品莹、吴洪宽：《海城英城子高句丽山城调查记》，《辽海文物学刊》1994 年第 2 期，第 66、12—14、142 页。
67. 佟达：《新宾五龙高句丽山城》，《辽海文物学刊》1994 年第 2 期，第 18—24 页。
68. 孙仁杰：《集安洞沟古墓群三座古墓葬清理》，《博物馆研究》1994 年第 3 期，第 9、79—81 页。
69. 延边博物馆：《吉林和龙县北大渤海墓葬》，《文物》1994 年第 1 期。
70. 辽源市文物管理所：《吉林辽源市龙首山城内考古调查简报》，《考古》1994 年第 3 期，第 221—230、238 页。
71. 刘森淼：《湖北汉阳出土的晋代鎏金铜带具》，《考古》1994 年第 11 期，第 954—956 页。
72. 周向永、赵俊伟等：《辽宁开原境内的高句丽城址》，《北方文物》1996 年第 1

期，第 36—39、42 页。
73. 田立坤：《朝阳前燕奉车都尉墓》，《文物》1994 年第 11 期，第 33—37 页。
74. 辽源市文物管理所：《吉林辽源市龙首山遗址的调查》，《考古》1997 年第 2 期，第 28—35、51 页。
75. 黑龙江文物考古研究所、吉林大学考古系：《1996 年海林细鳞河遗址发掘的主要收获》，《北方文物》1997 年第 4 期，第 43—46 页。
76. 辽宁省文物考古研究所、朝阳市博物馆：《朝阳王子坟两晋墓群 1987、1990 年度考古发掘的主要收获》，《文物》1997 年第 11 期，第 1—18 页。
77. 辽宁省文物考古研究所、朝阳市博物馆、朝阳县文物管理所：《辽宁朝阳田草沟晋墓》，《文物》1997 年第 11 期，第 33—41、99 页。
78. 黑龙江省文物考古研究所：《黑龙江省海林市羊草沟墓地的发掘》，《北方文物》1998 年第 3 期，第 28—40 页。
79. 唐洪源：《辽源龙首山再次考古调查与清理》，《博物馆研究》2000 年第 2 期，第 44—55 页。
80. 沈阳市文物考古工作队：《辽宁沈阳石市台子高句丽山城第二次发掘简报》，《考古》2001 年第 3 期，第 35—50 页。
81. 山西省考古研究所、大同市考古研究所：《大同市北魏宋绍祖墓发掘简报》，《文物》2001 年第 7 期，第 19—39 页。
82. 黑龙江文物考古研究所、吉林大学考古系：《河口与振兴——牡丹江莲花水库发掘报告》，科学出版社 2001 年版。
83. 吉林省文物考古研究所、集安市文物保管所：《集安麻线安子沟高句丽墓葬调查与清理》，《北方文物》2002 年第 2 期，第 47—50 页。
84. 方起东、刘萱堂：《集安下解放第 31 号高句丽壁画墓》，《北方文物》2002 年第 3 期，第 29—32 页。
85. 吉林省文物考古研究所、集安市博物馆：《洞沟古墓群 1997 年调查测绘报告》，科学出版社 2002 年版。
86. 田立坤：《袁台子壁画墓的再认识》，《文物》2002 年第 9 期，第 41—48 页。
87. 集安市博物馆：《集安洞沟古墓群禹山墓区 2112 号墓》，《北方文物》2004 年第 2 期，第 29—35 页。
88. 辽宁省文物考古研究所、朝阳市博物馆、北票文物管理所：《辽宁北票喇嘛洞墓地 1998 年发掘报告》，《考古学报》2004 年第 2 期，第 209—242 页。
89. 咸阳市文物考古研究所：《咸阳平陵十六国墓清理简报》，《文物》2004 年第 8 期，第 4—28 页。
90. 吉林省文物考古研究所、集安市博物馆：《集安高句丽王陵——1990—2003 集安高句丽王陵调查报告》，文物出版社 2004 年版。
91. 辽宁文物考古研究所：《五女山城》，文物出版社 2004 年版。

92. 吉林省文物考古研究所、集安市博物馆：《丸都山城：2001—2003 年集安丸都山城调查试掘报告》，文物出版社 2004 年版。
93. 吉林省文物考古研究所、集安市博物馆：《国内城——2000—2003 年集安国内城与民主遗址试掘报告》，文物出版社 2004 年版。
94. 沈阳市文物考古研究所：《2004 年沈阳石台子山城高句丽墓葬发掘简报》，《北方文物》2006 年第 2 期，第 20—26 页。
95. 沈阳市文物考古研究所：《沈阳市石台子高句丽山城 2002 年Ⅲ区发掘简报》，《北方文物》2007 年第 3 期，第 29—37 页。
96. 大同市博物馆：《大同北魏方山思远佛寺遗址发掘报告》，《文物》2007 年第 4 期，第 4—9 页。
97. 大同市考古研究所刘俊喜主编：《大同雁北师院北魏墓群》，文物出版社 2008 年版。
98. 辽宁省文物考古研究所、沈阳市文物考古研究所：《沈阳石台子山城高句丽墓葬 2002—2003 年发掘简报》，《考古》2008 年第 10 期，第 40—56 页。
99. 吉林省文物考古研究所、延边朝鲜族自治州文物管理委员会办公室：《吉林和龙市龙海渤海王室墓葬发掘简报》，《考古》2009 年第 6 期，第 23—39 页。
100. 朴灿奎、郑京日：《玉桃里——朝鲜南浦市龙岗郡一带历史遗迹》，香港亚洲出版社 2011 年版。

（二）日本

1. 關野貞：《朝鮮江西に於ける高句麗時代の古墳》，《考古学雑誌》1912 年第 3 期。
2. 谷井濟一：《平安南道江東郡晚達面古墳調查報告書》，《大正五年度古蹟調查報告》（实为大正六年），朝鮮総督府 1917 年版。
3. 關野貞等：《平安南道大同郡順川郡龍岡郡古蹟調查報告書》，《大正五年度古蹟調查報告》，朝鮮総督府 1917 年版。
4. 關野貞：《平壤附近に於ける高句麗時代の墳墓》，《建築雑誌》1914 年第 2 期，第 73—98 页。
5. 谷井濟一：《黄海道鳳山郡、平安南道順川郡及平安北道雲山郡古蹟調查略報告》，《大正六年度古蹟調查報告》，朝鮮総督府 1920 年版。
6. 朝鮮総督府：《古蹟調查特別報告》第三、四、五册，朝鮮総督府、青雲堂等 1924—1930 年版。
7. 野守健、榧本龜次郎：《永和九年在銘塼出土古墳調查報告》，《昭和七年度古蹟調查報告》，朝鮮総督府 1933 年版。
8. 梅原末治：《楽浪・带方郡時代紀年銘塼集録》，见《昭和七年度古蹟調查報告》，朝鮮古蹟研究會 1933 年版。
9. 朝鮮古蹟研究會：《南井里 119 號墓》，《朝鮮古蹟研究會古蹟調查報告》第二册，朝鲜古蹟研究會 1935 年版。

10. 小場恒吉、有光教一：《高句麗古墳の調查》，《昭和十一年度古蹟調查報告》，朝鲜古蹟研究會 1937 年版。

11. 小場恒吉、泽俊一：《高句麗古墳の調查》，《昭和十二年度古蹟調查報告》，朝鲜古蹟研究會 1938 年版。

12. 野守健、榧本龜次郎：《晩達山麓高句麗古墳の調查》，《昭和十二年度古蹟調查報告》，朝鲜古蹟研究會 1938 年版。

13. 池内宏、梅原末治：《通溝》（上、下），日满文化協會 1938 年版、1940 年版。

（三）朝鲜

1. 朝鲜民主主义人民共和国科学院考古学与民俗学研究所：《遗迹发掘调查报告第 3 集——安岳第三号坟发掘报告》，科学院出版社 1958 年版。

2. 朝鲜民主主义人民共和国科学院考古学与民俗学研究所：《平安南道顺川郡龙凤里辽东城塚调查报告》，《考古学资料集第 1 集——大同江流域古坟发掘报告》，科学院出版社 1958 年版，第 4—9 页。

3. 朝鲜民主主义人民共和国科学院考古学与民俗学研究所：《平壤驿前二室坟发掘报告》，《考古学资料集第 1 集——大同江流域古坟发掘报告》，科学院出版社 1958 年版，第 17—24 页。

4. 朝鲜民主主义人民共和国科学院考古学与民俗学研究所：《黄海北道银波郡大青里 1 号坟发掘报告》，《考古学资料集第 1 集——大同江流域古坟发掘报告》，科学院出版社 1958 年版，第 25—27 页。

5. 朝鲜民主主义人民共和国科学院考古学与民俗学研究所：《平安南道大同郡和盛里双椁坟发掘报告》，《考古学资料集第 1 集——大同江流域古坟发掘报告》，科学院出版社 1958 年版，第 34—37 页。

6. 朝鲜民族主义人民共和国科学院考古学与民俗学研究所：《遗迹发掘报告第 5 集——台城里古坟群发掘报告》，科学院出版社 1959 年版。

7. 朝鲜民族主义人民共和国考古学与民俗学研究所：《平安南道龙冈郡大安里第 1 号墓发掘报告》，《考古学资料集第 2 集——大同江与载宁江流域古坟发掘报告》，科学院出版社 1959 年版，第 1—10 页。

8. 朝鲜民主主义人民共和国科学院考古学与民俗学研究所：《平安南道殷山郡南玉里古坟发掘报告》，《考古学资料集第 2 集——大同江及载宁江流域古坟发掘报告》，科学院出版社 1959 年版，第 11—16 页。

9. 蔡熹国：《平安南道甑山郡加庄里壁画墓整理概报》，《文化遗产》1959 年第 2 期，第 64—66 页。

10. 朝鲜民主主义人民共和国科学院考古学与民俗学研究所：《遗迹发掘调查报告第 4 集——安岳第一、二号坟发掘报告》，科学院出版社 1960 年版。

11. 田畴农：《信川发现的带方郡长岑长王卿墓》，《文化遗产》1962 年第 3 期。

12. 朱荣宪：《长山洞第 1 号坟与第 2 号坟》，《文化遗产》1962 年第 6 期，第 39—47 页。

13. 朱荣宪：《药水里壁画墓发掘报告》，《考古学资料集第 3 集——各地遗迹整理报告》，科学院出版社 1963 年版，第 136—152 页。

14. 田畴农：《黄海南道安岳郡伏狮里壁画墓》，《考古学资料集第 3 集——各地遗迹整理报告》，科学院出版社 1963 年版，第 153—161 页。

15. 田畴农：《大同郡八清里壁画墓》，《考古学资料集第 3 集——各地遗迹整理报告》，科学院出版社 1963 年版，第 162—170 页。

16. 田畴农：《传东明王陵附近的壁画墓》，《考古学资料集第 3 集——各地遗迹整理报告》，科学院出版社 1963 年版，第 171—188 页。

17. 田畴农：《江西郡蓄水地内部地带的高句丽墓葬》，《考古学资料集第 3 集——各地遗迹整理报告》，科学院出版社 1963 年版，第 189—205 页。

18. 朝鲜社会科学院考古学与民俗学研究所：《遗迹发掘报告第 9 集——大城山一带高句丽遗迹研究》，社会科学院出版社 1964 年版。

19. Chang Pyung-heup：《遂安郡山北里高句丽墓葬整理报告》，《考古民俗》1965 年第 4 期，第 36—38 页。

20. 金日成综合大学考古学及民俗学讲座：《大城山的高句丽遗迹》，金日成综合大学出版社 1973 年版。

21. 金宗赫：《水山里高句丽壁画墓发掘中间报告》，《考古学资料集第 4 集》，科学院出版社 1974 年版，第 228—236 页。

22. 金日成综合大学：《东明王陵及附近的高句丽遗迹》，金日成综合大学出版社 1976 年版。

23. 许明：《德花里发现的高句丽壁画墓》，《历史科学》1977 年第 2 期，第 45—48 页。

24. Park Chang su：《发现高句丽马具一式的地境洞墓葬》，《历史科学》1977 年第 3 期。

25. 安炳灿：《新发掘的保山里与牛山里高句丽壁画墓》，《历史科学》1978 年第 2 期，第 20—26 页。

26. Kim Young-nam：《新发现的德兴里壁画墓》，《历史科学》1979 年第 3 期，第 41—45 页。

27. 朝鲜民族主义人民共和国考古学与民俗学研究所：《德兴里高句丽壁画墓》，科学、百科辞典出版社 1981 年版。

28. Lee Il-nam：《云龙里壁画墓发掘报告》，《朝鲜考古研究》1986 年第 2 期，第 37—38 页。

29. Rah Meong kwan：《平壤市祥原郡一带高句丽墓葬调查发掘报告》，《朝鲜考古研究》1986 年第 3 期，第 42—43 页。

30. Park Chang su：《平城市地镜洞高句丽墓葬发掘报告》，《朝鲜考古研究》1986年第4期，第42—48页。
31. Lee Chang-yeon：《东岩里壁画墓发掘报告》，《朝鲜考古研究》1988年第2期，第37—46页。
32. Kim Sa bong、Choi Ung seon：《安鹤洞、鲁山洞一带高句丽墓葬发掘报告》，《朝鲜考古研究》1988年第4期，第40—45页。
33. Jung Se-ang：《顺川市龙岳洞墓葬》，《朝鲜考古研究》1989年第1期，第46页。
34. 韩仁德：《月精里高句丽壁画古坟发掘报告》，《朝鲜考古研究》1989年第4期，第41—43页。
35. Kim Sa bong：《高山洞20号壁画墓》，《朝鲜考古研究》1990年第2期，第24—25页。
36. Jung Se-ang：《德花里3号墓发掘报告》，《朝鲜考古研究》1991年第1期，第22—25页。
37. 李俊杰：《龙兴里高句丽墓葬发掘报告》，《朝鲜考古研究》1993年第1期，第19—24页。
38. 李俊杰：《金玉里高句丽墓地》，《朝鲜考古研究》1995年第3期，第20—25页。
39. 《新发现的台城里3号高句丽壁画》，《朝鲜考古研究》2002年第1期，第37—39页。
40. Yun Kwang-soo：《牛山里4号封土石室墓发掘报告》，《朝鲜考古研究》2002年第2期，第44—47页。
41. Choi Ung seon：《金玉里壁画墓》，《朝鲜考古研究》2002年第2期，第18—20页。
42. Choi Ung seon：《清溪洞高句丽封土石室墓发掘报告》，《朝鲜考古研究》2002年第4期，第45—47页。
43. Choi Ung seon：《清溪洞高句丽封土石室墓发掘报告》，《朝鲜考古研究》2003年第2期，第42—46页。
44. 孙寿浩、Choi Ung seon：《平壤城、高句丽封土石室墓发掘报告》，白山资料院2003年版。
45. Yun Kwang-soo：《燕滩郡松竹里高句丽壁画墓》，《朝鲜考古研究》2005年第3期，第20页。
46. 学界消息：《燕滩郡文化里封土石室墓》，《朝鲜考古研究》，2006年第1期，第42—43页。
47. Kim Nam-il：《松竹里2号、3号封土石室墓发掘报告》，《朝鲜考古研究》2006年第3期，第34—37页。
48. Kim Kuang-cheol：《甑山郡一带墓葬发掘报告》，《朝鲜考古研究》2006年第4

期，第 35—39 页。

49. An Seong-kju：《台城里高句丽封土石室墓发掘报告》，《朝鲜考古研究》2008 年第 2 期，第 45—48 页。

（四）韩国

1. 申敬澈：《东莱福泉洞古坟群》Ⅰ，釜山大学校博物馆 1983 年版。
2. 东北亚历史财团：《南北共同遗迹调查报告书增补版——平壤一带高句丽遗迹》，东北亚历史财团 2007 年版。
3. 高句丽研究财团：《南北共同学术调查报告书 2——高句丽安鹤宫调查报告书》，高句丽研究财团 2007 年版。

四　研究论文

（一）中国

1. 宿白：《朝鲜安岳所发现的冬寿墓》，《文物参考资料》1952 年第 1 期，第 101—104 页。
2. 杨泓：《高句丽壁画石墓》，《文物参考资料》1958 年第 4 期，第 12—21 页。
3. 沈从文：《论染缬》，《文物》1958 年第 9 期。
4. 洪晴玉：《关于冬寿墓的发现与研究》，《考古》1959 年第 1 期，第 27—35 页。
5. 俞伟超：《跋朝鲜平安南道顺川郡龙凤里辽东城塚调查报告》，《考古》1960 年第 1 期，第 59—60 页。
6. 宿白：《云冈石窟分期试论》，《考古学报》1978 年第 1 期，第 25—38 页。
7. 李殿福：《集安高句丽墓研究》，《考古学报》1980 年第 2 期，第 163—185 页。
8. 匡瑜：《战国至两汉的北沃沮文化》，《黑龙江文物丛刊》1982 年第 1 期，第 25—31 页。
9. 刘智永：《幽州刺史墓考略》，《历史研究》1983 年第 2 期，第 88—97 页。
10. 远生：《高句丽的鎏金铜钉鞋》，《博物馆研究》1983 年第 1 期，第 32 页。
11. 耿铁华、林至德：《集安高句丽陶器的初步研究》，《文物》1984 年第 1 期，第 55—63 页。
12. 王仁波：《从考古发现看唐代中日文化交流》，《考古与文物》1984 年第 3 期。
13. 云翔：《唐章怀太子墓壁画客使图中“日本使节”质疑》，《考古》1984 年第 12 期，第 1141、1142—1144 页。
14. 林沄：《论团结文化》，《北方文物》1985 年第 1 期，第 8—22 页。
15. 魏存成：《高句丽四耳展沿壶的演变及有关的几个问题》，《文物》1985 年第 5 期，第 79—84 页。
16. 孙仁杰：《集安出土的高句丽金饰》，《博物馆研究》1985 年第 1 期，第 97—100 页。

17. 李强：《沃沮、东沃沮考略》，《北方文物》1986 年第 1 期，第 2—10 页。
18. 王仁湘：《带扣略论》，《考古》1986 年第 1 期，第 65—75 页。
19. 康捷：《朝鲜德兴里壁画墓及其相关问题》，《博物馆研究》1986 年第 1 期，第 70—77 页。
20. 林沄：《肃慎、挹娄和沃沮》，《辽海文物学刊》1986 年第 1 期，第 54—57、29 页。
21. 孙进已、张志立：《秽貊文化的探索》，《辽海文物学刊》1986 年第 1 期，第 67—74 页。
22. 明学、中澍：《一份更为可信的高句丽史料——关于翰苑·蕃夷部〉注引〈高丽记〉佚文》，《学术研究丛刊》1986 年第 5 期，第 71—79 页。
23. 余太山：《〈梁书·西北诸戎传〉与〈梁职贡图〉》——兼说今存〈梁职贡图〉残卷与裴子野〈方国使图〉的关系》，《燕京学报》1998 年第 5 期，第 93—123 页。
24. 孙机：《步摇、步摇冠与摇叶饰片》，《文物》1991 年第 11 期，第 55—64 页。
25. 张志立：《高句丽风俗研究》，见张志立、王宏刚《东北亚历史与文化——庆祝孙进已先生六十诞辰文集》，辽沈书社 1992 年版。
26. 耿铁华：《高句丽墓上建筑及其性质》，见耿铁华、孙仁杰编《高句丽研究文集》，延边大学出版社 1993 年版。
27. 梁志龙：《梁貊略说》，《辽海文物学刊》1993 年第 1 期，第 86—92 页。
28. 林沄：《说“貊”》，《史学集刊》1994 年第 4 期，第 53—60 页。
29. 赵东艳：《试论集安高句丽壁画墓的分期》，《北方文物》1995 年第 3 期，第 64—68 页。
30. 王维坤：《唐章怀太子墓壁画“客使图”辨析》，《考古》1996 年第 1 期，第 65—74 页。
31. 曾宪姝：《高句丽的服饰》，见杨春吉、耿铁华《高句丽历史与文化研究》，吉林文史出版社 1997 年版。
32. 徐晔：《浅谈古代高句丽民族服饰》，见孙进已、孙海主编《高句丽渤海研究集成》，哈尔滨出版社 1997 年版。
33. 王纯信：《高句丽服饰考略》，《通化师范学院学报》1997 年第 3 期，第 72—76 页。
34. 林世贤：《吉林省集安洞沟古墓群七星山墓区两座古墓的考察》，《北方文物》1998 年第 4 期，第 28—29 页。
35. 郑岩：《墓主画像研究》，见山东大学考古系《刘敦愿先生纪念文集》，山东大学出版社 1998 年版。
36. 刘萱堂：《集安高句丽壁画墓研究概述》，《北方文物》1998 年第 1 期，第 34—43 页。

37. 尹国有：《高句丽妇女面妆与头饰考》，《通化师范学院学报》1999 年第 1 期，第 37—40 页。
38. 阎海：《高句丽物质民俗初探》，《辽宁师范大学学报》1999 年第 4 期，78—80 页。
39. 王鹏勇：《高句丽之钉履》，《博物馆研究》2000 年第 1 期，第 71 页。
40. 张劲风：《鸟羽——独特的高句丽帽饰》，《通化师范学院学报》2000 年第 3 期，第 35—36 页。
41. 李殿福：《高句丽的古墓壁画反映高句丽社会习俗的研究》，《北方文物》2001 年第 3 期，第 22—29 页。
42. 温玉成：《集安长川一号高句丽墓佛教壁画研究》，《北方文物》，2001 年第 2 期，第 32—38 页。
43. 王银田、刘俊喜：《大同智家堡北魏墓石椁壁画》，《文物》2001 年第 7 期，第 40—51 页。
44. 张泰湘、邹越华：《从考古学材料看历史上的夫余、沃沮人》，《黑龙江民族丛刊》2002 年第 4 期，第 60—63 页。
45. 张雪岩：《集安出土高句丽金属带饰的类型及相关问题》，《边疆考古研究》2003 年第 2 辑，第 258—272 页。
46. 张福有：《集安禹山 3319 号墓卷云瓦当铭文考证与初步研究》，《社会科学战线》2004 年第 3 期，第 143—148 页。
47. 孙进已、孙泓：《公元 3—7 世纪集安与平壤地区壁画墓的族属与分期》，《北方文物》2004 年第 2 期，第 36—43 页。
48. 张福有：《集安禹山 3319 号墓卷云瓦当铭文释读与考证》，《中国历史文物》2005 年第 3 期，第 64—71 页。
49. 王志高：《百济武宁王陵形制结构的考察》，《东亚考古论坛创刊号》，忠清文化财研究院 2005 年版，第 157—180 页。
50. 韦正：《汉水流域四座南北朝墓葬的时代与归属》，《文物》2006 年第 2 期，第 33—39 页。
51. 李凭：《魏燕战争前后的北魏和高句丽》，见李凭《北朝研究存稿》，商务印书馆 2006 年版。
52. 李凭：《北朝与高句丽》，见李凭《北朝研究存稿》，商务印书馆 2006 年版。
53. 李凭：《魏燕战争以后的北魏与高句丽》，见李凭《北朝研究存稿》，商务印书馆 2006 年版。
54. 宋磊：《高句丽服饰研究扫描》，《通化师范学院学报》，2007 年第 1 期，第 5—6 页。
55. 孙金花：《从高句丽人服饰面料看其对长白山区自然资源的开发与利用》，《通化师范学院学报》，2007 年第 9 期，第 7—9 页。

56. 鸿鹄：《关于高句丽纺织品之我见——以分析〈高丽记〉史载为中心》，《社会科学战线》2007 年第 4 期，第 182—184 页。
57. 阎步克：《分等分类视角中的汉、唐冠服体制变迁》，《史学月刊》2008 年第 2 期，第 29—41 页。
58. 刘未：《高句丽石室墓的起源与发展》，《南方文物》2008 年第 4 期，第 74—83 页。
59. 赵俊杰：《再论百济武宁王陵形制与构造的若干问题》，《边疆考古研究》，科学出版社 2009 年版第 7 辑，第 249—258 页。
60. 姜维东：《两唐书〈高丽传〉史源考》，《东北亚研究论丛》2009 年第 3 辑，第 103—110 页。
61. 郑春颖：《〈魏志·高句丽传〉与〈魏略·高句丽传〉比较研究》，《北方文物》2008 年第 4 期，第 84—91 页。
62. 郑春颖：《〈梁书·高句丽传〉史源学研究》，《图书馆理论与实践》2009 年第 11 期，第 53—58 页。
63. 郑春颖：《〈南史·高句丽传〉史料价值刍议》，《东北亚研究论丛》2009 年第 3 辑，第 111—115 页。
64. 郑春颖：《〈后汉书·高句骊传〉史源学研究》，《中国边疆史地研究》2010 年第 1 期，第 115—124 页。

（二）日本

1. 東潮：《高句麗文物に関する編年学的一考察》，《橿原考古学研究所論集》，吉川弘文館 1988 年版第 10 集，第 271—306 页。
2. 穴沢和光、馬目順一：《アフラシャブ都城址出土の壁画にみられる朝鮮人使節について》，《朝鮮学報》1976 年第 7 期，第 1—36 页。
3. 東潮：《集安の壁画墳とその変迁》，见《好太王碑と集安の壁画古墳：躍動する高句麗文化》，木耳社 1988 年版。
4. 西谷正：《唐章懐太子李賢墓の禮宾圖をめぐって》，见《児嶋隆人先生喜寿纪念论集》，古文化論叢印刷 1991 年版。
5. 東潮：《遼東と高句麗壁画——墓主図像の系譜》，《朝鮮学報》1993 年第 10 期第 1—46 页。
6. 東潮著，姚义田译：《高句丽文物编年》，《辽海文物学刊》1995 年第 2 期，第 143—158 页。
7. 池内宏：《公孙氏の带方郡设置と曹魏の楽浪带方二郡》，《滿鮮史研究》吉川弘文館 1951 年版。
8. 上原和：《徳興里古墳の墓誌銘と壁画——広開土王時代の芸術》，《芸術新潮》1979 年第 2 期，第 53—55 页。
9. 今西龍：《大同江南の古墳と楽浪王氏の関係》，《朝鮮古史の研究》，近澤書店

1937 年版。

10. 緒方泉《高句丽古坟群に関する一试考——中国集安县における发掘调查を中心にして》（上、下），《古代文化》第 37 卷，1985 年第 1 册，第 1—16 页，第 3 册第 95—114 页。

11. 岡崎敬：《安岳第 3 號墳（冬寿墓）の研究——その壁画と墓誌銘を中心として》，《史淵》93，1964 年第 7 期，第 37—81 页。

12. 小田富士雄：《集安高句麗积石墓遺物と百済・新羅の遗物》，《古文化談叢》1979 年第 6 集，第 201—219 页。

13. 關野貞：《朝鲜美術史》，朝鲜史學會会 1932 年版。

14. 武田幸男：《高句麗官位制の史的展开》，《高句麗史と东アジア：〈広開土王碑〉研究序説》，岩波書店 1989 年版。

15. 西本昌弘：《楽浪・帯方二群の興亡と漢人遺民の行方》，《古代文化》1989 年第 10 期，第 14—27 页

16. 藤井和夫：《新罗、加耶古坟出土冠研究序说》，《东北亚历史与考古信息》1998 年第 1 期，第 25—32 页。

17. 伊藤玄三著，杨晶译：《渤海时代的带具》，《东北亚考古资料译文集》第 6 集，北方文物杂志社 2006 年版。

18. 小岛芳孝著，徐永杰译：《渤海人的肖像》，《北方文物》1996 年第 4 期，第 94—97 页 。

19. 早乙女雅博、青木繁夫：《東山洞高句麗壁画古坟の共同学术調查》，《日本考古学協会第 77 回総会大会発表要旨》（40），2011 年 5 月 28—29 日，第 96—97 页。

（三）朝鲜

1. 金瑢俊：《安岳 3 号墓的年代与主人公》，《文化遗产》1957 年第 3 期。

2. Kim In-cheol：《台城里 3 号壁画墓的筑造年代与主人公问题》，《朝鲜考古研究》2002 年第 1 期，第 6—13 页。

3. Park Yun-weon：《安岳第 3 号墓为高句丽美川王陵》，《考古民俗》1963 年第 2 期。

4. 朴晋煜：《高句丽壁画墓的类型变迁与编年研究》，《高句丽古坟壁画——第 3 回高句丽国际学术大会发表论集》，高句丽研究会 1997 年版。

5. 孙永钟：《关于德兴里壁画古坟的主人公国籍问题》，《历史科学》1987 年第 1 期。

6. 安炳灿：《保山里与牛山里壁画墓的年代》，《朝鲜考古研究》1987 年第 2 期，第 20—26 页。

7. Lee Chang-yeon：《东岩里壁画墓的年代》，《朝鲜考古研究》1989 年第 3 期，第 21—23 页。

8. 田畴农：《关于安岳下墓的第 3 号墓》，《文化遗产》1959 年第 5 期。
9. 朱荣宪：《关于安岳第 3 号墓的被葬者》，《考古民俗》1963 年第 2 期。
10. 李淳镇：《关于江原道铁岭遗址出土的高句丽骑马模型》，《东北亚历史与考古信息》1996 年第 2 期。

（四）韩国

1. 金元龙：《高句丽古坟壁画起源研究》，《震檀学报》1959 年第 21 期，第 42—488 页。
2. 金元龙：《唐李贤墓壁画の新罗使にはいて》，《考古美术》1974 年第 123、124 期。
3. 金惠全：《高句丽壁画服饰与高松冢壁画服饰的比较研究》，《崇田大学论文集》1978 年第 8 集。
4. 朴京子：《德兴里古墓壁画的服饰史研究》，《服饰》1981 年第 5 期。
5. 金贤：《高句丽服饰表现的审美意识的研究》，《公州师大论文集》1988 年版第 26 集。
6. 孔锡龟：《平安・黄海道地方出土纪年铭砖研究》，《震檀学报》1988 年第 65 期，第 1—28 页。
7. 孔锡龟：《关于安岳 3 号墓主人的冠帽》，《高句丽研究》（5），学研文化社 1989 年版。
8. 李龙范：《关于高句丽人的鸟羽插冠》，见李德润、张志立《古民俗研究》，吉林文史出版社 1990 年版。
9. 李京子：《韩国服饰史的展开过程》，《东北亚历史与考古信息》1996 年第 1 期，第 37—39 页。
10. 李京子：《我国的上古服饰——以高句丽古墓壁画为中心》，《东北亚历史与考古信息》1996 年第 2 期，第 31—55 页。
11. 金美子：《通过高句丽古坟壁画看高句丽的服饰》，《东北亚历史与考古信息》1998 年第 1 期，第 46—51 页。
12. 全虎兑著，金龙泽译：《高句丽古坟壁画研究史》，《东北亚历史与考古信息》1998 年第 1 期，第 33—37 页。
13. 韩仁浩：《关于古朝鲜初期金制品的考察》，《东北亚历史与考古信息》1998 年第 1 期，第 20—24 页。
14. 崔钟泽：《从考古学看高句丽的汉江流域进出与百济》，《百济研究》1998 年第 28 集。
15. 姜贤淑：《高句丽石室封土壁画坟的渊源》第 40 辑，《韩国考古学报》1999 年版。
16. 朴仙姬：《通过壁画看高句丽的服饰文化》，《高句丽研究》第 17 辑，学研文化社 2004 年版。

17. 金文子：《对渤海服饰的研究》，《水原大学校论文集》2000 年第 15 集。
18. 李光希：《关于高句丽鎏金冠帽和冠帽装饰的考察》，《东北亚历史与考古信息》2007 年第 1 期，第 99—102 页。
19. 高富子著，拜根兴、王霞译：《庆州龙江洞出土的古俑服饰考》，《考古与文物》2010 年第 4 期，第 73—84 页。

五 论文集

1. 李德润、张志立：《古民俗研究》，吉林文史出版社 1990 年版。
2. 张志立、王宏刚：《东北亚历史与文化——庆祝孙进已先生六十诞辰文集》，辽沈书社 1992 年版。
3. 吉林省文物考古研究所、集安市文物保管所：《高句丽研究文集》，延边大学出版社 1993 年版。
4. 杨春吉、耿铁华：《高句丽历史与文化研究》，吉林文史出版社 1997 年版。
5. 林沄：《林沄学术文集》，中国大百科全书出版社 1998 年版。
6. 巫鸿：《汉唐之间的视觉文化与物质文化》，《文物出版社》2003 年版。
7. 郑炳林、樊锦诗、杨富学：《丝绸之路民族古文字与文化学术讨论文集》（上下），三秦出版社 2007 年版。
8. 吉林大学边疆考古研究中心：《边疆考古研究》，科学出版社 2009 年版。
9. 吉林省文物考古研究所：《吉林集安高句丽墓葬报告集》，科学出版社 2009 年版。
10. 吉林大学边疆考古研究中心：《新果集——庆祝林澐先生七十华诞论文集》，科学出版社 2009 年版。
11. 辽宁省文物考古所、日本奈良文化财研究所：《东北亚考古学论丛》，科学出版社 2010 年版。

六 学位论文

1. 全虎兑：《高句丽古坟壁画研究——以来世观的表现为中心》，首尔大学校，博士论文，1997 年。
2. 全炫室：《渤海与新罗的服饰比较研究》，成均馆大学，衣类科硕士论文，1999 年。
3. 金玟志：《渤海服饰研究》，首尔大学，衣类学科博士论文，2000 年。
4. 金镇善：《中国正史朝鲜传的韩国古代服饰研究》，檀国大学，硕士论文，2006 年。
5. 江楠：《中国东北地区金步摇饰品的发现与研究》，吉林大学，硕士论文，2007 年。

6. 范鹏：《高句丽民族的考古学观察》吉林大学，硕士论文，2008 年。
7. 白银淑：《唐代男服与韩国统一新罗男服比较》，江南大学，硕士论文，2009 年。
8. 赵俊杰：《4——7 世纪大同江、载宁江流域封土石室墓研究》，吉林大学，博士论文，2009 年。

七　图录

1. ［日］朝鲜総督府：《朝鲜古蹟圖譜》（二），國華社 1915 年版。
2. ［日］朝鲜総督府：《朝鲜古蹟圖譜》（三），朝鲜総督官房総務印刷所 1916 年版。
3. ［日］朝鲜画報社：《高句麗古墳壁画》，朝鲜画报社出版部 1985 年版。
4. ［朝］朝鲜民主主义共和国文物保存指导局画册编辑室：《高句丽壁画》，朝鲜中央历史博物馆 1979 年版。
5. ［朝］《朝鲜遗迹遗物图鉴》编纂委员会：《朝鲜遗迹遗物图鉴》，外文综合出版社 1990 年版第 4—6 集。

附表

附表1　高句丽服饰史料分类统计表

服饰 文献	妆饰	首服	身衣	足衣	饰物	
					耳饰	带饰
三国志		大加、主簿—帻 小加—折风—弁	公会衣服皆锦绣		金银以自饰	
后汉书		大加、主簿—帻 小加—折风—弁	公会衣服皆锦绣		金银以自饰	
梁书		大加、主簿—似帻 小加—折风—弁	公会衣服皆锦绣		金银以自饰	
南史		大加、主簿头—似帻 小加—折风—弁	公会衣服皆锦绣		金银以自饰	
魏书		折风—弁—旁插鸟羽，贵贱有差	公会衣服皆锦绣		金银以为饰	
南齐书		折风—帻—古弁	俗服穷裤			
周书		冠—骨苏—多紫罗—饰金银 官品—插二鸟羽	丈夫—同袖衫、大口裤 妇人—裙襦，裾袖皆禩	丈夫黄革履		丈夫—白韦带
隋书		人皆皮冠 使人加插鸟羽 贵者—紫罗冠—饰金银	大袖衫、大口裤 妇人裙襦加禩	黄革屦		素皮带

续表

服饰/文献	妆饰	首服	身衣	足衣	饰物	
					耳饰	带饰
北史		折风—弁，士人加插二鸟羽 贵者—苏骨—紫罗—饰金银	大袖衫、大口袴 妇人裙襦加襈	黄革履		素皮带
旧唐书	舞者椎髻以绛抹额 妇人巾帼	王—白罗冠，咸以金饰 官之贵者青罗冠—次绯罗冠—插二鸟羽，及金银为饰 国人—弁 乐工—紫罗帽—饰鸟羽	王五彩 衫筒袖，裤大口，国人衣褐 乐工—黄大袖 舞者—黄裙襦，赤黄勋长其袖	黄韦履 乐工—大口燕皮靴 舞者—乌皮靴	舞者金珰	王白皮小带咸以金饰 白韦带 乐工紫罗带，五色绦绳
新唐书	女子巾帼	王—白罗冠 大臣—青罗冠—次绛罗—珥两鸟羽—金银杂扣 庶人戴弁	王—服五采 衫筒袖，裤大口，庶人衣褐	黄革履		王革带皆金扣 白韦带
职贡图		贵者—帻—金银为鹿耳 贱者—析（折）风	妇人衣白，男子衣结锦，饰以金银。 白衣衫，白长袴	足履豆礼韦沓（鞜）	金环	腰有银带，左佩砺而右佩五子刀
翰苑		插金羽以明贵贱				配刀砺而见等威

附表2 中国境内主要高句丽壁画墓服饰统计表

<table>
<tr><th rowspan="3">名称</th><th colspan="9">与服饰相关的壁画内容</th><th rowspan="3">时期</th><th rowspan="3">备注</th></tr>
<tr><th rowspan="2">墓门</th><th rowspan="2">墓道
甬道</th><th rowspan="2">耳室
前室</th><th rowspan="2">通道</th><th colspan="5">主室</th></tr>
<tr><th>后壁</th><th>左壁</th><th>右壁</th><th>前壁</th><th>顶</th></tr>
<tr><td>角觝墓</td><td></td><td></td><td></td><td></td><td>墓主人夫妇宴饮</td><td>家居、进食、角觝</td><td>车马出行</td><td></td><td></td><td rowspan="2">公元四世纪中叶至五世纪初</td><td>通沟</td></tr>
<tr><td>舞踊墓</td><td></td><td></td><td>右耳室为鞍马人物</td><td></td><td>墓主人宴饮</td><td>家居、进食、舞踊</td><td>牛马车行、狩猎</td><td></td><td>伎乐仙人、人物</td><td>通沟</td></tr>
<tr><td>麻线沟1号墓</td><td></td><td></td><td>左耳室狩猎</td><td></td><td>墓主人夫妇宴饮</td><td>舞踊</td><td>甲马骑士</td><td></td><td></td><td rowspan="3">公元五世纪</td><td>考古，1964（10）</td></tr>
<tr><td rowspan="2">通沟第12号墓</td><td rowspan="2"></td><td rowspan="2">两侧绘狩猎图</td><td>左耳室绘庖厨；右耳室绘马厩图</td><td></td><td>墓主人夫妇对坐</td><td>挽车出行</td><td>挽车出行</td><td>舞乐</td><td></td><td rowspan="2">考古，1964（2）</td></tr>
<tr><td>右耳室绘庖厨</td><td></td><td>墓主人夫妇对坐</td><td>战斗</td><td>狩猎</td><td></td><td></td></tr>
</table>

续表

名称	与服饰相关的壁画内容									时期	备注
	墓门	墓道 甬道	耳室 前室	通道	主室						
					后壁	左壁	右壁	前壁	顶		
山城下332号墓		左：狩猎； 右：狩猎、女侍									考古，1983（4）
长川2号墓	正面绘门卒，背面绘女侍										考古与文物，1983（1）
折天井墓					存壁画残片，一片长6，宽4，厚1厘米，其上绘有一人物腰部，腰系朱红色飘带。另一片橘红色，可能是衣服的色彩。						博物馆研究，1988（3） 朝鲜古迹图谱，1915（1）
禹山下41号					东壁（即向墓道的正壁）绘有墓主人，北壁绘有鹿和人，						考古，197（2）
长川1号墓			前室后壁左右各一门吏；左壁舞蹈、进食；右壁百戏、伎乐、山林逐猎；前壁左右各一卫士；顶拜佛、菩萨、化生、伎乐、力士	通道两侧各一女侍						公元五世纪末到六世纪中叶之间	东北考古和历史，1982（1）
长川4号墓		墓道两侧绘人物				人物（残）					博物馆研究，1988（1）
环纹墓						人物					通沟
三室墓					墓主人家居	出行、狩猎	攻城	卫士			通沟
				两侧各一卫士	北壁：托梁力士	东壁：托梁力士	西壁：卫士	南壁：托梁力士	伎乐仙人		考古与文物，1981（3）
				两侧各一卫士	西壁：托梁力士	北壁：托梁力士	南壁：力士	东壁：力士			

续表

<table>
<tr><th rowspan="3">名称</th><th colspan="9">与服饰相关的壁画内容</th><th rowspan="3">时期</th><th rowspan="3">备注</th></tr>
<tr><th rowspan="2">墓门</th><th rowspan="2">墓道
甬道</th><th rowspan="2">耳室
前室</th><th rowspan="2">通道</th><th colspan="5">主室</th></tr>
<tr><th>后壁</th><th>左壁</th><th>右壁</th><th>前壁</th><th>顶</th></tr>
<tr><td>美人墓</td><td></td><td></td><td></td><td></td><td colspan="5">室内壁画剥落严重，仅见两妇人形象</td><td></td><td>朝鲜の建筑と艺术，1941
朝鲜古迹图谱，1915（1）</td></tr>
<tr><td>四神墓</td><td></td><td>两侧各一卫士</td><td></td><td></td><td></td><td></td><td></td><td></td><td>伎乐仙人</td><td rowspan="3">公元六世中叶到七世纪初</td><td>通沟</td></tr>
<tr><td>五盔坟
4 号墓</td><td></td><td>两侧各一卫士（漫漶不清）</td><td></td><td colspan="5">按方位绘有四神，衬以莲花忍冬网纹图案，网纹内绘有各种人物形象</td><td>牛首人、仙人、伎乐</td><td>考古，1964（1）、（2）；
考古学报，1984（1）</td></tr>
<tr><td>五盔坟
5 号墓</td><td></td><td>两侧各一卫士</td><td></td><td colspan="5">按方位绘有四神，衬以莲花忍冬网纹图案，网纹内绘不见四号墓的人物形象</td><td></td><td>文物参考资料，1958（4）；
考古，1962（8）；
1964（1）、（2）</td></tr>
</table>

注释：本表只选取人物图像清晰的高句丽壁画墓。不清晰者，如山城下 798 号（林至德：《集安高句丽壁画墓的演进及分期》，《东北亚历史与考古信息》1998 年第 30 期），山城下 1408、1405 号（高远大：《维修中发现的两座高句丽积石石室壁画墓》，《博物馆研究》2000 年第 1 期）墓葬均不收录。

附表3　朝鲜境内主要高句丽壁画墓服饰统计表

<table>
<tr><th rowspan="3">名称</th><th colspan="11">与服饰相关的壁画内容</th><th rowspan="3">时期</th><th rowspan="3">备注</th></tr>
<tr><th rowspan="2">墓道</th><th colspan="4">前室（侧室）</th><th rowspan="2">通道回廊</th><th colspan="5">主室（后室）</th></tr>
<tr><th>后壁（北壁）</th><th>左壁（东壁）</th><th>右壁（西壁）</th><th>前壁（南壁）</th><th>后壁（北壁）</th><th>左壁（东壁）</th><th>右壁（西壁）</th><th>前壁（南壁）</th><th>顶</th></tr>
<tr><td rowspan="2">安岳3号墓</td><td rowspan="2"></td><td colspan="2">东侧室庖厨图、肉库图、车库图及厩舍图</td><td colspan="2">西侧室西壁和南壁墓主人夫妇家居图</td><td rowspan="2">回廊北壁和东壁行列图</td><td rowspan="2"></td><td rowspan="2">舞乐图</td><td rowspan="2"></td><td rowspan="2"></td><td rowspan="2"></td><td rowspan="5">公元四世纪中叶至五世纪初</td><td rowspan="2">遗迹发掘调查报告，1958（3）；文物参考资料，1952（1）；考古，1959（1）</td></tr>
<tr><td></td><td>角觝图</td><td>帐下督</td><td>乐手、战吏及斧钺手</td></tr>
<tr><td>台城里3号墓</td><td></td><td></td><td></td><td>前室右壁前侧男子腿部</td><td></td><td></td><td></td><td></td><td></td><td></td><td></td><td>考古学资料集，1958（1）；考古，1960（1）；朝鲜考古研究，2002（1）</td></tr>
<tr><td>台城里1号墓</td><td></td><td></td><td></td><td>右侧室墓主像</td><td></td><td></td><td></td><td></td><td></td><td></td><td></td><td>遗迹发掘报告，1959（5）</td></tr>
<tr><td>台城里2号墓</td><td></td><td></td><td></td><td></td><td></td><td></td><td></td><td></td><td>人物腿鞋女人像</td><td>上部尚存墨线</td><td></td><td>遗迹发掘报告，1959（5）</td></tr>
</table>

续表

名称	与服饰相关的壁画内容											时期	备注
	墓道	前室（侧室）				通道回廊	主室（后室）						
		后壁（北壁）	左壁（东壁）	右壁（西壁）	前壁（南壁）		后壁（北壁）	左壁（东壁）	右壁（西壁）	前壁（南壁）	顶		
德兴里壁画墓	门卫、携幼儿行走人物、人物	右侧绘墓主人像	出行图	十三郡太守	属吏和乐队	马车、牛车	左侧墓主，右侧男仆备马和女侍牛车图。	七宝供养图、池中莲花图	马射戏、楼阁	马厩、车舍	神话人物、狩猎图		历史科学，1979（3）；德兴里高句丽壁画墓，1981；东北历史与考古，1982（1）；博物馆研究，1986（1）
辽东城塚		碾坊图			“辽东城”城郭图		西侧第一棺室的东西壁的上半部有墨线轮廓的人物痕迹						考古学资料集，1958（1）；考古，1960（1）
东山洞高句丽壁画墓	铠甲骑马进贤冠骑马人物					身着挂甲的守门将							《日本考古学协会第77回总会大会发表要旨》（40）
平壤驿前二室墓		骑马人	磨房、厨房	斧钺手、持剑武士	乐手、骑马人								考古学资料集，1958（1）
松竹里1号墓	武士行列		出行图	狩猎图	守门将、供养图	守门将	墓主账房生活图	牛车、人物					朝鲜考古研究，2005（3）
龛神冢	骑马人物	人物	绘墓主、侍从	墓主夫人像、侍从	西侧下方人物	人物	拱手坐像		游猎图				朝鲜古迹图谱，1915（2）；朝鲜の建筑と艺术，1941
高山洞A7号墓								打伞人	牵马人			公元五世纪	昭和十二年度古迹调查报告，1938；遗迹发掘报告，1964（9）
金玉里1号墓		东室左壁为头戴折风的老人头部形象。											朝鲜考古研究，1995（3），2002（2）
天王地神塚							墓主夫妇						大正五年度古迹调查报告，1917年；朝鲜の建筑と艺术，1941
药水里壁画墓		墓主坐像、侍从出行图	出行、厨房、磨房	近臣坐像、狩猎图	出行、狩猎、门将、牵马人等		墓主夫妇、侍者	左壁绘青龙与日相	右壁绘白虎与月相	前壁绘朱雀			考古学资料集，1963（3）

续表

名称	与服饰相关的壁画内容											时期	备注
	墓道	前室（侧室）				通道回廊	主室（后室）						
		后壁（北壁）	左壁（东壁）	右壁（西壁）	前壁（南壁）		后壁（北壁）	左壁（东壁）	右壁（西壁）	前壁（南壁）	顶		
东岩里壁画墓		壁画残存墓主像、人像、家内生活、庖厨、行猎、歌舞等主题											朝鲜考古研究，1988（2）
保山里壁画墓	守门将						上栏绘人物风俗图						历史科学，1978（2）
高山洞A10号墓										舞女			遗迹发掘报告，1964（9）；大城山的高句丽遗迹，1973
伏狮里壁画墓							帐房生活	朝贡	行列				考古学资料集，1963（3）
月精里壁画							人面、服饰						朝鲜考古研究，1989（4）
八清里壁画墓			行列图	墓主人与侍从	行列图		墓主与侍从的家内生活图		侍从				考古学资料集，1963（3）
玉桃里壁画墓							墓主人生活图	侍立图歌舞图	狩猎图				玉桃里——朝鲜南浦市龙岗郡一带历史遗迹，2011
安岳1号墓								行列图	狩猎、女人图	行列图	天人		遗迹发掘调查报告，1960（4）
水山里壁画墓						守门将	墓主人夫妇	女子行列、车马行列	主人、曲艺、行列	男主人及持花伞侍从			考古学资料集，1974（4）
肝城里莲花塚				人物像						天人	日相、月相		朝鲜古迹图谱，1915（2）；朝鲜の建筑と艺术，1941

续表

名称	与服饰相关的壁画内容											时期	备注
	墓道	前室（侧室）				通道回廊	主室（后室）						
		后壁（北壁）	左壁（东壁）	右壁（西壁）	前壁（南壁）		后壁（北壁）	左壁（东壁）	右壁（西壁）	前壁（南壁）	顶		
梅山里四神冢							家居图、供养图	骑马人	狩猎图			公元五世纪末到六世纪中叶	朝鲜古迹图谱，1915（2）；朝鲜の建筑と艺术，1941
双楹冢	两侧绘人物出行图	人物立像			力士、人物		墓主夫妇像	人物供礼图					朝鲜古迹图谱，1915（2）；朝鲜の建筑と艺术，1941
大安里1号墓		行列图	行列图	行列图	狩猎图	守门将	上部绘家居图	人物	朝贡图	织女图			考古学资料集，1959（2）
安岳2号墓							壁画有墓主夫妇坐像、女侍、飞天、武士等，天井飞天						遗迹发掘调查报告，1960（4）
长山洞1号墓							女主人、侍从						文化遗产，1962（6）
牛山里1号墓							人物风俗						历史科学，1978（2）
德花里1、2号墓							人物						历史科学，1977（2）
鲁山里铠马墓	人骑铠马									力士	卤簿		大正五年度古迹调查报告，1917；朝鲜の建筑と艺术，1941
江西大墓							四神				天人、神仙	公元六世纪后至七世纪中叶	考古学杂志1912（3）；朝鲜古迹图谱，1915（2）
龙兴里1号墓	墓道壁画脱落						账房图		骑马人物				朝鲜考古研究，1993（1）

附表4　高句丽壁画服饰表

（该表被拆分为4—1至4—38）

附表4－1　角觝墓壁画人物服饰表

序号	方位	性别	发式/发饰/面妆 官帽/冠饰	服装形制	襦/袍						裈裤/裙	鞋履
					领	衽	袖	腰饰	花色	其他		
1	主室后壁 左一	不详	发辫	短襦裤	残	残	残	残	点纹	不详	肥筩裤	中勒鞋
2	主室后壁 左二	不详	不详	短襦裤	直领 黑襈	合衽 黑襈	不详	不详	不详	下摆加襈	肥筩裤	中勒鞋
3	主室后壁 男主人	男	残	短襦裤	不详 黑红襈	左衽 黑红襈	中袖 黑红襈	不详	棕地褐点纹	黑红襈 黑披肩	白地黑点纹肥筩裤	残
4	主室后壁 夫人一	女	白色巾帼	长襦裙	直领 红襈	左衽 红襈	红襈	不详	黑色	下摆红襈	白色百褶裙	无
5	主室后壁 夫人二	女	白色巾帼	长襦裙	直领 黑襈	左衽 黑襈	残	黑带 左侧结	白地黑点纹	下摆黑襈 黑披肩	白色百褶裙 粗细两道襈	无
6	主室后壁 右二	女	残	长襦裙	直领 黑襈	左衽 黑襈	窄袂胡袪 黑襈	不详	棕地褐点纹	下摆黑襈	白色百褶裙 黑襈 露肥筩裤	白色中 勒鞋

续表

序号	方位	性别	发式/发饰/面妆 官帽/冠饰	服装形制	襦/袍						裈裤/裙	鞋履
					领	衽	袖	腰饰	花色	其他		
7	主室后壁 右一	女	盘髻	不详	残	残	残	残	黑色	不详	残	残
8	主室右壁 马童	不详	残	短襦裤	直领 加襈	合衽 加襈	中袖 加襈	束带	不详	下摆加襈	肥筩裤	中靿鞋
9	主室左壁 角觝手一	男	顶髻	犊鼻裈	上身赤裸						黑色犊鼻裈	残
10	主室左壁 角觝手二	男	顶髻	犊鼻裈							黑色犊鼻裈	残
11	主室左壁角觝 拄棍人	男	黄色头巾	短襦裤	直领 黑襈	左衽 黑襈	中袖 黑襈	黑带 前结	棕色	下摆黑襈	白色肥筩裤	矮靿鞋

附表 4－2 舞踊墓壁画人物服饰表

序号	方位	性别	发式/发饰/面妆 官帽/冠饰	服装形制	襦/袍						裈裤/裙	鞋履
					领	衽	袖	腰饰	花色	其他		
1	主室后壁 墓主人	男	白色帻冠	短襦裤	直领 红襈	左衽 红襈	红襈	白带	黑色	下摆红襈	白地红方格碎 点纹肥筩裤	棕色矮 鞠鞋
2	主室后壁 持刀男侍	男	折风	短襦裤	直领 黑襈	左衽 黑襈	短袖 黑襈	不详	黄地褐点纹	下摆黑襈	白地黑竖点 纹肥筩裤，黑襈	白色中 鞠鞋
3	主室后壁 僧侣左一	男	断发	袍裙	直领 加襈	残	残	残	黑色袍	不详	白色褶裙	系带矮 鞠黑鞋
4	主室后壁 僧侣左二	男	断发	袍裙	直领 加襈	残	短袖？	残	黑色袍	不详	白色褶裙	系带矮 鞠黑鞋
5	主室后壁 女侍左一	女	残	短襦裤	直领 加襈	左衽 加襈	短袖 或挽至肘	右侧结	点纹	下摆加宽襈	加襈点纹肥筩裤	中鞠鞋
6	主室后壁 侍从左二	不详	残	短襦裤	残	残	残	残	不详	不详	加襈点纹肥筩裤	中鞠鞋
7	主室后壁 下部头像左一	男	黑色风帽	不详	不详	不详	不详	不详	不详	不详	残	残

续表

序号	方位	性别	发式/发饰/面妆 官帽/冠饰	服装形制	襦/袍						裈裤/裙	鞋履
					领	衽	袖	腰饰	花色	其他		
8	主室后壁下部 头像左二	男	黑色风帽	不详	不详	不详	不详	不详	不详	不详	残	残
9	主室后壁下部 头像左三	男	黑色风帽	不详	不详	不详	不详	不详	不详	不详	残	残
10	主室后壁下部 头像左四	男	折风	不详	不详	不详	不详	不详	不详	不详	残	残
11	主室后壁下部 头像左五	男	折风	不详	不详	不详	不详	不详	不详	不详	残	残
12	主室后壁下部 头像左六	男	折风	不详	不详	不详	不详	不详	不详	不详	残	残
13	主室后壁下部 头像左七	男	不详	不详	不详	不详	不详	不详	不详	不详	残	残
14	主室后壁下部 头像左八	男	折风	不详	不详	不详	不详	不详	不详	不详	残	残
15	主室后壁上藻 井角觝手左一	男	顶髻	犊鼻裈	上身赤裸						犊鼻裈 右侧垂带	跣足
16	主室后壁上藻 井角觝手左二	男	顶髻	犊鼻裈							犊鼻裈 右侧垂带	跣足
17	主室左壁进 肴女侍左一	女	残	长襦裙	直领 黑襈	左衽 黑襈	不详	黑带 左侧结	点纹	下摆黑 襈	加襈百褶裙 肥筩裤	中勒鞋

续表

序号	方位	性别	发式/发饰/面妆 官帽/冠饰	服装形制	襦/袍						裈裤/裙	鞋履
					领	衽	袖	腰饰	花色	其他		
18	主室左壁进肴女侍左二	女	垂髻	长襦裙	直领黑襈	左衽黑襈	窄袂胡袪式黑襈	黑带左侧结	白地黑点纹	下摆黑襈	白色加襈百褶裙黄色肥筩裤	白色中靿鞋
19	主室左壁进肴女侍左三	女	盘髻	长襦裙	直领黑襈	左衽黑襈	窄袂胡袪式黑襈	黑带左侧结	黄地褐点纹	下摆黑襈	白色加襈百褶裙黄色肥筩裤	白色中靿鞋
20	主室左壁墓主人	男	白色帻冠	短襦裤	直领红襈	左衽红襈	中袖红襈	白带	黑色	下摆红襈	白地红方格碎点纹肥筩裤	棕色矮靿鞋
21	主室左壁持物女侍	女	垂髻	短襦裤	直领黑襈	左衽黑襈	短袖黑襈	不详	黄色	下摆黑襈	白色瘦腿裤 黑襈	白色中靿鞋
22	主室左壁舞者左一	男	披发	短襦裤	直领黑襈	大襟下部向左横裁	窄长袖黑襈	黑带左侧结	点纹	下摆黑襈	点纹肥筩裤	残
23	主室左壁舞者左二	男	黄色折风二雉尾	短襦裤	直领黑襈	左衽黑襈大襟下部向左横裁	窄长袖黑襈	束带	白地黑点纹	下摆黑襈	黄地褐点纹肥筩裤	白色矮靿鞋黑袜
24	主室左壁舞者左三	女	残	长襦裙	直领黑襈	左衽黑襈	窄长袖上臂及袖口加黑襈	黑带左侧结	黄地褐点纹	下摆黑襈	白色黑襈百褶裙黄色肥筩裤	白色中靿鞋
25	主室左壁舞者左四	女	盘髻	长襦裙	直领黑襈	左衽黑襈	窄长袖上臂及袖口加黑襈	黑带左侧结	白地黑点纹	下摆黑襈	白色黑襈百褶裙黄色肥筩裤	白色中靿鞋
26	主室左壁舞者左五	男？	披发	短襦裤	直领黑襈	左衽黑襈大襟下部向左横裁	窄长袖黑襈	黑带前结	黄地褐点纹	下摆黑襈	白地黑点纹肥筩裤	白色矮靿鞋黑袜

续表

序号	方位	性别	发式/发饰/面妆 官帽/冠饰	服装形制	襦/袍						裈裤/裙	鞋履
					领	衽	袖	腰饰	花色	其他		
27	主室左壁 舞者左六	男	披发	短襦裤	直领 黑襈	左衽黑襈 大襟下部 向左横裁	窄长袖 黑襈	黑带 前结	白地黑点纹	下摆黑襈	黄地褐点纹 肥筩裤	白色矮靿 鞋黑袜
28	主室左壁 上部	不详	残	短襦裤	残	残	残	残	残	残	黄地褐点纹 肥筩裤	白色中 靿鞋
29	主室左壁 下部左一	男	白色折风	短襦裤	直领 黑襈	左衽 黑襈	窄长袖 黑襈	不详	黄地褐点纹	下摆黑襈	残	残
30	主室左壁 下部左二	男	白色折风	短襦裤	直领 黑襈	左衽 黑襈	不详	束带	白地黑点纹	下摆黑襈	残	残
31	主室左壁 下部左三	女	盘髻	长襦裙	直领 加襈	合衽	不详	不详	黑色？	残	残	残
32	主室左壁 下部左四	女	盘髻	长襦裙	直领 黑襈	左衽 黑襈	上臂处 加黑襈	不详	白地黑点纹	残	残	残
33	主室左壁 下部左五	女	盘髻	长襦裙	直领 黑襈	合衽 加襈	上臂处 加黑襈	不详	棕地褐点纹	残	残	残
34	主室左壁 下部左六	男	披发	短襦裤	直领 加襈	合衽 加襈	不详	不详	黑色	不详	残	残
35	主室左壁 下部左七	男	披发	短襦裤	直领 黑襈	合衽 黑襈	不详	不详	白地黑点纹	不详	残	残
36	主室左壁 天井左一	男	尖顶帽	袍服	直领 红襈	合衽	窄袖？	不详	红色	不详	不详	不详

续表

序号	方位	性别	发式/发饰/面妆 官帽/冠饰	服装形制	襦/袍						裈裤/裙	鞋履
					领	衽	袖	腰饰	花色	其他		
37	主室左壁 天井左二	男	尖顶帽	袍服	直领 褐襈	右衽	宽长袖	不详	黄色	持书笔	不详	跣足
38	主室右壁 狩猎图左一	男	黄色折风 鸟羽	短襦裤	直领 黑襈	左衽黑襈	中袖 黑襈	不详	浅红	下摆黑襈	红色肥筩裤	白色中 鞹鞋
39	主室右壁 狩猎图左二	男	折风 雉尾	短襦裤	直领 加襈	左衽 加襈	短袖 加襈	束带	单色？	不详	深色肥筩裤	残
40	主室右壁 狩猎图左三	男	白色折风 雉尾	短襦裤	直领 黑襈	左衽 黑襈	短袖 黑襈	黑带	浅红	下摆黑襈	黄色肥筩裤 行縢	白色中 鞹鞋
41	主室右壁 狩猎图左四	男	白色折风 鸟羽	短襦裤	直领 白襈	左衽 白襈	短袖 白襈	白带	红色	下摆白襈	黄色肥筩裤	残
42	主室右壁 狩猎图左五	男	圆顶软脚帽	短襦裤	直领 白襈	左衽 白襈	短袖 白襈	白带	红色	下摆白襈	残	残
43	主室右壁 牛车出行图	男	圆顶软脚帽	短襦裤	不详	不详	不详	不详	红色	下摆白襈	红色裤	白色中 鞹鞋
44	右耳室中 壁左一	男	折风	短襦裤	直领 黑襈	合衽 黑襈	短袖 黑襈	白带	点纹	下摆黑襈	单色肥筩裤	残
45	右耳室中 壁左二	男	折风	短襦裤	直领 黑襈	左衽 黑襈	短袖 黑襈	白带	单色	下摆黑襈	点纹肥筩裤	残
46	右耳室右 壁左一	男	黑色风帽	短襦裤	直领 黑襈	残	残	残	残	残	残	残
47	右耳室右 壁左二	男	帻冠	短襦裤	直领	残	残	点纹	残	残	残	残

续表

序号	方位	性别	发式/发饰/面妆 官帽/冠饰	服装形制	襦/袍						裈裤/裙	鞋履
					领	衽	袖	腰饰	花色	其他		
48	主室天井第四重吹长角天人	男	披发 高冠	红色对襟黑褀羽衣							黄色羽裤	跣足
49	主室天井第三重弹琴人左	男	披发 高冠	对襟加褀羽衣							羽裤	跣足
50	主室天井第三重弹琴人右	女	双顶髻 无	宽袖袍外罩圆领半袖褙子							裙	不详
51	主室天井第四重飞天	男	披发 高冠	红色对襟黑褀羽衣							灰色羽裤	跣足
52	主室天井第七重飞天	男	高冠	对襟羽衣							羽裤	跣足

附表4－3 麻线沟1号墓壁画人物服饰表

序号	方位	性别	发式/发饰/面妆官帽/冠饰	服装形制	襦/袍						裈裤/裙	鞋履
					领	衽	袖	腰饰	花色	其他		
1	墓室东壁南端夫妻对坐图中妻子	女	不详	长襦裙	不详	合衽绿襈	不详	不详	红色	不详	不详	不详
2	墓室东壁南端夫妻对坐图中丈夫	男	不详	短襦裤	直领加襈	左衽加襈	中袖	不详	不详	不详	不详	不详
3	墓室东壁南端夫妻对坐图丈夫身后侍童	男	不详	短襦裤	直领	合衽	不详	不详	桔红色	不详	肥筩裤	不详
4	墓室东壁南端夫妻对坐图侍童后女侍一	女	垂髻羽状发饰	长襦裙	直领加襈	左衽加襈	窄袂胡袪式	不详	不详	帔肩	裙	不详
5	墓室东壁南端夫妻对坐图侍童后女侍二	女	垂髻羽状发饰	长襦裙	直领加襈	左衽加襈	窄袂胡袪式	不详	不详	帔肩	裙下肥筩裤	中靿鞋

续表

序号	方位	性别	发式/发饰/面妆 官帽/冠饰	服装形制	襦/袍						裈裤/裙	鞋履
					领	衽	袖	腰饰	花色	其他		
6	墓室东壁南端夫妻对坐图侍童后女侍三	女	垂髻 无	长襦裙	直领加襈	左衽 加襈	窄袂胡 袪式	不详	不详	帔肩	裙下肥筩裤	中鞫鞋
7	墓室南壁东端对舞图左侧人	男	帻冠	短襦裤	直领	不详	窄长袖	束带？	不详	不详	桔红地黑点纹肥筩裤	中鞫鞋
8	墓室南壁东端对舞图右侧人	男	红黑压边帻冠	短襦裤	直领	不详	窄长袖	束带	不详	不详	绿色肥筩裤	不详
9	北侧室北壁上部骑士	男	兜鍪	短襦裤	身披铠甲						残	残
10	北侧室北壁逐猎图下	男	不详	短襦裤	不详	不详	不详	束腰	黄色	不详	不详	不详
11	北侧室东壁逐猎图上部	男	折风	短襦裤	直领加襈	合衽	中袖	残	白色	不详	残	残
12	北侧室东壁逐猎图中部	男	折风	短襦裤	直领加襈	右衽 加襈	窄袖	不详	不详	不详	瘦腿裤	残
13	北侧室东壁逐猎图下部	男	折风 鸟羽	不详	残						残	残

附表4－4　通沟12号墓壁画人物服饰表

序号	方位	性别	发式/发饰/面妆 官帽/冠饰	服装形制	襦/袍						裈裤/裙袍	鞋履
					领	衽	袖	腰饰	花色	其他		
1	南室后壁夫妻对坐图男主人	男	白色帻冠	短襦裤	直领？	合衽	不详	束带	白色	不详	灰地黑点肥筩裤	不详
2	南室后壁夫妻对坐图女主人	女	圆点胭脂 白色巾帼	长襦裙	红黑襈	合衽	长袖？ 红黑襈	不详	白色	下摆 红黑襈	黑襈百褶裙	不详
3	南室后壁左端屋宇外一	男	不详	短襦裤	不详	不详	不详	不详	绿地黑点纹	不详	黄色肥筩裤	不详
4	南室后壁左端屋宇外二	男	不详	短襦裤	不详	不详	不详	不详	黄色	不详	绿地黑点肥筩裤	不详
5	南室后壁左端屋宇外三	男	不详	短襦裤	不详	不详	不详	不详	绿地黑点纹	不详	黄色肥筩裤	不详
6	南室后壁屋宇右侧两侧门中女侍	女	垂髻 圆点胭脂	长襦裙	不详	合衽	长袖？	不详	白地红点纹	不详	黑襈百褶裙	不详
7	南室后壁右端屋宇外女子	女	白色巾帼	长襦裙	不详	合衽	长袖？	不详	绿地黑点纹	不详	不详	不详

续表

序号	方位	性别	发式/发饰/面妆 官帽/冠饰	服装形制	襦/袍						裈裤/裙袍	鞋履
					领	衽	袖	腰饰	花色	其他		
8	南室右壁挽车侍童	男	不详	短襦裤	不详	不详	不详	不详	黄色	不详	绿色裤	不详
9	南室右壁车辕侧一人	男	不详	短襦裤	不详	不详	不详	不详	绿色	不详	黄色裤	不详
10	南室右壁车前人	男	不详	短襦裤	不详	不详	不详	不详	绿色	不详	黄色花裤	不详
11	南室左壁左端挽车男仆	男	不详	短襦裤	直领加襈	合衽加襈	短袖？	不详	黄色	下摆加襈	青地点纹瘦腿裤	残
12	南室左壁左端车辕右侧	男	不详	短襦裤	不详	不详	不详	不详	绿色	下摆加襈	黄地点纹裤	不详
13	南室左壁左端车辕后一	女	盘髻	长襦裙	加黑襈	残	不详	不详	黄色	不详	不详	不详
14	南室左壁左端车辕后二	女	盘髻	长襦裙	加黑襈	残	窄袂胡袪式	不详	黄色	下摆宽窄两道襈	宽襈百褶裙	不详
15	南室左壁左端车辕后三	女	盘髻	长襦裙	残	残	不详	不详	点纹？	下摆宽窄两道襈	宽襈百褶裙	不详
16	南室左壁左端车辕后四	女	盘髻	长襦裙	残	残	不详	不详	点纹？	下摆黑白间色襈	宽襈百褶裙	不详
17	南室左壁左端车辕后五	女	盘髻	长襦裙	残	残	残	不详	点纹？	残	宽襈百褶裙	不详

续表

序号	方位	性别	发式/发饰/面妆官帽/冠饰	服装形制	襦/袍						裈裤/裙袍	鞋履
					领	衽	袖	腰饰	花色	其他		
18	南室前壁墓门右侧舞蹈者	男	残	短襦裤	残	残	窄长袖加襈	束带	黄地点纹	下摆加襈	青地点纹肥筩裤	不详
19	南室前壁墓门右侧伴奏人	男	残	短襦裤	残	残	短袖？	束带	单色？	不详	双点纹	残
20	南室前壁墓门左侧舞蹈者	男	不详	短襦裤	不详	不详	残	不详	红地点纹	下摆加襈	青色点纹肥筩裤？	不详
21	甬道左侧龛室后壁作画图	男	黄色帻冠	短襦裤	直领加襈	合衽加襈	短袖？	束带	绿色	不详	黄地点纹肥筩裤	残
22	甬道左侧龛室后壁女侍	女	高髻？	长襦裙	不详	不详	不详	不详	黄色	不详	不详	不详
23	甬道右壁狩猎图	男	折风	甲衣	大块皮革缝制的甲衣						不详	不详
24	甬道左壁狩猎图一、二人	男	不详	短襦裤	不详	不详	不详	不详	黄色	不详	黄色裤	不详
25	北室后壁夫妻对坐图妇女	女	不详	长襦裙	不详	不详	不详	不详	不详	不详	花襈裙？	不详
26	北室后壁南段女侍	女	不详	长襦裙	不详	不详	不详	不详	不详	不详	黄裙	不详
27	北室后壁北段男侍一人	男	不详	短襦裤	不详	不详	不详	不详	灰色	不详	黄色裤	不详

续表

序号	方位	性别	发式/发饰/面妆 官帽/冠饰	服装形制	襦/袍						裈裤/裙袍	鞋履
					领	衽	袖	腰饰	花色	其他		
28	北室后壁北段男侍二人	男	不详	短襦裤	不详	不详	不详	不详	黄色	不详	灰色裤	不详
29	北室后壁北段男侍三人	男	不详	短襦裤	不详	不详	不详	不详	灰色	不详	黄色裤	不详
30	北室右壁狩猎图一人	男	不详	红色皮甲	不详	对衽?	不详	不详	不详	不详	不详	不详
31	北室右壁狩猎图二人	男	不详	白皮甲	不详	不详	不详	不详	不详	不详	不详	不详
32	北室左壁战斗图举刀人	男	兜鍪	甲衣	红色鱼鳞甲?						甲裤	钉鞋
33	北室左壁战斗图战俘	男	残	甲衣	黄鱼鳞甲?						甲裤	残
34	北室左壁战斗图中段	男	兜鍪	甲衣	红色鱼鳞甲?						不详	不详

附表4－5　山城下332号墓壁画人物服饰表

序号	方位	性别	发式/发饰/面妆 官帽/冠饰	服装形制	襦/袍						裈裤/裙	鞋履
					领	衽	袖	腰饰	花色	其他		
1	甬道东壁 射猎图	男	残	短襦裤	直领红襈	左衽红襈？	短袖	束带	黄色	不详	红瘦腿裤 加襈	残
2	甬道西壁 射猎图	男	辫发 红色折风？	短襦裤	直领红襈	合衽	短袖	束带	黄色	不详	黄裤	残
3	甬道西壁射猎 图下女侍	女	不详	长襦裙	不详	不详	不详	不详	黄色红点纹	不详	不详	不详

附表4－6　长川2号墓壁画人物服饰表

序号	方位	性别	发式/发饰/面妆 官帽/冠饰	服装形制	襦/袍						裈裤/裙	鞋履
					领	衽	袖	腰饰	花色	其他		
1	墓室北扇石 扉正面门卒	男	帻冠 右耳黄耳环	短襦裤	直领 黑襈 白黑相间 副襈	左衽 黑襈 白黑相间 副襈	中袖	白带	黄色	下摆细襈 不详	绿地黑花（方点） 肥筩裤	钉鞋
2	墓室北扇石 扉背面女侍	女	残	长襦裙	直领 黑襈	右衽 黑襈	窄袂胡 袪式	不详	黄色黑花 黑方点	下摆黑宽襈	百褶裙 裙 边主副襈	露鞋

附表 4－7 禹山下 41 号墓壁画人物服饰表

序号	方位	性别	发式/发饰/面妆 官帽/冠饰	服装形制	襦/袍						裈裤/裙	鞋履
					领	衽	袖	腰饰	花色	其他		
1	墓室东壁 墓主人	男	残	短襦裤	直领红襈	合衽 红襈	残	残	黄地红点纹	不详	残	残
2	墓室北壁鹿 后部偏下	男	折风	短襦裤	直领	合衽	残	残	不详	不详	桔色瘦腿裤	赭红色 长筒靴
3	墓室北壁靠 倚柱一人	男	帻冠？	短襦裤	直领 加襈	合衽	残	束带	不详	下摆加襈	瘦腿裤	残
4	墓室南壁	男	不详	短襦裤	不详	合衽	不详	不详	黄色	不详	不详	不详

附表4-8 长川1号墓壁画人物服饰表

序号	方位	性别	发式/发饰/面妆官帽/冠饰	服装形制	襦/袍						裈裤/裙	鞋履
					领	衽	袖	腰饰	花色	其他		
1	前室东壁南侧门吏	男	白色帻冠	短襦裤	直领主副襈	左衽主副襈	中袖主副襈	束带左结	绿地黑菱格纹杂点状菱格纹	下摆主副襈	黄地黑菱格纹肥筩裤	残
2	前室东壁北侧门吏	男	白色帻冠	短襦裤	直领主副襈	左衽主副襈	短袖加主副襈	束带	白地黑菱格点纹	下摆主副襈	黄地黑点纹肥筩裤	不详
3	前室藻井东侧礼佛图左一	女	垂髻	短襦裤	直领加襈	合衽加襈	不详	不详	绿地黑点纹	不详	白地黑点裤	残
4	前室藻井东侧礼佛图左二	女	垂髻	长襦裙	直领加襈	左衽加襈	不详	不详	白地绿点纹	不详	裙 加襈	中靿鞋
5	前室藻井东侧礼佛图左三	女	盘髻	长襦裙	直领加襈	左衽加襈	上臂、袖口加襈	不详	白地黑点纹	黑色帔肩	百褶裙 加襈	残
6	前室藻井东侧礼佛图左四	男	白色莲冠	短襦裤	直领加襈	合衽加襈	残	不详	黑色	下摆加襈	白地黑十字纹肥筩裤	矮靿鞋
7	前室藻井东侧礼佛图左五	男	顶髻	短襦裤	直领加襈	合衽加襈	中袖	不详	黑地红点纹	下摆加襈	白地黑十字纹肥筩裤	矮靿鞋

续表

序号	方位	性别	发式/发饰/面妆 官帽/冠饰	服装形制	襦/袍						裈裤/裙	鞋履
					领	衽	袖	腰饰	花色	其他		
8	前室藻井东侧礼佛图左六	女	盘髻	长襦裙	不详	合衽 加襈	不详	黑带 后结	白色	黑色帔肩	裙 加襈	无
9	前室藻井东侧礼佛图左七	女	垂髻	短襦裤	直领 加襈	合衽 加襈	残	残	白地黑点纹	不详	黄色肥筩裤	中靿鞋
10	前室藻井东侧礼佛图左八	女	垂髻	长襦裙	直领 加襈	右衽 加襈	加襈	不详	黄色	下摆加襈	百褶裙 加襈	无
11	前室南壁第一栏左一	女	盘髻?	长襦裙	直领	左衽 加襈	窄袂胡祛式	不详	白色	黑色帔肩	残	残
12	前室南壁第一栏左二	男	残	短襦裤	直领 加襈	左衽 加襈	加襈	不详	黑色	下摆加襈	白地黑点裤	残
13	前室南壁第一栏左三	男	白色帻冠 鸟羽	短襦裤	残	残	残	残	残	残	点纹肥筩裤	中靿鞋
14	前室南壁第一栏左四	男	白色帻冠 鸟羽	短襦裤	残	残	残	残	点纹	残	残	残
15	前室南壁第一栏左五	不详	残	残	残	残	残	残	点纹	残	残	残
16	前室南壁第一栏左六	女	垂髻 羽状发饰	残	残	残	残	残	残	残	残	残
17	前室南壁第一栏左七	女	垂髻 花枝状发饰	残	残	残	残	残	残	残	残	残

续表

序号	方位	性别	发式/发饰/面妆 官帽/冠饰	服装形制	襦/袍						裈裤/裙	鞋履
					领	衽	袖	腰饰	花色	其他		
18	前室南壁第一栏左八	女	垂髻 花枝状发饰	残	残	残	残	残	残	残	残	残
19	前室南壁第一栏左九	女	垂髻 羽状发饰	短襦裤	直领 加襈	合衽 加襈	残	残	白色	黑肩帔	残	残
20	前室南壁第一栏左十	女	垂髻	短襦裤	直领 加襈	左衽 加襈	中袖 加襈	束带	白地黑点纹	下摆加襈	点纹裤	残
21	前室南壁第一栏左十一	女	垂髻 羽状发饰	短襦裤	直领 加襈	左衽 加襈	窄袖	束带	白地黑点纹	下摆加襈	残	残
22	前室南壁第一栏左十二	女	白色巾帼	长襦裙	直领 加襈	合衽 加襈	窄袂胡袪式	黑带 左结	白色	不详	不详	残
23	前室南壁第一栏左十三	女	白色巾帼	长襦裙	直领 加襈	合衽 加襈	窄袂胡袪式	黑带 左结	白地黑点纹	下摆加襈	百褶裙 加襈	残
24	前室南壁第一栏左十四	女	盘髻	长襦裙	直领 加襈	合衽 加襈	窄袂胡袪式	黑带 左结	白地黑点纹	下摆加襈	百褶裙 加襈	不详
25	前室南壁第一栏左十五	女	垂髻	长襦裙	直领 加襈	合衽 加襈	窄袂胡袪式	黑带 左结	白地黑点纹	下摆加襈	百褶裙 加襈	不详
26	前室南壁第一栏左十六	女	垂髻	长襦裙	直领 加襈	左衽 加襈	窄袂胡袪式	黑带 左结	白地黑点纹	下摆加襈	百褶裙	不详
27	前室南壁第二栏左一	男	白色帻冠？	短襦裤	残	加襈	窄长袖 加襈	不详	白地黑点纹	下摆加襈	点纹肥筩裤	残

续表

序号	方位	性别	发式/发饰/面妆官帽/冠饰	服装形制	襦/袍						袢裤/裙	鞋履
					领	衽	袖	腰饰	花色	其他		
28	前室南壁第二栏左二	女	残	长襦裙	残	残	窄长袖加襈	残	不详	残	残	残
29	前室南壁第二栏左三	女？	残	短襦裤	直领加襈	不详	窄长袖加襈	前垂带穗佩饰	白地黑点纹	下摆加襈	点纹肥筩裤	残
30	前室南壁第二栏左四	女	垂髻	短襦裤	直领加襈	合衽加襈	窄长袖加襈	束带前结	白地黑点纹	下摆加襈	点纹肥筩裤	矮靿鞋
31	前室南壁第二栏左五	男	白色帻冠	短襦裤	直领加襈	左衽加襈	中袖加襈	束带前结	白色	下摆加襈	白地黑点肥筩裤	中靿鞋
32	前室南壁第二栏左六	男	白色帻冠	短襦裤	直领加襈	左衽加襈	短袖加襈	不详	白地黑点纹	下摆加襈	绿地黑点肥筩裤	中靿鞋
33	前室南壁第二栏左七	男	白色帻冠	短襦裤	直领加襈	合衽加襈	中袖加襈	垂带穗佩饰	白色	下摆加襈	白色肥筩裤	中靿鞋
34	前室南壁第三栏左一	男	白色帻冠？	短襦裤	直领	左衽加襈	中袖 加襈	束带	白色	下摆加襈	白地黑点裤	残
35	前室南壁第三栏左二	男	残	短襦裤	残	残	残	残	不详	下摆加襈	白地黑点肥筩裤	矮靿鞋
36	前室南壁第三栏左三	男	残	短襦裤	残	残	残	束带	白地黑点纹	下摆加襈	白地黑点纹肥筩裤	矮靿鞋
37	前室南壁第三栏左四	男	顶髻？	短襦裤	直领加襈	左衽加襈	中袖加襈	不详	黄地黑点纹	下摆加襈	白地黑点纹肥筩裤	矮靿鞋

续表

序号	方位	性别	发式/发饰/面妆官帽/冠饰	服装形制	襦/袍						裈裤/裙	鞋履
					领	衽	袖	腰饰	花色	其他		
38	前室南壁第三栏左五	男	残	短襦裤	残	残	残	束带	白地黑点纹	下摆加襈	残	残
39	前室北壁右上部树左侧主人	男	残	短襦裤	残	残	残	残	残	残	白地黑十字肥筩裤	矮靿鞋 黑红地袜
40	前室北壁右上部打伞人	男	折风	短襦裤	直领 加襈	左衽 加襈	中袖 加襈	不详	黄地黑点纹	不详	绿地黑点肥筩裤	中靿鞋
41	前室北壁右上部持巾人	女	垂髻	短襦裤	直领 加襈	左衽 加襈	短袖	不详	红地黑点纹	下摆加襈	黄地黑点肥筩裤	中靿鞋
42	前室北壁右上部树右男	男	披发	短襦裤	直领 加襈	不详	长窄袖	束带	绿地黑点纹	下摆加襈	黄地黑点肥筩裤	不详
43	前室北壁右上部宾客	男	折风　鸟羽	短襦裤	直领 加襈	合衽 朱红色襈	挽袖露手臂 加襈	不详	白地黑点纹	下摆黑襈	红地黑点肥筩裤	矮靿鞋
44	前室北壁右上部宾客后男一	男	折风	短襦裤	直领 加襈	合衽 加襈	挽袖露手臂	不详	绿地黑点纹	绿披肩？下摆加襈	黄地黑点肥筩裤	残
45	前室北壁右上部宾客后男二	男	折风	短襦裤	直领 加襈	合衽 加襈	挽袖露手臂 加襈	不详	黄地黑点纹	黄披肩？下摆加襈	绿地黑点肥筩裤	中靿鞋
46	前室北壁右上部宾客下男一	男	折风 黑缨	短襦裤	直领 加襈	右衽 加襈	挽袖露手臂 加襈	不详	黄地黑点纹	下摆加襈	绿地黑点肥筩裤	中靿鞋
47	前室北壁右上部宾客下男二	男	折风？鸟羽	短襦裤	残	合衽 加襈	中袖 加襈	黑带 前结	白地黑点纹	下摆加主副襈？	黄地黑点肥筩裤	中靿鞋

续表

序号	方位	性别	发式/发饰/面妆 官帽/冠饰	服装形制	襦/袍						裈裤/裙	鞋履
					领	衽	袖	腰饰	花色	其他		
48	前室北壁右上部竿头戏者	男	披发	短襦裤	直领加襈	左衽加襈	短袖	不详	绿色	下摆加襈	朱红肥筩裤 绿色行縢	矮靿鞋
49	前室北壁右上部转轮人	男	披发	短襦裤	直领加襈	左衽加襈	短袖加襈	束带	白色	下摆加襈	黄色肥筩裤 绿色行縢	黑靴
50	前室北壁右上部放鹰猎手	男	披发	短襦裤	直领加襈	合衽加襈	不详	不详	黄地黑点纹	黑地红条纹臂搭	绿地黑点瘦腿裤	残
51	前室北壁左上部角觝手左	男	头巾	犊鼻裈	赤裸上身						犊鼻裈	跣足
52	前室北壁左上部角觝手右	男	顶髻	犊鼻裈	赤裸上身						犊鼻裈	跣足
53	前室北壁左上部持鞭人	男	黑色帻冠？	短襦裤	直领加襈	合衽加襈	中袖	不详	黄地黑点纹	下摆无襈	白地黑点肥筩裤	矮靿鞋
54	前室北壁左上部逃跑异域人	男	顶髻？	短衣裤	不详	不详	短袖	不详	白色短衣	无	白色短裤	跣足
55	前室北壁左上部拄棍女	女	垂髻	短襦裤	直领加襈	合衽加襈	不详	不详	不详	不详	黄色瘦腿裤	不详
56	前室北壁左上部拉车女	女	不详	长襦裙	不详	不详	不详	不详	不详	不详	不详	不详
57	前室北壁左上部推车男	男	不详	短襦裤	不详	不详	不详	不详	不详	不详	红地黑点瘦腿裤	黑鞋

续表

序号	方位	性别	发式/发饰/面妆官帽/冠饰	服装形制	襦/袍						裈裤/裙	鞋履
					领	衽	袖	腰饰	花色	其他		
58	前室北壁左上部拉马尾人	男	披发	短襦裤	直领加襈	左衽加襈	中袖加襈	不详	黄地黑点纹	下摆无细深色襈	白地黑点瘦腿裤	矮靿鞋
59	前室北壁左上部牵马人	男	不详	短襦裤	不详	不详	不详	不详	短衣	不详	黄地黑点瘦腿裤	矮靿鞋
60	前室北壁左上部男演员	男	白色帻冠红缨	短襦裤	直领加襈	左衽加襈	窄长袖加襈	束带	白地绿棱格纹	下摆加襈	白地红斜方格肥筩裤 黑细襈	矮靿鞋
61	前室北壁左上部化妆女	女	垂髻眉间红点	长襦裙	直领加襈	合衽加襈	窄袂胡袪式	束带左结	浅黄色	黑色帔肩摆主副襈	百褶裙 加襈	不详
62	前室北壁左上部捧琴女	女	垂髻	长襦裙	直领加襈	合衽加襈	窄袂胡袪式	束带左结	白地黑点纹	不详	裙	矮靿鞋
63	前室北壁左上部异域人左一	男	折风？	短襦裤	直领加襈	合衽加襈	窄长袖	不详	绿地黑点纹	下摆加襈	黄地黑点瘦腿裤	不详
64	前室北壁左上部异域人左二	女	垂髻	短襦裤	不详	不详	窄袖	不详	黄地黑点纹	不详	绿地黑点瘦腿裤	不详
65	前室北壁左上部独舞男	男	白色帻冠	短襦裤	直领加襈	合衽加襈	窄长袖加襈	束带	白地红十字纹	下摆加襈	白地黑点肥筩裤	矮靿鞋
66	前室北壁左上部弹琴女	女	垂髻	长襦裙	直领加襈	合衽加襈	收口加襈	不详	白色	黑色帔肩下摆加襈	不详	无
67	前室北壁左上部骑马人左一	男	折风？	短襦裤	直领加襈	合衽加襈	短袖加襈	束带	黄地黑点纹	下摆加襈	绿地黑点瘦腿裤	矮靿鞋

续表

序号	方位	性别	发式/发饰/面妆 官帽/冠饰	服装形制	襦/袍						裈裤/裙	鞋履
					领	衽	袖	腰饰	花色	其他		
68	前室北壁左上部骑马人左二	男	白色帻冠?	短襦裤	不详	不详	加襈	不详	白地红点纹	下摆加襈	白地黑十字肥筩裤	矮靿鞋
69	前室北壁左上部异域老人	男	绿色帻冠?	短襦裤	直领 加襈	加襈	不详	不详	白地黑点纹	下摆加襈	黄地黑点肥筩裤	矮靿鞋
70	前室北壁左上部马旁人	男	不详	短襦裤	残	残	残	残	白地黑点纹	残	残	残
71	前室北壁左下部徒步猎手	男	折风 鸟羽	短襦裤	直领 加襈	合衽 加襈	中袖 加襈	束带	红地黑点纹	襦衣缘下 两片蔽膝	白色瘦腿裤	翘尖鞋
72	前室北壁左下部射野猪骑手	男	折风 红缨	短襦裤	直领 加襈	合衽 加襈	短袖 加襈	束带	白色	带花纹蔽膝	肥筩裤	中靿鞋
73	前室北壁左下部射鹿骑手	男	折风 鸟羽	短襦裤	直领 加襈	左衽 加襈	中袖 加襈	不详	白地黑点纹	不详	肥筩裤	中靿鞋
74	前室北壁左下部射虎骑手	男	折风 鸟羽	短襦裤	不详	不详	中袖 加襈	不详	黄地黑点纹	不详	不详	残
75	前室北壁右下部射鹿骑手	男	残	短襦裤	不详	不详	不详	不详	白地黑十字纹	不详	不详	残
76	前室北壁右下部偷袭猎手	男	残	短襦裤	不详	不详	不详	不详	不详	不详	残	残
77	前室北壁右下部第一列左一	男	折风?	短襦裤	直领 加襈	合衽 加襈	中袖 加襈	不详	红色	下摆无襈	不详	残

续表

序号	方位	性别	发式/发饰/面妆官帽/冠饰	服装形制	襦/袍						裈裤/裙	鞋履
					领	衽	袖	腰饰	花色	其他		
78	前室北壁右下部第一列左二	男	折风	短襦裤	不详	不详	不详	不详	黄地黑点纹	下摆加襈	不详	残
79	前室北壁右下部第一列左三	男	雉尾	短襦裤	残	残	残	残	残	残	残	残
80	前室北壁右下部第二列左一	男	残	短襦裤	不详	不详	不详	不详	红色	不详	残	残
81	前室北壁右下部第二列左二	男	残	短襦裤	不详	不详	不详	不详	红色	不详	残	残
82	甬道北壁女侍	女	盘髻	长襦裙	直领 主副襈	左衽 直裾 加襈	长袖 收口 加襈 露肘	束带 右结	桔黄地黑点纹	臂膊饰黑色条带	裙？	不详
83	甬道南壁女侍	女	残	长襦裙	不详	合衽 加襈	臂膊饰黑色条带	红带前结 戴穗垂饰	白地黑点纹	不详	裙	不详
84	前室藻井东侧第二重顶石中央佛像		肉髻 额上着毫相	白色通肩大衣						不详	不详	不详
85	前室藻井东侧第二重顶石飞天左一		项光	胸前佩璎珞　袒露上身						披帛	长裤	跣足
86	前室藻井东侧第二重顶石飞天左二		项光 高髻？	袒露上身						不详	不详	跣足

续表

序号	方位	发式/发饰/面妆 官帽/冠饰	服装形制	襦/袍						裈裤/裙	鞋履
				领	衽	袖	腰饰	花色	其他		
87	前室藻井南侧 第二三重顶石 菩萨左一	残	残						不详	裙	跣足
88	前室藻井南侧 第二三重顶石 菩萨左二	花冠 黄色项光	残						不详	残	跣足
89	前室藻井南侧 第二三重顶石 菩萨左三	白色项光	残						不详	正开叉红长裙	跣足
90	前室藻井南侧 第二三重顶石 菩萨左四	黄色项光	残						红色披帛	白色长裙	跣足
91	前室藻井北侧 第二三重顶石 菩萨左一	红色项光	颈饰璎珞　白腰带						绿色披帛	红色长裙	跣足
92	前室藻井北侧 第二三重顶石 菩萨左	绿色项光	佩璎珞　短衣　白腰带						白色披帛	绿色长裙	跣足
93	前室藻井北侧 第二三重顶石 菩萨左	红色项光	颈饰璎珞　白腰带						绿色披帛	红色长裙	跣足
94	前室藻井北侧 第二三重顶石 菩萨左	绿色项光	佩璎珞　短衣　白腰带						白色披帛	绿色长裙	跣足

续表

序号	方位	发式/发饰/面妆 官帽/冠饰	服装形制	襦/袍						裈裤/裙	鞋履
				领	衽	袖	腰饰	花色	其他		
95	前室藻井第而三重顶石披甲骑士	不详	乘具装骏马的披巾骑士　残						不详	不详	不详
96	前室藻井东侧第四重顶石飞天左一	不详	不详						不详	不详	跣足
97	前室藻井东侧第四重顶石飞天左二	顶髻 项光	袒露上身　白腰带						红色披帛	长裤	不详
98	前室藻井东侧第四重顶石飞天左三	顶髻	袒露上身						披帛	红色竖条纹长裙	跣足
99	前室藻井东侧第四重顶石飞天左四	顶髻 项光	不详						披帛	红长裤	跣足
100	前室藻井东侧第四重顶石飞天左五	不详	不详						不详	红长裤	跣足
101	前室藻井南侧第四五重顶石飞天左一	顶髻 红项光	袒露上身						绿披帛	红长裤	跣足
102	前室藻井南侧第四五重顶石飞天左二	顶髻 红项光	袒露上身						红披帛	绿长裤	跣足

续表

序号	方位	发式/发饰/面妆 官帽/冠饰	服装形制	襦/袍						裈裤/裙	鞋履
				领	衽	袖	腰饰	花色	其他		
103	前室藻井南侧 第四五重顶石 飞天左三	顶髻 项光	袒露上身						黄披帛	白长裤	跣足
104	前室藻井南侧 第四五重顶石 飞天左四	顶髻 项光	袒露上身　白腰带						红黑披帛	红长裤	跣足
105	前室藻井北侧 第四五重顶石 飞天左一	顶髻	袒露上身						披帛	长裤	不详
106	前室藻井北侧 第四五重顶石 飞天左二	高髻 黄项光	双手持璎珞　袒露上身						白披帛	黄长裤	不详
107	前室藻井北侧 第四五重顶石 飞天左三	顶髻 项光	袒露上身						披帛	长裤	不详
108	前室藻井北侧 第四五重顶石 飞天左四	高髻 白项光	袒露上身						绿披帛	长裤	不详
109	前室藻井西侧 第四五重顶石 飞天左一	不详	模糊不清						不详	不详	不详
110	前室藻井西侧 第四五重顶石 飞天左二	高髻 黄项光	袒露上身						红披帛	绿长裤	不详

续表

序号	方位	发式/发饰/面妆 官帽/冠饰	服装形制	襦/袍						裈裤/裙	鞋履
				领	衽	袖	腰饰	花色	其他		
111	前室藻井西侧第四五重顶石飞天左三	高髻 白项光		不详					红披帛	不详	不详
112	前室藻井西侧第四五重顶石飞天左四	不详		不详					不详	不详	不详
113	前室藻井东侧第六重顶石伎乐天人左	顶髻 项光		袒露上身 吹横笛					红披帛	白长裤	跣足
114	前室藻井东侧第六重顶石伎乐天人中	顶髻 脑后 披发 项光		袒露上身 奏阮咸					披帛	红地黑条纹长裙	跣足
115	前室藻井东侧第六重顶石伎乐天人右	顶髻 项光		袒露上身 弹琴					黑披帛	白长裤	跣足
116	前室藻井南侧第六重顶石伎乐天人左	顶髻 项光		袒露上身					绿披帛	长裙	跣足
117	前室藻井南侧第六重顶石伎乐天人中	顶髻 红项光		袒露上身 举花绳					黄披帛	绿长裤	跣足
118	前室藻井南侧第六重顶石伎乐天人右	顶髻 白项光		袒露上身 持细棍					披帛	长裤	跣足

续表

序号	方位	发式/发饰/面妆 官帽/冠饰	服装形制	襦/袍						裈裤/裙	鞋履
				领	衽	袖	腰饰	花色	其他		
119	前室藻井北侧第六重顶石伎乐天人左	不详	袒露上身　吹长角？						披帛	不详	不详
120	前室藻井北侧第六重顶石伎乐天人中	不详	袒露上身　奏阮咸						披帛	不详	不详
121	前室藻井北侧第六重顶石伎乐天人右	不详	袒露上身　吹竖笛						披帛	不详	不详
122	前室藻井东南隅抹角石力士	毛发浓重 蓄髭须	袒露上身						红披帛	绿色短裤	跣足
123	前室藻井东北隅抹角石力士	毛发浓重 蓄髭须	袒露上身						黄披帛	绿色短裤	跣足
124	前室藻井西北隅抹角石力士	毛发浓重 蓄髭须	袒露上身						黄披帛	绿色短裤	跣足

附表4-9 三室墓壁画人物服饰表

序号	方位	性别	发式/发饰/面妆 官帽/冠饰	服装形制	襦/袍						裈裤/裙	鞋履
					领	衽	袖	腰饰	花色	其他		
1	第一室后壁1号屋宇内女子（妻）	女	黄色巾帼？	长襦裙？	不详	合衽	不详	不详	黑色	不详	残	残
2	第一室后壁2号屋宇内女子（妾）	女	不详	长襦裙	不详	不详	不详	不详	黄色	加襈	残	残
3	第一室后壁2号屋宇内站立女侍	女	不详	不详	不详	不详	不详	不详	不详	不详	不详	不详
4	第一室后壁3号屋宇内男主人	男	帻冠？	短襦裤	直领 加襈	左衽 加襈	残	残	黄色	不详	残	残
5	第一室后壁4号屋宇外侍从一	女	盘髻？	长襦裙？	不详	不详	不详	不详	不详	不详	不详	不详
6	第一室后壁4号屋宇外侍从二	女	垂髻？	短襦裤	不详	不详	不详	不详	红色	不详	不详	不详

续表

序号	方位	性别	发式/发饰/面妆 官帽/冠饰	服装形制	襦/袍						裈裤/裙	鞋履
					领	衽	袖	腰饰	花色	其他		
7	第一室后壁1号屋宇前方侍从	男	顶髻?	短襦裤?	不详	合衽	不详	不详	黄地黑点纹	残	残	残
8	第一室左壁出行图左一	男	披发	短襦裤	直领加襈	合衽加襈	中袖 加襈	不详	黄地黑点纹	下摆加襈	竖点纹肥筩裤	黑色矮靿鞋
9	第一室左壁出行图男主人	男	黄色帻冠	短襦裤	直领加襈	合衽黑襈	不详	不详	黑色 套黑短褂?	下摆加襈	点纹肥筩裤	黄色矮靿鞋
10	第一室左壁出行图女主人	女	黄色巾帼	长襦裙	直领加襈	左衽加襈	窄袂胡袪式	不详	黄色	下摆加襈	加襈百褶裙	不详
11	第一室左壁出行图左四	女	垂髻	短襦裤	直领加襈	合衽加襈	中袖 加襈	不详	红色	下摆加襈	黄地双排竖黑点纹肥筩裤	黑履
12	第一室左壁出行图左五	男	黄色帻冠	短襦裤	直领加襈	合衽加襈	中袖 加襈	不详	金黄色	下摆加襈	黄地黑 点纹肥筩裤	黑履
13	第一室左壁出行图左六	女	不详	长襦裙	直领加襈	合衽加襈	窄袂胡袪式	不详	不详	下摆加襈	加襈百褶裙	不详
14	第一室左壁出行图左七	男	披发	短襦裤	不详	不详	不详	不详	不详	不详	点纹肥筩裤	不详
15	第一室左壁出行图左八	女	盘髻	长襦裙	直领加襈	合衽加襈	窄袂胡袪式	束带左结	金黄地黑点纹	下摆加襈	加襈百褶裙	不详

续表

序号	方位	性别	发式/发饰/面妆 官帽/冠饰	服装形制	襦/袍						裈裤/裙	鞋履
					领	衽	袖	腰饰	花色	其他		
16	第一室左壁 出行图左九	女	盘髻	长襦裙	不详	左衽	窄袂胡 袪式	束带 左结	点纹	下摆加襈	加襈百褶裙	不详
17	第一室左壁 出行图左十	男	黄色折风 红带系于颏下	短襦裤	直领 加襈	左衽 加襈	中袖 加襈	束带	黄地黑点纹	下摆加襈	赭色瘦腿裤?	不详
18	第一室左壁 出行图左十一	男	黄色折风 红带系于颏下	短襦裤	直领 加襈	合衽 加襈	不详	不详	赭色	下摆加襈	黄色裤	不详
19	第一室左壁 狩猎图左一	男	披发	短襦裤	直领 加襈	左衽 加襈	短袖 红襈	束带	黄色	下摆加襈	残	残
20	第一室左壁 狩猎图左二	男	折风? 鸟羽	短襦裤	直领 加襈	合衽 加襈	窄袖	不详	黄色	不详	残	残
21	第一室右壁 攻城图左一	男	兜鍪	铠甲	甲衣						甲裤	不详
22	第一室右壁 攻城图左二	男	兜鍪	铠甲	甲衣						甲裤	不详
23	第一室前壁左卫士		双鸦髻?	璎带　赤身露胸						赭石披帛	赭色裤	残
24	第一室前壁右卫士		莲花冠	璎带　束腰圆领长袍							残	残
25	第一室通往第二 室过道两侧卫士一		黄色盔 系白色带	红色袍　腰束带						黄色披帛	残	残
26	第一室通往第二 室过道两侧卫士二		黄色盔 系白色带	红色袍　腰束带						黄色披帛	残	残

续表

序号	方位	发式/发饰/面妆官帽/冠饰	服装形制	襦/袍						裈裤/裙	鞋履
				领	衽	袖	腰饰	花色	其他		
27	第二室西壁卫士	兜鍪	内红色上衣　外盆领无袖鱼鳞甲　左腕两黄镯？							鱼鳞甲裤	钉履
28	第二室北壁托梁力士	顶髻？	黄色圆领紧袖羽衣　腰系红带							绿色羽裤	跣足
29	第二室东壁托梁力士	顶髻？	红色圆领紧袖锦衣　绿带绕身							黄色短裤	跣足
30	第二室南壁托梁力士	顶髻？	金黄色圆领紧袖锦衣　黄带绕身							黄色短裤	残
31	第二室第一重东南角抹角石飞仙	不详	羽衣							不详	跣足
32	第二室第一重东南角抹角石伎乐仙人	顶髻	袍服，帔帛飞舞，持阮咸（琵琶）？							无	跣足
33	第二室第一重西南角抹角石牛首人身像	牛首	黄色红衽羽衣　黄带束腰							不详	跣足
34	第二室第二重抹角石飞仙	不详	红色羽衣							不详	不详
35	第二室第二重抹角石飞仙	不详	红色羽衣							不详	不详
36	第二室通往第三室过道两侧卫士一	黄色盔系白色带	红色袍　腰束带						黄色披帛	残	残
37	第二室通往第三室过道两侧卫士二	黄色盔系白色带	红色袍　腰束带						黄色披帛	残	残
38	第三室东壁卫士	顶髻	短襦裤	直领红黑襈	右衽 红黑襈	短袖 红边黑襈	红带	黄色	下摆黑襈	红色短裤	跣足

续表

序号	方位	发式/发饰/面妆 官帽/冠饰	服装形制	襦/袍						裈裤/裙	鞋履
				领	衽	袖	腰饰	花色	其他		
39	第三室北壁 托梁力士	顶髻	短襦裤	直领 加襈	合衽 加襈	短袖饰 莲瓣	黑带	白色	下摆加襈	黄色裤	跣足
40	第三室西壁 托梁力士	顶髻	短襦裤	圆领加襈	合衽	短袖饰 莲瓣	黄带	桔红色	不详	黄色裤	跣足
41	第三室南 壁卫士	顶髻	短襦裤	圆领加襈	合衽	短袖饰 莲瓣	黄带	红色	红带飘舞	金黄色朱 红条格裤	跣足

附表4－10　五盔坟4号墓壁画人物服饰表

序号	方位	发式/发饰/面妆 官帽/冠饰	服装形制	内衣	袍/裳				手持物	鞋履/其他
					领衽	袖	腰饰	花色		
1	墓室东壁	笼冠	袍服	白色 曲领	直领 合衽 绿襈	宽长袖	白带 绶 绿芾	褐色？	团扇	黑色笏头鞋
2	墓室北壁上排正中	笼冠	袍服	白色 曲领	直领 合衽 绿襈	宽长袖	褐绶 褐芾	红色	团扇	黑色笏头鞋赭色韠
3	墓室北壁右上角	笼冠	袍服	不详	直领 对衽 黑襈	宽长袖 黑襈	褐绶 红芾	绿色	团扇	黑色笏头鞋　韠
4	墓室北壁左下角	披发	羽衣	不详	红襈	不详	不详	绿色	不详	跣足 脚踝带红色环结
5	墓室北壁右下角	笼冠	袍服	不详	黄襈 对衽	宽长袖	绿芾	褐色	麈尾	黑色笏头鞋　韠
6	墓室西壁上左	笼冠	袍服	白色 曲领	红襈 对衽	宽长袖	红色带	绿色	团扇	黑色笏头鞋黄色韠
7	墓室西壁上右	顶髻？	袍服？	不详	白襈	宽长袖	白带	赭色	书	不详

续表

序号	方位	发式/发饰/面妆 官帽/冠饰	服装形制	内衣	袍/裳				手持物	鞋履/其他
					领衽	袖	腰饰	花色		
8	墓室西壁下右	笼冠	袍服?	不详	黄色圆领?	宽长袖	不详	赭色	团扇	黑履
9	墓室南壁上	顶髻	袍服?	不详	黄色圆领	宽长袖	白带	茶色	不详	不详
10	墓室南壁下	顶髻	羽衣	不详	不详	不详	不详	白色	不详	不详
11	墓室北抹角日神	披发	羽衣	不详	黄褾 合衽	短袖	黄带	蓝羽黄色	日轮	人首龙身
12	墓室北抹角月神	披发	羽衣	不详	绿褾 合衽	不详	白带	红羽绿色	月轮	人首龙身
13	墓室东抹角牛首人	牛首	羽衣	不详	黄褾 合衽	宽袖	白带	粉色	无	矮鞠翘尖墨鞋 粉色羽状短裤
14	墓室东抹角燧神	披发	袍服	不详	黄褾 对衽	宽长袖	不详	褐色?	火把	不详
15	墓室南抹角冶铁人	顶髻	袍服	圆领白色	黄褾 合衽	宽长袖	腰束白 色短裙	褐色	铁锤铁钳	矮鞠翘尖墨鞋
16	墓室南抹角制轮人	顶髻	羽衣	不详	黄褾 合衽	不详	白带	褐色	车轮锤钉	矮鞠翘尖墨鞋
17	墓室西抹角磨石羽人	披发	羽衣	不详	黄褾 合衽	不详	绿带	褐色	磨砺	矮鞠翘尖墨鞋
18	墓室西抹乘龙仙人	顶髻	羽衣	白色	黄褾 对衽	不详	白带	茶色	幡	矮鞠翘尖鞋
19	墓室第二重顶石北面 弹琴伎乐人	莲花冠	袍服	白色	黄褾 合衽	宽袖	不详	褐色	琴	矮鞠翘尖鞋帔帛
20	墓室第二重顶石北面 击腰鼓伎乐人	顶髻	袍服	不详	红褾 对衽	宽袖	不详	黄色	腰鼓	帔帛
21	墓室第二重顶石北面 持卷轴仙人	顶髻	袍服	不详	黄褾 对衽	宽袖	束带	褐色	卷轴 碗	帔帛
22	墓室第二重顶石东面 乘龙持幡伎乐人	顶髻	袍服	不详	黄褾	宽袖	不详	茶色	旌幡 排箫	不详

续表

序号	方位	发式/发饰/面妆 官帽/冠饰	服装形制	内衣	袍/裳				手持物	鞋履/其他
					领衽	袖	腰饰	花色		
23	墓室第二重顶石东面驾凤伎乐人	顶髻	羽衣	白色 圆领	黄襈 合衽	短袖	白带	茶色	笛子	手腕、脚踝均佩戴红黄两色镯
24	墓室第二重顶石南面吹芋伎乐人	顶髻	袍服	曲领	黄襈 合衽	宽袖	不详	茶色	芋	矮靿翘尖黑鞋帔帛
25	墓室第二重顶石南面驾孔雀伎乐人	顶髻	羽衣	白色	对衽	短袖	不详	茶色	钵	矮靿翘尖黑鞋手腕脚踝佩红镯
26	墓室第二重顶石西面乘龙伎乐人	顶髻	羽衣	白色 圆领	黄襈 合衽	短袖	白带	茶色	胡角	矮靿翘尖黑鞋手腕脚踝戴黄镯
27	墓室第二重顶石西面驾鹤仙人	白冠	袍服	白色 曲领	黄襈 对衽	宽袖 黄襈	束带	褐色	无	矮靿翘尖黑鞋手腕脚踝戴红黄两色镯

附表 4－11　五盔坟 5 号墓壁画人物服饰图

序号	方位	发式/发饰/面妆 官帽/冠饰	服装形制	袍/裳					手持物	鞋履
				领衽	袖	腰饰	花色	其他		
1	甬道东壁力士	顶髻	不详	不详	不详	不详	不详	不详	弓箭	不详
2	甬道西壁力士	不详	不详	不详	不详	不详	不详	不详	棨戟	不详
3	第一重顶石东南牛首人	牛首	羽衣	绿襈 合衽	宽袖	绿色兜巾	褐色	不详	禾穗	矮腰翘尖墨鞋
4	第一重顶石东南飞天	披发	袍服	红襈 合衽	宽袖	白色兜巾	黄色	不详	火把	不详
5	第一重顶石东北月神	披发	羽衣	合衽	短袖	褐色兜巾	绿色	不详	月轮	不详
6	第一重顶石东北日神	不详	羽衣	合衽	短袖	绿色兜巾	褐色	不详	日轮	不详
7	第一重顶石西北乘龙仙人	黄色冕冠	冕服	红襈 对衽	宽袖	芾	绿色	不详	麈尾？	不详
8	第一重顶石西北驾飞廉仙人	顶髻	羽衣	对衽	短袖	兜巾	褐色	不详	旌幡 菡萏	黑色大鞋？
9	第一重顶石西南冶轮人	披发？	羽衣	红襈 对衽	短袖	褐色兜巾	绿色	不详	车轮锤	矮腰翘尖黑鞋
10	第一重顶石西南磨砺人	顶髻	羽衣	绿襈 合衽	短袖	不详	褐色羽衣	不详	不详	不详
11	第二重顶石东南吹横笛仙人	顶髻	裙	上身裸露　黄裙				帔帛	横笛	无
12	第二重顶石东南乘龙天人	顶髻	袍服	褐襈 合衽	宽袖	不详	黄色	绿帔帛	无	无
13	第二重顶石东北吹排箫天人	顶髻	袍服	褐襈 对衽	宽袖	不详	绿色袍	红帔帛	排箫	无

续表

序号	方位	发式/发饰/面妆 官帽/冠饰	服装形制	袍/裳					手持物	鞋履
				领衽	袖	腰饰	花色	其他		
14	第二重顶石东北吹长角天人	顶髻	袍服	黄褾 合衽	宽长袖	不详	褐色袍	绿帔帛	胡角	无
15	第二重顶石西北戴莲花冠天人	莲花冠	袍服	黄褾	宽袖	兜巾	褐色袍	不详	无	无
16	第二重顶石西北操阮咸天人	顶髻	袍服	红褾	宽袖	不详	黄色袍	褐帔帛	阮咸	无
17	第二重顶石西南击腰鼓天人	顶髻	裙	上身裸露　褐裙				绿帔帛	腰鼓	无
18	第二重顶石西南弹筝天人	顶髻	裙	上身裸露　绿裙				红帔帛	筝	无

附表4－12　四神墓壁画人物服饰图

序号	方位	发式/发饰/面妆 官帽/冠饰	服装形制	襦/袍						裈裤/裙袍	鞋履
				领	衽	袖	腰饰	花色	其他		
1	主室东南隅左御龙天人	冕	冕服	内曲领 外直领	合衽 加襈	宽长袖	束带	不详	芾	裙	无
2	主室东南隅右御龙天人	冕	冕服	内曲领 外直领	合衽 加襈	宽长袖	束带	不详	芾	裙	无
3	主室东北隅左御龙天人	冕	冕服	内曲领 外直领	合衽 加襈	宽长袖	束带	不详	芾	裙	无
4	主室东北隅中御龙天人	冕	冕服	内曲领 外直领	合衽 加襈	宽长袖	束带	不详	芾	裙	无
5	主室东北隅右御龙天人	冕	冕服	内曲领 外直领	合衽 加襈	宽长袖	束带	不详	芾	裙	
6	主室西北隅骑虎天人	顶髻	羽衣	直领	合衽 加襈	短袖	束带	不详	不详	六分裤	矮靿翘尖鞋
7	主室西北隅跨鹿天人	顶髻	羽衣	直领	合衽 加襈	短袖	束带	不详	不详	六分裤	矮靿翘尖鞋

续表

序号	方位	发式/发饰/面妆 官帽/冠饰	服装形制	襦/袍						裈裤/裙袍	鞋履
				领	衽	袖	腰饰	花色	其他		
8	主室西北隅 乘马天人	顶髻	羽衣	直领	合衽 加襻	短袖	束带	不详	不详	六分裤	不详
9	主室西南左 驾鹤天人	顶髻	羽衣	直领	合衽 绿襻	短袖	束白带	紫色	不详	紫地白云纹 六分裤	黑矮靿翘尖鞋
10	主室西南右 驾鹤天人	顶髻	羽衣	直领	合衽 绿襻	短袖	束白带	紫色	不详	紫地白云纹 六分裤	黑矮靿翘尖鞋
11	主室东部月神	披发	羽衣	直领	合衽 加襻	短袖	束带	不详	不详	蛇身	无
12	主室东部日神	披发	羽衣	直领	合衽 加襻	短袖	束带	不详	不详	蛇身	无
13	主室西部天人	披发	袍式羽衣	直领	合衽 加襻	短袖	束带	不详	持笔	无裤	跣足
14	主室西部燧神	披发	袍式羽衣	直领	右衽 加襻	短袖	束带	不详	钻燧	无裤	跣足

附表4－13　安岳3号墓壁画人物服饰表

序号	方位	性别	发式/发饰/面妆 官帽/冠饰	服装形制	襦/袍/衣衫						裈裤/裙裳	鞋履
					领	衽	袖	腰饰	花色	内衣/其他		
1	西侧室西壁男主人	男	笼冠	袍服	直领 加襈	合衽	中袖 加襈	黑带	深褐	内衣 白直领 麈尾 绶带	无	不详
2	西侧室西壁记室	男	黑色进贤冠	袍服	直领	合衽	中袖 加襈	白带 前结	浅褐	持纸笔	无	不详
3	西侧室西壁小史	女	鬟髻	袍服	直领 黑襈	合衽	中袖 黑襈	黑带 前结	浅褐	内衣 白直领 持笏	无	不详
4	西侧室西壁省事	男	黑色进贤冠	袍服	直领 加襈	合衽	中袖 加襈	白带	浅褐	内衣 白直领 持纸	无	不详
5	西侧室西壁门下拜	男	黑色进贤冠	袍服	直领 加襈	合衽	中袖 加襈	不详	深褐	内衣 白直领 持笏	无	不详
6	西侧室南壁女主人	女	撷子髻 花钿	袿衣裙	直领 白襈	右衽	宽长袖 黑襈	不详	绛紫地 云纹锦	内衣 白直领 上臂黑条襈	白地云纹裙 两道褐色襈	不详
7	西侧室南壁右女侍	女	鬟髻	短襦裙	直领 加襈	合衽 无襈	宽长袖 白＼无襈	前垂红带	红色	内衣 白直领	浅褐色裙	不详

续表

序号	方位	性别	发式/发饰/面妆 官帽/冠饰	服装形制	襦/袍/衣衫						裈裤/裙裳	鞋履
					领	衽	袖	腰饰	花色	内衣/其他		
8	西侧室南壁 左一女侍	女	撷子髻	短襦裙	直领 加襈	合衽 无襈	宽长袖 白\无襈	前 垂红带	红色	内衣 白直领 上臂条襈	浅褐色裙	不详
9	西侧室南壁 左二女侍	女	撷子髻	短襦裙	直领 红襈	合衽 无襈	宽长袖 白\无襈	不详	浅褐	内衣 白直领 上臂红条襈	裙	不详
10	西侧室东壁 北面武官	男	黑色平巾帻	短襦裤	直领 加襈	合衽无襈	中袖 白\无襈	蹀躞带	白色？	下摆加襈	肥筩裤	不详
11	前室西壁左帐 下督	男	黑色平巾帻	短襦裤	直领 加襈	合衽无襈	中袖 白\无襈	残	浅褐	内衣 白直领 短襦下摆加襈	加襈肥筩裤	矮靿鞋
12	前室西壁右帐 下督	男	黑色平巾帻	短襦裤	直领 加襈	合衽无襈	中袖 白\无襈	蹀躞带	浅褐？	内衣 白直领 短襦下摆加襈	加襈肥筩裤	矮靿鞋
13	前室南壁西面 上段吹大角人	男	黑色尖顶帽	短襦裤	直领 黑襈	合衽 黑襈	中袖 无襈	束带	白色	内衣 白直领 短襦下摆加襈	肥筩裤	黑矮 靿鞋
14	前室南壁西面 下段打鼓人	男	残	袍服	直领 黑襈	合衽	宽袖	束带	白色？	不详	无	无
15	前室南壁西面 下段吹箫人	男	残	袍服	残	残	宽袖	束带	白色？	不详	无	无
16	前室南壁西面 下段乐手一	男	残	袍服	直领 黑襈	合衽	宽袖	束带	白色？	不详	无	无
17	前室南壁西面 下段乐手二	男	笼冠	袍服	直领 黑襈	合衽	宽袖	束带	白色？	不详	无	无
18	前室南壁东面 上段左一	男	黑色平巾帻	短襦裤	直领 黑襈	合衽 无襈	中袖 黑襈	不详	黑色	内衣 白直领 短襦下摆黑襈	白色肥筩裤	黑矮 靿鞋

续表

序号	方位	性别	发式/发饰/面妆 官帽/冠饰	服装形制	襦/袍/衣衫						裈裤/裙裳	鞋履
					领	衽	袖	腰饰	花色	内衣/其他		
19	前室南壁东面 上段左二	男	黑色平巾帻	短襦裤	直领 黑襈	合衽无襈	中袖 黑襈	蹀躞带	白色	内衣 白直领 短襦下摆黑襈	黑色肥筩裤	黑矮 鞡鞋
20	前室南壁东面 上段左三	男	黑色平巾帻	短襦裤	直领 黑襈	合衽无襈	中袖 加襈	白带	黑色	内衣 白直领 短襦下摆黑襈	白色肥筩裤 加襈	黑矮 鞡鞋
21	前室南壁东面 上段左四	男	黑色进贤冠	袍服	直领 黑襈	合衽	宽袖 黑襈	带前垂	浅褐？	袍下摆黑襈	不详	黑矮 鞡鞋
22	前室南壁东面 上段左五	男	黑色进贤冠	袍服	直领 黑襈	合衽	宽袖 黑襈	带前垂	浅褐？	内衣 白直领 袍下摆黑襈	不详	黑矮 鞡鞋
23	前室南壁东面 上段左六	男	黑色进贤冠	袍服	直领 黑襈	合衽	宽袖 黑襈	带前垂	浅褐？	袍下摆黑襈	不详	黑矮 鞡鞋
24	前室南壁东面 上段左七	男	黑色进贤冠	袍服	直领 黑襈	合衽	宽袖	不详	浅褐？	袍下摆黑襈	不详	黑矮 鞡鞋
25	前室南壁东隅左一	男	白色平巾帻	短襦裤	直领 红襈	合衽 无襈	中袖 白＼无襈	不详	白色？	内衣 白直领 短襦下摆红襈	残	残
26	前室南壁东隅左二	男	白色平巾帻	短襦裤	直领 红襈	合衽无襈	中袖 白＼无襈	不详	白色？	内衣 白直领 短襦下摆红襈	残	残
27	前室南壁东隅左三	男	白色平巾帻	短襦裤	直领 红襈	合衽无襈	中袖 白＼无襈	不详	白色？	内衣 白直领 短襦下摆红襈	残	残
28	前室南壁东隅左四	男	白色平巾帻	短襦裤	直领 红襈	合衽无襈	中袖 白＼无襈	不详	白色？	内衣 白直领 短襦下摆红襈	残	残
29	前室东壁上段左	男	顶髻	犊鼻裈	裸露上身						黑色犊鼻裈	跣足

续表

序号	方位	性别	发式/发饰/面妆 官帽/冠饰	服装形制	襦/袍/衣衫						裈裤/裙裳	鞋履
					领	衽	袖	腰饰	花色	内衣/其他		
30	前室东壁上段右	男	顶髻	犊鼻裈	裸露上身						黑色犊鼻裈	跣足
31	前室东壁下段左一	男	白色平巾帻	短襦裤	直领 红襈	合衽 无襈	中袖 白\无襈	不详	白色？	短襦下摆红襈	残	残
32	前室东壁下段左二	男	白色平巾帻	短襦裤	直领 红襈	合衽 无襈	中袖 白\无襈	不详	白色？	短襦下摆红襈	残	残
33	前室东壁下段左三	男	白色平巾帻	短襦裤	直领 红襈	合衽 无襈	中袖 白\无襈	不详	白色？	短襦下摆红襈	残	残
34	前室东壁下段左四	男	白色平巾帻	短襦裤	直领 红襈	合衽 无襈	中袖 白\无襈	不详	白色？	短襦下摆红襈	残	残
35	前室东壁下段左五	男	白色平巾帻	短襦裤	直领 红襈	合衽 无襈	中袖 白\无襈	不详	浅棕？	短襦下摆红襈	残	残
36	前室东壁下段左六	男	白色平巾帻	短襦裤	直领 红襈	合衽 无襈	中袖 白\无襈	不详	浅棕？	短襦下摆红襈	残	残
37	东侧室西壁东面左	女	鬟髻	袍服	直领 加襈	合衽	中袖	不详	红色	不详	白裙？	残
38	东侧室西壁东面右	女	鬟髻	袍服	不详	不详	不详	不详	不详	不详	残	残
39	东侧室北壁阿光	女	鬟髻	袍服	直领 加襈	合衽	中袖	红带	白色？	不详	不详	不详
40	东侧室北壁女侍	女	鬟髻	袍服	直领 加襈	合衽	中袖	不详	白色？	不详	不详	不详
41	东侧室东壁北面左阿婢	女	撷子髻	袍服	直领 加襈	合衽	中袖 加襈	白带	白色	不详	无	无
42	东侧室东壁北面中	女	撷子髻	袍服	直领 加襈	合衽	中袖	不详	白色？	不详	无	无
43	东侧室东壁北面右	女	撷子髻	袍服	直领 加襈	合衽	中袖	不详	白色？	不详	无	矮靿鞋

续表

序号	方位	性别	发式/发饰/面妆官帽/冠饰	服装形制	襦/袍/衣衫						裈裤/裙裳	鞋履
					领	衽	袖	腰饰	花色	内衣/其他		
44	东侧室南壁马倌	男	黑色进贤冠	袍服	直领 加襈	合衽	中袖	残	不详	不详	残	残
45	回廊出行图上部持戟盾吏左一	男	兜鍪	铠甲		圆领甲衣	上臂护甲	腰束带		持戟盾	肥筩裤	高靿鞋
46	回廊出行图上部持戟盾吏左二	男	兜鍪	铠甲		圆领甲衣	上臂护甲	腰束带		持戟盾	肥筩裤	高靿鞋
47	回廊出行图上部持戟盾吏左三	男	兜鍪	铠甲		圆领甲衣	上臂护甲	腰束带		持戟盾	肥筩裤	高靿鞋
48	回廊出行图上部持戟盾吏左四	男	兜鍪	铠甲		圆领甲衣	上臂护甲	腰束带		持戟盾	肥筩裤	高靿鞋
49	回廊出行图下部持戟盾吏左一	男	兜鍪	铠甲		圆领甲衣	上臂护甲	腰束带		持戟盾	肥筩裤	高靿鞋
50	回廊出行图下部持戟盾吏左二	男	兜鍪	铠甲		圆领甲衣	上臂护甲	腰束带		持戟盾	肥筩裤	高靿鞋
51	回廊出行图下部持戟盾吏左三	男	兜鍪 黑色缨饰	铠甲		圆领甲衣	上臂护甲	腰束带		持戟盾	肥筩裤	高靿鞋
52	回廊出行图下部持戟盾吏左四	男	兜鍪 黑色缨饰	铠甲		圆领甲衣	上臂护甲	腰束带		持戟盾	肥筩裤	高靿鞋
53	回廊出行图下部持戟盾吏左五	男	兜鍪 黑色缨饰	铠甲		圆领甲衣	上臂护甲	腰束带		持戟盾	肥筩裤	高靿鞋
54	回廊出行图上部骑马武吏左一	男	兜鍪 缨饰	铠甲		盆领甲衣	上臂护甲	腰束带		马具装 持矟	甲裤	不详

续表

序号	方位	性别	发式/发饰/面妆 官帽/冠饰	服装形制	襦/袍/衣衫						裈裤/裙裳	鞋履
					领	衽	袖	腰饰	花色	内衣/其他		
55	回廊出行图上部 骑马武吏左二	男	兜鍪 缨饰	铠甲		盆领甲衣	上臂护甲	腰束带		马具装 持矟	甲裤	不详
56	回廊出行图上部 骑马武吏左三	男	兜鍪 缨饰	铠甲		盆领甲衣	上臂护甲	腰束带		马具装 持矟	甲裤	不详
57	回廊出行图上部 骑马武吏左四	男	兜鍪 缨饰	铠甲		盆领甲衣	上臂护甲	腰束带		马具装 持矟	甲裤	不详
58	回廊出行图下部 骑马武吏左一	男	兜鍪 缨饰	铠甲		盆领甲衣	上臂护甲	腰束带		马具装 持矟	甲裤	不详
59	回廊出行图下部 骑马武吏左二	男	兜鍪 缨饰	铠甲		盆领甲衣	上臂护甲	腰束带		马具装 持矟	甲裤	不详
60	回廊出行图下部 骑马武吏左三	男	兜鍪 缨饰	铠甲		盆领甲衣	上臂护甲	腰束带		马具装 持矟	甲裤	不详
61	回廊出行图下部 骑马武吏左四	男	兜鍪 缨饰	铠甲		盆领甲衣	上臂护甲	腰束带		马具装 持矟	甲裤	不详
62	回廊出行图前导	男	尖顶帽	袍服？	直领	右衽	中袖	束带	不详	无	无	无
63	回廊出行前端抬 钟鎛乐手左	男	圆顶软脚帽	短襦裤	不详	不详	中袖	不详	不详	不详	肥筩裤	无
64	回廊出行前端抬 钟鎛乐手中	男	圆顶软脚帽	短襦裤	直领	合衽	中袖	不详	不详	不详	裤	无
65	回廊出行前端抬 钟鎛乐手右	男	圆顶软脚帽	短襦裤	直领	合衽	中袖	不详	不详	不详	裤	无

续表

序号	方位	性别	发式/发饰/面妆 官帽/冠饰	服装形制	襦/袍/衣衫						裈裤/裙裳	鞋履
					领	衽	袖	腰饰	花色	内衣/其他		
66	回廊出行前端抬小鼓乐手左	男	圆顶软脚帽	短襦裤	不详	不详	中袖	不详	不详	不详	裤	无
67	回廊出行前端抬小鼓乐手中	男	圆顶软脚帽	短襦裤	直领	合衽	短袖？	不详	不详	不详	裤	无
68	回廊出行前端抬小鼓乐手右	男	圆顶软脚帽	短襦裤	不详	不详	中袖	不详	不详	不详	裤	无
69	回廊出行前端抬大鼓乐手左	男	圆顶软脚帽	短襦裤	直领	不详	中袖	不详	不详	不详	肥筩裤	高鞠鞋
70	回廊出行前端抬大鼓乐手中	男	圆顶软脚帽	短襦裤	直领	合衽	中袖	不详	不详	不详	肥筩裤	高鞠鞋
71	回廊出行前端抬大鼓乐手右	男	圆顶软脚帽	短襦裤	直领	合衽	中袖	不详	不详	不详	肥筩裤	高鞠鞋
72	回廊出行前端上部持麾女子左	女	鬟髻	袿衣裙	直领加襈	右衽	中袖	束带	白色？	红色袿饰持麾	白地红点纹裙下摆红襈	无
73	回廊出行前端上部持麾女子右	女	鬟髻	袿衣裙	直领加襈	右衽	中袖	束带	白色？	红色袿饰持麾	白地红点纹裙下摆红襈	无
74	回廊出行前端下部持麾女子左	女	鬟髻	袿衣裙	直领加襈	右衽	中袖	束带	白色？	红色袿饰持麾	白地红点纹裙下摆红襈	无
75	回廊出行前端下部持麾女子右	女	鬟髻	袿衣裙	直领加襈	右衽	中袖	束带	白色？	红色袿饰持麾	白地红点纹裙下摆红襈	无

续表

序号	方位	性别	发式/发饰/面妆 官帽/冠饰	服装形制	襦/袍/衣衫						裈裤/裙裳	鞋履
					领	衽	袖	腰饰	花色	内衣/其他		
76	回廊出行前端中部 马上吏	男	黑色进贤冠	袍服	直领	合衽	宽长袖	不详	白色	持笏	无	无
77	回廊出行中端上部 持刀盾吏左一	男	黑色平巾帻	短襦裤	短襦裤外套裲裆铠					持刀盾	黑色肥筩裤	无
78	回廊出行中端上部 持刀盾吏左二	男	黑色平巾帻	短襦裤	短襦裤外套裲裆铠					持刀盾	黑色肥筩裤	无
79	回廊出行中端下部 持刀盾吏左一	男	黑色平巾帻	短襦裤	短襦裤外套裲裆铠					持刀盾	黑色肥筩裤	无
80	回廊出行中端下部 持刀盾吏左二	男	黑色平巾帻	短襦裤	短襦裤外套裲裆铠					持刀盾	黑色肥筩裤	无
81	回廊出行中端上部 持斧吏左一	男	红色平巾帻	短襦裤	直领 白襈	合衽 无襈	中袖 白\无襈	不详	浅褐？	内衣圆领 持斧	肥筩裤	不详
82	回廊出行中端上部 持斧吏左二	男	红色平巾帻	短襦裤	直领 白襈	合衽 无襈	中袖 白\无襈	束带	浅褐？	内衣白直领 持斧 摆红襈	肥筩裤	不详
83	回廊出行中端上部 持斧吏左三	男	红色平巾帻	短襦裤	直领 白襈	合衽 无襈	中袖 白\无襈	不详	浅褐？	内衣圆领 持斧	肥筩裤	不详
84	回廊出行中端上部 持斧吏左四	男	红色平巾帻	短襦裤	直领 白襈	合衽 无襈	中袖	不详	浅褐	内衣圆领 持斧	肥筩裤	不详
85	回廊出行中端上部 持斧吏左五	男	红色平巾帻	短襦裤	直领 白襈	合衽 无襈	中袖	束带	浅褐？	内衣圆领 持斧	肥筩裤	不详

续表

序号	方位	性别	发式/发饰/面妆 官帽/冠饰	服装形制	襦/袍/衣衫						裈裤/裙裳	鞋履
					领	衽	袖	腰饰	花色	内衣/其他		
86	回廊出行中端下部 持斧吏左一	男	红色平巾帻	短襦裤	直领 白襈	合衽无襈	中袖 白＼无襈	不详	浅褐？	持斧 下摆红襈	肥筩裤	高鞠鞋
87	回廊出行中端下部 持斧吏左二	男	红色平巾帻	短襦裤	直领 白襈	合衽无襈	中袖 白＼无襈	不详	浅褐？	持斧	肥筩裤	高鞠鞋
88	回廊出行中端下部 持斧吏左三	男	红色平巾帻	短襦裤	直领 白襈	合衽无襈	中袖 白＼无襈	不详	浅褐？	持斧	肥筩裤	高鞠鞋
89	回廊出行中端下部 持斧吏左四	男	红色平巾帻	短襦裤	直领 白襈	合衽无襈	中袖 白＼无襈	不详	浅褐？	持斧	肥筩裤	高鞠鞋
90	回廊出行中端下部 持斧吏左五	男	红色平巾帻	短襦裤	直领 白襈	合衽无襈	中袖 白＼无襈	不详	浅褐？	持斧	肥筩裤	高鞠鞋
91	回廊出行中端上部 持幡吏左一	男	黑色平巾帻	短襦裤	直领 白襈	右衽 无襈	中袖 白＼无襈	束带	浅青？	持白幡 下摆无襈	浅青肥筩裤？	黑鞋
92	回廊出行中端上部 持幡吏左二	男	黑色平巾帻	短襦裤	直领 白襈	右衽 无襈	中袖 白＼无襈	束带	浅青？	持白幡 下摆无襈	白肥筩裤？	不详
93	回廊出行中端上部 持幡吏左三	男	黑色平巾帻	短襦裤	不详	不详	中袖	不详	深褐	持红幡 下摆加襈	白肥筩裤？	不详
94	回廊出行中端中部 伸臂吏	男	黑色平巾帻	袍服	直领 加襈	直领 加襈	宽长袖	白带	深褐	不详	不详	不详
95	回廊出行中端中部 持幡吏	男	黑色平巾帻	短襦裤	直领 白襈	右衽 无襈	中袖 白＼无襈	束带	浅青？	持白幡 下摆加襈	不详	不详

续表

序号	方位	性别	发式/发饰/面妆 官帽/冠饰	服装形制	襦/袍/衣衫						裈裤/裙裳	鞋履
					领	衽	袖	腰饰	花色	内衣/其他		
96	回廊出行中端下部 持幡吏左一	男	黑色平巾帻	短襦裤	直领 白襈	不详 无襈	中袖 白\无襈	束带	浅青?	持白幡	不详	不详
97	回廊出行中端下部 持幡吏左二	男	黑色平巾帻	短襦裤	直领 白襈	右衽 无襈	中袖 白\无襈	不详	白色?	持红幡 下摆加襈	不详	黑鞋
98	回廊出行中端下部 持幡吏左三	男	黑色平巾帻	短襦裤	直领 白襈	不详 无襈	中袖 白\无襈	不详	浅青?	持红幡 下摆加襈	不详	黑鞋
99	回廊出行中端上部 持弓矢吏	男	黑色平巾帻	短襦裤	短襦裤外套裲裆铠					持弓矢	肥筩裤	高靿鞋
100	回廊出行中端下部 持弓矢吏左一	男	黑色平巾帻	短襦裤	短襦裤外套裲裆铠					持弓矢	肥筩裤	高靿鞋
101	回廊出行中端下部 持弓矢吏左二	男	黑色平巾帻	短襦裤	短襦裤外套裲裆铠					持弓矢	肥筩裤	高靿鞋
102	回廊出行中端下部 持弓矢吏左三	男	黑色平巾帻	短襦裤	短襦裤外套裲裆铠					持弓矢	肥筩裤	高靿鞋
103	回廊出行中端下部 持弓矢吏左四	男	黑色平巾帻	短襦裤	短襦裤外套裲裆铠					持弓矢	肥筩裤	高靿鞋?
104	回廊出行中端 驾车人上	男	黑色平巾帻	短襦裤?	直领	合衽	不详	不详	不详	不详	无	无
105	回廊出行中端 驾车人下	男	黑色平巾帻	短襦裤	直领	合衽	中袖	束带	白色?	下摆加襈	黑色肥筩裤	残
106	回廊出行中端 车内墓主人	男	笼冠	袍服?	直领 红襈	合衽	宽袖	不详	浅褐?	内衣白直领 持麈尾	不详	无

续表

序号	方位	性别	发式/发饰/面妆 官帽/冠饰	服装形制	襦/袍/衣衫						裈裤/裙裳	鞋履
					领	衽	袖	腰饰	花色	内衣/其他		
107	回廊出行中端车后持笏吏	男	黑色进贤冠	袍服	直领加襈	右衽	宽长袖	不详	浅青?	内衣白直领持笏	不详	无
108	回廊出行中端车后持麈女侍	女	撷子髻	短襦裤	直领加襈	合衽	中袖	束带	白色?	内衣白直领下摆加襈	黑色肥筩裤	无
109	回廊出行中端车后步行女侍	女	撷子髻	袍服	直领加襈	合衽	宽长袖	束带	浅褐?	内衣白直领下摆加襈	不详	黑色矮靿鞋
110	回廊出行后端上部骑马文吏左一	男	黑色平巾帻	短襦裤	直领加襈	合衽无襈	中袖加襈	不详	深褐?	内衣白直领下摆加襈	浅褐肥筩裤?	黑色矮靿鞋
111	回廊出行后端上部骑马文吏左二	男	黑色平巾帻	短襦裤	直领加襈	合衽无襈	中袖加襈	不详	浅褐?	内衣白直领下摆加襈	深褐肥筩裤?	无
112	回廊出行后端中部骑马文吏	男	黑色进贤冠	袍服	直领加襈	右衽无襈	宽袖	不详	浅褐?	内衣白直领	不详	黑鞋
113	回廊出行后端中部持矟骑吏	男	黑色平巾帻	短襦裤	直领加襈	右衽无襈	中袖	不详	白色?	圆领内衣持矟	黑色肥筩裤	无
114	回廊出行后端中部持旌骑吏	男	黑色平巾帻	短襦裤	直领	右衽无襈	中袖	束带	白色?	持旌	黑色肥筩裤	不详
115	回廊出行后端中部持矟骑吏	男	黑色平巾帻	短襦裤	直领	右衽无襈	中袖	束带	浅褐?	圆领内衣持矟	黑色肥筩裤	矮靿鞋
116	回廊出行后端中部持矟骑吏	男	黑色平巾帻	短襦裤	直领	右衽无襈	中袖	束带	浅棕?	圆领内衣下摆加襈	黑色肥筩裤	矮靿鞋
117	回廊出行后端中部持矟骑吏	男	黑色平巾帻	短襦裤	直领	右衽无襈	中袖	不详	黑色?	持矟	浅色肥筩裤	矮靿鞋

续表

序号	方位	性别	发式/发饰/面妆 官帽/冠饰	服装形制	襦/袍/衣衫						裈裤/裙裳	鞋履
					领	衽	袖	腰饰	花色	内衣/其他		
118	回廊出行后端上部持幢骑吏	男	黑色平巾帻	短襦裤	直领黑襈	右衽无襈	中袖	不详	白色	下摆加襈持幢	不详	无
119	回廊出行后端上部持长幡骑吏	男	黑色平巾帻	短襦裤	直领黑襈	右衽无襈	中袖	不详	浅棕？	下摆加襈持长幡	肥筩裤	残
120	回廊出行后端中部持伞骑吏	男	黑色平巾帻	短襦裤	直领加襈	右衽无襈	中袖	不详	白色？	不详	残	残
121	回廊出行后端中部马上击钲乐手	男	笼冠	袍服	直领加襈	右衽无襈	宽袖	束带	深棕？	下摆加襈击钲	残	残
122	回廊出行后端中部马上吹笳乐手	男	笼冠	袍服	直领加襈	右衽无襈	宽袖	束带	深棕？	下摆加襈吹笳	白色裤	黑鞋
123	回廊出行后端中部马上排箫乐手	男	笼冠	袍服	直领加襈	右衽无襈	宽袖	束带	深棕？	不详	无	无
124	回廊出行后端下部持矟骑吏	男	黑色平巾帻	短襦裤	直领加襈	合衽无襈	中袖	不详	不详	持矟	不详	不详
125	回廊出行后端下部持矟骑吏	男	黑色平巾帻	短襦裤	直领加襈	右衽无襈	中袖	不详	浅褐？	下摆加襈持矟	不详	不详
126	回廊出行后端下部击鞉鼓乐手	男	笼冠	袍服	直领加襈	右衽	宽袖	束带	深棕？	下摆加襈吹笳	白色裤	黑鞋
127	回廊出行后端下部牵马人	男	垂髻？	短襦裤	直领加襈	右衽	短袖	红带结前垂	浅褐？	下摆加襈	深褐肥筩裤	高鞫鞋？
128	后室东壁弹琴女子	女	高髻	短襦裙	直领加襈	合衽	中宽袖	束带	不详	弹琴	裙	无

续表

序号	方位	性别	发式/发饰/面妆官帽/冠饰	服装形制	襦/袍/衣衫						裈裤/裙裳	鞋履
					领	衽	袖	腰饰	花色	内衣/其他		
129	后室东壁弹阮咸女子	女	高髻	短襦裙	直领加襈	合衽	中袖	不详	不详	弹阮咸	裙	无
130	后室东壁吹洞箫女子	女	高髻	短襦裙	直领加襈	合衽	中袖	不详	不详	吹洞箫	裙	无
131	后室东壁舞者	男	尖顶帽	短襦裤	直领加襈	合衽	中袖	不详	不详	不详	束口加襈裤	矮靿鞋
132	回廊出行图骑吏	男	平巾帻	短襦裤	短襦裤外套裲裆铠					不详	肥筩裤	矮靿鞋
133	回廊出行图持旌旗步吏	男	圆顶软脚帽	短襦裤	直领加襈	合衽	中袖	不详	不详	持旌旗	肥筩裤	高靿鞋？
134	回廊出行图击鼓乐手	男	圆顶软脚帽	短襦裤	直领加襈	合衽	中袖	不详	不详	持鼓	肥筩裤	高靿鞋？
135	回廊出行图吹大角乐手	男	圆顶软脚帽	短襦裤	直领加襈	合衽	中袖	不详	不详	吹大角	肥筩裤	高靿鞋？

注释：第 132—135 号人物形象出自《文化遗产》1957 年第 1 期第 58 页，转引自洪晴玉《关于冬寿墓的发现和研究》，《考古》1959 年第 1 期，第 31 页。

附表4－14 德兴里壁画墓壁画人物服饰表

序号	方位	性别	发式/发饰/面妆 官帽/冠饰	服装形制	襦/袍						裈裤/裙	鞋履
					领	衽	袖	腰饰	花色	其他		
1	前室西壁太守 图上栏左一	男	黑色进贤冠	袍服	直领 黑襈	左衽	宽长袖 白襈	前垂 白带	红色	内衣白圆领	无	不详
2	前室西壁太守 图上栏左二	男	黑色进贤冠	袍服	直领 黑襈	左衽	宽长袖 白襈	前垂 白带	红色	内衣白圆领	无	不详
3	前室西壁太守 图上栏左三	男	黑色进贤冠	袍服	直领 黑襈	左衽	宽长袖 白襈	前垂 白带	红色	内衣白圆领	无	不详
4	前室西壁太守 图上栏左四	男	黑色进贤冠	袍服	直领 黑襈	左衽	宽长袖 白襈	前垂 白带	红色	内衣白圆领	无	不详
5	前室西壁太守 图上栏左五	男	黑色进贤冠	袍服	直领 黑襈	左衽	宽长袖 白襈	前垂 白带	红色	内衣白圆领	无	不详
6	前室西壁太守 图上栏左六	男	黑色平巾帻	袍服	直领 黑襈	左衽	宽长袖 白襈	前垂 白带	红色	内衣白圆领	无	黑鞋
7	前室西壁太守 图上栏通事吏	男	黑色进贤冠	袍服	直领 黑襈	合衽	宽长袖 白襈	前垂 白带	红色	内衣白圆领	无	不详

续表

序号	方位	性别	发式/发饰/面妆 官帽/冠饰	服装形制	襦/袍						裈裤/裙	鞋履
					领	衽	袖	腰饰	花色	其他		
8	前室西壁太守 图下栏左一	男	黑色进贤冠	袍服	残	残	宽长袖 白襈	残	红色	残	无	不详
9	前室西壁太守 图下栏左二	男	残	袍服	残	残	宽长袖 白襈	前垂 白带	红色	残	无	不详
10	前室西壁太守 图下栏左三	男	黑色进贤冠	袍服	残	残	宽长袖 白襈	前垂 白带	红色	残	无	不详
11	前室西壁太守 图下栏左四	男	黑色进贤冠	袍服	残	残	宽长袖 白襈	前垂 白带	红色	残	无	不详
12	前室西壁太守 图下栏左五	男	黑色进贤冠	袍服	残	残	宽长袖 白襈	前垂 白带	红色	残	无	不详
13	前室西壁太守 图下栏左六	男	黑色进贤冠	袍服	直领 黑襈	左衽	宽长袖 白襈	前垂 白带	红色	内衣白圆领	无	不详
14	前室西壁太守 图下栏左七	男	黑色进贤冠	袍服	直领 黑襈	合衽	宽长袖 白襈	不详	红色	内衣白圆领？	无	不详
15	前室西壁太守 图下栏通事吏	女	鬟髻	袍服	直领	合衽	残	残	红色	内衣白直领	残	残
16	前室西侧天井 上部左持幡仙人	女	高髻	羽衣	褐色羽衣					跣足		
17	前室西侧天井 上部中持幡仙人	女	双髻	襦裙	直领	右衽	宽长袖	束带	浅红色	内衣白圆领	白裙	跣足
18	前室西侧天井 上部右人首鸟身仙人	女	高髻	鸟身	鸟身					鸟足		

续表

序号	方位	性别	发式/发饰/面妆 官帽/冠饰	服装形制	襦/袍						裈裤/裙	鞋履
					领	衽	袖	腰饰	花色	其他		
19	前室北壁西侧 墓主人	男	笼冠	袍服	直领 加襈	合衽	宽长袖 加襈	前垂 黑带	浅褐色？	内衣白直领 麈尾	无	不详
20	前室北壁西侧 上部左一	女	撷子髻	不详	不详	不详	不详	不详	不详	阮咸	不详	不详
21	前室北壁西侧 上部左二	女	双髻	不详	不详	不详	不详	不详	不详	长柄团扇	不详	不详
22	前室北壁西侧 上部左三	男	黑色平巾帻	不详	直领 加襈	不详	不详	不详	浅红色	不详	不详	不详
23	前室北壁西侧 上部左四	女	高髻？	短襦裤？	不详	不详	不详	不详	浅红色	横笛 下摆加襈	黄色	不详
24	前室北壁西侧 上部左五	女	高髻？	短襦裤？	不详	不详	不详	不详	浅红色	下摆加襈	不详	不详
25	前室北壁西侧 下部左一	男	黑色平巾帻	不详	不详	不详	不详	不详	不详	不详	不详	不详
26	前室北壁西侧 下部左二	男	黑色平巾帻	不详	不详	不详	不详	不详	不详	不详	不详	不详
27	前室北壁西侧 下部左三	男	黑色进贤冠	不详	不详	不详	不详	不详	不详	不详	不详	不详
28	前室北壁西侧 下部左四	男	黑色进贤冠	不详	不详	不详	不详	不详	不详	不详	不详	不详
29	前室北壁东侧 残像	男	髡发	不详	不详	不详	不详	不详	不详	不详	不详	不详

续表

序号	方位	性别	发式/发饰/面妆 官帽/冠饰	服装形制	襦/袍						裈裤/裙	鞋履
					领	衽	袖	腰饰	花色	其他		
30	前室南壁东侧 第一列左一	男	圆顶软脚帽	短襦裤	直领 加襈	合衽 无襈	宽袖？	不详	红色	长角	黄色	不详
31	前室南壁东侧 第二列左一	男	黑色进贤冠	袍服	直领 加襈	合衽 无襈	宽长袖	束带	红色	持弓	不详	不详
32	前室南壁东侧 第二列左二	男	髡发	短襦裤	直领 加襈	合衽 无襈	不详	束带	白色	下摆加襈 持幡	黄色	中靿鞋
33	前室南壁东侧第三 列抬鼓乐手左一	男	圆顶软脚帽	短襦裤	直领 加襈	合衽 无襈	加襈	不详	红色	下摆加襈	黄色	中靿鞋
34	前室南壁东侧 第三列左二	男	圆顶软脚帽	短襦裤	不详	不详	不详	不详	不详	不详	不详	不详
35	前室南壁东侧 第三列左三	男	圆顶软脚帽	短襦裤	直领 加襈	合衽 无襈	中袖	不详	红色	下摆加襈	黄色	不详
36	前室南壁东侧 第四列左	男	圆顶软脚帽	短襦裤？	不详	不详	不详	不详	不详	不详	不详	不详
37	前室南壁东侧 第四列右	男	圆顶软脚帽	短襦裤？	不详	不详	不详	不详	不详	不详	不详	不详
38	前室南壁西侧 属吏图上部左一	男	圆顶软脚帽	短襦裤	直领 加襈	合衽 无襈	中袖 加襈	不详	红色	下摆加襈	红色	不详
39	前室南壁西侧 属吏图上部左二	男	圆顶软脚帽	短襦裤	直领 加襈	不详	不详	不详	不详	不详	不详	不详
40	前室南壁西侧 属吏图上部左三	男	黑色进贤冠	袍服	直领 加襈	左衽	宽长袖	不详	红色	内衣白圆领	无	不详

续表

序号	方位	性别	发式/发饰/面妆 官帽/冠饰	服装形制	襦/袍						裈裤/裙	鞋履
					领	衽	袖	腰饰	花色	其他		
41	前室南壁西侧属吏图上部左四	男	黑色进贤冠	袍服	直领加襈	合衽	宽长袖	不详	红色	内衣白圆领	无	不详
42	前室南壁西侧属吏图上部左五	男	黑色进贤冠	袍服	直领加襈	合衽	宽长袖	不详	红色	内衣白圆领	无	不详
43	前室南壁西侧属吏图上部左六	男	黑色进贤冠	袍服	直领加襈	右衽	宽长袖	不详	红色	内衣白圆领	无	不详
44	前室南壁西侧属吏图中部左一	男	圆顶软脚帽	短襦裤	直领加襈	不详	不详	不详	不详	下摆加襈	不详	不详
45	前室南壁西侧属吏图中部左二	男	圆顶软脚帽	短襦裤	不详	不详	不详	不详	不详	下摆加襈	不详	不详
46	前室南壁西侧属吏图中部左三	男	平巾帻	袍服	直领加襈	不详	不详	不详	不详	不详	不详	不详
47	前室南壁西侧属吏图中部左四	男	圆顶软脚帽	短襦裤	不详	不详	不详	不详	不详	捧物	残	残
48	前室南壁西侧属吏图中部左五	男	黑色平巾帻	袍服	不详	不详	不详	不详	不详	不详	不详	不详
49	前室南壁西侧属吏图中部左六	男	圆顶软脚帽	短襦裤	直领加襈	合衽	中袖	不详	不详	不详	残	残
50	前室南壁西侧属吏图中部左七	男	圆顶软脚帽	短襦裤	直领加襈	合衽	中袖	不详	深褐色	不详	黑色	残
51	前室南壁西侧属吏图下部左一	男	圆顶软脚帽	短襦裤	直领加襈	合衽	中袖	不详	红色	不详	黄色	不详

续表

序号	方位	性别	发式/发饰/面妆 官帽/冠饰	服装形制	襦/袍						裈裤/裙	鞋履
					领	衽	袖	腰饰	花色	其他		
52	前室南壁西侧属吏图下部左二	男	圆顶软脚帽	短襦裤	直领 加襈	合衽	中袖	不详	黄色	不详	白色	不详
53	前室南壁西侧属吏图下部左三	男	圆顶软脚帽	短襦裤	不详	不详	不详	不详	不详	不详	不详	不详
54	前室南壁西侧属吏图下部左四	男	黑色进贤冠	袍服	直领 黄襈	合衽	宽长袖	不详	黑色	不详	无	不详
55	前室南壁西侧属吏图下部左五	男	黑色进贤冠	袍服？	不详	不详	不详	不详	不详	不详	不详	不详
56	前室南侧天井狩猎图左一	男	圆顶软脚帽	短襦裤	不详	不详	不详	不详	不详	不详	黄色	不详
57	前室南侧天井狩猎图左二	男	圆顶软脚帽	短襦裤	不详	不详	短袖	不详	深褐色	下摆加襈	红色	中靿鞋
58	前室南侧天井狩猎图左三	男	圆顶软脚帽	短襦裤	不详	不详	短袖	白带	深褐色	下摆加襈	白色	中靿鞋
59	前室南侧天井牛郎	男	平顶帽	袍服	直领 加襈	右衽	宽长袖	前垂 白带	朱红色	下摆加襈	无	不详
60	前室南侧天井织女	女	撷子髻	袍服？	直领	合衽	宽长袖 加襈	垂带	朱红色	不详	不详	不详
61	前室东壁出行图第一列左一	男	兜鍪 红黑色雉尾	铠甲	盆形领　束腰　下摆加襈甲裙					马具装	甲裤	不详
62	前室东壁出行图第一列左二	男	兜鍪 红黑色雉尾	铠甲	盆形领　束腰　下摆加襈甲裙					马具装	甲裤	不详

续表

序号	方位	性别	发式/发饰/面妆 官帽/冠饰	服装形制	襦/袍						裈裤/裙	鞋履
					领	衽	袖	腰饰	花色	其他		
63	前室东壁出行图 第一列左三	男	兜鍪 红黑色雉尾	铠甲	盆形领 束腰 下摆加襈甲裙					马具装	甲裤	不详
64	前室东壁出行图 第一列左四	男	兜鍪 红黑色雉尾	铠甲	盆形领 束腰 下摆加襈甲裙					马具装	甲裤	不详
65	前室东壁出行图 第一列左五	男	兜鍪 红黑色雉尾	铠甲	盆形领 束腰 下摆加襈甲裙					马具装	甲裤	不详
66	前室东壁出行图 第一列左六	男	兜鍪 红黑色雉尾	铠甲	盆形领 束腰 下摆加襈甲裙					马具装	甲裤	不详
67	前室东壁出行图 第二列左一	男	黑色进贤冠?	袍服?	残	残	残	残	残	残	残	残
68	前室东壁出行图 第二列左二	男	黑色平巾帻	袍服?	残	残	残	残	残	残	残	残
69	前室东壁出行图 第二列左三	男	黑色平巾帻	袍服?	残	残	残	残	红色	残	残	残
70	前室东壁出行图 第二列左四	男	髡发	短襦裤	直领 白襈	合衽 无襈	不详	不详	深褐色	下摆加襈	朱红色	黑鞋
71	前室东壁出行图 第二列左五	男	髡发	短襦裤	直领 白襈	合衽 无襈	不详	不详	深褐色	下摆加襈	朱红色	黑鞋
72	前室东壁出行图 第二列左六	男	不详	袍服?	直领 黑襈	合衽	宽长袖	白带	白色	残	残	残
73	前室东壁出行图 第二列左七	男	黑色进贤冠	袍服	直领 白襈	合衽	宽长袖	不详	朱红色	不详	不详	不详

续表

序号	方位	性别	发式/发饰/面妆 官帽/冠饰	服装形制	襦/袍						裈裤/裙	鞋履
					领	衽	袖	腰饰	花色	其他		
74	前室东壁出行图第二列左八	男	黑色进贤冠	袍服	直领白襈	合衽	宽长袖	不详	朱红色	不详	不详	不详
75	前室东壁出行图第二列左九	男	黑色进贤冠	袍服	直领白襈	合衽	宽长袖	不详	朱红色	不详	不详	不详
76	前室东壁出行图第二列左十	男	黑色进贤冠	袍服	不详	合衽	不详	不详	黑色？	不详	不详	不详
77	前室东壁出行图第二列左十一	男	不详	短襦裤	不详	不详	宽长袖	束带	深褐色	不详	不详	不详
78	前室东壁出行图第二列左十二	男	黑色进贤冠	袍服	直领白襈	合衽	宽长袖	不详	朱红色	不详	不详	不详
79	前室东壁出行图第二列左十三	男	不详	短襦裤	不详	不详	中袖	束带	深褐色	不详	不详	不详
80	前室东壁出行图第二列左十四	男	黑色平巾帻	袍服	不详	不详	不详	不详	白色	不详	不详	不详
81	前室东壁出行图第二列左十五	男	髡发	短襦裤	加襈	不详	中袖	白带	深褐色	下摆加襈	朱红色	不详
82	前室东壁出行图第二列左十六	男	髡发	短襦裤	加襈	不详	中袖	白带	深褐色	下摆加襈	朱红色	不详
83	前室东壁出行图第二列左十七	男	圆顶软脚帽？	短襦裤	加襈	合衽	中袖	白带	深褐色	不详	不详	不详
84	前室东壁出行图第二列左十八	男	圆顶软脚帽？	短襦裤	加襈	合衽	中袖？	白带	深褐色	不详	不详	不详

续表

序号	方位	性别	发式/发饰/面妆 官帽/冠饰	服装形制	襦/袍						裈裤/裙	鞋履
					领	衽	袖	腰饰	花色	其他		
85	前室东壁出行图第二列左十九	男	圆顶软脚帽？	短襦裤	不详	对衽？	不详	白带？	白色？	不详	不详	不详
86	前室东壁出行图第三列左一	男	黑色平巾帻	短襦裤	直领加襈	合衽	中袖	束带	深褐色	残	残	残
87	前室东壁出行图第三列左二	男	黑色平巾帻	短襦裤	直领加襈	合衽	中袖	束带	白色	不详	朱红肥筩裤	不详
88	前室东壁出行图第三列左三	男	黑色平巾帻	短襦裤	直领加襈	合衽	中袖	束带	深褐色	不详	白色肥筩裤	不详
89	前室东壁出行图第三列左四	男	黑色平巾帻	短襦裤	直领加襈	合衽	中袖	束带	朱红色	不详	朱红肥筩裤	不详
90	前室东壁出行图第四列左一	男	残	铠甲	残					马具装	甲裤	不详
91	前室东壁出行图第四列左二	男	残	铠甲	残					马具装	甲裤	不详
92	前室东壁出行图第四列左三	男	残	铠甲	残					马具装	甲裤	不详
93	前室东壁出行图第四列左四	男	残	铠甲	残					马具装	甲裤	不详
94	前室东壁出行图第四列左五	男	残	铠甲	残					马具装	甲裤	不详
95	前室东侧天井狩猎图左一	男	圆顶软脚帽	短襦裤	不详	不详	短袖	不详	红色？	不详	黄色肥筩裤	不详

续表

序号	方位	性别	发式/发饰/面妆 官帽/冠饰	服装形制	襦/袍						裈裤/裙	鞋履
					领	衽	袖	腰饰	花色	其他		
96	前室东侧天井 狩猎图左二	男	圆顶软脚帽	短襦裤	直领	合衽	短袖	不详	黄色	不详	红色肥筩裤	不详
97	前室东侧天井 狩猎图左三	男	圆顶软脚帽	短襦裤	直领	左衽	短袖	不详	深褐色	不详	朱红肥筩裤	不详
98	前室东侧天井 狩猎图左四	男	圆顶软脚帽	短襦裤	直领	合衽	短袖 白\无襈	束带	浅褐色	下摆加襈	朱红肥筩裤	中靿鞋
99	前室东侧天井 狩猎图左五	男	圆顶软脚帽	短襦裤	直领 加襈	右衽 无襈	短袖 白\无襈	束带	不详	下摆加襈	不详	不详
100	中间通路西壁 上栏左一	男	黑色平巾帻	短襦裤	直领 白襈	合衽 无襈	中袖	束带	深褐色	下摆白襈	黄色肥筩裤	黑鞋
101	中间通路西壁 上栏左二	男	黑色平巾帻	短襦裤	直领 加襈	合衽 无襈	中袖	不详	浅红色	下摆加襈	深褐色肥筩裤	不详
102	中间通路西壁 上栏左三	男	黑色平巾帻	短襦裤	直领 加襈	合衽 无襈	中袖	束带	不详	不详	残	残
103	中间通路西壁 上栏左四	男	黑色平巾帻	短襦裤	直领 加襈	右衽 无襈	中袖	束带	朱红色	下摆加襈	深褐色肥筩裤	不详
104	中间通路西壁 上栏左五	男	黑色平巾帻	短襦裤	直领 加襈	右衽 无襈	中袖	束带	深褐色	内衣白直领 下摆加襈	深褐色肥筩裤	中靿鞋
105	中间通路西壁 上栏左六	男	黑色平巾帻	短襦裤	直领 加襈	合衽 无襈	中袖	白带	深褐色	下摆加襈	朱红肥筩裤	不详
106	中间通路西壁 下栏牵马人	男	黑色平巾帻	短襦裤	直领 加襈	右衽 无襈	短袖？ 中袖	白带	朱红色	下摆加襈	深褐色肥筩裤	中靿鞋

续表

序号	方位	性别	发式/发饰/面妆 官帽/冠饰	服装形制	襦/袍						裈裤/裙	鞋履
					领	衽	袖	腰饰	花色	其他		
107	中间通路东侧上栏夫人出行图左一	男	圆顶软脚帽	短襦裤	不详	不详	不详	不详	不详	不详	不详	不详
108	中间通路东侧上栏夫人出行图左二	男	圆顶软脚帽	短襦裤	直领 加襈	合衽 无襈	中袖	不详	朱红色	下摆加襈	朱红肥筩裤	不详
109	中间通路东侧上栏夫人出行图左三	男	髡发	短襦裤	直领 加襈	合衽 无襈	短袖	白带	朱红色	下摆加襈	深褐色肥筩裤	中靿鞋
110	中间通路东侧上栏夫人出行图左四	女	髡发	短襦裙	直领	左衽 无襈	宽长袖	不详	黄色	帔帛	红黄裥裙 肥筩裤	中靿鞋
111	中间通路东侧上栏夫人出行图左五	女	顶髻	短襦裙	直领	左衽 无襈	宽长袖	不详	黄色	帔帛	红黄裥裙 肥筩裤	中靿鞋
112	中间通路东侧上栏夫人出行图左六	男	髡发	短襦裤	直领 加襈	合衽 无襈	不详	不详	深褐色	下摆白襈	红色肥筩裤	不详
113	中间通路东侧上栏夫人出行图左七	男	髡发	短襦裤	直领 加襈	合衽	不详	不详	红色	下摆加襈	深褐色肥筩裤	不详
114	中间通路东侧下栏打伞人	男	残	短襦裤	残	残	残	残	深褐色	下摆白襈	红色肥筩裤	残
115	中间通路东侧下栏牵马人	男	黑色平巾帻	短襦裤	直领 加襈	合衽	短袖？	不详	红色	下摆加襈	不详	残
116	后室北壁左栏第一列左一	男	不详	短襦裤	残	不详	不详	不详	不详	不详	不详	中靿鞋？
117	后室北壁左栏第一列左二	男	残	短襦裤	残	不详	不详	不详	不详	下摆加襈	不详	不详

续表

序号	方位	性别	发式/发饰/面妆 官帽/冠饰	服装形制	襦/袍						裈裤/裙	鞋履
					领	衽	袖	腰饰	花色	其他		
118	后室北壁左栏 第一列左三	男	残	短襦裤	残	不详	不详	不详	不详	不详	不详	不详
119	后室北壁左栏 第二列牵马人	男	圆顶软脚帽？	短襦裤	直领 加襈	右衽	短袖？	白带	红色	下摆不加襈	朱红肥筩裤	中靿鞋？
120	后室北壁左栏 第三列左一	男	平巾帻	短襦裤	不详	不详	不详	不详	不详	不详	残	残
121	后室北壁左栏 第三列左二	男	平巾帻	短襦裤	不详	不详	不详	不详	不详	不详	残	残
122	后室北壁左栏 第三列左三	男	平巾帻？	短襦裤	不详	不详	不详	不详	不详	不详	不详	中靿鞋？
123	后室北壁中栏 墓主人	男	笼冠	袍服	直领 加襈	合衽	宽长袖	不详	不详	不详	不详	不详
124	后室北壁中栏 第一列左一	男	圆顶软脚帽	短襦裤	直领 加襈	合衽	短袖？	不详	浅红色	下摆加襈 打扇	不详	不详
125	后室北壁中栏 第一列左二	男	圆顶软脚帽	短襦裤	直领 加襈	合衽	短袖？	不详	朱红色	下摆加襈	白色？	不详
126	后室北壁中栏 第二列左一	男	黑色平巾帻	短襦裤	直领 加襈	合衽	宽长袖？	不详	深褐色	不详	朱红肥筩裤	中靿鞋
127	后室北壁中栏 第二列左二	男	黑色平巾帻	短襦裤	直领 加襈	合衽	中袖？	不详	朱红色	不详	不详	不详
128	后室北壁右栏 第一列左一	女	顶髻	短襦裙	直领 加襈	右衽 无襈	挽袖 白＼无襈	不束带	朱红色	下摆无襈 持巾	双色褶裙 肥筩裤	白中 靿鞋

续表

序号	方位	性别	发式/发饰/面妆 官帽/冠饰	服装形制	襦/袍						裈裤/裙	鞋履
					领	衽	袖	腰饰	花色	其他		
129	后室北壁右栏 第一列左二	女	顶髻	短襦裙	直领 加襈	右衽 无襈	挽袖 白\无襈	不束带	朱红色	下摆无襈 持巾	双色百褶裙 束口肥筩裤	黑中 靿鞋
130	后室北壁右栏 第一列左三	女	髡发	短襦裙	直领 加襈	右衽 无襈	挽袖 白\无襈	不束带	朱红色	下摆无襈 持巾	白百褶裙 肥筩裤	白中 靿鞋
131	后室北壁右栏 第一列左四	女	髡发	短襦裙	直领 加襈	右衽 无襈	挽袖 白\无襈	不束带	朱红色	下摆无襈 持巾	白百褶裙 肥筩裤	白中 靿鞋
132	后室北壁右栏 第二列左一	男	垂髻？	短襦裤	直领 加襈	合衽	不详	不详	红色	下摆无襈	红肥筩裤	中靿鞋
133	后室北壁右栏 第二列左二	男	髡发	短襦裤	直领 加襈	合衽	不详	不详	红色	不详	不详	不详
134	后室北壁右栏 第二列左三	女	髡发	短襦裙	直领 加襈	右衽 无襈	挽袖 白\无襈	不束带	朱红色	下摆无襈	白百褶裙 肥筩裤	白中 靿鞋
135	后室北壁右栏 第三列左一	女	髡发	短襦裙	直领 加襈	合衽 无襈	挽袖 白\无襈	不束带	黄色	下摆无襈	白百褶裙	不详
136	后室北壁右栏 第三列左二	女	髡发	短襦裙	直领 加襈	合衽 无襈	挽袖 白\无襈	不束带	红色	下摆无襈	白百褶裙	不详
137	后室北壁右栏 第三列左三	女	髡发	短襦裙	直领 加襈	右衽 无襈	挽袖 白\无襈	不束带	黄色	下摆无襈	白百褶裙	不详
138	后室北壁右栏 第三列左四	女	髡发	短襦裙	直领 黄襈	合衽 无襈	挽袖 白\无襈	不束带	红色	下摆无襈	白百褶裙	不详
139	后室东壁上 栏左一	女	鬟髻	不详	直领 加襈	合衽	不详	不详	不详	不详	不详	不详

续表

序号	方位	性别	发式/发饰/面妆 官帽/冠饰	服装形制	襦/袍						裈裤/裙	鞋履
					领	衽	袖	腰饰	花色	其他		
140	后室东壁上栏左二	男	圆顶软脚帽	短襦裤	直领	合衽	不详	不详	不详	不详	不详	不详
141	后室东壁上栏左三	男	髡发	短襦裤	直领	合衽	不详	不详	不详	不详	不详	不详
142	后室东壁上栏左四	男	黑色进贤冠	袍服	直领 加襈	合衽	宽长袖	不详	红色	不详	不详	不详
143	后室东壁上栏左五	男	圆顶软脚帽	短襦裤	直领 白襈	合衽 无襈	中袖 白\无襈	束带	浅褐色	下摆无襈	黄色肥筩裤	中鞠鞋
144	后室东壁上栏左六	男	圆顶软脚帽	短襦裤	直领 加襈	合衽 无襈	中袖 白\无襈	不详	浅褐色	下摆无襈	黄色肥筩裤	中鞠鞋
145	后室东壁下栏左一	女	残	短襦裙	不详	不详	不详	不详	不详	不详	不详	不详
146	后室东壁下栏左二	女	残	短襦裙	不详	不详	不详	不详	不详	不详	不详	不详
147	后室东壁下栏左三	男	残	短襦裤	不详	不详	不详	不详	不详	不详	肥筩裤	中鞠鞋
148	后室东壁下栏左四	男	残	短襦裤	不详	不详	不详	不详	不详	不详	肥筩裤	中鞠鞋
149	后室东壁下栏左五	男	黑色平巾帻	短襦裤	直领 加襈	合衽	不详	不详	不详	不详	深褐色肥筩裤	中鞠鞋
150	后室东壁下栏左六	男	黑色平巾帻	短襦裤	直领 加襈	合衽	不详	不详	不详	不详	深褐色肥筩裤	中鞠鞋

续表

序号	方位	性别	发式/发饰/面妆 官帽/冠饰	服装形制	襦/袍						裈裤/裙	鞋履
					领	衽	袖	腰饰	花色	其他		
151	后室西壁上栏第一列左一	男	圆顶软脚帽	短襦裙	直领 白襈	合衽 无襈	短袖	不详	深褐色	下摆白襈	深褐色肥筩裤	不详
152	后室西壁上栏第一列左二	男	圆顶软脚帽	短襦裤	直领 白襈	合衽 无襈	挽袖 白\无襈	不详	深褐色	下摆无襈	黄色肥筩裤	白中靿鞋
153	后室西壁上栏第一列左三	男	圆顶软脚帽	短襦裤	直领 白襈	合衽 无襈	中袖 白\无襈	不详	黄色	下摆无襈	深褐色肥筩裤	白中靿鞋
154	后室西壁上栏第一列左四	男	圆顶软脚帽	短襦裤	直领 白襈	合衽 无襈	中袖 白\无襈	不详	深褐色	下摆无襈	黄色肥筩裤	白中靿鞋
155	后室西壁上栏第一列左五	男	圆顶软脚帽	短襦裤	直领 白襈	合衽 无襈	短袖	不详	深褐色	下摆白襈	深褐色肥筩裤	不详
156	后室西壁上栏第二列左一	男	圆顶软脚帽	短襦裤	直领 白襈	合衽 无襈	短袖	不详	深褐色	下摆白襈	深褐色肥筩裤	不详
157	后室西壁上栏第二列左二	男	圆顶软脚帽	短襦裤	直领 白襈	合衽	短袖	不详	黄色	不详	深褐色肥筩裤	不详
158	后室西壁下栏牵马人	男	圆顶软脚帽	短襦裤	不详	不详	不详	不详	不详	不详	不详	不详
159	后室南壁上栏左一	男	髡发	短襦裤	不详	不详	不详	不详	深褐色	不详	不详	不详
160	后室南壁上栏左二	男	髡发	短襦裤	不详	不详	不详	不详	深褐色	不详	不详	不详

附表4－15 台城里1号墓壁画人物服饰表

序号	方位	性别	发式/发饰/面妆 官帽/冠饰	服装形制	襦/袍						裈裤/裙	鞋履
					领	衽	袖	腰饰	花色	其他		
1	右侧室墓主人	男	笼冠	袍服	直领 加襈	合衽	不详	不详	不详	不详	无	不详
2	玄室右侧	男	不详	袍服	不详	不详	不详	不详	不详	不详	不详	不详

附表4－16　平壤驿前二室墓壁画人物服饰表

序号	方位	性别	发式/发饰/面妆 官帽/冠饰	服装形制	襦/袍						裈裤/裙	鞋履
					领	衽	袖	腰饰	花色	其他		
1	前室右龛持大刀武人	男	平巾帻	短襦裤	直领 加襈	合衽	中袖？	不详	不详	不详	肥筩裤	矮鞠鞋？
2	前室右壁斧钺手左一	男	平巾帻	不详	残	残	残	残	残	残	残	残
3	前室右壁斧钺手左二	男	平巾帻	不详	残	残	残	残	残	残	残	残
4	前室右壁斧钺手左三	男	平巾帻	不详	残	残	残	残	残	残	残	残
5	前室右壁斧钺手左四	男	平巾帻	短襦裤	不详	不详	中袖？	不详	不详	下摆加襈	肥筩裤	残
6	前室右壁斧钺手左五	男	平巾帻	短襦裤	不详	不详	不详	不详	不详	下摆加襈	肥筩裤	残
7	前室右壁斧钺手左六	男	平巾帻	短襦裤	直领 加襈	不详	不详	不详	不详	下摆加襈	残	残
8	前室前壁右侧鼓乐手	男	笼冠	袍服	直领 加襈	合衽	长宽袖	不详	不详	内衣直领	无	不详
9	前室前壁右侧 吹大角人	男	尖顶帽	短襦裤	残	残	加襈	不详	不详	不详	残	残

附表4－17 龛神塚壁画人物服饰表

序号	方位	性别	发式/发饰/面妆 官帽/冠饰	服装形制	襦/袍						裈裤/裙	鞋履
					领	衽	袖	腰饰	花色	其他		
1	前室左壁龛内墓主人	男	笼冠	袍服	直领加襈	合衽	不详	芾？	红色	不详	无	不详
2	前室左壁南侧侍从一	男	平巾帻	短襦裤	直领加襈	合衽	不详	不详	深褐色	不详	白色肥筩裤？	不详
3	前室左壁南侧侍从二	女	不详	袍服？	直领加襈	合衽	宽长袖	芾？	深褐色	不详	无	不详
4	前室右壁右侧女侍	女	双髻	袍服	直领 加襈	合衽	宽长袖	后垂白带白 褐条纹芾	红色	下摆白襈	无	黑鞋
5	前室右壁左侧女侍	女	双髻	袍服？	直领加襈	合衽	宽袖	深褐色芾	不详	绶带？	红白裥裙	黑鞋
6	前室右壁龛内右侧上	男	平巾帻	短襦裤	直领 加襈	合衽	中袖	不详	不详	下摆加襈 持环首刀	肥筩裤	黑鞋
7	前室右壁龛内右侧下	男	平巾帻	短襦裤	直领加襈	合衽	中袖	不详	不详	下摆无襈	残	残

续表

序号	方位	性别	发式/发饰/面妆 官帽/冠饰	服装形制	襦/袍						裈裤/裙	鞋履
					领	衽	袖	腰饰	花色	其他		
8	前室右壁龛南侧武人	男	兜鍪 鸟羽	铠甲	盘领	不详	短袖	不详	甲	持环首刀	瘦腿裤	黑鞋
9	前室右壁南侧侍从	男	黑色平巾帻	不详	直领加襈	合衽	不详	不详	深褐色	不详	残	残
10	前室北壁侍从左一	男	黑色平巾帻	袍服	直领加襈	合衽	不详	束带	黄色	不详	无	不详
11	前室北壁侍从左二	女	双髻	袍服	直领加襈	合衽	宽长袖	束带	白色？	持物	无	不详
12	前室北壁侍从左三	男	黑色平巾帻	袍服	直领加襈	合衽	不详	束带	深褐色	不详	无	不详
13	后室壁画出行图左一	男	山字形王冠	不详	直领加襈	不详	不详	不详	不详	不详	不详	不详
14	后室壁画出行图左二	男	山字形王冠	不详	直领加襈	不详	不详	不详	不详	吹大角	不详	不详
15	后室壁画出行图左三	男	山字形王冠	不详	直领加襈	不详	不详	不详	不详	持幡	不详	不详
16	后室壁画武士左一？	男	兜鍪 鸟羽	铠甲	盆领	不详	不详	不详	不详	持环首刀	残	残
17	后室壁画武士左二？	男	兜鍪 鸟羽	铠甲	盆领	不详	不详	不详	不详	持环首刀	残	残

附表4－18　高山洞A7号墓（植物园9号墓）壁画人物服饰表

序号	方位	性别	发式/发饰/面妆 官帽/冠饰	服装形制	襦/袍						裈裤/裙	鞋履
					领	衽	袖	腰饰	花色	其他		
1	前室西壁右侧牵马人	不详	不详	短襦裤	不详	不详	不详	不详	不详	不详	肥筩裤	不详
2	前室东壁右侧左男侍	男	不详	短襦裤	不详	不详	不详	不详	不详	不详	肥筩裤	不详
3	前室东壁右侧女侍	女	巾帼	长襦裙	直领 加襈	合衽	不详	不详	不详	下摆加襈	百褶裙	不详

附表4－19　松竹里1号墓壁画人物服饰表

序号	方位	性别	发式/发饰/面妆 官帽/冠饰	服装形制	襦/袍						裈裤/裙	鞋履
					领	衽	袖	腰饰	花色	其他		
1	墓道两侧武士	男	不详	铠甲？	不详	不详	不详	不详	不详	不详	不详	不详
2	前室左壁出行图	不详	不详	不详	不详	不详	不详	不详	不详	不详	不详	不详
3	前室右壁狩猎图	不详	不详	不详	不详	不详	不详	不详	不详	不详	不详	不详
4	前室前壁右侧守门将	不详	不详	不详	不详	不详	不详	不详	不详	环首大刀	不详	不详
5	前室前壁左侧供养图	不详	不详	不详	不详	不详	不详	不详	不详	不详	不详	不详
6	甬道两侧守门将	不详	不详	铠甲？	不详	不详	不详	不详	不详	不详	不详	不详
7	后室后壁墓 主人账房图	不详	不详	不详	不详	不详	不详	不详	不详	不详	不详	不详
8	后室左壁人物	不详	黑色高帽？	不详	不详	不详	不详	不详	不详	不详	不详	不详
9	墓室残存图像	男	不详	短襦裤	直领 加襈	合衽 加襈	短袖	不详	不详	不详	肥筩裤	残

附表 4 - 20　药水里壁画墓壁画人物服饰表

序号	方位	性别	发式/发饰/面妆 官帽/冠饰	服装形制	襦/袍						裈裤/裙	鞋履
					领	衽	袖	腰饰	花色	其他		
1	后室北壁上部夫妇图左一	男	黑色平巾帻	短襦裤	直领加襈	合衽	不详	不详	黄色	不详	白色肥筩裤 红色襈	白中 鞠鞋
2	后室北壁上部夫妇图左二	男	黑色平巾帻	短襦裤	直领加襈	合衽	不详	不详	黄色	不详	白色肥筩裤 红色襈	白中 鞠鞋
3	后室北壁上部夫妇图墓主	男	笼冠？	袍服	直领加襈	合衽	不详	不详	黄色	不详	无	不详
4	后室北壁上部夫妇图夫人	女	花钗大髻	袍服	直领加襈	合衽	不详	不详	红色	不详	无	不详
5	后室北壁上部夫妇图左三	女	不聊生髻	襦裙	不详	不详	不详	束带	黄色	扇	百褶裙	无
6	后室北壁上部夫妇图左四	女	不聊生髻	襦裙	直领加襈	右衽	不详	束带	深褐色？	不	百褶裙	无
7	前室北壁左侧左一	男	平巾帻	短襦裤	不详	不详	不详	不详	不详	不详	肥筩裤	不详

续表

序号	方位	性别	发式/发饰/面妆 官帽/冠饰	服装形制	襦/袍						裈裤/裙	鞋履
					领	衽	袖	腰饰	花色	其他		
8	前室北壁左侧左二	男	平巾帻	短襦裤	不详	不详	不详	不详	不详	团扇	肥筩裤	不详
9	前室北壁左侧左三	男	平巾帻	短襦裤	不详	不详	不详	不详	不详	不详	肥筩裤	不详
10	前室北壁左侧墓主人	男	笼冠?	袍服	直领 加襈	合衽	宽长袖	不详	不详	不详	无	不详
11	前室北壁左侧右一	男	平巾帻	短襦裤	直领	合衽	不详	不详	不详	不详	肥筩裤	不详
12	前室北壁左侧右二	男	平巾帻	短襦裤	直领	合衽	不详	不详	不详	不详	肥筩裤	中靿鞋?
13	前室西壁右侧下半部坐像左一	男	黑色进贤冠	袍服	直领 加襈	合衽	宽长袖	不详	深褐色?	不详	无	不详
14	前室西壁右侧下半部坐像左二	男	黑色进贤冠	袍服	直领 加襈	合衽	宽长袖	不详	深褐色?	不详	无	不详
15	前室西壁右侧下半部坐像左三	男	黑色进贤冠	袍服	直领 加襈	合衽	宽长袖	不详	深褐色?	不详	无	不详
16	前室西壁右侧下半部坐像左四	男	黑色进贤冠	袍服	直领 加襈	合衽	宽长袖	不详	深褐色?	不详	无	不详
17	前室西壁右侧下半部坐像左五	男	黑色进贤冠	袍服	直领 加襈	合衽	宽长袖	不详	深褐色?	不详	无	不详
18	前室东壁右侧备碾臼图	女	不聊生髻	袍服	直领 加襈	合衽	宽长袖	不详	朱红色	不详	无	不详
19	前室东壁下半部厨房磨房图左一	女	不聊生髻	袍服	不详	不详	不详	不详	不详	不详	残	残

续表

序号	方位	性别	发式/发饰/面妆 官帽/冠饰	服装形制	襦/袍						裈裤/裙	鞋履
					领	衽	袖	腰饰	花色	其他		
20	前室东壁下半部厨房磨房图左二	女	不聊生髻	袍服？	不详	不详	不详	不详	不详	不详	残	残
21	前室东壁下半部厨房磨房图左三	女	不聊生髻	袍服？	不详	不详	不详	不详	不详	不详	残	残
22	前室南壁左侧守门将	男	顶髻	短襦 短裤	不详	不详	短袖	黑带	深棕色	不详	肥筩裤	白中靿鞋
23	前室南壁上半部右侧出行图第一列左一	男	进贤冠	袍服？	不详	不详	不详	不详	不详	持幡	不详	不详
24	前室南壁上半部右侧出行图第一列左二	男	进贤冠	袍服？	不详	不详	不详	不详	不详	持幡	不详	不详
25	前室南壁上半部右侧出行图第一列左三	男	进贤冠	袍服？	不详	不详	不详	不详	不详	持幡	不详	不详
26	前室南壁上半部右侧出行图第一列左四	男	圆顶软脚帽	短襦裤	不详	不详	不详	不详	不详	持鞔	不详	不详
27	前室南壁上半部右侧出行图第一列左五	男	圆顶软脚帽	短襦裤	不详	不详	不详	不详	不详	不详	不详	不详
28	前室南壁上半部右侧出行图第一列左六	男	圆顶软脚帽	短襦裤	不详	不详	不详	不详	不详	持斧	不详	不详
29	前室南壁上半部右侧出行图第一列左七	男	残	短襦裤	不详	不详	不详	不详	不详	持斧	不详	不详

续表

序号	方位	性别	发式/发饰/面妆 官帽/冠饰	服装形制	襦/袍						裈裤/裙	鞋履
					领	衽	袖	腰饰	花色	其他		
30	前室南壁上半部右侧出行图第二列左一	男	残	短襦裤	不详	不详	不详	不详	不详	骑马	不详	不详
31	前室南壁上半部右侧出行图第二列左二	男	平巾帻？	短襦裤	不详	不详	不详	不详	不详	骑马	不详	不详
32	前室南壁上半部右侧出行图第二列左三	男	平巾帻？	短襦裤	不详	不详	不详	不详	不详	骑马	不详	不详
33	前室南壁上半部右侧出行图第三列左一	男	圆顶软脚帽	短襦裤	不详	不详	不详	不详	不详	抬鼓	不详	不详
34	前室南壁上半部右侧出行图第三列左二	男	圆顶软脚帽	短襦裤	不详	不详	不详	不详	不详	抬鼓	不详	不详
35	前室南壁上半部右侧出行图第三列左三	男	圆顶软脚帽	短襦裤	不详	不详	不详	不详	不详	抬鼓	不详	不详
36	前室南壁上半部右侧出行图第三列左四	男	平巾帻	短襦裤	不详	不详	不详	不详	不详	骑马	不详	不详
37	前室南壁上半部右侧出行图第三列左五	男	平巾帻	短襦裤	不详	不详	不详	不详	不详	持伞盖	不详	不详
38	前室南壁上半部右侧出行图第三列左六	男	平巾帻	短襦裤	不详	不详	不详	不详	不详	骑马	不详	不详

续表

序号	方位	性别	发式/发饰/面妆 官帽/冠饰	服装形制	襦/袍						裈裤/裙	鞋履
					领	衽	袖	腰饰	花色	其他		
39	前室南壁上半部右侧出行图第三列左七	男	残	短襦裤	不详	不详	不详	不详	不详	持弓？	不详	不详
40	前室南壁上半部右侧出行图第三列左八	男	圆顶软脚帽	短襦裤	不详	不详	不详	不详	不详	牵马	不详	不详
41	前室南壁上半部右侧出行图第三列左九	男	不详	短襦裤	不详	不详	不详	不详	不详	杂技	不详	高靿鞋
42	前室南壁上半部右侧出行图第三列左十	男	不详	短襦裤	不详	不详	不详	不详	不详	杂技	不详	高靿鞋
43	前室南壁上半部右侧出行图第四列左一	男	进贤冠	短襦裤？	不详	不详	不详	不详	不详	持幡	不详	不详
44	前室南壁上半部右侧出行图第四列左二	男	进贤冠	短襦裤？	不详	不详	不详	不详	不详	持幡	不详	不详
45	前室南壁上半部右侧出行图第四列左三	男	进贤冠	短襦裤？	不详	不详	不详	不详	不详	持幡	不详	不详
46	前室南壁上半部右侧出行图第四列左四	男	进贤冠	短襦裤？	残	残	残	残	残	持幡	残	残
47	前室南壁上半部右侧出行图第四列左五	男	不详	短襦裤？	不详	不详	不详	不详	不详	骑马	不详	不详

续表

序号	方位	性别	发式/发饰/面妆 官帽/冠饰	服装形制	襦/袍						裈裤/裙	鞋履
					领	衽	袖	腰饰	花色	其他		
48	前室南壁上半部右侧出行图第四列左六	男	不详	短襦裤？	不详	不详	不详	不详	不详	骑马	不详	不详
49	前室南壁上半部右侧出行图第四列左七	男	圆顶软脚帽	短襦裤	不详	不详	不详	不详	不详	持斧	不详	不详
50	前室南壁上半部右侧出行图第四列左八	男	圆顶软脚帽	短襦裤	不详	不详	不详	不详	不详	持斧	不详	不详
51	前室南壁上半部右侧出行图第四列左九	男	圆顶软脚帽	短襦裤	不详	不详	不详	不详	不详	持斧	不详	不详
52	前室南壁上半部右侧出行图第四列左十	男	圆顶软脚帽	短襦裤	不详	不详	不详	不详	不详	持斧	不详	不详
53	前室东壁上半部出行图第一列左一	男	进贤冠	袍服？	不详	不详	不详	不详	不详	持幡	不详	不详
54	前室东壁上半部出行图第一列左二	男	进贤冠	袍服？	不详	不详	不详	不详	不详	持幡	不详	不详
55	前室东壁上半部出行图第一列左三	男	进贤冠	袍服？	不详	不详	不详	不详	不详	持幡	不详	不详
56	前室东壁上半部出行图第二列左一	男	平巾帻	短襦裤	不详	不详	不详	不详	不详	牵马	不详	不详

续表

<table>
<tr><th rowspan="2">序号</th><th rowspan="2">方位</th><th rowspan="2">性别</th><th rowspan="2">发式/发饰/面妆
官帽/冠饰</th><th rowspan="2">服装形制</th><th colspan="6">襦/袍</th><th rowspan="2">袴裤/裙</th><th rowspan="2">鞋履</th></tr>
<tr><th>领</th><th>衽</th><th>袖</th><th>腰饰</th><th>花色</th><th>其他</th></tr>
<tr><td>57</td><td>前室东壁上半部出行图第二列左二</td><td>男</td><td>笼冠？</td><td>袍服</td><td>直领
加襈</td><td>不详</td><td>不详</td><td>不详</td><td>不详</td><td>不详</td><td>不详</td><td>不详</td></tr>
<tr><td>58</td><td>前室东壁上半部出行图第二列左三</td><td>男</td><td>圆顶软脚帽</td><td>短襦裤</td><td>不详</td><td>不详</td><td>不详</td><td>不详</td><td>不详</td><td>不详</td><td>不详</td><td>不详</td></tr>
<tr><td>59</td><td>前室东壁上半部出行图第二列左四</td><td>男</td><td>圆顶软脚帽</td><td>短襦裤</td><td>不详</td><td>不详</td><td>不详</td><td>不详</td><td>不详</td><td>不详</td><td>不详</td><td>不详</td></tr>
<tr><td>60</td><td>前室东壁上半部出行图第三列左一</td><td>男</td><td>不详</td><td>短襦裤</td><td>不详</td><td>不详</td><td>不详</td><td>不详</td><td>不详</td><td>不详</td><td>不详</td><td>不详</td></tr>
<tr><td>61</td><td>前室东壁上半部出行图第三列左二</td><td>男</td><td>不详</td><td>短襦裤</td><td>不详</td><td>不详</td><td>不详</td><td>不详</td><td>不详</td><td>不详</td><td>不详</td><td>不详</td></tr>
<tr><td>62</td><td>前室东壁上半部出行图第三列左三</td><td>男</td><td>不详</td><td>短襦裤</td><td>残</td><td>残</td><td>残</td><td>残</td><td>残</td><td>残</td><td>残</td><td>残</td></tr>
<tr><td>63</td><td>前室北壁左侧上半部左一至左十二马具状武士</td><td>男</td><td>兜鍪
黑缨饰</td><td>铠甲</td><td colspan="5">不详</td><td>马具装</td><td>不详</td><td>不详</td></tr>
<tr><td>64</td><td>前室北壁左侧上半部马上二铠甲武士</td><td>男</td><td>兜鍪
缨饰</td><td>铠甲</td><td colspan="5">不详</td><td>不详</td><td>不详</td><td>不详</td></tr>
<tr><td>65</td><td>前室北壁左侧上半部女侍左一</td><td>女</td><td>高髻</td><td>襦裙</td><td>不详</td><td>不详</td><td>不详</td><td>不详</td><td>不详</td><td>不详</td><td>百褶裙</td><td>不详</td></tr>
</table>

续表

序号	方位	性别	发式/发饰/面妆 官帽/冠饰	服装形制	襦/袍						裈裤/裙	鞋履
					领	衽	袖	腰饰	花色	其他		
66	前室北壁左侧上半部女侍左二	女	高髻	襦裙	不详	不详	不详	不详	不详	不详	百褶裙	不详
67	前室北壁左侧上半部女侍左三	女	高髻	襦裙	不详	不详	不详	不详	不详	不详	百褶裙	不详
68	前室北壁左侧上半部女侍左四	女	高髻	襦裙	不详	不详	不详	不详	不详	不详	百褶裙	不详
69	前室南壁左侧上半部骑马人左	男	圆顶软脚帽	短襦裤	直领加襈	合衽	不详	束带	白色	不详	深褐色肥筩裤	不详
70	前室南壁左侧上半部骑马人右	男	圆顶软脚帽	短襦裤	不详	不详	不详	不详	不详	不详	不详	不详
71	前室南壁左侧上半部牵马人左	男	圆顶软脚帽	短襦裤	不详	不详	不详	不详	不详	不详	不详	不详
72	前室南壁左侧上半部牵马人右	男	圆顶软脚帽	短襦裤	不详	不详	不详	不详	不详	不详	不详	不详
73	前室西壁上半部第一列左一	男	圆顶软脚帽	短襦裤	不详	不详	不详	不详	不详	不详	不详	不详
74	前室西壁上半部第一列左二	男	圆顶软脚帽	短襦裤	不详	不详	不详	不详	不详	不详	不详	不详
75	前室西壁上半部第二列左一	男	圆顶软脚帽	短襦裤	不详	不详	不详	不详	不详	不详	不详	不详

续表

序号	方位	性别	发式/发饰/面妆 官帽/冠饰	服装形制	襦/袍						裈裤/裙	鞋履
					领	衽	袖	腰饰	花色	其他		
76	前室西壁上半部第二列左二	男	圆顶软脚帽	短襦裤	不详	不详	不详	不详	不详	不详	不详	不详
77	前室西壁上半部第二列左三	男	圆顶软脚帽	短襦裤	直领	合衽	不详	不详	不详	不详	不详	不详
78	前室西壁上半部第二列左四	男	不详	短襦裤	不详	不详	不详	不详	不详	不详	不详	不详
79	前室西壁上半部第二列左五	男	不详	短襦裤	不详	不详	不详	不详	不详	不详	不详	不详
80	前室西壁上半部第二列左六	男	圆顶软脚帽	短襦裤	不详	不详	不详	不详	不详	不详	不详	不详
81	前室西壁上半部第二列左七	男	圆顶软脚帽	短襦裤	不详	不详	不详	不详	不详	不详	不详	不详
82	前室西壁上半部第二列左八	男	圆顶软脚帽	短襦裤	直领	合衽	不详	不详	不详	不详	不详	不详
83	前室西壁上半部第三列左一	男	圆顶软脚帽	短襦裤	不详	不详	不详	不详	不详	不详	不详	不详
84	前室西壁上半部第三列左二	男	圆顶软脚帽	短襦裤	不详	不详	不详	不详	不详	不详	不详	不详
85	前室西壁上半部第三列左三	男	圆顶软脚帽	短襦裤	直领	合衽	不详	不详	不详	不详	不详	不详

续表

序号	方位	性别	发式/发饰/面妆 官帽/冠饰	服装形制	襦/袍						裈裤/裙	鞋履
					领	衽	袖	腰饰	花色	其他		
86	前室西壁上半部 第三列左四	男	圆顶软脚帽	短襦裤	不详	不详	不详	不详	不详	不详	不详	不详
87	前室西壁上半部 第三列左五	男	圆顶软脚帽	短襦裤	直领	合衽	不详	不详	不详	不详	不详	不详

附表4－21 东岩里壁画墓壁画人物服饰表

序号	方位	性别	发式/发饰/面妆 官帽/冠饰	服装形制	襦/袍						裈裤/裙	鞋履
					领	衽	袖	腰饰	花色	其他		
1	前室壁画残片一	男	黄色帻冠	短襦裤	直领 黄黑襈	左衽 黄黑襈	中袖 黄黑襈	残	黑白格 子纹	下摆黄黑襈	黄白格纹 肥筩裤	白中靿鞋
2	前室壁画残片二	男	红色帻冠	短襦裤	直领 黄黑襈	左衽 黄黑襈	中袖 黄黑襈	残	黑白格 子纹	下摆黄黑襈	黑白红格 纹肥筩裤	白中靿鞋
3	前室壁画残片三	不详	不详	不详	直领 黑襈	合衽	残	残	白地红 点纹	残	残	残
4	前室壁画残片四	男	残	短襦裤	直领 黑襈	不详	不详	不详	白地黑 点纹	不详	红点纹 肥筩裤	不详
5	前室壁画残片五	男	残	短襦裤	直领 黄黑襈	左衽 加襈	中袖 黄黑襈	束带	白地黑 点纹	不详	残	残
6	前室壁画残片六	男	残	短襦裤	直领 黄黑襈	左衽 加襈	中袖 黄黑襈	束带	白地黑 点纹	下摆黄黑襈	红点纹 肥筩裤	残

续表

序号	方位	性别	发式/发饰/面妆 官帽/冠饰	服装形制	襦/袍						裈裤/裙	鞋履
					领	衽	袖	腰饰	花色	其他		
7	前室壁画残片七	男	红格纹斗笠	不详	残	残	残	残	残	残	残	残
8	前室壁画残片八	男	红色斗笠	不详	残	残	残	残	残	残	残	残
9	前室壁画残片九	男	红色斗笠	不详	残	残	残	残	残	残	残	残
10	前室壁画残片十	男	红色帻冠	不详	残	残	残	残	残	残	残	残
11	前室壁画残片十一	男	白色帻冠 鸟羽	不详	残	残	残	残	残	残	残	残
12	前室壁画残片十二	男	白色帻冠 鸟羽	不详	残	残	残	残	残	残	残	残
13	前室壁画残片十三	男	红色帻冠	不详	直领 红黑襈	残	残	残	残	残	残	残
14	前室壁画残片十四	男	兜鍪 缨饰	不详	残	残	残	残	残	残	残	残
15	前室壁画残片十五	男	黄色折风 鸟羽	不详	残	残	残	残	残	残	残	残
16	前室壁画残片十六	男	折风	短襦裤	不详	不详	不详	不详	深褐色	残	残	残

续表

序号	方位	性别	发式/发饰/面妆 官帽/冠饰	服装形制	襦/袍						裈裤/裙	鞋履
					领	衽	袖	腰饰	花色	其他		
17	前室壁画残片十七	男	红色折风	短襦裤？	直领 黑襈	合衽	不详	不详	深棕色	残	残	残
18	前室壁画残片十八	男	尖顶帽 缨饰	不详	直领 红黑襈	残	残	残	残	残	残	残
19	前室壁画残片十九	不详	残	不详	残	残	残	残	残	残	浅棕瘦腿裤	白中靿鞋
20	前室壁画残片二十	不详	残	不详	残	残	残	残	残	残	浅棕瘦腿裤	白中靿鞋
21	前室壁画残片二十一	不详	残	不详	残	残	残	残	残	残	浅棕肥筩裤	白矮靿鞋 黑袜
22	前室壁画残片二十二	不详	残	短襦裤	残	残	残	残	残	残	浅棕瘦腿裤	白中靿鞋
23	前室壁画残片二十三	不详	残	短襦裤	残	残	残	残	残	残	浅棕瘦腿裤	白中靿鞋
24	前室壁画残片二十四	不详	残	短襦裤	残	残	残	残	残	残	浅棕瘦腿裤	白中靿鞋
25	前室壁画残片二十五	不详	残	不详	残	残	残	残	残	残	浅棕肥筩裤	白矮靿鞋 黑袜
26	前室壁画残片二十六	不详	残	不详	残	残	残	残	残	残	白色肥筩裤	白矮靿鞋 黑袜

续表

序号	方位	性别	发式/发饰/面妆 官帽/冠饰	服装形制	襦/袍						裈裤/裙	鞋履
					领	衽	袖	腰饰	花色	其他		
27	前室壁画残片二十七	不详	残	不详	残	残	残	残	残	残	白地褐点纹肥筩裤	白矮靿鞋黑袜
28	前室壁画残片二十八	不详	残	不详	残	残	残	残	残	残	白地黑点纹肥筩裤	白矮靿鞋黑袜
29	前室壁画残片二十九	不详	残	不详	残	残	残	残	残	残	白地红点纹肥筩裤	白矮靿鞋黑袜
30	前室壁画残片三十	不详	残	不详	残	残	残	残	残	残	白地黑点纹肥筩裤	白矮靿鞋黑袜
31	前室壁画残片三十一	女	垂髻	短襦裤	直领黑襈	左衽黑襈	不详	不详	白地黑点纹	下摆黑襈	白地褐点纹肥筩裤	残
32	前室壁画残片三十二	女	残	长襦裙？	残	残	残	残	残	下摆红黑襈	百褶裙黑襈红裤	残
33	前室壁画残片三十三	女	残	长襦裙？	残	残	残	红带？	白地黑点纹	下摆红黑襈	残	残
34	前室壁画残片三十四	女	残	长襦裙？	直领红褐襈	左衽红褐襈	黑襈	残	残	残	残	残
35	前室壁画残片三十五	女	残	长襦裙？	残	残	残	残	残	残	百褶裙黑襈红裤	残
36	前室壁画残片三十六	女	残	长襦裙？	残	残	红黑襈	不详	白色	下摆红黑襈	百褶裙白黑襈	残

续表

序号	方位	性别	发式/发饰/面妆 官帽/冠饰	服装形制	襦/袍						裈裤/裙	鞋履
					领	衽	袖	腰饰	花色	其他		
37	前室壁画残片三十七	女	残	长襦裙？	残	残	残	残	残	残	百褶裙黑襈 红裤	中靿鞋
38	前室壁画残片三十八	女	残	长襦裙？	残	残	残	残	残	残	百褶裙黑襈 红裤	中靿鞋
39	前室壁画残片三十九	女	残	长襦裙？	残	残	残	残	红色	下摆红襈	百褶裙 黑襈	残
40	前室壁画残片四十	不详	残	不详	残	残	短袖	不详	棕色	下摆黑襈	残	残
41	前室壁画残片四十一	不详	残	短襦裤	残	残	短袖 黑襈	不详	棕色	下摆黑襈	深棕色 肥筩裤	残
42	前室壁画残片四十二	不详	残	短襦裤	直领	合衽	短袖	不详	残	残	残	残
43	前室壁画残片四十三	不详	残	不详	残	残	残	残	残	残	瘦腿裤	中靿鞋
44	前室壁画残片四十四	不详	残	短襦裤	残	残	短袖	束带	残	不详	瘦腿裤	残
45	前室壁画残片四十五	不详	顶髻	短襦裤？	残	残	残	残	残	残	残	残

附表 4－22　保山里壁画墓壁画人物服饰表

序号	方位	性别	发式/发饰/面妆 官帽/冠饰	服装形制	襦/袍						裈裤/裙	鞋履
					领	衽	袖	腰饰	花色	其他		
1	墓道守门将	男	不详	不详	不详	不详	不详	不详	不详	不详	不详	不详
2	墓室壁画残图左一	不详	不详	短襦裤	不详	不详	不详	不详	不详	不详	肥筩裤	不详
3	墓室壁画残图左	不详	不详	短襦裤	不详	不详	不详	不详	不详	不详	瘦腿裤	不详
4	墓室壁画残图左	男	平巾帻	短襦裤	不详	合衽	不详	不详	不详	下摆加襈	肥筩裤	不详
5	墓室壁画残图左	男	平巾帻	不详	不详	不详	不详	不详	不详	不详	不详	不详
6	墓室壁画残图左	女	垂髻	不详	不详	不详	不详	不详	不详	不详	不详	不详
7	墓室壁画残图左	男	进贤冠?	袍服	不详	不详	宽袖	不详	不详	不详	不详	不详

附表4－23　高山洞A10号墓壁画人物服饰表

序号	方位	性别	发式/发饰/面妆 官帽/冠饰	服装形制	襦/袍						袴裤/裙	鞋履
					领	衽	袖	腰饰	花色	其他		
1	墓室壁画舞女左	女	残	短襦裤	残	残	窄长袖	束带	不详	下摆加襈	肥筩裤	中靿鞋
2	墓室壁画舞女中	女	盘髻	长襦裙	残	残	窄长袖	不详	不详	下摆加襈	百褶裙 加襈	中靿鞋
3	墓室壁画舞女右	女	不详	长襦裙	残	残	窄长袖	不详	不详	下摆加襈	残	残

附表4－24　长山洞1号墓壁画人物服饰表

序号	方位	性别	发式/发饰/面妆 官帽/冠饰	服装形制	襦/袍						袴裤/裙	鞋履
					领	衽	袖	腰饰	花色	其他		
1	墓室后壁女人	女	披风？	不详	残	合衽	残	残	残	残	残	残
2	墓室后壁侍者	男	顶髻	袍服？	直领 加襈	不详	宽长袖	残	残	下摆加襈	残	残

附表4－25　伏狮里壁画墓壁画人物服饰表

序号	方位	性别	发式/发饰/面妆 官帽/冠饰	服装形制	襦/袍						袴裤/裙	鞋履
					领	衽	袖	腰饰	花色	其他		
1	墓室右壁行列图左	男	平巾帻	不详	残	残	残	残	残	残	残	残
2	墓室右壁行列图 墓主人	男	进贤冠	不详	直领 加襈	残	残	残	残	残	残	残
3	墓室右壁行列图右	男	平巾帻	不详	残	残	残	残	残	残	残	残
4	墓室正壁左	男？	顶髻？	不详	残	残	残	残	残	残	残	残
5	墓室正壁右	男？	顶髻？	不详	残	残	残	残	残	残	残	残
6	墓室左壁上栏	女	撷子髻	不详	残	残	残	残	残	残	残	残
7	墓室下栏左一	男	平巾帻	不详	残	残	残	残	残	残	残	残
8	墓室下栏左二	男	平巾帻	不详	残	残	残	残	残	残	残	残
9	墓室下栏左三	男	平巾帻	不详	残	残	残	残	残	残	残	残
10	墓室下栏左四	男	平巾帻	不详	残	残	残	残	残	残	残	残
11	墓室下栏左五	女	撷子髻	不详	残	残	残	残	残	残	残	残

附表4－26　月精里壁画墓壁画人物服饰表

序号	方位	性别	发式/发饰/面妆 官帽/冠饰	服装形制	襦/袍						裈裤/裙	鞋履
					领	衽	袖	腰饰	花色	其他		
1	墓室壁画残片	男	不详	不详	直领 加襈	对衽	不详	不详	不详	不详	不详	不详

附表 4 - 27 八清里壁画墓壁画人物服饰表

序号	方位	性别	发式/发饰/面妆 官帽/冠饰	服装形制	襦/袍						裈裤/裙	鞋履
					领	衽	袖	腰饰	花色	其他		
1	前室左壁行列图 第一列左一武士	男	兜鍪	铠甲	盆领	不详	不详	不详	不详	不详	甲裤	不详
2	前室左壁行列图 第一列左二	男	平巾帻	袍服	直领 加襈	合衽	不详	束带	不详	下摆加襈	裤？	不详
3	前室左壁行列图 第一列左三	男	平巾帻？	袍服	直领 加襈	合衽	不详	束带	不详	内衣直领 下摆加襈	裤	黑鞋
4	前室左壁行列图 第一列左四	男	平巾帻	短襦裤	直领 加襈	合衽	不详	束带	不详	内衣直领 下摆加襈	不详	不详
5	前室左壁行列图 第二列左一	男	不详	短襦裤	直领 加襈	合衽	不详	束带	不详	下摆加襈 吹大角	深褐色肥筩裤	不详
6	前室左壁行列图 第二列左二	男	不详	短襦裤	直领 加襈	合衽	不详	束带	黑色？	下摆加襈	肥筩裤	不详

续表

序号	方位	性别	发式/发饰/面妆 官帽/冠饰	服装形制	襦/袍						裈裤/裙	鞋履
					领	衽	袖	腰饰	花色	其他		
7	前室左壁行列图 第二列左三	男	圆顶软脚帽	短襦裤	直领 加襈	合衽	中袖	束带	黑色？	下摆加襈	肥筩裤 行縢？	不详
8	前室左壁行列图 第二列墓主人	男	笼冠	袍服	不详	不详	宽长袖	不详	不详	不详	不详	不详
9	前室左壁行列图 第三列左一	男	圆顶软脚帽	短襦裤	不详	不详	残	束带	深褐色	下摆加襈	肥筩裤	不详
10	前室左壁行列图 第三列左二	男	圆顶软脚帽	短襦裤	不详	不详	不详	不详	深褐色	不详	瘦腿裤	中靿鞋
11	前室左壁行列图 第三列左三	男	圆顶软脚帽	短襦裤	不详	不详	不详	不详	不详	不详	不详	不详
12	前室左壁行列图 第三列左四	男	圆顶软脚帽	短襦裤	不详	不详	不详	不详	不详	持阮咸 下摆加襈	残	残
13	前室右壁左一	男	圆顶软脚帽	短襦裤	直领 加襈	合衽	不详	不详	不详	下摆加襈	肥筩裤	残
14	前室右壁左二	男	圆顶软脚帽	短襦裤	直领 加襈	合衽 无襈	中袖 加襈	不详	浅褐色	下摆红黑襈	黑色肥筩裤	白中靿鞋
15	前室右壁左三	男	圆顶软脚帽	短襦裤	直领 加襈	合衽	不详	不详	不详	不详	浅褐肥筩裤	白中靿鞋

续表

序号	方位	性别	发式/发饰/面妆 官帽/冠饰	服装形制	襦/袍						裈裤/裙	鞋履
					领	衽	袖	腰饰	花色	其他		
16	前室右壁墓主人	男	笼冠 白毫	袍服？	不详	不详	不详	不详	不详	不详	不详	不详
17	前室右壁右二	男	残	短襦裤	残	残	残	残	残	下摆加襈	瘦腿裤	白中靿鞋
18	前室右壁右一	男	圆顶软脚帽	短襦裤	直领 加襈	合衽	不详	束带	不详	不详	肥筩裤？	不详
19	后室左壁	男	圆顶软脚帽	短襦裤	直领 加襈	合衽	不详	不详	浅褐色	下摆加襈	黑肥筩裤	中靿鞋
20	后室右壁左侧左一	男	圆顶软脚帽	短襦裤	直领 白襈	合衽 无襈	中袖 白 \ 无襈	白带	朱红色	下摆白襈	红色肥筩裤	白中靿鞋
21	后室右壁左侧左二	男	不详	短襦裤	直领	合衽	不详	白带	白色	下摆加襈	黑肥筩裤	白中靿鞋
22	后室右壁左侧左三	男	残	短襦裤	直领	右衽	残	不详	黑色	下摆加襈	朱红肥筩裤	白中靿鞋
23	后室右壁右侧左一	女	垂髻	长襦裙	直领 加襈	右衽 有襈	不详	不详	不详	持簸箕	残	残
24	后室右壁右侧左二	男	不详	短襦裤	直领 加襈	右衽 有襈	不详	不详	不详	下摆加襈	瘦腿裤	中靿鞋？
25	后室正壁东侧	男	圆顶软脚帽	短襦裤	直领 加襈	合衽	中袖	束带	白色？	下摆加襈	黑肥筩裤	残

续表

序号	方位	性别	发式/发饰/面妆 官帽/冠饰	服装形制	襦/袍						裈裤/裙	鞋履
					领	衽	袖	腰饰	花色	其他		
26	后室正壁西侧左一	女	残	长襦裙	残	残	残	残	黑色？	下摆加襈	白百褶裙	白中靿鞋
27	后室正壁西侧左二	女	垂髻	长襦裙	残	残	残	黑点 后结	不详	下摆加襈	白百褶裙	白中靿鞋
28	后室正壁西侧左三	男	圆顶软脚帽	短襦裤	不详	不详	不详	不详	黑色	下摆加襈	瘦腿裤	残

附表4－28　安岳1号墓壁画人物服饰表

序号	方位	性别	发式/发饰/面妆 官帽/冠饰	服装形制	襦/袍						裈裤/裙	鞋履
					领	衽	袖	腰饰	花色	其他		
1	墓室西壁第一列左一	男	残	短襦裤	直领 加襈	右衽？	不详	不详	不详	不详	残	残
2	墓室西壁第一列左二	男	残	残	残	残	残	残	残	残	残	残
3	墓室西壁第一列左三	男	檐帽	短襦裤	不详	不详	不详	不详	深褐色	不详	深褐色	不详
4	墓室西壁第二列左一	女	残	短襦裙	残	残	残	残	残	残	残	残
5	墓室西壁第二列左二	女	残	短襦裙	残	残	残	残	残	残	残	残
6	墓室西壁第二列左三	女	残	短襦裙	直领 黑襈	合衽	残	残	残	残	残	残
7	墓室西壁第二列左四	女	残	短襦裙	残	残	残	残	残	残	残	残

续表

序号	方位	性别	发式/发饰/面妆 官帽/冠饰	服装形制	襦/袍						裈裤/裙	鞋履
					领	衽	袖	腰饰	花色	其他		
8	墓室西壁第二列左五	女	残	短襦裙	残	残	残	残	残	残	残	残
9	墓室西壁第二列左六	女	残	短襦裙	直领 褐襈	左衽 褐襈	中袖褐襈	不详	白色	下摆褐襈	白棕裥裙	残
10	墓室西壁第二列左七	女	残	残	残	残	残	残	残	残	残	残
11	墓室南壁第一列左一	男	残	短襦裤	直领 黑襈	合衽 黑襈	中袖 黑襈	不详	不详	下摆黑襈	残	残
12	墓室南壁第一列左二	男	残	短襦裤	直领 黑襈	合衽	不详	不详	不详	下摆黑襈	残	残
13	墓室南壁第一列左三	男	残	短襦裤	直领 黑襈	合衽	不详	不详	不详	下摆黑襈	残	残
14	墓室南壁第一列左四	男	残	短襦裤	残	残	残	残	残	残	残	残
15	墓室南壁第二列左一	男	不详	短襦裤	直领 黑襈	左衽 加襈	不详	不详	浅褐色	残	残	残
16	墓室南壁第二列左二	男	不详	短襦裤？	直领 黑襈	合衽	不详	不详	残	残	残	残
17	墓室东壁上栏	男	不详	不详	直领 黑襈	合衽	不详	不详	残	残	残	残
18	墓室东壁下栏	男	顶髻？	短襦裤？	直领 褐襈	合衽	不详	不详	残	残	残	残

附表4－29　水山里壁画墓壁画人物服饰表

序号	方位	性别	发式/发饰/面妆 官帽/冠饰	服装形制	襦/袍						裈裤/裙	鞋履
					领	衽	袖	腰饰	花色	其他		
1	墓室西壁上栏左一	男	顶髻？	短襦裤	直领	合衽	短袖 加襈	黑带	不详	下摆黑襈	瘦腿裤？	高靿鞋
2	墓室西壁上栏左二	男	顶髻？	短襦裤	直领 黑襈	左衽 黑牙边	短袖 黑襈	白带	浅褐色	下摆黑襈	深褐肥筩裤	黄高靿鞋
3	墓室西壁上栏左三	男	髡发	短襦裤	直领 黑襈	左衽 黑牙边	短袖 黑襈	束带	浅褐色	下摆黑襈	黄肥筩裤	黑高靿鞋
4	墓室西壁上栏墓主人	男	笼冠	袍服	直领 黑襈	右衽 黑牙边	宽长袖 黑襈	褐色芾	浅褐色	下摆黑襈	无	无
5	墓室西壁上栏左五	女	垂髻	短襦裤	直领 黑襈	右衽 黑襈	短袖 黑襈	白带	浅褐色	下摆黑襈	深褐肥筩裤	无
6	墓室西壁上栏左六	男？	圆顶软脚帽	短襦裤	直领 红襈	右衽？ 红襈	中袖 红襈	红带？	黑色	下摆无襈？	白地黑点纹 肥筩裤	黑鞋
7	墓室西壁上栏夫人	女	云髻 面靥	短襦裙	直领 红襈	右衽 红襈	中袖 红襈	不详	黑色	下摆无襈？	三色裥裙	无

续表

序号	方位	性别	发式/发饰/面妆 官帽/冠饰	服装形制	襦/袍						裈裤/裙	鞋履
					领	衽	袖	腰饰	花色	其他		
19	墓室西壁下栏左六	男	黑色平巾帻	残	残	残	残	残	残	残	残	残
20	墓室西壁下栏左七	男	黑色平巾帻	袍服	残	残	黑襈	残	残	残	残	残
21	墓室西壁下栏左八	男	残	袍服	直领 黑襈	残	残	残	残	残	残	残
22	墓室西壁下栏左九	男	残	袍服	直领 黑襈	右衽	残	残	残	残	残	残
23	墓室西壁下栏左十	男	黑色平巾帻	袍服	残	残	残	残	残	残	残	残
24	墓室东壁上栏左	男	黑色平巾帻	袍服	残	残	宽长袖 黑襈	不详	黄色	不详	无	无
25	墓室东壁上栏右	男	黑色平巾帻	袍服	直领 黑襈	右衽	宽长袖 黑襈	不详	浅褐色	下摆黑襈	无	无
26	墓室东壁下栏左	男	圆顶软脚帽	短襦裤	直领 黑襈	右衽 黑牙边	短袖 黑襈	白带	黄色	下摆黑襈	残	残
27	墓室东壁下栏中	男	无	无	无	无	无	无	无	无	黄色瘦腿裤	无
28	墓室东壁下栏右	男	圆顶软脚帽	短襦裤	直领 黑襈	合衽	短袖 黑襈	白带	浅红	下摆黑襈	黄色瘦腿裤	残
29	墓室北壁左侧 上栏左一	男	圆顶软脚帽	短襦裤	直领 黑襈	右衽 黑襈	残	残	黄色	下摆黑襈	黑色肥筩裤	中靿鞋
30	墓室北壁左侧 上栏左二	男	圆顶软脚帽	短襦裤	直领 黑襈	右衽 黑襈	中袖 黑襈	不详	浅褐色？	下摆黑襈	黄色肥筩裤	中靿鞋

续表

序号	方位	性别	发式/发饰/面妆 官帽/冠饰	服装形制	襦/袍						裈裤/裙	鞋履
					领	衽	袖	腰饰	花色	其他		
31	墓室北壁左侧下栏左	男	圆顶软脚帽	短襦裤	直领 黑襈	合衽	残	残	残	残	残	残
32	墓室北壁左侧下栏中	男	圆顶软脚帽	短襦裤	残	残	残	残	残	残	残	残
33	墓室北壁左侧下栏右	男	圆顶软脚帽	短襦裤	残	残	残	残	残	残	残	残
34	墓室北壁右侧上栏左	女	云髻	短襦裙	残	残	残	残	黑色	残	白百褶裙	无
35	墓室北壁右侧上栏右	女	云髻	短襦裙	直领 黑襈	右衽 黑襈	中袖 黑襈	不详	浅褐色	下摆黑襈	白百褶裙	无
36	墓室北壁右侧下栏 前部分左	女	云髻	短襦裙	直领 黑襈	右衽 黑襈	中袖 黑襈	不详	红色	下摆黑襈	白百褶裙	无
37	墓室北壁右侧下栏 前部分右	女	云髻	短襦裙	直领 黑襈	右衽 黑襈	中袖 红襈	不详	黑色	下摆黑襈	白百褶裙	无
38	墓室北壁右侧下栏 后部分左	女	双髻	短襦裙	直领 黑襈	右衽 黑襈	中袖 黑襈	不详	白色	下摆黑襈	白百褶裙	无
39	墓室北壁右侧下栏 后部分中	女	双髻	短襦裙	直领 黑襈	右衽 黑襈	中袖 黑襈	不详	红色	下摆黑襈	白百褶裙	无
40	墓室北壁右侧下栏 后部分右	女	双髻	短襦裙	直领 黑襈	右衽 黑襈	中袖 红襈	不详	黑色	下摆黑襈	白百褶裙	无
41	墓室南壁左	男	顶髻?	袍服	直领	左衽	宽长袖	不详	白色?	不详	无	无
42	墓室南壁右	男	黑色平巾帻	袍服	直领 加襈	合衽	宽长袖	不详	黄色	不详	无	无

附表4－30　狩猎塚（梅山里四神塚）壁画人物服饰表

序号	方位	性别	发式/发饰/面妆 官帽/冠饰	服装形制	襦/袍						裈裤/裙	鞋履
					领	衽	袖	腰饰	花色	其他		
1	墓室北壁生活图左一	不详	残	袍服	直领 加襈	合衽	宽长袖 加襈	不详	不详	披帛？	不详	高靿鞋
2	墓室北壁生活图左二	不详	残	袍服	直领 加襈	合衽	宽长袖 加襈	不详	不详	披帛？	不详	高靿鞋
3	墓室北壁生活图左三	不详	残	袍服	直领 加襈	合衽	宽长袖 加襈	不详	不详	披帛？	不详	无
4	墓室北壁生活图左四	男？	顶髻？	袍服	不详	不详	不详	不详	不详	不详	不详	高靿鞋
5	墓室北壁生活图左五	男	残	短襦裤	直领 加襈	右衽 加襈	中袖 加襈	不详	黄地黑 点纹	下摆加襈	点纹肥筩裤	中靿鞋？
6	墓室西壁狩猎图	男？	残	短襦裤？	不详	不详	不详	不详	不详	不详	点纹肥筩裤	不详
7	墓室东壁	男？	残	短襦裤？	不详	不详	不详	不详	不详	不详	点纹肥筩裤	不详

附表4－31 天王地神塚壁画人物服饰表

序号	方位	性别	发式/发饰/面妆 官帽/冠饰	服装形制	襦/袍						袴裤/裙	鞋履
					领	衽	袖	腰饰	花色	其他		
1	后室北壁	不详	檐帽	不详	残	残	残	残	残	残	残	残
2	后室东北侧天井天人	男	顶髻？	不详	残	残	残	残	残	残	残	残
3	后室北侧天井天人	男	顶髻	袍服	直领 加襈	合衽	宽长袖	不详	不详	持幡	无	无

附表4－32　双楹塚壁画人物服饰表

序号	方位	性别	发式/发饰/面妆 官帽/冠饰	服装形制	襦/袍						裈裤/裙	鞋履
					领	衽	袖	腰饰	花色	其他		
1	后室后壁左一女侍	女	垂髻？	短襦裙	残	残	不详	不详	不详	下摆加襈	百褶裙	残
2	后室后壁墓主夫人	女	花钗大髻	短襦裙？	直领 加襈	右衽 加襈	宽长袖	不详	红色	下摆黑襈	红白裥裙	黑高 靿鞋
3	后室后壁墓主	男	笼冠	袍服	直领？ 加襈？	合衽	宽长袖 加襈	芾	红色	不详	不详	无
4	后室后壁右侧男侍	男	圆顶软脚帽	短襦裤	直领 黑襈	合衽 黑襈	中袖 黑襈	不详	黄色	下摆黑襈	浅褐色肥 筩裤黑襈	无
5	后室左壁供礼图左一	女	垂髻？	短襦裙	直领 黑襈	右衽 黑襈	短袖？ 黑襈	白带	浅灰色	下摆红黑襈	百褶裙	无
6	后室左壁供礼图僧侣	男	断发	红袈裟	不详	不详	不详	不详	不详	不详	黑色裙	无
7	后室左壁供礼图左三	女	残	短襦裙	直领 黑襈	合衽 黑襈	中袖 黑红襈	不详	浅灰色	下摆黑襈	白百褶裙	无

续表

序号	方位	性别	发式/发饰/面妆 官帽/冠饰	服装形制	襦/袍						裈裤/裙	鞋履
					领	衽	袖	腰饰	花色	其他		
8	后室左壁供礼图左四	女	残	短襦裙	直领 红襈	右衽？ 加襈	中袖 红襈	不详	黑色	下摆黑红襈	白百褶裙	无
9	后室左壁供礼图左五	不详	残	短襦裤	残	残	残	残	白地红 点纹	下摆加襈	点纹肥筩裤	矮靿鞋
10	后室左壁供礼图左六	不详	残	短襦裤	直领 黑襈	右衽 黑襈	中袖 黑襈	不详	灰地黑 点纹	下摆黑襈	点纹肥筩裤	矮靿鞋
11	后室左壁供礼图左七	女？	披发	短襦裤	直领 黑襈	右衽？ 黑襈	中袖 黑襈	不详	白地红 点纹	下摆黑襈	白地竖黑点纹	棕色矮 靿鞋黑 袜
12	后室左壁供礼图左八	男	披发？	短襦裤	直领 黑襈	合衽 黑襈	黑襈	不详	白色？	下摆黑襈	瘦腿裤	残
13	后室左壁供礼图左九	男	披发？	短襦裤	残	残	残	不详	白色？	下摆黑襈	残	残
14	前室南壁东侧门卫	男	残	短襦裤	直领 黑襈	合衽 黑襈	残	不详	黄色	下摆黑襈	残	矮靿鞋
15	前室南壁西侧门卫	男	帻冠？	短襦裤	直领	合衽	残	不详	不详	下摆加襈	点纹肥筩裤	残
16	前室入口东壁 门卫武士	男	不详	袍服	不详	不详	宽长袖	束带	不详	持环首刀	不详	不详
17	前室入口西壁 门卫武士	男	不详	袍服	不详	不详	宽长袖	束带	不详	持环首刀	不详	不详

续表

序号	方位	性别	发式/发饰/面妆 官帽/冠饰	服装形制	襦/袍						裈裤/裙	鞋履
					领	衽	袖	腰饰	花色	其他		
18	墓道西壁马上人	男	折风 鸟羽	短襦裤	直领 黑襈	左衽 黑襈	中袖 黑襈	不详	白色？	下摆黑襈	白肥筩裤	中勒鞋？
19	墓道西壁	男	折风 鸟羽	短襦裤	直领 黑襈	左衽 黑襈	中袖 黑襈	黑带 前结	浅灰色	下摆黑襈	残	黑鞋
20	墓道东壁车马图左	女	垂髻	短襦裙	直领 红襈	合衽 红襈	不详	不详	不详	下摆黑襈	百褶裙 下摆黑襈	无
21	墓道东壁车马图右	女？	垂髻？	短襦裤	直领 黑襈	合衽 黑襈	不详	不详	不详	不详	肥筩裤	中勒鞋
22	墓道东壁铠马武士	男	兜鍪 黑缨饰	铠甲	盆领	不详	甲袖	不详	不详	下摆红襈	甲裤	不详
23	墓道东壁妇人左	女	云髻 发带	短襦裙	直领 黑襈	右衽 黑襈	中袖 黑襈	不详	白色？	下摆黑襈	百褶裙	无
24	墓道东壁妇人中	女	云髻 发带	短襦裙	直领 黑襈	右衽 黑襈	中袖 黑襈	不详	白色？	下摆黑襈	百褶裙	无
25	墓道东壁妇人右	女	云髻 发带	短襦裙	直领 黑襈	右衽 黑襈	中袖 黑襈	不详	白色？	下摆黑襈	百褶裙	无
26	墓道东壁男子	男	平顶帽	短襦裤	直领 黑襈	右衽 黑襈	中袖 黑襈	不详	白色？	下摆黑襈	肥筩裤	矮勒鞋

附表4－33　大安里1号墓壁画人物服饰表

序号	方位	性别	发式/发饰/面妆 官帽/冠饰	服装形制	襦/袍						裈裤/裙	鞋履
					领	衽	袖	腰饰	花色	其他		
1	前室南壁东侧狩猎图	男？	残	短襦裤？	残	残	残	残	残	不详	残	残
2	前室东壁行列图	男	兜鍪	铠甲	盆领	残	残	残	残	不详	残	残
3	前室西壁	男	平巾帻	短襦裤？	残	残	残	束带	残	不详	残	残
4	前室北壁西侧 上部左一	男	残	短襦裤	残	残	残	束带	残	不详	肥筩裤	中靿鞋 行縢？
5	前室北壁西侧 上部左二	男	圆顶软脚帽	短襦裤	不详	合衽	中袖	不详	不详	下摆加襈	肥筩裤	中靿鞋 行縢
6	前室北壁西侧 上部左三	男	残	短襦裤	残	残	残	残	残	下摆加襈	肥筩裤	中靿鞋

续表

序号	方位	性别	发式/发饰/面妆 官帽/冠饰	服装形制	襦/袍						裈裤/裙	鞋履
					领	衽	袖	腰饰	花色	其他		
7	前室北壁西侧 上部左四	男	不详	短襦裤	不详	合衽	不详	束带	黑色	下摆加襈	残	残
8	前室北壁西侧 上部左五	男	不详	短襦裤	不详	合衽	不详	束带	不详	下摆加襈	肥筩裤	中靿鞋
9	前室北壁西侧 下部左一	男	不详	短襦裤？	不详	合衽	残	残	残	不详	残	残
10	前室北壁西侧 下部左二	男	不详	短襦裤？	不详	合衽	残	残	残	不详	残	残
11	前室北壁西侧 下部左三	男	不详	短襦裤？	不详	合衽	残	残	残	不详	残	残
12	前室南壁西侧左	男	残	不详	残	残	残	残	残	不详	肥筩裤？	高靿鞋
13	前室南壁西侧右	男	平巾帻？	不详	直领	合衽	残	残	残	不详	残	残
14	前室北壁东侧 上部左一	男	残	短襦裤	残	合衽	残	残	残	不详	肥筩裤	残
15	前室北壁东侧 上部左二	男	残	短襦裤	残	残	残	残	残	不详	肥筩裤	残
16	前室北壁东侧 上部左三	男	残	短襦裤	残	残	残	残	残	下摆加襈	肥筩裤	残

续表

序号	方位	性别	发式/发饰/面妆 官帽/冠饰	服装形制	襦/袍						裈裤/裙	鞋履
					领	衽	袖	腰饰	花色	其他		
17	前室北壁东侧 上部左四	男	圆顶软脚帽	短襦裤	残	残	残	残	残	不详	肥筩裤	中靿鞋？
18	前室北壁东侧 下部左	男	圆顶软脚帽	短襦裤？	残	残	残	残	残	不详	残	残
19	前室北壁东侧 下部右	男	圆顶软脚帽？	短襦裤？	直领	合衽	残	残	残	不详	肥筩裤	中靿鞋？
20	后室南壁	女	垂髻？	不详	不详	不详	不详	不详	黑色	内衣圆领	不详	不详
21	后室西壁群像左一	男	残	不详	直领 黑褾	合衽	残	残	残	不详	残	残
22	后室西壁群像左二	男	残	不详	直领	合衽	残	残	残	不详	残	残
23	后室西壁群像左三	男	折风	短襦裤	不详	不详	中袖 黑褾	白带	浅黄色	下摆黑白褾	黄色肥筩裤	残
24	后室西壁群像左四	男	残	短襦裤	直领 加褾	左衽 加褾	中袖？	不详	黑色	下摆加褾	白色肥筩裤	残
25	后室西壁群像左五	男	残	短襦裤	直领 加褾	左衽 加褾	不详	束带 前结	白色？	下摆黑褾	黄色肥筩裤	残
26	后室西壁群像左六	男	残	短襦裤	直领 加褾	合衽	残	束带 前结	白色？	下摆加褾	黑色肥筩裤	残

续表

序号	方位	性别	发式/发饰/面妆 官帽/冠饰	服装形制	襦/袍						裈裤/裙	鞋履
					领	衽	袖	腰饰	花色	其他		
27	后室西壁群像左七	男	残	短襦裤	直领 黑襈	合衽	残	束带 前结	黄色？	下摆加襈	黄色肥筩裤	残
28	后室东壁左	不详	残	短襦裤	残	残	残	残	残	下摆加襈	肥筩裤	残
29	后室东壁中	女？	垂髻？	不详	残	残	残	残	残	残	残	残
30	后室东壁右	男？	残	短襦裤	残	残	残	残	残	残	点纹肥筩裤	残
31	后室北壁左	男	残	不详	直领 加襈	合衽？	残	残	残	残	残	残
32	后室北壁右	女	垂髻	不详	残	残	残	残	残	残	残	残

附表 4－34　安岳 2 号墓壁画人物服饰表

序号	方位	性别	发式/发饰/面妆 官帽/冠饰	服装形制	襦/袍						裈裤/裙	鞋履
					领	衽	袖	腰饰	花色	其他		
1	墓室北壁西侧左一	女	不详	长襦裙	直领 黑襈	合衽 黑襈	不详 黄襈？	不详	黄色	下摆黑襈	百褶裙 下摆黑襈	不详
2	墓室北壁西侧左二	女	不详	长襦裙	直领 黑襈	合衽 黑襈	不详 黄襈？	不详	黄色	下摆黑襈	百褶裙 下摆黑襈	不详
3	墓室北壁西侧左三	女	不详	长襦裙	直领 黑襈	合衽 黑襈	不详 黄襈？	不详	白色？	下摆黑襈	百褶裙 下摆黑襈	不详
4	墓室北壁西侧左四	女	不详	长襦裙	直领 黑襈	合衽 黑襈	不详 黄襈？	不详	白色？	下摆黑襈	百褶裙 下摆黑襈	不详
5	墓室北壁西侧左五	女	不详	长襦裙	直领 黑襈	合衽 黑襈	不详 黄襈？	不详	白色？	下摆黑襈	百褶裙 下摆黑襈	不详
6	墓室北壁西侧左六	女	不详	长襦裙	直领 黑襈	合衽 黑襈	不详 黄襈？	不详	黄色	下摆黑襈	百褶裙 下摆黑襈	不详
7	墓室北壁东侧左一	男	黑色平巾帻	袍服？	残	残	残	残	残	残	残	残

续表

序号	方位	性别	发式/发饰/面妆 官帽/冠饰	服装形制	襦/袍						裈裤/裙	鞋履
					领	衽	袖	腰饰	花色	其他		
8	墓室北壁东侧左二	男	黑色平巾帻	袍服？	残	残	残	残	残	残	残	残
9	墓室北壁东侧左三	男	黑色平巾帻	袍服	直领	合衽	宽长袖	不详	不详	残	残	残
10	墓室西壁上栏左一	女？	黑色檐帽？	长襦裙？	不详	不详	不详	不详	黑色	不详	百褶裙 下摆黑襈	不详
11	墓室西壁上栏左二	女？	黑色檐帽？	长襦裙？	不详	不详	不详	不详	黑色	不详	百褶裙 下摆黑襈	不详
12	墓室西壁上栏左三	女？	黑色檐帽？	长襦裙？	不详	不详	不详	不详	黑色	不详	百褶裙 下摆黑襈	不详
13	墓室西壁上栏左四	女？	黑色檐帽？	长襦裙？	不详	不详	不详	不详	黑色	不详	百褶裙 下摆黑襈	不详
14	墓室西壁上栏左五	女	垂髻	长襦裙	直领 黑襈	左衽 黑襈	窄袂胡袪 白襈？	不详	黄色	下摆黑襈	百褶裙 下摆黑襈	不详
15	墓室西壁上栏左六	女	垂髻	长襦裙	直领 黑襈	左衽 黑襈	窄袂胡袪 白襈？	不详	黄色	下摆黑襈	百褶裙 下摆黑襈	白中鞦鞋
16	墓室西壁上栏左七	女	垂髻	长襦裙	直领 黑襈	合衽 黑襈	窄袂胡袪 黑襈	不详	白地红点纹	下摆黑襈	百褶裙 下摆黑襈	中鞦鞋？
17	墓室西壁上栏左八	不详	残	短襦裤	残	残	残	残	黑色	下摆白襈	白地黑点纹 肥筩裤	矮鞦鞋？

续表

序号	方位	性别	发式/发饰/面妆 官帽/冠饰	服装形制	襦/袍						裈裤/裙	鞋履
					领	衽	袖	腰饰	花色	其他		
18	墓室西壁上栏左九	不详	残	短襦裤	残	残	残	残	白地红 点纹	下摆黑襈	白地黑点纹 肥筩裤	黑矮 靿鞋
19	墓室西壁上栏左十	女？	黑色檐帽？	长襦裙？	不详	不详	不详	不详	黑色	不详	不详	不详
20	墓室西壁上栏左十一	不详	残	短襦裤？	残	残	残	残	点纹	不详	点纹	不详
21	墓室西壁上栏左十二	女	高髻 十字髻？	袍服？	残	残	宽长袖	红带	绿色	不详	不详	不详
22	墓室西壁上栏左十三	女	高髻	袍服？	残	残	宽长袖	红带	黑色	不详	不详	不详
23	墓室西壁上栏左十四	女	高髻 十字髻？	袍服？	残	残	宽长袖	红带	绿色	不详	不详	不详
24	墓室东壁上部 飞天左一	女	背光	不详	残	残	残	残	残	披帛	残	残
25	墓室东壁上部 飞天左二	女	背光	不详	残	残	残	残	残	披帛	残	残
26	墓室东壁下部左	男	黑色平巾帻	袍服	直领	合衽	宽长袖	束带	黄色	不详	不详	不详
27	墓室东壁下部右	男	黑色平巾帻	袍服	直领	合衽	宽长袖	束带	黄色	不详	不详	不详
28	墓室南壁东侧门卫	男	兜鍪 双耳直翘 黑缨饰	铠甲？	盆领	残	残	残	残	残	残	残
29	墓室南壁西侧门卫	男	兜鍪 双耳直翘	铠甲？	盆领	残	宽袖	残	残	残	残	残

附表4－35 铠马冢壁画人物服饰表

序号	方位	性别	发式/发饰/面妆 官帽/冠饰	服装形制	襦/袍						裈裤/裙	鞋履
					领	衽	袖	腰饰	花色	其他		
1	墓室左侧第一 持送左一	男	平顶帽 鸟羽 鎏金冠饰	短襦裤	残	黑襈	残	残	黄地圆 点纹	下摆黑襈	残	残
2	墓室左侧第一 持送左二	男	折风 鸟羽	短襦裤？	不详	不详	不详	白带	褐色	下摆加襈	不详	不详
3	墓室左侧第一 持送左三	男	折风	短襦裤	直领 加襈	合衽 加襈	中袖 无襈	红带 前结	红色	下摆黑襈	白色瘦腿裤？	残
4	墓室左侧第一 持送左四	男	折风 圆形缨饰	短襦裤	不详	不详	不详	红带 后结	黄色	下摆加襈	白色瘦腿裤？	残
5	墓室左侧第一 持送武士左	男	黑色折风 红色圆缨饰	短襦裤	直领 黑襈	合衽 黑襈	中袖 无襈	白带	深红色	下摆黑襈	黄色肥筩裤	黑鞋
6	墓室左侧第一 持送武士中	男	黑色折风 黄色圆缨饰	短襦裤	残	残	不详	不详	深红色	不详	黄色肥筩裤	残
7	墓室左侧第一 持送武士右	男	黄色折风 黄色圆缨饰	短襦裤	残	残	不详	不详	深红色	不详	黄色肥筩裤	残

续表

序号	方位	性别	发式/发饰/面妆 官帽/冠饰	服装形制	襦/袍						裈裤/裙	鞋履
					领	衽	袖	腰饰	花色	其他		
8	墓室左侧第一持送女侍左	女	残	长襦裙	直领加襈	左衽加襈	窄袂胡祛加襈	不详	浅黄色？	上臂加襈	残	残
9	墓室左侧第一持送女侍中	女	残	长襦裙	残	残	不详	不详	不详	下摆黑襈	百褶裙 下摆加襈	残
10	墓室左侧第一持送女侍右	女	残	长襦裙	残	加襈	窄袂胡祛加襈	不详	竖点纹	不详	百褶裙	残

附表4－36 江西大墓壁画人物服饰表

序号	方位	性别	发式/发饰/面妆 官帽/冠饰	服装形制	襦/袍						裈裤/裙	鞋履
					领	衽	袖	腰饰	花色	其他		
1	墓室北侧天井平行持送第2段侧面西端飞天一	女	高髻 灵蛇髻？	长裙	袒露上身					披帛	长裙	不详
2	墓室北侧天井平行持送第2段侧面西端飞天二	女	高髻 灵蛇髻？	长裙	袒露上身					披帛 横笛	长裙	不详
3	墓室北侧天井平行持送第2段侧面东端飞天一	女	高髻 灵蛇髻？	长裙	袒露上身					披帛 竖笛	长裙	不详
4	墓室北侧天井平行持送第2段侧面东端飞天二	女	高髻 灵蛇髻？	长裙	袒露上身					披帛	长裙	不详

续表

序号	方位	性别	发式/发饰/面妆 官帽/冠饰	服装形制	襦/袍						裈裤/裙	鞋履
					领	衽	袖	腰饰	花色	其他		
5	墓室南侧天井平行持送第2段侧面东端神仙	男	残	羽衣	直领	对襟	短袖	束带	褐色	不详	羽裙	黑矮靿鞋
6	墓室南侧天井平行持送第2段侧面东侧神仙	男	残	羽衣	直领	对襟	短袖	束带	褐色	不详	羽裙	黑矮靿鞋
7	墓室南侧天井平行持送第2段侧面西侧神仙	男	残	残	残	残	残	残	残	残	残	残
8	墓室南侧天井平行持送第2段侧面西端神仙	男	残	残	残	残	残	残	残	残	残	残
9	墓室西侧天井平行持送第2侧面南端	男	不详	羽衣	直领加襈	合衽	不详	束带	不详	乘神鸟	羽裙	不详
10	墓室西侧天井平行持送第2侧面南侧	男	不详	羽衣	直领加襈	合衽	不详	束带	不详	乘神鸟	羽裙	不详
11	墓室西侧天井平行持送第2侧面中央	男	不详	袍服?	直领加襈	合衽	不详	不详	红色	乘神鸟	不详	不详

附表4－37 东山洞壁画墓壁画人物服饰表

序号	方位	性别	发式/发饰/面妆 官帽/冠饰	服装形制	襦/袍						裈裤/裙	鞋履
					领	衽	袖	腰饰	花色	其他		
1	甬道东壁下段人物	男？	不详	铠甲	不详	不详	不详	不详	不详	不详	不详	不详
2	甬道西壁下段人物	男？	进贤冠	不详	不详	不详	不详	不详	不详	不详	不详	不详
3	中间通道人物	男？	不详	铠甲	不详	不详	不详	不详	不详	不详	不详	不详

附表4－38 玉桃里壁画墓壁画人物服饰表

序号	方位	性别	发式/发饰/面妆 官帽/冠饰	服装形制	襦/袍						裈裤/裙	鞋履
					领	衽	袖	腰饰	花色	其他		
1	后室北壁西侧女主人	女	面靥、花钿	袿衣裙？	直领 褐襈	合衽	宽长袖 白襈	不详	朱红色？	不详	不详	不详
2	后室北壁西侧 左一女侍	女	面靥	不详	不详	不详	不详	不详	不详	不详	不详	不详
3	后室北壁西侧 左二女侍	女	面靥	不详	不详	不详	不详	不详	不详	不详	不详	不详
4	后室北壁西侧 右一女侍	女	双髻？	不详	不详	不详	不详	不详	红色	不详	不详	不详
5	后室北壁西侧 右二女侍	女	双髻？	不详	不详	不详	不详	不详	红色	不详	不详	不详
6	后室北壁东侧 左一侍从	男？	不详	不详	不详	合衽	不详	不详	红色	黑襈	不详	不详
7	后室北壁东侧 左二侍从	男？	不详	不详	不详	合衽	不详	不详	红色	黑襈	不详	不详

续表

序号	方位	性别	发式/发饰/面妆 官帽/冠饰	服装形制	襦/袍						裈裤/裙	鞋履
					领	衽	袖	腰饰	花色	其他		
8	后室东壁上段北侧一	男？	不详	袍服	直领	合衽	长袖	不详	不详	芾、绶	不详	不详
9	后室东壁上段北侧二	男？	平巾帻？	袍服	直领	合衽	长袖	不详	不详	芾、绶	不详	不详
10	后室东壁上段北侧三	男？	平巾帻？	袍服	直领	合衽	长袖	不详	不详	芾、绶	不详	不详
11	后室东壁上段南侧一	男？	不详	短襦裤	直领	合衽	中袖	束带	不详	不详	肥筩裤？	不详
12	后室东壁上段南侧二	男？	不详	短襦裤	直领	合衽	不详	不详	不详	不详	不详	不详
13	后室东壁上段南侧三	男？	不详	短襦裤	直领	残	不详	不详	不详	不详	不详	不详
14	后室东壁上段南侧四	男？	不详	短襦裤	残	残	不详	不详	不详	不详	肥筩裤	不详
15	后室东壁中部北侧一	男？	不详	短襦裤	直领 黑襈	合衽	中袖 黑襈	不详	不详	下摆 黑襈	蓝色肥筩裤 黑襈	不详
16	后室东壁中部北侧二	女	垂髾	长襦裙	直领 黑襈	左衽	长袖 黑襈	不详	黄色	下摆 黑襈	百褶裙 黑襈	不详
17	后室东壁中部北侧三	女	垂髾	长襦裙	直领 黑襈	左衽	长袖 黑襈	不详	蓝色	下摆 黑襈	百褶裙 黑襈	不详

续表

序号	方位	性别	发式/发饰/面妆 官帽/冠饰	服装形制	襦/袍						裈裤/裙	鞋履
					领	衽	袖	腰饰	花色	其他		
18	后室东壁中部北侧四	女	盘髻	长襦裙	直领 黑禩	左衽	长袖 黑禩	不详	黄色	下摆 黑禩	百褶裙 黑禩	不详
19	后室东壁中部北侧五	男？	不详	短襦裤	直领 黑禩	左衽	中袖 黑禩	不详	蓝色	下摆 黑禩	黄色肥筩裤 黑禩	不详
20	后室东壁中部北侧六	男？	不详	短襦裤	直领 黑禩	合衽	中袖 黑禩	不详	黄色	下摆 黑禩	黄色肥筩裤 黑禩	不详
21	后室东壁中部北侧七	男？	不详	短襦裤	黑禩	左衽	中袖 黑禩	不详	黄色	下摆 黑禩	蓝色肥筩裤 黑禩	不详
22	后室东壁中部南侧一	男？	不详	短襦裤	直领	合衽	不详	不详	不详	下摆 黑禩	肥筩裤	不详
23	后室东壁中部南侧二	男？	不详	短襦裤	不详	不详	长袖	不详	不详	下摆 黑禩	肥筩裤	不详
24	后室东壁中部南侧三	男？	不详	短襦裤	直领	合衽	长袖	不详	不详	下摆 黑禩	肥筩裤	不详
25	后室东壁中部南侧四	男？	不详	不详	不详	合衽	长袖	不详	不详	不详	不详	不详
26	后室东壁中部南侧五	女	不详	长襦裙	不详	合衽	长袖	不详	不详	不详	不详	不详
27	后室东壁中部南侧六	女	不详	长襦裙	直领 红禩	左衽	不详	不详	不详	下摆 黑禩	不详	不详

续表

序号	方位	性别	发式/发饰/面妆 官帽/冠饰	服装形制	襦/袍						裈裤/裙	鞋履
					领	衽	袖	腰饰	花色	其他		
28	后室东壁中部南侧七	男？	不详	短襦？	直领 加襈	合衽	长袖 加襈	不详	不详	不详	不详	不详
29	后室东壁中部南侧八	男？	不详	短襦裤	直领 加襈	合衽	不详	不详	不详	下摆 黑襈	不详	不详
30	后室东壁中部南侧九	男？	不详	短襦裤？	直领 加襈	合衽	不详	不详	不详	下摆 黑襈	不详	不详
31	后室东壁下部	男？	平巾帻？	残	残	残	残	残	残	残	残	残
32	后室西壁南侧上部	男	折风？	短襦裤？	直领 加襈	合衽	不详	不详	红色	不详	不详	不详
33	后室西壁北侧上部一	男	残	短襦裤？	不详	不详	不详	束带	红色	不详	不详	不详
34	后室西壁北侧上部二	男	残	短襦裤？	不详	不详	不详	束带	不详	不详	不详	不详
35	后室西壁下部一	男	折风	短襦裤	不详	合衽	短袖？	不详	桔黄色	不详	不详	不详
36	后室西壁下部二	男	不详	短襦裤？	不详	不详	不详	不详	不详	不详	不详	不详
37	后室西壁下部三	男	不详	短襦裤？	不详	不详	不详	不详	不详	不详	不详	不详

附表5 中国境内高句丽遗迹出土饰物统计表

序号	出土单位	名称	数量	质地	资料来源
1	禹山 JYM3283	簪	1	铁质鎏金	集安洞沟古墓群禹山墓区集锡公路墓葬发掘，高句丽研究文集，延边大学出版社，1993
2		冠残片	1	铜质鎏金	
3		耳饰	1	金质	
4		带扣	6	铁质	
5	禹山 JYM3232	带扣	1	铁质	
6	禹山 JYM3231	带扣	1	铁质	
7	禹山 JYM3233	带銙	1	铁质	
8	禹山 JYM3160	钗	1	银质	
9		镯子	2	鎏金	
10	禹山 JYM3161	品字饰	1	鎏金	
11		指环	2	铜质	
12	禹山 JYM3162	带銙	1	鎏金	
13	禹山 JYM3105	冠	1	铜质鎏金	
14		梅花形饰	3	铜质鎏金	
15		钉鞋	1	铜质鎏金	
16		块饰	2	鎏金	
17		带扣	1	铁质	
18		带扣	2	鎏金	
19		铊尾	1	鎏金	
20	禹山 JYM3142	冠残片	1	铜质鎏金	
21		带銙	1	鎏金	
22	禹山 JYM3146	带銙	5	鎏金	
23	禹山 JYM3560	鸟翅饰	1	鎏金	
24		块饰	1	鎏金	
25		带扣	5	鎏金	
26		带銙	6	铜质	
27		带銙	3	鎏金	
28		铊尾	3	鎏金	
29	禹山 M3109	钉鞋	1	铜质鎏金	
30	禹山 JYM3241	镯子	1	铜质	
31	禹山 JYM3296	带銙	2	鎏金	
32		铊尾	1	铁包银	
33	禹山 JYM2891	带扣	3	鎏金	

续表

序号	出土单位	名称	数量	质地	资料来源
34	禹山下 M1080	鱼尾饰	1	铜质鎏金	集安洞沟两座树立石碑的高句丽古墓，考古与文物，1983（2）
35	禹山 M2138	指环	1	金质	集安出土的高句丽金饰，博物馆研究，1985（1）
36	禹山 M540	带扣	11	鎏金	集安禹山 540 号墓清理报告，北方文物，2009（1）
37		铊尾	3	鎏金	
38	禹山下 M41	带扣	7	铁质	吉林集安的两座高句丽墓，考古，1977（2）
39		铊尾	2	鎏金	
40	禹山下 M1897	带扣	1	鎏金	
41		铊尾	1	鎏金	
42	禹山 97JYM3319	铊尾	1	鎏金	洞沟古墓群禹山墓区 JYM3319 号墓发掘报告，吉林集安高句丽墓葬报告集，科学出版社
43	东台子遗址	簪	1	铜质鎏金	吉林辑安高句丽建筑遗址的清理，考古，1961（1）
44	辽源龙首山山城	镯子	1	铜质	辽源龙首山再次考古调查与清理，博物馆研究，2000
45		带扣	1	铁质	
46	五女山城	钗	2	铜质	五女山城，文物出版社，2004
47		镯子	4	铜质	
48		指环	1	铜质	
49		耳饰	1	铜质	
50		带扣	2	铜质	
51		带扣	51	铁质	
52		带铐	1	铜质	
53	沈阳石台子山城	簪	1	铜质	沈阳市石台子高句丽山城 2002 年Ⅲ区发掘简报，北方文物，2007（3）
54		簪	1	骨质	沈阳石台子山城试掘报告，辽海文物学刊，1993（1）
55		指环	1	铜质	
56		带扣	2	铁质	
57		耳饰	3	铜质	2004 年沈阳石台子山城高句丽墓葬发掘简报，北方文物，2006
58		耳饰	1	包金	
59		带铐	1	铜质	辽宁沈阳石市台子高句丽山城第二次发掘简报，考古，2001（3）
60		铊尾	1	铜质	

续表

序号	出土单位	名称	数量	质地	资料来源
61	丸都山城	钉鞋	5	铁质	2001—2003年集安丸都山城调查试掘报告，文物出版社，2004
62		带扣	2	铁质	
63		带铐	1	铁质	
64	集安JSZM0001	带扣	2	铁质	吉林集安高句丽墓葬报告集，科学出版社，2009
65		带扣	2	鎏金	
66	万宝汀M151	钉鞋	2	铁质	高句丽之钉履，博物馆研究，2000
67	万宝汀墓区M242	带扣	1	鎏金	集安万宝汀墓区242号古墓清理简报，考古与文物，1982（6）
68		铊尾	5	鎏金	
69	万宝汀M78	带扣	15	鎏金	吉林集安的两座高句丽墓，考古，1977（2）
70	集安洞沟古墓群JSM12	簪	1	铁质	集安洞沟古墓群三座古墓葬清理，博物馆研究，1994（3）
71	洞沟古墓群M195	鸟形饰	1	鎏金	集安高句丽墓葬发掘简报，考古，1983（4）
72	洞沟古墓群	耳饰	1	鎏金	
73	太王陵	冠	2	铜质鎏金	集安高句丽王陵调查报告，文物出版社，2004
74		冠残片	8	铜质鎏金	
75		带扣	3	铁质鎏金	
76		带铐	1	鎏金	
77		铊尾	1	金质	
78		铊尾	4	鎏金	
79	七星山M211	冠残片	1	鎏金	
80		品字饰	6	鎏金	
81	麻线2100号	冠残片	1	鎏金	
82		奔马	1	鎏金	
83		凤鸟	1	鎏金	
84		带铐	1	鎏金	
85	千秋墓	冠残片	1	鎏金	
86	将军坟	头饰	2	铜质鎏金	
87		钉鞋	1	铜质鎏金	
88		耳饰	1	金	
89	临江墓	镯子	1	青铜	
90		带扣	7	铁质	
91	禹山03JYM 992	带扣	1	铁质	
92	七星山96号墓	带扣	7	鎏金	集安县两座高句丽积石墓的清理，考古，1979（1）
93		带铐	×	鎏金	

续表

序号	出土单位	名称	数量	质地	资料来源
94	七星山 M1196－1	带铐	1	鎏金	集安县文物志，吉林省文物志编委会，1984
95	七星山 M1223	钉鞋	1	铜质鎏金	高句丽之钉履，博物馆研究，2000
96	下活龙村 M8	带扣	1	铁质	集安县上、下活龙村高句丽古墓清理简报，文物，1984（1）
97	国内城	带铐	1	铜质	国内城—2000—2003 年集安国内城与民主遗址试掘报告，文物出版社，2004
98	麻线沟 1 号墓	耳饰	2	金质	吉林辑安麻线沟一号壁画墓，考古，1964
99		带扣	2	鎏金	
100		铊尾	5	鎏金	
101	麻线安子沟 M401	耳饰	1	金质	集安麻线安子沟高句丽墓葬调查与清理，北方文物，2002
102	集安老虎哨	指环	1	银质	集安县老虎哨古墓，文物，1984（1）
103	集安板岔岭	镯子	1	金质	高句丽民族服饰的考古学观察，吉林大学硕士论文，2008
104	东大坡 M262	带扣	1	铁质	吉林集安东大坡高句丽墓葬发掘简报，考古，1991（7）
105	东大坡 M217	带扣	1	铁质	
106	抚顺洼浑木 M2	耳饰	2	包金	辽宁抚顺市前屯、洼浑木高句丽墓发掘简报，考古，1964
107		镯子	1	铜质	
108	抚顺前屯 M17	镯子	1	铜质	
109	抚顺前屯 M7	带铐	1	铜质	
110		铊尾	1	铜质	
111	辽宁本溪小市晋墓	镯子	2	银质	辽宁本溪晋墓，考古，1984
112		镯子	2	金质	
113		带扣	2	铜质	
114		带扣	1	鎏金	
115		铊尾	1	鎏金	
116		铊尾	1	铜质	
117	罗通山城	指环	1	玉质	高句丽罗通山城调查简报，文物，1985
118		带扣	1	鎏金	
119	桓仁高力墓子村墓地	镯子	1	银质	桓仁县考古调查发掘简报，考古，1960
120		镯子	1	铜质	
121		带扣	2	铁质	

续表

序号	出土单位	名称	数量	质地	资料来源
122	山城下 M187	带扣	7	铁质	集安高句丽墓葬发掘简报，考古，1983（4）
123	山城下 151 号墓	带铸	1	银质	集安县文物志，吉林省文物志编委会，1984
124	山城下 152 号墓	带铸	1	鎏金	集安高句丽墓葬发掘简报，考古，1983（4）
125	山城下 159 号墓	带扣	1	铁质	集安出土高句丽金属带饰的类型及相关问题，边疆考古研究，2004（2）
126		带铸	1	鎏金	
127	山城下 725 号墓	带铸	1	银质	
128		铊尾	1	鎏金	
129	山城下 330 号墓	带铸	1	鎏金	1976 年集安洞沟高句丽墓清理，考古，1984（1）
130	山城下 M873	带铸	1	鎏金	
131	山城下 332 号墓	铊尾	4	铜质	集安洞沟三座壁画墓，考古，1983（4）
132	山城下 M195	铊尾	3	鎏金	集安高句丽墓葬发掘简报，考古，1983（4）
133	集安 JSZM145	带扣	1	铁质	集安 JSZM145 号墓调查报告，吉林集安高句丽墓葬报告集，科学出版社，2009
134	集安霸王朝山城	带扣	2	铁质	吉林辑安高句丽霸王朝山城，考古，1962（11）
135	长川 M2	带扣	2	铁质	吉林集安长川二号封土墓发掘纪要，考古与文物，1983（1）
136		带扣	1	鎏金	
137	抚顺高尔山城	带铸	2	铁质	辽宁抚顺高尔山城发掘简报，辽海文物学刊，1987（2）
138	连江乡 M19	带铸	1	鎏金	高句丽考古研究，吉川弘文馆，1997
139	长川 M4	带铸	2	鎏金	集安出土高句丽金属带饰的类型及相关问题，边疆考古研究，2004（2）
140	吉林省博物馆藏	镯子	1	×	集安出土的高句丽金饰，博物馆研究，1985（1）
141	韩国国立中央博物馆	钉鞋	1	铜质鎏金	韩国古代的全球骄傲——高句丽，首尔特别市出版，2005
142	辽宁博物馆藏	冠	不详	鎏金	高句丽考古学研究，吉川弘文馆，1997

续表

序号	出土单位	名称	数量	质地	资料来源
143	集安	钗	不详	银质	朝鲜遗迹遗物图鉴（4），外文综合出版社，1990
144	集安博物馆	簪	1	金质	集安出土的高句丽金饰，博物馆研究，1985（1）
145		钗	1	金质	
146		钉鞋	3	铜质鎏金	高句丽的鎏金铜钉鞋，博物馆研究，1983

附表6 朝鲜境内高句丽遗迹出土饰物统计表

序号	出土单位	名称	数量	质地	资料来源
1	顺川市龙岳洞墓	镯	1	银	朝鲜考古研究，1989（1）
2		簪	1	银	
3	城岘里 Kinjaedong12 号墓	指环	1	银	朝鲜考古研究，2007（3）
4	加庄里壁画墓	心叶形装饰品	2	金	文化遗产，1959（2）
5		鸟形装饰品	不详	银	
6	八清里壁画墓	簪	1	银	考古学资料集，1963（3）
7	德花里 3 号墓	指环	2	金	朝鲜考古研究，1991（1）
8		带扣	1	银	
9		耳坠	1	金	
10		簪	1	银	
11	云龙里壁画墓	银装刀	1	银	朝鲜考古研究，1986（2）
12	地镜洞第 2 号墓	带扣	1	金铜	朝鲜遗迹遗物图鉴（4）
13		带铐	1	金铜	
14		耳饰的垂饰部	1	金	
15	晚达面墓 4 号墓	耳坠	1	金	朝鲜考古研究，1993（4）
16	祥原 3 号墓	耳环	2	金铜	朝鲜考古研究，1986（3）
17	清溪洞 1 号墓	冠帽装饰残片	1	不详	朝鲜考古研究，2002（4） 朝鲜考古研究，2003（2）
18	清溪洞 2 号墓	金丝	1	金	
19	和盛里古墓	透雕冠前饰	1	铜	考古学资料集，1958（1）
20	高山洞 9 号墓	带铐	1	金铜	昭和十二年度古迹调查报告，1938
21	植物园 10 号墓	带铐	1	金铜?	大城山一带高句丽遗迹研究，1964
22	植物园 15 号墓	带扣	1	金铜?	大城山的高句丽遗迹，1973
23	安鹤宫 2 号墓	指环	2	青铜	大城山的高句丽遗迹，1973
24	湖南里四神塚	带铐残片	不详	金铜	大正五年度古迹调查报告 朝鲜の建筑と艺术，1941
25	湖南里金丝塚	金丝	不详	金	
26	平壤驿前二室墓	步摇	不详	金	考古学资料集，1958（1）
27		耳环	不详	金铜	
28		指环	1	银	

续表

序号	出土单位	名称	数量	质地	资料来源
29	乐浪洞 M30	指环	1	金	朝鲜考古研究，1990（4） 平壤城、高句丽封土石室墓发掘报告，2003
30	乐浪洞 M36	镯	4	银	
31		指环	1	银铜	
32	贞柏洞 M101	指环	1	金	
33	胜利洞 99 号墓	步摇	不详	金	朝鲜考古研究，2007（2）
34	传东明王陵	步摇	不详	镀金	东明王陵及附近的高句丽遗迹，考古学资料集，1963（3）
35		发簪	不详	不详	
36	台城里 1 号墓	指环	2	银	遗迹发掘报告，1959（5）
37	台城里 3 号墓	步摇	不详	不详	朝鲜考古研究，2002（1）
38		镯	不详	不详	
39	台城里 20 号墓	指环	1	银	朝鲜考古研究，2008（2）
40	药水里壁画墓	耳坠	2	金	考古学资料集，1963（3）
41		指环	2	金	
42		指环	2	银	
43	牛山里 4 号墓	银簪	1	银	朝鲜考古研究，2002（2）
44		指环	1	不详	
45		发笄	1	不详	
46	大洞 19 号墓	耳坠	1	不详	考古学资料集，1963（3）
47	大洞 6 号墓	耳坠	1	不详	
48	大洞 4 号墓	镯子	1	不详	
49	大洞 5 号墓	钗	1	不详	
50	大洞 13 号墓	指环	1	不详	
51	秋洞 8 号墓	耳坠	1	不详	
52	秋洞 9 号墓	镯子	1	不详	
53		指环	1	金	
54	牛洞 1 号墓	指环	1	不详	
55	云平里 10 号墓	耳环	1	金	朝鲜遗迹遗物图鉴（4）
56	龙兴里墓群	耳坠、指环、簪	不详	不详	朝鲜考古研究，1993（1）
57	龙峰里 2 号墓	指环	1	银	朝鲜遗迹遗物图鉴（4）
58	凤山郡天德里	镯子	2	银	朝鲜遗迹遗物图鉴（4）
59	膦山郡平和里	镯子	2	银	朝鲜遗迹遗物图鉴（4）
60	松竹里 1 号墓	指环	1	金铜	朝鲜考古研究，2005（3）
61		簪	1	银	

附表7 襦衽分型分布统计表

		A型（左衽）		B型（右衽）	
		Aa型（有襈）	Ab型（无襈）	Ba型（有襈）	Bb型（无襈）
鸭绿江流域	角觝墓	5人	×	×	×
	舞踊墓	23人	×	×	×
	麻线沟1号墓	4人	×	1人	×
	山城下332号墓	1人	×	×	×
	长川2号墓	1人	×	1人	×
	长川1号墓	21人	×	2人	×
	三室墓	5人	×	1人	×
大同江载宁江流域	安岳3号墓	×	×	×	14人
	德兴里壁画墓	×	3人	×	11人
	东岩里壁画墓	6人	×	×	×
	八清里壁画墓	×	×	2人	1人
	玉桃里壁画墓	6人	×	×	×
	安岳1号墓	2人	×	×	×
	水山里壁画墓	×	2人	13人	1人
	狩猎塚	×	×	1人	×
	双楹塚	2人	×	9人	×
	大安里1号墓	2人	×	×	×
	安岳2号墓	2人	×	×	×
	总计	80人	5人	30人	27人

附表 8 襦颜色和花纹分类统计表

统计 / 分类 / 墓葬		单色襦				花襦			
		短襦		长襦		短襦		长襦	
		颜色	人数	颜色	人数	颜色	人数	颜色	人数
鸭绿江流域	角觝墓	黑	1	黑	1	棕地褐点纹	1	棕地褐点纹	1
		棕	1	×	×	×	×	白地黑点纹	1
	舞踊墓	黑	3	黑?	1	×	×	黄地褐点纹	2
		黄	1	×	×	×	×	白地黑点纹	3
		浅红	2	×	×	×	×	棕地黑点纹	1
		红	3	×	×	×	×	×	×
	麻线沟 1 号墓	桔红	1	红	1	×	×	×	×
		黄	1	×	×	×	×	×	×
		白	1	×	×	×	×	×	×
	通沟 12 号墓	白	1	白	1	绿地黑点纹	2	绿地黑点纹	1
		黄	5	黄	3	黄地点纹	1	×	×
		绿	4	×	×	红地点纹	1	×	×
		灰	2	×	×	×	×	白地红点纹	1
	山城下 332 号墓	黄	2	×	×	×	×	黄地红点纹	1
	长川 2 号墓	黄	1	×	×	×	×	黄地黑方点	1
	禹山下 41 号墓	黄	1	×	×	黄地红点纹	1	×	×
	长川 1 号墓	白	6	白	4	白地黑点纹	15	白地黑点纹	6
		黑	2	×	×	白地绿菱格	1	白地绿点纹	1
		绿	1	×	×	白地红十字	1	×	×
		红	3	×	×	白地黑十字	1	×	×
		×	×	黄	1	白地红点纹	1	×	×
		×	×	浅黄	1	白地黑菱点	1	×	×
		×	×	×	×	黄地黑点纹	11	桔黄地黑点	1
		×	×	×	×	红地黑点纹	2	×	×
		×	×	×	×	绿地黑点纹	4	×	×
		×	×	×	×	黑地红点纹	1	×	×
		×	×	×	×	绿地黑菱点	1	×	×
	三室墓	黑	1	黑	1	黄地黑点纹	3	金黄地黑点	1
		黄	4	黄	2	×	×	×	×
		红	3	×	×	×	×	×	×
		金黄	1	×	×	×	×	×	×
		赭	1	×	×	×	×	×	×
		白	1	×	×	×	×	×	×
		桔红	1	×	×	×	×	×	×
	合计	11 色	54 人	5 色	16 人	12 色	48 人	11 色	21 人

续表

统计 分类 墓葬		单色襦				花襦			
		短襦		长襦		短襦		长襦	
		颜色	人数	颜色	人数	颜色	人数	颜色	人数
大同江载宁江流域	安岳3号墓	红	2	×	×	×	×	×	×
		白	19?	×	×	×	×	×	×
		黑	3?	×	×	×	×	×	×
		深褐	3?	×	×	×	×	×	×
		浅棕	4?	×	×	×	×	×	×
		浅青	5?	×	×	×	×	×	×
		浅褐	22?	×	×	×	×	×	×
	德兴里壁画墓	浅红	4	浅红	1?	×	×	×	×
		红	13?	×	×	×	×	×	×
		朱红	12	×	×	×	×	×	×
		白	3?	×	×	×	×	×	×
		浅褐	2	×	×	×	×	×	×
		深褐	27	×	×	×	×	×	×
		黄	8	×	×	×	×	×	×
	龛神塚	深褐	1	×	×	×	×	×	×
	药水里壁画墓	黄	2	×	×	×	×	×	×
		深棕	1	×	×	×	×	×	×
		白	1	×	×	×	×	×	×
	东岩里壁画墓	深褐	1	白	1	黑白格子纹	2	白地黑点纹	1
		深棕	1	红	1	白地黑点纹	4	×	×
		棕	1	×	×	×	×	×	×
	八清里壁画墓	黑	5?	×	×	×	×	×	×
		深褐	2	×	×	×	×	×	×
		浅褐	2	×	×	×	×	×	×
		朱红	1	×	×	×	×	×	×
		白	2?	×	×	×	×	×	×
	玉桃里壁画墓	黄	2	黄	2	×	×	×	×
		蓝	1	蓝	1	×	×	×	×
		红	2	×	×	×	×	×	×
		桔黄	1	×	×	×	×	×	×
	安岳1号墓	深褐	1	×	×	×	×	×	×
		浅褐	1	×	×	×	×	×	×
		白	1	×	×	×	×	×	×
	水山里壁画墓	浅褐	8?	×	×	×	×	×	×
		黑	6	×	×	×	×	×	×
		红	3	×	×	×	×	×	×
		黄	5	×	×	×	×	×	×
		浅红	1	×	×	×	×	×	×
		白	1	×	×	×	×	×	×

续表

墓葬＼统计＼分类	单色襦				花襦			
	短襦		长襦		短襦		长襦	
	颜色	人数	颜色	人数	颜色	人数	颜色	人数
狩猎塚	×	×	×	×	黄地黑点纹	1	×	×
双楹塚	红	1	×	×	白地红点纹	2	×	×
	黄	2	×	×	灰地黑点纹	1	×	×
	浅灰	3	×	×	×	×	×	×
	黑	1	×	×	×	×	×	×
	白	7?	×	×	×	×	×	×
大安里1号墓	黑	2	黑	1?	×	×	×	×
	浅黄	1	×	×	×	×	×	×
	黄	1?	×	×	×	×	×	×
	白	2?	×	×	×	×	×	×
安岳2号墓	黑	1?	黄	5	白地红点纹	1	白地红点纹	1
	绿	2?	白	3?	点纹	1	×	×
	×	×	黑	6?	×	×	×	×
铠马塚	褐	1	浅黄	1	黄地圆点纹	1	白地竖点纹	1
	红	1	×	×	×	×	×	×
	黄	1	×	×	×	×	×	×
	深红	3	×	×	×	×	×	×
合计	16色	209人	7色	22人	6色	13人	3色	3人

注释："?"代表数字不确定，其因一为报告中没有说明，二为壁画现存颜色和花纹，有剥离的痕迹，恐非原样。

附表9 襦襈统计表

<table>
<tr><td colspan="2" rowspan="2">统计 分类
墓葬</td><td colspan="5">襦襈</td></tr>
<tr><td>领襈</td><td>衽襈</td><td>袖襈</td><td>摆襈</td><td>数量</td></tr>
<tr><td rowspan="15">鸭绿江流域</td><td rowspan="4">角觝墓</td><td>黑</td><td>黑</td><td>黑</td><td>黑</td><td>4</td></tr>
<tr><td>黑、红
主副襈</td><td>黑、红
主副襈</td><td>黑、红
主副襈</td><td>黑、红
主副襈</td><td>1</td></tr>
<tr><td>红</td><td>红</td><td>红</td><td>红</td><td>1</td></tr>
<tr><td>加襈</td><td>加襈</td><td>加襈</td><td>加襈</td><td>1</td></tr>
<tr><td rowspan="4">舞踊墓</td><td>红</td><td>红</td><td>红</td><td>红</td><td>2</td></tr>
<tr><td>黑</td><td>黑</td><td>黑</td><td>黑</td><td>15</td></tr>
<tr><td>白</td><td>白</td><td>白</td><td>白</td><td>2</td></tr>
<tr><td>黑</td><td>黑</td><td>白</td><td>黑</td><td>1</td></tr>
<tr><td>通沟12号墓</td><td>红黑</td><td>红黑</td><td>红黑</td><td>红黑</td><td>1</td></tr>
<tr><td>长川2号墓</td><td>黑、黑白格
主副襈</td><td>黑、黑白格
主副襈</td><td>黑、黑白格
主副襈</td><td>黑?</td><td>1</td></tr>
<tr><td rowspan="5">长川1号墓</td><td>宽黑细白
主副襈</td><td>宽黑细白
主副襈</td><td>宽黑细白
主副襈</td><td>宽黑细白
主副襈</td><td>1</td></tr>
<tr><td>黑红等宽
主副襈</td><td>黑红等宽
主副襈</td><td>黑</td><td>黑红等宽
主副襈</td><td>1</td></tr>
<tr><td>加襈</td><td>加襈</td><td>加襈</td><td>主副襈</td><td>1</td></tr>
<tr><td>加襈</td><td>加襈</td><td>加襈</td><td>加襈</td><td>27</td></tr>
<tr><td>加襈</td><td>加襈</td><td>加襈</td><td>无襈</td><td>2</td></tr>
<tr><td></td><td rowspan="2">三室墓</td><td>加襈</td><td>加襈</td><td>加襈</td><td>加襈</td><td>9</td></tr>
<tr><td></td><td>红黑</td><td>红黑</td><td>红黑</td><td>黑</td><td>1</td></tr>
</table>

续表

统计 分类 墓葬		襦襈				
		领襈	衽襈	袖襈	摆襈	数量
大同江载宁江流域	安岳3号墓	黑	无襈	黑	黑	3
		红	无襈	白\无襈	红	10
		白	无襈	白\无襈	加襈	4
		白	无襈	白\无襈	无襈	3
		加襈	无襈	无襈	无襈	3
		加襈	无襈	无襈	加襈	3
		加襈	无襈	加襈	加襈	2
		加襈	加襈	无襈	加襈	1
	德兴里壁画墓	加襈	无襈	白\无襈	加襈	19?
		加襈	无襈	白\无襈	无襈	15?
	龛神塚	加襈	无襈	白\无襈	加襈	2
		加襈	无襈	白\无襈	无襈	1
	东岩里壁画墓	黄黑 主副襈	黄黑 主副襈	黄黑 主副襈	黄黑 主副襈	3
		黑	黑	黑	黑	1
	八清里壁画墓	加襈	无襈	白\无襈	加襈	1
		加襈	无襈	加襈	加襈	1
	玉桃里壁画墓	黑	黑	黑	黑	7
	安岳1号墓	褐	褐	褐	褐	1
		黑	黑	黑	黑	1
	水山里壁画墓	黑	黑牙边	黑	黑	3
		黑	黑	黑	黑	11
		红	红	红	无襈?	2
		红	红	红	红	1
		黑红	黑红	黑红	黑	1
		黑	黑	红	黑	1
	狩猎塚	加襈	加襈	加襈	加襈	1
	双楹塚	黑	黑	黑	黑	12
		黑	黑	黑红	黑	1
		红	红	红	黑红	1
	安岳2号墓	黑	黑	黄?	黑	6?
		黑	黑	黑	黑	1
		黑	黑	白?	黑	1
	铠马塚	黑	黑	无襈?	黑	2
		加襈	加襈	加襈	加襈	1

注释：本表所选个体均为领襈、衽襈、袖襈、摆襈描绘清晰者。

附表 10　肥筩裤与瘦腿裤统计表

统计 / 墓葬 分类		宽窄	颜色花纹	束口/加襈	数量
鸭绿江流域	角觝墓	阔肥	白地黑点纹	束口加襈	1
		普肥	白色	束口	1
		普肥	不详	束口	3
	舞踊墓	阔肥	白地红方格碎点纹	束口	2
		阔肥	点纹	束口	1
		阔肥	红	束口	1
		阔肥	黄	束口	1
		普肥	白地黑竖点纹	束口 黑襈	1
		普肥	黄地褐点纹	束口	2
		普肥	白地黑点纹	束口	1
		普肥	点纹	束口 黑襈	2
		瘦腿	白色	束口 黑襈	1
	麻线沟 1 号墓	阔肥	桔红地黑点纹	束口	1
		瘦腿	不详	不详	1
	通沟 12 号墓	瘦腿	青地点纹	不详	1
		阔肥	青地点纹	束口	2
	山城下 332 号墓	瘦腿	红	加襈	1
	长川 2 号墓	普肥	绿地黑方点纹	束口	1
	禹山下 41 号墓	瘦腿	桔色	不详	1
		瘦腿	不详	不详	1

续表

墓葬（统计/分类）		宽窄	颜色花纹	束口/加襬	数量
	长川1号墓	阔肥	白地黑十字纹	束口	4
		阔肥	点纹	束口	2
		阔肥	白地红斜方格纹	束口	1
		阔肥	白地黑点纹	束口	1
		普肥	白地黑点纹	束口	5
		普肥	绿地黑点纹	束口	3
		普肥	黄地黑点纹	束口	3
		普肥	红地黑点纹	束口	1
		普肥	白	束口	1
		普肥	朱红	束口	1
		普肥	黄	散口	2
		瘦腿	绿地黑点纹	不详	2
		瘦腿	红地黑点纹	散口	1
		瘦腿	黄地黑点纹	散口	1
		瘦腿	白地黑点纹	散口	1
		瘦腿	白	不详	1
	三室墓	阔肥	竖点纹	束口	1
		阔肥	点纹	束口	1
		阔肥	黄地双排竖黑点纹	束口	1
		普肥	黄地黑点纹	束口	1
		普肥	点纹	束口	1
		瘦腿	赭色?	不详	1
大同江载宁江流域	安岳3号墓	普肥	素色	束口加襬	3
		普肥	素色	束口	2
		普肥	白	束口	5
		普肥	黑	束口	6
		普肥	浅青	束口	1
		普肥	浅褐	束口	1
	德兴里壁画墓	普肥	深褐	束口	13
		普肥	黄	束口	6
		普肥	红	束口	4
		普肥	朱红	束口	9
		普肥	白	束口	1

续表

统计 墓葬 \ 分类	宽窄	颜色花纹	束口/加襈	数量
平壤驿前二室墓	普肥	不详	束口	3
龛神塚	普肥	不详	束口	2
	瘦腿?	不详	散口	1
高山洞 A7 号墓	普肥	点纹	束口	1
松竹里 1 号墓	普肥	不详	束口	1
药水里壁画墓	普肥	白	束口红襈	2
	普肥	不详	束口	28
东岩里壁画墓	普肥	黄白格纹	束口	1
	普肥	黑白红格纹	束口	1
	普肥	红点纹	束口	2
	普肥	白地褐点纹	束口	2
	普肥	白地黑点纹	束口	2
	普肥	白地红点纹	束口	1
	普肥	白	束口	1
	普肥	深棕	束口	1
	普肥	浅棕	束口	2
	瘦腿	浅棕	散口	5
	瘦腿	不详	不详	2
保山里壁画墓	普肥	不详	束口	2
	瘦腿	不详	散口	1
高山洞 A10 号墓	阔肥	不详	束口	2
八清里壁画墓	普肥	深褐	束口	2
	普肥	黑色	束口	4
	普肥	红	束口	1
	普肥	朱红	束口	1
	普肥	不详	束口	3
	瘦腿	不详	不详	4
玉桃里壁画墓	普肥	黄	束口	2
	普肥	蓝	束口	2
	普肥	不详	束口	3
水山里壁画墓	普肥	深褐	束口	2
	普肥	黑	束口	1
	普肥	黄色	束口	2
	阔肥	白地黑点纹	束口	1
	瘦腿?	黄	散口	3

续表

墓葬 \ 统计分类		宽窄	颜色花纹	束口/加襈	数量
	狩猎塚	阔肥	点纹	束口	3
	双楹塚	阔肥	黑点纹	束口	3
		阔肥	红点纹	束口	1
		阔肥	白	束口	2
		普肥	浅褐色	束口加襈	1
		瘦腿	素色	散口	2
	大安里1号墓	普肥	黄	束口	3
		普肥	黑	束口	1
		普肥	白	束口	1
	安岳2号墓	阔肥	白地黑点纹	束口	2
	铠马塚	普肥	黄	束口	3
		瘦腿	白	散口	2

注释：1. 本表所选个体原报告均有配图，无图者不收；

2. 本表只选裤子整体描绘较为清晰者，长襦裙下仅露部分裤脚的裤子不收录；

3. 个别花纹独特的个体，虽残缺亦收录；

4. 阔肥簏裤简称阔肥，普通肥簏裤简称普肥，瘦腿裤简称瘦腿。

附表 11 袍服统计表

墓葬 \ 统计 \ 分类		身份	性别	领	衽	袖	腰饰	花色	数量
鸭绿江流域	舞踊墓	僧侣	男	直领加襈	残	短袖?	残	黑色	2
		文士	男	直领红襈	合衽	窄袖?	不详	红色	1
		文士	男	直领褐襈	右衽?	宽长袖	不详	黄色	1
	五盔坟 4 号墓	莲上居士	男	直领绿襈	合衽	宽长袖	白带 绶 绿芾	褐色?	1
		莲上居士	男	直领绿襈	对衽	宽长袖	褐绶 褐芾	红色	1
		莲上居士	男	直领黑襈	对衽	宽长袖 黑襈	褐绶 红芾	绿色	1
		莲上居士	男	直领黄襈	对衽	宽长袖	绿芾	褐色	1
		莲上居士	男	直领红襈	对衽	宽长袖	红芾	绿色	1
		燧神	男	直领黄襈	对衽	宽长袖	束带	褐色	1
		冶铁人	男	直领黄襈	对衽	宽长袖	白短裙	褐色	1
		驾鹤仙人	男	直领黄襈	对衽	宽袖 黄襈	束带	褐色	1
		弹琴仙人	男	直领黄襈	合衽	宽袖	束带?	褐色	1
		击鼓仙人	男	直领红襈	对衽	宽袖	束带?	黄色	1
		持碗仙人	男	直领黄襈	对衽	宽袖	束带	褐色	1
		持幡仙人	男	直领黄襈	合衽	宽袖	不详	茶色	1
		吹芋仙人	男	直领黄襈	合衽	宽袖	不详	茶色	1
	五盔坟 5 号墓	帝王	男	直领红襈	对衽	宽长袖	芾	绿色	1
		飞天	男	直领红襈	合衽	宽袖	白色兜巾	黄色	1
		乘龙仙人	男	直领褐襈	合衽	长袖	不详	黄色	1
		吹箫仙人	男	直领褐襈	合衽	宽袖	不详	绿色	1
		吹角仙人	男	直领黄襈	合衽	宽长袖	不详	褐色	1
		莲冠仙人	男	直领黄襈	合衽	宽袖	不详	褐色	1
		阮咸仙人	男	直领红襈	合衽	宽袖	不详	黄色	1

续表

统计 / 分类 / 墓葬		身份	性别	领	衽	袖	腰饰	花色	数量
大同江载宁江流域	安岳3号墓	墓主	男	直领加襈	合衽	中袖	黑带白绶	深褐色	1
		记室	男	直领	合衽	中袖加襈	白带	浅褐色	1
		小史	女	直领黑襈	合衽	中袖黑襈	黑带	浅褐色	1
		省事	男	直领加襈	合衽	中袖加襈	白带	浅褐色	1
		门下拜	男	直领加襈	合衽	中袖加襈	不详	深褐色	1
		夫人	女	直领加襈	右衽	宽长袖黑襈	不详	绛紫地云纹锦	1
		打鼓乐手	男	直领黑襈	合衽	宽袖	束带	白色?	4
		持幡仪卫	男	直领黑襈	合衽	宽袖黑襈	束带	浅褐?	4
		侍女	女	直领加襈	合衽	中袖	不详	红色	1
		阿光	女	直领加襈	合衽	中袖	红带	白色?	1
		侍女	女	直领加襈	合衽	中袖	不详	白色?	3
		阿婢	女	直领加襈	合衽	中袖加襈	白带	白色	1
		马倌	男	直领加襈	合衽	中袖	不详	不详	1
		持麾仪卫	女	直领加襈	右衽	中袖	束带	白色?	4
		马上官吏	男	直领	合衽	宽长袖	不详	白色	1
		徒步官吏	男	直领加襈	合衽	宽长袖	束带	白色	1
		持笏官吏	男	直领加襈	合衽	宽长袖	不详	浅青?	1
		徒步女子	女	直领加襈	合衽	宽长袖	束带	浅褐?	1
		骑马官吏	男	直领加襈	右衽	宽长袖	不详	浅褐?	1
		马上乐手	男	直领加襈	右衽	宽袖加襈	束带	浅褐?	4
	德兴里壁画墓	太守	男	直领黑襈	左衽	宽长袖白襈?	白带	红色	8
		通事吏	男	直领黑襈	合衽	宽长袖白襈?	白带	红色	1
		太守	男	残	残	宽长袖白襈?	白带	红色	5
		通事吏	女	直领	合衽	残	残	红色	1
		墓主人	男	直领加襈	合衽	宽长袖加襈	黑带	浅褐?	1
		官吏	男	直领加襈	合衽	宽长袖	束带	红色	1
		官吏	男	直领加襈	左衽	宽长袖	不详	红色	1

续表

墓葬 \ 统计 \ 分类	身份	性别	领	衽	袖	腰饰	花色	数量
	官吏	男	直领加襈	合衽	宽长袖	不详	红色	3
	官吏	男	直领加襈	右衽	宽长袖	不详	红色	1
	官吏	男	直领黄襈	合衽	宽长袖	不详	黑色	1
	牛郎	男	直领加襈	右衽	宽长袖	白带	朱红色	1
	织女	女	直领	合衽	宽长袖	束带	朱红色	1
	官员	男	直领黑襈	合衽	宽长袖	白带	白色	1
	官员	男	直领白襈	合衽	宽长袖	不详	朱红色	3
台城里1号墓	墓主人	男	直领加襈	合衽	宽长袖	不详	不详	1
平壤驿前二室墓	乐手	男	直领加襈	合衽	宽长袖	不详	不详	1
龛神塚	墓主人	男	直领加襈	合衽	不详	芾?	红色	1
	女侍	女	直领加襈	合衽	宽长袖	芾?	深褐色	1
	女侍	女	直领加襈	合衽	宽长袖	白带褐芾	红色	1
	女侍	女	直领加襈	合衽	宽长袖	褐芾	不详	1
	官吏	男	直领加襈	合衽	不详	束带	黄色	1
	女侍	女	直领加襈	合衽	宽长袖	束带	白色?	1
	官吏	男	直领加襈	合衽	不详	束带	深褐色	1
药水里壁画墓	墓主人	男	直领加襈	合衽	不详	不详	黄色	1
	夫人	女	直领加襈	合衽	不详	不详	红色	1
	官员	男	直领加襈	合衽	宽长袖	不详	深褐?	5
	女侍	女	直领加襈	合衽	宽长袖	不详	朱红	1
保山里壁画墓	墓主人	男	直领	合衽	宽长袖	不详	不详	1
长山洞1号墓	侍者	男	直领加襈	不详	宽长袖	不详	不详	1
八清里壁画墓	骑马人	男	直领加襈	合衽	不详	束带	不详	2
	墓主人	男	不详	不详	宽长袖	不详	不详	1
玉桃里壁画墓	侍者?	男	直领	合衽	长袖	不详	不详	3
	夫人	女	直领 褐襈	合衽	宽长袖 白襈	不详	朱红	1
水山里壁画墓	墓主人	男	直领黑襈	右衽 黑牙边	宽长袖	褐芾	浅褐色	1
	官吏	男	直领黑襈	残	残	残	不详	1
	官吏	男	残	残	黑襈	残	不详	2
	官吏	男	直领黑襈	右衽	残	残	不详	1
	官吏	男	直领黑襈	右衽	宽长袖 黑襈	不详	浅褐色	1
	官吏	男	直领	左衽	宽长袖	不详	白色	1
	官吏	男	直领加襈	合衽	宽长袖	不详	黄色	1

续表

墓葬 \ 统计分类	身份	性别	领	衽	袖	腰饰	花色	数量
狩猎塚	墓主	男？	直领加襈	合衽	宽长袖加襈	不详	不详	3
双楹塚	墓主人	男	直领加襈？	合衽	宽长袖加襈	芾	红色	1
	门卫	男	不详	不详	宽长袖	束带	不详	2
安岳2号墓	官吏	男	直领	合衽	宽长袖	不详	不详	1
	官吏	男	直领	合衽	宽长袖	束带	黄色	2
	侍者	女	残	残	宽长袖	红芾	绿色	2
	侍者	女	残	残	宽长袖	红芾	黑色	2
天王地神塚	仙人	男	直领加襈	合衽	宽长袖	不详	不详	1
江西大墓	仙人	男	直领	合衽	不详	不详	红色	1

注释：此表仅选取较为清晰的形象，加以统计。

附表12 裙子统计表

统计 墓葬	分类	身份	搭配	形制与花色	数量
鸭绿江流域	角觝墓	夫人	长襦+裙	白色百褶裙	1
		夫人	长襦+裙	白色百褶裙；下摆粗细两道襈	1
		女侍	长襦+裙+裤	白色百褶裙；下摆一道黑襈	1
	舞踊墓	僧侣	袍+裙	白色百褶裙	2
		女侍	长襦+裙+裤	白色百褶裙；下摆一道黑襈	3
		舞女	长襦+裙+裤	白色百褶裙；下摆一道黑襈	2
	麻线沟1号墓	女侍	长襦+裙	裙	1
	通沟12号墓	女侍	长襦+裙	百褶裙；下摆一道黑襈	1
	长川2号墓	女侍	长襦+裙	百褶裙；下摆主副两道襈	1
	长川1号墓	女侍	长襦+裙+裤	百褶裙；下摆一道黑襈	1
		夫人?	长襦+裙	百褶裙；下摆一道黑襈	2
		女侍	长襦+裙	百褶裙；下摆一道黑襈	1
		女演员	长襦+裙	百褶裙；下摆一道黑襈	1
		捧琴女	长襦+裙	裙	1
	三室墓	夫人	长襦+裙	百褶裙；下摆一道黑襈	1
		女侍	长襦+裙	百褶裙	1
		女侍	长襦+裙	百褶裙；下摆一道黑襈	1
大同江载宁江流域	安岳3号墓	夫人	袿衣+裙	白地云纹裙；下摆两道褐色襈	2
		女侍	短襦+裙	浅褐色褶裙	3
		持麾女子	袿衣+裙	白地红点纹裙；下摆红色襈	4
		乐伎	短襦+裙	裙	3
	德兴里壁画墓	女侍	短襦+裙+裤	红白裥裙	2
		女侍	短襦+裙+裤	黄褐裥裙	2
		女侍	短襦+裙+裤	单（白）色百褶裙	6
	高山洞A7号墓	女侍?	长襦+裙	百褶裙；加襈	1
	药水里壁画墓	女子	短襦？+裙	百褶裙	6

续表

墓葬 \ 统计 \ 分类	身份	搭配	形制与花色	数量
东岩里壁画墓	不详	长襦+裙+裤	白百褶裙；下摆一道黑襈	1
	不详	长襦+裙	白百褶裙；下摆主副两道襈	3
高山洞 A10 号墓	舞女	长襦+裙	百褶裙；下摆一道宽襈	1
八清里壁画墓	女侍?	长襦+裙	白百褶裙	2
玉桃里壁画墓	女侍?	长襦+裙	白百褶裙；下摆一道黑襈	3
安岳 1 号墓	女侍?	短襦+裙	白棕裥裙	1
水山里壁画墓	夫人	短襦+裙	三色裥裙	1
	女侍	短襦+裙	白百褶裙	13
双楹塚	女侍	短襦+裙	白色百褶裙	6
	夫人	短襦+裙	红白裥裙	1
	夫人?	短襦+裙	白色百褶裙	1
	女侍	短襦+裙	白百褶裙；下摆一道黑襈	1
安岳 2 号墓	女侍	长襦+裙+裤	白百褶裙；下摆一道黑襈	13
铠马塚	不详	长襦+裙	白百褶裙；下摆一道黑襈	2

注释：1. 本表所选个体原报告均有配图，无图者不收；

2. 本表只选裙子整体描绘较为清晰者，下部残缺者不收录。

附表 13 高句丽遗迹出土耳饰统计表

序号	类型	出土单位	质地	小件编号	形制	备注
1	耳环	洞沟古墓群	鎏金	×	直径 2 厘米	无图
2		麻线沟 1 号墓	金	×	断面方形 斜线纹 1.47 克	1 件
3		五女山城	铜	T52②:7	径长 1.8 厘米	1 件
4		抚顺洼浑木 M2	包金	M2:3	径长 2.2 厘米	1 件
5				M2:5		1 件
6		沈阳石台子山城墓葬	铜	2006SSM3:1	直径 2.4 铜丝粗 0.3 厘米	1 件
7			铜	2006SSM3:2	直径 2 铜丝粗 0.2 厘米	1 件
8			包金	2006SSM3:3	直径 2.3 – 2.4 粗 0.25 厘米	1 件
9		云平里 10 号墓	金	×	环状	1 件
10		祥原 3 号墓	鎏金	×	直径 2 厘米左右	1 件
11		祥原 3 号墓	鎏金	×	直径 2 厘米左右	1 件
12	Aa 型耳坠	麻线沟 1 号墓	金	×	通长 3.8 厘米 重 24.7 克	1 件
13		×	金	集安馆藏:1453	通长 4.2 环直径 1.8 厘米	1 件
14		×	金	集安馆藏:1486	通长 3.8 环直径 2.2 厘米	1 件
15		大城山城	×	×	圆球 矛状	1 件
16		大城山城	×	×	椎体	1 件
17		晚达面 4 号墓	×	×	圆球 圆饼 矛状	1 件
18		晚达面 4 号墓	×	×	圆球 圆饼 矛状	1 件
19		安鹤洞	×	×	圆球 圆饼 矛状 2.4 厘米	1 件
20		安鹤洞	×	×	圆球 尖状 2.4 厘米	1 件
21		地镜洞古坟	×	×	近似圆柱体	1 件
22		朝鲜半岛	×	×	圆球 圆饼 矛状	1 件
23	Ab 型耳坠	×	金	集安馆藏:1521	通长 5.9 环直径 1.7 厘米	1 件
24		大同郡	金	×	通长 4.5 厘米	1 件
25		×	金	集安馆藏:1460	粗环直径 1.5 厘米	1 件
26		×	金	集安馆藏:1523	通长 3.8 粗环直径 1 厘米	1 件
27		大洞 6 号墓	×	×	圆球 圆饼 矛状	1 件

续表

序号	类型	出土单位	质地	小件编号	形制	备注
28	A型	将军坟	金	00JYM0002B:3	环孔径0.9　直径2.8厘米	1件
29		平壤驿前二室墓	鎏金	×	粗环	1件
30		龙兴里2号墓	金	×	粗环　2.1厘米	1件
31	Ba型	沈阳石台子山城墓葬	铜	2004SSM2:2	残长2.1宽1.35厘米	1件
32			铜	2004SSM2:3	残长2.1宽1.3厘米	1件
33	Bb型耳坠	×	金	集安馆藏:1854	通长4.6细环直径2.1厘米	1件
34		×	金	集安馆藏:1535	通长3.1细环直径1.8厘米	1件
35		传宁远郡	×	×	圆球 矛状	1件
36					镂孔圆球 矛状	1件
37		朝鲜半岛	×	×	镂孔圆球　矛状	1件
38	Bc型耳坠	×	金	集安馆藏:1534	通长3.9细环直径1.6厘米	1件
39		×	金	集安馆藏:1842	通长3.5细环直径1.7厘米	1件
40		×	金	集安馆藏:1549	通长4.1细环直径2厘米	无图
41		传宁远郡	×	×	镂孔圆球 桃形片	1件
42		秋洞8号墓	×	×	镂孔圆球 桃形片	1件
43		朝鲜半岛	×	×	镂孔圆球 桃形片	1件
44		朝鲜半岛	×	×	镂孔圆球 桃形片	1件
45		朝鲜半岛	×	×	桃形片	1件
46		大洞19号墓	×	×	镂孔圆球 桃形片5厘米	1件
47		朝鲜半岛	×	×	镂孔圆球 桃形片	1件
48	Bd型耳坠	麻线安子沟M401	金	M401:1	通长5厘米	1件
49		×	金	集安馆藏:2289	通长3.1细环直径2.2厘米	无图
50		×	金	集安馆藏:1473	通长6.5细环直径3.3厘米	无图
51		宁远郡	×	×	金属链 锥饰	1件
52		药水里壁画墓	金	×	金属链 圆球 通长3.5厘米	1件
53	Be型	德花里M3	金	×	花朵状坠饰	1件
54	C型	禹山M3283	金	JYM3283:5	通长8厘米	1件

附表 14 高句丽遗迹出土指环统计表

序号	出土单位	质地	小件编号	形制	备注
1	禹山 M2138	金	集安馆藏:1584	直径 2.1 厘米	1 件
2	五女山城	铜	T51②:7	直径 1.8 宽 0.8 厘米	1 件
3	×	金	集安馆藏:1472	直径 2.2 厘米	1 件
4	集安老虎哨	银	不详	直径 1.7 厘米	1 件
5	沈阳石台子山城	铜	02SSⅢT1⑤:12	直径 2.0 厘米	1 件
6	禹山 M3161	铜	JYM3161:2	×	2 件 无图
7	城岘里 12 号墓	银	×	直径 2 厘米左右	1 件
8	德花里 3 号墓	金	×	一件直径 2.3 厘米	2 件
9	安鹤宫 2 号墓	青铜	×	直径 2 厘米左右	2 件
10	平壤驿前二室墓	银	×	直径 2 厘米左右	1 件
11	乐浪洞 M36	银铜	×	×	1 件 无图
12	贞柏洞 M101	金	×	×	1 件 无图
13	台城里 1 号墓	银	×	×	2 件 无图
14	台城里 20 号墓	银	×	×	1 件 无图
15	药水里壁画墓	金	×	直径 2 厘米左右	2 件
16		银	×	直径 2 厘米左右	2 件
17	牛山里 4 号墓	银	×	×	1 件 无图
18	大洞 13 号墓	×	×	直径 2 厘米左右	1 件
19	秋洞 9 号墓	金	×	直径 2 厘米左右	1 件
20	牛洞 1 号墓	×	×	直径 2 厘米左右	1 件
21	龙兴里墓群	×	×	×	1 件 无图
22	松竹里 1 号墓	金铜	×	×	1 件 无图
23	龙峰里 2 号墓	银	×	2 厘米	1 件
24	罗通山城	玉	×	外径 2.9 高 2.3 厘米	1 件

附表 15 高句丽遗迹出土镯子统计表

序号	出土单位	质地	小件编号	形制	备注
1	五女山城四期	铜	T402②:6	×	1 件
2	五女山城四期	铜	T56②:3	残长 2.5、宽 2.3 厘米	1 件
3	五女山城四期	铜	T407②:4	×	1 件
4	五女山城 F32	铜	F32:23	5.5 厘米	1 件
5	禹山 JYM3160	鎏金	JYM3160:3	直径 6 厘米	2 件
6	禹山 JYM3241	铜	JYM3241:7	不详	1 件
7	集安板岔岭	金	不详	约 5 厘米	1 件
8	临江墓	青铜	03JYM43J:15	直径 5 宽 0.5 厘米	一副
9	辽源龙首山山城	铜	×	直径 5.25 宽 0.51 厘米	1 件
10	抚顺洼浑木 M2	铜	M2:4	直径 6.3 厘米	1 件
11	抚顺前屯 M17	铜	M17:1	6.3 厘米	无图
12	辽宁本溪小市晋墓	银	×	直径 6.8、体径 0.28 厘米	2 件 无图
13		金	×	直径略小于银镯子	2 件 无图
14	桓仁高力墓子村墓地	银	×	×	无图
15		铜	×	×	无图
16	吉林省博物馆藏	×	×	瓦棱沟纹 周长 17 厘米	无图
17	顺川市龙岳洞墓	银	×	直径 6.2 厘米	1 件
18	台城里 M3	×	×	×	2 件
19	大洞 M4	×	×	×	1 件
20	秋洞 M9	×	×	×	1 件
21	晚达面墓群	青铜	×	×	1 件
22	凤山郡天德里	银	×	直径为 8 厘米	2 件
23	鳞山郡平和里	银	×	直径为 6.5 厘米	2 件
24	乐浪洞 M36	银	×	×	4 件 无图

附表 16　高句丽遗迹出土带扣统计表

序号	分型	出土单位	质地	小件编号	扣环	扣针	套接金属片	备注
1	Aa型	五女山城	铁质	03XM:4	椭圆 5.5×4.6 厘米	一字形	半圆	1 件
2		五女山城	铁质	F37:4	椭圆 4.4×3.3 厘米	一字形	长方形	1 件
3		五女山城	铁质	JC:47	椭圆 4.5×2.2 厘米	一字形	圭形 3.3×3.1 厘米	1 件
4		五女山城	铁质	JC:48	椭圆 3.6×2.3 厘米	残	×	1 件
5		五女山城	铁质	J2:11	椭圆形　宽 3.5 厘米	残	方形	1 件 全长 3.5 厘米
6		五女山城	铜质	J3:81	扭曲变形 3.8×1.8 厘米	残	×	1 件 后梁铁柱
7		五女山城	铁质	F33:3	椭圆形 3.3×2.7 厘米	残	×	1 件
8	Ab型	禹山下 M41	铁质	×	U 字形	一字形	×	1 件
9		集安 JSZM0001	铁质	JSZM0001K2:13	U 字形 5.6×4.3 厘米	一字形	×	2 件
10		辽宁本溪小市晋墓	铜质	×	U 字形 3.6×3.1 厘米 体径 0.26 厘米	一字形	×	3 件 1 件鎏金
11		东大坡 M262	铁质	×	长方形	残	×	1 件
12		丸都山城	铁质	2001JWGT705③:7	U 字形 4×3.2 厘米 直径 0.3、0.4 厘米	残	×	1 件
13		山城下 M187	铁质	M187:1	长方形	一字形	×	7 件
14		禹山 JYM2891	鎏金	JYM2891:7	长方形 4.4×3.5 厘米	一字形	×	1 件

续表

序号	分型	出土单位	质地	小件编号	扣环	扣针	套接金属片	备注
15		临江墓	铁质	03JYM43J:12－1	长方形 5.5×2.7 厘米	一字形 圆截面	长方形	共 7 件
16		临江墓	铁质	03JYM43J:12－2	长方形 5.5×2.7 厘米	一字形圆截面	长方形	
17		禹山 JYM3232	铁质	JYM3232:4	长方形	一字形	×	1 件
18		禹山下 M1897	鎏金	×	长方形	残	×	1 件
19	Ac 型	五女山城	铁质	F33:2	方形 5.8×5.5 厘米	一字形	×	1 件
20		万宝汀墓区 M242	鎏金	×	方形　长 5 厘米	一字形	不规则	1 件
21		集安 JSZM0001	鎏金	JSZM0001K2:20	方形　3.5×3.5 厘米 直径 0.4 厘米	残	×	2 件
22		禹山 JYM3283	铁质	JYM3283:11A	方形	一字形	×	5 件
23		下活龙村 M8	铁质	82JXM8:6	长方形	一字形	×	1 件
24		禹山 03JYM 992	铁质	03JYM992:33	长方形 前长后短 4×3 厘米	一字形 长 4 厘米	×	1 件
25		禹山 JYM3105	铁质	JYM3105:27	长方形	一字形	×	1 件
26	Ad 型	禹山 JYM3231	铁质	JYM3231:6	亚腰长方形	一字形	×	1 件
27		禹山 JYM3283	铁质	JYM3283:11B	亚腰长方形	一字形	长方形	1 件
28		集安 JSZM145	铁质	03 JSZM145:24	亚腰长方 3.1×2.5 厘米	一字形 长 3.2 厘米	×	1 件
29		五女山城	铁质	JC:66	亚腰长方形 8×4.9 厘米	一字形	×	1 件
30		五女山城	铁质	JC:65	前弧圆后方 8.4×5.3 厘米	一字形	×	1 件

续表

序号	分型	出土单位	质地	小件编号	扣环	扣针	套接金属片	备注
31	Ba型	五女山城	铜质	F17:3	椭圆形 4.8×2.6 厘米	T字形	×	1件
32		五女山城	铁质	T22②:3	椭圆形 6.8×4.1 厘米	T字形	×	1件
33		五女山城	铁质	F27:10	椭圆形 3.9×3.7 厘米	T字形	×	1件
34		五女山城	铁质	F26:5	椭圆形 3.8×2.9 厘米	T字形	×	1件
35		五女山城	铁质	JC:68	椭圆 4.5×3.8 厘米	T字形	×	1件
36		五女山城	铁质	JC:36	椭圆形 3.5×3 厘米	T字形	圆浅盘 8.3×0.1 厘米	1件
37		五女山城	铁质	JC:37	椭圆形 5×4 厘米	T字形	圆浅盘 8×0.9 厘米	1件
38		五女山城	铁质	F26:12	椭圆形 5.4×4.1 厘米	T字形	圆浅盘 残	1件
39		五女山城	铁质	F4:10	椭圆形 4.5×2.5 厘米	T字形	桃形 5.6×3.6 厘米	1件
40		五女山城	铁质	JC:40	椭圆 3.9×2.9 厘米	T字形	桃形 7×5.3 厘米	1件
41		五女山城	铁质	JC:41	椭圆 3.7×2.5 厘米	T字形	桃形 6.4×5.1 厘米	1件
42		集安霸王朝山城	铁质	×	椭圆形	T字形 圆截面	桃形	1件
43		五女山城	铁质	F4:11	残	残	桃形 5×4.5 厘米	1件
44		五女山城	铁质	JC:42	椭圆 4.6×2.9 厘米	T字形	桃形 6.3×4.3 厘米	1件
45		五女山城	铁质	JC:43	椭圆 4.3×3 厘米	残	桃形 6.1×4.2 厘米	1件
46		五女山城	铁质	JC:44	椭圆 4.5×2.5 厘米	T字形	桃形 5.9×4.3 厘米	1件
47		五女山城	铁质	JC:45	椭圆 4.5×3.8 厘米	T字形	长条 8.3×1.5 厘米	1件
48		五女山城	铁质	JC:46	椭圆 4.4×3.5 厘米	T字形	长条 8.2×1.5 厘米	1件

续表

序号	分型	出土单位	质地	小件编号	扣环	扣针	套接金属片	备注
49	Bb型	太王陵	鎏金铁	03JYM541:174	U字形 1.3×2厘米	T字形 长1.5 直径0.3	×	1件
50		万宝汀 M78	鎏金	×	U字形	T字形	×	5件 马具?
51		长川 M2	铁质	×	U字形5.2 ×4厘米	T字形	×	2件 布纹
52		禹山 JYM3105	鎏金	JYM3105:28A	U字形	T字形	×	1件
53		禹山 M540	鎏金	03JYM0540:8	U字形4.3×3.5厘米	T字形	×	1件后梁铁柱
54		罗通山城	鎏金	×	U字形2.6×3厘米	T字形 圆截面	×	1件
55		麻线沟1号墓	鎏金	×	长方形	T字形	×	1件
56		七星山96号墓	鎏金	×	长方形	T字形	×	3大 马具?
57		七星山96号墓	鎏金	×	长方形	T字形	×	3小 马具?
58		禹山 JYM3105	鎏金	JYM3105:28B	方形	T字形	×	1件
59		禹山540号墓	鎏金	03JYM0540:7	长方形5.2×3.6厘米	T字形	×	1件 后梁铁柱
60		禹山540号墓	鎏金	03JYM0540:9	长方形4.3×3厘米	T字形	×	1件后梁铁柱
61		地镜洞 M1	鎏金	×	前圆弧 后方	T字形	无	2件 前后柱距离远
62		植物园15号墓	鎏金	×	前圆弧 后方	T字形	长条	1件
63		地镜洞 M 1	鎏金	×	前圆弧 后方	T字形?	浅圆盘	1件
64		太王陵	鎏金铁	03JYM541:77	U字形 3.3×1.6厘米	T字形 截面0.2厘米	半圆形 长1.4厘米	1件
65		万宝汀78号墓	鎏金	×	长方形	T字形	圭形	2件 马具?
66		禹山540号墓	鎏金	03JYM0540:6	长方形 长2.6厘米	T字形	三叶形	4件 通长7.8 后梁铁柱
67		麻线沟1号墓	鎏金	×	长方形	T字形	浅圆盘	1件
68		万宝汀78号墓	鎏金	×	U字形	T字形	浅圆盘	4件 马具
69		七星山96号墓	鎏金	×	长方形	T字形	浅圆盘	1件

续表

序号	分型	出土单位	质地	小件编号	扣环	扣针	套接金属片	备注
70	Bb型	禹山 JYM2891	鎏金	JYM2891:6	长方形	T字形	浅圆盘 3.8×4厘米	2件
71		禹山下41号墓	铁质	×	U字形	不详	浅圆盘	5件 马具
72		五女山城	铁质	JC:38	长方形4.1×3.1厘米	T字形	浅圆盘6.4×0.8厘米	1件
73		长川2号墓	鎏金	×	长方形 3×2厘米	T字形	浅圆盘?	1件 无图
74		禹山540号墓	鎏金	03JYM0540:10	U字形 长3.2厘米	T字形	浅圆盘 长3.8厘米	1件
75		禹山540号墓	鎏金	03JYM0540K:61	长方形3.3×2.4厘米	T字形	×	1件 后梁铁柱
76		地镜洞 M1	鎏金	×	前圆 后方	T字形	无	4件
77	Bc型	五女山城	铁质	J2:9	前圆后方7.9×5厘米	T字形	×	1件
78		五女山城	铁质	F28:2	前圆后方4×2.6厘米	T字形	×	1件
79		五女山城	铁质	F30:7	前圆后方7×4.7厘米	T字形	×	1件
80		五女山城	铁质	T24②:1	前圆 后方7.5×5.1厘米	T字形	×	1件
81		五女山城	铁质	JC:59	前圆后方9.4×5.1厘米	T字形	×	1件
82		五女山城	铁质	JC:60	前圆后方8.6×5.3	T字形	×	1件
83		五女山城	铁质	JC:61	前圆后方8×4.6厘米	T字形	×	1件
84		五女山城	铁质	JC:62	前圆后方8.1×4.7厘米	T字形	×	1件
85		五女山城	铁质	JC:63	前圆后方7.7×4.2厘米	T字形	×	1件
86		五女山城	铁质	JC:64	前圆后方6.9×5.3厘米	T字形	×	1件
87		五女山城	铁质	JC:67	前圆后方5×4.2厘米	T字形	×	1件
88		禹山下41号墓	铁质	×	前圆后方	×	半圆形	1件 连铁片
89	Bd型	五女山城	铁质	JC:49	长舌形13.2×5.8厘米	T字形	×	1件
90		五女山城	铁质	JC:50	长舌形13×5.8厘米	T字形	×	1件
91		五女山城	铁质	JC:58	长舌形11×4.2厘米	T字形	×	1件

续表

序号	分型	出土单位	质地	小件编号	扣环	扣针	套接金属片	备注
92	Bd型	五女山城	铁质	JC:69	长舌形 11.8×5.2 厘米	T 字形	×	1 件
93		五女山城	铁质	JC:54	长舌形 10.4×5 厘米	T 字形	×	1 件
94		五女山城	铁质	JC:55	长舌形 11.2×4.5 厘米	T 字形	×	1 件
95		五女山城	铁质	JC:56	长舌形 11×4.2 厘米	T 字形	×	1 件
96		辽源龙首山城	铁质	×	长舌形 10.2×（4.2－5）厘米	T 字形 圆截面	×	1 件
97		五女山城	铁质	F51:4	梯形 10.4×5 厘米	T 字形	×	1 件
98		五女山城	铁质	JC:51	梯形 12.3×5.8 厘米	T 字形	×	1 件
99		五女山城	铁质	JC:52	梯形 12×5.9 厘米	T 字形	×	1 件
100		五女山城	铁质	JC:53	梯形 10.5×5 厘米	T 字形	×	1 件
101		五女山城	铁质	JC:57	梯形 10×4.4 厘米	T 字形	×	1 件
102		五女山城	铁质	T47③:1	前弧圆 后长方形 10.3×4.9 厘米	T 字形	×	1 件
103	Be型	万宝汀 78 号墓	鎏金	×	前方后圆	T 字形	×	4 件 马具?
104		东大坡 M217	铁质	M217:8	近方形	T 字形	×	1 件
105	C型	五女山城	铁质	F23:2	半圆形 5.7×3.1 厘米	残	方形	1 件
106		禹山 JYM3560	鎏金	JYM3560:14	方形 4.4×3.5 厘米	残	方形　革带	5 件
107		丸都山城	铁质	2001JWGT406③:9	半圆 直径 0.4 厘米	×	半圆	1 件
108		沈阳石台子山城	铁	H19:18	前圆 后方 6.6×4.2 厘米	长方形孔 1.4×0.6 厘米	方形	1 件
109		沈阳石台子山城	铁	T2①:6	前环形 后方形 环最大直径 3.6 厘米	无	方形 2.7×2.9 厘米	1 件
110		禹山 540 号墓	鎏金	03JYM0540:11	前圆　后方通长 3.2 厘米	无	无	2 件
111		太王陵	鎏金	03JYM541:68	前环形 后长方形 3.8×2.8×0.5 厘米	无	无	1 件
112		德花里 3 号墓	鎏金	×	亚腰长方形	无	舌状	1 件

续表

序号	分型	出土单位	质地	小件编号	扣环	扣针	套接金属片	备注
113	D 型	山城下 159 号墓	鎏金	×	长方形 透雕龙纹	×	×	1 件
114	其他	折天井墓	铁质	×	不详 4×3.5 厘米	不详	不详	无图
115		集安霸王朝山城	铁质	×	不详	不详	长方形	无图
116		桓仁高力墓子村第 15 号墓	铁质	×	不详	不详	不详	2 件 无图

附表 17 高句丽遗迹出土带銙统计表

序号	分型	出土单位	质地	小件编号	形状	备注
1	A 型	七星山 M96	鎏金	×	方形　4 钉	马具?
2		麻线 M2100	鎏金	03JMM2100:190－1	方形　边长 2.5 厘米 4 钉	1 件
3		太王陵	鎏金	03JYM541:160	方形 3.1×3.1×0.3 厘米 4 钉	1 件
4		禹山 JYM3146	鎏金	JYM3146:3	方形 直径 1.9 厘米　4 钉	5 件
5	Ba 型	抚顺前屯 M7	铜	M7:2	半圆形　长方形穿孔　1.8×2.4×0.6 厘米　5 钉	1 件
6		禹山 JYM3560	铜	JYM3560:14	半圆形　长方形穿孔 3×1.9 厘米	5 件
7		沈阳石台子山城	铜	98SBM④:1	半圆形　长方形穿孔 弧长 2.5 厘米 4 钉	2 件
8		国内城	铜	2001JGDSCY:25	半圆形　长径 2.9 短径 2 厘米　长方形穿孔 1.8×0.5 厘米	1 件
9		抚顺高尔山山城	铁	×	半圆形　长方形穿孔　3 钉	1 件
10	Bb 型	抚顺高尔山山城	铁	×	方形 长方形穿孔 4 钉　正面牛角片贴面	1 件
11		禹山 JYM3233	铁	JYM3233:6	方形 长方形穿孔　5 银钉? ①	1 件
12		禹山 JYM3560	铜	JYM3560:19	方形　正方形穿孔　2.8×2.5×0.1 厘米	4 件
13	Ca 型	山城下 M152	鎏金	M152:10	上亚腰长方形 镂空卷草纹 4 钉　下马蹄形 曲线纹 3.7×2.8 厘米	皮革
14		禹山 JYM3560	鎏金	JYM3560:13A	上亚腰长方形 镂空卷草纹 4 钉　下 桃形 镂空卷草纹 通长 6.7×3.3×0.1 厘米	1 件

续表

序号	分型	出土单位	质地	小件编号	形状	备注
15	Cb 型	山城下 M725	银质	×	上方形 镂空卷草纹 7 钉下桃形 镂空卷草纹	1 件
16		山城下 M330	鎏金	×	上方形 镂空对称卷云纹 下桃形 饰针孔	1 件
17		山城下 M151	银质	×	上长方形 镂空忍冬纹 2 钉 下桃形 总长 4.7 厘米	1 件
18		连江乡 M19	鎏金	×	上长方形 下桃形	1 件
19	Cc 型	禹山 JYM3560	鎏金	JYM3560:13C	残 近方形 卷草纹 錾点纹 5.4×0.1 厘米	1 件
20		禹山 JYM3142	鎏金	JYM3142:10	残 近方形 镂空卷草纹	1 件
21		山城下 M159	鎏金	×	方形下边两角弧圆 镂空 上有两扁长方孔	1 件
22		长川 M4	鎏金	×	上方形 镂空 4.5×5 厘米 4 钉 下圭形 镂空卷云纹 錾点纹	2 件
23		大城山城	×	×	上方形 镂空 下圭形 镂空	1 件
24		植物园 M10②	鎏金	×	上方形 镂空 下圭形 镂空	1 件
25		七星山 M1196－1	鎏金	×	上方形 镂空卷云纹 下圭形 镂空卷草纹 錾点纹	1 件
26		山城下 M873③	鎏金	×	方形镂空纹饰	1 件
27		湖南里四神塚	鎏金	×	残近方形	1 件
28	Cd 型	禹山 JYM3162	鎏金	JYM3162:5	上近椭圆镂空云纹 下圭形镂空卷草纹 通长 6.8×5.2×0.1 厘米	1 件
29	D 型	禹山 JYM3296	鎏金	JYM3296:11	残 近椭圆 上下两端长方穿孔	2 件
30		丸都山城	铁质	2002JWGT509③:20	圆角亚腰长方 8.6×4.2 厘米	1 件
31		禹山 JYM3560	鎏金	JYM3560:13B	残 环形 镂空卷草纹 3.4×0.1 厘米	1 件
32		五女山城	铜	T19③:3	上半球状泡饰 下铜环 4×2.3 厘米	1 件

注释：①原报告称四角有四个银钉，从图片来看下边中部还有一钉，应为五钉；

②東潮称此墓为高山洞 A10 号墓；此图与大城山城几乎完全相同，是巧合，还是東潮有误，尚不知晓。

③東潮称此墓为七星山 873 号墓。

附表 18　高句丽遗迹出土铊尾统计表

序号	分型	出土单位	质地	小件编号	形状	备注
1	A型	麻线沟 M1	鎏金	×	半圆形 长宽均 2 厘米左右　3 钉	5 件 背面丝织物
2		禹山下 M41	鎏金	×	半圆形 周边斜面 宽 2.5 厘米　3 钉	1 件 革带厚 0.3 厘米
3		禹山下 M41	鎏金	×	半圆形 周边斜面 宽 2 厘米　3 钉	1 件 绛红色麻布
4		山城下 M332	铜	×	半圆形　直边长 1.8　拱高 1.4 厘米 3 钉	2 件
5		山城下 M332	铜	×	略半圆形略方　边长 1.7～2.3 厘米　3 钉	1 件　钉长 0.4 厘米
6		太王陵	金	03JYM541:179	半圆形 周边斜面 长、宽各约 0.7　厚 0.64 厘米	1 件
7		太王陵	鎏金	03JYM541:159	半圆形 周边斜面　2.8×2.4×0.5 厘米 3 钉	1 件 钉长 0.8 厘米
8		太王陵	鎏金	03JYM541:78	同上	同上
9		太王陵	鎏金	03JYM541:175－1	长宽各为 2.3 厘米　单片厚 0.2 厘米 3 钉	1 件
10		禹山下 M1897	鎏金	×	半圆形 3 钉	1 件
11		本溪小市晋墓	鎏金	×	半圆形 2.4×2.3×0.1 厘米　3 钉	1 件
12		禹山 M540	鎏金	03JYM0540:12－1	半圆形 周边斜面 1.8×2.4 厘米 3 钉	1 件 皮革
13		禹山 M540	鎏金	03JYM0540:12－2	半圆形 1.7×2.3 厘米 3 钉	无图 1 件 皮革
14		禹山 M540	鎏金	03JYM0540:13	半圆形 周边斜面　1.5×1.9 厘米　3 钉	1 件
15		地镜洞 M1	鎏金	×	半圆形	6 件

续表

序号	分型	出土单位	质地	小件编号	形状	备注
16	B型	抚顺前屯 M7	铜	M7:1	舌形 2.7×2.4×0.6 厘米 7 钉	1 件
17		太王陵	鎏金	03JYM541:125	长舌形 4.9×3 ×0.4 厘米 6 钉	1 件 钉长 0.6 厘米
18		山城下 M725	鎏金	×	长舌形 9 钉	1 件
19	C型	万宝汀墓区 M242	鎏金	×	圭形 2.2×2.5 厘米 2 钉	4 件 皮革
20		万宝汀墓区 M242	鎏金	×	方形 2 钉	×
21		山城下 M195	鎏金	M195:12	长方形 金属片对折 3 钉	2 件 一大一小
22		禹山 JYM3105	鎏金	JYM3105:34	长方形 2 钉	长方薄片折成
23		禹山 97JYM3319	鎏金	97JYM3319:21	正方形 直径 1.8 厘米 2 钉	1 件
25		沈阳石台子山城	铜	98SDMG1:79	近长方形 长 2.7 厘米 3 钉	1 件
26		禹山 JYM3560	鎏金	JYM3560:20	长方形 4. 5×2.5 厘米 2 钉	3 件
27	D型	禹山 JYM3296	铁包银	JYM3296:9	长方形 8.3×2 厘米 4 钉？	1 件
28		本溪小市晋墓	铜	×	长舌形 长 12.5、宽 1.5—2.1、厚 0.08 厘米	1 件
29		德花里 M3	银	×	长舌形	1 件
30	其他	山城下 M332	铜	×	花叶状 直边 2.3 拱高 2.5 厘米 3 钉	1 件
31		山城下 M195	鎏金	M195:18	山状	1 件

附表 19 中国相关高句丽壁画墓编年

		日本		朝鲜			韩国	中国						
序号	名称	東潮	绪方泉	金荣俊	朱荣宪	朴晋煜	全虎兑	杨泓	李殿福	方启东	汤池	魏存成	赵冬艳	刘未
1	角觝墓	5 世纪前半—中叶		4 世纪中叶	4 世纪末	4 世纪后半	5 世纪前半	较东北汉墓晚不迟于魏晋	3 世纪中叶—4 世纪中叶	4 世纪末—5 世纪前叶	4 世纪末—5 世纪前叶	4 世纪中叶—5 世纪初	4 世纪中叶—5 世纪初	4 世纪中后期
2	舞踊墓	5 世纪前半—中叶		4 世纪中叶	4 世纪末—5 世纪初	4 世纪后半	5 世纪前半		3 世纪中叶—4 世纪中叶	4 世纪末—5 世纪前叶	4 世纪末—5 世纪前叶	4 世纪中叶—5 世纪初	5 世纪上上半—6 世纪下半叶	4 世纪中后期
3	麻线沟 1 号墓	4 世纪后半	4 世纪中叶—4 世纪末				5 世纪前半		4 世纪中叶—5 世纪中叶	5 世纪中叶	5 世纪中叶—6 世纪初	5 世纪	4 世纪末—5 世纪初	4 世纪早中期
4	通沟 12 号墓	4 世纪后半					5 世纪前半		4 世纪中叶—5 世纪中叶	5 世纪中叶	5 世纪中叶—6 世纪初	5 世纪	4 世纪中叶—5 世纪初	4 世纪早中期
5	山城下 332 号墓		5 世纪初				5 世纪后半		4 世纪中叶—5 世纪中叶			5 世纪	4 世纪中叶—5 世纪初	4 世纪中后期

续表

		日本		朝鲜			韩国	中国						
序号	名称	東潮	绪方泉	金荣俊	朱荣宪	朴晋煜	全虎兑	杨泓	李殿福	方启东	汤池	魏存成	赵冬艳	刘未
6	长川2号墓	5世纪前半	5世纪初				5世纪后半		4世纪中叶—5世纪中叶			5世纪	4世纪中叶—5世纪初	4世纪中后期
7	折天井墓						5世纪前半					5世纪	4世纪中叶—5世纪初	4世纪早中期
8	禹山下41号墓	5世纪后半	4世纪中叶—4世纪末				5世纪前半					5世纪	4世纪中叶—5世纪初	
9	长川1号墓	5世纪中叶	5世纪中叶—5世纪后半			5世纪后半	5世纪前半		4世纪中叶—5世纪中叶		5世纪中叶—6世纪初	5世纪末—6世纪中叶	5世纪上上半—6世纪下半叶	5世纪中期
10	长川4号墓	5世纪后半										5世纪末—6世纪中叶	5世纪上上半—6世纪下半叶	
11	环纹墓	4世纪后半		4世纪初	4世纪末—5世纪初		5世纪前半		4世纪中叶—5世纪中叶	5世纪中叶		5世纪末—6世纪中叶	5世纪上上半—6世纪下半叶	5世纪末
12	三室墓	5世纪后半	5世纪中叶—5世纪后半	4世纪中叶	4世纪末—5世纪初		5世纪前半	北朝早期	4世纪中叶—5世纪中叶	5世纪末—6世纪初	5世纪中叶—6世纪初	5世纪末—6世纪中叶	5世纪上上半—6世纪下半叶	5世纪

续表

		日本		朝鲜			韩国	中国						
序号	名称	東潮	绪方泉	金荣俊	朱荣宪	朴晋煜	全虎兑	杨泓	李殿福	方启东	汤池	魏存成	赵冬艳	刘未
13	美人墓												5 世纪上上半—6 世纪下半叶	
14	四神墓	5 世纪前半			6 世纪	6 世纪	6 世纪前半	北朝末期	5 世纪中叶—6 世纪中叶	5 世纪中叶—晚期	6 世纪中叶	6 世纪中叶—7 世纪初	6 世纪中叶—7 世纪中叶	6 世纪后期—7 世纪初
15	五盔坟 4 号墓	6 世纪后半	6 世纪前半叶		6 世纪	6 世纪	6 世纪前半		5 世纪中叶—6 世纪中叶	5 世纪中叶—晚期	6 世纪中叶	6 世纪中叶—7 世纪初	6 世纪中叶—7 世纪中叶	6 世纪后期—7 世纪初
16	五盔坟 5 号墓	6 世纪后半	6 世纪前半叶		6 世纪	6 世纪	6 世纪后半		5 世纪中叶—6 世纪中叶	5 世纪中叶—晚期	6 世纪中叶	6 世纪中叶—7 世纪初	6 世纪中叶—7 世纪中叶	6 世纪后期—7 世纪初

注释：各家观点出处，见下：

[1] 東潮：《高句麗考古学研究》，吉川弘文館 1997 年版。

[2] 金瑢俊：《高句丽古坟壁画研究》，《科学院考古学与民俗学研究所艺术史研究丛书》（1），社会科学院出版社 1958 年版。

[3] 朱荣宪：《高句丽壁画古坟编年研究》，科学院出版社 1961 年版；有光教一監修，永島晖暉臣慎訳：《高句麗の壁画古墳》，学生社 1972 年版。

[4] 朴晋煜：《高句丽壁画墓的类型变迁与编年研究》，《高句丽古坟壁画——第 3 回高句丽国际学术大会发表论集》，高句丽研究会 1997 年版。

[5] 全虎兑：《高句丽古坟壁画研究》，四季节出版社 2000 年版。

[6] 緒方泉：《高句麗古墳群に関する一試考——中国集安県における発掘調査を中心にして》，《古代文化》1985 年第 3 期，第 95—114 页。

[7] 杨泓：《高句丽壁画石墓》，《文物参考资料》，1958 年第 4 期，第 12—21 页。

[8] 李殿福：《集安高句丽墓研究》，《考古学报》1980 年第 2 期，第 163—185 页。

[9] 吉林省文物工作队、集安县文物保管所：《集安长川一号壁画墓》，《东北考古与历史》1982 年第 1 期，第 154—173 页。

[10] 汤池：《中国美术全集》（12），文物出版社 1989 年版。

[11] 魏存成：《高句丽遗迹》，文物出版社 2002 年版。

[12] 赵东艳：《试论集安高句丽壁画墓的分期》，《北方文物》1995 年第 3 期，第 64—68 页。

[13] 刘未：《高句丽石室墓的起源与发展》，《南方文物》2008 年第 4 期，第 74—83 页。

附表 20　朝鲜相关高句丽壁画墓编年

		日本		朝鲜					韩国			中国		
序号	名称	关野贞	東潮	金荣俊	朱荣宪	图鉴	朴晋煜	孙寿浩	金元龙	姜贤淑	全虎兑	耿铁华	赵俊杰	刘未
1	安岳 3 号墓		357	4 世纪中叶	357	357	4 世纪后半	4 世纪后半	357	357	357	4 世纪中叶	357	4 世纪中后—5 世纪初
2	台城里 1 号墓		4 世纪末—5 世纪初	4 世纪中叶	4 世纪初—中叶	4 世纪前半	4 世纪后半	4 世纪前半	4 世纪后半	4 世纪中	4 世纪末		4 世纪后叶—4 世纪末	4 世纪中后—5 世纪初
3	德兴里壁画墓		409			408	5 世纪前半	408 年	408	408	408	4 世纪末—5 世纪初	408	4 世纪中后—5 世纪初
4	平壤驿前二室墓		4 世纪后半	5 世纪后半	4 世纪初—中叶	4 世纪初	4 世纪前半	4 世纪前半	4 世纪后半	4 世纪中叶	4 世纪末	4 世纪中叶	5 世纪中叶	
5	龛神塚	6 世纪中叶	5 世纪前半	4 世纪中叶	4 世纪初—中叶	4 世纪前半	4 世纪前半	4 世纪	5 世纪中叶	5 世纪初	5 世纪前半	4 世纪末—5 世纪初	5 世纪后叶早段或稍晚	4 世纪中后—5 世纪初

续表

		日本		朝鲜					韩国			中国		
序号	名称	关野贞	東潮	金荣俊	朱荣宪	图鉴	朴晋煜	孙寿浩	金元龙	姜贤淑	全虎兑	耿铁华	赵俊杰	刘未
6	药水里壁画墓		5世纪后半		4世纪末—5世纪初	5世纪前半	5世纪前半	5世纪初	5世纪前半	5世纪初	5世纪初	5世纪中叶—5世纪末	5世纪后叶晚段—5世纪末	4世纪中后—5世纪初
7	保山里壁画墓		6世纪后半					5世纪			5世纪末	6世纪末7世纪初	6世纪前叶	
8	伏狮里壁画墓		4世纪后半		4世纪后半—5世纪初	4世纪前半		4世纪	5世纪初	4世纪中叶	5世纪初	5世纪初—5世纪中叶	5世纪末6世纪初	5世纪
9	水山里壁画墓		5世纪后半			5世纪后半	5世纪后半				5世纪后半	5世纪末6世纪初	6世纪初	5世纪
10	八清里壁画墓		6世纪初		5世纪初—中叶	4世纪末—5世纪初		5世纪	5世纪前半	5世纪初	5世纪前半	6世纪初—6世纪中叶	5世纪末6世纪初	
11	双楹塚	7世纪	5世纪末	5世纪后半	5世纪末	5世纪后半	5世纪后半	5世纪后半	5世纪中叶	5世纪中	5世纪后半	5世纪末6世纪初	6世纪前叶早段	5世纪
12	大安里1号墓		5世纪后半	4世纪末—5世纪初	5世纪初—中叶	5世纪中叶		5世纪	5世纪中叶	5世纪后半	5世纪中叶	5世纪中叶—5世纪末	6世纪早段	5世纪
13	松竹里1号墓												不早于5世纪中叶	

续表

		日本		朝鲜					韩国			中国		
序号	名称	关野贞	東潮	金荣俊	朱荣宪	图鉴	朴晋煜	孙寿浩	金元龙	姜贤淑	全虎兑	耿铁华	赵俊杰	刘未
14	高山洞A7号墓		5世纪后半			4世纪末					5世纪前半		5世纪后叶早	4世纪中后—5世纪初
15	东岩里壁画墓		5世纪后半			4世纪后半		4世纪后半			5世纪初	5世纪初—5世纪中叶	5世纪后叶晚段—5世纪末	5世纪
16	天王地神塚	6世纪中叶	5世纪前半	4世纪末—5世纪	5世纪初—中叶	5世纪中		5世纪	5世纪中叶	5世纪初	5世纪中叶	5世纪中叶—5世纪末	5世纪后叶晚段—5世纪末	5世纪
17	高山洞A10号墓		5世纪前半			4世纪末—5世纪初				5世纪初	5世纪前半		5世纪末6世纪初	
18	月精里壁画墓		6世纪中叶									5世纪初—5世纪中叶	5世纪末6世纪初	
19	安岳1号墓		5世纪末		4世纪末	4世纪末	5世纪后半	4世纪末	5世纪末—6世纪初	5世纪初	4世纪末	5世纪末6世纪初	6世纪初或稍晚	
20	狩猎塚（梅山里四神塚）	5世纪前叶	6世纪前半	4世纪末5世纪初	5世纪末—6世纪初	6世纪前半		5世纪	5世纪中叶		5世纪后半	6世纪初—中叶	6世纪前叶早段	5世纪
21	安岳2号墓		6世纪后半	5世纪后叶	5世纪中叶—6世纪初	5世纪后半—6世纪前半			5世纪前半	5世纪中叶	5世纪后半	6世纪初—中叶	6世纪前叶早段	

续表

		日本		朝鲜					韩国			中国		
序号	名称	关野贞	東潮	金荣俊	朱荣宪	图鉴	朴晋煜	孙寿浩	金元龙	姜贤淑	全虎兑	耿铁华	赵俊杰	刘未
22	长山洞1号墓		6世纪前半			4世纪末—5世纪初		4世纪末			5世纪初	5世纪末—6世纪初	6世纪前叶	
23	鲁山里铠马塚	6世纪后半	6世纪前半	5世纪后半	6世纪	6世纪		6世纪前半		5世纪后半	6世纪初	6世纪初—6世纪中叶	6世纪中叶	
24	江西大墓	7世纪	590	6世纪	7世纪	7世纪后半	7世纪	7世纪前半	6世纪中叶	6世纪后半	6世纪末	7世纪初—7世纪中叶	7世纪初—7世纪前叶	6世纪后期—7世纪初

注释：各家观点出处，见下文：

[1] 關野貞：《朝鮮の建築と芸術》，岩波書店1941年版。

[2] 東潮：《高句麗考古学研究》，吉川弘文館1997年版。

[3] 金瑢俊：《高句丽古坟壁画研究》，《科学院考古学与民俗学研究所艺术史研究丛书》(1)，社会科学院出版社1958年版。

[4] 朱荣宪：《高句丽壁画古坟编年研究》，科学院出版社1961年版；有光教一監修，永島暉卑臣慎訳：《高句麗の壁画古墳》，学生社1972年版。

[5]《朝鲜遗迹遗物图鉴》编纂委员会：《朝鲜遗迹遗物图鉴》，外文综合出版社1990年版第4—6集。

[6] 朴晋煜：《高句丽壁画墓的类型变迁与编年研究》，《高句丽古坟壁画——第3回高句丽国际学术大会发表论集》，高句丽研究会1997年版。

[7] 孙寿浩：《高句丽古坟研究》，社会科学出版社2001年版。

[8] 金元龙：《高句丽古坟壁画起源研究》，《震檀学报》1959年第21期，第425—488页。

[9] 姜贤淑：《高句丽石室封土壁画坟的渊源》，《韩国考古学报》1999年第40期。

[10] 全虎兑：《高句丽古坟壁画研究》，四季节出版社2000年版。

[11] 耿铁华：《高句丽古墓壁画研究》，吉林大学出版社2008年版。

[12] 赵俊杰：《4——7世纪大同江、载宁江流域封土石室墓研究》，吉林大学博士论文2009年版。

[13] 刘未：《高句丽石室墓的起源与发展》，《南方文物》2008年第4期，第74—83页。

附表21　朝鲜相关高句丽壁画墓分期与编年表

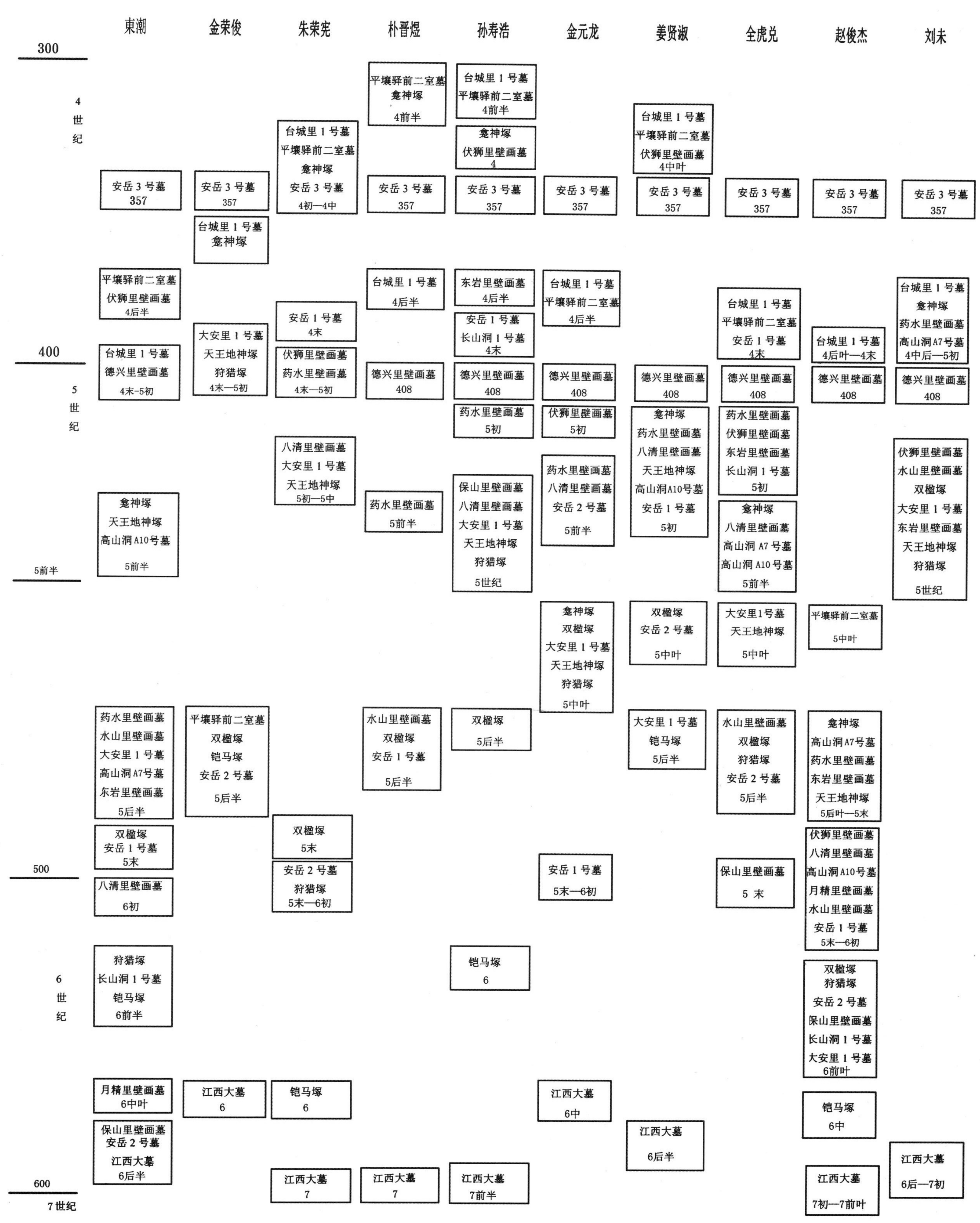

附表 22　集安高句丽壁画服饰分期

	男子服饰			女子服饰		墓例
	服饰搭配类型	发式	首服	服饰搭配类型	发式	
第一期 4 中 -5 初	A 型（披发/顶髻 + 短襦裤 + 矮/中勒鞋） B 型（折风/帻冠 + 短襦裤 + 矮/中勒鞋） I 型（风帽/圆顶翘脚帽 + 短襦裤 + 矮/中勒鞋）	披发 B 型顶髻 辫发、断发	A 型折风 圆顶翘脚帽	C 型（垂髻/盘髻/ 巾帼 + 短襦裤/ 长襦裙 + 矮/中勒鞋）	A、B 型垂髻 A 型盘髻 A 型长鬓 B 型短鬓	角觝墓 舞踊墓
第二期 5 初 -5 末	B 型（折风/帻冠 + 短襦裤 + 矮/中勒鞋）	辫发	B 型折风	C 型（垂髻/盘髻/ 巾帼 + 短襦裤/ 长襦裙 + 矮/中勒鞋）	A 型垂髻 B 型盘髻 C 型秃鬓	麻线沟 1 号墓 通沟 12 号墓 山城下 332 号墓 长川 2 号墓
第三期 5 末 -6 中	A 型（披发/顶髻 + 短襦裤 + 矮/中勒鞋） B 型（折风/帻冠 + 短襦裤 + 矮/中勒鞋）	披发 B 型顶髻	A 型折风 B 型折风	C 型（垂髻/盘髻/ 巾帼 + 短襦裤/ 长襦裙 + 矮/中勒鞋）	A、B 型垂髻 A、B 型盘髻 A 型长鬓 C 型秃鬓	长川 1 号墓 美人墓 三室墓
第四期 6 中 -7 初	D 型（笼冠 + 袍服 + 笏头履） 冕服	×	B 型笼冠 冕	×	×	四神墓 五盔坟 4 号墓 五盔坟 5 号墓

附表 23 朝鲜高句丽壁画服饰分期

	男子服饰			女子服饰		墓例
	服饰搭配类型	发式	首服	服饰搭配类型	发式	
第一期	D 型（笼冠 + 袍服 + 矮鞠鞋/圆头履） E 型（进贤冠/平巾帻 + 袍服 + 矮鞠鞋/圆头履） F 型（平巾帻 + 短襦裤 + 矮鞠鞋） I 型（圆顶翘脚帽/尖顶帽 + 短襦裤 + 矮鞠鞋）	×	Aa、Ab 型笼冠 进贤冠、平巾帻 圆顶翘脚帽 A、B 型尖顶帽	G 型（撷子髻/鬟髻/双髻 + 袍服/短襦裙 + 圆头履	A、B 型撷子髻 A、B、C 型鬟髻 B、C 双髻、A 型长鬓 A、B 型垂髻	安岳 3 号墓 台城里 1 号墓 平壤驿前二室墓 龛神塚
第二期	D 型（笼冠 + 袍服 + 矮鞠鞋/圆头履） E 型（进贤冠/平巾帻 + 袍服 + 矮鞠鞋/圆头履） F 型（平巾帻 + 短襦裤 + 矮鞠鞋） I 型（圆顶翘脚帽/尖顶帽 + 短襦裤 + 矮鞠鞋） H 型（髡发 + 短襦裤 + 矮/中鞠鞋）	A 型髡发 B 型髡发 C 型髡发 D 型髡发	Aa 型笼冠 进贤冠、平巾帻 圆顶翘脚帽 A、B 型尖顶帽 平顶帽	G 型（撷子髻/鬟髻/双髻/不聊生髻 + 袍服/短襦裙 + 圆头履 J 型（花钗大髻 + 短襦裙） H 型（髡发 + 短襦裙 + 中鞠鞋）	B 型撷子髻 A 型鬟髻、A 型双髻 花钗大髻、不聊生髻 A、B 型垂髻 A 型长鬓、B 型短鬓 C 型秃鬓	德兴里壁画墓 药水里壁画墓

续表

		男子服饰			女子服饰		墓例
		服饰搭配类型	发式	首服	服饰搭配类型	发式	
第三期	A区	D 型（笼冠＋袍服＋矮靿鞋/圆头履） E 型（进贤冠/平巾帻＋袍服＋矮靿鞋/圆头履） F 型（平巾帻＋短襦裤＋矮靿鞋） I 型（圆顶翘脚帽＋短襦裤＋矮靿鞋） A 型（披发＋短襦裤＋矮/中靿鞋） B 型（折风＋短襦裤＋矮/中靿鞋）	披发	Aa、B 型笼冠 进贤冠、平巾帻 圆顶翘脚帽 平顶帽 檐帽	J 型（D 型双髻/云髻/花钗大髻＋短襦裙） G 型（鬟髻＋袍服/短襦裙＋圆头履） C 型（垂髻＋长襦裙＋中靿鞋）	云髻、花钗大髻 D 型双髻 C 型鬟髻 A 型垂髻 A 型长鬓 C 型秃鬓	伏狮里壁画墓 安岳 1 号墓 八清里壁画墓 水山里壁画墓 双楹塚 大安里 1 号墓
	B区	A 型（披发＋短襦裤＋矮/中靿鞋） B 型（折风/帻冠＋短襦裤＋矮/中靿鞋）	披发	A、B 型折风 A 型尖顶帽 檐帽	C 型（垂髻/盘髻/巾帼＋短襦裤/长襦裙＋矮/中靿鞋）	A 型垂髻 A、B 型盘髻 C 型秃鬓	东岩里壁画墓 高山洞 A7、A10 号墓 松竹里 1 号墓
第四期		B 型（折风＋短襦裤＋矮/中靿鞋） E 型不清晰		A、B 型折风 平顶帽 檐帽	C 型（垂髻＋长襦裙＋中靿鞋） G/J 型不清晰	A 型垂髻	狩猎塚、铠马塚 德花里 1 号墓 安岳 2 号墓

后　记

2005 年 9 月，笔者考入吉林大学边疆考古研究中心，师从魏存成先生攻读魏晋—隋唐考古方向的博士学位。因我硕士攻读的是历史文献学专业，而正史《高句丽传》是研究高句丽历史文化非常重要的参考资料，初期与导师商定博士论文题目为“正史《高句丽传》的考古学考察”，计划对史料记载与出土实物可以互证的部分逐一研究。资料的搜集、论文框架的设定都是在这个题目下展开的。真正动笔时，方才察觉，以我当时的能力，驾驭这个题目，颇为吃力。同时，因为在职读博，工作单位教学任务繁重，牵扯过多精力，明显感觉缺乏大块时间，让自己宁静下来，投入深邃的思考中。在此背景下，论文拟撰内容不得不一再缩减，最后将研究范围限定在高句丽遗存所见服饰资料。

或许是难以逃避的女性特质在起作用——总是不自觉地关注那些具有外在形式美的东西——高句丽遗迹中异彩纷呈的各种服饰，于我而言，最具吸引力。服饰部分本来只是原定博士论文中的一个章节，在兴趣驱使下，最先着手写作。随着高句丽服饰资料整理与研究工作的不断深入，大量问题涌现出来。When（什么时候）、Where（在哪里）、Who（谁）、What（什么）、Why（为什么）这五个问题一直萦绕脑海，挥之不去，其中既有对于高句丽人服饰文化特性的追问，也包含对于中国古代服饰研究中诸多纷争的迷惑不解。特别是后者，令我格外纠结。一种发式、一顶帽子、一双鞋、一套衣服，它们究竟叫什么名字？如何称呼合适？仅是服饰称谓一项内容，便纷繁复杂，莫衷一是，多见结论，少及论据，弄得我一头雾水，不知所终，难以择选。

现在回想整个写作过程，写写，停停，停停，写写，每日都面临各种各样的问题，发问的人不是别人而是我自己，提出的问题零零碎碎，却都是完成这篇博士论文无法回避的内容，小到遣词造句、章节设定，大到研究意义、研究价值之所在，甚至还一度不断追问自己，如果研究结果注定是无限接近事实又永远与真相保持一步之遥——人文社会科学研究无法摆脱的宿命——这样的研究是否还有必要进行下去？这可能是每一位写博士论文的研究者都会经历的阶段，在肯定与否定之间，希望与失望两端，徘徊，惆怅。许多人用“如释重负”这四个字来形容博士论文完成时的感觉，我却没能“如释重负”。一方面单位工作任务繁重，应接不暇，另一方面，在博士论文写作中发现了许多问题，留下一连串的问号，需要我自己寻找答案。

每一位博士论文写作者，通过这样一次艰辛的学术训练，都会不同程度地提升自己的学术能力。我也是同样的受益者。除了学术技能的提升外，我还发现自己增添了一个新本领——对于微小喜悦的迅速感知与捕捉能力。生活因此变得更加美好。

博士论文答辩时，获得许多老师的肯定，那时很开心，觉得自己的付出得到了回报，所有的辛苦都是值得的，甚至在某一段特定时期，还有一些小小地飘飘然，大而空地憧憬着，随着博士论文的刊发与流布，可以得到更多学界同仁的首肯，庆幸的是这段自我膨胀期持续的时间并不太长。随着研究领域的不断拓展，研读书籍的不断增多，特别是 2013 年 9 月至 2014 年 9 月在日本九州大学留学期间，日本学界的研究理论、研究理念与研究方法对我启示良多。此时再来审视我的博士论文，发现诸多以前没有发现的问题，体例、结构与某些论点都有进一步修改的余地，曾经想过对其进行大刀阔斧的修订，可惜因为时间、精力等诸多原因，无法进行。想来这样也好，它代表了博士阶段的我。时间如梭，十年不过弹指一挥间，希望我能将《高句丽服饰研究》留下的遗憾在 2014 年获得的国家社科基金项目《汉唐时期东北古代民族服饰研究》中弥补，希望下一部专著中我能看到自己的进步。

这些年无论生活、学习，还是工作中得到来自各方师友的大力帮助与关照，感谢我的导师魏存成先生，先生为人虚怀若谷、仁厚高远，严谨求实、一丝不苟；感谢师弟赵俊杰博士，无私提供珍贵的资料和宝贵的建议；感谢答辩委员会林沄先生、魏坚先生、水涛先生、朱泓先生、王培新先生；感谢九州大学宫本一夫先生、辻田淳一郎先生、松本圭太博士、德留大辅博士、戴玥博士、富宝财博士；感谢长春师范大学姜维公先生，感谢仙逝的宋慧娟先生；感谢中国社会科学出版社的郭鹏编辑；感谢吉林大学边疆考古研究中心的所有师长、同学；感谢工作单位的所有领导和同事；感谢妈妈、爸爸、弟弟；感谢我身边的所有人，抱歉这里不能一一列名。

郑春颖

2015 年 1 月写于长春